3ds Max 效果图设计自学经典

何淼淼　王丹花　编著

清华大学出版社
北　京

内容简介

本书以新版 3ds Max 为写作平台，以“理论+应用”为写作形式，从易教、易学的角度出发，用通俗的语言、丰富的范例对 3ds Max 三维建模软件的使用方法进行了全面介绍。

全书共 13 章，其中包括 3ds Max 入门知识、样条线的创建与编辑、多边形的创建与编辑、三维模型的常用修改器、摄影机技术、材质的应用、灯光技术、VRay 渲染器、室内家具的制作、室内灯具的制作，以及典型室内、外效果图的设计与制作。

本书结构清晰、思路明确、内容丰富、语言简炼，解说详略得当，既有鲜明的基础性，也有很强的实用性。

本书既可作为高等院校及大中专院校相关专业学生的学习用书，又可作为室内、外效果图制作人员的参考用书，同时，还可以用作社会各类 3ds Max 培训班的首选教材。

图书在版编目(CIP)数据

3ds Max 效果图设计自学经典 / 何淼淼，王丹花编著. —北京：清华大学出版社，2016（2017.3重印）
（自学经典）
ISBN 978-7-302-42301-0

Ⅰ. ①3… Ⅱ. ①何… ②王… Ⅲ. ①三维动画软件 Ⅳ. ①TP391.41

中国版本图书馆 CIP 数据核字（2015）第 287021 号

责任编辑： 杨如林
装帧设计： 刘新新
责任校对： 胡伟民
责任印制： 宋　林

出版发行： 清华大学出版社
　　网　址：http://www.tup.com.cn，http://www.wqbook.com
　　地　址：北京清华大学学研大厦 A 座　　邮　编：100084
　　社 总 机：010-62770175　　邮　购：010-62786544
　　投稿与读者服务：010-62776969，c-service@tup.tsinghua.edu.cn
　　质量反馈：010-62772015，zhiliang@tup.tsinghua.edu.cn
印 刷 者： 清华大学印刷厂
装 订 者： 三河市新茂装订有限公司
经　销： 全国新华书店
开　本： 188mm×260mm　　**印　张：** 24.75　　**字　数：** 720 千字
　（附光盘 2 张）
版　次： 2016 年 3 月第 1 版　　**印　次：** 2017 年 3 月第 2 次印刷
印　数： 3001～4200
定　价： 59.80 元

产品编号：063953-01

前　言

众所周知，3ds Max是一款功能强大的三维建模与动画设计软件，利用该软件不仅可以设计出绝大多数建筑模型，还可以很好地制作出具有仿真效果的图片和动画。随着国内建筑行业的迅猛发展，3ds Max的三维建模功能发挥得淋漓尽致。为了帮助读者能够在短时间内制作出出色的效果图，我们组织教学一线的室内设计师及高校教师共同编写了此书。

本书以最新的设计软件3ds Max 2015为写作基础，围绕室内效果图的制作展开介绍，以实例形式对3ds Max 2015的理论知识、VRay渲染器的应用进行了全面阐述，以强调知识点的实际应用。书中对每一张效果图的制作都给出了详细的操作步骤，同时还贯穿了作者在实际工作中得出的实战技巧和经验。

全书共13章，其各章的主要内容介绍如下。

第1章主要主要介绍3ds Max 2015的应用领域、新增功能、工作界面以及文件的基本操作、视图切换等。

第2章主要主要介绍样条线的创建与编辑，其中包括线的创建、矩形的创建、圆的创建、椭圆与圆环的创建、多边形与星形的创建等。

第3章主要介绍多边形的创建与编辑，其中包括基本体与扩展基本体建模、复合对象等技术。

第4章主要介绍常用修改器的知识，其中包括弯曲修改器、扭曲修改器、挤出修改器、 车削修改器、晶格修改器等。

第5章主要介绍摄影机技术，其中包括3ds Max摄影机和VRay摄影机的知识。

第6章主要介绍材质的应用，其中包括材质的基础知识、材质的类型、贴图等内容。

第7章主要介绍灯光技术，其中包括灯光的种类、标准灯光的基本参数、光度学灯光的基本参数、Vray灯光等知识。

第8章主要介绍渲染基础知识、默认渲染器的设置、VRay渲染器的应用等知识。

第9章～第13章是综合实例练习，分别介绍了室内家具、室内灯具、室内效果图、室外效果图的制作，以及效果图的后期处理。通过模仿练习，使读者能更好的掌握前面所学的建模与渲染知识。

本书既可作为了解3ds Max各项功能和最新特性的应用指南，又可作为提高用户设计和创新能力的指导手册。

本书适用于以下读者：

- 室内效果图制作人员；
- 室内外效果设计人员；
- 室内外装修、装饰设计人员；

● 效果图后期处理技术人员；

● 装饰与装潢培训班学员与大、中专院校相关专业师生。

本书由何森森、王丹花老师主编，其中第1章～第3章由何森森老师编写，第4章由吴蓓蕾老师编写，第5章由张静、朱艳秋老师编写，第6章～第7章由王丹花老师编写，第8章由石翠翠、张素花老师编写，第9章由王园园、蔺双彪老师编写，第10章由代娣、张晨晨老师编写，第11章由李鹏燕老师编写，第12章由郑菁菁、谢世玉老师编写，第13章由张双双老师编写。在此向参与本书编写、审校以及光盘制作的老师表示感谢。

本书在编写和案例制作过程中力求严谨细致，但由于水平和时间有限，疏漏之处在所难免，望广大读者批评指正。

编 者

目录

第1章 3ds Max 2015轻松入门

本章概述 3ds Max是一款优秀的效果图设计和三维动画设计软件，该软件的最新版本是3ds Max 2015。本章将为用户介绍3ds Max 2015的基础功能。通过对本章的学习，用户将认识3ds Max 2015的工作界面，了解单位及其他设置方法，并掌握基本操作方法。

知识要点
- 3ds Max 2015的工作界面
- 3ds Max 2015单位及其他设置
- 图形文件的基本操作
- 缩放、移动的操作
- 视图的切换

1.1 认识3ds Max 2015的工作界面

下面首先了解3ds Max的工作界面。启动3ds Max软件后，即可进入工作界面。用户可以通过以下方式打开3ds Max 2015软件。

- 双击桌面上的3ds Max 2015的快捷图标。
- 执行“开始”|“所有程序”|“Autodesk”|“Autodesk 3ds Max Design 2015”|“3ds Max Design 2015-Simplified Chinese”命令。
- 双击已有的3ds Max文件图标，即可打开文件并显示模型，如图1-1所示。

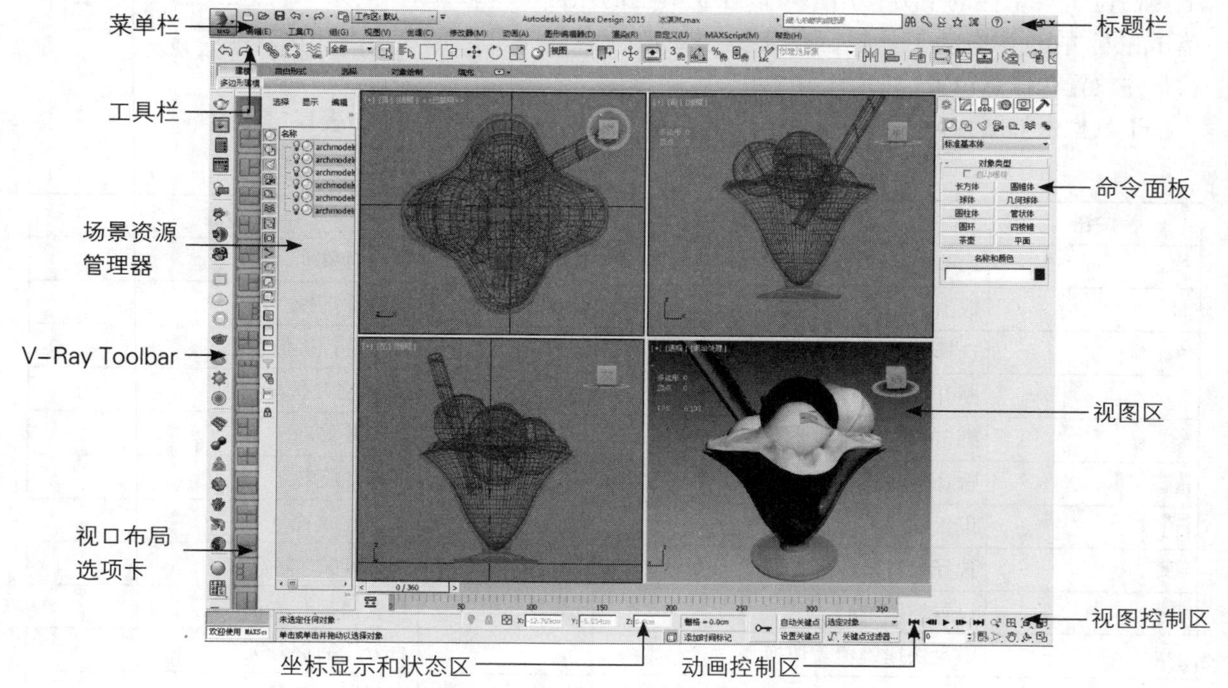

图1-1　3ds Max 2015的工作界面

由图1–1可知，工作界面由标题栏、菜单栏、功能区、命令面板、视图区、坐标显示和状态区、动画控制栏和视图导航栏等部分组成，与以往不同，3ds Max 2015版本中，在工作界面左侧新增加了V–Ray Toolbar、视口布局选项卡和场景资源管理器等。

1.1.1　标题栏

标题栏位于工作界面的最上方，它由快速访问工具栏、显示栏 Autodesk 3ds Max Design 2015　冰淇淋.max、搜索栏、Autodesk Online服务和控制窗口按钮组成，如图1–2所示。

图1–2　标题栏

1.1.2　菜单栏

菜单栏由编辑、工具、组、视图、创建、修改器、动画、图形编辑器、渲染、自定义、MAXScript（X）和帮助12个菜单组成，这些菜单包含了3ds Max 2015的大部分操作命令，如图1–3所示。

编辑(E)　工具(T)　组(G)　视图(V)　创建(C)　修改器(M)　动画(A)　图形编辑器(D)　渲染(R)　自定义(U)　MAXScript(M)　帮助(H)

图1–3　菜单栏

1.1.3　工具栏

在建模时，可以利用工具栏上的按钮进行操作，单击相应的按钮即可执行相应的命令，默认情况下，工具栏位于菜单栏的下方，用户可以在工具栏的左侧单击鼠标左键并拖动工具栏，使工具栏更改为悬浮状，并放置在任意位置。如图1–4所示。

图1–4　工具栏悬浮状态

工具栏由如图1–4所示的按钮组成，工具栏中各按钮的具体含义如表1–1所示。

表1-1　工具栏按钮

按钮	功能	按钮	功能
	取消上一次的操作		选择对象
	取消上一次撤销操作		按名称选择
	选择并链接		设置选择区域状态
	断开当前选择链接		窗口/交叉选择切换
	绑定到空间扭曲		选择并移动
全部	选择过滤器列表		选择并旋转
	设置缩放类型		选择并放置
视图	选择参考坐标系类型		捕捉开关
	设置控制轴心		角度捕捉开关
	键盘快捷键覆盖切换		百分比捕捉开关
	命名选择集		微调器捕捉开关

续表

按钮	功能	按钮	功能
	镜像对象		打开层管理器
	设置对齐方式		切换功能区
	打开轨迹视图（曲线编辑器）		打开渲染设置对话框
	打开图解视图		渲染当前场景
	打开材质编辑器对话框		打开渲染帧窗口

提示

拖动悬浮工具栏，至原始位置后释放鼠标左键，即可还原工具栏，如图1-5所示。由于工具栏的长度有限，所以工具栏按钮通常不是全部显示在工具栏上。将鼠标放置在工具栏上，当鼠标箭头更改为时，单击鼠标左键，左右拖动鼠标即可显示其他按钮。

图1-5 初始工具栏

1.1.4 视图区

视图区是Max的工作区，通过不同的视图可以查看场景的不同角度，默认情况视图分为“顶”视图、“前”视图、“左”视图、“透视”视图4个视图区域，一般情况下，主要通过“透视”视图观察模型的立体形状、颜色和材质等，使用其他三个视图进行编辑操作，如图1-6所示。

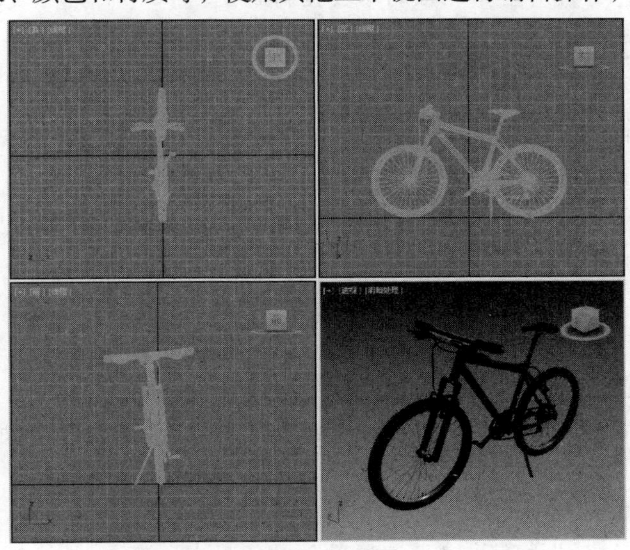

图1-6 视图区

知识点拨

激活视图后，就可以在其中进行创建或编辑模型操作，激活视图后边框呈黄色，在视图中单击鼠标左键和右键都可以激活视图。单击鼠标右键可以正确激活视图，需要注意的是，在视图的空白处单击鼠标左键也可以激活视图，但是若在任意位置单击鼠标左键，在激活视图的同时也有可能会因为失误而选择物体，执行另一个命令操作。

1.1.5 命令面板

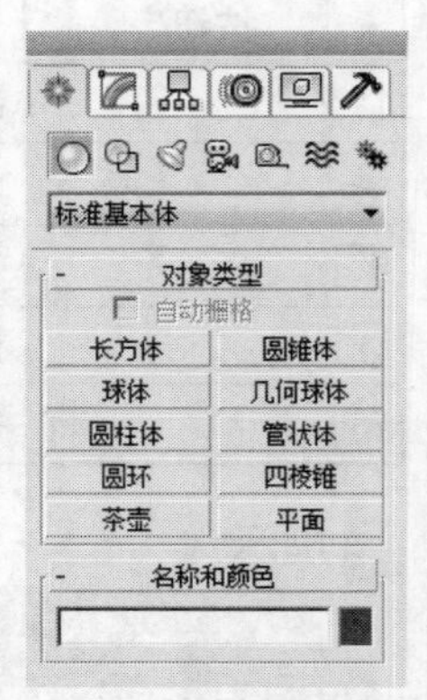

图1–7 命令面板

命令面板由切换标签和卷展栏组成，它位于工作界面的右侧，由创建、修改、层次、运动、显示、实用工具6大面板组成，每个面板都包含相应的命令和卷展栏，如图1–7所示。

下面具体介绍各命令面板的含义。

- 创建：创建命令面板由几何体、图形、灯光、摄影机、辅助对象、空间扭曲、系统6个部分组成，每个面板中都包含许多相应的操作。
- 修改：修改命令面板主要针对创建的对象组织修改命令，在“参数”卷展栏可以更改模型对象的参数，单击修改器列表的下拉菜单按钮，可以在弹出的列表中选择相应的修改器进行修改操作。
- 层次：层次命令面板由轴、IK、链接信息3个部分组成，主要用于调节相互连接对象之间的层级关系。
- 运动：提供指定对象的运动控制能力，配合轨迹视图来一同完成运动的控制，可以控制对象的运动轨迹，并且可以编辑各个关键点。
- 显示：利用显示命令面板中的各相应的选项控制对象在视图中的显示情况，以此优化画面显示速度。
- 工具：工具命令面板由资源管理器、透视匹配、塌陷、颜色剪贴板、测量、运动捕捉、重置变换、MAXScript、Flight Studio（c）等外部程序组成，当选择相应的面板时，在命令面板的下方即可显示相应的参数控制面板。

1.1.6 动画控制栏

动画控制栏在工作界面的底部，主要用于制作动画时，进行动画记录、动画帧选择、控制动画的播放和动画时间的控制等，如图1–8所示。

图1–8 动画控制栏

由图1–8可知，动画控制栏由自动关键点、设置关键点、选定对象、关键点过滤器、控制动画显示区和“时间配置”按钮6大部分组成，下面具体介绍各按钮的含义。

- 自动关键点：打开该按钮后，时间帧将显示为红色，在不同的时间上移动或编辑图形即可设置动画。
- 设置关键点：控制在合适的时间创建关键帧。
- 关键点过滤器：在“设置关键点过滤器”对话框中，可以对关键帧进行过滤，只有当某个复选框被选择后，有关该选项的参数才可以被定义为关键帧。
- 控制动画显示区：控制动画的显示，其中包含转到开头、关键点模式切换、上一帧、播放动画、下一帧、转到结尾、设置关键帧位置等，在该区域单击指定按钮，即可执行相应的操作。
- 时间配置：单击该按钮，即可打开时间配置对话框，在其中可以设置动画的时间显示类型、帧速度、播放模式、动画时间和关键点字符等。

1.1.7 坐标显示和状态区

坐标显示和状态区在动画控制栏的左侧，主要提示当前选择的物体数目以及使用的命令、坐标位置和当前栅格的单位，如图1-9所示。

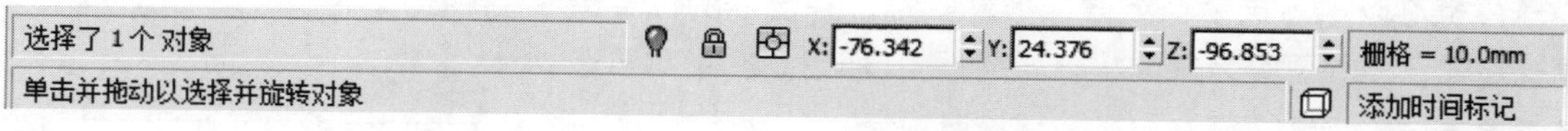

选择了 1 个 对象 X: -76.342 Y: 24.376 Z: -96.853 栅格 = 10.0mm
单击并拖动以选择并旋转对象 添加时间标记

图1-9 坐标显示和状态区

1.1.8 视图导航栏

视图导航栏主要控制视图的大小和方位，通过导航栏内相应的按钮，即可更改视图中物体的显示状态。视图导航栏会根据当前视图的类型进行相应的更改，如图1-10所示。

图1-10 视图导航栏

图1-10所示分别为透视视图导航栏、摄影机视图导航栏和左视图导航栏。视图导航栏由缩放、缩放所有视图、最大化显示选定对象、所有视图最大化显示选定对象、视野、平移视图、环绕子对象、最大化视口切换8个按钮组成。

- 缩放：单击该按钮后，在视图中单击鼠标左键，并拖动鼠标即可缩放视图，使用快捷键Alt+Z，可以激活该按钮。
- 缩放所有视图：在视图中单击鼠标左键，并拖动鼠标即可缩放视图区中的所有视图。
- 最大化显示选定对象：将选择的对象以最大化的形式显示在当前视图中。按快捷键Z也可以最大化选择对象。单击“最大化显示”按钮，可将视图中的所有对象进行最大化显示，或者激活视图。按快捷键Z同样可以执行此操作。
- 所有视图最大化显示选定对象：将选择的对象以最大化的形式显示在所有视图中。长按该按钮，在弹出的列表中选择“所有视图最大化显示”按钮，激活该按钮，即可将所有对象最大化显示在全部视图中。
- 视野：单击该按钮后，上下拖动鼠标即可更改透视图的“视野”，在“视口配置”对话框的“视觉样式和外观”选项卡中可以设置“视野”值，原始“视野”值为45。单击“缩放区域”按钮，激活该按钮，在视图中框选局部区域，将它放大显示。
- 平移视图：单击该按钮，鼠标将更改为的形状，单击鼠标左键拖动图标，即平移视图。更改视图显示状态。
- 环绕子对象：围绕视图中的景物进行视点旋转，使用快捷键Ctrl+R和Alt+鼠标中键均可以激活该按钮。
- 最大化视图切换：将当前视图进行最大化切换操作。

1.1.9 V-Ray Toolbar

在3ds Max 2015中，新增加了V-Ray Toolbar，该选项卡由26个按钮组成，其主要包括V-Ray渲染的基础设置、V-Ray灯光类型、V-Ray常用修改器、V-Ray材质设置等。该选项卡包含关于V-Ray的大部分应用操作，使用起来非常方便。

知识点拨

由于选项卡长度有限，将鼠标放置在选项卡上，鼠标指针更改为手掌形状时，单击鼠标左键，上下拖动鼠标即可显示其余按钮。

用户也可以单击选项卡上方，拖动鼠标，在合适的位置释放鼠标左键，使其更改为悬浮状，如图1-11所示。在不需要选项卡时单击“关闭”按钮，即可关闭该选项卡。

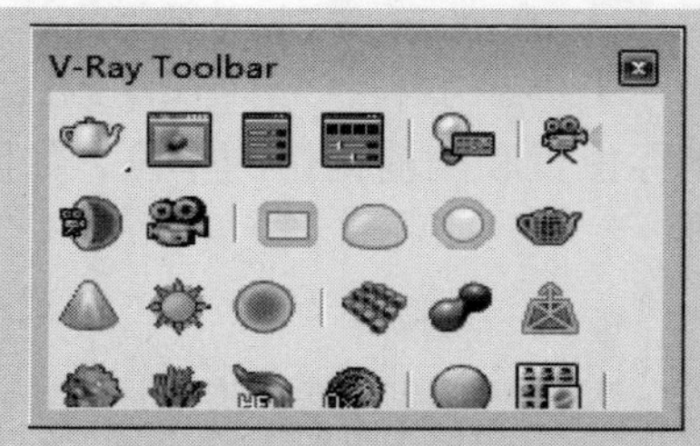

图1-11　V-Ray Toolbar

1.1.10　视口布局选项卡

在创建模型时，若当前视图视口布局不能满足用户要求，则利用“视口布局”选项卡可以设置视口布局。“视口布局”选项卡主要用于设置工作界面的视口布局方式。

单击选项卡中的“创建新的视口布局选项卡”按钮，在弹出的列表中选择合适的布局，如图1-12所示。设置完成后，即可更改视口布局。

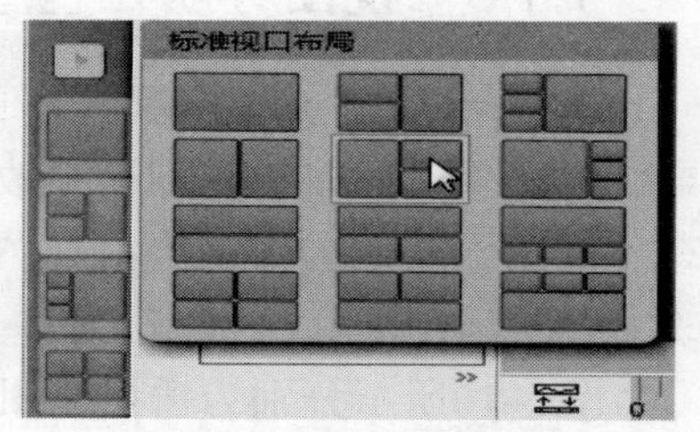

图1-12　选择视口布局

1.1.11　场景资源管理器

“场景资源管理器”对话框主要设置场景中创建物体和使用工具的显示状态，并优化屏幕显示速度，提高计算机性能。将选项卡拖动到任意位置，可以使其更改为悬浮状，如图1-13所示。在不需要使用的时候可以单击“关闭”按钮关闭该选项卡。

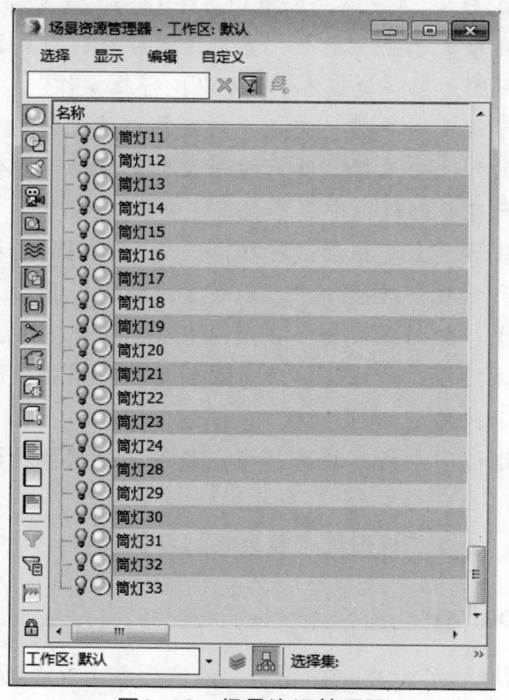

图1-13　场景资源管理器

1.2 单位及其他设置

在创建模型之前，需要对Max进行“单位”、“文件间隔保存”、“默认灯光”和“快捷键”等设置。通过以上基础设置可以方便用户创建模型，提高工作效率。

1.2.1 单位设置

在插入外部模型时，如果插入的模型和软件中设置的单位不同，可能会出现插入的模型显示过小，所以在创建和插入模型之前都需要进行单位设置。

【例1-1】下面将系统单位和显示单位比例均设置为毫米。

01 执行“自定义”|“单位设置”命令，打开“单位设置”对话框，如图1-14所示。

02 单击对话框上方的“系统单位设置”按钮，打开“系统单位设置”对话框，在“系统单位比例”选项组的下拉列表框中选择“毫米”选项，如图1-15所示。

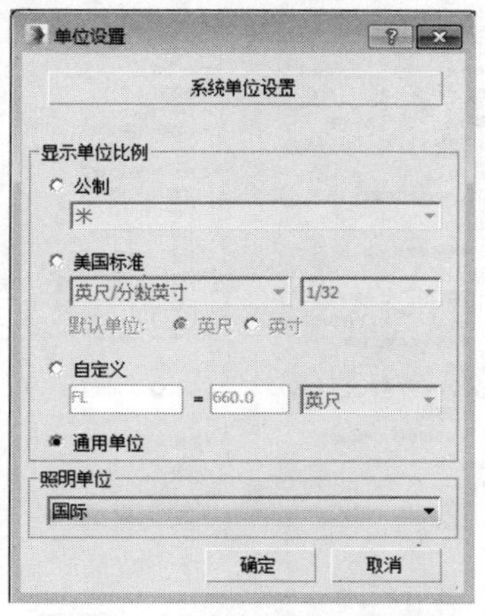

图1-14 “单位设置”对话框

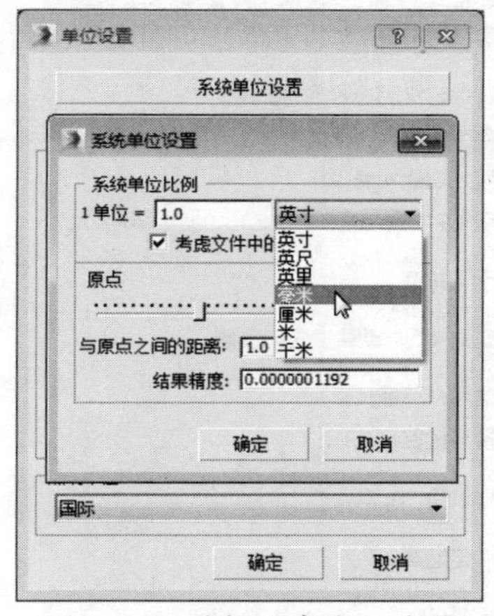

图1-15 选择“毫米”选项

03 单击“确定”按钮，返回“单位设置”对话框，在“显示单位比例”选项组中单击“公制”单选按钮，激活“公制单位”列表框，如图1-16所示。

04 单击下拉菜单按钮，在弹出的列表中选择“毫米”选项，如图1-17所示。设置完成后单击“确定”按钮，即可完成单位设置操作。

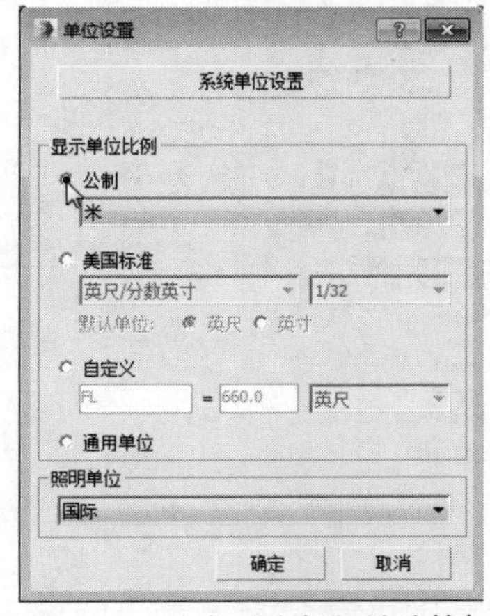

图1-16 单击“公制”单选按钮

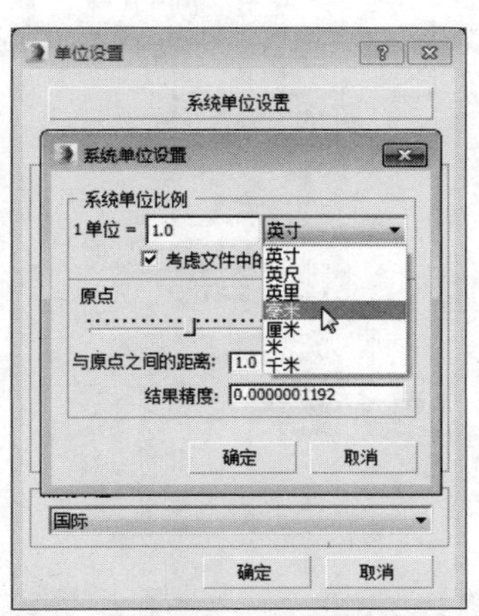

图1-17 选择“毫米”选项

1.2.2　文件间隔保存设置

在插入或创建的图形较大时，计算机的屏幕显示性能会越来越慢，为了提高计算机性能，用户可以更改备份间隔保存时间。

在“首选项设置”对话框中可以对该功能进行设置，用户可以通过以下方式打开“首选项设置”对话框：

- 执行“自定义”|“首选项”命令。
- 在工作界面的左上方单击“菜单浏览器”按钮，在弹出的快捷菜单列表中，单击右下方的“选项”按钮。

【例1-2】下面将文件间隔保存设置为30分钟。

01 执行“自定义”|“首选项”命令，如图1-18所示。

02 打开“首选项设置”对话框，如图1-19所示。

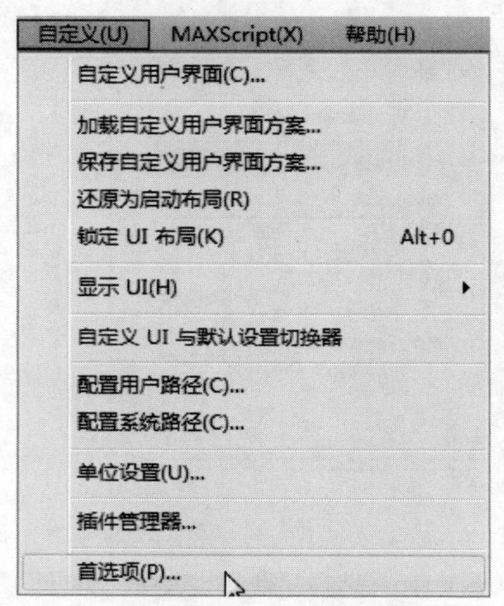

图1-18　单击“首选项”选项

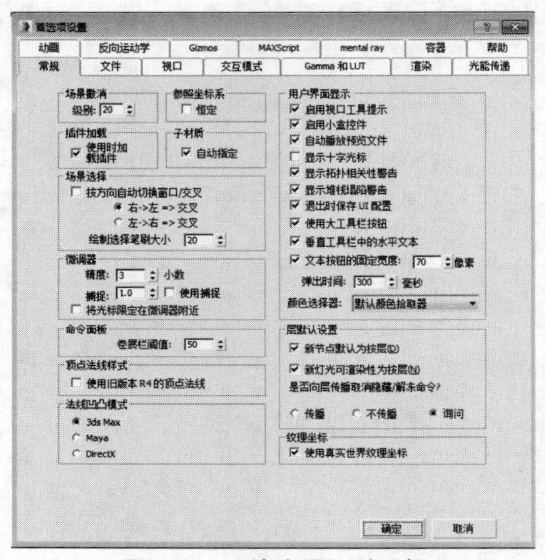

图1-19　“首选项”对话框

03 在对话框中打开“文件”选项卡，在“自动备份”选项组中输入“备份间隔”数值，如图1-20所示。

04 设置完成后单击“确定”按钮，完成文件间隔设置，如图1-21所示。

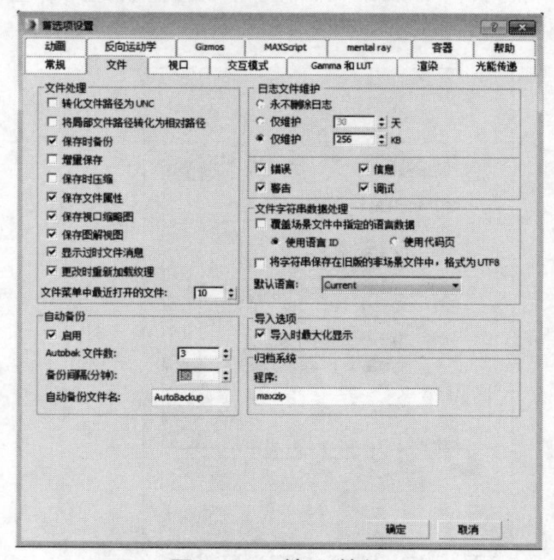

图1-20　输入数值

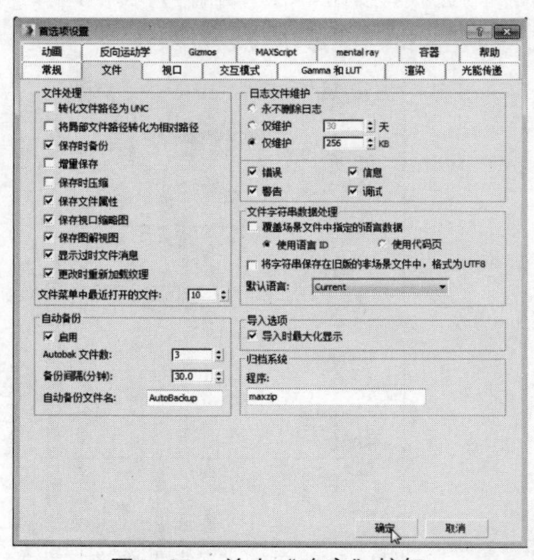

图1-21　单击“确定”按钮

1.2.3 设置快捷键

利用快捷键创建模型可以大步调提高工作效率，节省了寻找菜单命令或者工具的时间。为了避免快捷键和外部软件的冲突，用户可以自定义设置快捷键。

在“自定义用户界面”对话框中可以设置快捷键，通过以下方式可以打开“自定义用户界面”对话框：

- 执行“自定义”|“自定义用户界面”命令。
- 在工具栏的“键盘快捷键覆盖切换”按钮上单击鼠标右键。

【例1-3】下面将附加命令设置快捷键为Alt+F8。

01 执行“自定义”|“自定义用户界面”命令，打开“自定义用户界面”对话框，如图1-22所示。

02 打开“键盘”选项卡，单击“组”列表框，在弹出的列表框中选择“可编辑多边形”选项，如图1-23所示。

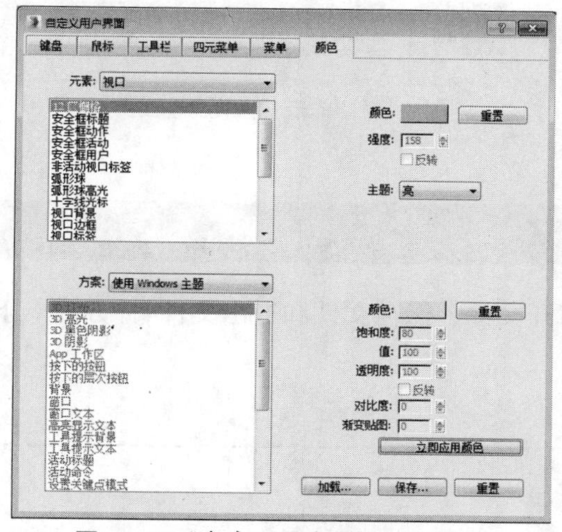

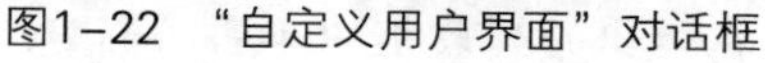
图1-22 “自定义用户界面”对话框

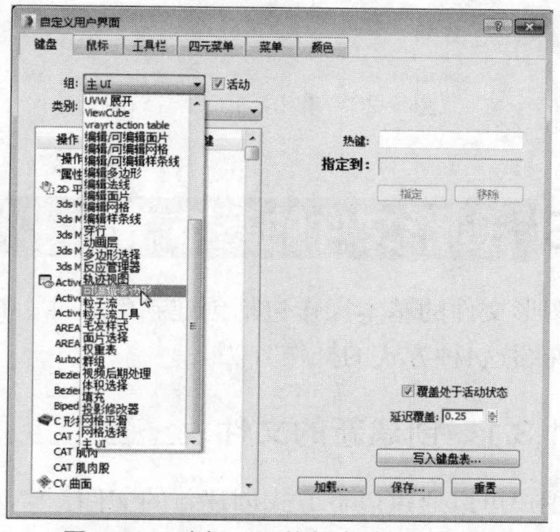

图1-23 选择“可编辑多边形”选项

03 在下方的列表框中会显示该组中包含的命令选项，选择需要设置快捷键的选项，如图1-24所示。

04 激活右侧的“热键”列表框，并在键盘上按Alt+F8键，即可设置快捷键，如图1-25所示。

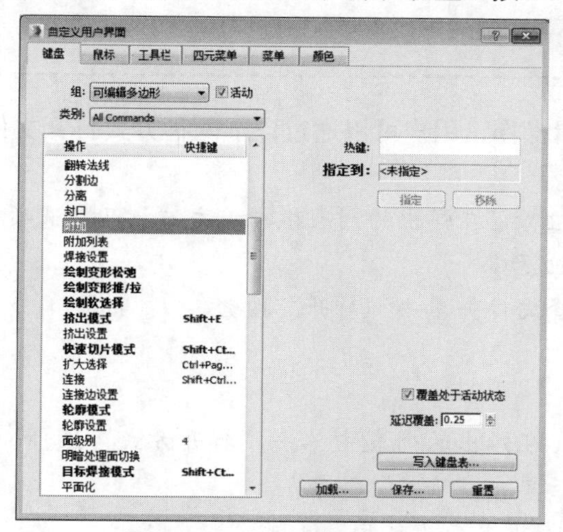

图1-24 选择“附加”选项

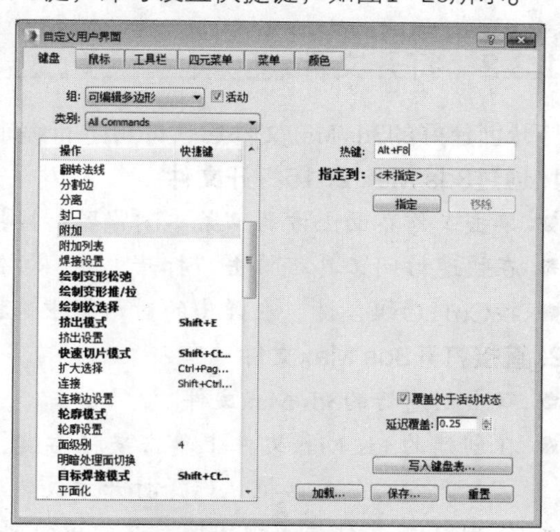

图1-25 设置快捷键

05 单击指定按钮，指定附加快捷键，如图1-26所示。

06 单击“关闭”按钮，即可完成设置快捷键操作，如图1-27所示。

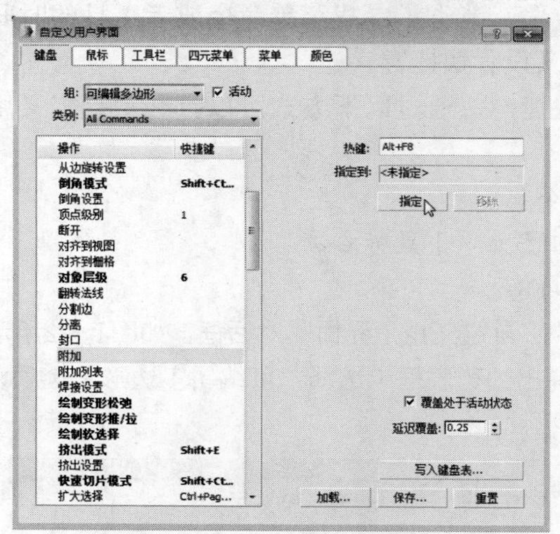

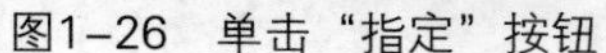

图1-26 单击“指定”按钮

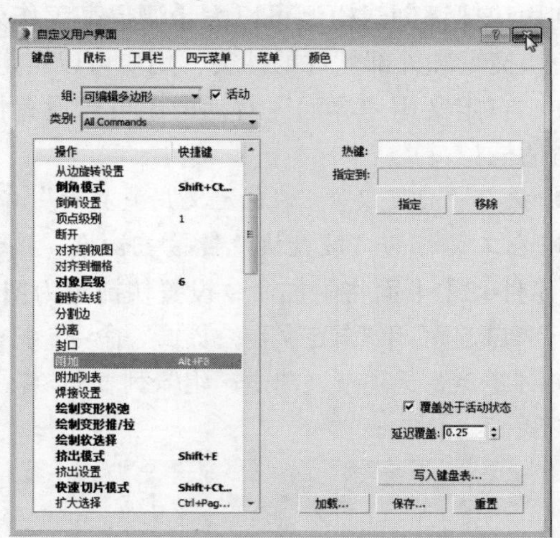

图1-27 单击“关闭”按钮

1.3 图形文件的基本操作

图形文件的基本操作包括创建新的文件、打开文件、保存文件和退出文件4种方式。下面就具体介绍这4种方式的操作方法。

1.3.1 创建新的文件

用户可以通过以下方式创建新的文件：

- 单击工作界面上方的“菜单浏览器”按钮，在弹出的列表框中单击“新建”选项。
- 在快速访问工具栏单击“新建场景”按钮。
- 按Ctrl+N组合键，在弹出的对话框中单击“确定”按钮。

1.3.2 打开文件

打开创建好的3ds Max文件后，即可进行编辑操作，用户可以通过以下两种方式打开文件。

1. 通过3ds Max 2015打开文件

- 单击工作界面上方的“菜单浏览器”按钮，在弹出的列表框中单击“打开”选项。
- 在快速访问工具栏单击“打开文件”按钮。
- 按Ctrl+O组合键，在弹出的对话框中选择文件并单击“打开”按钮。

2. 直接打开3ds Max文件

- 双击创建好的3ds Max文件。
- 在创建的3ds Max文件上单击鼠标右键，在弹出的列表中单击“打开方式”选项，弹出“打开方式”对话框，选择打开方式然后单击“确定”按钮。
- 将3ds Max文件拖入视图区，在弹出的列表框单击“打开”选项。

1.3.3 保存文件

在设计过程中或设计完成后，都需要进行保存文件的操作，以避免因为操作失误而丢失重要的工作文件，也可以方便下次继续使用和编辑，通过以下方式可以保存文件。

- 单击工作界面上方的“菜单浏览器”按钮，在弹出的列表框中单击“保存”选项。
- 单击工作界面上方的“菜单浏览器”按钮，在弹出的列表框中单击“另存为”选项。
- 在快速访问工具栏单击“保存文件”按钮。
- 按Ctrl+S组合键。

在“文件另存为”对话框中可以设置路径和文件名，并单击“保存”按钮完成保存，如图1-28所示。

图1-28 单击“保存”按钮

1.3.4 退出文件

当不需要对保存过的文件进行编辑操作时，可以关闭当前文件。

用户可以通过以下方式退出文件。

- 单击工作界面右上角的“关闭”按钮。
- 在计算机屏幕下方3ds Max文件名上单击鼠标右键，在弹出的列表中单击“关闭窗口”选项。

1.4 进入3ds Max的三维世界

利用3ds Max软件既可以对模型进行缩放、移动和旋转等操作，还可以平移、最大化和快速切换视图，掌握以上知识要点，就可以轻松自如地在3ds Max三维世界中进行工作。

1.4.1 缩放对象

如果创建的模型大小不符合要求，可以对其进行缩放操作。用户可以通过以下方式缩放对象：

- 执行“编辑”|“缩放”命令。
- 在工具栏单击“缩放”按钮。
- 打开“修改”命令面板，在“参数”卷展栏中设置参数。

【例1-4】下面以缩小茶壶为例具体介绍缩放模型的方法。

01 执行“编辑”|“缩放”命令，选择缩放对象，此时将在模型上显示缩放标志，如图1-29所示。

02 将鼠标放置在标志中央，并上下拖动鼠标即可缩放模型对象，如图1-30所示。

图1-29　选择缩放对象

图1-30　缩放对象效果

1.4.2　移动对象

在进行设计时，模型往往需要放置在不同的高度和位置上。而模型的放置位置对显示效果也有很大的影响，如果对模型对象的位置不满意，可以使用移动命令更改其位置。

用户可以通过以下方式调用移动命令。

- 执行“编辑”|“移动”命令。
- 在工具栏单击“移动”按钮。
- 在坐标显示区输入坐标值。
- 按W快捷键激活移动命令。

1.4.3　平移视图

由于视图显示区域有限，在放大视图显示的过程中会隐藏许多模型，平移视图可以显示其余未显示的图形。用户可以通过以下操作调用平移视图命令。

- 单击视图导航栏的“平移视图”按钮。
- 单击鼠标滚轮并拖动鼠标。
- 按Ctrl+P组合键。

单击视图导航栏的“平移视图”按钮，此时光标会更改为手掌形状，如图1-31所示。单击鼠标左键并拖动鼠标即可平移视图，如图1-32所示。

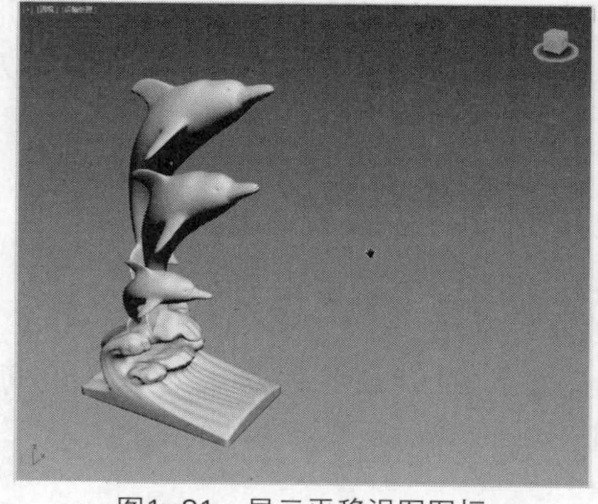
图1-31　显示平移视图图标

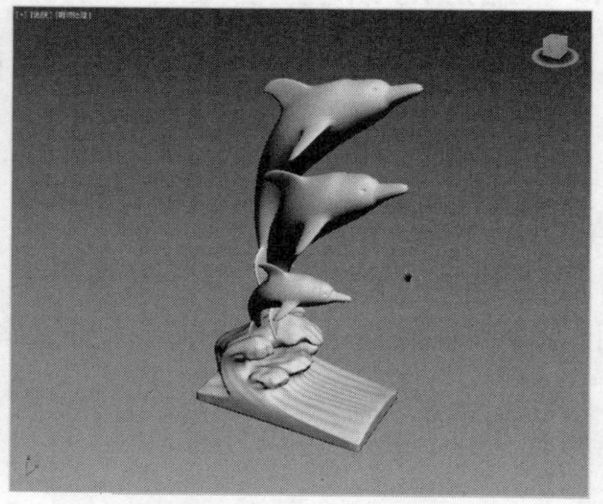
图1-32　平移视图效果

1.4.4 最大化视图切换

默认情况下，工作界面由“顶”视图、“前”视图、“左”视图、“透视”视图4个视图组成，它们分别并列在视图区，但为了更精确地进行编辑操作，可以最大化显示视图，通过最大化视图更容易观察和编辑模型。

用户可以通过以下方式调用最大化视图命令：

- 在视图导航栏中单击“最大化视图”按钮。
- 按Ctrl+W组合键。

单击鼠标右键，激活视图，如图1-33所示。按Ctrl+W组合键将视图切换到最大化模式，如图1-34所示。

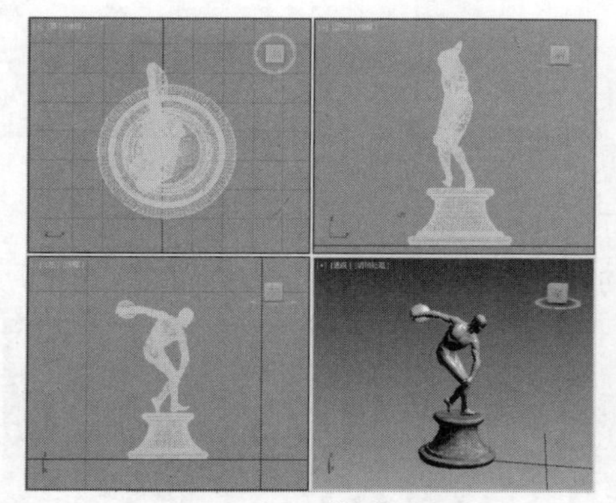

图1-33 激活视图

图1-34 最大化视图效果

1.4.5 快速切换视图

对于专业设计人员来说，不需要依次激活窗口，最大化视图后，利用快捷键快速切换视图，下面具体介绍切换视图的快捷键。

最大化切换视图：Ctrl+W，顶视图：Ctrl+T，前视图：Ctrl+F，左视图：Ctrl+L，后视图：Ctrl+B，透视视图：Ctrl+P，相机视图：Ctrl+C。

知识点拨

在最大化视图后，利用以上快捷键即可快速切换视图。

1.5 上机实训

本章讲解了工作页面的相关内容，其中视图区操作是非常重要的知识点，它可以显示模型在不同角度的状态，用户只有掌握了如何使用视图区才可以进行建模操作，下面将通过设置视图区巩固本章内容。

1.5.1 更改视口布局

默认情况下，视图区由四块大小相同的视图组成，可以根据需要更改视口布局，下面设置4个视口，左侧视口大小一致，并排放置，右侧有一个视口。

01 执行“视图”|“视口配置”命令，打开“视口配置”对话框，如图1-35所示。

02 在该对话框中单击视口选项卡，在该选项卡中选择合适的视口布局，如图1-36所示。

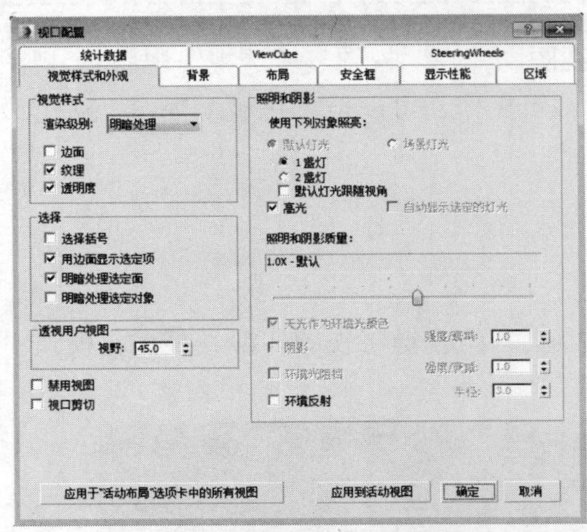

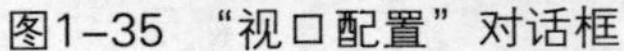
图1-35 “视口配置”对话框

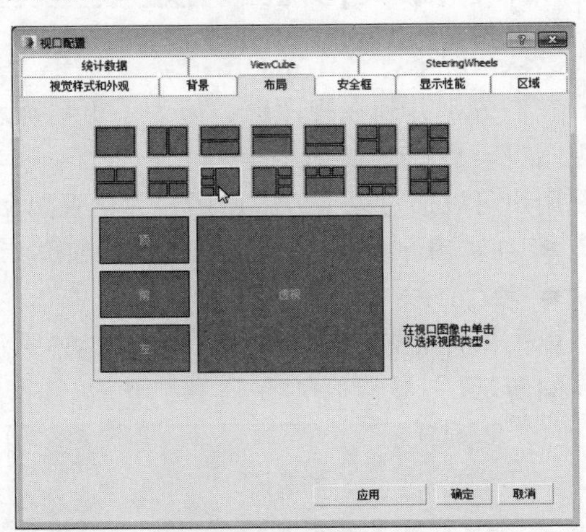

图1-36 选择视口布局

03 设置完成后单击“确定”按钮，返回视图区，即可预览更改的视口布局效果，如图1-37所示。

04 在视口边界处放置鼠标，当出现箭头时单击并拖动鼠标，即可更改视图大小，如图1-38所示。

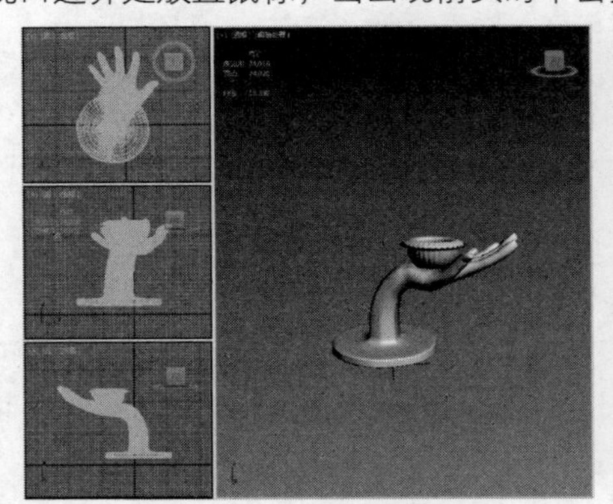
图1-37 更改视口布局

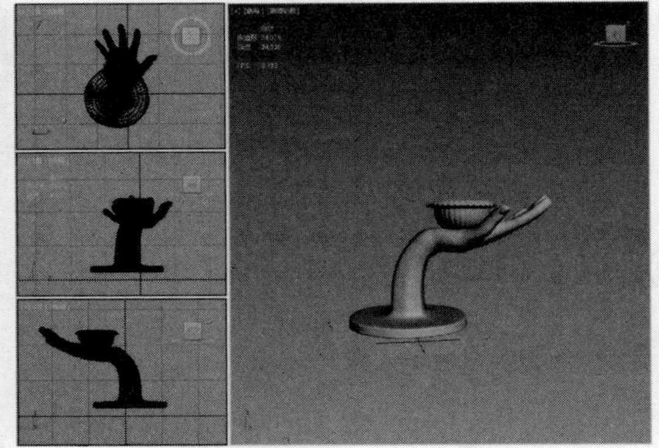
图1-38 设置视口大小

1.5.2 切换视图

在视口左上角的文字图标上单击鼠标左键，再单击右键，弹出快捷菜单列表，单击相应的视图选项（如图1-39所示），即可更改当前视图，如图1-40所示。

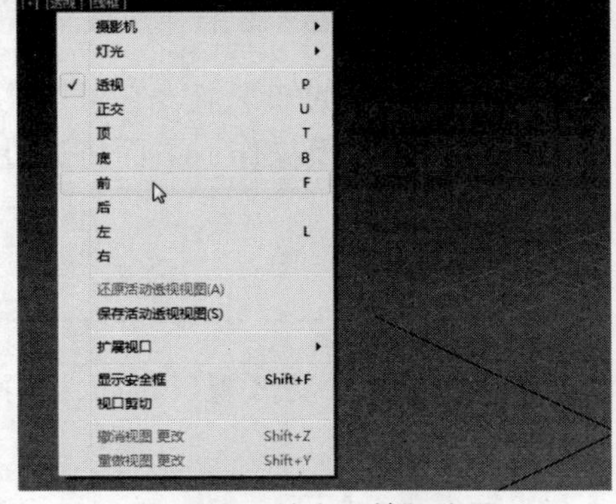

图1-39 单击“前”选项

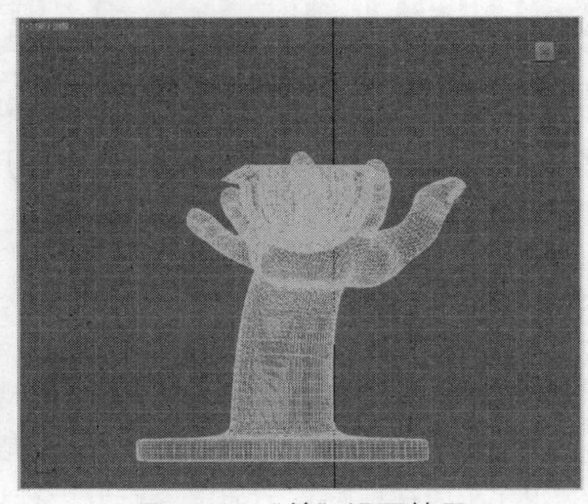
图1-40 “前”视图效果

1.6 常见疑难解答

Q：为什么安装软件后，启动软件是英文版本？

A： 在进行安装软件时，系统会自动安装不同语言的3ds Max 2015版本，并在桌面上默认生成英文版本的快捷方式，所以打开的是英文版本。执行“开始”|“所有程序”|“Autodesk”|“Autodesk 3ds Max Design 2015”|“Autodesk 3ds Max Design 2015–Simplified Chinese”命令，即可打开中文版本。此时桌面快捷方式就会更改为中文版本了。

Q：安装完成启动软件后，其他工具按钮可以正常使用，视图为什么不显示场景内容，只显示桌面内容？

A： 这是因为选择的驱动程序不适合该软件。执行“自定义”|“首选项”命令，在弹出的“首选项设置”对话框中打开“视口”选项卡，在“显示驱动程序”选项组中单击“选择驱动程序”按钮，如图1–41所示。此时打开“显示驱动程序选择”对话框，如图1–42所示。设置完成后逐一单击“确定”按钮，关闭并再次启动软件，即可显示视口内容。

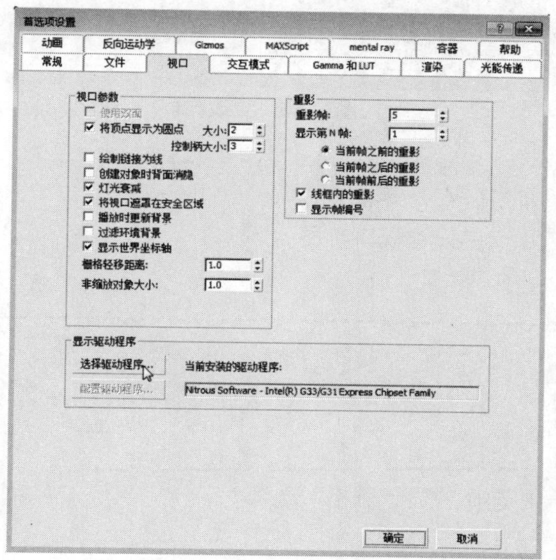

图1–41 单击“选择驱动程序”按钮

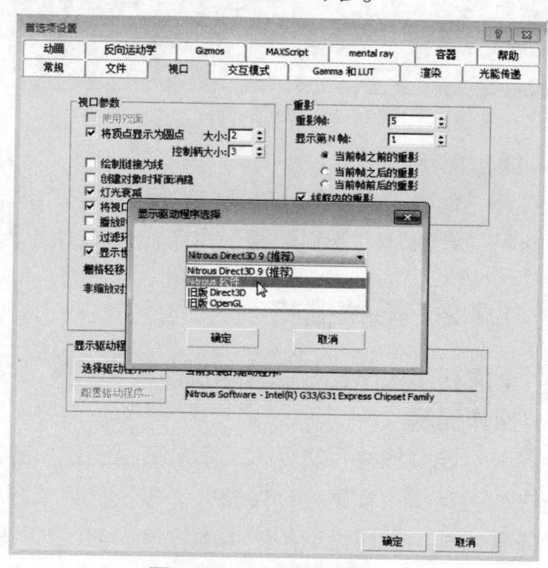

图1–42 选择驱动程序

Q：如何新建文件？

A： 如果场景中已经创建了模型，并且在不需要保存的情况下，按Ctrl+N键打开提示窗口，单击“不保存”按钮，如图1–43所示。此时打开“新建场景”对话框，然后选中“新建全部”单选按钮，设置完成后单击“确定”按钮即可新建文件，如图1–44所示。

图1–43 单击“不保存”按钮

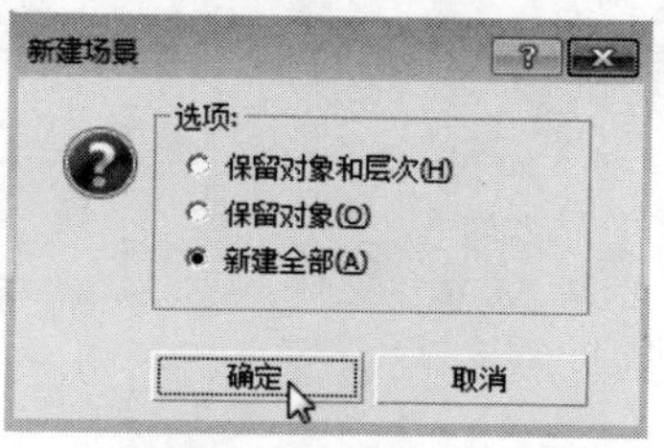

图1–44 单击“确定”按钮

1.7 拓展应用练习

下面通过两个简单的实例，对本章所学知识进行巩固。

1.7.1 更改视图视口布局

下面将视口设置为左侧并排放置两个，右侧为一个，如图1-46所示。

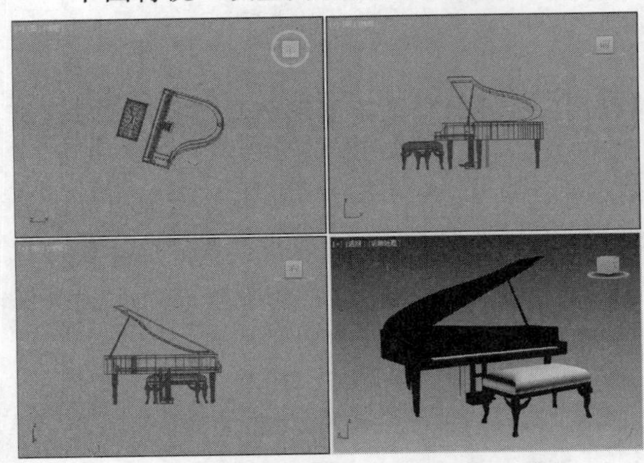

图1-45 默认布局

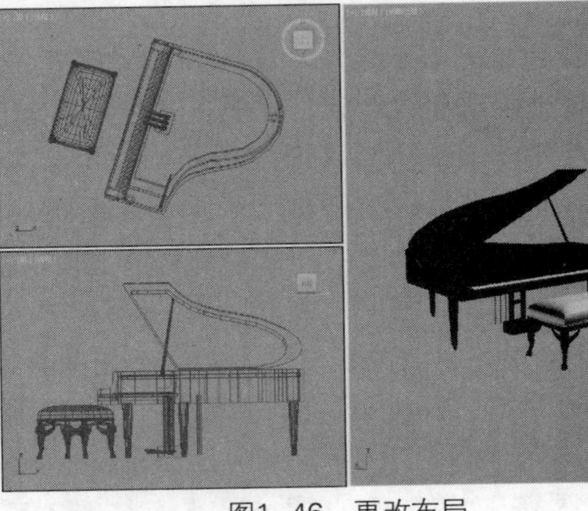

图1-46 更改布局

操作提示

01 打开“钢琴”文件，此时视口布局为默认布局，如图1-45所示。

02 执行“视图”|“视口配置”命令，在“布局”选项卡中设置视口布局。

1.7.2 隐藏栅格

下面利用视图控件隐藏顶视图栅格。

操作提示

01 打开“隐藏栅格”文件，切换至顶视图，如图1-47所示。

02 在左上角单击视图控件按钮，弹出快捷菜单列表并选择“显示栅格”选项。

03 设置完成后即可隐藏视图中的栅格，如图1-48所示。

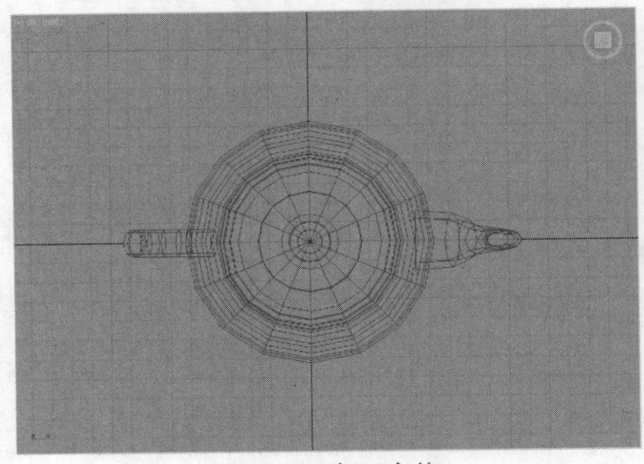

图1-47 打开文件

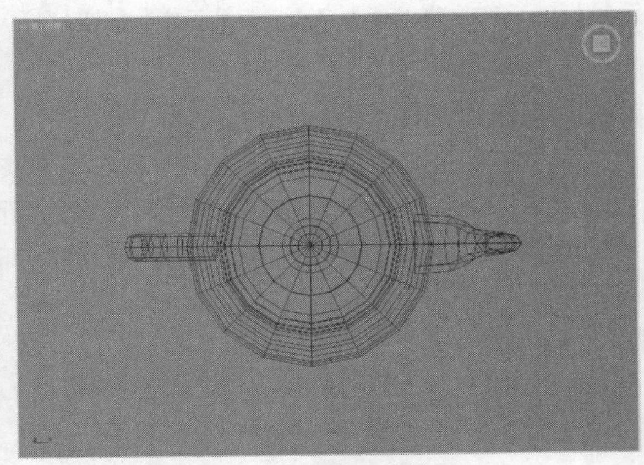

图1-48 隐藏栅格效果

第2章

样条线的创建与编辑

本章概述　创建和编辑样条线是制作精美三维物体的关键。通过样条线可以创建许多复杂的三维物体，本章主要介绍如何创建样条线，通过编辑和修改命令将创建的样条线进行调整和优化处理。

知识要点
- 样条线的创建
- 样条线的修改
- 利用样条线创建三维实体

2.1 样条线的创建

样条线包括线、矩形、圆、椭圆和圆环、多边形和星形等。利用样条线可以创建三维建模实体，所以掌握样条线的创建是非常必要的。

2.1.1 线的创建

线在样条线中也比较特殊，没有可编辑的参数，只有利用节点、线段和样条线等在对象层级中进行编辑。

在“图形”命令面板中单击“线”按钮，如图2-1所示。在视图区中合适的位置依次单击鼠标左键即可创建线，如图2-2所示。

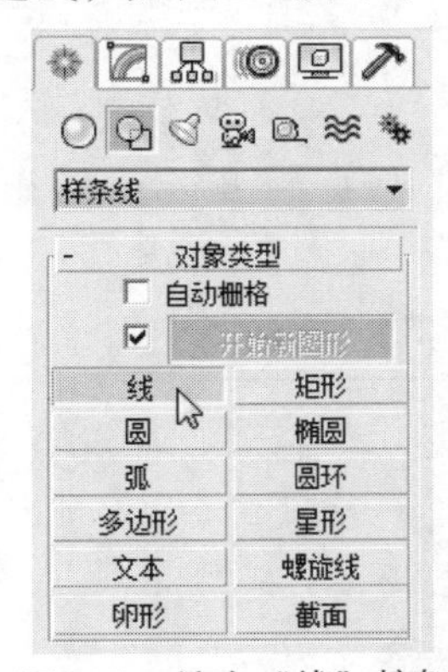

图2-1　单击“线”按钮

图2-2　创建线

2.1.2 矩形的创建

利用矩形样条线创建许多模型，下面以具体事例介绍矩形样条线的创建方法。

【例2-1】下面以创建角半径为1mm的矩形为例，具体介绍创建矩形样条线的方法。

01 在“图形”命令面板中单击“矩形”按钮，如图2-3所示。

02 在顶视图拖动鼠标即可创建矩形样条线，如图2-4所示。

03 打开“修改”命令面板，如图2-5所示。

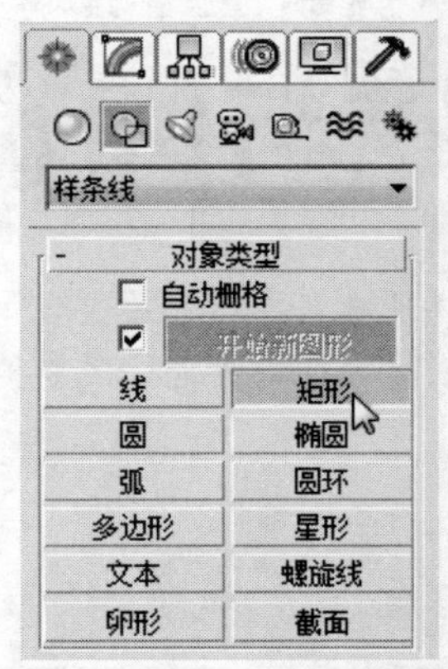

图2-3　单击“矩形”按钮

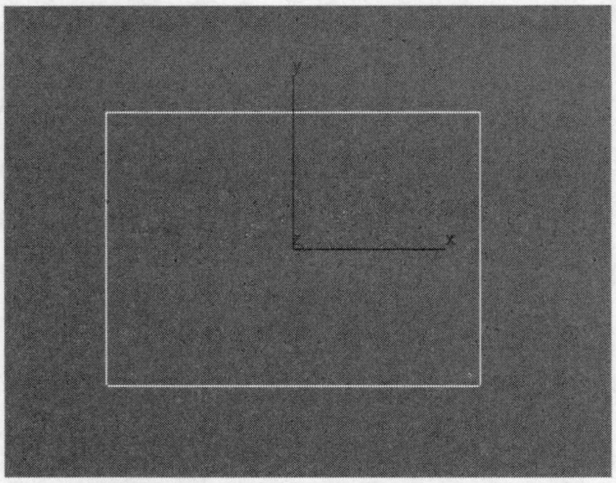

图2-4　创建矩形

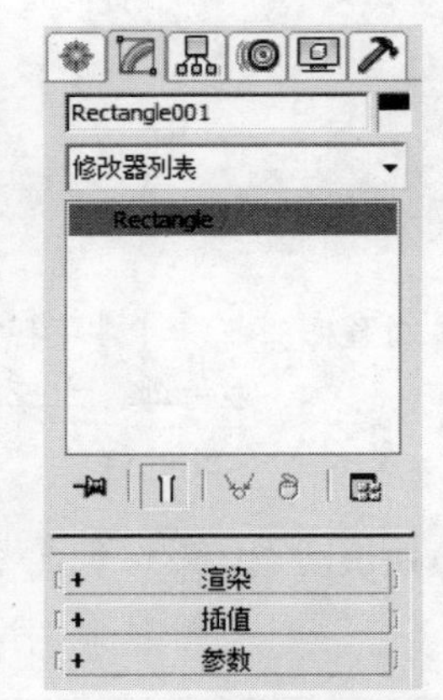

图2-5　“修改”命令面板

04 在“参数”卷展栏中可以设置样条线的参数，如图2-6所示。

图2-6　“参数”卷展栏

参数卷展栏包括长度、宽度和角半径3个选项，其中各选项的含义如下。

- 长度：设置矩形的长度。
- 宽度：设置矩形的宽度。
- 角半径：设置角半径的大小。

2.1.3　圆的创建

在“图形”命令面板中单击“圆”按钮。在任意视图单击并拖动鼠标即可创建圆（如图2-7所示），选择样条线，在命令面板的下方可以设置圆的半径大小，如图2-8所示。

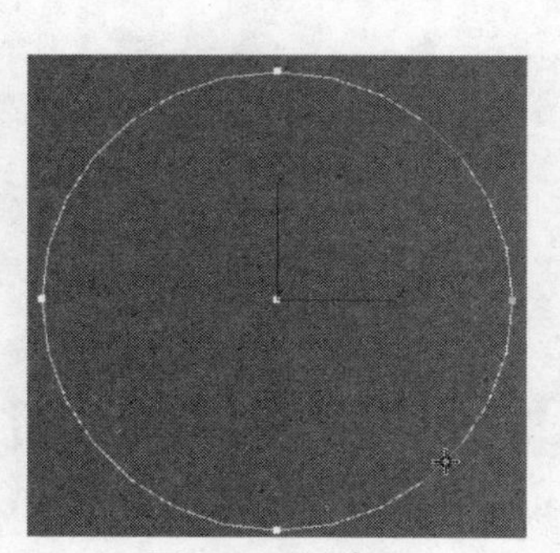

图2-7　创建圆

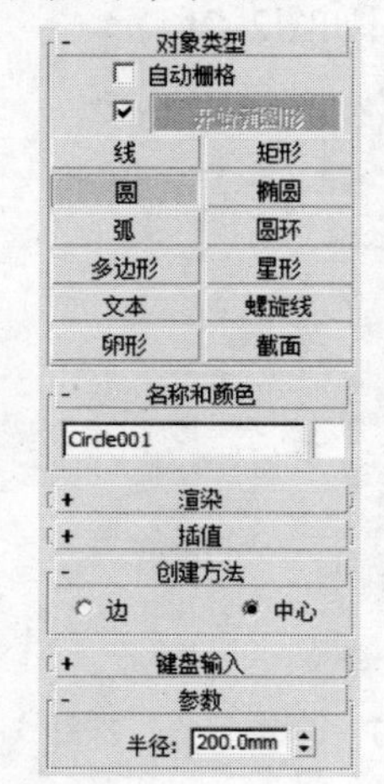

图2-8　设置半径大小

2.1.4　椭圆、圆环的创建

创建椭圆样条线和圆形样条线的方法一致，通过“参数”卷展栏可以设置长度和宽度，而圆环和圆不同，需要设置内框和外框线。

【例2-2】下面创建一个半径1为450mm，半径2为600mm的圆环。

01 在“图形”命令面板中单击“圆环”按钮，在“顶”视图拖动鼠标创建圆环外框线，释放鼠标左键并拖动鼠标，即可创建圆环内框线，如图2-9所示。

02 单击鼠标左键完成创建圆环操作，在“参数”卷展栏可以设置半径1和半径2的大小，如图2-10所示。

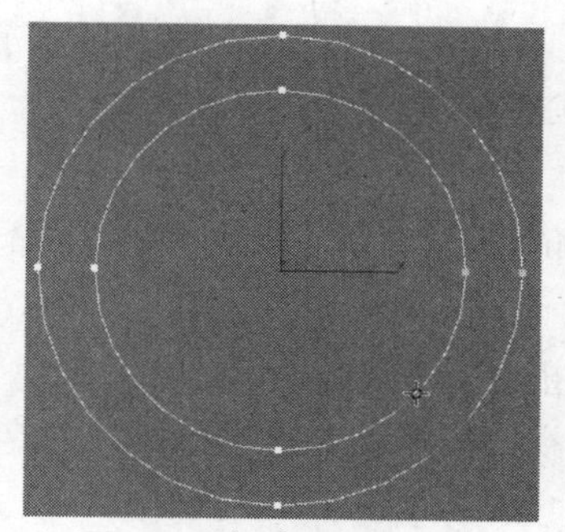

图2-9 创建圆环内框线

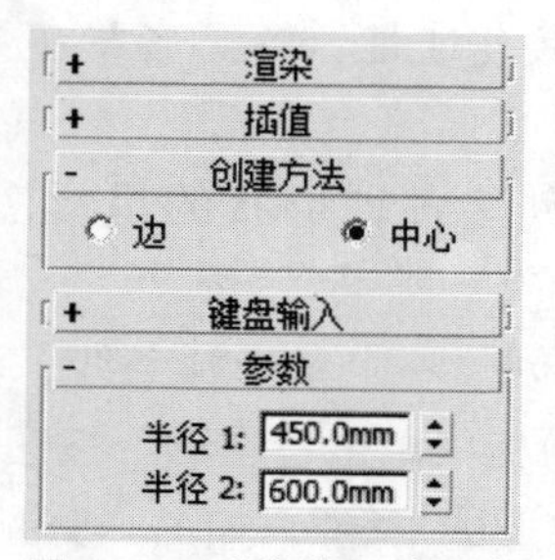

图2-10 “参数”卷展栏

2.1.5 多边形、星形的创建

多边形和星形属于多线段的样条线图形，通过边数和点数可以设置样条线的形状。

1. 多边形

【例2-3】利用多边形样条线可以创建对称的多边形物体，下面创建一个10边形。

01 在“图形”命令面板中单击“圆环”按钮，此时，命令面板下方会出现一系列卷展栏，如图2-11所示。

02 在“边数”列表框中可以设置边数，如图2-12所示。

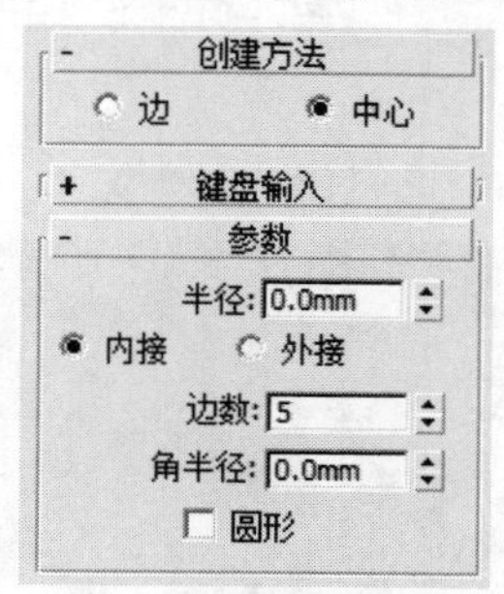

图2-11 显示卷展栏

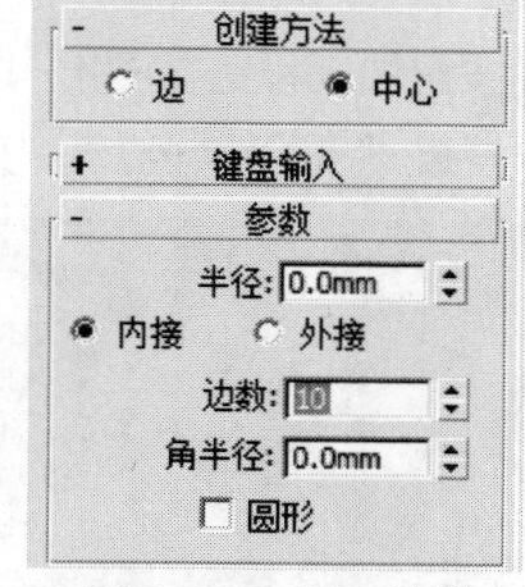

图2-12 设置边数

03 单击并拖动鼠标即可创建多边形，图2-13所示的样条线边数为5，图2-14所示的样条线边数为10。

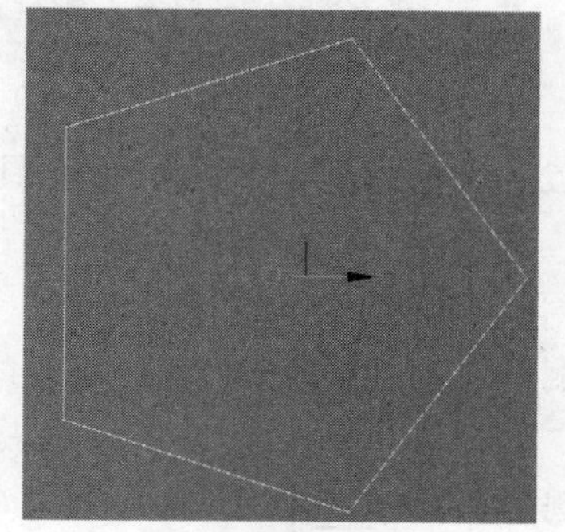

图2-13 边数为5

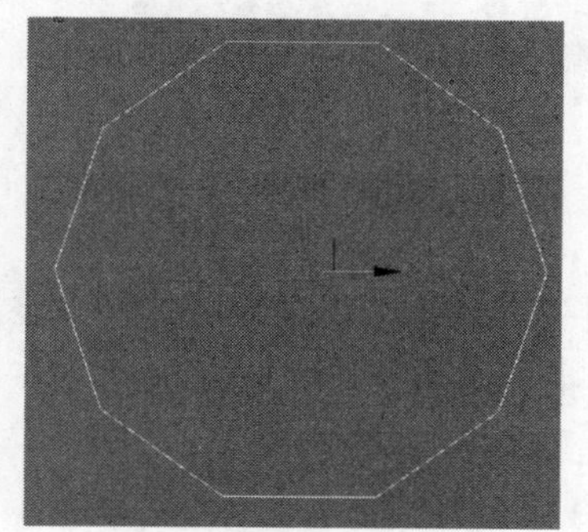

图2-14 边数为10

在“参数”卷展栏中有许多设置多边形的选项，下面具体介绍各选项的含义。

- 半径：设置多边形半径的大小。
- 内接和外接：内接是指多边形的中心点到角点之间的距离为内切圆的半径，外接是指多边形的中心点到角点之间的距离为外切圆的半径。
- 边数：设置多边形的边数。数值范围为3～100，默认边数为5。
- 角半径：设置圆角半径的大小。
- 圆形：勾选该复选框，多变形即可变成圆形。

2. 星形

星形工具可以创建各种形状的星形图案和齿轮，还可以利用扭曲命令将图形进行扭曲操作。

【例2-4】下面创建一个星形样条线，其中扭曲为90，圆角半径为10。

01 在“图形”命令面板中单击“星形”按钮，在视口中单击并拖动鼠标，指定星形的半径1，释放鼠标左键，指定星形的半径2，如图2-15所示。

02 在“参数”卷展栏中设置扭曲数值，如图2-16所示。

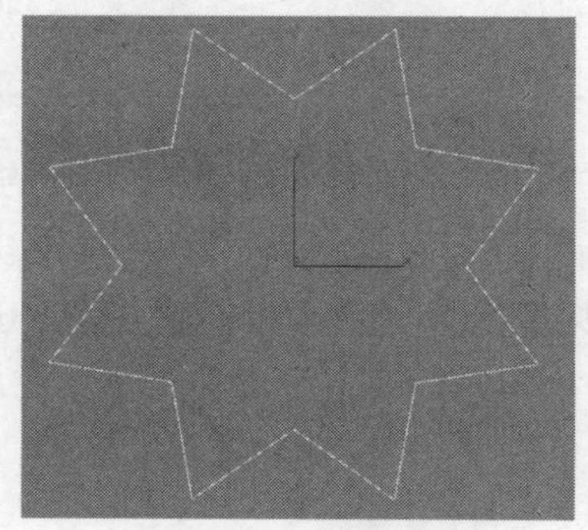

图2-15　创建星形

图2-16　设置扭曲数值

03 设置完成后，星形将被扭曲90度，如图2-17所示。

04 在“参数”卷展栏中设置“圆角半径1”为10，效果如图2-18所示。

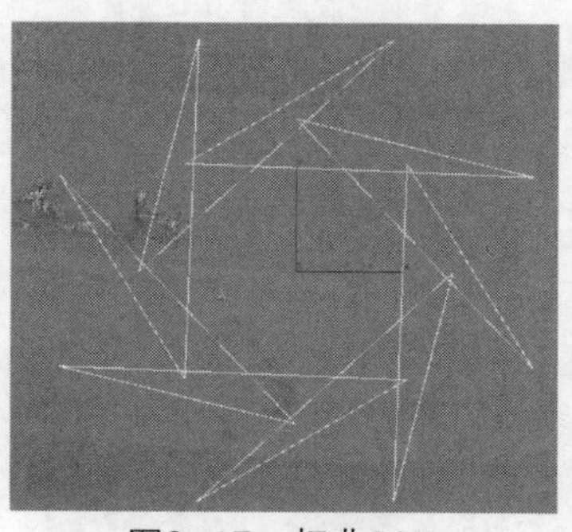

图2-17　扭曲90°

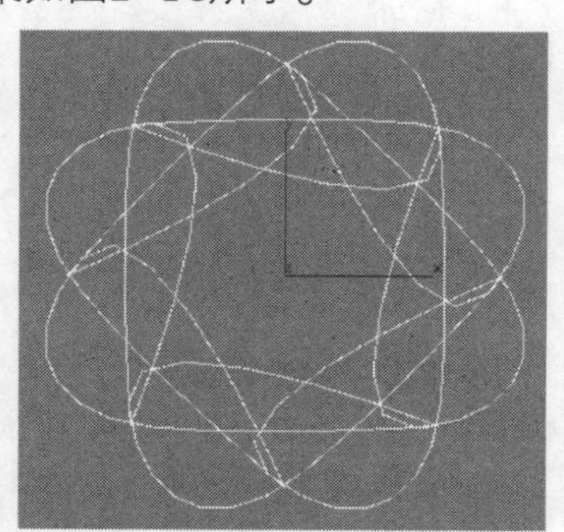

图2-18　“圆角半径1”为10

由上图可知，设置星形的选项由半径1、半径2、点、扭曲等组成。下面具体介绍各选项的含义。

- 半径1和半径2：设置星形的内、外半径。
- 点：设置星形的顶点数目，默认情况下，创建星形的点数目为6。数值范围为3～100。
- 扭曲：设置星形的扭曲程度。
- 圆角半径1和圆角半径2：设置星形内、外圆环上的圆角半径大小。

知识点拨

在创建星形半径2时，向内拖动，可将第一个半径作为星形的顶点，或者向外拖动，将第二个半径作为星形的顶点。

2.1.6 文本的创建

在设计过程中，许多方面都需要创建文本，比如店面名称、商品的品牌等。

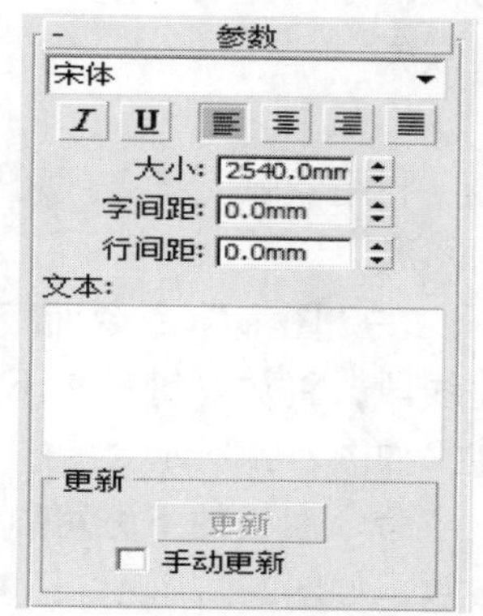

图2-19 “参数”卷展栏

【例2-5】下面以创建服装店名为例具体介绍创建文本的操作方法。

01 在“图形”命令面板中单击“文本”按钮，此时将会在“参数”卷展栏显示创建文本的参数选项，如图2-19所示。

02 在“文本”选项框内输入需要创建的文本内容，如图2-20所示。

03 在绘图区合适位置单击鼠标左键即可创建文本，若创建的图形太小，不容易显示，按快捷键Z即可最大化显示文本对象，如图2-21所示。

04 单击上方的“居中”按钮，将文字的对齐方式改为“居中”，如图2-22所示。

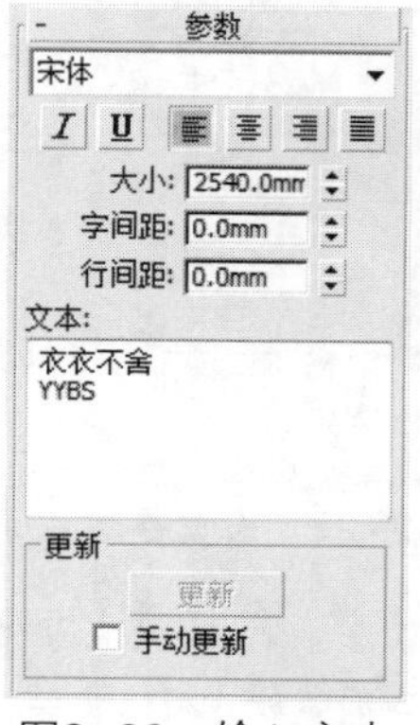

图2-20 输入文本

图2-21 创建文本

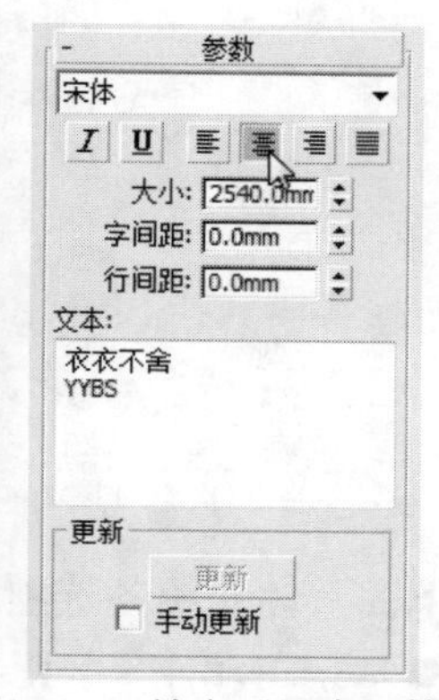

图2-22 单击“居中”按钮

05 设置完成后文字即可居中对齐，如图2-23所示。

06 设置字间距为1000，行间距为1000，设置后的效果如图2-24所示。

图2-23 居中对齐

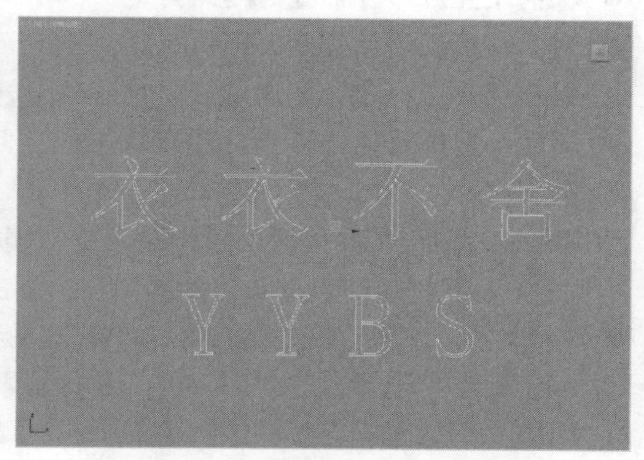

图2-24 设置字间距和行间距效果

2.1.7 其他样条线的创建

在3ds Max中，还可以创建弧、螺旋线、卵形和截面等样条线。

创建卵形的方法和创建圆环的方法基本一致，通过“参数”卷展栏可以调整其形状和大小，这里就不再详细介绍，创建截面的方法也非常简单，单击“截面”按钮，在视图区单击并拖动鼠标，释放鼠标后即可创建截面。这里也不再详细介绍了。下面主要介绍创建弧和螺旋线的方法。

1. 弧

利用“弧”样条线可以创建圆弧和扇形，创建的弧形状可以通过修改器生成带有平滑圆角的图形。

在“图形”命令面板上单击“弧”按钮（如图2-25所示），在绘图区单击并拖动鼠标创建线段，释放左键后上下或者左右拖动鼠标可显示弧线，再次单击鼠标左键确认，完成弧的创建，如图2-26所示。

命令面板的下方可以设置样条线的创建方式，在“参数”卷展栏中可以设置弧样条线的各参数，如图2-27所示。

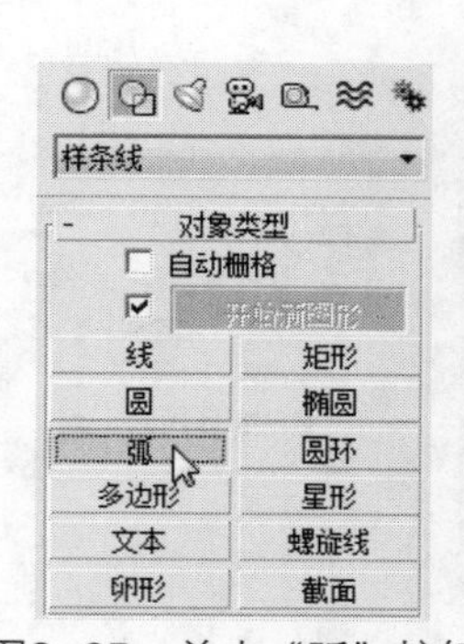

图2-25　单击“弧”按钮

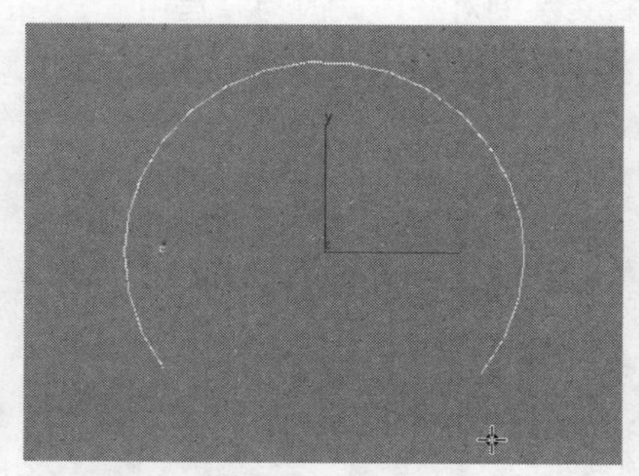

图2-26　创建弧

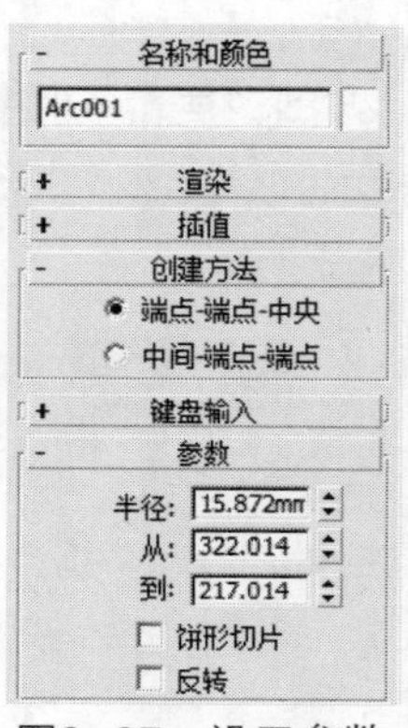

图2-27　设置参数

下面具体介绍各选项的含义。

- 端点-端点-中央：设置“弧”样条线以端点-端点-中央的方式进行创建。
- 中央-端点-端点：设置“弧”样条线以中央-端点-端点的方式进行创建。
- 半径：设置弧形的半径。
- 从：设置弧形样条线的起始角度。
- 到：设置弧形样条线的终止角度。
- 饼形切片：勾选该复选框，创建的弧形样条线会更改成封闭的扇形。
- 反转：勾选该复选框，即可反转弧形，生成弧形所属圆周另一半的弧形。

2. 螺旋线

利用螺旋线图形工具可以创建弹簧及旋转楼梯扶手等不规则的圆弧形状。

【例2-6】下面以创建弹簧为例具体介绍创建螺旋线的方法。

01 单击“螺旋线”按钮，在透视视图中，单击鼠标左键并拖动指定半径大小，如图2-28所示。

02 释放鼠标左键指定螺旋线高度，再上下拖动鼠标指定另一个半径大小，设置完成后即可创建螺旋线，如图2-29所示。

图2-28　设置螺旋线半径

图2-29　创建螺旋线

03 在“参数”卷展栏的“圈数”列表框中输入数值，如图2-30所示。

04 设置完成后，效果如图2-31所示。

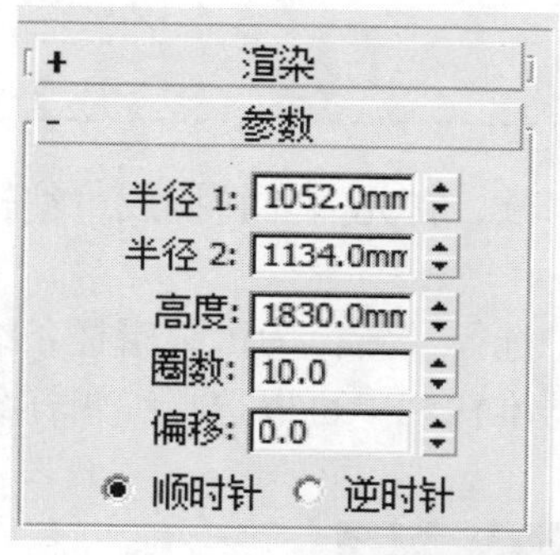

图2-30　输入“圈数”数值

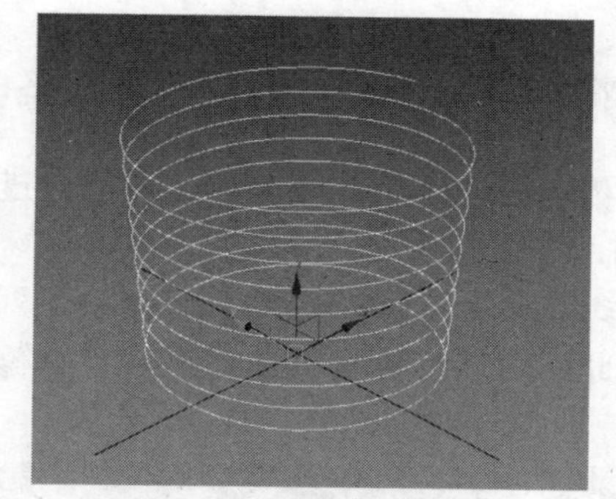
图2-31　设置圈数效果

05 在“偏移”列表框内输入偏移距离，如图2-32所示。

06 设置完成后，效果如图2-33所示。

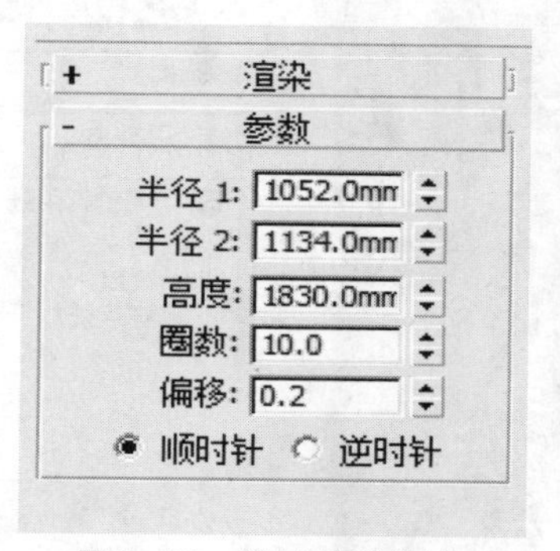

图2-32　设置偏移距离

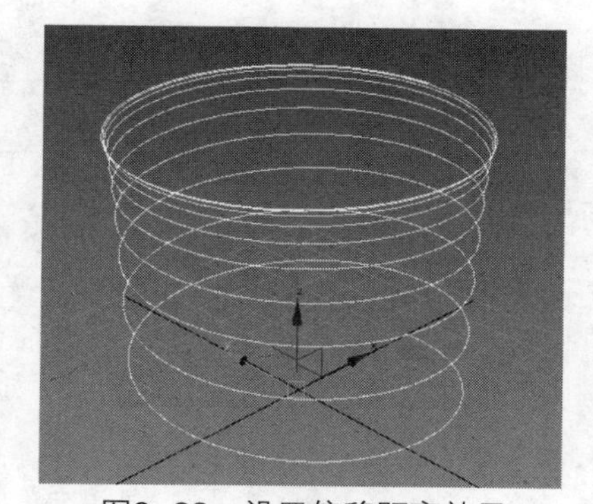
图2-33　设置偏移距离效果

螺旋线可以通过半径1、半径2、高度、圈数、偏移、顺时针和逆时针等选项进行设置。下面具体介绍各选项的含义。

- 半径1和半径2：设置螺旋线的半径。
- 高度：设置螺旋线在起始圆环和结束圆之间的高度。
- 圈数：设置螺旋线的圈数。
- 偏移：设置螺旋线段偏移距离。
- 顺时针和逆时针：设置螺旋线的旋转方向。

2.2 样条线的编辑与修改

创建样条线之后，若不满足用户的需要，可以编辑和修改创建的样条线，在3ds Max 2015中，除了可以通过“节点”、“线段”和“样条线”等编辑样条线，还可以在参数卷展栏更改数值编辑样条线。

2.2.1 样条线的组成部分

样条线包括节点、线段、切线手柄、步数等部分，利用样条线的组成部分可以不断地调整其状态和形状。

节点就是组成样条线上任意一段的端点，线段是指两端点之间的距离，单击鼠标右键，在快捷菜单列表中选择Bezier角点，顶点上就是显示切线手柄，调整手柄的方向和位置，可以更改样条线的形状。

2.2.2 将样条线转换成可编辑样条线

如果需要对创建的样条线的节点、线段等进行修改，首先需要转换成可编辑样条线，才可以进行编辑操作。

选择样条线并单击鼠标右键，在快捷菜单列表中选择“转换为可编辑样条线”选项（如图2-34所示），此时将转换为可编辑样条线，在修改器堆栈栏中可以选择编辑样条线的方式，如图2-35所示。

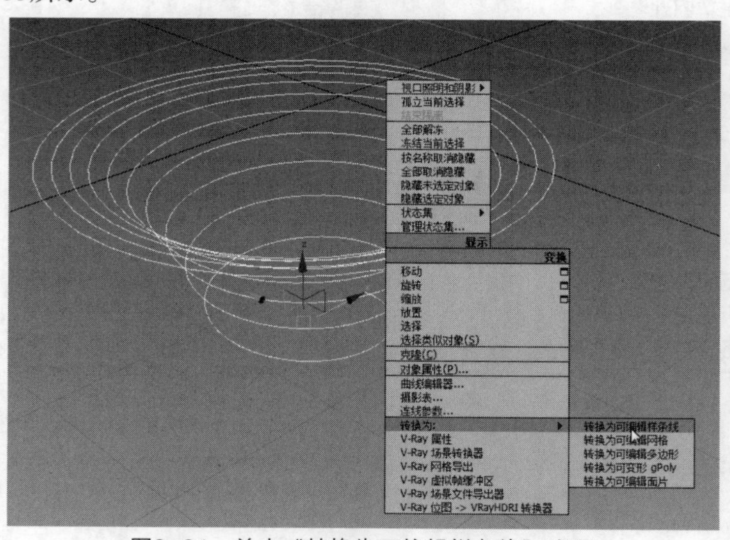

图2-34　单击“转换为可编辑样条线”选项

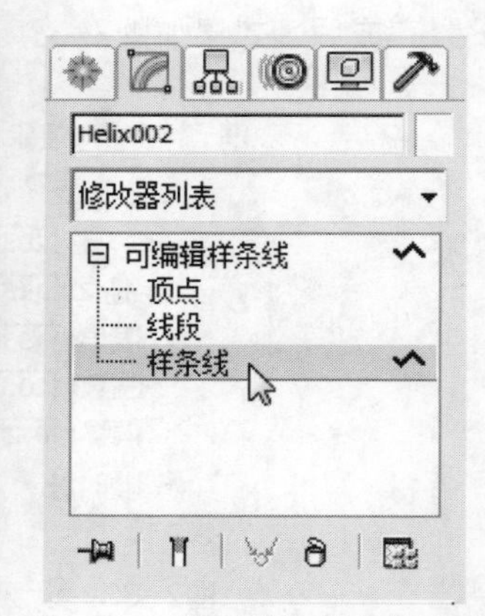

图2-35　设置编辑样条线方式

2.2.3 编辑顶点子对象

在顶点和线段之间创建的样条线称为样条线子对象，将样条线转换为可编辑样条线之后，可以编辑顶点子对象、线段子对象和样条线子对象等。

在编辑顶点子对象之前，首先要把可编辑的样条线切换成顶点子对象，用户可以通过以下方式切换顶点子对象。

● 在可编辑样条线上单击鼠标右键，在弹出的快捷菜单列表中单击“顶点”选项，如图2-36所示。
● 在“修改”命令面板修改器堆栈栏中展开“可编辑样条线”卷展栏，在弹出的列表中单击“顶点”选项，如图2-37所示。

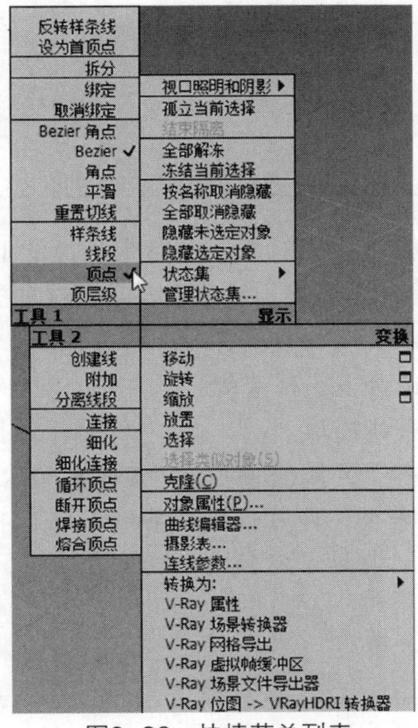

图2-36　快捷菜单列表

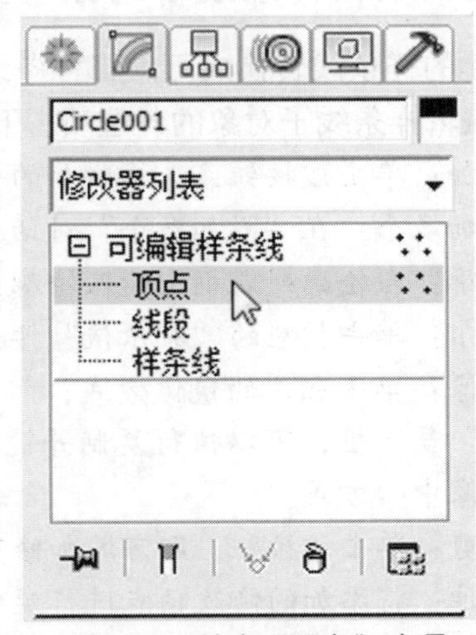

图2-37　单击“顶点”选项

在激活顶点子对象后，命令面板的下方会出现许多修改顶点子对象的选项。下面具体介绍各常用选项的含义。

● 优化：单击该按钮，在样条线上可以创建多个顶点。
● 切角：设置样条线切角。
● 删除：删除选定的样条线顶点。

知识点拨

利用快捷菜单列表也可以编辑顶点子对象。

单击“Bezier”选项，此时将会显示切线手柄，拖动任意手柄，即可整体调整切线手柄所属的样条线线段。

单击“Bezier角点”选项，两条切线手柄各不相关，拖动任意一方手柄，可以只调整切线手柄的一方，不影响另一方线段。

单击“平滑”选项，即可将顶点所属的线段进行平滑处理。

2.2.4 编辑线段子对象

激活线段子对象，即可进行编辑线段子对象的操作，和编辑顶点子对象相同，激活线段子对象后，在命令面板的下方将会出现编辑线段的各选项。下面具体介绍编辑线段子对象中各常用选项的含义。

● 附加：单击该按钮，选择附加线段，则附加过的线段将合并为一体。

- 附加多个：在“附加多个”对话框中可以选择附加多个样条线线段。
- 横截面：可以在合适的位置创建横截面。
- 优化：创建多个样条线顶点。
- 隐藏：隐藏指定的样条线。
- 全部取消隐藏：取消隐藏选项。
- 删除：删除指定的样条线段。
- 分离：将指定的线段与样条线分离。

2.2.5 编辑样条线子对象

将创建的样条线转换成可编辑样条线之后，激活样条线子对象，在命令面板的下方也会相应地显示编辑样条线子对象的各选项。下面具体介绍编辑样条线子对象中各常用选项的含义。

- 附加：单击该按钮，选择附加的样条线，则附加过的样条线将合并为一体。
- 附加多个：在“附加多个”对话框中可以选择附加多个样条线。
- 轮廓：在轮廓列表框中输入轮廓值即可创建样条线轮廓。
- 布尔：单击相应的“布尔值”按钮，然后执行布尔运算，即可显示布尔后的状态。
- 镜像：单击相应的镜像方式，然后再执行镜像命令，即可镜像样条线，勾选下方的“复制”复选框，可以执行复制并镜像样条线命令，勾选“以轴为中心”复选框，可以设置镜像中心方式。
- 修剪：单击该按钮，即可添加修剪样条线的顶点。
- 延伸：将添加的修改顶点进行延伸操作。

【例2-7】下面为星形样条线添加轮廓，值为2。

01 在顶视图中创建矩形和星形，矩形参数如图2-38所示，星形参数如图2-39所示。

图2-38 矩形参数

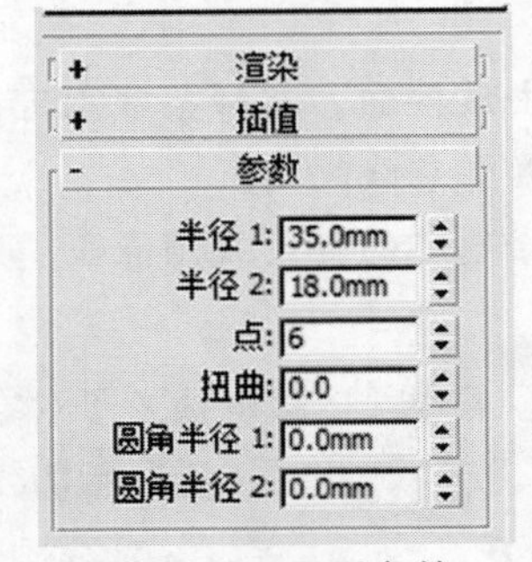

图2-39 星形参数

02 创建完成后，如图2-40所示，选择创建的样条线，单击鼠标右键，在弹出的快捷菜单列表中单击“转换为可编辑多边形”选项，如图2-41所示。

03 选择矩形样条线，在修改堆栈栏中展开“可编辑样条线”卷展栏，并单击“样条线”选项，如图2-42所示。

04 在“命令”面板的下方单击“附加”按钮，返回视图区，选择需要附加的样条线，如图2-43所示。

05 这时，星形将附加到矩形样条线中，但该样条线仍可以进行编辑操作，选择星形样条线，如图2-44所示。

06 在“轮廓”选项框中输入轮廓值为2，按回车键即可创建样条线轮廓，如图2-45所示。

图2-40 创建样条线

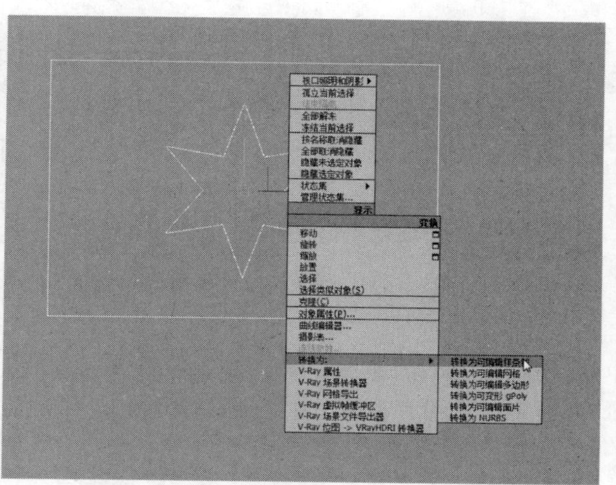

图2-41 单击“转换为可编辑多边形”选项

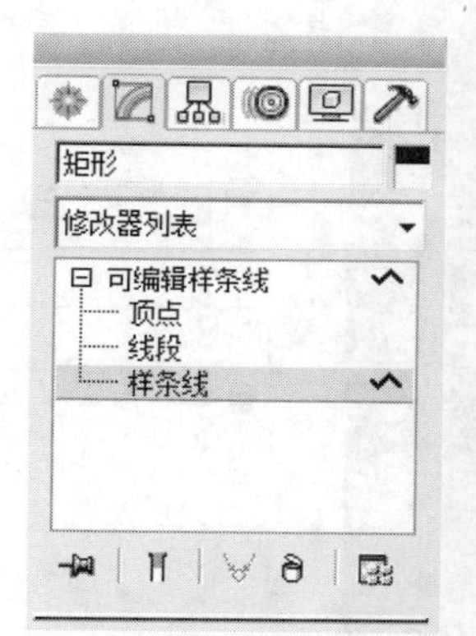

图2-42 单击“样条线”选项

图2-43 选择附加的样条线

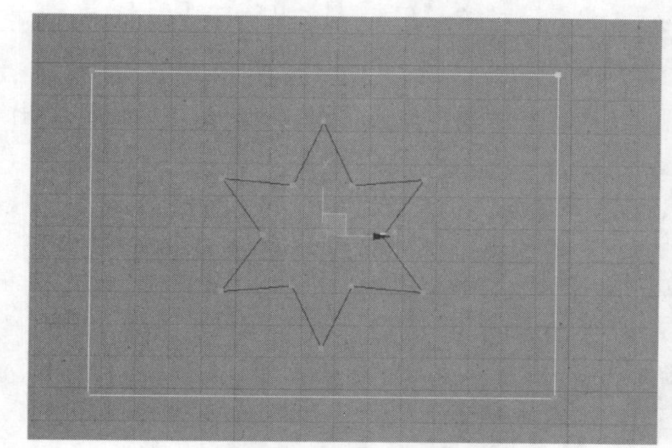

图2-44 选择星形

图2-45 轮廓效果

2.3 使用样条线绘制图形

在3ds Max 2015中，利用样条线可以创建一些特殊造型，通过调整样条线使物体线条更加流畅，然后再将创建的样条线转化成立体图形，即可显示真实的物体图形效果。

2.3.1 制作楼梯扶手

楼梯扶手属于不规则物体，利用普通建模很难诠释出不规则效果，所以我们利用样条线进行设计，本例利用二维图形中的线命令生成二维楼梯扶手，再使用车削修改器设置厚度。

【例2-8】下面具体介绍创建楼梯扶手的方法。

01 打开“旋转楼梯”文件，隐藏文件中物体，然后在“图形”命令面板中单击“螺旋线”按钮，在透视图创建螺旋线，并设置螺旋线参数，如图2-46所示。

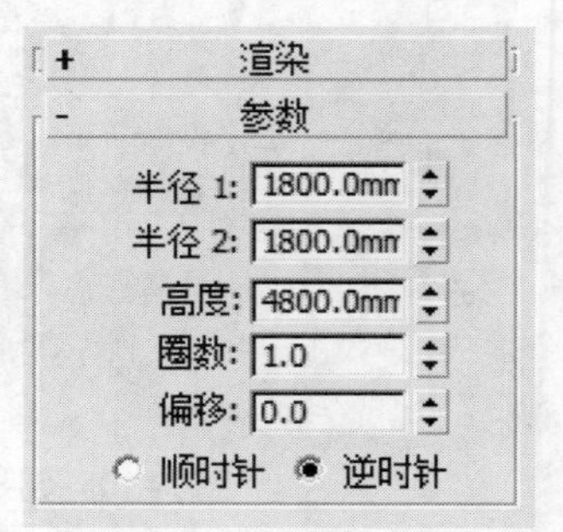

图2-46 设置螺旋线参数

02 设置完成后，即可创建螺旋线，展开“渲染”卷展栏，勾选“在渲染中启用”和“在视口中启用”复选框，并设置厚度为35mm，如图2-47所示。

03 设置完成后，复制螺旋线，如图2-48所示。

04 选择样条线，将其转换为可编辑样条线，在修改器堆栈栏展开“可编辑多边形”卷展栏，在弹出的列表中选择“顶点”选项，如图2-49所示。

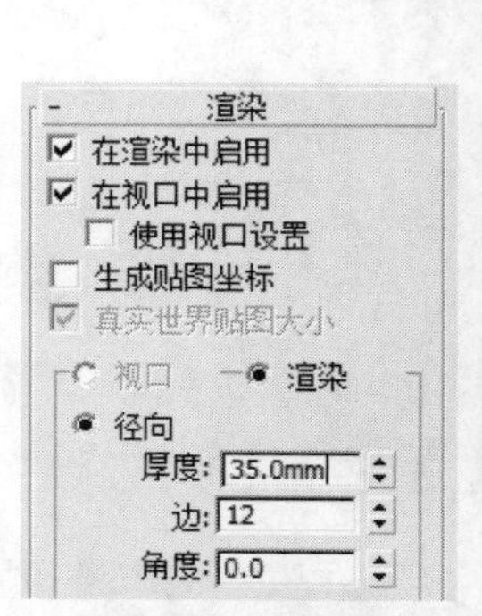

图2-47 设置厚度

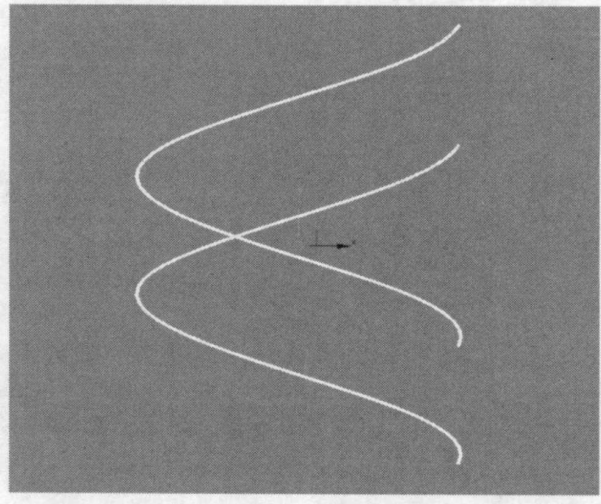
图2-48 复制螺旋线

图2-49 单击“顶点”选项

05 在前视图选择顶点，并单击鼠标右键，在弹出的快捷菜单列表中单击“Beizer”选项，此时会出现切线手柄，如图2-50所示。

06 拖动手柄即可修改样条线形状，重复以上步骤，调整样条线，调整完成后，如图2-51所示。

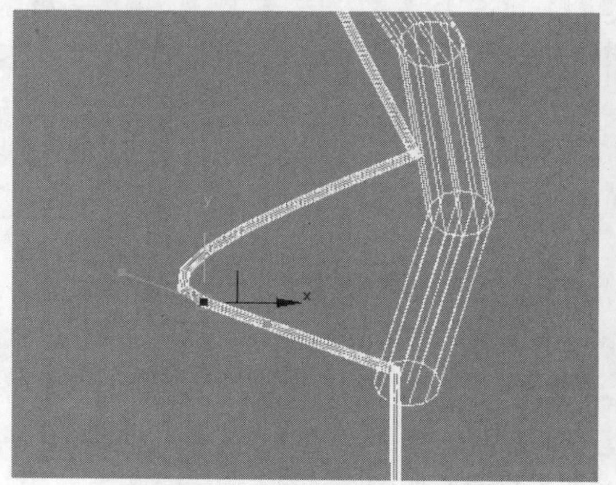
图2-50 显示切线手柄

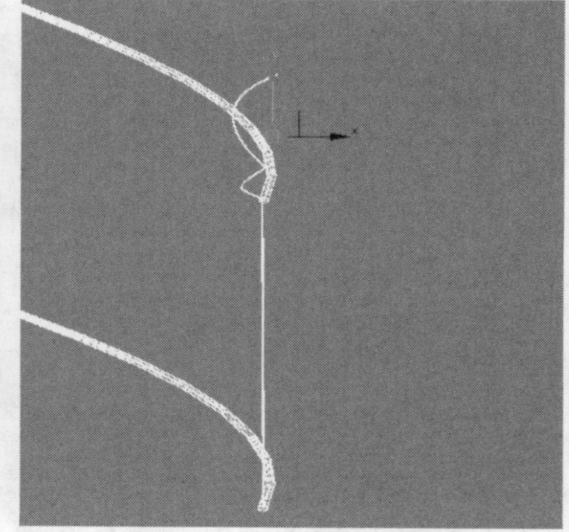
图2-51 调整样条线效果

07 单击修改按钮，打开“修改”命令面板，单击修改器列表的下拉菜单按钮，在弹出的列表中选择

"车削"命令，设置完成后，如图2-52所示。

08 在图形命令面板中单击"线"按钮，在左视图绘制旋转楼梯花纹，将其转换为可编辑样条线，然后调整其形状，如图2-53所示。

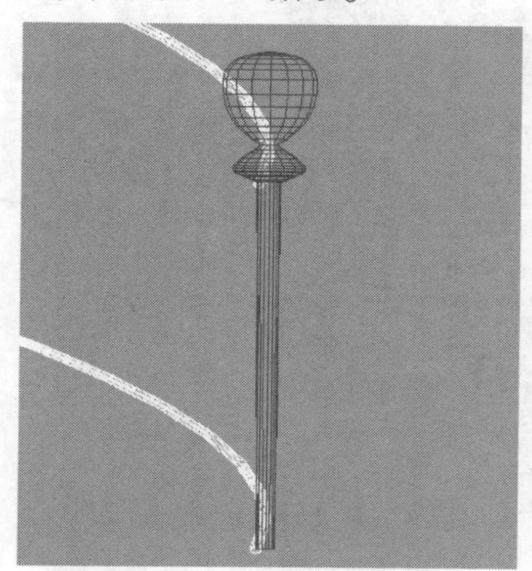

图2-52 车削样条线效果

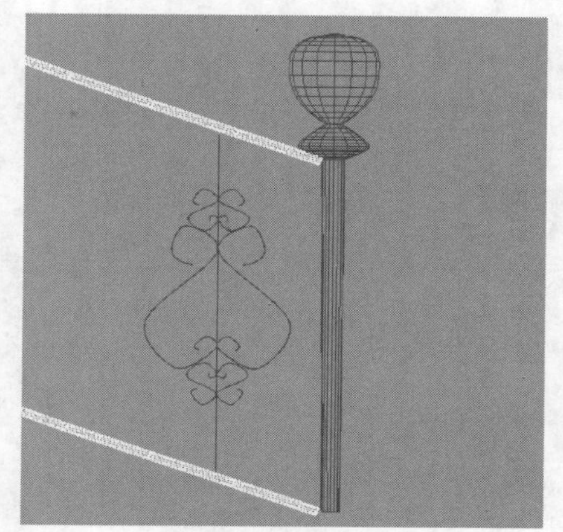

图2-53 绘制花纹

09 依次设置花纹的厚度为5，设置完成后，将螺旋线上下复制，并更改其厚度为5，如图2-54所示。

10 将创建的花纹和立柱进行复制，完成制作楼梯扶手。

11 显示被隐藏的物体，然后将楼梯扶手移动到楼梯上，添加材质后，在透视视图显示的效果如图2-55所示。

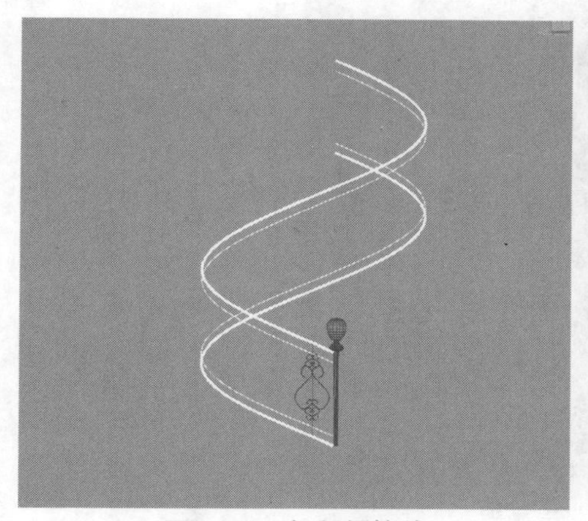

图2-54 复制螺旋线

图2-55 绘制楼梯扶手

2.3.2 制作窗护栏

一般情况下，窗护栏是对称的，所以制作方法也是相同的。创建窗护栏也可以使用样条线，通过二维图形中的线、矩形、弧和圆命令生成窗护栏。

【例2-9】下面具体介绍制作窗护栏的方法。

01 打开"图形"命令面板，并单击"矩形"按钮，在顶视图中拖动鼠标创建矩形，并设置矩形长度为198mm，宽度为180mm。

02 单击按钮，打开"修改"命令面板，勾选"在渲染中启用"和"在视口中启用"命令，并设置样条线数值，如图2-56所示。

03 单击"线"按钮，在左视图中绘制线段，如图2-57所示。

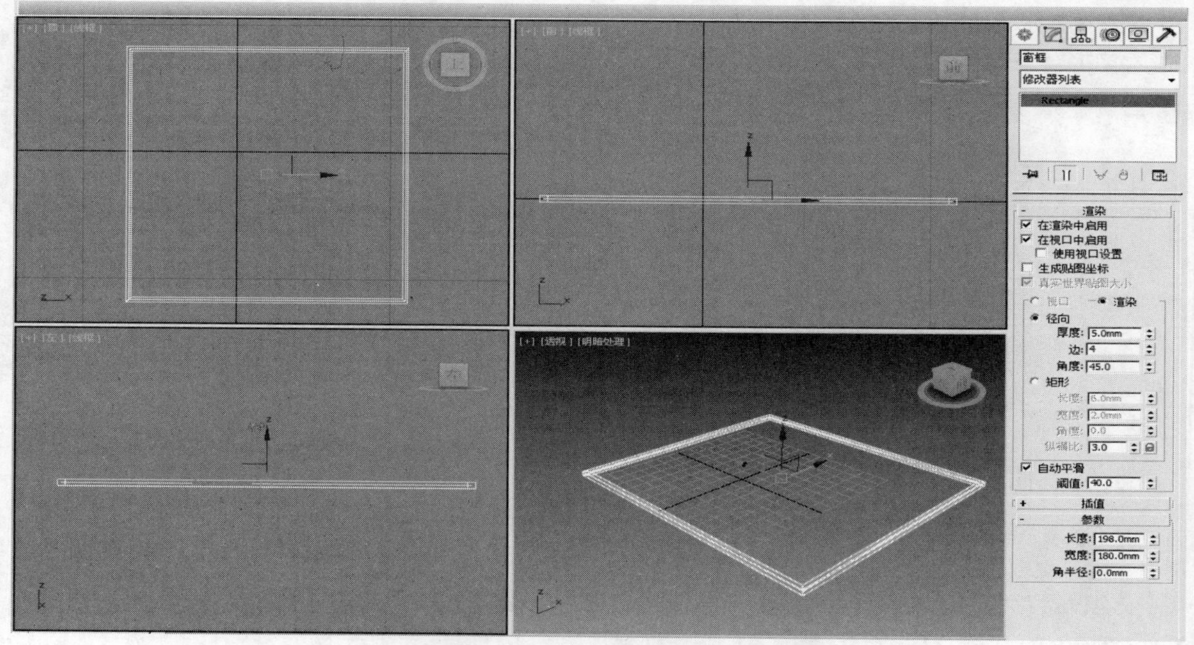

图2-56　创建并设置样条线

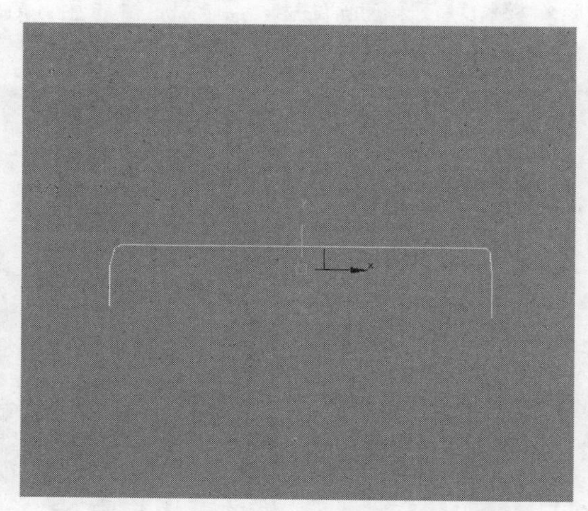

图2-57　绘制线

04 在修改堆栈栏中展开“LINE”卷展栏，在弹出的列表中单击“顶点”选项，返回左视图，选择需要调整的顶点，如图2-58所示。

05 单击鼠标右键，在弹出的快捷菜单列表中单击“平滑”选项，如图2-59所示。

06 设置完成后，顶点则平滑处理，再利用“Bezier角点”命令，调整线段拐角处，最后将移动样条线顶点的位置，最终效果如图2-60所示。

07 在“渲染”卷展栏下，勾选“在渲染中启用”和“在视口中启用”复选框，渲染参数值和矩形样条线相同，如图2-61所示。

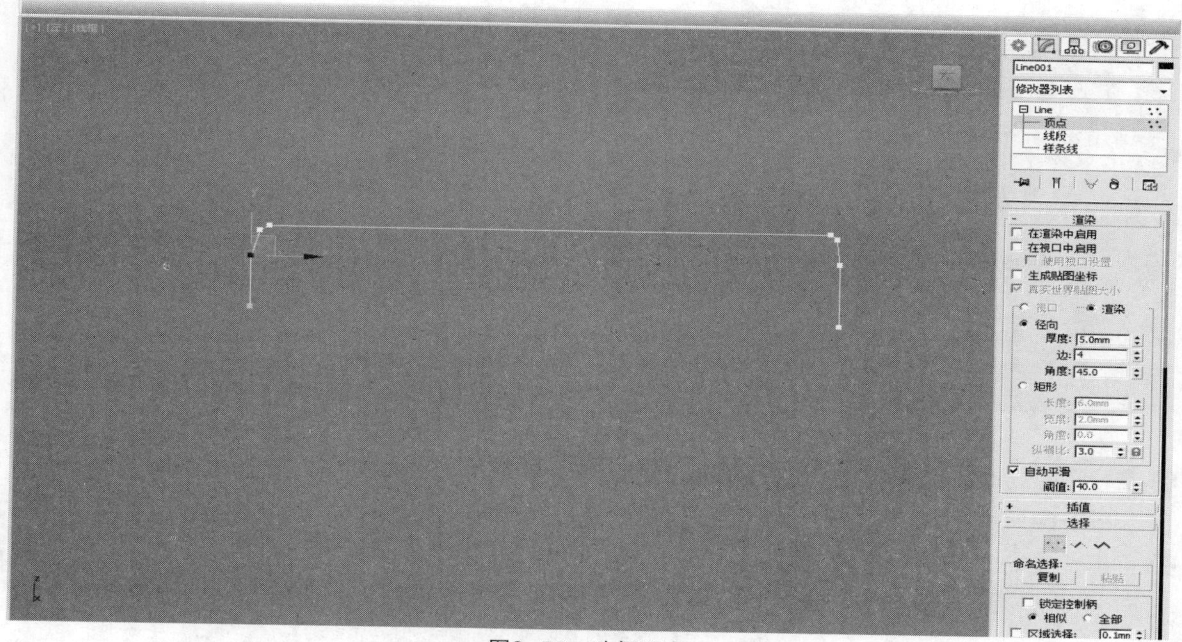

图2-58　选择顶点

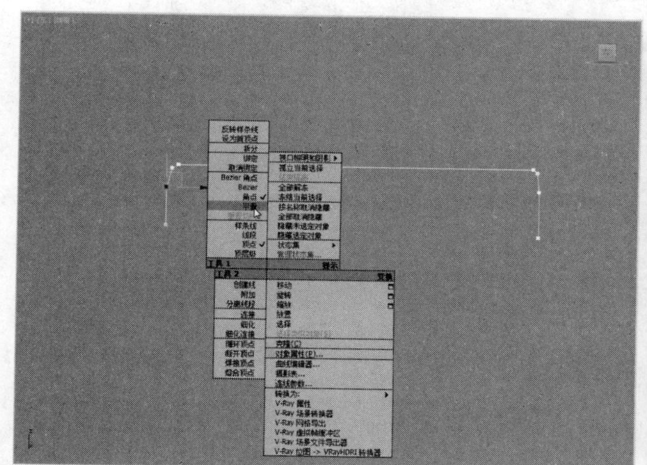

图2-59　单击“平滑”选项

图2-60　调整样条线效果

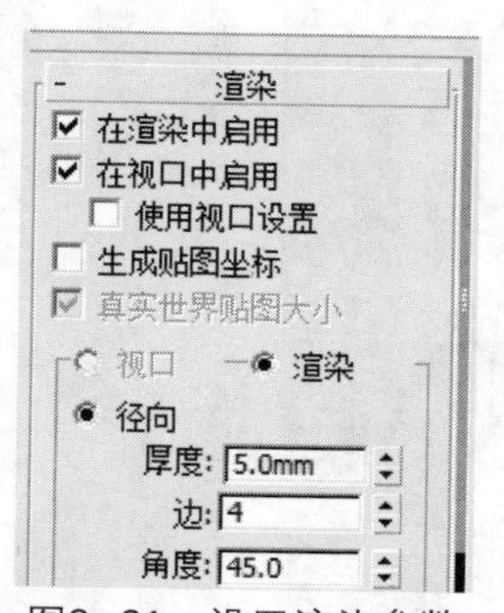

图2-61　设置渲染参数

08 设置完成后，将其移至合适的位置，如图2-62所示。

09 切换至顶视图，选择样条线，按住Shift键并向右拖动箭头，进行复制，如图2-63所示。

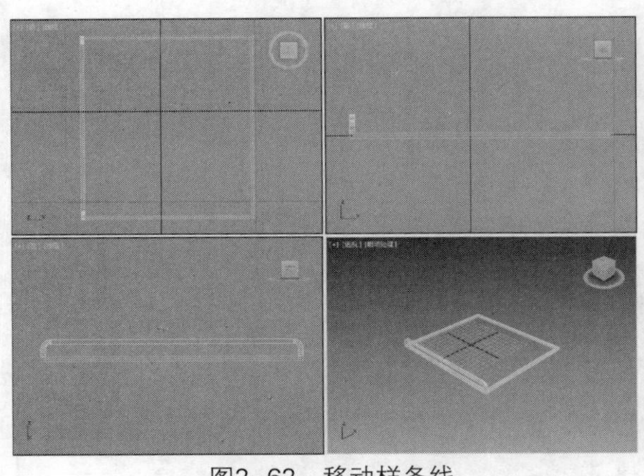

图2-62　移动样条线

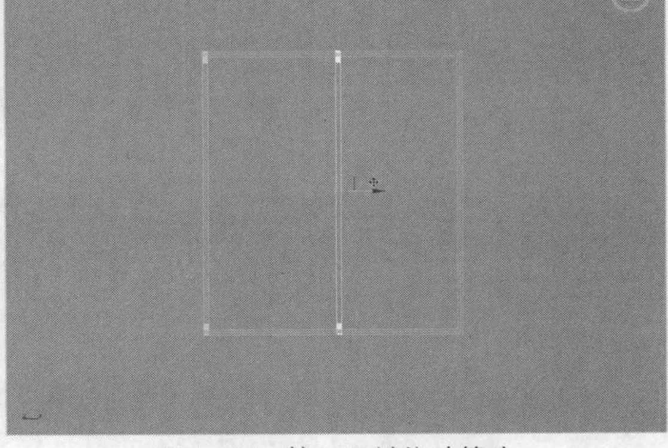

图2-63　按Shift键拖动箭头

⑩ 在合适的位置释放Shift键和鼠标左键，将弹出“克隆选项”对话框，在该对话框设置复制选项，如图2-64所示。

⑪ 单击“确定”按钮，即可复制图形，如图2-65所示。

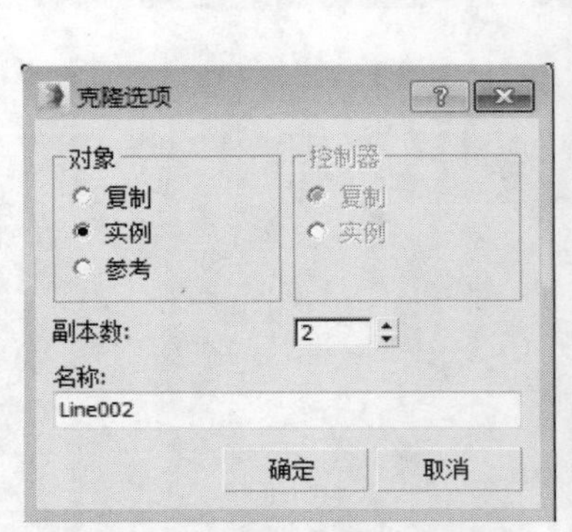

图2-64　“克隆选项”对话框

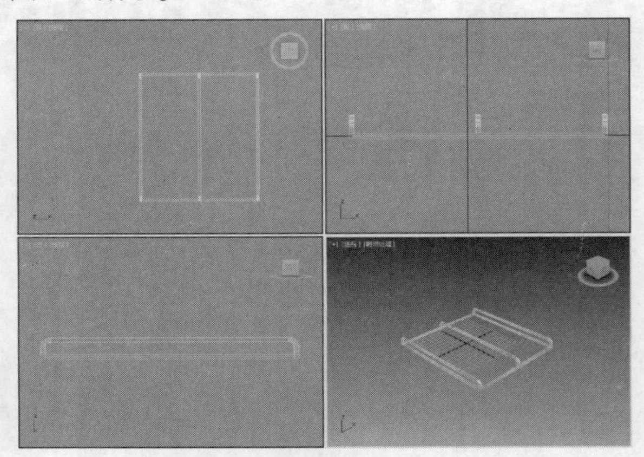

图2-65　复制效果

⑫ 在顶视图中，利用线命令，创建样条线，如图2-66所示。

⑬ 选择样条线，并复制，在弹出的对话框中，单击“复制”单选按钮，并设置副本数为1，设置完成后单击“确定”按钮，如图2-67所示。

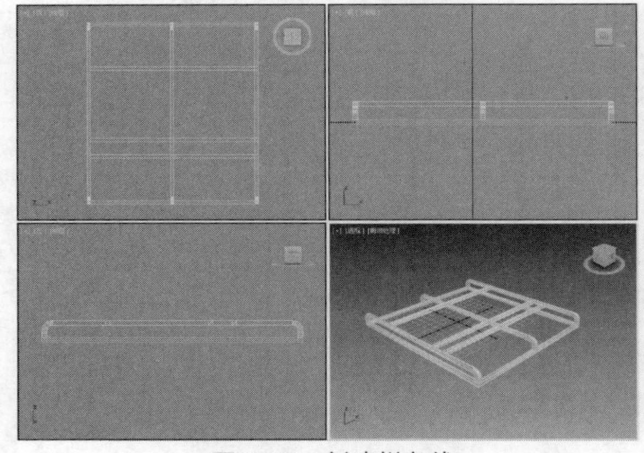

图2-66　创建样条线

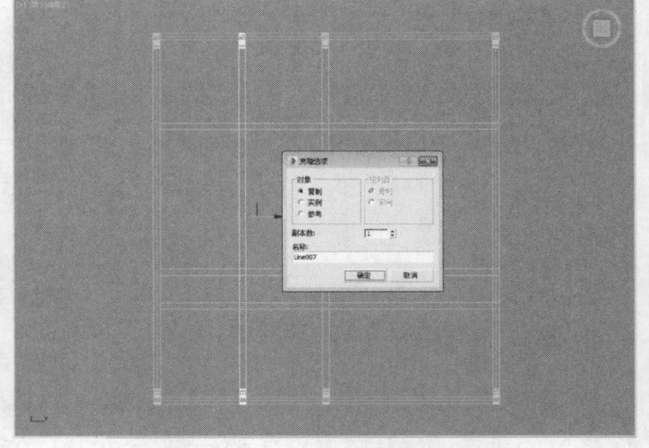

图2-67　单击“确定”按钮

⑭ 单击按钮，打开“修改”命令面板，在“渲染”卷展栏关闭勾选的复选框，如图2-68所示。

⑮ 在修改堆栈栏中展开“LINE”卷展栏，在弹出的列表中单击“顶点”选项，并在下方的“几何体”卷展栏中单击“优化”按钮，如图2-69所示。

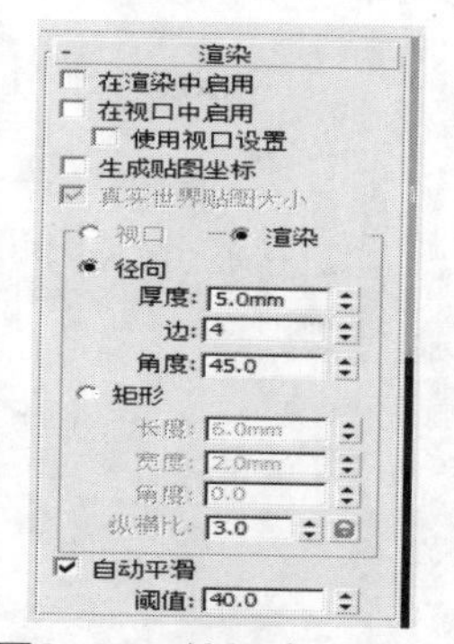
图2-68　关闭渲染选项

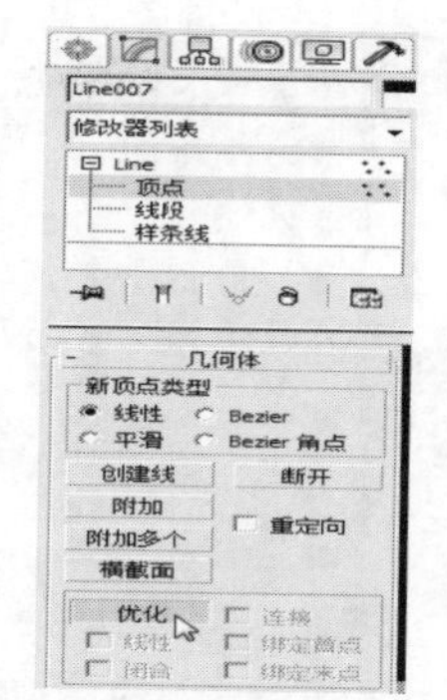
图2-69　单击“优化”按钮

⑯ 返回绘图区，在合适位置单击鼠标左键添加节点，如图2-70所示。

⑰ 删除多余的节点，并再次勾选“在渲染中启用”和“在视口中启用”复选框，设置完成后，如图2-71所示。

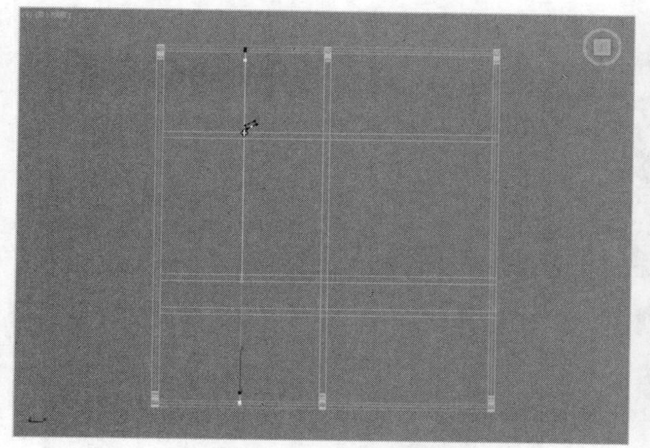
图2-70　添加节点

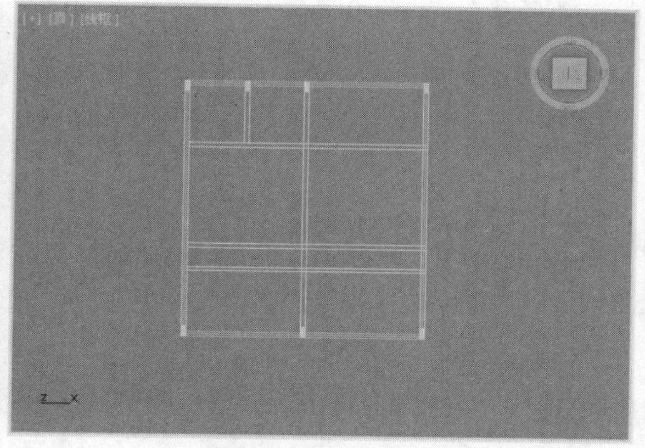
图2-71　渲染效果

⑱ 复制创建的样条线至合适位置，单击按钮，打开“创建”命令面板，在该面板中单击“圆柱体”按钮，并在前视图中创建半径为2.5mm，高度为120.0mm的圆柱体，其他设置如图2-72所示。

⑲ 激活前视图，选中创建的圆柱体，按Alt+Q键进行孤立，单击按钮，打开“修改”命令面板，单击修改器列表的下拉菜单按钮，在弹出的列表框中单击“扭曲”选项。

⑳ 在参数卷展栏设置扭曲角度，如图2-73所示。

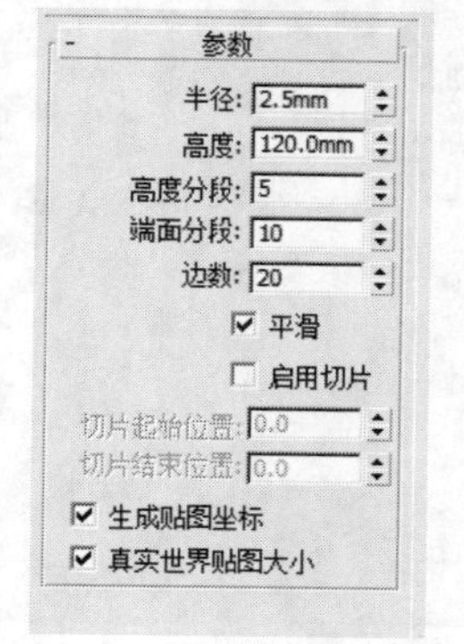
图2-72　创建圆柱体参数

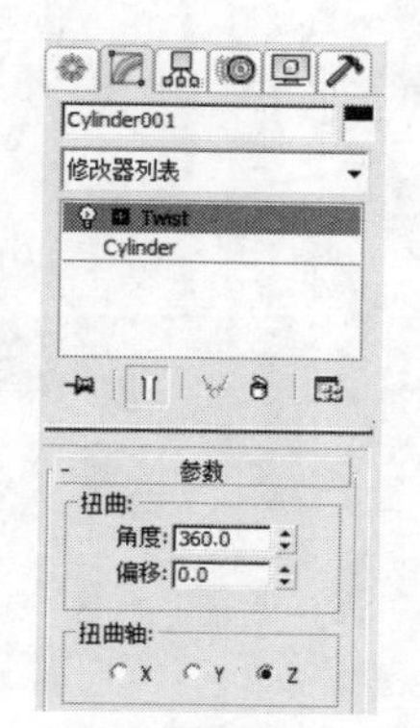
图2-73　设置扭曲参数

21 重复进行扭曲操作，扭曲角度为360。设置完成后，如图2-74所示。

22 将柱子移至合适的位置并进行复制，如图2-75所示。

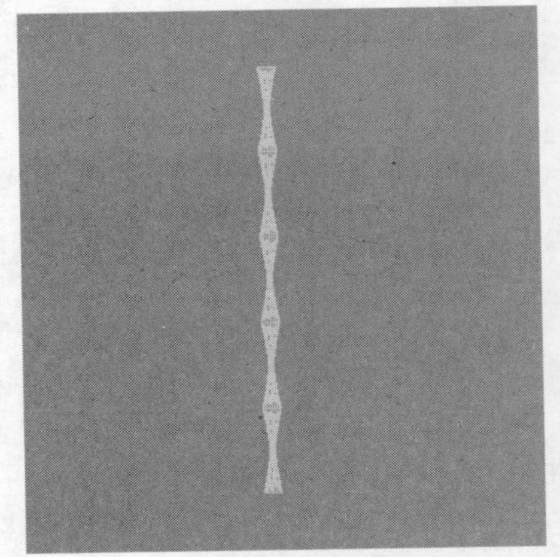

图2-74 扭曲效果

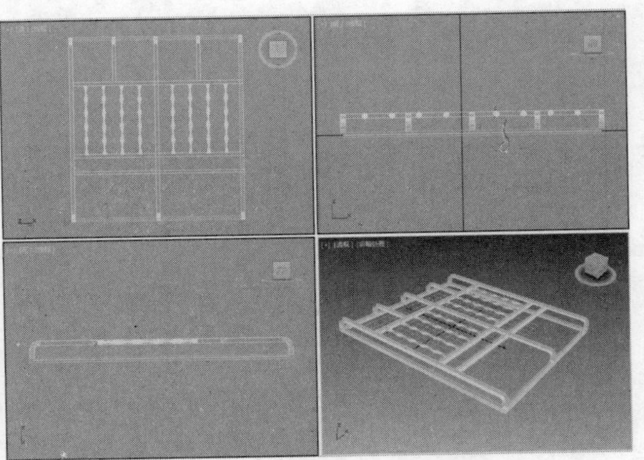

图2-75 复制圆柱效果

23 利用“线”和“矩形”命令绘制装饰，如图2-76所示。

24 复制并移动装饰至合适位置，如图2-77所示。

图2-76 绘制装饰

图2-77 移动装饰

25 再创建其他物体，完成后移至合适的位置，如图2-78所示。

26 添加材质后，透视视图效果如图2-79所示。

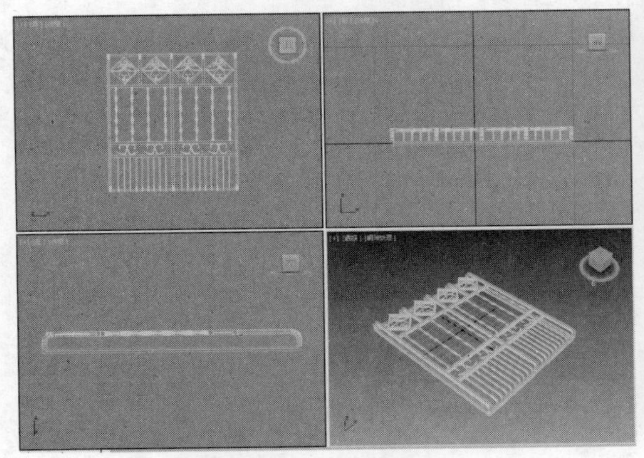

图2-78 创建窗护栏

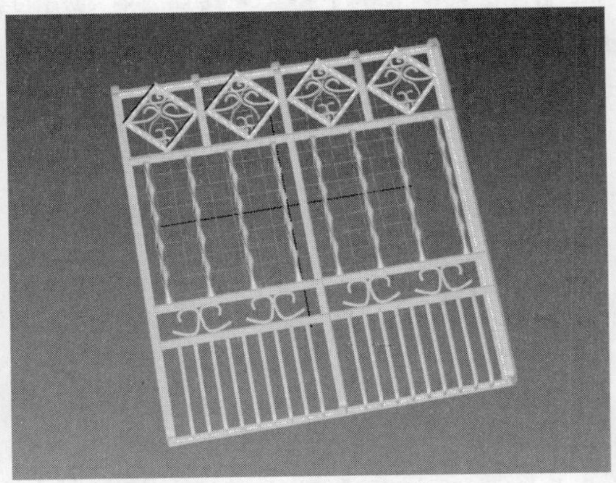

图2-79 添加材质效果

2.4 上机实训

本章我们主要学习了如何创建与编辑样条线，通过本章的介绍，用户对样条线有了更深的了解，下面通过两个实例巩固所学知识。

2.4.1 制作装饰柜

装饰柜在室内装修设计中是必不可少的，它主要起到了装饰的效果，通过不规则的造型，使室内空间更加自由，提高视觉品质。下面具体介绍制作装饰柜的方法。

01 单击按钮，打开“图形”命令面板，在该命令面板中单击“线”按钮，如图2-80所示。

02 在前视图创建样条线，选择顶点，并设置其圆角为20，设置完成后如图2-81所示。

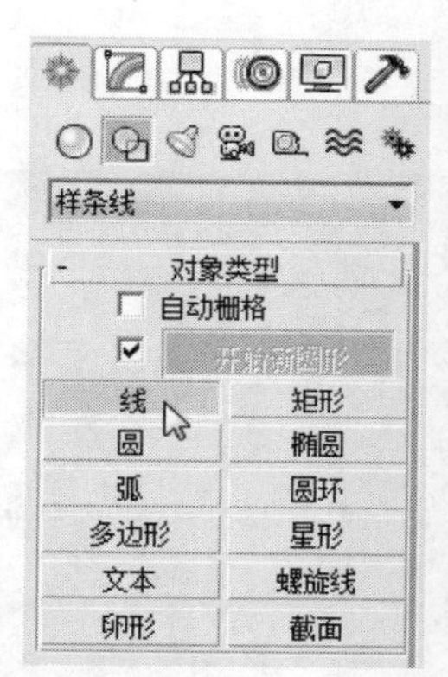

图2-80 单击“线”按钮

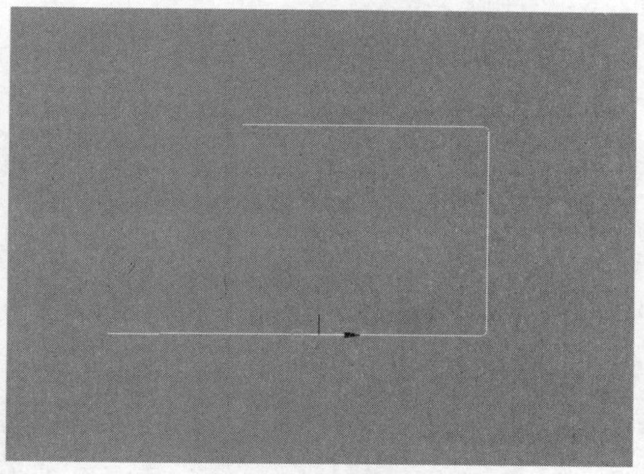
图2-81 创建并编辑样条线

03 在“渲染”卷展栏中勾选“在渲染中启用”和“在视图中启用”复选框，并设置其厚度，如图2-82所示。

04 设置完成后，如图2-83所示。

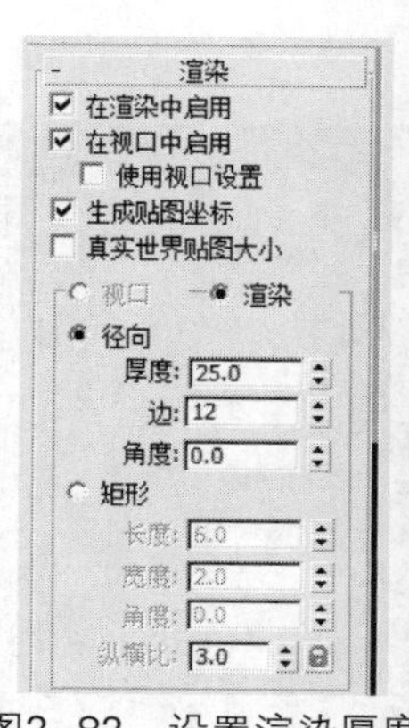

图2-82 设置渲染厚度

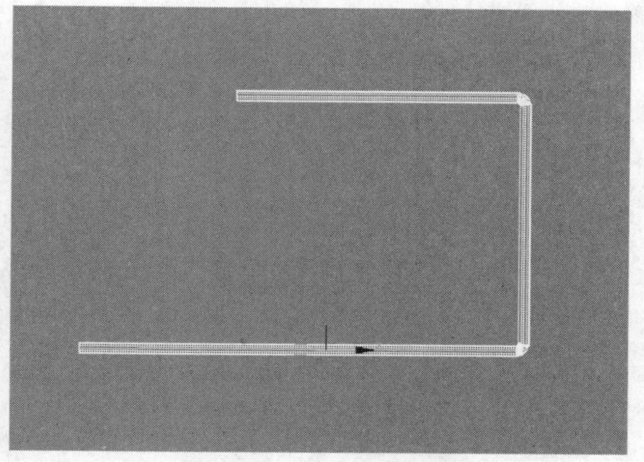
图2-83 视图渲染效果

05 单击“矩形”按钮，在顶视图创建长为275，宽为500的矩形，将其转换为可编辑样条线，将矩形各顶点设置成圆角，其圆角值为20。

06 在“渲染”卷展栏中勾选“在渲染中启用”和“在视图中启用”复选框，设置矩形厚度为25，设置完成后如图2-84所示。

07 将创建的矩形样条线移至合适的位置，如图2-85所示。

图2-84　视图渲染效果

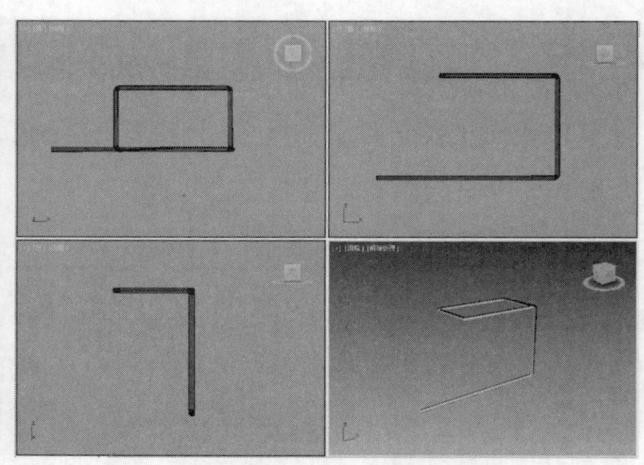
图2-85　移动矩形样条线

08 在前视图中选择并复制样条线，如图2-86所示。

09 单击“线”按钮，创建并修改样条线，设置完成后如图2-87所示。

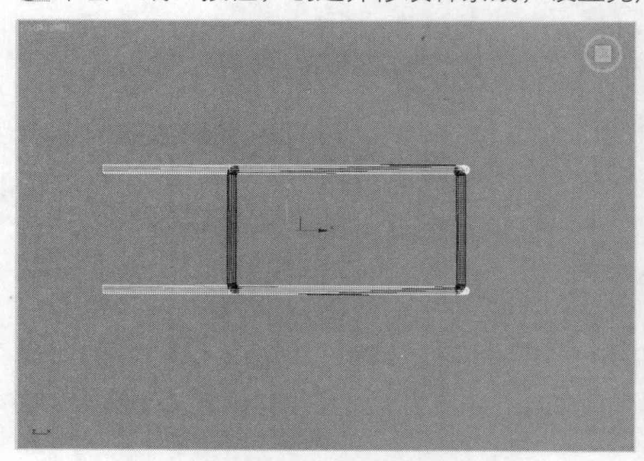
图2-86　复制样条线

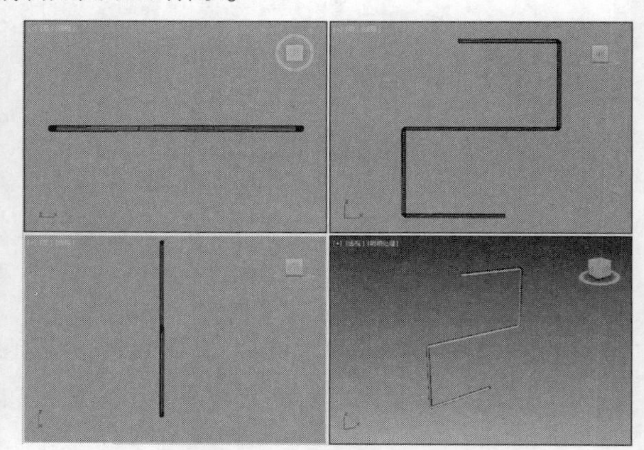
图2-87　创建并修改样条线

10 重复以上步骤，创建矩形样条线，并移动和复制样条线，完成后如图2-88所示。

11 将创建的样条线移至合适位置，如图2-89所示。

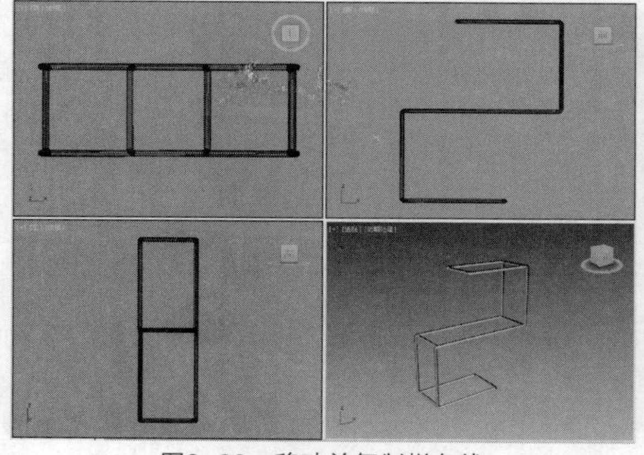
图2-88　移动并复制样条线

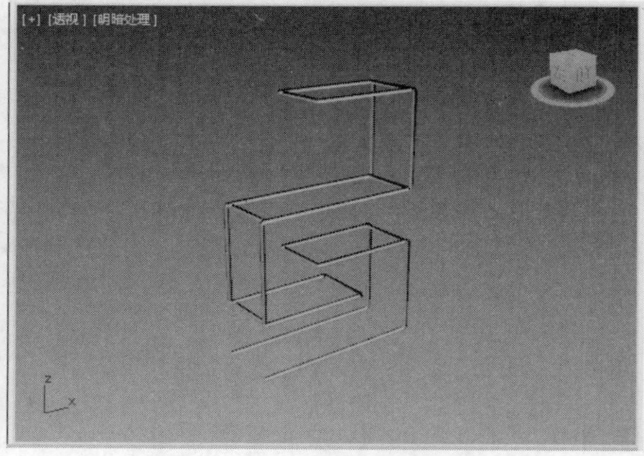

图2-89　移动样条线

12 激活前视图，并按Alt+W键放大视图，选择样条线，如图2-90所示。

13 在工具栏单击“镜像”按钮，在弹出的“镜像：屏幕坐标”对话框中进行镜像设置，完成后单击“确定”按钮，如图2-91所示。

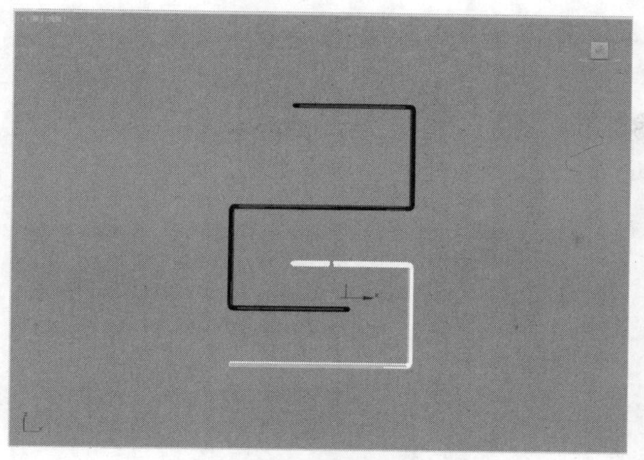
图2-90　选择样条线

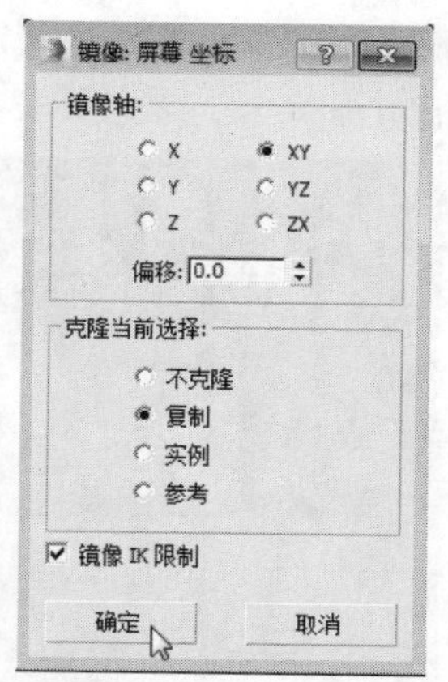

图2-91　单击“确定”按钮

⑭ 将镜像的样条线移至合适的位置，如图2-92所示。

⑮ 复制创建的全部样条线，并移动位置，此时装饰柜的框架就制作完成了，如图2-93所示。

图2-92　移动镜像样条线

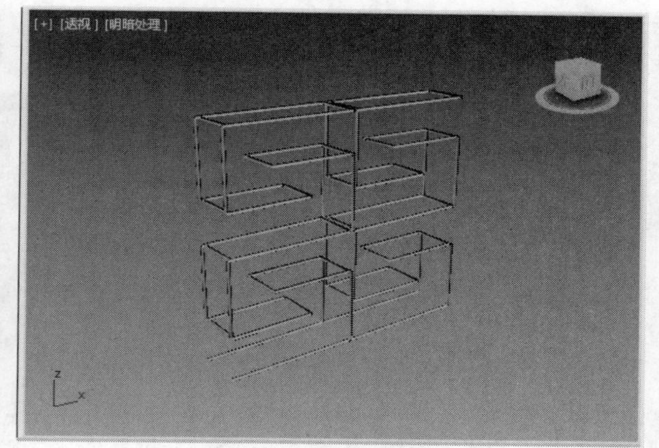
图2-93　装饰柜框架

⑯ 下面开始创建装饰柜面，单击◯按钮，打开“几何体”命令面板，单击下拉菜单按钮，在列表中单击“扩展基本体”选项，如图2-94所示。

⑰ 在命令面板中单击 切角长方体 按钮，在顶视图创建切角长方体，其参数设置如图2-95所示。

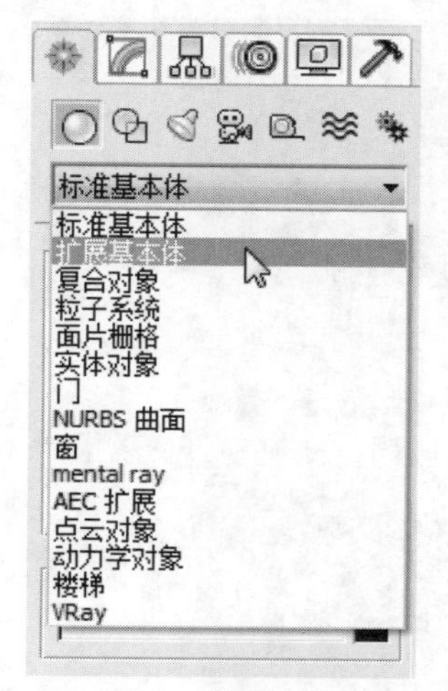

图2-94　单击“扩展基本体”选项

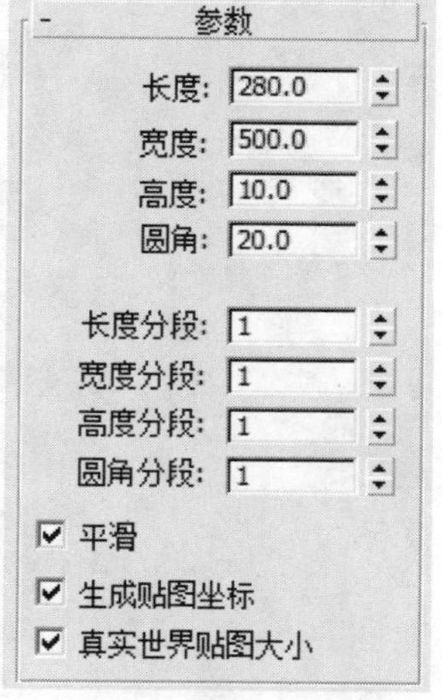

图2-95　切角长方体参数

⑱ 将创建的切角长方体移动并复制至合适的位置，如图2-96所示。

⑲ 再复制一个切角长方体，更改参数值，如图2-97所示。

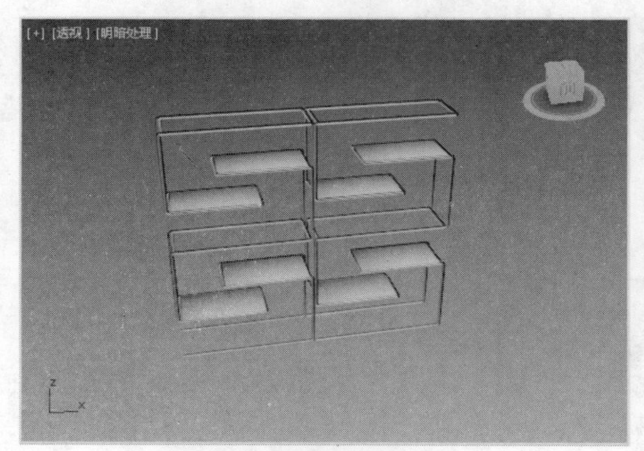

图2-96　复制切角长方体

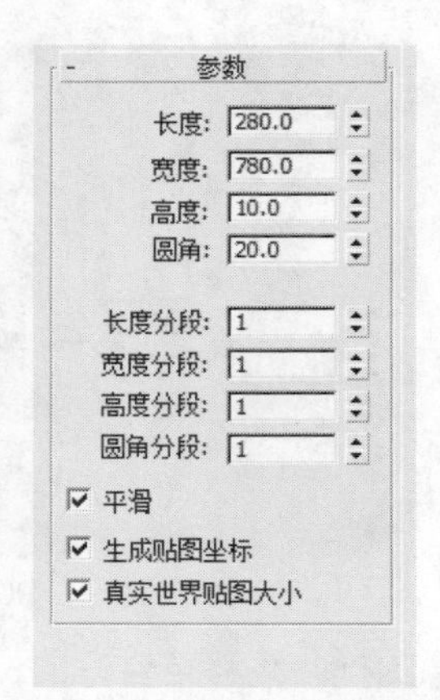

图2-97　更改切角长方体参数

⑳ 将切角长方体复制并移动到合适位置，如图2-98所示。

㉑ 再创建长方体，作为书籍的挡板，如图2-99所示。

图2-98　创建装饰柜面

图2-99　创建挡板

㉒ 导入装饰模型并添加材质后，效果如图2-100所示。

图2-100　创建装饰柜

2.4.2 制作阳台护栏

阳台的护栏多种多样，造型越来越美观时尚，下面将介绍如何利用样条线制作欧式阳台护栏。

01 首先制作阳台边框，执行“创建”|“标准基本体”|“长方体”命令，创建长方体作为柱子底座，如图2-101所示。

02 再次创建长方体作为柱子，并复制底座至柱子上方，调整其高度，如图2-102所示。

图2-101 创建柱子底座

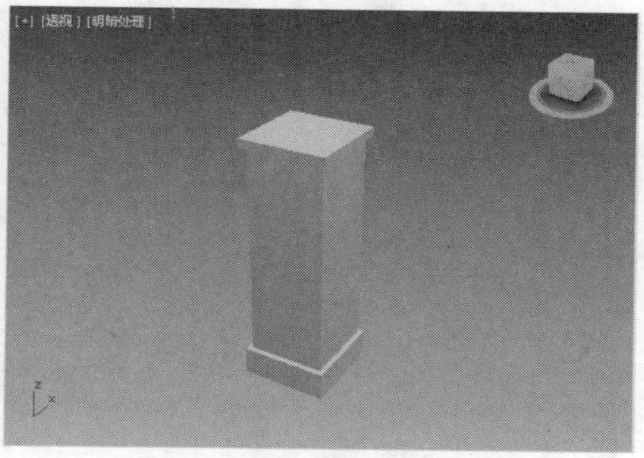

图2-102 创建柱子

03 创建其余长方体，并移动到合适位置，完成阳台边框的制作，如图2-103所示。

04 下面开始制作边框石膏线，在前视图绘制样条线，如图2-104所示。

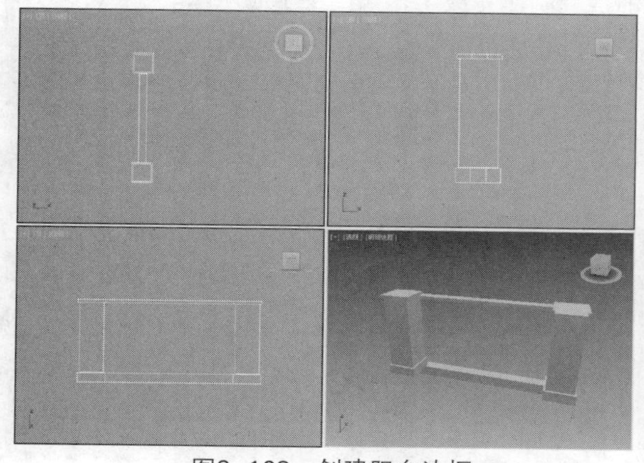

图2-103 创建阳台边框

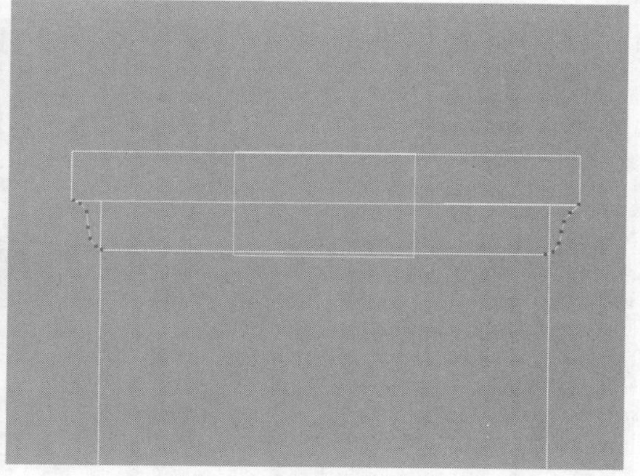

图2-104 绘制样条线

05 挤出样条线，并在左视图调整样条线节点位置，效果如图2-105所示。

06 此时石膏线就制作完成了，将其复制并调整长度后，效果如图2-106所示。

图2-105 调整节点位置

图2-106 创建石膏线

07 下面开始制作装饰柱，首先创建长方体制作装饰柱底座，然后在前视图绘制样条线，如图2-107所示。

08 在“修改器”列表框中选择“车削”修改器，在“对齐”选项组中单击“最大”按钮，如图2-108所示。

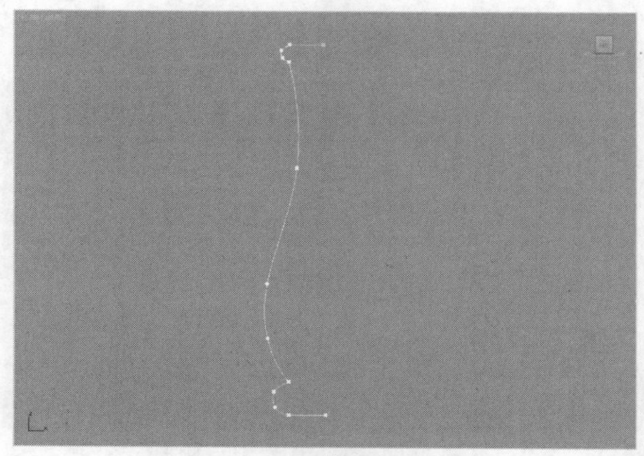
图2-107　绘制样条线

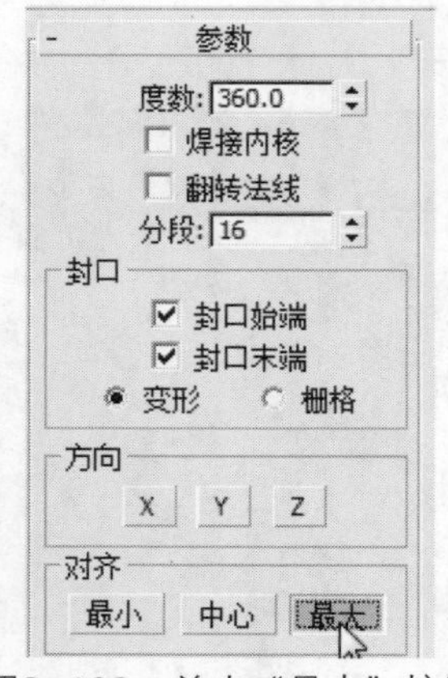

图2-108　单击“最大”按钮

09 车削后样条线将更改为实体，如图2-109所示。

10 将实体复制并进行镜像，然后组合在一起，装饰柱就制作完成了，如图2-110所示。

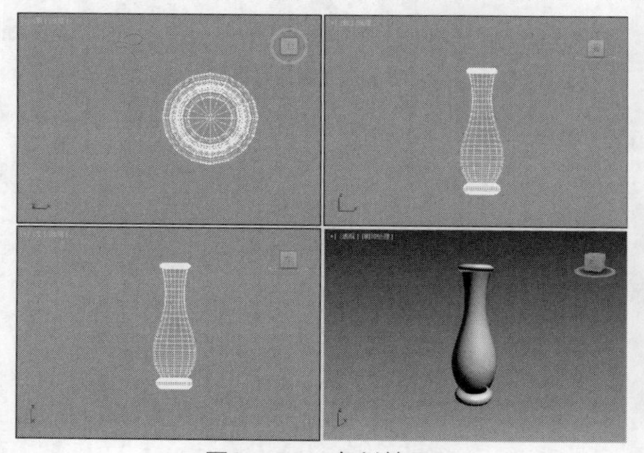
图2-109　车削效果

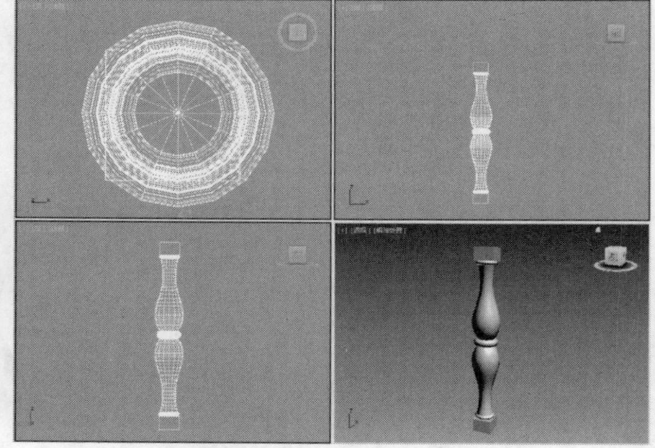
图2-110　创建装饰柱

11 将装饰柱进行复制，此时欧式阳台护栏就制作完成了，如图2-111所示。

图2-111　制作阳台护栏

2.5 常见疑难解答

在创建和编辑样条线的过程中，用户往往会产生许多疑问，下面罗列了一些有关样条线的疑难解答，以供用户参考。

Q：如何将两条不相关的样条线合并成一条闭合的样条线？

A：选择其中一条样条线，打开"修改"选项卡，拖动页面至"几何体"卷展栏中，单击"附加"按钮，返回绘图区，将两条样条线附加在一起，然后在堆栈栏中单击"顶点"选项，将点焊接在一起即可闭合样条线。

Q：怎么将样条线更改为有弧度的形状？

A：创建样条线之后，将其转换为可编辑样条线，在"修改"选项卡中的堆栈栏中选择"顶点"选项，如图2-112所示。返回视图区，拖动手柄即可将样条线更改为弧线，如图2-113所示。

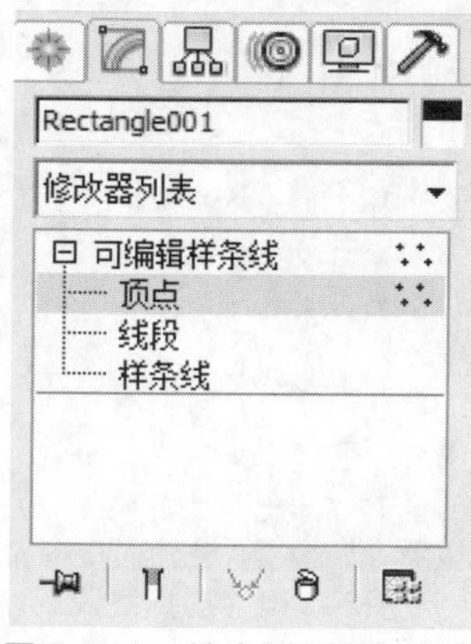

图2-112　单击"顶点"选项

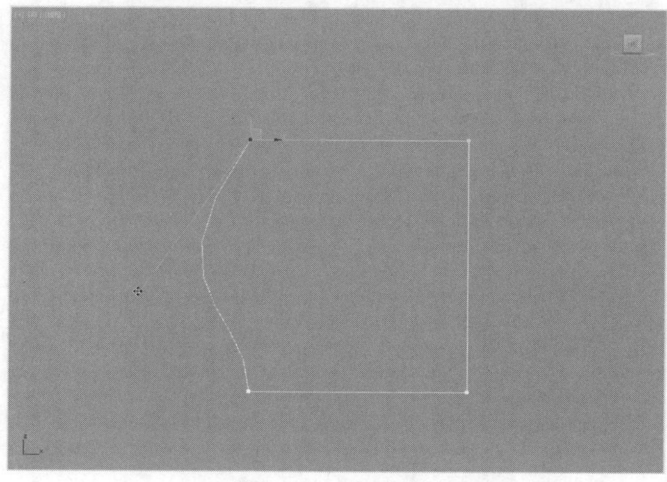

图2-113　拖动手柄

知识点拨

选择"顶点"选项后，单击鼠标右键，在弹出的快捷菜单列表中选择"平滑"选项，也可以将该点更改为弧线形状。

Q：怎样平均拆分样条线？

A：选择样条线，在"修改"选项卡中单击"线段"选项，返回视图区选择线段，如图2-114所示。拖动命令面板至几何体命令面板，设置拆分数值为2，并单击“拆分”按钮，即可将线段拆分为两条，如图2-115所示。

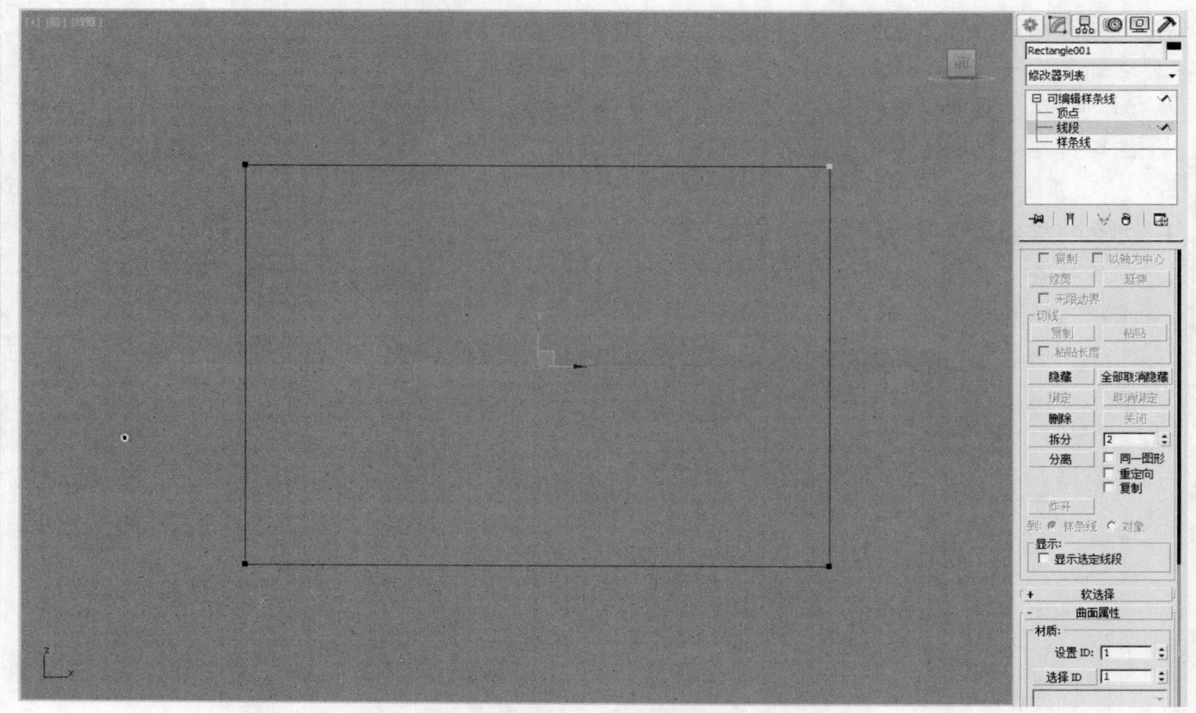

图2-114　选择线段

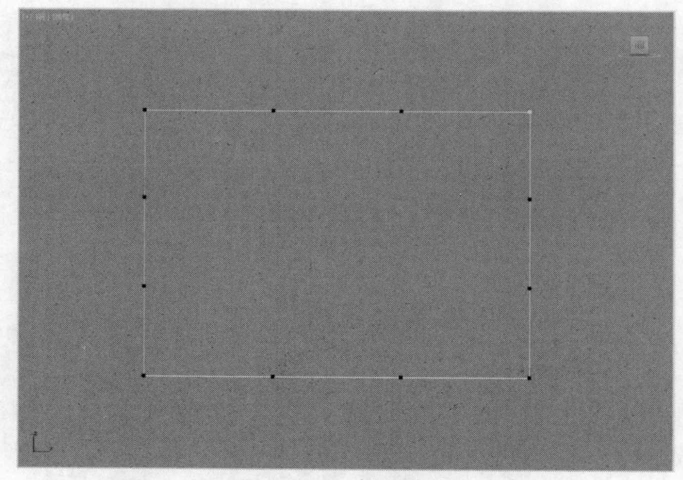
图2-115　拆分线段

2.6 拓展应用练习

为了更好地掌握本章所学的知识，在此列举几个针对于本章的拓展案例，以供读者练手。

2.6.1 绘制不规则样条线

下面使用"线"命令创建并调整样条线形状，复制并移动至合适的位置，完成不规则样条线的绘制，如图2-117所示。

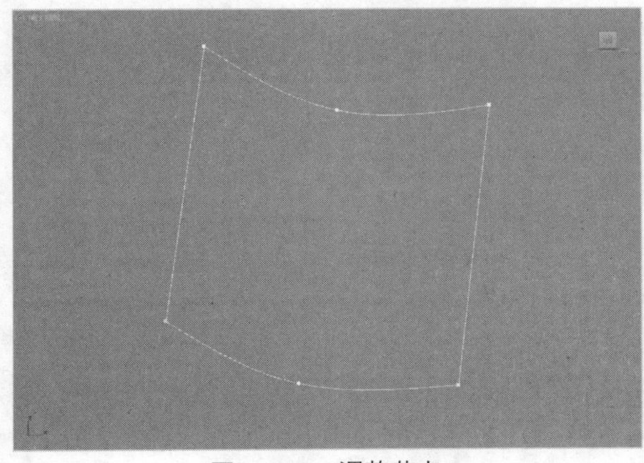

图2-116 调整节点

图2-117 绘制不规则样条线

操作提示

01 创建样条线，并在堆栈栏中选择"顶点"选项。

02 利用"优化"命令添加节点，最后调整节点形状，如图2-116所示。

03 复制并镜像样条线，将样条线附加在一起，完成不规则样条线的绘制。

2.6.2 创建装饰隔断

下面创建装饰隔断，如图2-118所示。

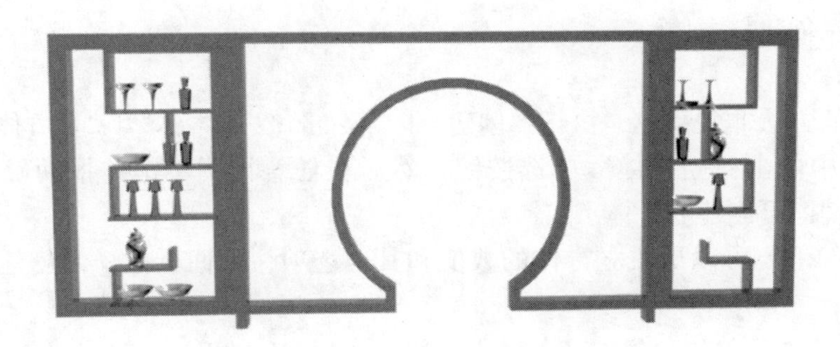

图2-118 创建装饰隔断

操作提示

01 使用"线"命令在前视图创建并编辑样条线。

02 将样条线挤出厚度，完成装饰隔断的创建。

第3章 多边形的创建与编辑

本章概述 3ds Max 2015软件主要应用于创建三维模型，再对创建的模型进行编辑操作，最后完成最终效果。软件中提供了许多创建多边形模型的工具，本章主要介绍如何使用相应的工具创建和编辑多边形，并介绍如何使用多边形创建物体。

知识要点
- 标准和扩展基本体的创建
- 编辑多边形
- 布尔和放样的应用
- 创建三维模型

3.1 标准基本体的创建

复杂的模型都是由许多标准体组合而成的，所以学习如何创建标准基本体是非常关键的。标准基本体是最简单的三维物体，在视图中拖动鼠标即可创建标准基本体。

用户可以通过以下方式调用创建标准基本体命令。

执行“创建”|“标准”|“基本体”的子命令。

在命令面板中单击“创建”按钮，然后在其下方单击“几何体”按钮，打开“几何体”命令面板，并在该命令面板中的“对象类型”卷展栏中单击相应的标准基本体按钮。

3.1.1 长方体的创建

长方体是基础建模应用最广泛的标准基本体之一，在各式各样的模型中都存在着长方体，通过两种方法可以创建长方体。

1. 创建立方体

创建立方体的方法非常简单，执行“创建”|“标准”|“基本体”|“长方体”命令，在“创建方法”卷展栏中单击“立方体”单选按钮，然后在任意视图单击并拖动鼠标定义立方体大小，释放鼠标左键即可创建立方体。

在命令面板的下方可以更改立方体的数值和其他选项，下面具体介绍创建立方体各选项的含义。

- 立方体：单击该单选按钮，可以创建立方体。
- 长方体：单击该单选按钮，可以创建长方体。
- 长度、宽度、高度：设置立方体的长度数值，拖动鼠标创建立方体时，列表框中的数值会随之更改。
- 长度分段、宽度分段、高度分段：设置各轴上的分段数量。
- 生成贴图坐标：为创建的长方体生成贴图材质坐标，默认为启用。
- 真实世界贴图大小：贴图大小由绝对尺寸决定，与对象相对尺寸无关。

2. 创建长方体

【例3-1】下面创建一个长宽高均为50mm的长方体。

01 单击“几何体”按钮，打开“几何体”命令面板，在命令面板中的“对象类型”卷展栏中单击“长方体”按钮，如图3-1所示。

02 在透视视图中确定长方体的底面和高度，即可创建长方体，如图3-2所示。

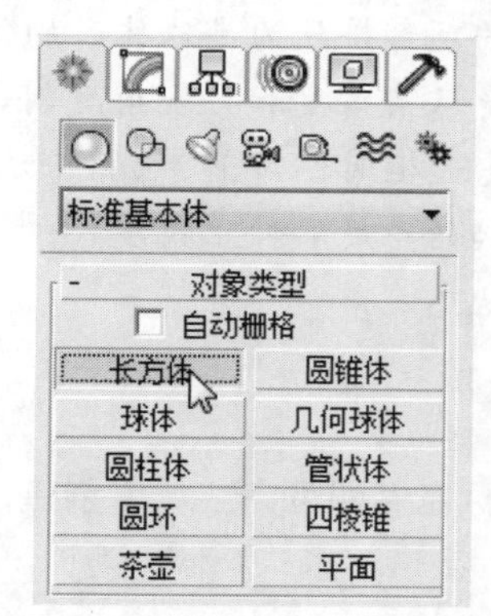

图3-1 单击“长方体”按钮

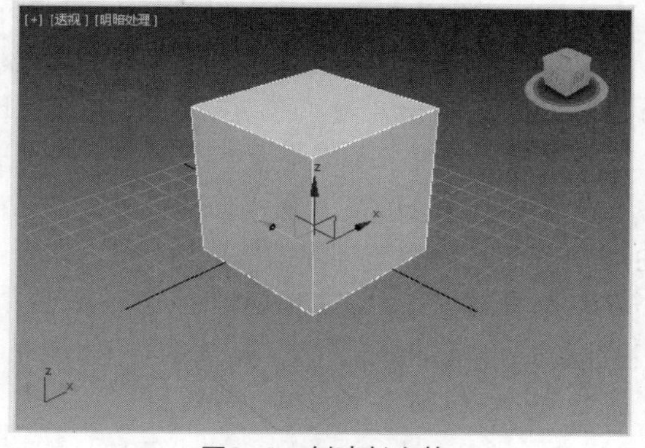

图3-2 创建长方体

03 在列表框输入名称即可修改长方体名称，单击“名称”列表框右侧的颜色方框，打开“对象颜色”对话框，选择合适的色卡并单击“确定”按钮，即可设置长方体的颜色，如图3-3所示。

04 此时，在“名称和颜色”卷展栏列表中即可显示设置的长方体属性，如图3-3所示。

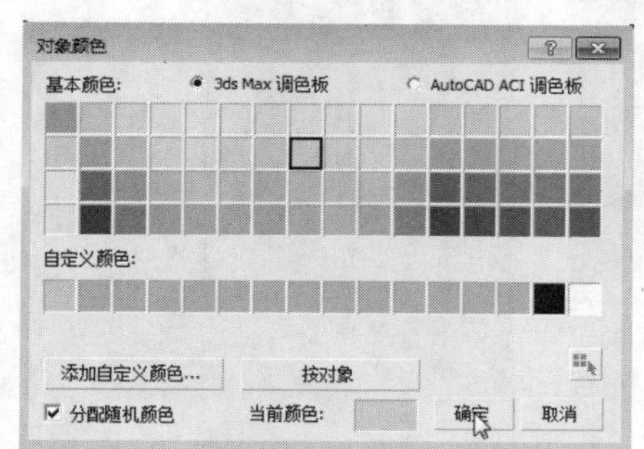

图3-3 单击“确定”按钮

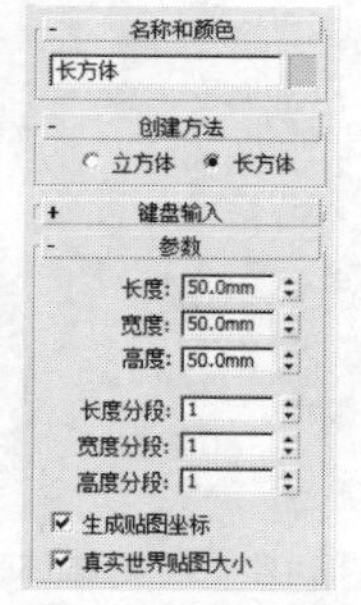

图3-4 设置长方体属性

知识点拨

在创建长方体时，按住Ctrl键并拖动鼠标，可以将创建的长方体的地面宽度和长度保持一致，再调整高度即可创建具有正方形底面的长方体。

3.1.2 球体的创建

无论是建筑建模，还是工业建模时，球形结构都是必不可少的一种结构。单击“球体”按钮时，在命令面板下方将打开球体“属性”面板，如图3-5所示。

下面具体介绍“属性”面板中创建球体各选项的含义。

- 边：通过边创建球体，移动鼠标将改变球体的位置。
- 中心：定义中心位置，通过定义的中心位置创建球体。
- 半径：设置球体半径的大小。

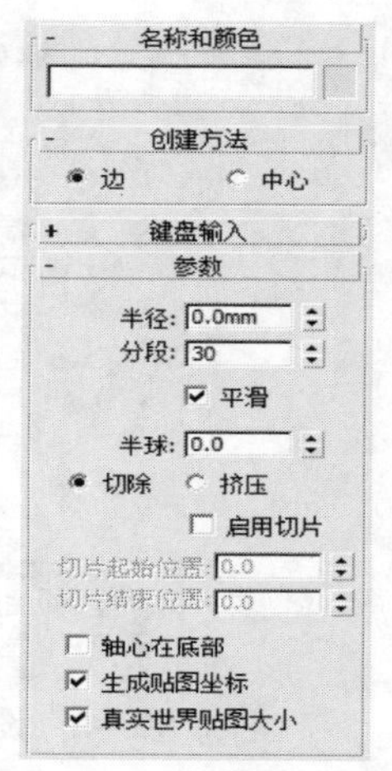

图3-5 球体“属性”面板

- 分段：设置球体的分段数目，设置的分段会形成网格线，分段数值越大，网格密度越大。
- 平滑：将创建的球体表面进行平滑处理。
- 半球：创建部分球体，定义半球数值，可以定义减去创建球体的百分比数值。有效数值在0.0～1.0之间。
- 切除：通过在半球断开时将球体中的顶点和面去除来减少它们的数量，默认为启用。
- 挤压：保持球体的顶点数和面数不变，几何体向球体的顶部挤压为半球体时的体积。
- 启用切片：勾选此复选框，可以启用切片功能，也就是从某角度和另一角度创建球体。
- 切片起始位置和切片结束位置：勾选“启用切片”复选框时，即可激活“切片起始位置”和“切片结束位置”列表框，并可以设置切片的起始角度和停止角度。
- 轴心在底部：将轴心设置为球体的底部。默认为禁用状态。

【例3-2】下面具体介绍创建球体的方法。

01 执行“创建”|“标准基本体”|“球体”命令。

02 在任意视图单击并拖动鼠标，定义球体的半径大小，释放鼠标左键即可完成球体创建，如图3-6所示。

03 在“参数”卷展栏中设置分段为50并按回车键，完成后如图3-7所示。

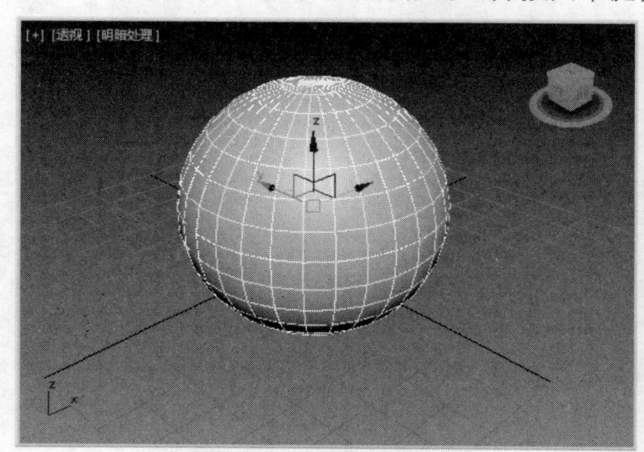

图3-6　创建球体

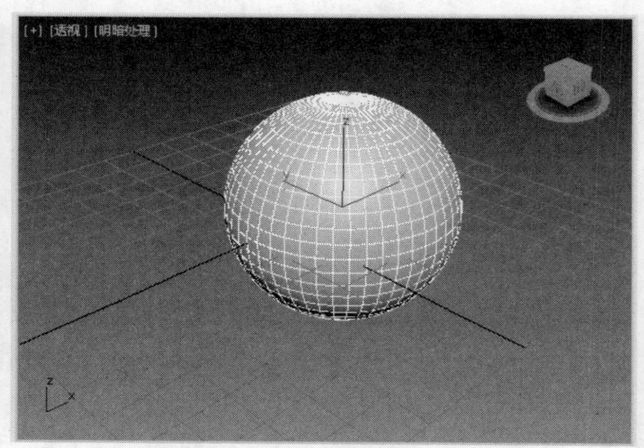

图3-7　分段效果

04 在球体“属性”面板中单击“切除”单选按钮，并在列表框输入半球值，如图3-8所示。

05 设置完成后按回车键即可完成操作，如图3-9所示。

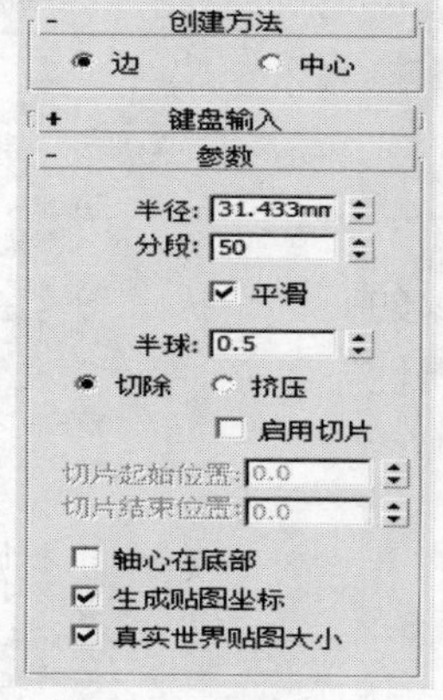

图3-8　设置半球值

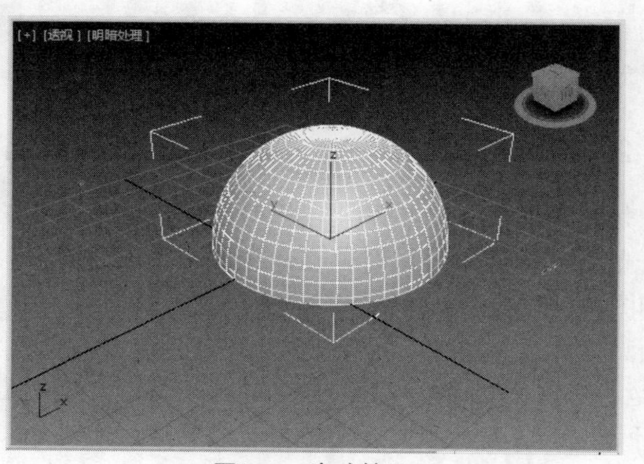

图3-9　半球效果

06 勾选“启用切片”复选框，并设置切片角度，如图3-10所示。

07 设置完成后，效果如图3-11所示。

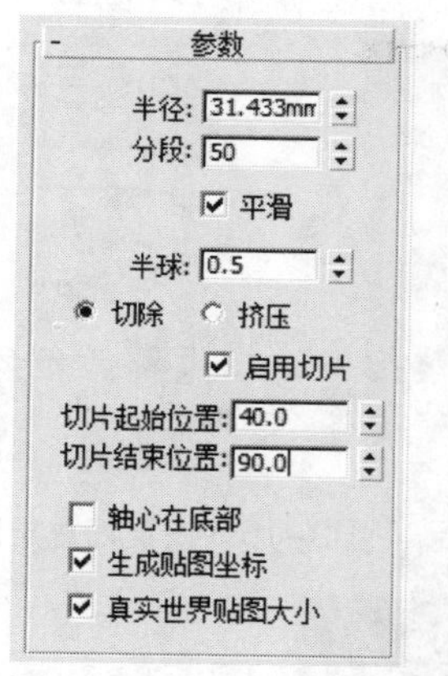

图3-10 设置切片角度

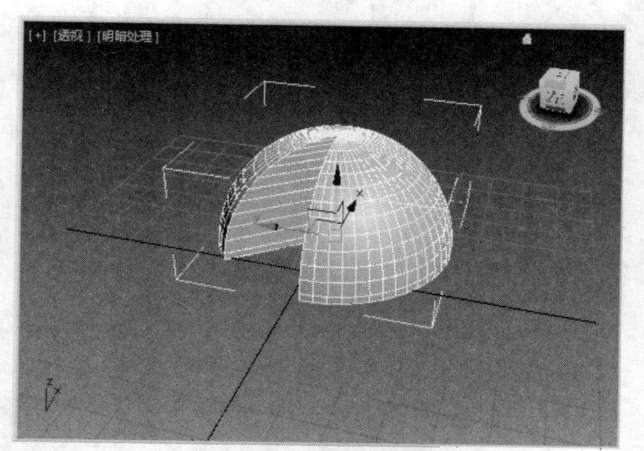

图3-11 启用切片效果

3.1.3 圆柱体的创建

创建圆柱体也非常简单，和创建球体相同的是可以通过边和中心两种方法创建圆柱体，在几何体命令面板中单击圆柱体按钮后，在命令面板的下方会弹出圆柱体的“属性”面板，如图3-12所示。

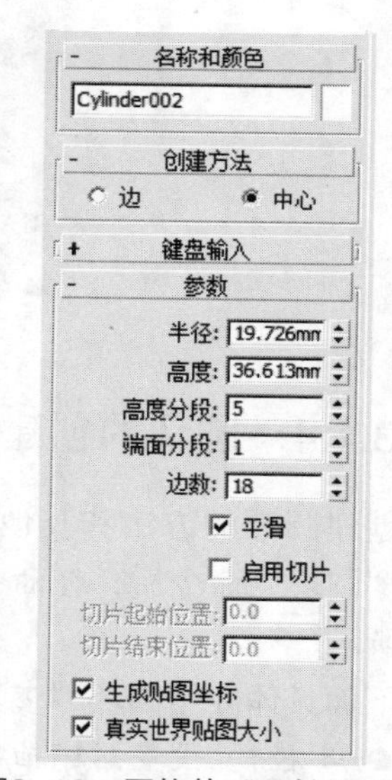

图3-12 圆柱体“属性”面板

创建圆柱体和球体有许多共同选项，这里就不再重复介绍。下面具体介绍“属性”面板中创建圆柱体各选项的含义。

- 名称和颜色：设置圆柱体的名称和颜色。
- 半径：设置圆柱体的半径大小。
- 高度：设置圆柱体的高度值，在数值为负数时，将在构造平面下方创建圆柱体。
- 高度分段：设置圆柱体高度上的分段数值。
- 端面分段：设置圆柱体顶面和底面中心的同心分段数量。
- 边数：设置圆柱体周围的边数。

【例3-3】下面创建一个半径为20mm，高度为40的圆柱体，并启用切片效果。

01 单击“几何体”按钮，在“几何体”命令面板中单击“圆柱体”按钮，如图3-13所示。

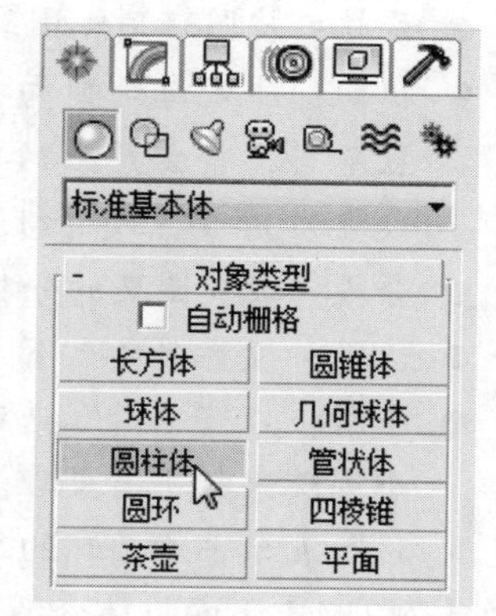

图3-13 单击“圆柱体”按钮

02 在任意视图中单击并拖动鼠标，确定圆柱体底面半径。释放鼠标后上下移动鼠标确定圆柱体的高度，最后单击鼠标左键即可创建圆柱体，透视视图效果如图3-14所示。

03 勾选“启用切片”复选项，并设置切片角度，如图3-15所示。

04 设置完成后，如图3-16所示。

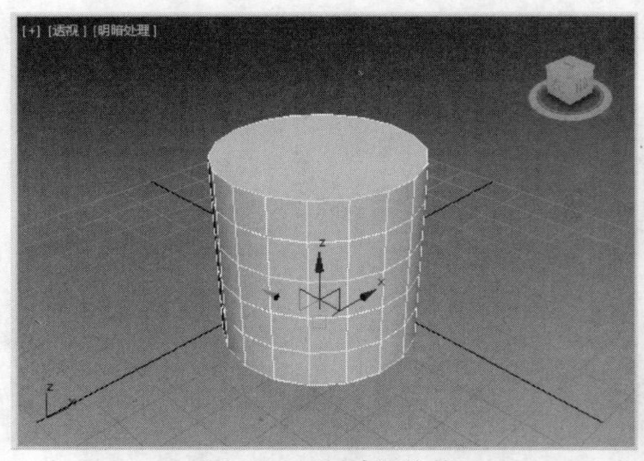

图3-14　创建圆柱体

图3-15　设置切片角度

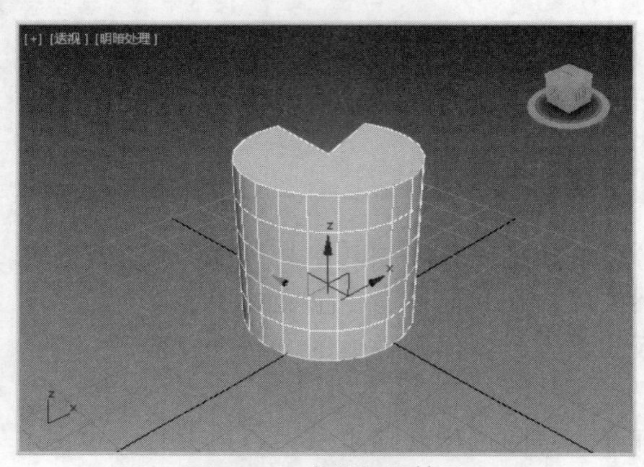

图3-16　启用切片效果

3.1.4　圆环的创建

创建圆环的方法和其他标准基本体有许多相同点，在命令面板中单击“圆环”命令后，在命令面板的下方将弹出“参数”卷展栏，如图3-17所示。

下面具体介绍圆环“参数”卷展栏中各选项的含义。

键盘输入
参数
半径 1: 0.0mm
半径 2: 5.883mm
旋转: 0.0
扭曲: 0.0
分段: 20
边数: 10
平滑:
全部　侧面
无　分段
启用切片
切片起始位置: 0.0
切片结束位置: 0.0
生成贴图坐标
真实世界贴图大小

图3-17　“参数”卷展栏

- 半径1：设置圆环轴半径的大小。
- 半径2：设置截面半径大小，定义圆环的粗细程度。
- 旋转：将圆环顶点围绕通过环形中心的圆形旋转。
- 扭曲：决定每个截面扭曲的角度，产生扭曲的表面。若数值设置不当，将会产生只扭曲第一段的情况，此时只需要将扭曲值设置为360.0，或者勾选下方的切片即可。
- 分段：设置圆环的分数划分数目，值越大，得到的圆形越光滑。
- 边数：设置圆环上下方向上的边数。
- 平滑：在“平滑”选项组中，包含全部、侧面、无和分段四个选项。“全部”表示对整个圆环进行平滑处理。“侧面”表示平滑圆环侧面。“无”表示不进行平滑操作。“分段”表示平滑圆环的每个分段，沿着环形生成类似环的分段。

【例3-4】下面具体介绍创建圆环方法。

01 执行“创建”|“标准基本体”|“圆环”命令，在任意视图拖动鼠标，定义圆环的半径1大小，如图3-18所示。

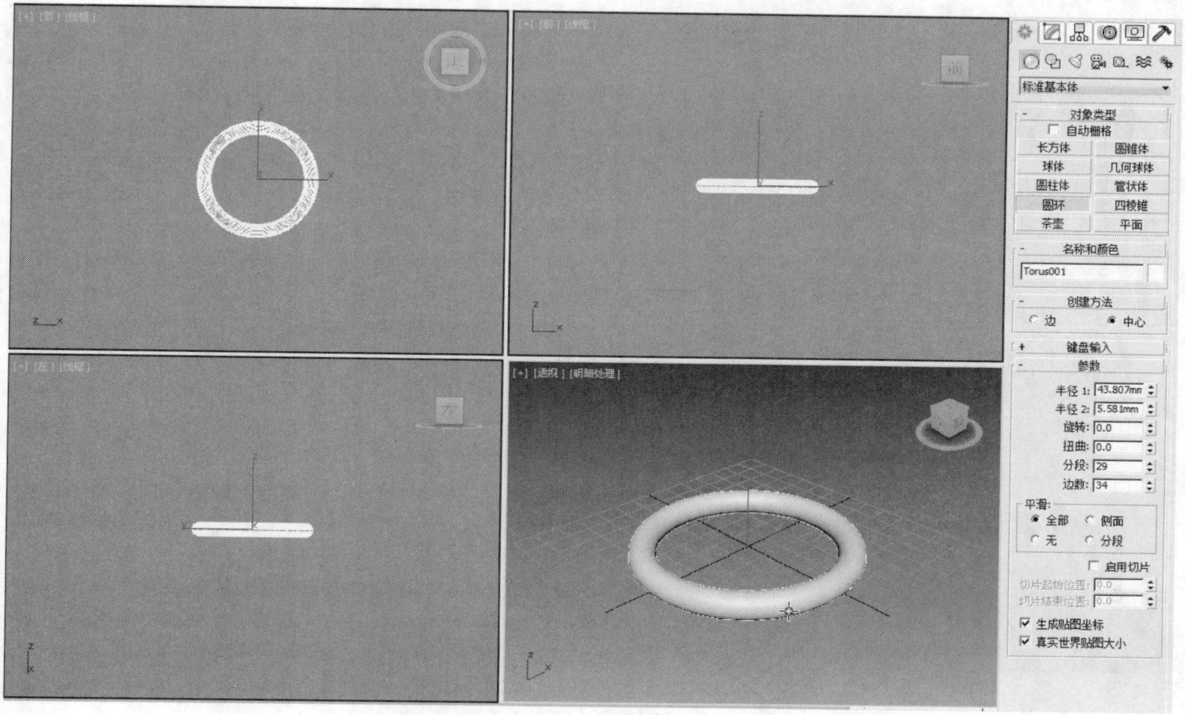

图3-18　定义半径1大小

02 释放鼠标左键，并拖动鼠标，定义圆环的半径2大小，单击鼠标右键即可创建圆环，如图3-19所示。

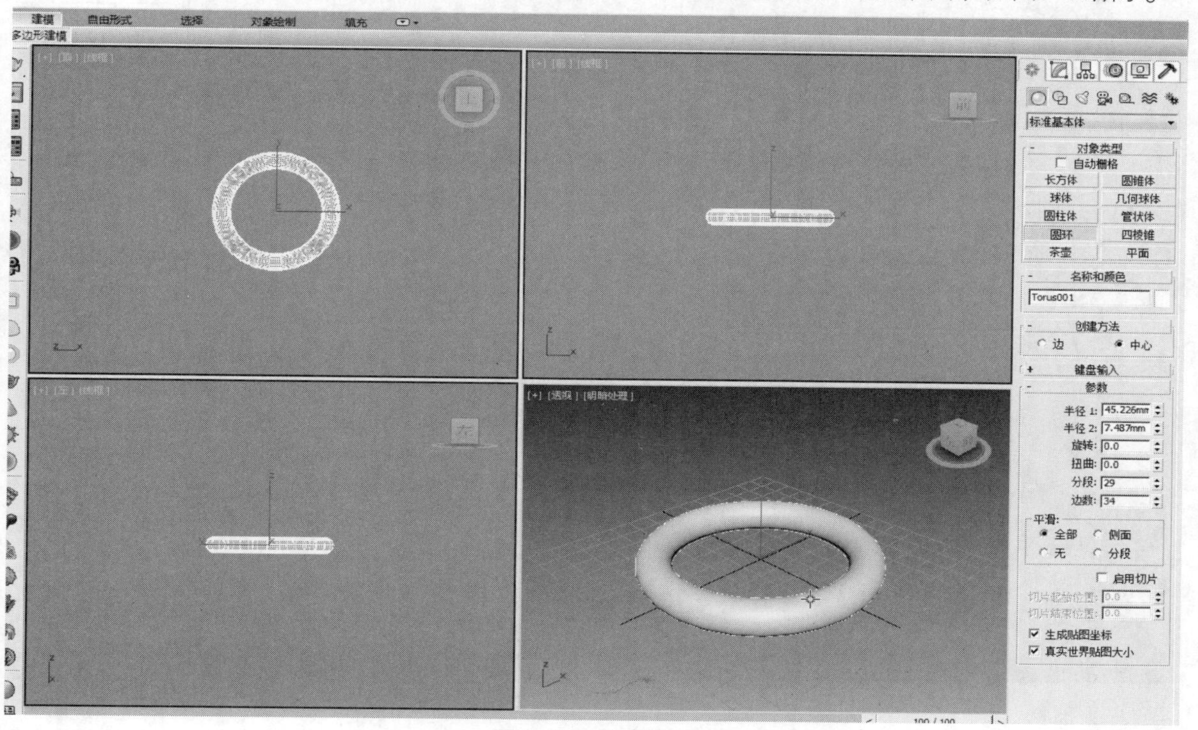

图3-19　创建圆环

03 在“参数”卷展栏中，设置圆环分段并按回车键，如图3-20所示。

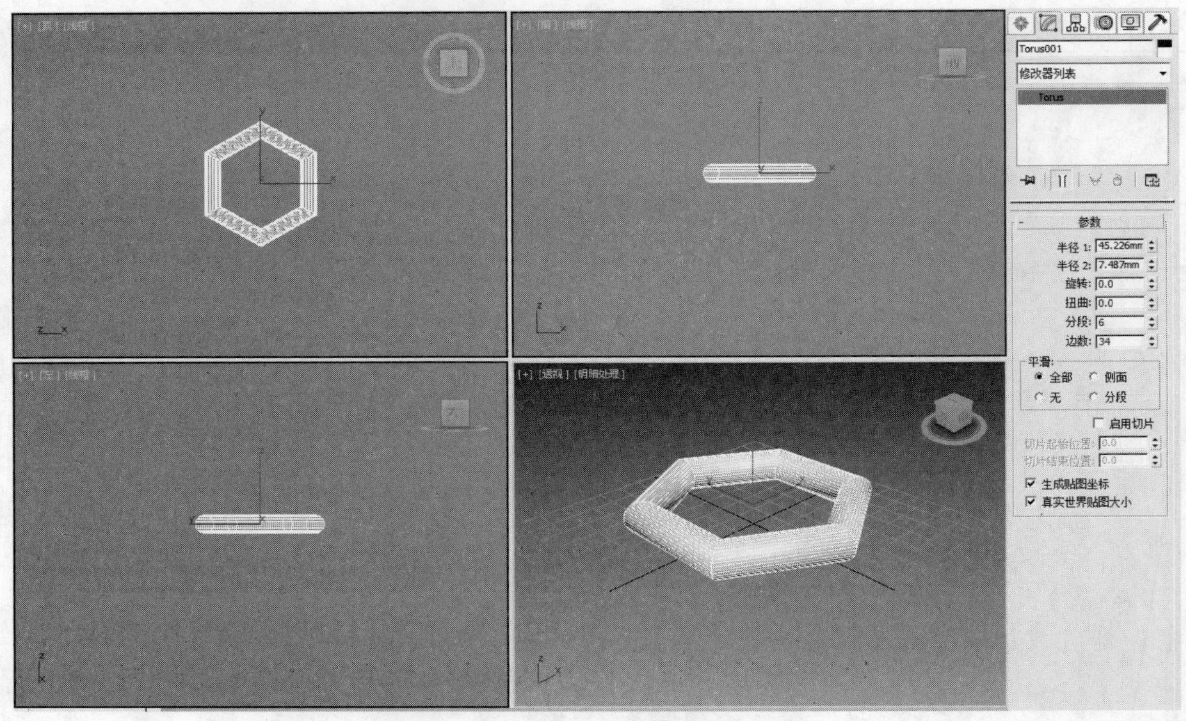

图3-20　分段效果

04 在“边数”列表框中设置圆环的边数，按回车键，如图3-21所示。

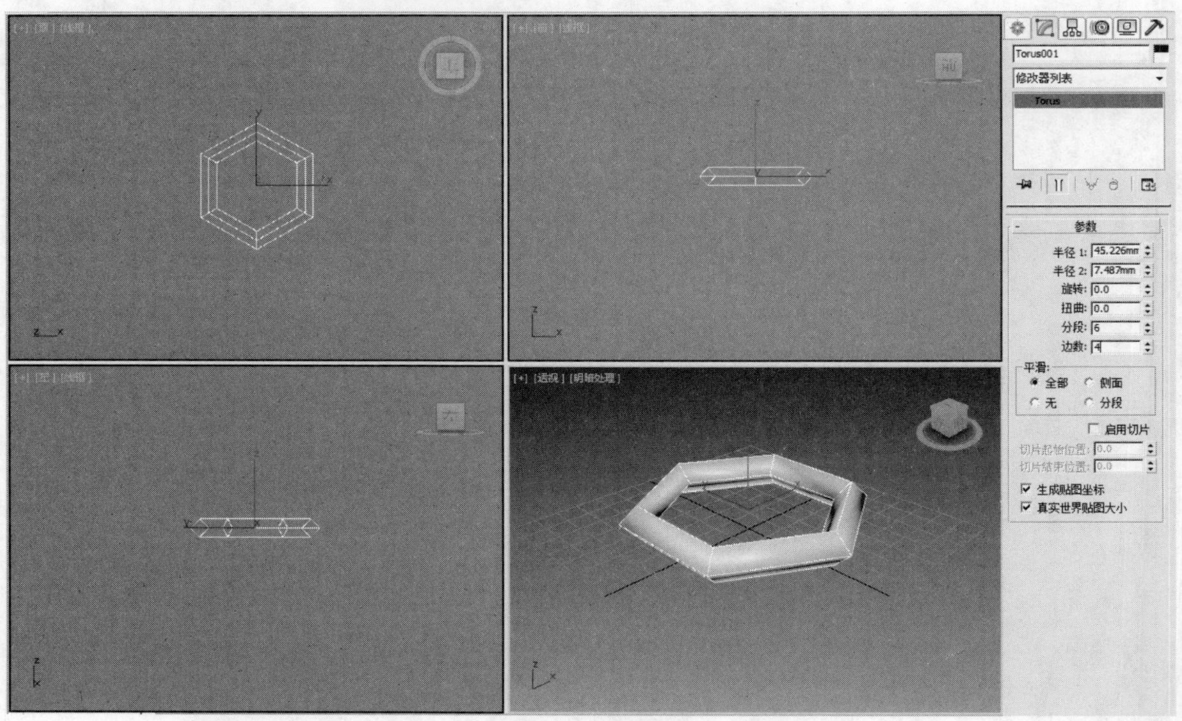

图3-21　边数效果

3.1.5 圆锥体的创建

圆锥体的创建大多用于创建天台，利用“参数”卷展栏中的选项，可以将圆锥体定义成许多形状，在“几何体”命令面板中单击“圆锥体”按钮，命令面板的下方将弹出圆锥体的“参数”卷展栏，如图3-22所示。

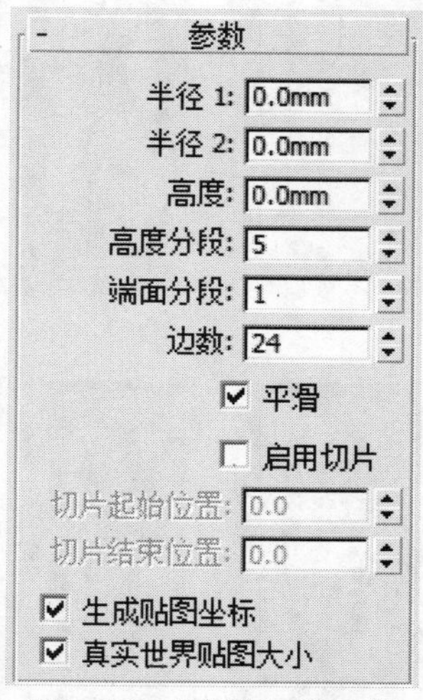

图3-22 “参数”卷展栏

下面具体介绍“参数”卷展栏中创建圆锥体各选项的含义。

- 半径1：设置圆锥体的底面半径大小。
- 半径2：设置圆锥体的顶面半径，当值为0时，圆锥体将更改为尖顶圆锥体，当大于0时，将更改为平顶圆锥体。
- 高度：设置圆锥体主轴的分段数。
- 高度分段：设置圆锥体的高度分段。
- 端面分段：设置围绕圆锥体顶面和底面的中心同心分段数。
- 边数：设置圆锥体的边数。
- 平滑：勾选该复选框，圆锥体将进行平滑处理，在渲染中形成平滑的外观。
- 启用切片：勾选该复选框，将激活“切片起始位置”和“切片结束位置”列表框，在其中可以设置切片的角度。

【例3-5】下面具体介绍如何创建圆锥体。

01 执行“创建”|“标准基本体”|“圆锥体”命令，在任意视图单击并拖动鼠标，释放鼠标左键即可设置圆锥体底面半径大小，如图3-23所示。

02 向上拖动鼠标形成一个圆柱，单击鼠标左键设置圆锥体的高度，如图3-24所示。

03 上下拖动鼠标，设置圆锥体顶面半径，设置完成后单击鼠标左键，完成创建圆锥体操作，如图3-25所示。

04 在“参数”卷展栏的“半径2”列表框中输入数值10，可以创建平顶圆锥体，如图3-25所示。

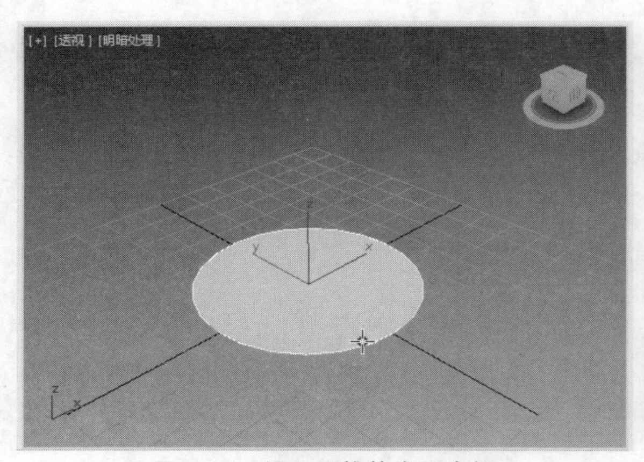

图3-23　设置圆锥体底面半径

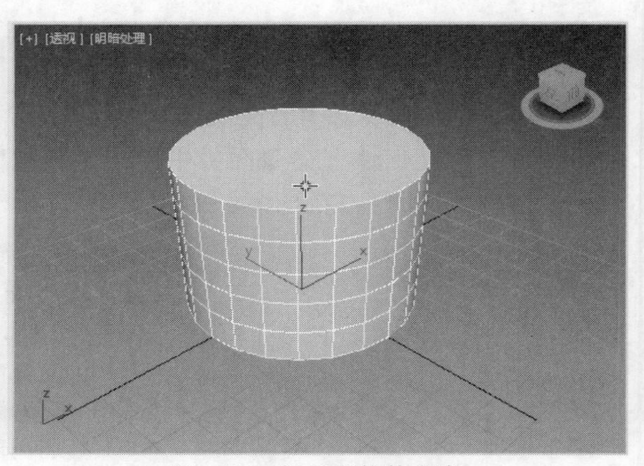

图3-24　设置圆锥体高度

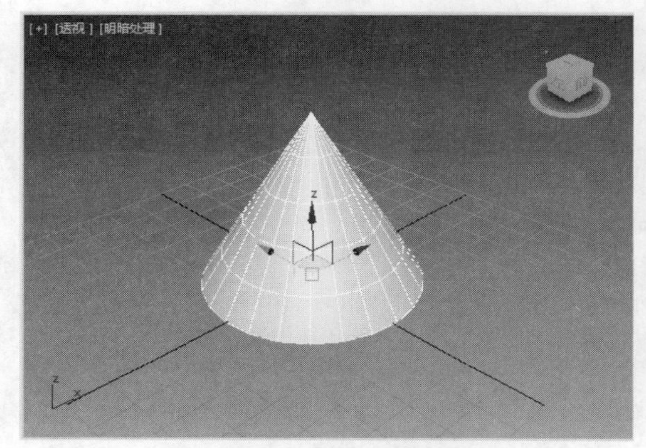

图3-25　创建圆锥体

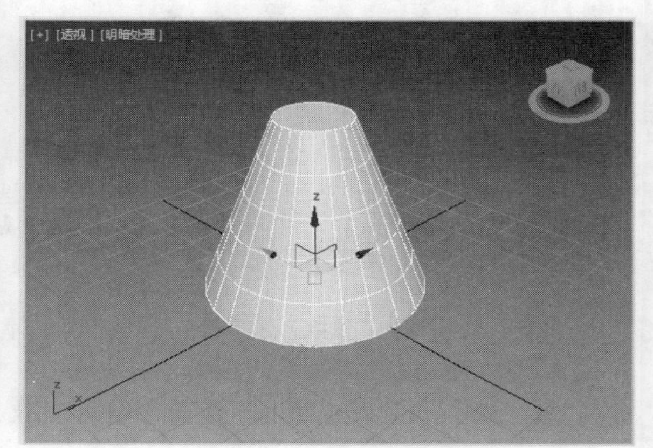

图3-26　创建平顶圆锥体

3.1.6　几何球体的创建

几何球体和球体的创建方法一致，在命令面板单击“几何球体”按钮后，在任意视图拖动鼠标即可创建几何球体。

在单击“几何球体”按钮后，将弹出“参数”卷展栏，如图3-27所示。

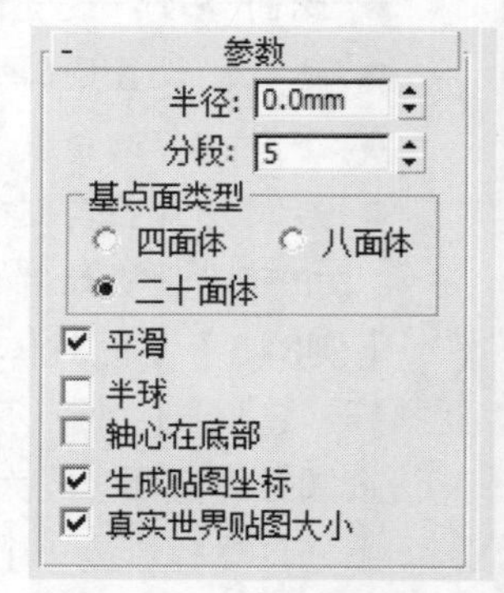

图3-27　“参数”卷展栏

下面具体介绍几何球体“参数”卷展栏中创建几何球体各选项的含义。

- 半径：设置几何球体的半径大小。
- 分段：设置几何球体的分段。设置分段数值后，将创建网格，数值越大，网格密度越大，几何球体越光滑。
- 基本面类型：基本面类型分为四面体、八面体、二十面体3种选项，这些选项分别代表相应的几何球体的面值。
- 平滑：勾选该复选框，渲染时平滑显示几何球体。
- 半球：勾选该复选框，将几何球体设置为半球状。
- 轴心在底部：勾选该复选框，几何球体的中心将设置为底部。

【例3-6】下面具体介绍如何创建几何球体。

01 执行“创建”|“标准基本体”|“几何球体”命令，在任意视图单击并拖动鼠标，设置几何球体半径大小，释放鼠标左键即可创建几何球体，如图3-28所示。

02 在“参数”卷展栏的“分段”列表框中输入数值，设置分段大小，如图3-29所示。

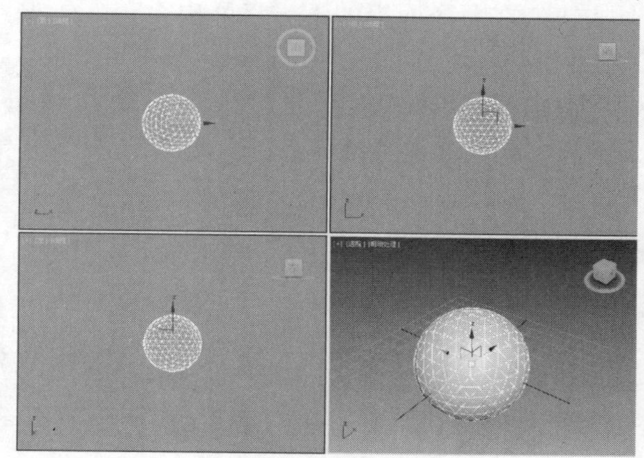

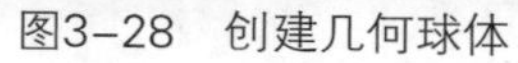

图3-28 创建几何球体

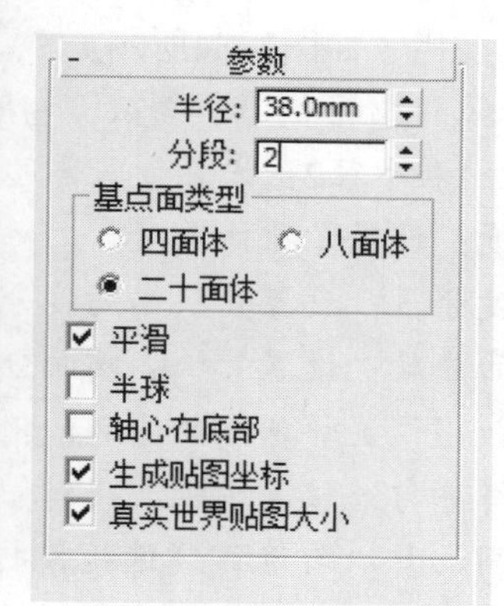

图3-29 设置分段数值

03 按回车键确认分段数值，在“基本点面类型”选项组中单击“二十面体”单选按钮，效果如图3-30所示。

04 单击“八面体”单选按钮，几何球体将更改为八面体，如图3-31所示。

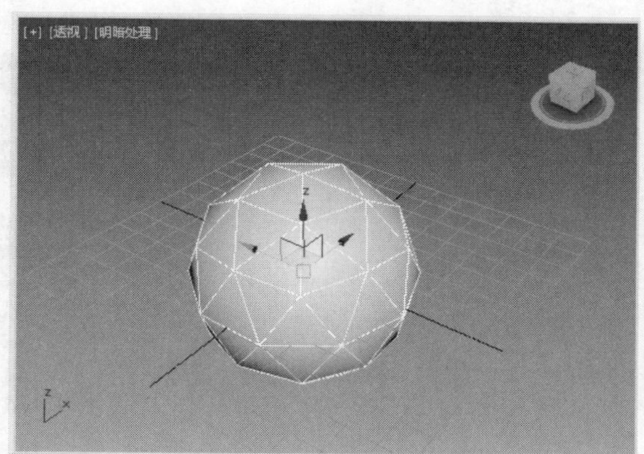

图3-30 二十面体效果

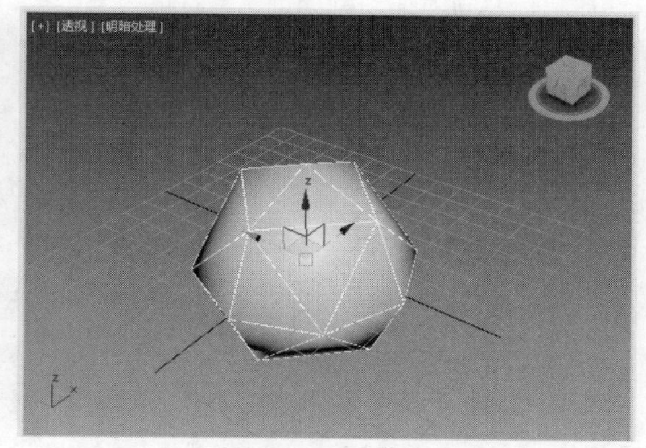

图3-31 八面体效果

05 单击“四面体”单选按钮，几何球体将更改为四面体，如图3-32所示。

06 勾选“半球”复选框，几何球体将更改为半球形状，如图3-33所示。

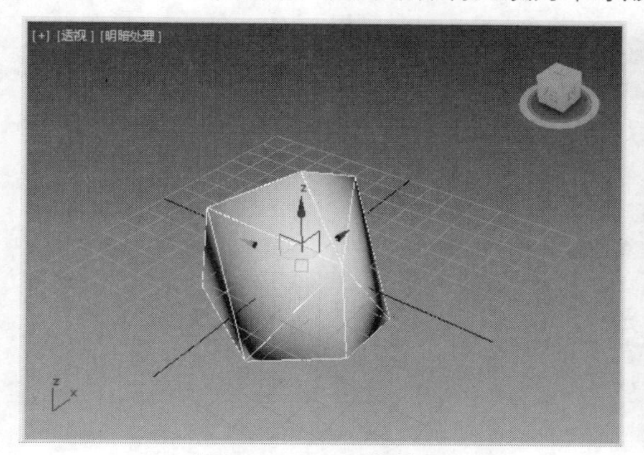

图3-32 四面体效果

图3-33 半球效果

3.1.7 管状体的创建

管状体主要应用于管道之类模型的制作，其创建方法非常简单，在“几何体”命令面板中单击“管状体”按钮，在命令面板的下方将弹出“参数”卷展栏，如图3-34所示。

参数
半径 1: 0.0mm
半径 2: 0.0mm
高度: 0.0mm
高度分段: 5
端面分段: 1
边数: 18
平滑
启用切片
切片起始位置: 0.0
切片结束位置: 0.0
生成贴图坐标
真实世界贴图大小

图3-34 “参数”卷展栏

下面具体介绍管状体“参数”卷展栏中创建管状体各选项的含义。

- 半径1和半径2：设置管状体的底面圆环的内径和外径大小。
- 高度：设置管状体高度。
- 高度分段：设置管状体高度分段的精度。
- 端面分段：设置管状体端面分段的精度。
- 边数：设置管状体的边数，值越大，渲染的管状体越平滑。
- 平滑：勾选该复选框，将对管状体进行平滑处理。
- 启用切片：勾选该复选框，将激活“切片起始位置”和“切片结束位置”列表框，在其中可以设置切片的角度。

【例3-7】下面具体介绍创建管状体的方法。

01 执行“创建”|“标准基本体”|“管状体”命令，在任意视图单击鼠标并拖动鼠标创建管状体外部半径，如图3-35所示。

02 释放鼠标并向内拖动鼠标创建管状体内部半径，如图3-36所示。

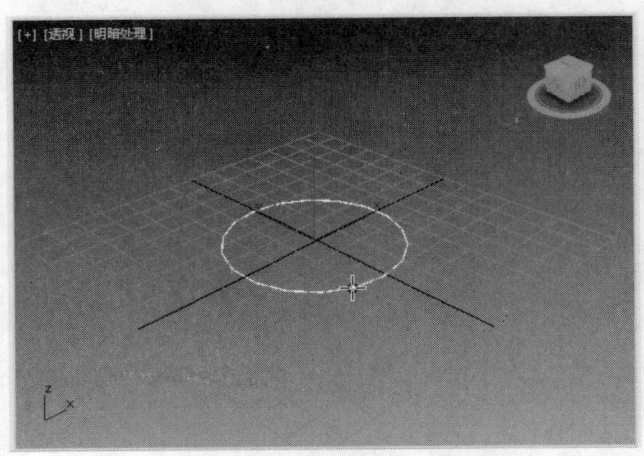

图3-35 设置外部半径

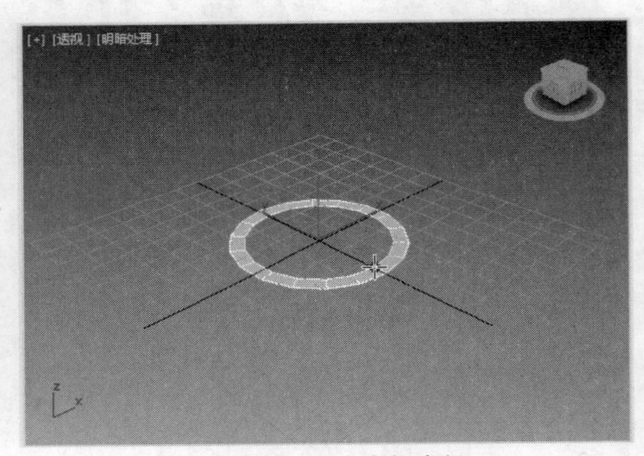

图3-36 设置内部半径

03 单击鼠标左键确认内部半径，并向上拖动鼠标，即可创建管状体，如图2-37所示。

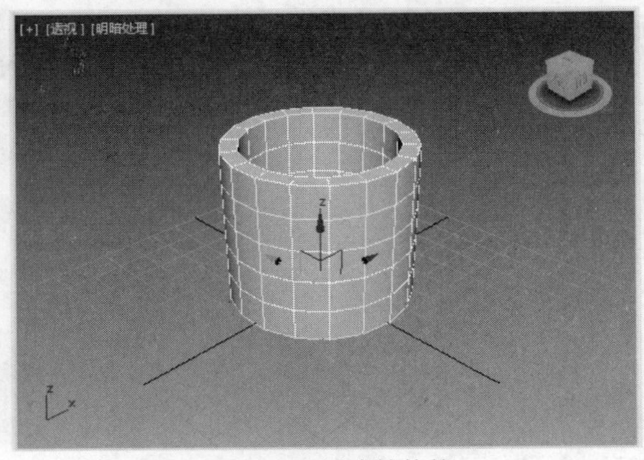

图3-37 创建管状体

3.1.8 茶壶的创建

茶壶是标准基本体中唯一完整的三维模型实体，单击并拖动鼠标即可创建茶壶的三维实体。在命令面板中单击“茶壶”按钮后，命令面板下方会显示“参数”卷展栏，如图3-38所示。

参数
半径: 0.0mm
分段: 4
平滑
茶壶部件
壶体
壶把
壶嘴
壶盖
生成贴图坐标
真实世界贴图大小

图3-38 “参数”卷展栏

下面具体介绍茶壶“参数”卷展栏中各选项的含义。

- 半径：设置茶壶的半径大小。
- 分段：设置茶壶及单独部件的分段数。
- 茶壶部件：在“茶壶部件”选项组中包含壶体、壶把、壶嘴、壶盖4个茶壶部件，勾选掉相应的部件，则在视图区将不显示该部件。

【例3-8】下面具体介绍如何创建茶壶。

01 单击“几何体”按钮，在“几何体”命令面板中单击“茶壶”按钮，如图3-39所示。

02 在任意视图单击并拖动鼠标，释放鼠标左键即可创建茶壶，如图3-40所示。

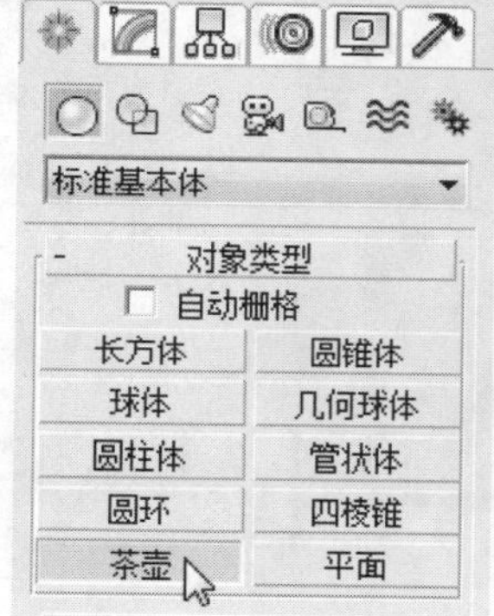

图3-39 单击“茶壶”按钮

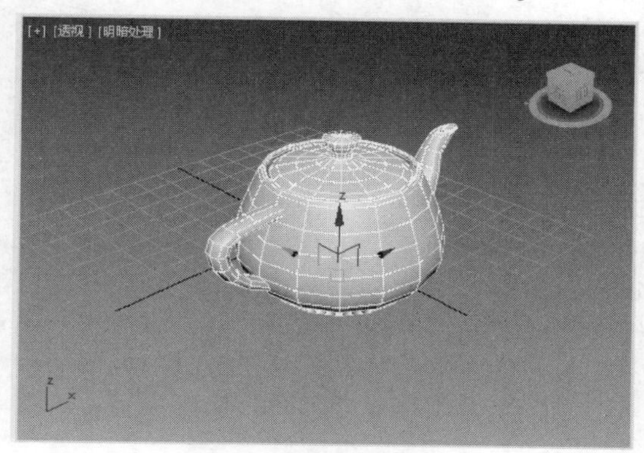

图3-40 创建茶壶

03 在“参数”卷展栏中勾选掉“壶体”复选框，实体效果如图3-41所示。

04 勾选掉“壶把”复选框，实体效果如图3-42所示。

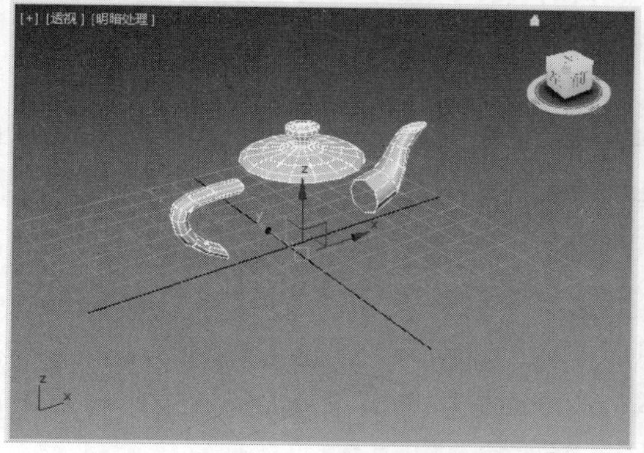

图3-41 勾选掉“壶体”复选框效果

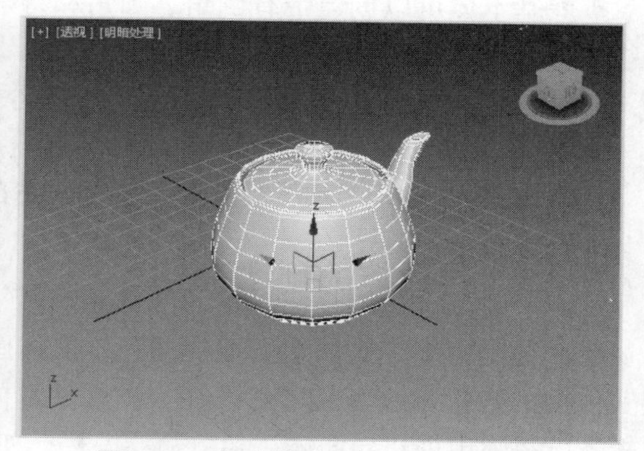

图3-42 勾选掉“壶把”复选框效果

3.1.9 平面的创建

平面是一种没有厚度的长方体，在渲染时可以无限放大。平面常用来创建大型场景的地面或墙体。此外，用户可以为平面模型添加噪波等修改器，来创建陡峭的地形或波涛起伏的海面。

在“几何体”命令面板中单击“平面”按钮，命令面板的下方将显示“参数”卷展栏，如图3–43所示。

下面具体介绍“参数”卷展栏中创建平面各选项的含义。

- 长度：设置平面的长度。
- 宽度：设置平面的宽度。
- 长度分段：设置长度的分段数量。
- 宽度分段：设置宽度的分段数量。
- 渲染倍增：“渲染倍增”选项组包含缩放、密度、总面数3个选项。缩放指定平面几何体的长度和宽度在渲染时的倍增数，从平面几何体中心向外缩放。密度指定平面几何体的长度和宽度分段数在渲染时的倍增数值。总面数显示创建平面物体中的总面数。

单击“几何体”按钮◯，在“几何体”命令面板中单击“平面”按钮，如图3–44所示。在任意视图单击并拖动鼠标设置平面的大小，释放鼠标左键即可创建平面，如图3–45所示。

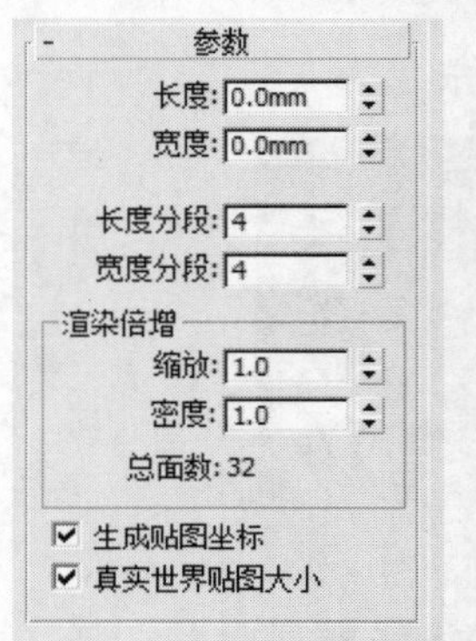

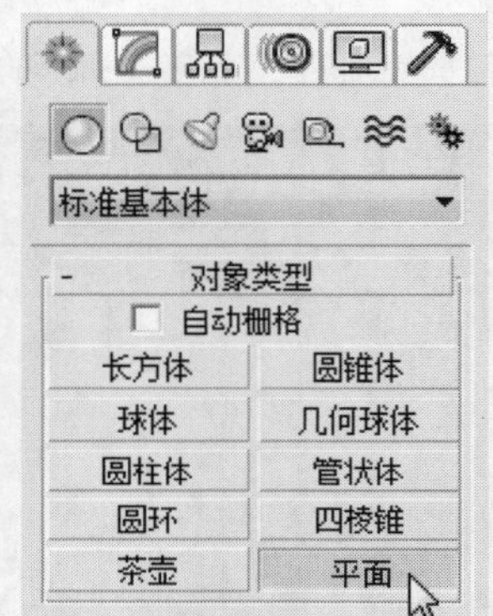

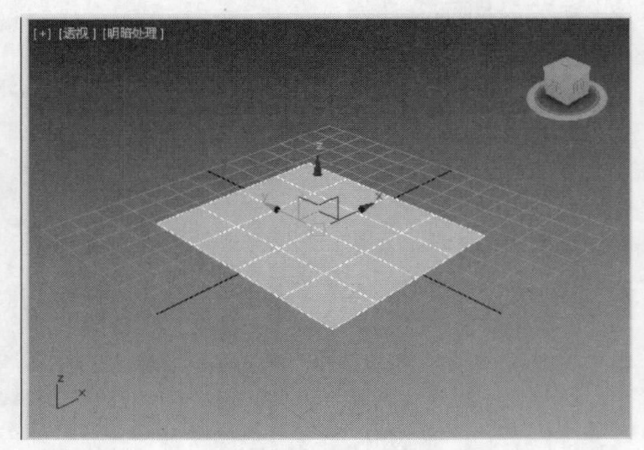

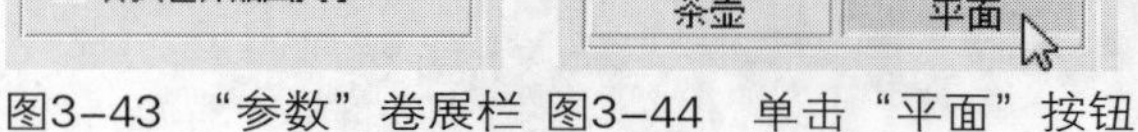

图3–43 “参数”卷展栏 图3–44 单击“平面”按钮 图3–45 创建平面

3.2 扩展基本体的创建

扩展基本体可以创建带有倒角、圆角和特殊形状的物体，和标准基本体相比，它相对复杂一些。用户可以通过以下方式创建扩展基本体：

- 执行“创建”|“扩展基本体”的子命令。
- 在命令面板中单击“创建”按钮，然后单击“标准基本体”右侧的按钮，在弹出的列表框中选择“扩展基本体”选项，并在该列表中选择相应的“扩展基本体”按钮。

3.2.1 异面体的创建

异面体是由多个边面组合而成的三维实体图形，它可以调节异面体边面的状态，也可以调整实体面的数量来改变其形状。在“扩展基本体”命令面板中单击“异面体”按钮后，在命令面板下方将弹出创建异面体“参数”卷展栏，如图3–46所示。

下面具体介绍创建异面体“参数”卷展栏中各选项组的含义。

- 系列：该选项组包含四面体、立方体、十二面体、星形1、星形2共5个选项。主要用来定义创建异面体的形状和边面的数量。
- 系列参数：系列参数中的P和Q两个参数控制异面体的顶点和轴线双重变换关系，两者之和不可以大于1。

- 轴向比率：轴向比率中的P、Q、R三个参数分别为其中一个面的轴线，设置相应的参数可以使其面突出或者凹陷。
- 顶点：设置异面体的顶点。
- 半径：设置异面体的半径大小。

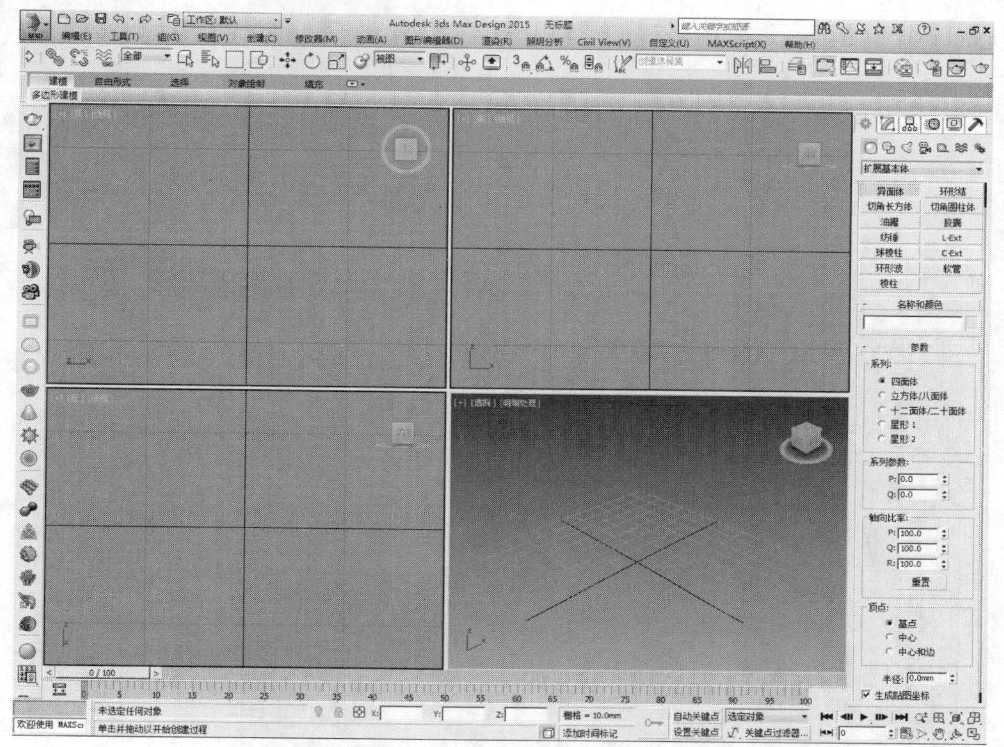

图3-46 “参数”卷展栏

【例3-9】下面具体介绍如何创建和编辑异面体。

01 在命令面板中单击“创建”按钮，然后单击“标准基本体”右侧的按钮，在弹出的列表框中选择“扩展基本体”选项，如图3-47所示。

02 此时会出现“扩展基本体”命令面板，如图3-48所示。

03 在“扩展基本体”命令面板中单击“异面体”按钮，如图3-49所示。

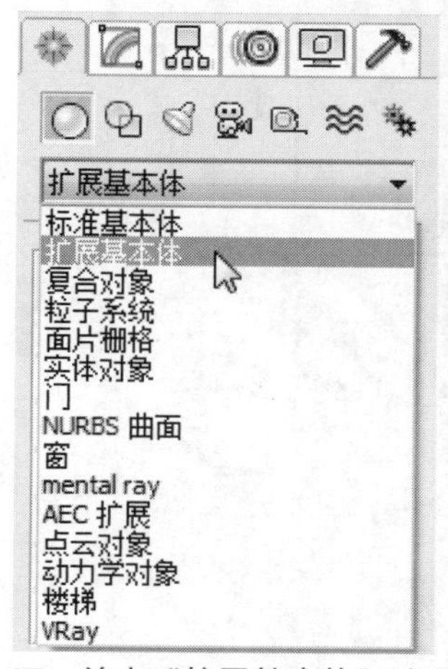

图3-47 单击“扩展基本体”选项

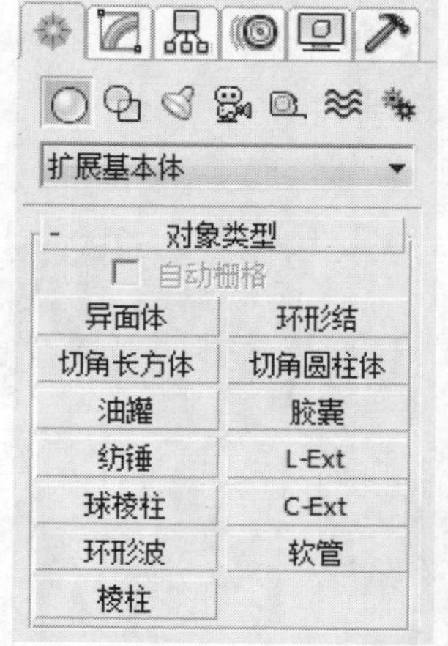

图3-48 “扩展基本体”命令面板

图3-49 单击“异面体”按钮

04 在任意视图拖动鼠标设置异面体的大小，设置完成后释放鼠标左键，即可创建异面体，如图3-50所示。

05 设置P为0.8，Q为0.1，效果如图3-51所示。

06 设置P为100，Q为50，R为80，效果如图3-52所示。

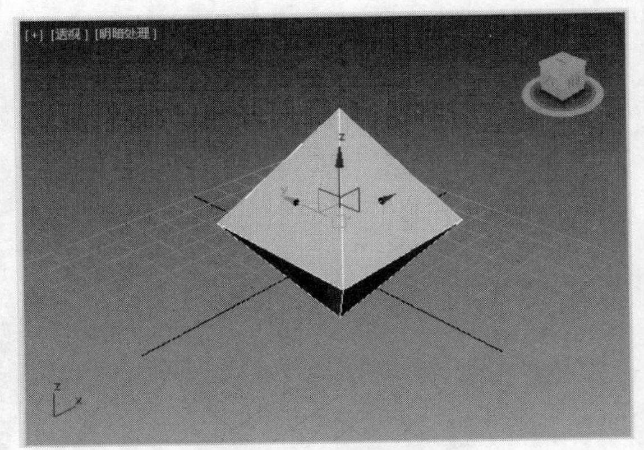

图3-50　创建异面体

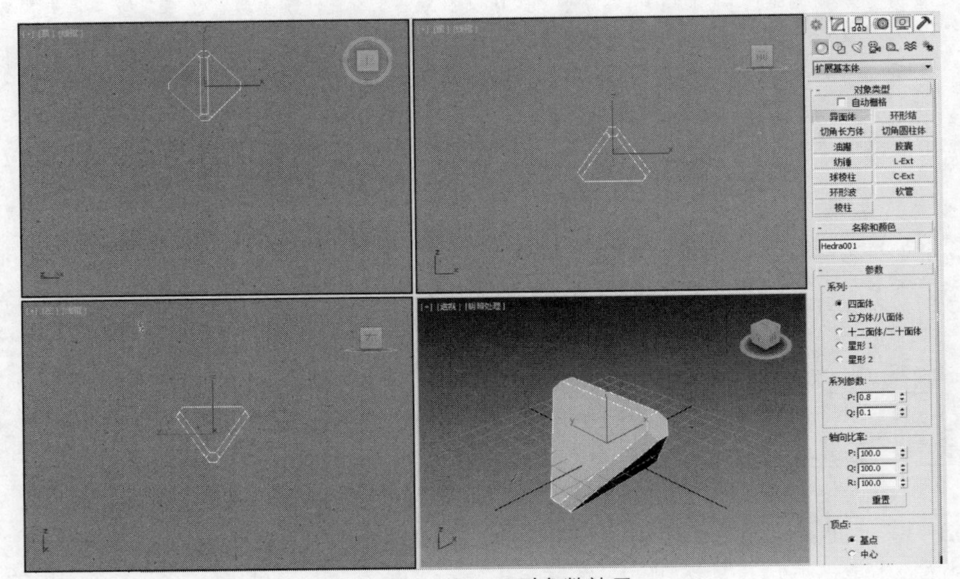

图3-51　设置系列参数效果

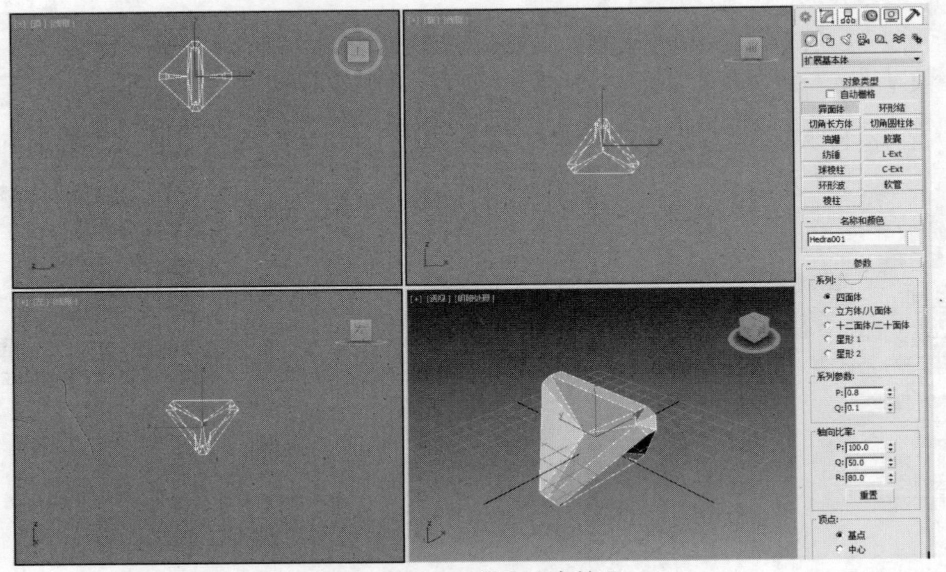

图3-52　设置轴向比率效果

3.2.2 切角长方体的创建

切角长方体在创建模型时应用十分广泛，常被用于创建带有圆角的长方体结构。在“扩展基本体”命令面板中单击“切角长方体”按钮后，命令面板下方将弹出设置切角长方体的“参数”卷展栏，如图3-53所示。

下面具体介绍设置切角长方体“参数”卷展栏中各选项的含义。

- 长度、宽度：设置切角长方体地面或顶面的长度和宽度。
- 高度：设置切角长方体的高度。
- 圆角：设置切角长方体的圆角半径。值越高，圆角半径越明显。
- 长度分段、宽度分段、高度分段、圆角分段：设置切角长方体分别在长度、宽度、高度和圆角上的分段数目。

参数
长度: 0.1mm
宽度: 0.1mm
高度: 0.0mm
圆角: 0.0mm
长度分段: 1
宽度分段: 1
高度分段: 1
圆角分段: 1
☑ 平滑
☑ 生成贴图坐标
☑ 真实世界贴图大小

图3-53 “参数”卷展栏

【例3-10】下面具体介绍创建切角长方体的方法。

01 执行“创建”|“扩展基本体”|“切角长方体”命令，在透视图单击并拖动鼠标，设置长方体的底面，如图3-54所示。

02 释放鼠标左键并向上拖动鼠标，设置切角长方体的高度，然后单击鼠标左键确认高度，如图3-55所示。

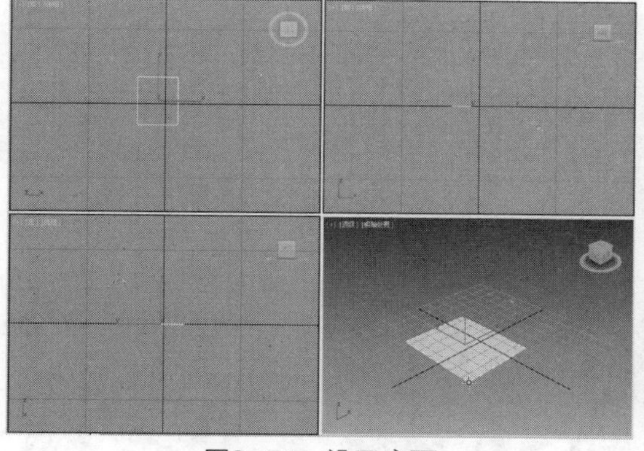

图3-54 设置底面

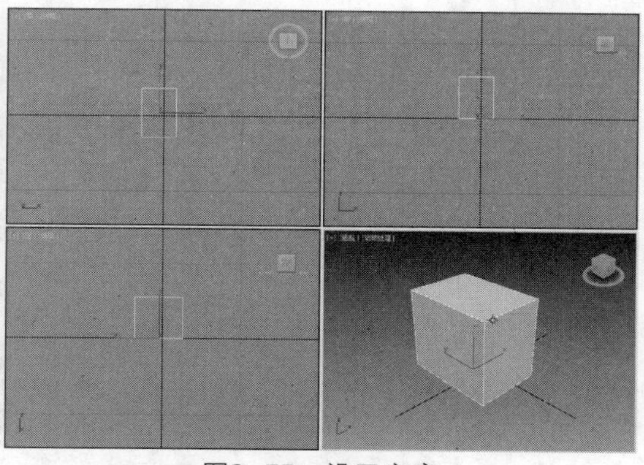

图3-55 设置高度

03 释放鼠标左键后，向上拖动鼠标，即可设置切角长方体的圆角半径。

04 设置完成后单击鼠标左键即可创建切角长方体，如图3-56所示。

05 如果对创建的切角长方体不满意，可以在“参数”卷展栏中设置相应的参数。

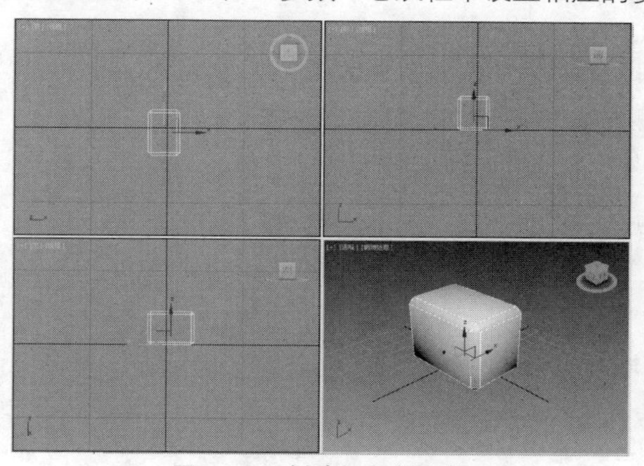

图3-56 创建切角长方体

3.2.3 切角圆柱体的创建

创建切角圆柱体和创建切角长方体的方法相同。但在“参数”卷展栏中设置圆柱体的各参数却有部分不相同，如图3-57所示。

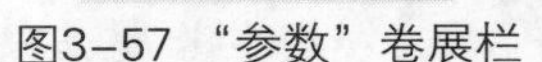

图3-57 “参数”卷展栏

下面具体介绍切角圆柱体“参数”卷展栏中设置圆柱体各选项的含义。

- 半径：设置切角圆柱体的底面或顶面的半径大小。
- 高度：设置切角圆柱体的高度。
- 圆角：设置切角圆柱体的圆角半径大小。
- 高度分段、圆角分段、端面分段：设置切角圆柱体高度、圆角和端面的分段数目。
- 边数：设置切角圆柱体的边数，数值越大，圆柱体越平滑。
- 平滑：勾选“平滑”复选框，即可将创建的切角圆柱体在渲染中进行平滑处理。
- 启动切片：勾选该复选框，将激活“切片起始位置”和“切片结束位置”列表框，在其中可以设置切片的角度。

【例3-11】下面创建一个半径为30mm，高为53mm，半径为2mm的切角圆柱体。

01 执行“创建”|“扩展基本体”|“切角圆柱体”命令，在透视视图中单击并拖动鼠标设置切角圆柱体的半径大小，如图3-58所示。

02 释放鼠标左键，然后向上移动鼠标，设置切角圆柱体高度，如图3-59所示。

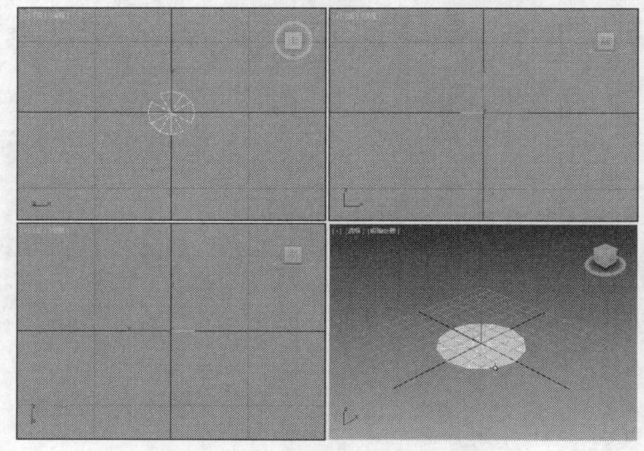

图3-58 设置底面半径

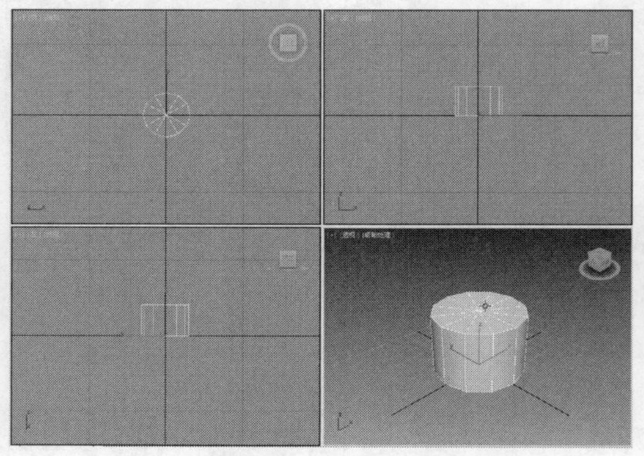

图3-59 设置高度

03 单击鼠标左键，确认高度，再释放鼠标左键，向上拖动鼠标，即可设置切角圆柱体的圆角半径，如图3-60所示。

04 在“参数”卷展栏中设置圆角大小，如图3-61所示。

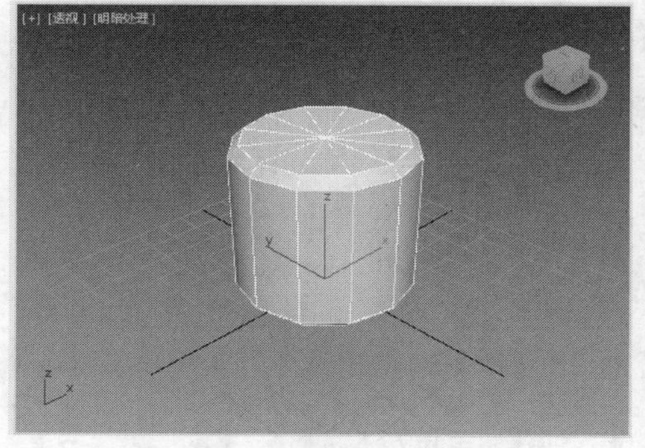

图3-60 创建切角圆柱体

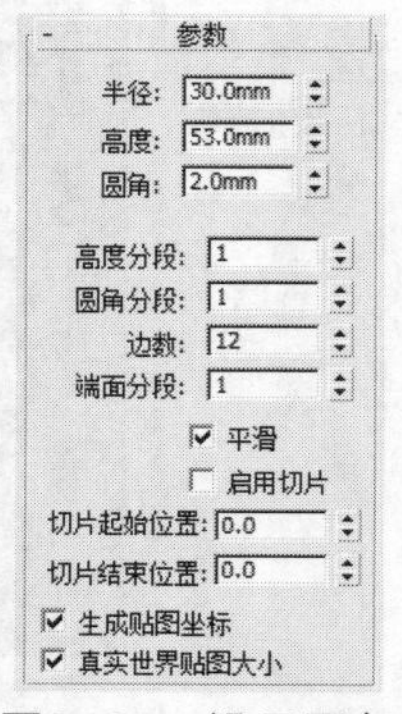

图3-61 设置圆角

05 设置完成后如图3-62所示。

06 设置高度分段为10，圆角分段为5，边数为20，设置完成后，如图3-63所示。

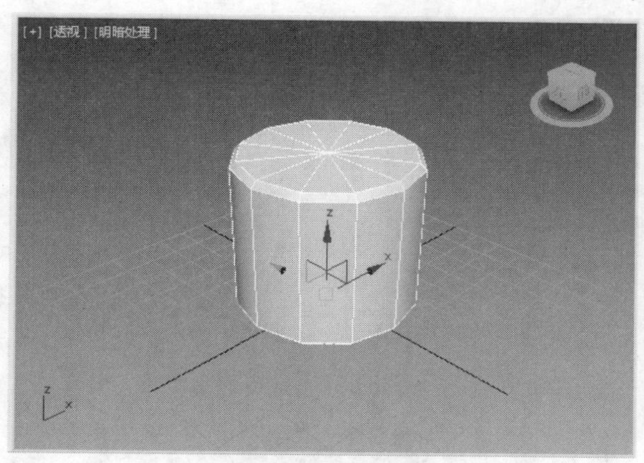

图3-62　设置圆角

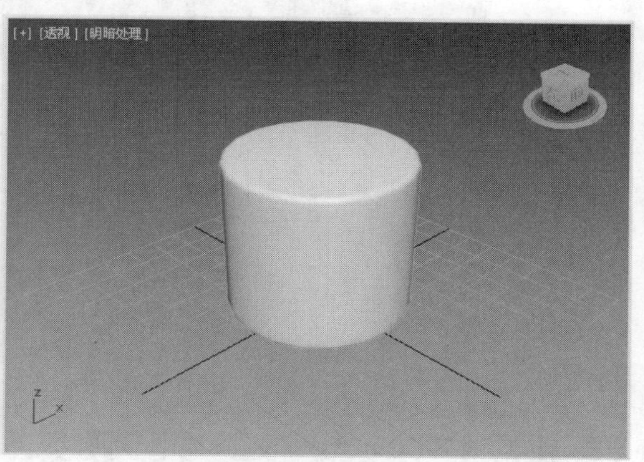

图3-63　最终效果

3.2.4　油罐、胶囊、纺锤的创建

油罐、胶囊和纺锤的制作方法非常相似。下面逐一介绍创建方法。

【例3-12】下面以创建油罐、胶囊和纺锤为例，具体介绍创建各扩展基本体的方法。

01 执行“创建”|“扩展基本体”|“油罐”命令，在任意视图单击并拖动鼠标设置油罐底面半径，如图3-64所示。

02 释放鼠标左键，并向上拖动鼠标，设置油罐高度，如图3-65所示。

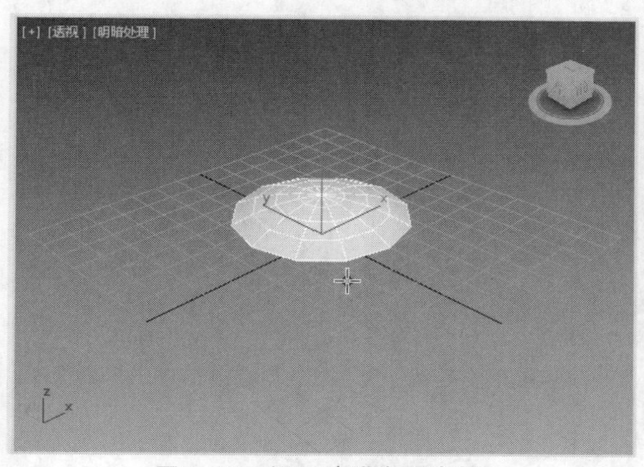

图3-64　设置油罐底面半径

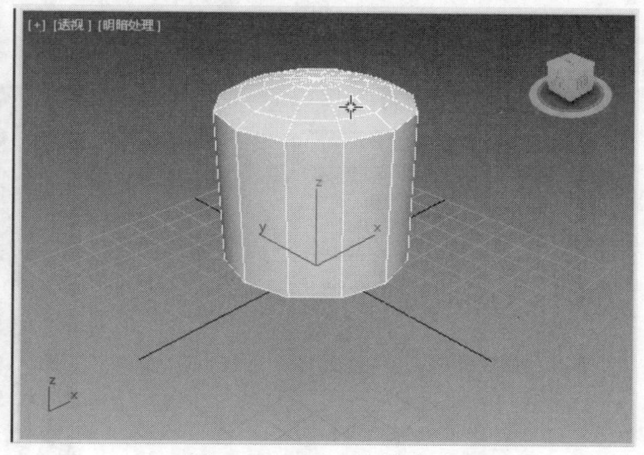

图3-65　设置油罐高度

03 单击鼠标左键确认高度，然后再向上拖动鼠标，确定油罐封口高度，如图3-66所示。

04 单击鼠标左键即可创建油罐，在“参数”卷展栏中设置混合数值（“混合”控制半圆与圆柱体交接边缘的圆滑量），如图3-67所示。

05 设置完成后，效果如图3-68所示。

06 下面开始创建胶囊，执行“创建”|“扩展基本体”|“胶囊”命令，在“透视”视图单击并拖动鼠标左键，设置胶囊半径，释放鼠标后向上移动鼠标设置胶囊高度，设置完成后单击鼠标左键，即可创建胶囊，如图3-69所示。

07 在“参数”卷展栏中勾选“启用切片”复选框，并设置切片起始位置和结束位置，如图3-70所示。

08 设置完成后，如图3-71所示。

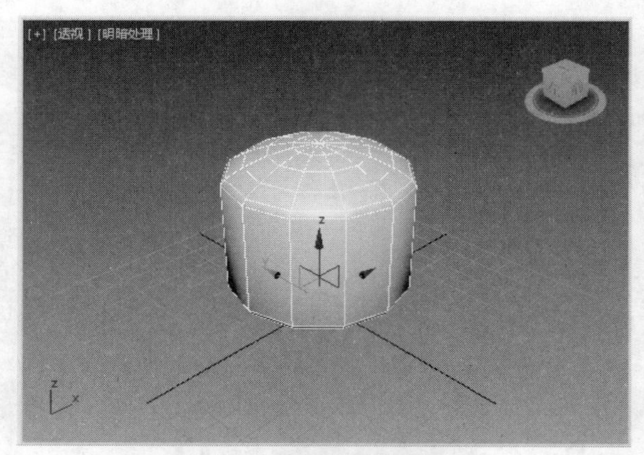

图3-66　创建油罐

图3-67　设置混合数值

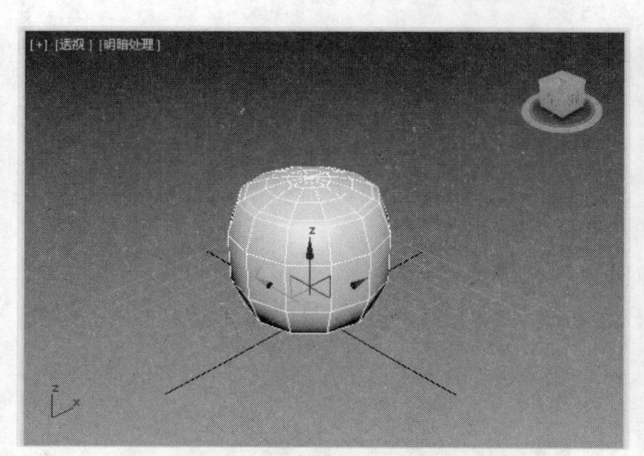

图3-68　设置混合效果

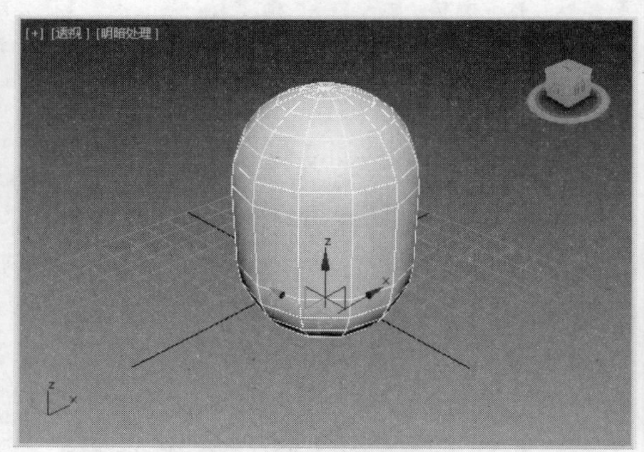

图3-69　创建胶囊

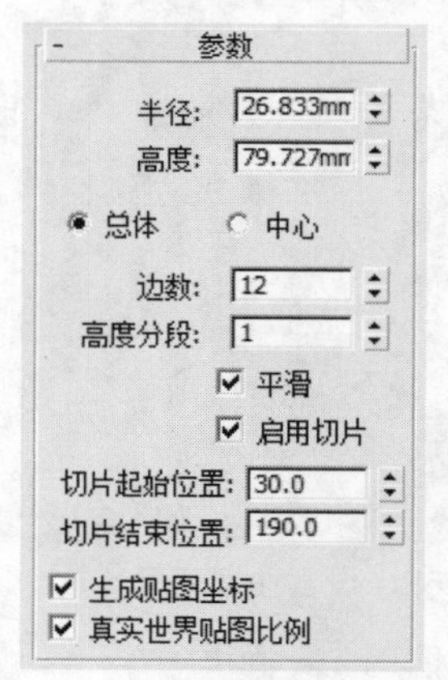

图3-70　设置起始和结束位置

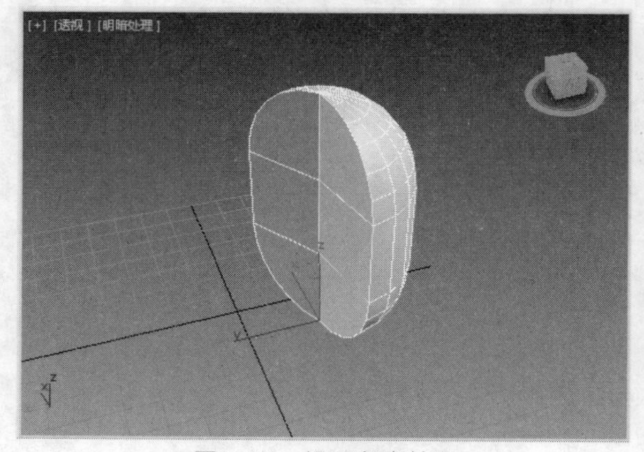

图3-71　设置角度效果

09 下面创建纺锤，执行“创建”|“扩展基本体”|“纺锤”命令，在“透视”视图单击并拖动鼠标，设置纺锤半径大小，如图3-72所示。

10 释放鼠标左键，并拖动鼠标，设置纺锤高度，如图3-73所示。

11 单击鼠标左键确定纺锤高度，释放鼠标左键后，向上拖动鼠标设置封口高度，设置完成后单击鼠标左键即可创建纺锤，如图3-74所示。

12 在“参数”展卷栏中设置混合参数为1，设置完成后，如图3-75所示。

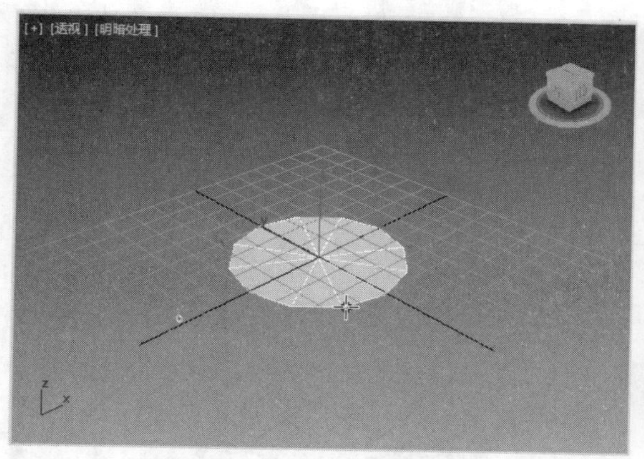

图3-72　设置纺锤底面半径

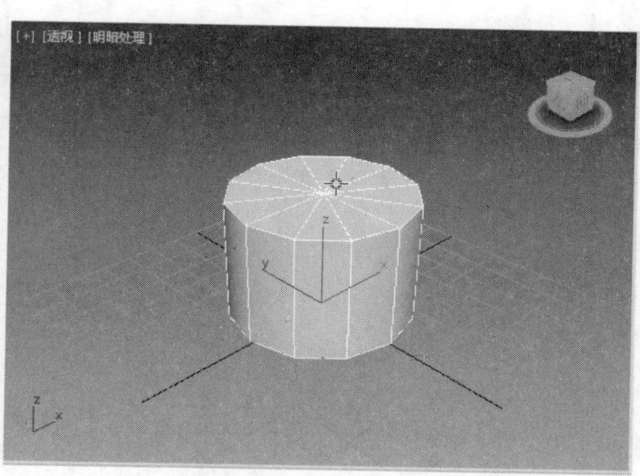

图3-73　设置纺锤高度

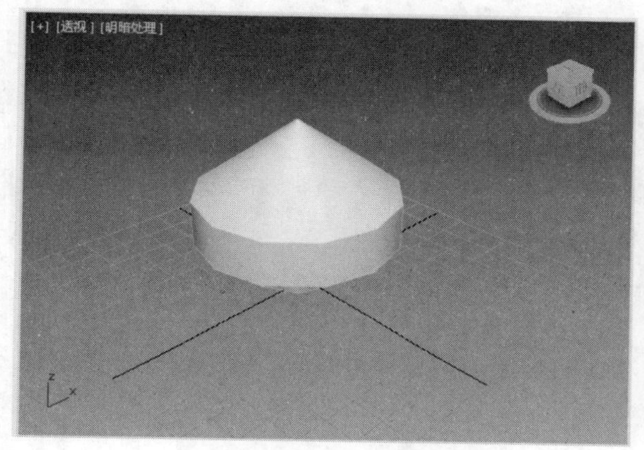

图3-74　创建纺锤

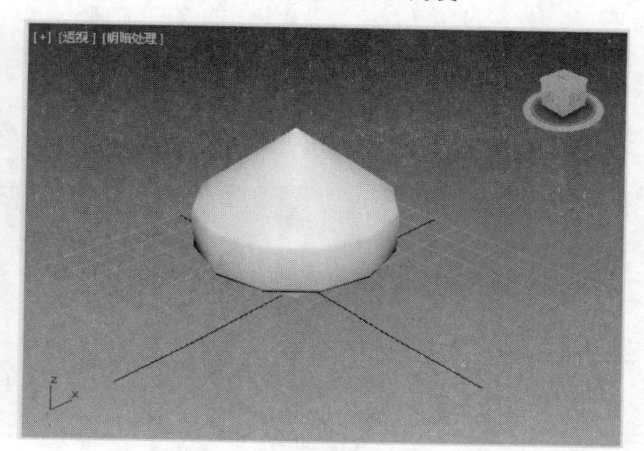

图3-75　设置混合参数

3.2.5　软管的创建

软管应用于管状模型的创建，如喷淋管、弹簧等。下面具体介绍软管的创建方法。

【例3-13】下面以创建软管为例，具体介绍其编辑方法。

01 执行“创建”|“扩展基本体”|“软管”命令，在“透视”视图单击并拖动鼠标，设置软管底面的半径大小，如图3-76所示。

02 释放鼠标左键并移动鼠标设置软管高度，设置完成后单击鼠标左键即可创建软管，如图3-77所示。

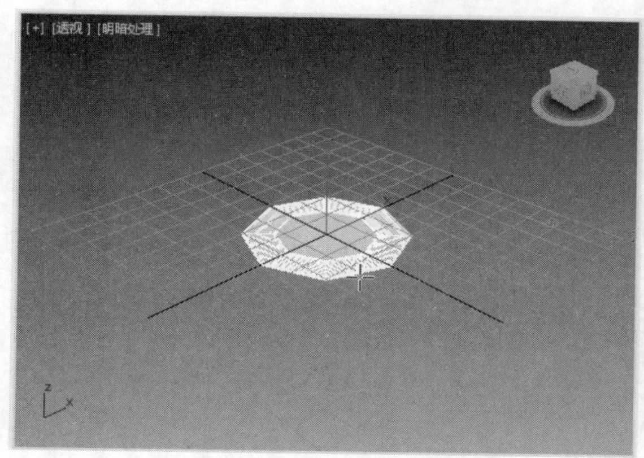

图3-76　设置底面半径

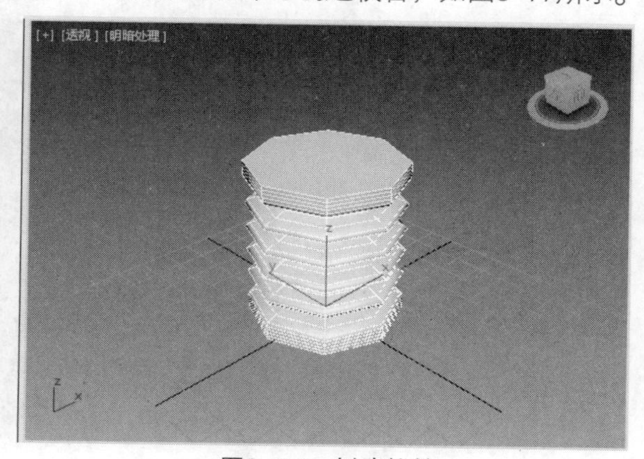

图3-77　创建软管

03 在“软管参数”卷展栏的“软管形状”选项组中可以设置软管的形状，单击“长方体软管”单选按钮，软管将更改成长方体形状，如图3-78所示。

04 单击“D截面软管”按钮，此时，软管将更改为D截面形状，如图3-79所示。

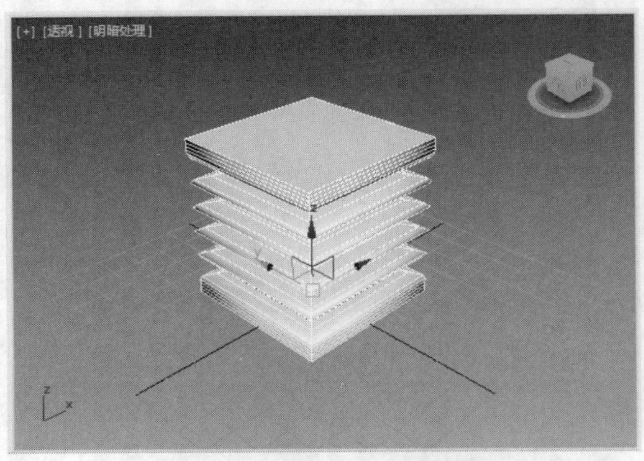

图3-78　长方体软管形状

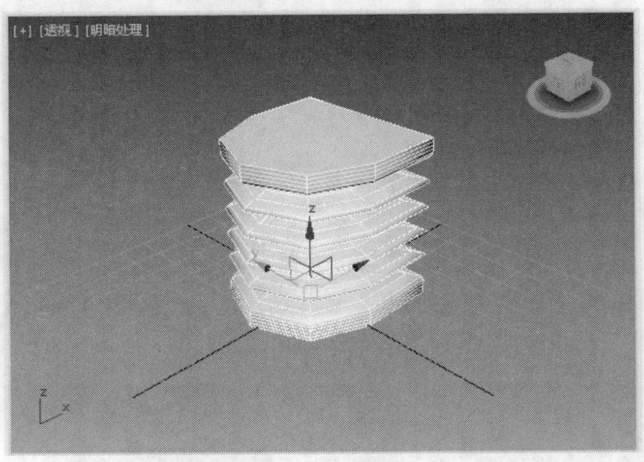

图3-79　D截面形状

3.3 复合对象

布尔是通过对两个以上的物体进行并集、差集、交集、切割的运算，从而得到新的物体形态。放样是将二维图形作为三维模型的横截面，沿着一定的路径，生成三维模型，横截面和路径可以变化，从而生成复杂的三维物体。下面介绍布尔和放样的应用。

3.3.1 布尔的应用

布尔是通过对两个以上的物体进行布尔运算，从而得到新的物体形态，布尔运算包括并集、差集、交集(A–B)、交集（B–A）、切割等运算方式。利用不同的运算方式，会形成不同的物体形状。

【例3–14】下面以创建机械零件，具体介绍布尔的方法。

01 在视图中创建长方体和圆柱体，并将其放置在合适位置，如图3-80所示。

02 单击“几何体”按钮，在“几何体”命令面板中单击“标准基本体”右侧的按钮，在弹出的列表中选择“复合对象”选项，如图3-81所示。

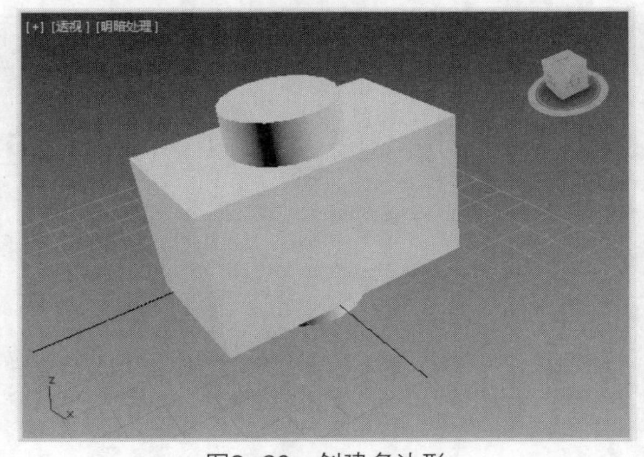

图3-80　创建多边形

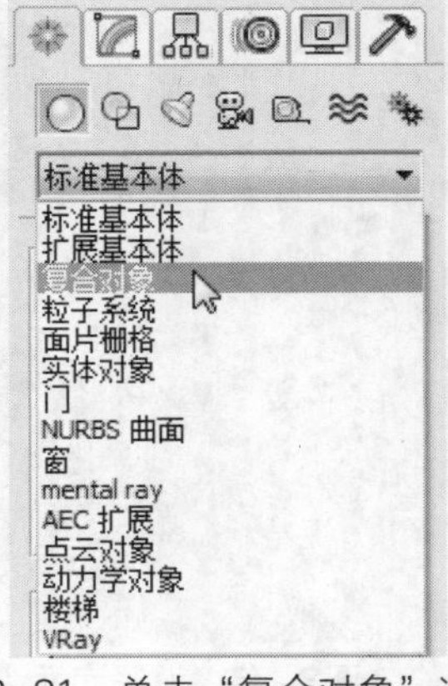

图3-81　单击“复合对象”选项

03 打开复合对象命令面板，然后选择进行布尔运算的物体，如图3-82所示。

04 此时将在命令面板中激活可以应用的选项，如图3-83所示。

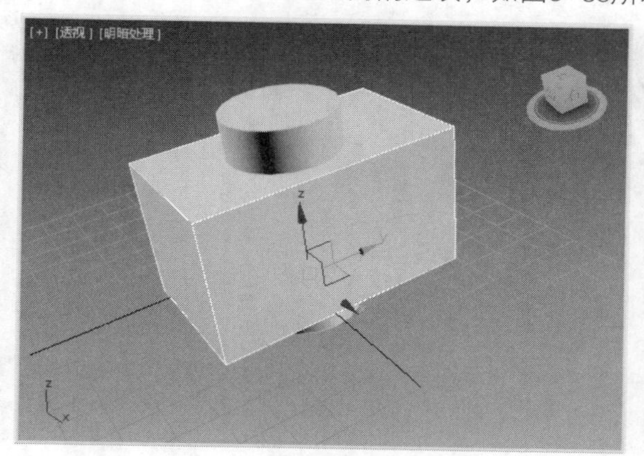

图3-82　选择长方体

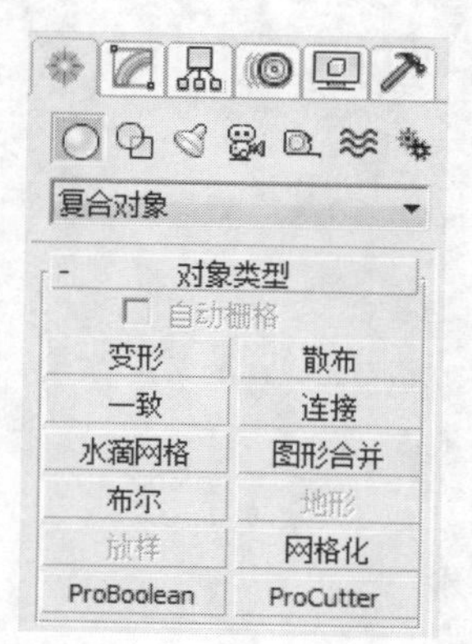

图3-83　复合对象命令面板

05 单击“布尔”按钮，此时命令面板下方的“操作”选项组中默认选择差集（A-B），然后在“拾取布尔”选项组中单击“拾取操作对象B”按钮，如图3-84所示。

06 设置完成后，选择圆柱体，此时将进行布尔运算，完成后如图3-85所示。

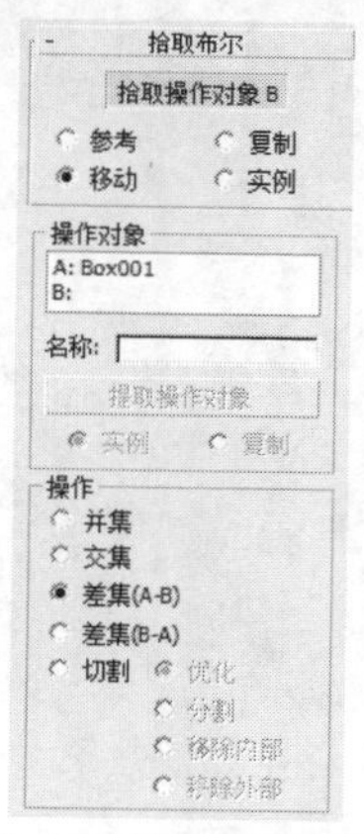

图3-84　单击“拾取操作对象B”按钮

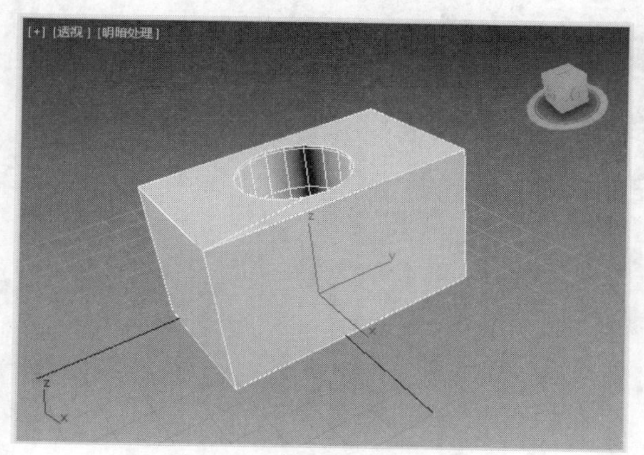

图3-85　差集（A-B）效果

07 在“操作”选项组单击“并集”单选按钮，效果如图3-86所示。

08 在“操作”选项组单击“交集”单选按钮，效果如图3-87所示。

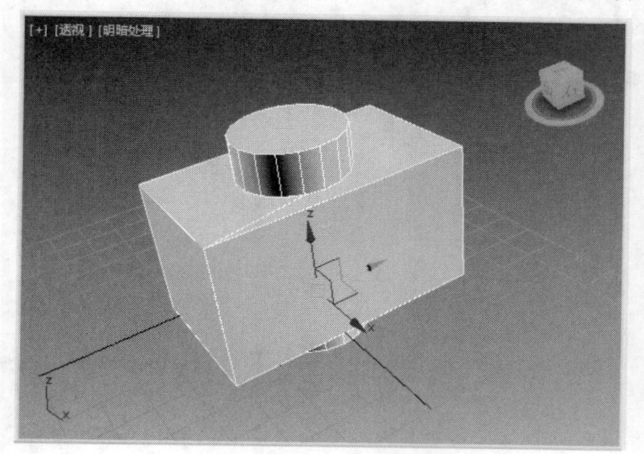

图3-86　并集效果

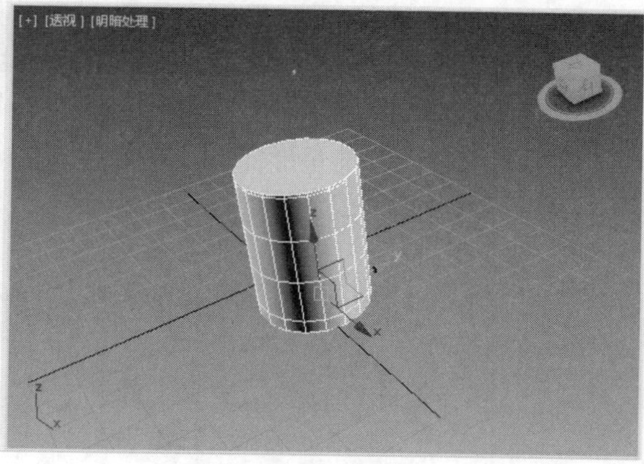

图3-87　交集效果

09 在“操作”选项组单击“差集（B-A）”单选按钮，效果如图3-88所示。

10 单击“切割”单选按钮，然后单击“优化”单选按钮，如图3-89所示。

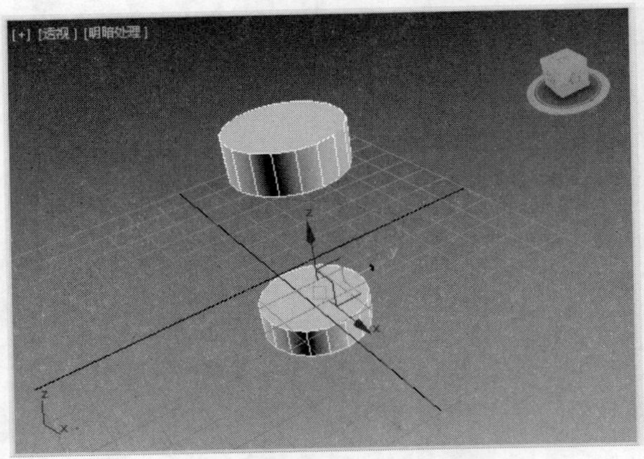

图3-88 差集（B-A）效果

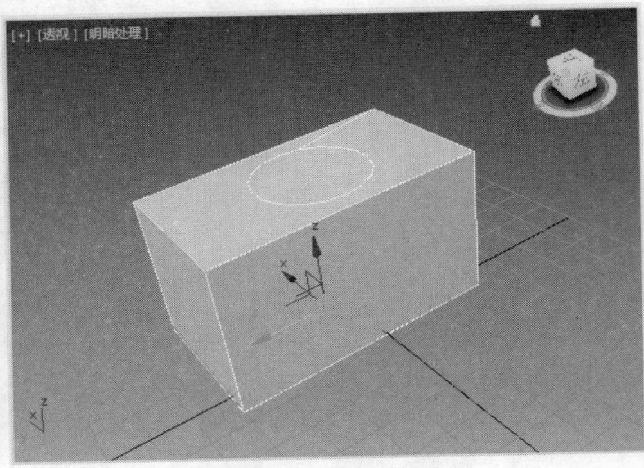

图3-89 优化效果

11 单击“移至内部”单选按钮，设置完成后，如图3-90所示。

12 单击“移至外部”单选按钮，设置完成后，如图3-91所示。

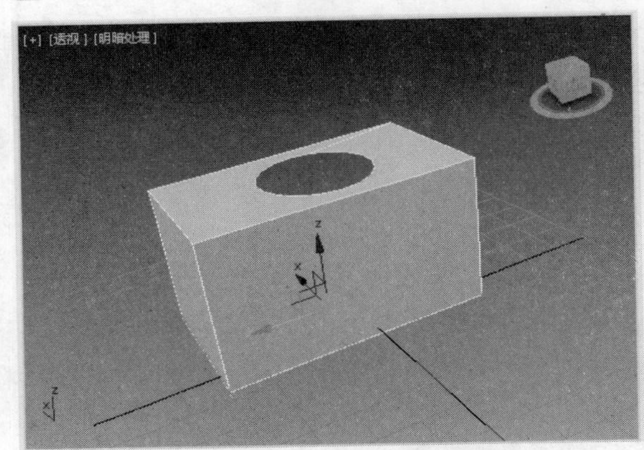

图3-90 移至内部效果

图3-91 移至外部效果

3.3.2 放样的应用

放样是将二维图形作为三维模型的横截面，沿着一定的路径，生成三维模型，所以只可以对样条线进行放样。横截面和路径都可以发生变化，从而创建复杂的三维物体。

【例3-15】下面将星形样条线放样为实体。

01 利用样条线在顶视图创建一个星形样条线，如图3-92所示。

02 然后在前视图绘制一条垂直的直线样条线，如图3-93所示。

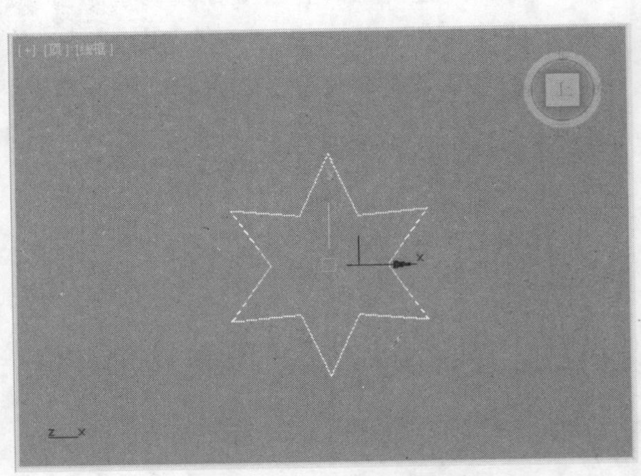

图3-92 创建星形样条线

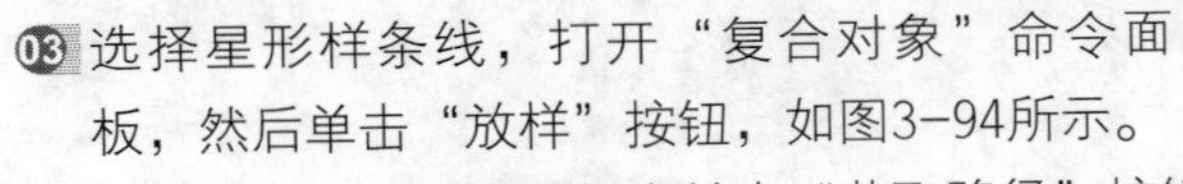

03 选择星形样条线，打开“复合对象”命令面板，然后单击“放样”按钮，如图3-94所示。

04 在“创建方法”卷展栏中单击“获取路径”按钮，如图3-95所示。

图3-93　创建直线样条线

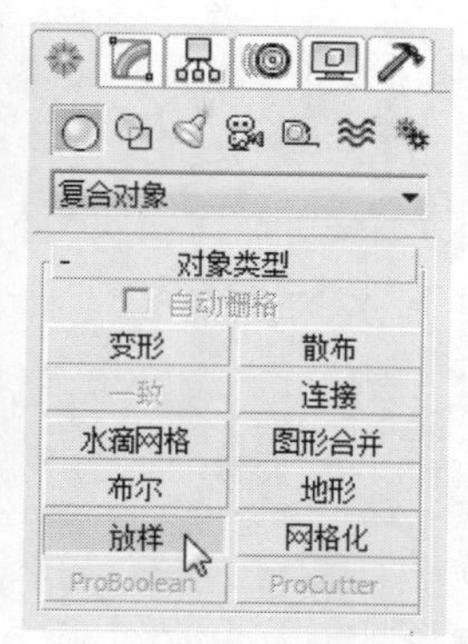

图3-94　单击“放样”按钮

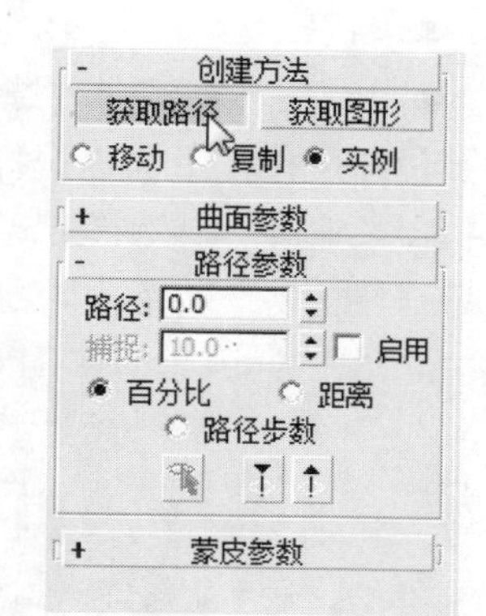

图3-95　单击“获取路径”按钮

05 返回前视图去选择放样路径，如图3-96所示。

06 设置完成后，即可放样实体，如图3-97所示。

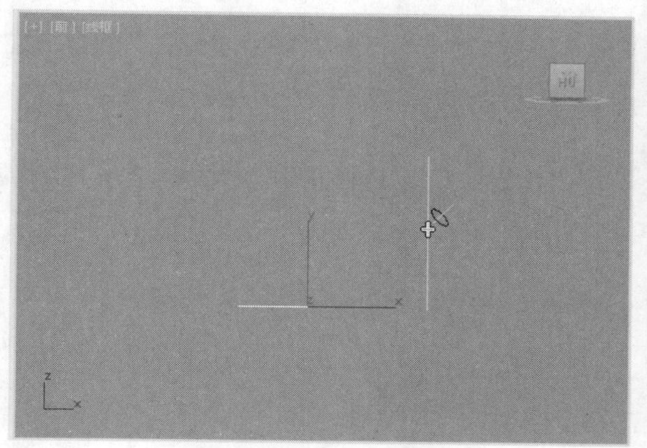
图3-96　选择放样路径

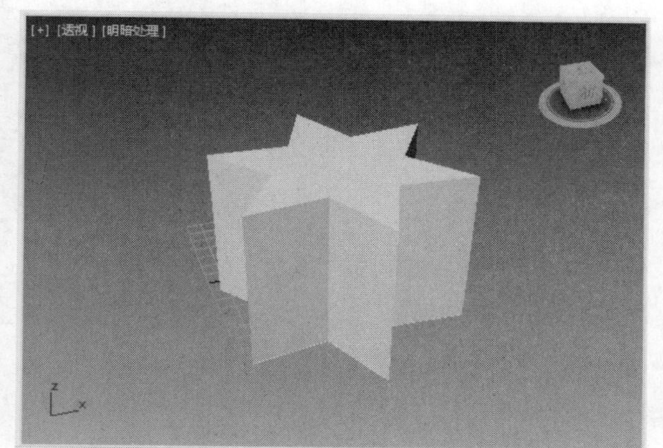
图3-97　放样实体效果

3.4 编辑多边形

如果对创建的模型不满意，可以选择需要修改的模型，将其转换为可编辑多边形，然后编辑顶点、边、多边形和元素子对象。

3.4.1 认识并选择多边形对象

在编辑多边形之前，用户必须学习如何正确选择多边形，正确选择多边形可以节省工作时间，提高工作效率。选择多边形对象的方法有很多种，下面就来逐一介绍选择多边形的方法。

1. 执行菜单命令

利用菜单命令可以单选或者多选实体对象，可以设置选择方式和选择区域后选择实体对象，用户可以通过以下方式选择实体对象。

（1）设置选择方式

选择实体对象的方式有许多种，可以按名称、层和颜色进行选择对象。用户可以通过以下方式设置选择方式：

- 执行“编辑”|“选择方式”|“名称”命令。

- 执行“编辑”|“选择方式”|“层”命令。
- 执行“编辑”|“选择方式”|“颜色”命令。

【例3-16】下面以选择餐布和餐椅为例，具体介绍选择实体对象的方法。

01 执行“编辑”|“选择方式”|“名称”命令，如图3-98所示。

02 打开“从场景选择”对话框，如图3-99所示。

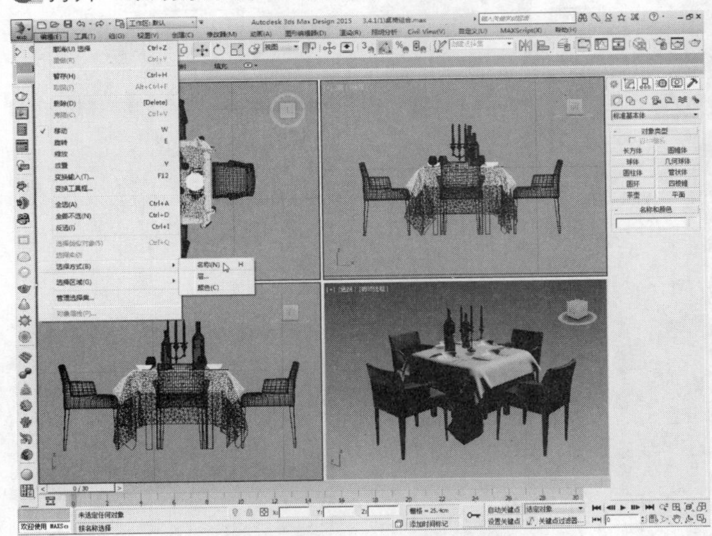

图3-98 单击“名称”选项

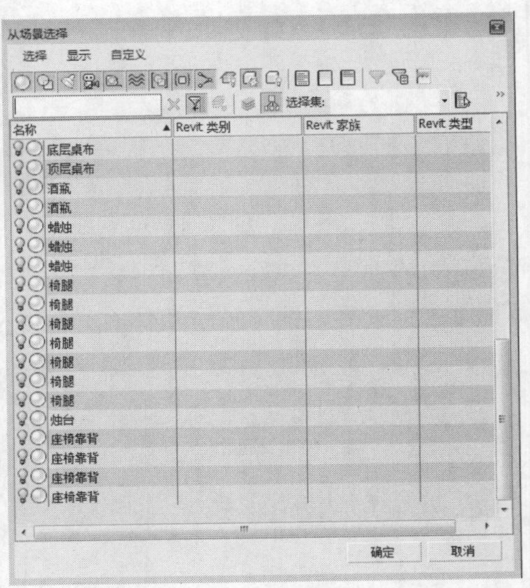

图3-99 “从场景选择”对话框

03 选择物体名称，并单击“确定”按钮，如图3-100所示。

04 在视图区选中物体，如图3-101所示。

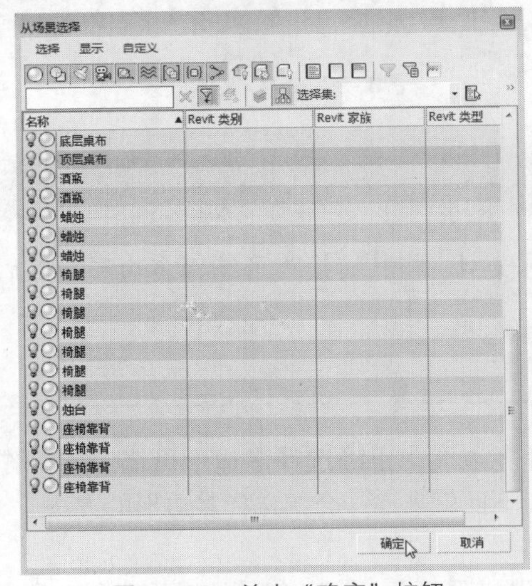

图3-100 单击“确定”按钮

图3-101 选择物体

05 下面介绍按颜色选择的方法，执行“编辑”|“选择方式”|“颜色”命令，此时返回视图区，鼠标将更改图标，单击选择绿色靠椅物体，如图3-102所示。

06 此时，将选中场景中同样颜色的物体，如图3-103所示。

知识点拨

按颜色选择物体时，并不是选择材质的颜色，而是选择创建模型时，模型本身的颜色。

图3-102 选择绿色

图3-103 选择相同颜色效果

（2）设置选择区域

除了设置选择方式进行选择实体以外，还可以设置选择区域，框选需要选择的物体。这种方法对选择大量实体使用起来非常方便。选择区域包括矩形选区、圆形选区、围栏选区、套索选区、绘制选择选区等，用户可以根据需要设置合适的选择区域。

执行“编辑”|“选择区域”命令的子命令，然后返回视图区，单击并拖动鼠标左键，直到选择区域覆盖需要选择物体之后，释放鼠标左键，即可选中物体。

2. 利用工具栏选择物体

【例3-17】工具栏中包含了许多选择物体的工具，下面逐一介绍这些选择物体工具的使用方法。

01 在工具栏单击“选择对象”按钮，此时按钮被激活，返回视图区单击鼠标即可选择物体，如图3-104所示。

02 长按“选择区域”按钮，在弹出的列表框单击“矩形选择区域”按钮，如图3-105所示。

图3-104 选择物体

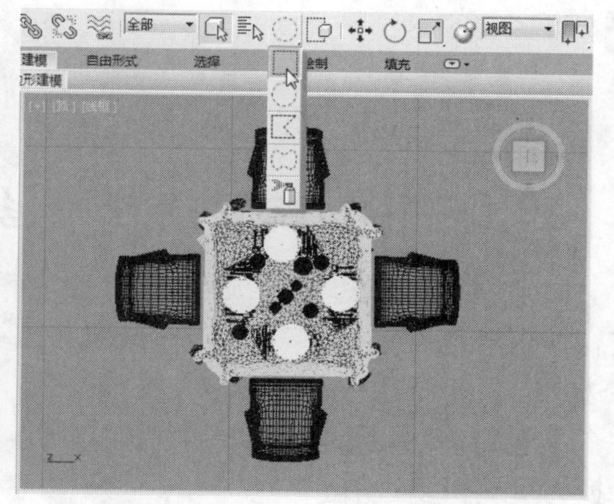

图3-105 单击“矩形选择区域”选项

03 在顶视图单击并拖动鼠标框选物体，如图3-106所示。

04 释放鼠标左键即可选择物体，如图3-107所示。

05 单击“层管理器”按钮，弹出“场景资源管理器-层资源管理器”对话框，展开层，并在其中选择物体名称，如图3-108所示。

06 此时，将选择顶层桌布对应的物体，关闭对话框，视图区显示效果如图3-109所示。

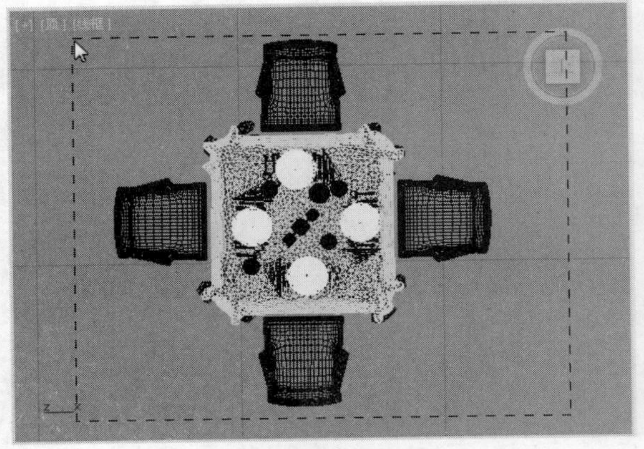
图3-106 框选物体

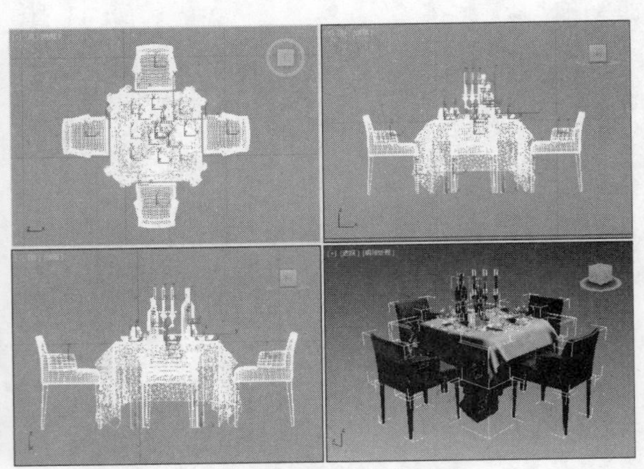
图3-107 选择物体效果

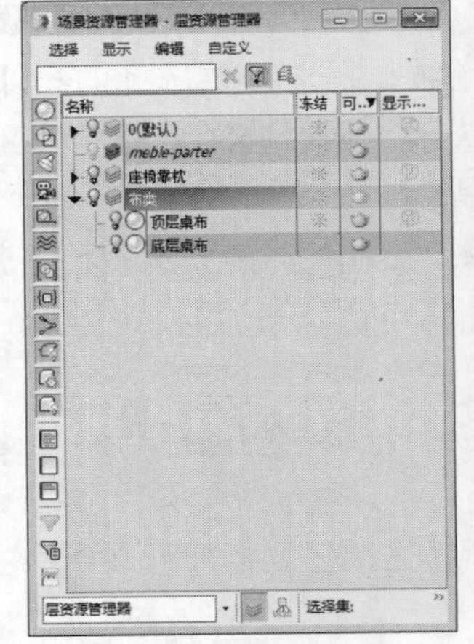
图3-108 选择物体名称

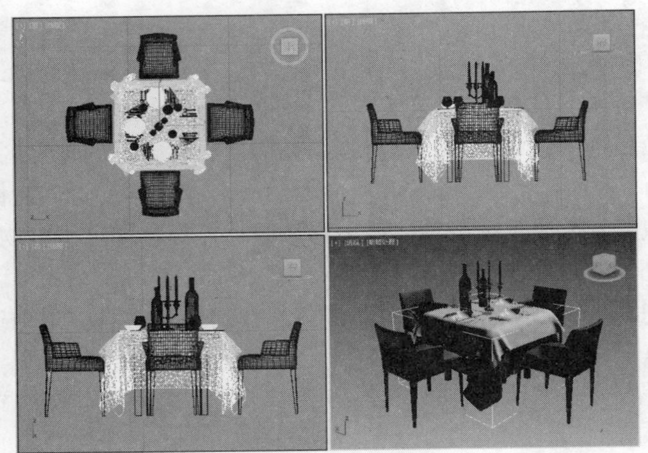
图3-109 选择底层桌布物体

知识点拨

在工具栏单击“按名称选择”按钮，即可打开“从场景选择”对话框，利用该对话框可以选择物体，由于已经介绍过了，就不再继续进行介绍。

3.4.2 将多边形转换为可编辑多边形

如果需要对多边形的顶点、线段、面进行修改，就需要将多边形转换为可编辑多边形。

【例3-18】下面将介绍如何将正方体转换为可编辑多边形。

01 选择多边形并单击鼠标右键，在弹出的快捷菜单中选择“转换为可编辑多边形”选项，如图3-110所示。

02 此时，物体将转换为可编辑多边形，在“修改”选项卡的堆栈栏中可以选择编辑的子对象选项，如图3-111所示。

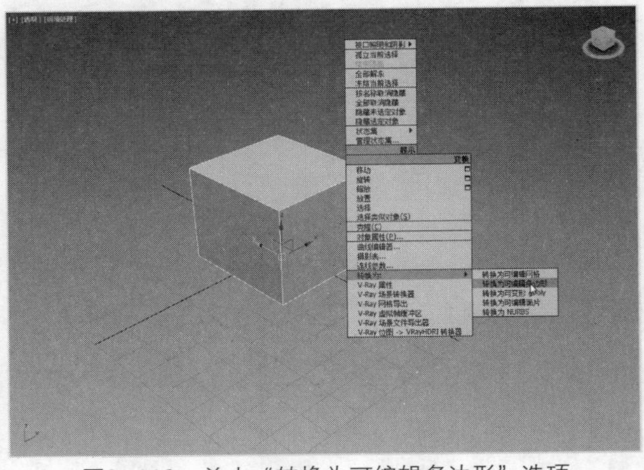
图3-110 单击“转换为可编辑多边形”选项

图3-111 设置编辑子对象选项

3.4.3 编辑顶点子对象

在顶点、边和面之间创建的多边形，这些元素称为多边形子对象，将多边形转换为可编辑样条线之后，可以编辑顶点子对象、边子对象、多边形子对象和元素子对象等。

下面介绍切换顶点子对象的方法：

- 单击鼠标右键，在弹出的快捷菜单中选择“顶点”选项，如图3-112所示。
- 单击“修改”按钮，打开“修改”选项卡，在堆栈栏中展开“可编辑多边形”卷展栏，然后单击“顶点”选项，如图3-113所示。

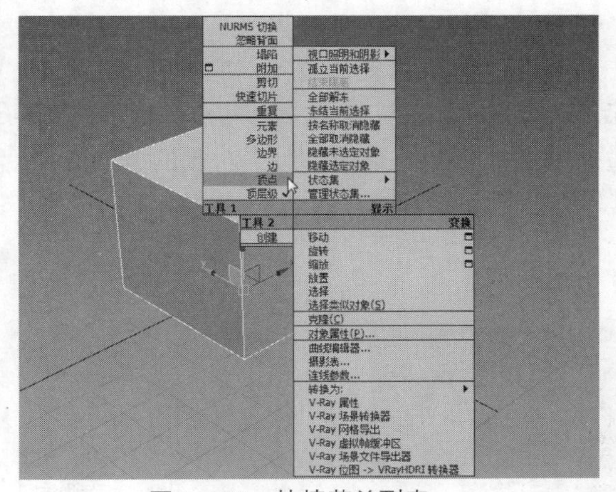

图3-112 快捷菜单列表

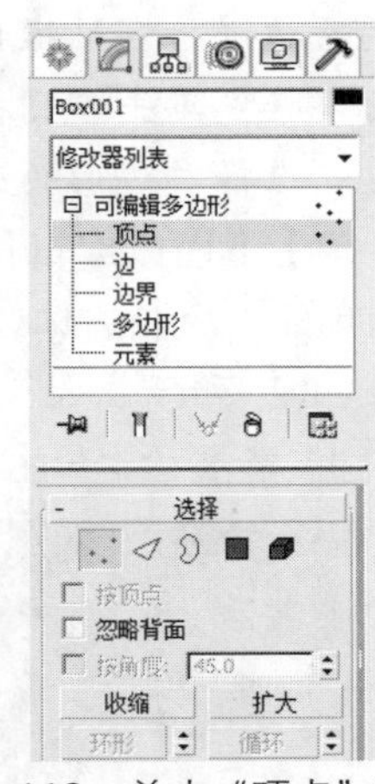

图3-113 单击“顶点”选项

在选择“顶点子对象”选项后，命令面板的下方将出现修改顶点子对象的卷展栏，下面具体介绍各选项的含义。

- 选择：设置需要编辑的子对象，并对选择的顶点进行创建和修改。在卷展栏的下方还显示有关选定实体的信息。
- 软选择：控制允许部分地显示选择邻接处中的子对象，在对子对象选择进行变换时，被部分选定的子对象就会平滑地进行绘制，这种效果随着距离或部分选择的“强度”而衰减。在勾选“使用软选择”复选框后，才可以进行软选择操作。

- 编辑顶点：提供编辑顶点的工具。
- “编辑几何体：顶点属性”：设置顶点颜色、照明颜色和选择顶点的方式。
- 细分曲面：将细分应用于采用网格平滑格式的对象，以便对分辨率较低的“框架”网格进行操作，同时查看更为平滑的细分结果。该卷展栏既可以在所有子对象层级使用，也可以在对象层级使用。因此，会影响整个对象。
- 细分置换：指定用于细分可编辑多边形对象的曲面近似设置。这些控件的工作方式与NURBS曲面的曲面近似设置相同。对可编辑多边形对象应用置换贴图时会使用这些控件。
- 绘制变形：“绘制变形”可以推、拉或者在对象曲面上拖动鼠标光标来影响顶点。在对象层级上，“绘制变形”可以影响选定对象中的所有顶点。在子对象层级上，它仅会影响选定顶点（或属于选定子对象的顶点）以及识别软选择。

3.4.4 编辑边子对象

激活边子对象，在命令面板的下方会弹出编辑边子对象的各卷展栏，设置边子对象和顶点子对象的卷展栏是相同的，这里就不具体介绍，和编辑顶点子对象唯一不同的是增加了“编辑边”卷展栏。下面具体介绍“编辑边”卷展栏中各常用选项的含义：

- 插入顶点：单击该按钮，可以在多边形的边上插入顶点。
- 移除：删除选定边并组合使用这些边的多边形。
- 挤出：挤出选择的边，并创建多边形。
- 切角：将选定的边进行切角操作，切角之后可以创建面，或者设置创建面的边数。
- 分割：将一个实体对象分割成几个单独的实体。
- 焊接：将不闭合物体边界上的两条边通过焊接命令，将其更改为闭合图形。当选择物体的两条边进行焊接操作时，如果没有焊接成功，更改焊接数值大小，即可完成焊接。
- 目标焊接：单击“目标焊接”按钮后，通过指定的边可以完成目标焊接。
- 连接：选择多边形的边，然后创建多个边线。

【例3-19】下面以编辑长方体边框为例，具体介绍编辑边子对象的方法。

01 在顶视图创建一个长方体，并将其转换为可编辑多边形，在堆栈栏中选择“边”选项，并选择边，如图3-114所示。

02 在“编辑边”卷展栏中单击“移除”按钮，如图3-115所示。

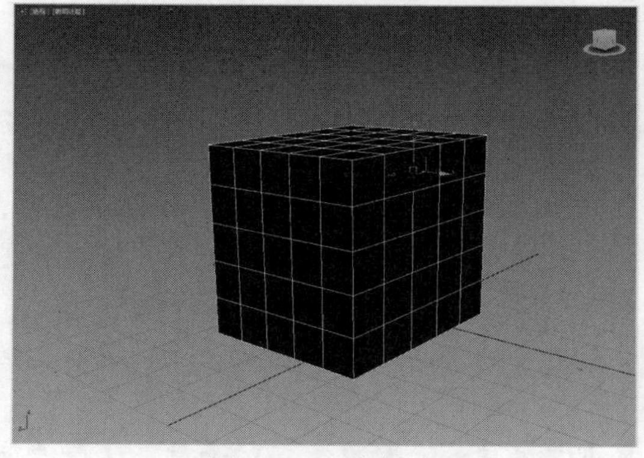

图3-114 选择边

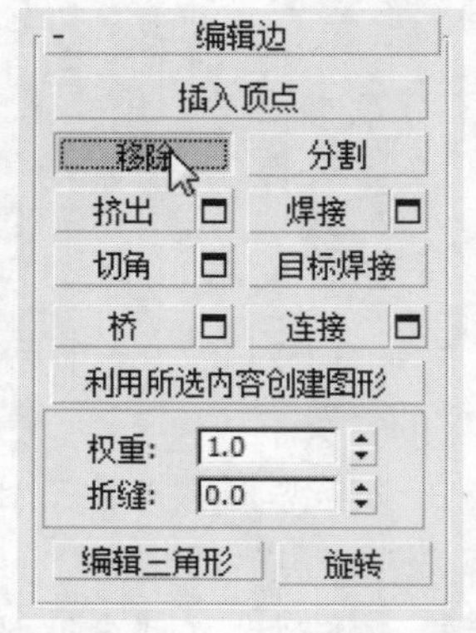

图3-115 单击“移除”按钮

03 此时将移除选择的边，如图3-116所示。

04 选择下方的边，并单击Delete键，删除边，如图3-117所示。

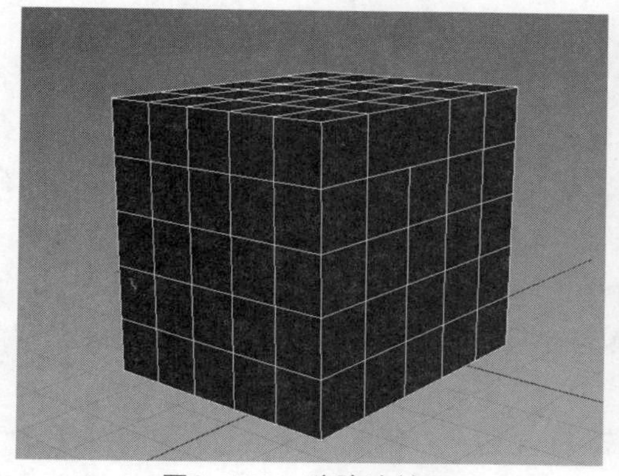

图3-116 移除边效果

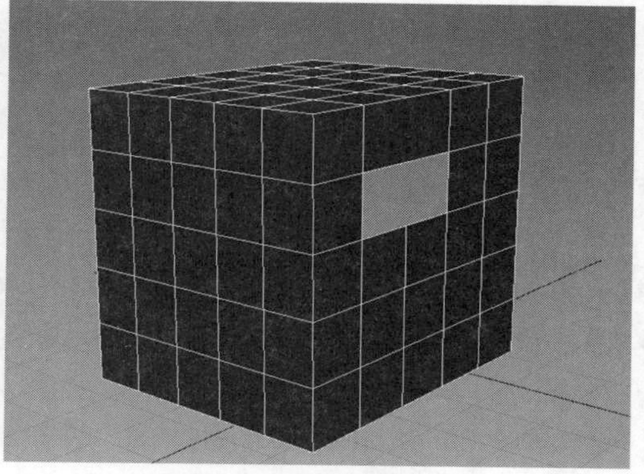

图3-117 删除边效果

05 选择边，并单击“焊接”按钮，设置焊接值为5，如图3-118所示。

06 设置完成后，单击☑按钮，即可完成焊接操作，如图3-119所示。

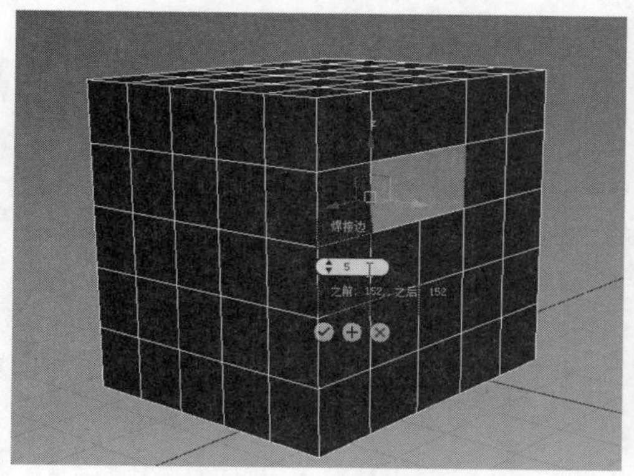

图3-118 设置焊接值

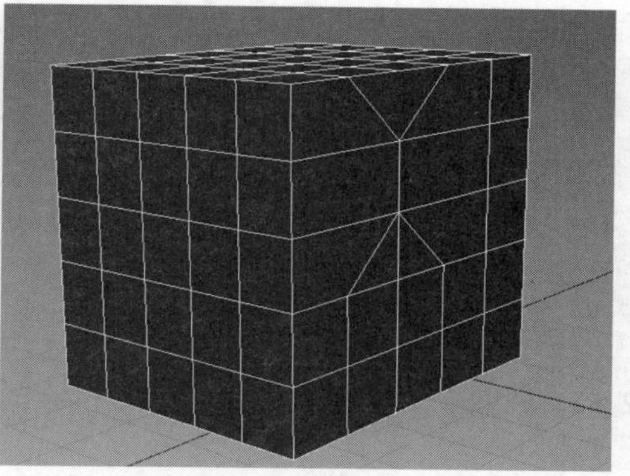

图3-119 焊接效果

3.4.5 编辑多边形子对象

编辑多边形子对象主要是对多边形的面进行编辑，与顶点和边不同的是，在编辑多边形子对象的卷展栏增加了“编辑多边形”、“多边形：材质ID”、“多边形：平滑组”、“多边形：顶点颜色”卷展栏，下面具体介绍各卷展栏的含义。

- “编辑多边形”卷展栏：该卷展栏包括多边形的元素和通用命令。
- “多边形：平滑组”卷展栏：使用该卷展栏中的控件，可以向不同的平滑组分配选定的多边形，还可以按照平滑组选择多边形。要向一个或多个平滑组分配多边形，请选择所需的多边形，然后单击要向其分配的平滑组数。
- “多边形：顶点颜色”卷展栏：设置顶点的颜色、照明颜色和顶点透明度。

“编辑多边形”卷展栏包含很多多边形的通用命令，利用该卷展栏中的控件可以对多边形进行编辑操作。下面具体介绍该卷展栏中各常用选项的含义。

- 插入顶点：单击该按钮后，在任意面中单击鼠标左键即可插入顶点。
- 挤出：选择面后设置挤出高度，挤出实体。

● 轮廓：设置多边形面轮廓大小。
● 倒角：设置倒角值，创建倒角面。
● 插入：选择面并设置插入组合数量，可以插入面。
● 桥：桥就是将两个不相关的图形连接在一起，单击“桥”按钮，然后选择需要进行桥命令的面，连接完成后会出现一条横线，也就是桥。
● 翻转：将选择的面进行翻转，选定多边形（或者元素）的法线方向，就是翻转的作用方向。
● 从边旋转：根据设置的旋转角度和指定的旋转轴，进行旋转面操作。
● 沿样条线挤出：将绘制的二维样条线转换为可编辑多边形，然后单击该按钮，可以挤出样条线。

【例3-20】下面以创建桥场景为例，介绍编辑多边形子对象的方法。

01 在视图中创建一个长方体，设置长度分段、宽度分段和高度分段均为5，将其转换为可编辑多边形。

02 在堆栈栏中选择“多边形”选项，并在视图中选择面，如图3-120所示。

03 单击“挤出”按钮后的“设置”按钮，并设置挤出高度，如图3-121所示。

图3-120　选择面

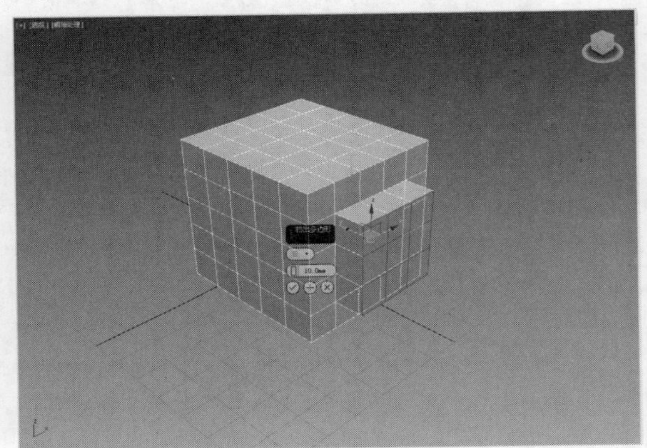
图3-121　设置挤出高度

04 设置完成后单击⊘按钮，即可挤出面，单击“倒角”按钮后的“设置”按钮，并设置倒角值，单击⊘按钮即可完成倒角操作，如图3-122所示。

05 设置完成后，倒角效果如图3-123所示。

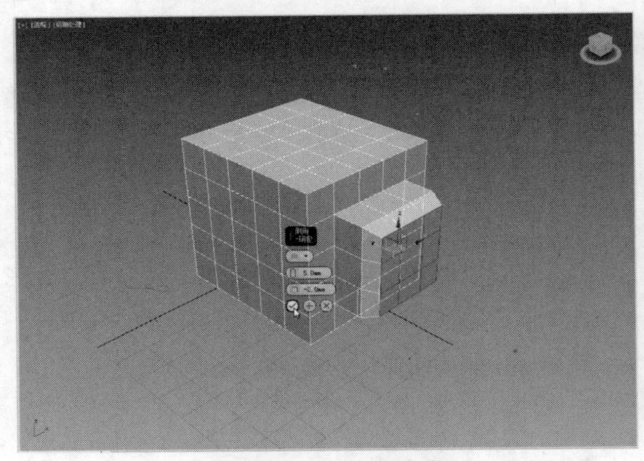
图3-122　设置倒角值

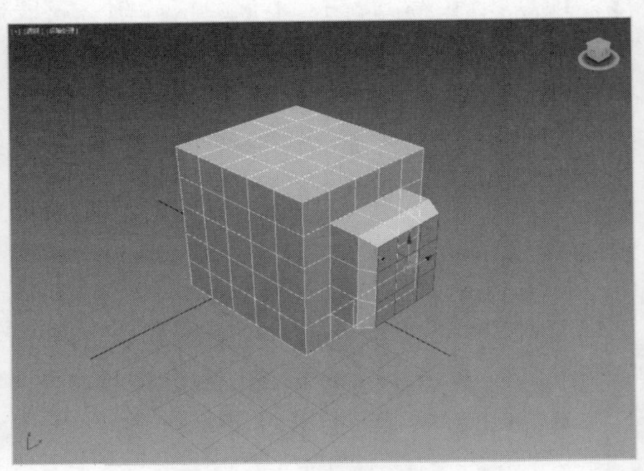
图3-123　倒角效果

06 复制并镜像多边形，在“编辑几何体”卷展栏中单击“附加”按钮，如图3-124所示。

07 在视图中拾取创建的长方体，如图3-125所示。

08 将长方体附加到之前编辑的多边形中，在堆栈栏中选择“多边形”选项，并在“编辑多边形”卷展栏中单击“桥”按钮，如图3-126所示。

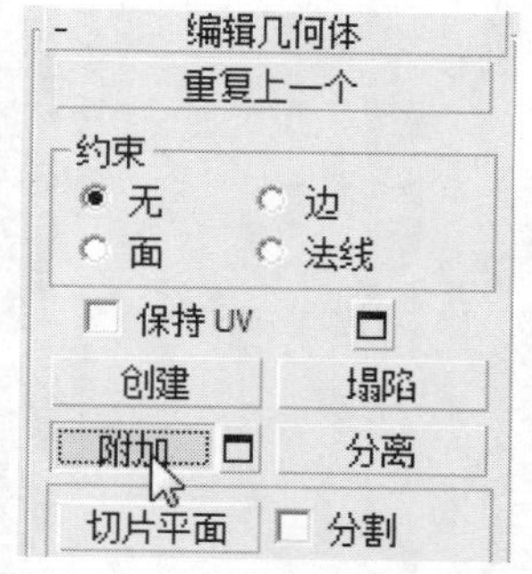

图3-124 单击“附加”按钮

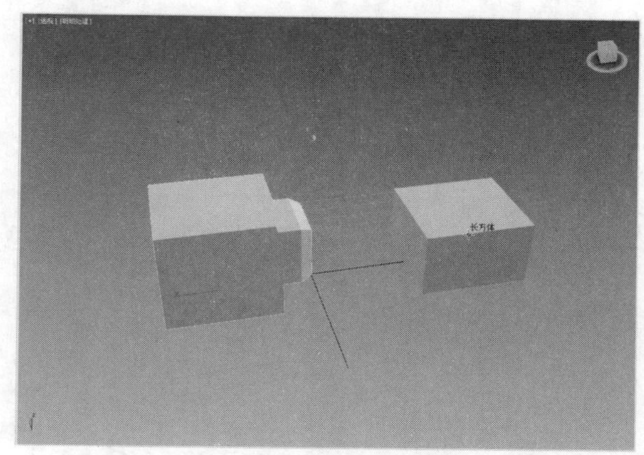
图3-125 拾取长方体

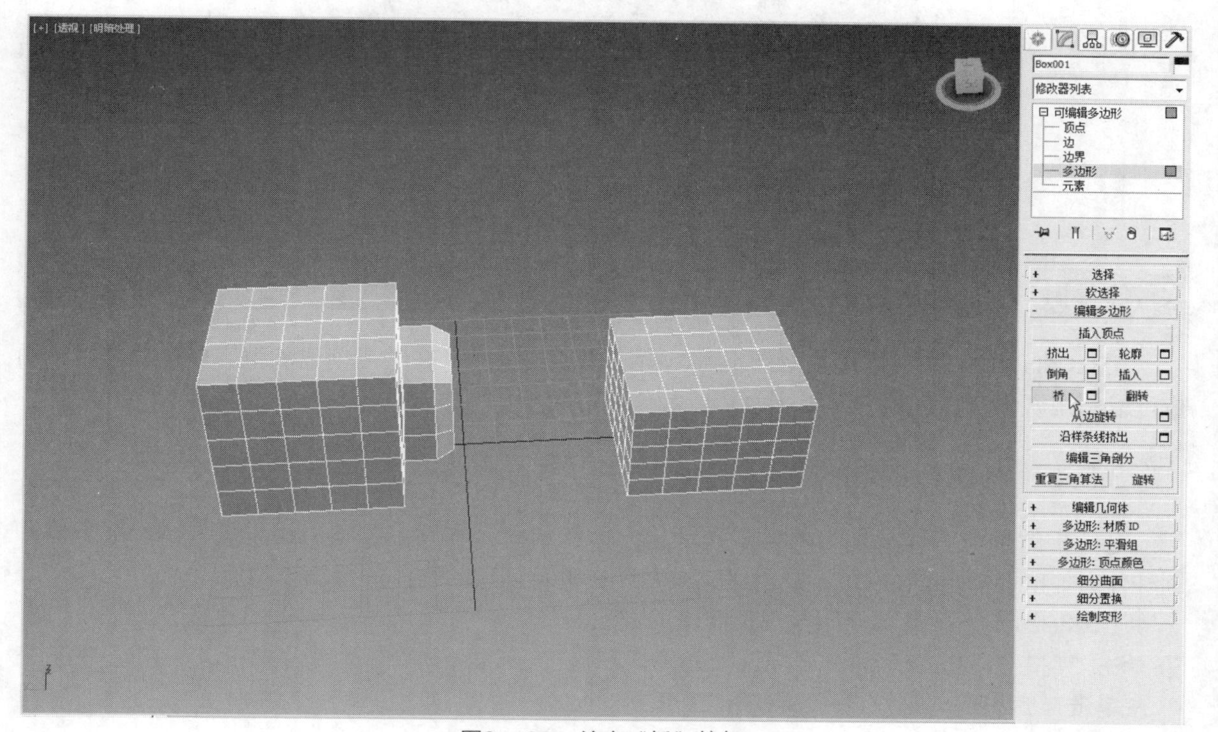

图3-126 单击“桥”按钮

09 在视图区选择并连接面，如图3-127所示。

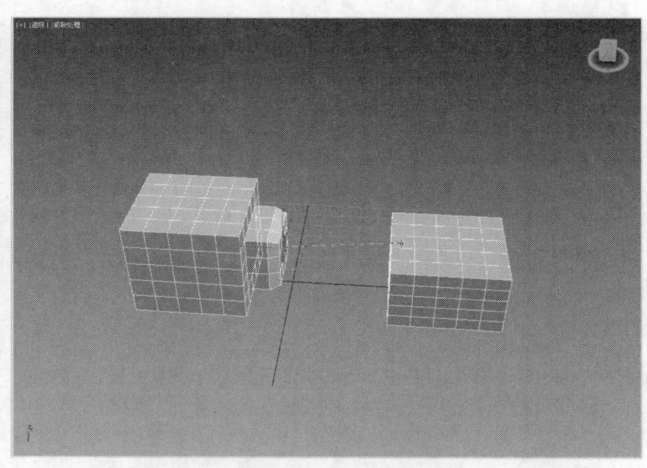

图3-127　连接面

⑩ 设置完成之后即可完成桥操作，如图3-128所示。

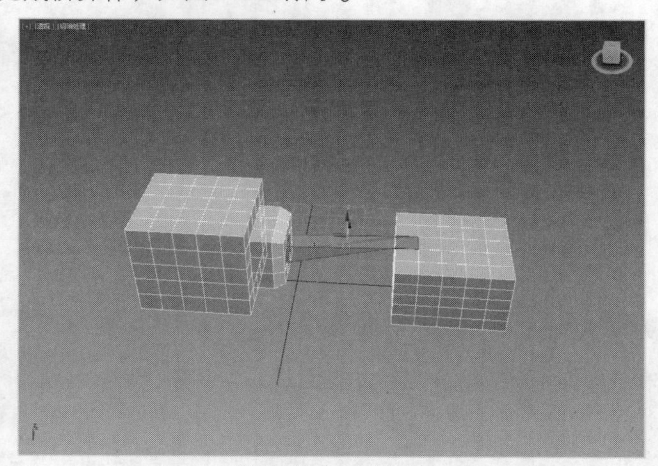

图3-128　桥效果

3.5 用多边形制作物体

在3ds Max 2015中，许多复杂图形都是由多边形组成的，在学习创建和编辑多边形之后，用户可以利用所学知识创建并编辑多边形，制作实体模型。

3.5.1　电视柜的制作

电视柜的种类有许多种，但大多数是长方体的结构，本例主要利用切角长方体、长方体和圆柱体3种几何体创建电视柜，在创建完成之后，再对创建的物体进行编辑操作。

【例3-21】下面具体介绍电视柜制作的方法。

01 单击"创建"按钮，打开"创建"选项卡，单击"标准基本体"右侧的按钮，在弹出的列表中单击"扩展基本体"选项，如图3-129所示。

02 在命令面板中单击"切角长方体"按钮，如图3-130所示。

03 在顶视图创建长为450mm，宽为1820mm，高为48mm，圆角为3mm的切角长方体，作为电视柜的桌面，如图3-131所示。

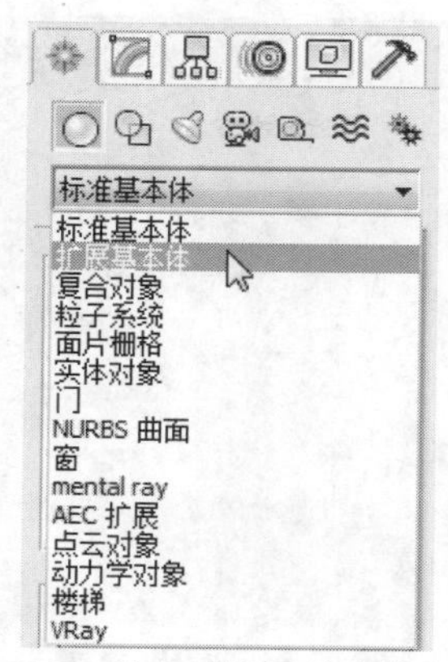

图3-129 单击“扩展基本体”选项

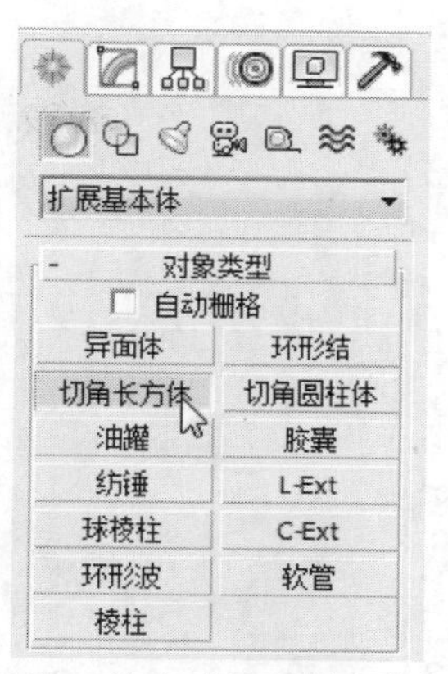

图3-130 单击“切角长方体”按钮

04 继续创建长为450mm，宽为40mm，高为330mm，圆角为3mm的切角长方体，并移至合适位置，如图3-132所示。

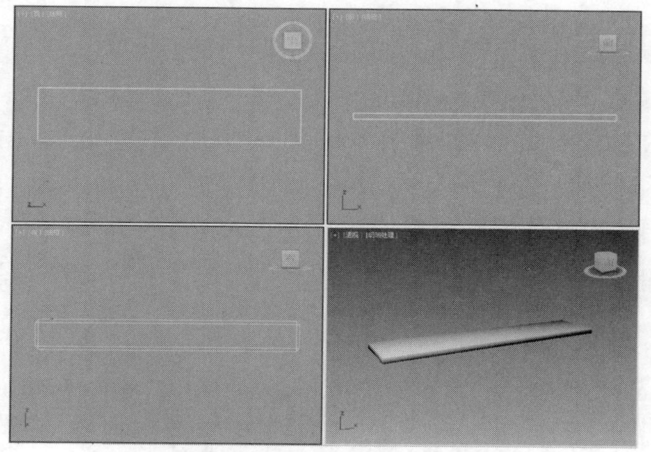

图3-131 创建电视柜桌面

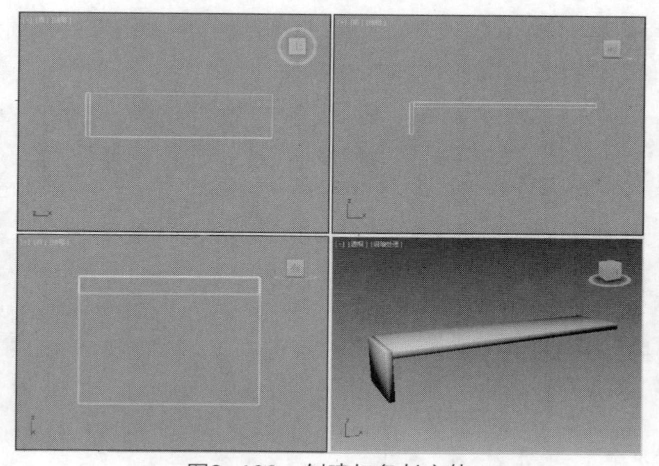

图3-132 创建切角长方体

05 选择切角长方体，按住Shift键单击鼠标左键并向左移动物体，释放鼠标左键，此时将弹出“克隆选项”对话框，在对话框中设置克隆选项和数目，并单击“确定”按钮，如图3-133所示。

06 设置完成后即可复制对象，如图3-134所示。

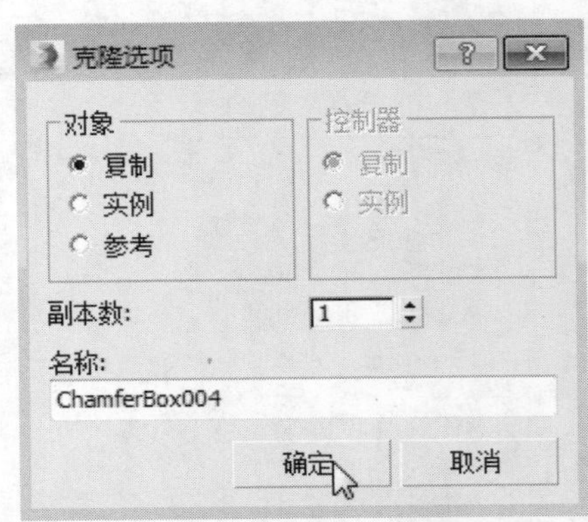

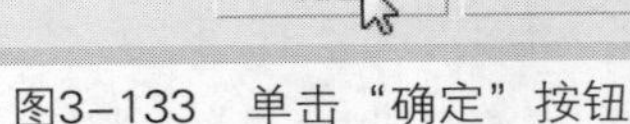
图3-133 单击“确定”按钮

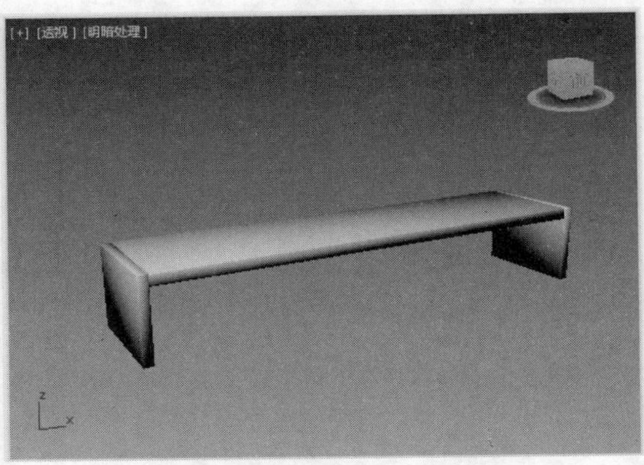
图3-134 复制对象

07 创建长为440mm，宽为350mm，高为280mm的长方体，并将其转换为可编辑多边形。

08 在“修改”选项卡中，展开“可编辑多边形”卷展栏，在弹出的列表中选择“多边形”选项，如图3-135所示。

09 在“编辑多边形”卷展栏中单击“倒角”按钮，如图3-136所示。

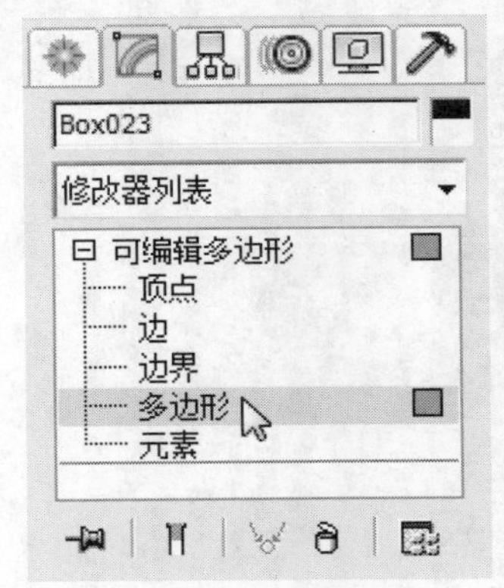

图3-135 单击“多边形”选项

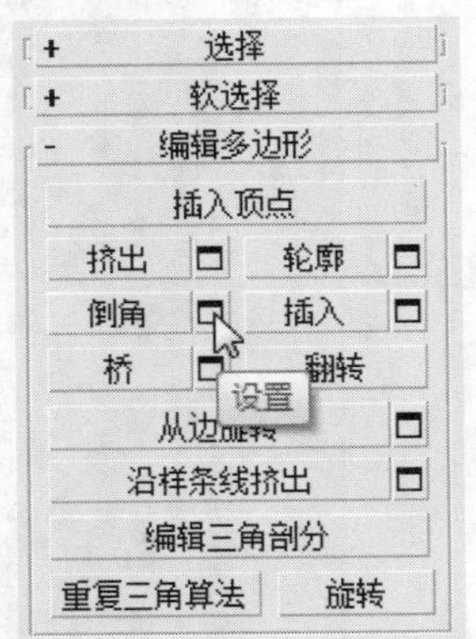

图3-136 单击“倒角”按钮

10 设置倒角值，并选择需要倒角的面，此时，将显示倒角效果，如图3-137所示。

11 单击☑按钮确定，将完成倒角设置，如图3-138所示。

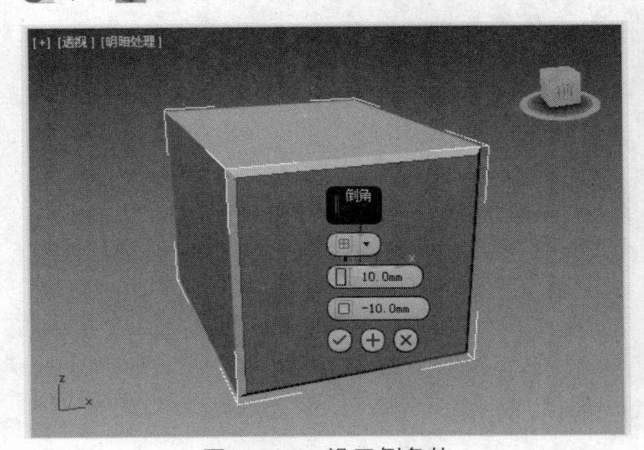

图3-137 设置倒角值

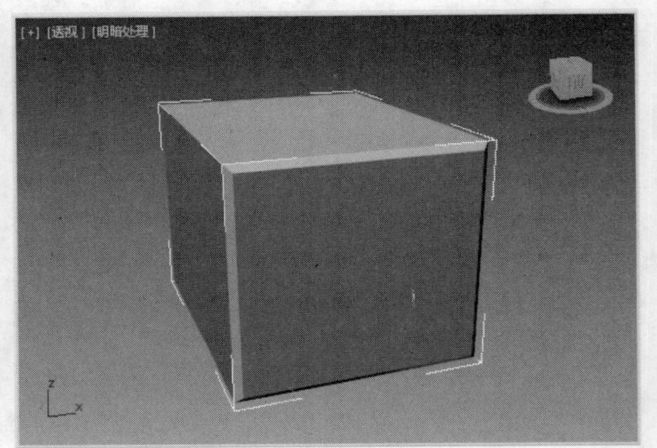
图3-138 倒角效果

12 将多边形移至合适的位置，并进行复制操作，完成后如图3-139所示。

⑬ 继续创建长为440mm，宽为1100mm，高为140mm的长方体，然后将其转换为可编辑多边形。

⑭ 在堆栈栏中展开“可编辑多边形”卷展栏，在弹出的列表中单击“边”选项，如图3-140所示。

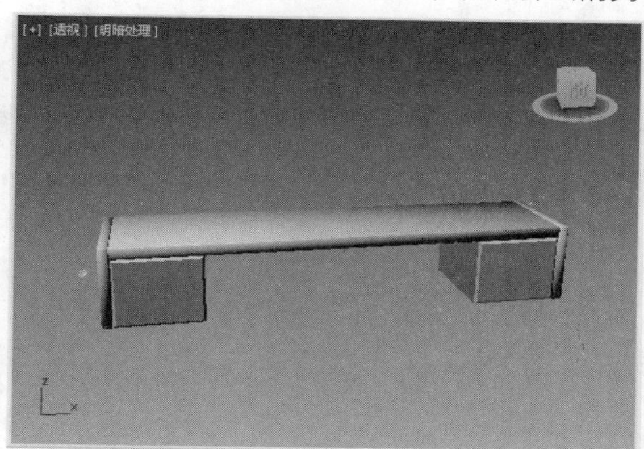

图3-139　移动并复制多边形

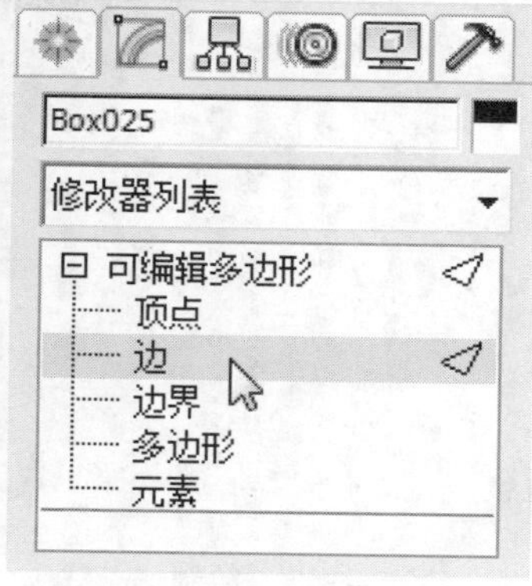

图3-140　单击“边”选项

⑮ 在顶视图中选择长方体的边，如图3-141所示。

⑯ 在“编辑边”卷展栏中单击“连接”按钮，设置连接边分段，并单击“确定”按钮，如图3-142所示。

图3-141　选择线段

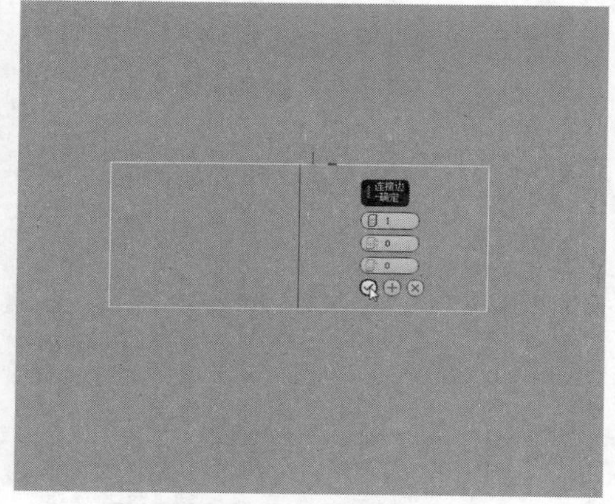

图3-142　单击“确定”按钮

⑰ 此时新建边，然后切换“多边形”选项，并选择面，并将面倒角-10mm，完成后如图3-143所示。

⑱ 重复以上操作将另一个面进行倒角，然后将设置后的图形移至合适位置，如图3-144所示。

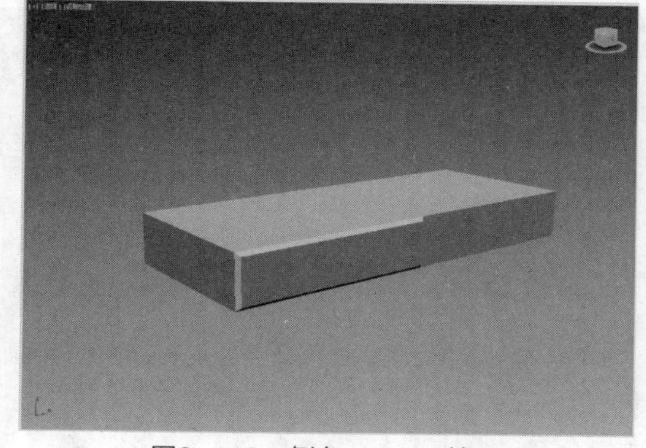

图3-143　倒角-10mm效果

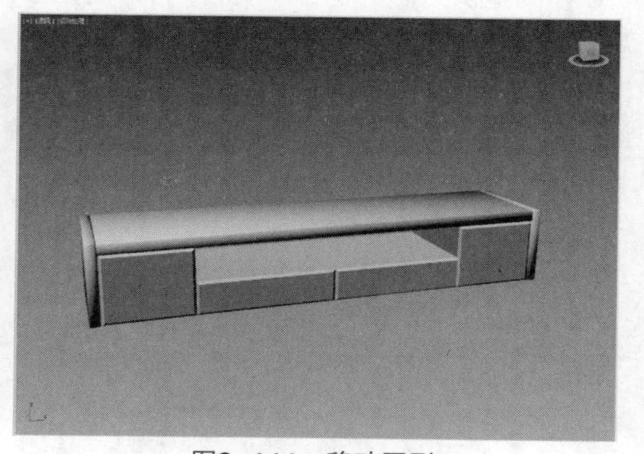

图3-144　移动图形

⑲ 利用“直线”命令，在前视图绘制并调整样条线，如图3-145所示。

⑳ 在“修改”选项卡中单击“修改器列表”列表框，在弹出的列表中单击“车削”选项，车削样条线，完成电视柜把手的制作，如图3-146所示。

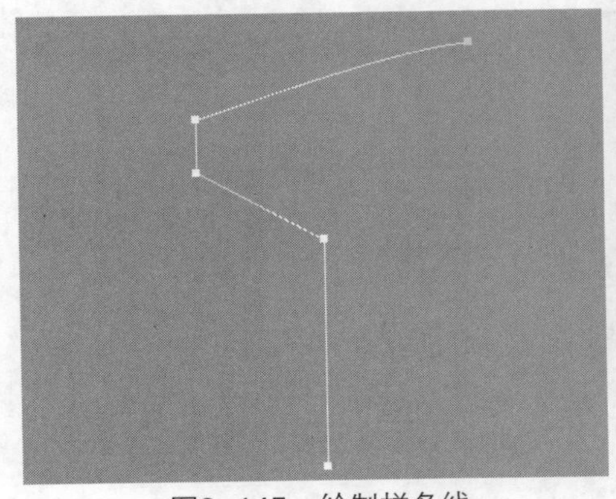

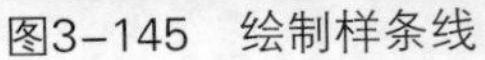
图3-145　绘制样条线

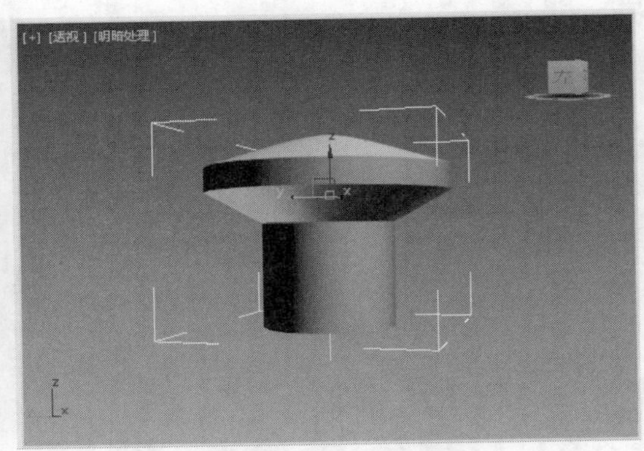

图3-146　电视柜把手

㉑ 在工具栏右击“角度捕捉切换”按钮，弹出“栅格和捕捉设置”对话框，在“角度”选项框中设置角度为90°，如图3-147所示。

㉒ 设置完成后，激活“角度捕捉”按钮。

㉓ 选择物体后，单击“选择并旋转”按钮，此时视图中将显示旋转图标，在顶视图中单击并拖动中间的旋转线，如图3-148所示。

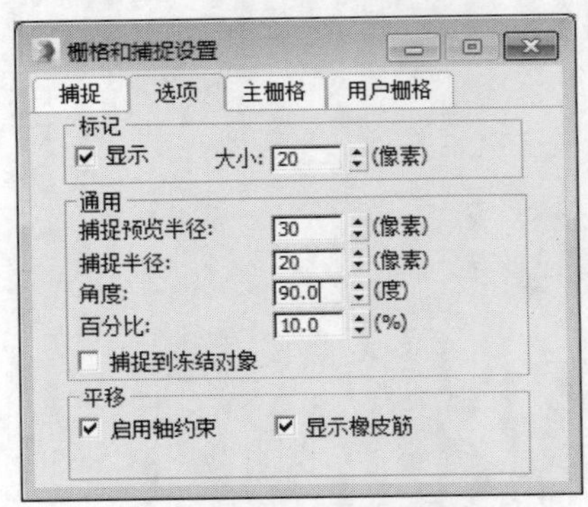

图3-147　设置旋转角度

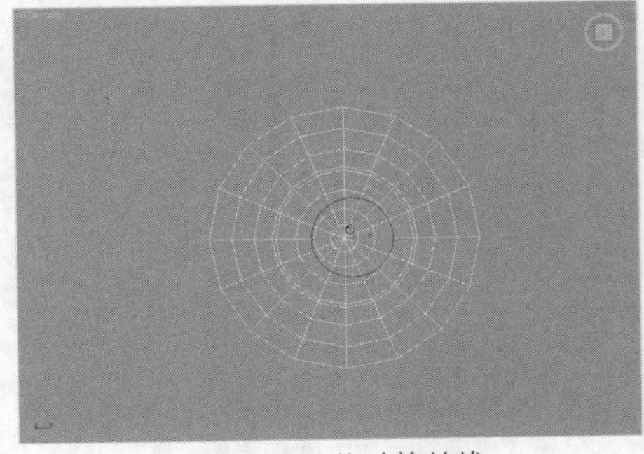
图3-148　拖动旋转线

㉔ 设置完成后，将旋转物体，完成后如图3-149所示。

㉕ 将制作的电视柜把手复制并移动到合适的位置，如图3-150所示。

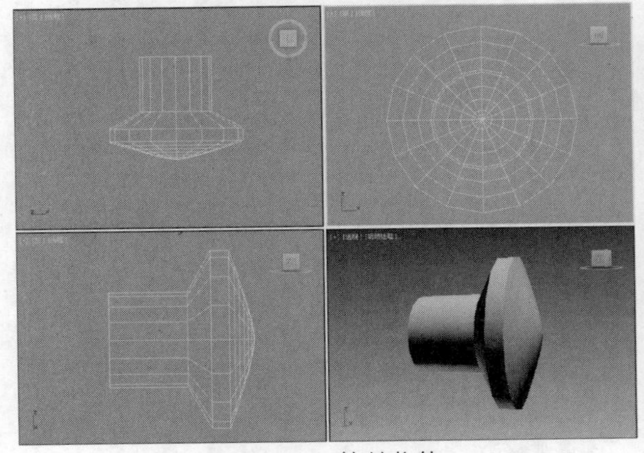
图3-149　旋转物体

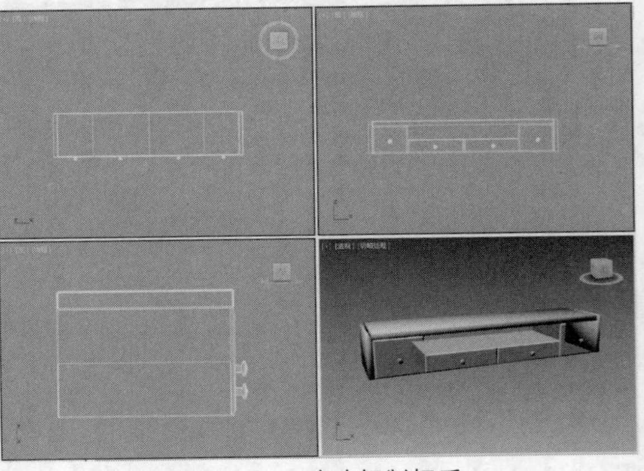
图3-150　移动复制把手

㉖ 为创建的电视柜添加材质，如图3-151所示。

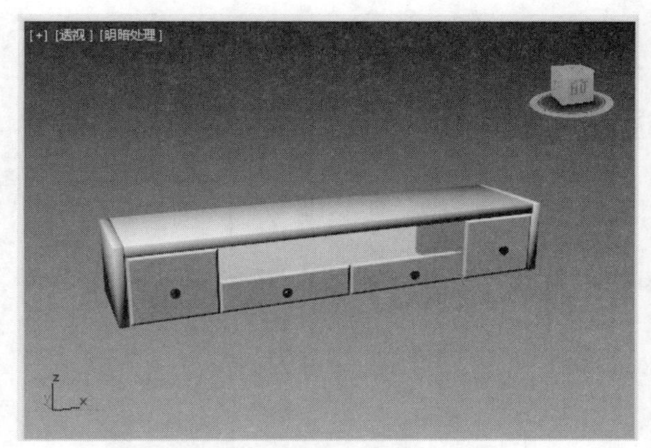

图3-151 添加材质

3.5.2 单人沙发的制作

随着时代不断发展，单人沙发的造型也日益增多，沙发不止要使用起来非常舒适，更要美观。

【例3-22】下面介绍单人沙发制作的方法。

01 在顶视图创建一个长为600mm，宽为150mm，高为900mm的长方体，如图3-152所示。

02 选择长方体并单击鼠标右键，在弹出的快捷菜单列表中单击“转换为多边形”选项，如图3-153所示。

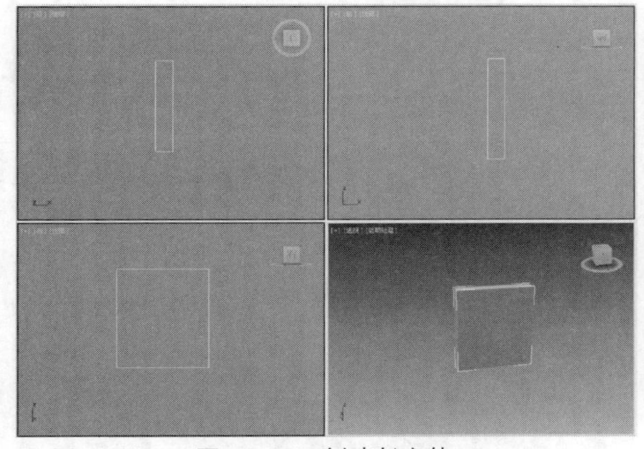
图3-152 创建长方体

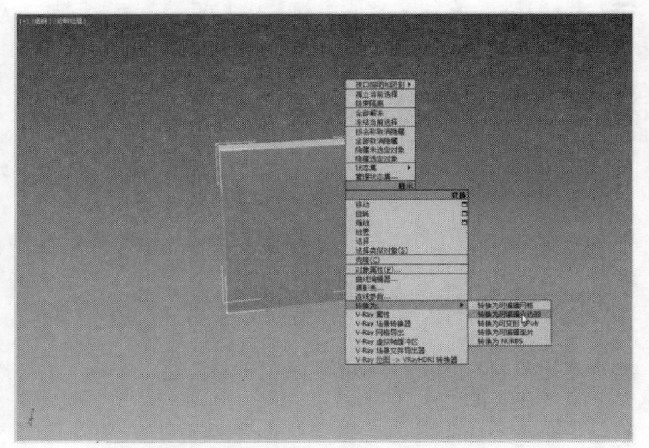
图3-153 单击“转换为多边形”选项

03 在“修改”选项卡的堆栈栏中展开“可编辑多边形”卷展栏，在其中单击“多边形”选项，如图3-154所示。

04 在右视图选择左右两条边，如图3-155所示。

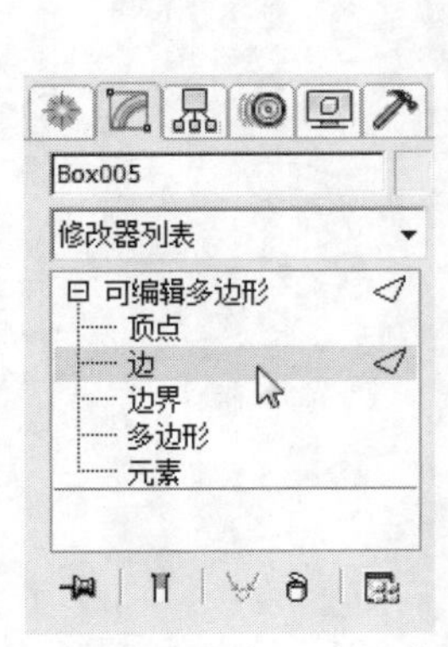

图3-154 单击“边”选项

图3-155 选择边

05 在“编辑边”卷展栏中单击“连接”按钮，如图3-156所示。

06 设置创建边的数目，然后单击“确定”按钮，如图3-157所示。

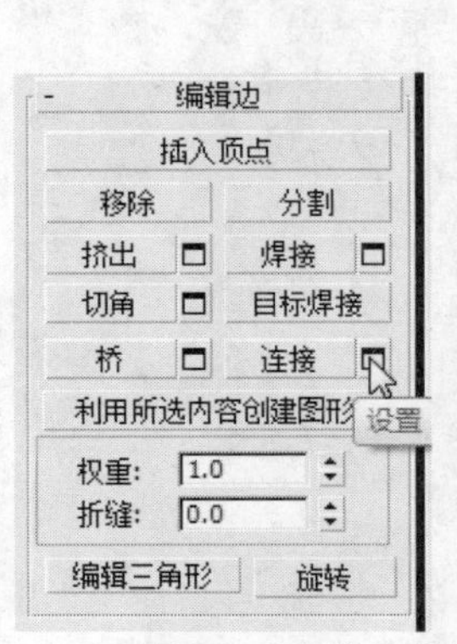

图3-156 单击“连接”按钮

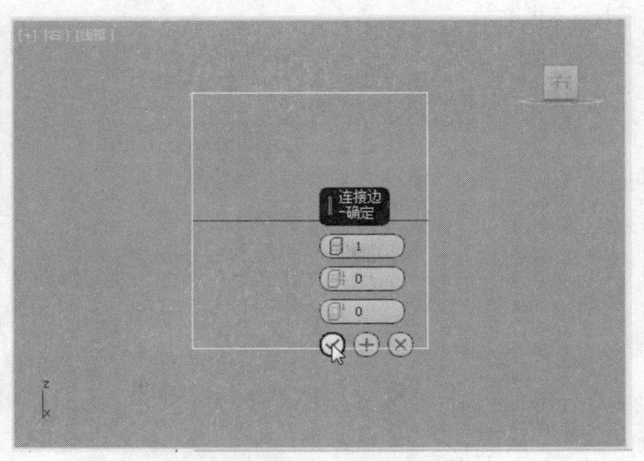

图3-157 设置创建边的数目

07 选中连接得出的线，然后移动到合适的位置，如图3-158所示。

08 在堆栈栏中选择“多边形”选项，然后返回左视图选择面，如图3-159所示。

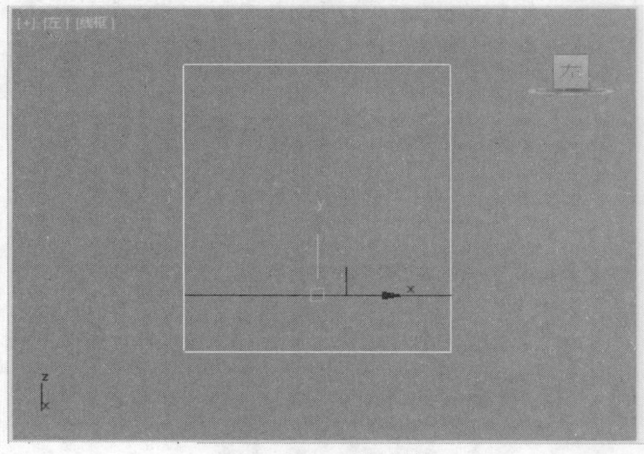

图3-158 移动线

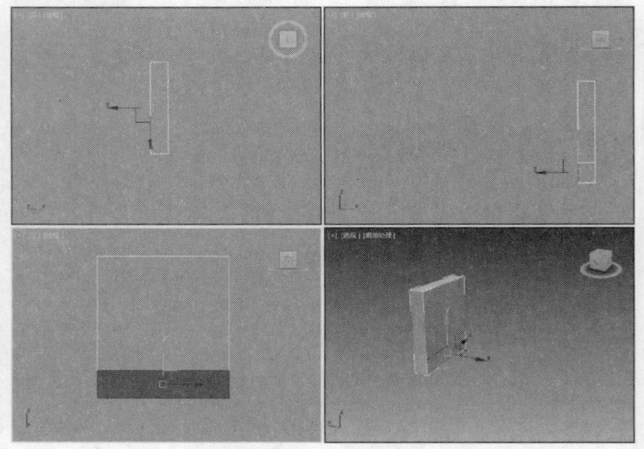

图3-159 选择面

09 在编辑多边形中单击“挤出”按钮，并设置挤出高度，如图3-160所示。

10 设置完成后单击“确定”按钮，即可完成挤出操作，如图3-161所示。

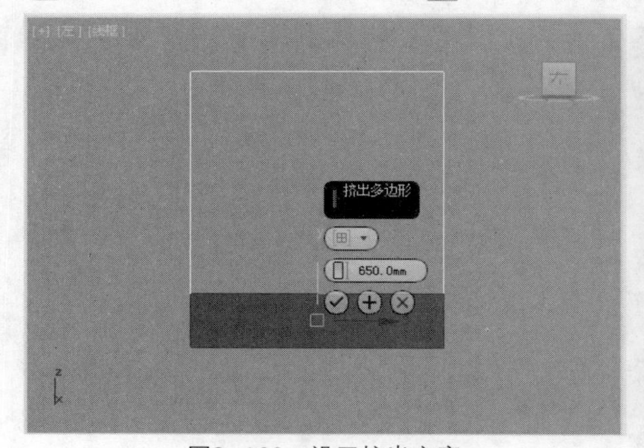

图3-160 设置挤出高度

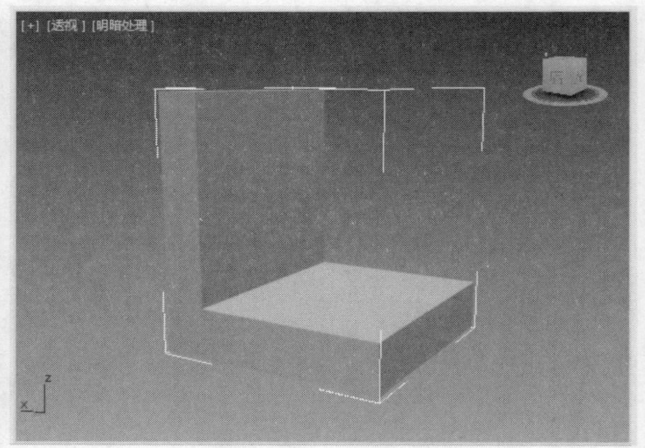

图3-161 挤出面效果

11 选择“边”选项，然后选择需要修改的边，如图3-162所示。

12 在“编辑边”卷展栏中单击“切角”按钮，然后设置切角值，如图3-163所示。

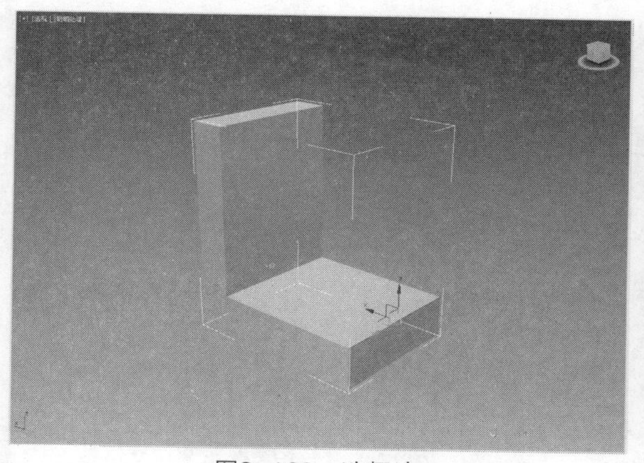
图3-162 选择边

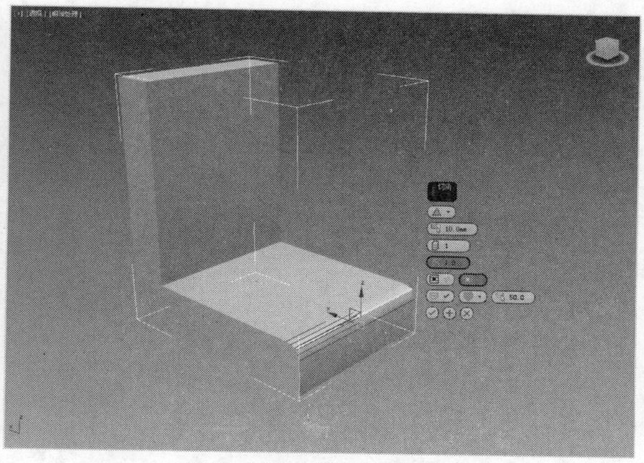

图3-163 设置切角值

⑬ 单击“确定”按钮，完成切角设置，并重复以上步骤，将靠背拐角处进行切角操作。如图3-164所示。

⑭ 切换到“顶点”选项，在前视图选择顶点，并移动顶点，效果如图3-165所示。

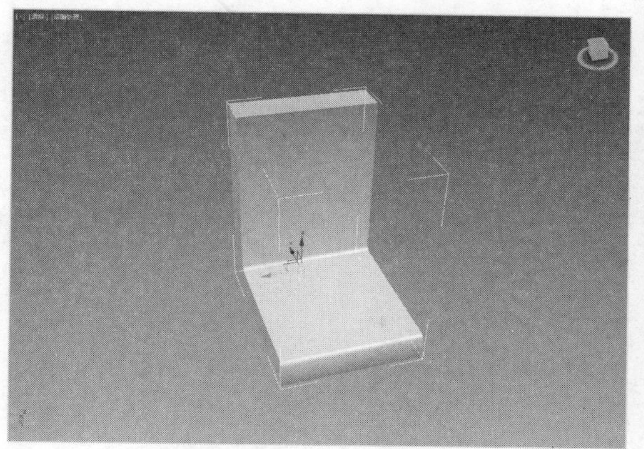
图3-164 设置切角效果

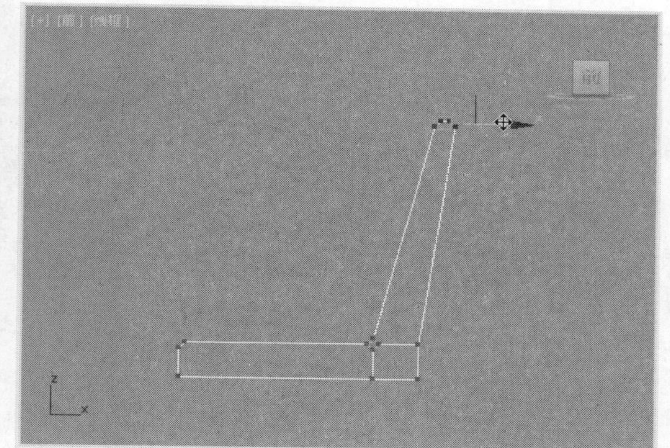
图3-165 移动顶点

⑮ 选择边，在“编辑几何体”卷展栏中单击“重复上一个”按钮，此时将重复切角操作，将上方两条线段均进行切角操作之后，如图3-166所示。

⑯ 利用“直线”命令绘制样条线，调整完成后，如图3-167所示。

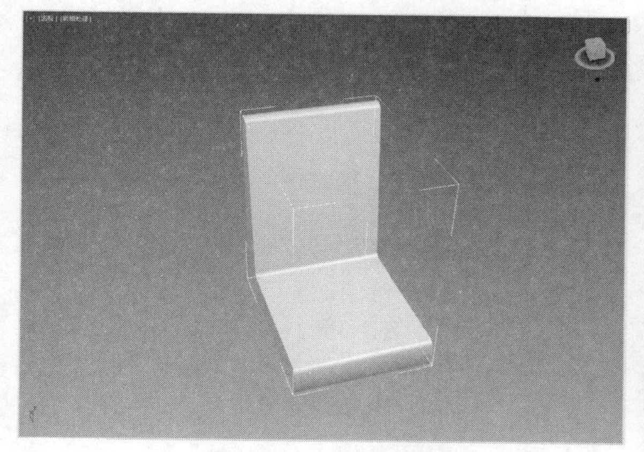
图3-166 切角效果

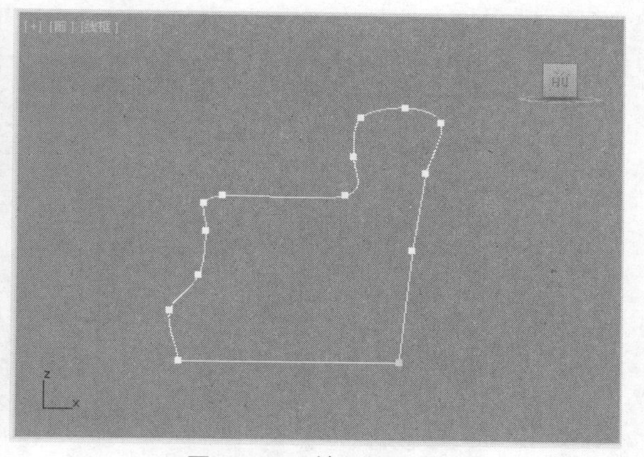
图3-167 绘制样条线

⑰ 展开修改器列表，然后选择“挤出”选项，在“参数”卷展栏设置挤出数值，如图3-168所示。

⑱ 将挤出的多边形移至靠背的右侧，将其转换为可编辑多边形，平滑多边形，完成后效果如图3-169所示。

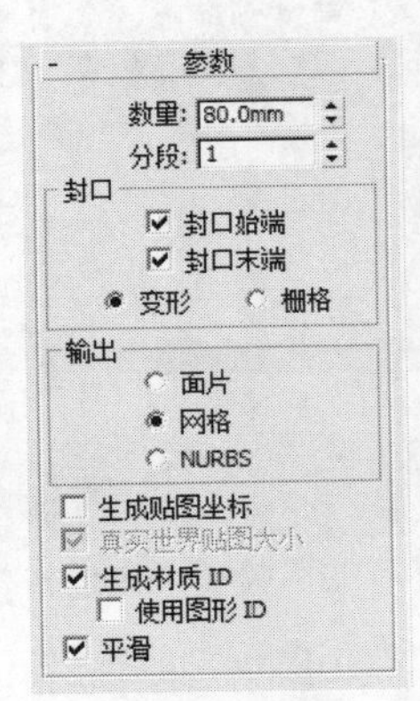

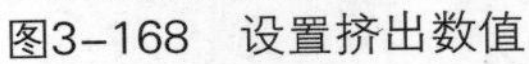
图3-168　设置挤出数值

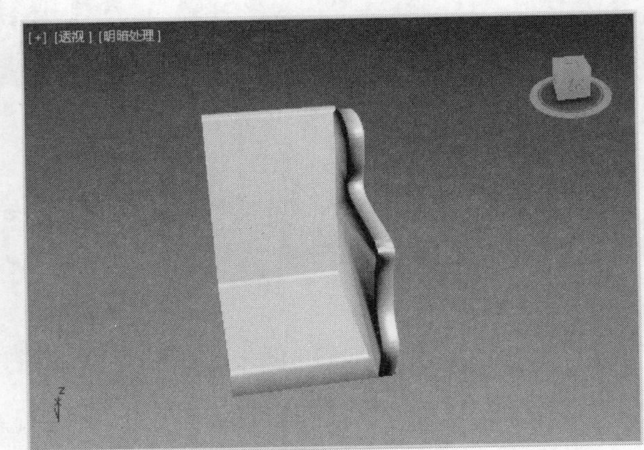

图3-169　完成后效果

⑲ 选择多边形，在修改器列表中选择FFD 3×3×3选项，然后展开该卷展栏，选择“控制点”选项，如图3-170所示。

⑳ 此时在绘图区将显示控制点，如图4-171所示。

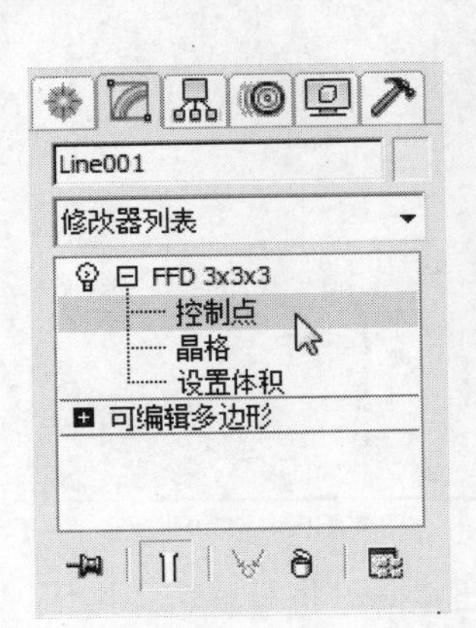

图3-170　单击“控制点”选项

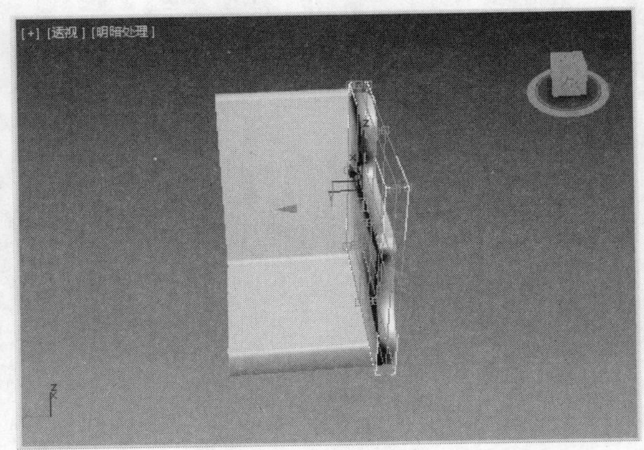

图3-171　显示控制点

㉑ 调整控制点，设置完成后复制多边形，并移动到另一侧，如图3-172所示。

㉒ 在顶视图创建一个长方体，参数如图3-173所示。

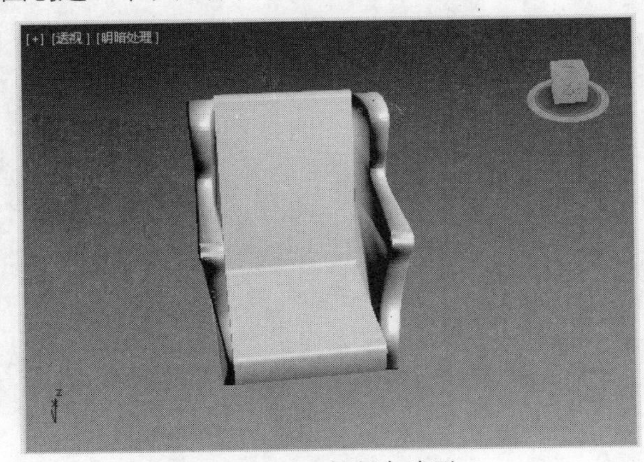

图3-172　复制多边形

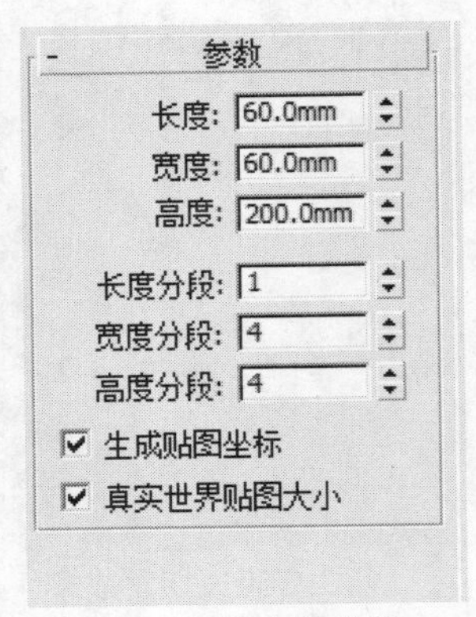

图3-173　长方体参数

㉓ 创建直线样条线，并调整节点，如图3-174所示。

㉔ 将样条线挤出，挤出高度为60mm，如图3-175所示。

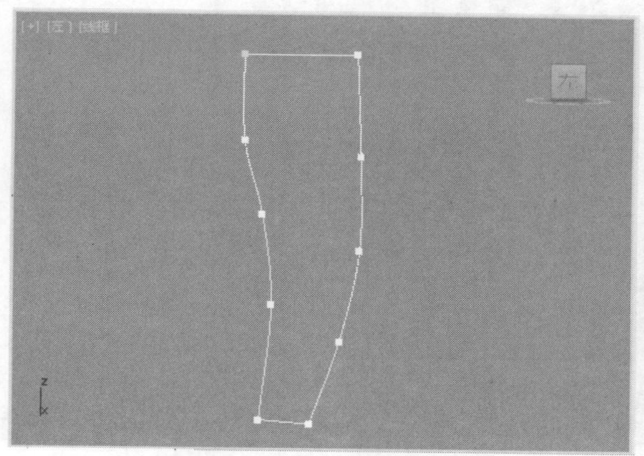

图3-174 创建并调整样条线

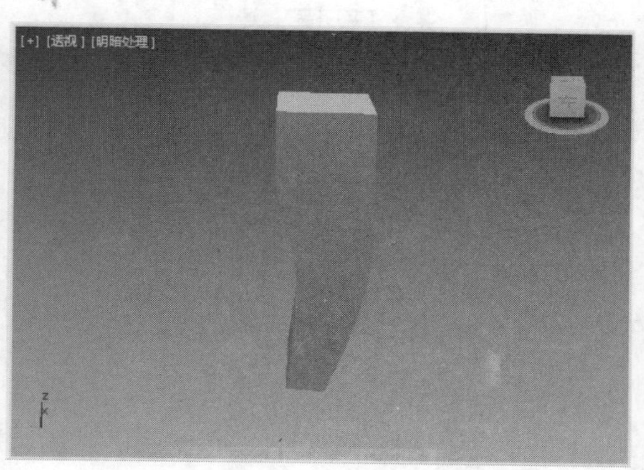

图3-175 挤出效果

㉕ 在顶视图创建一个长为650mm，宽为650mm，高为100mm，圆角为200的切角长方体，作为沙发的坐垫，将多边形和坐垫复制并移动到合适位置，如图3-176所示。

㉖ 此时，单人沙发就制作完成了，添加材质后如图3-177所示。

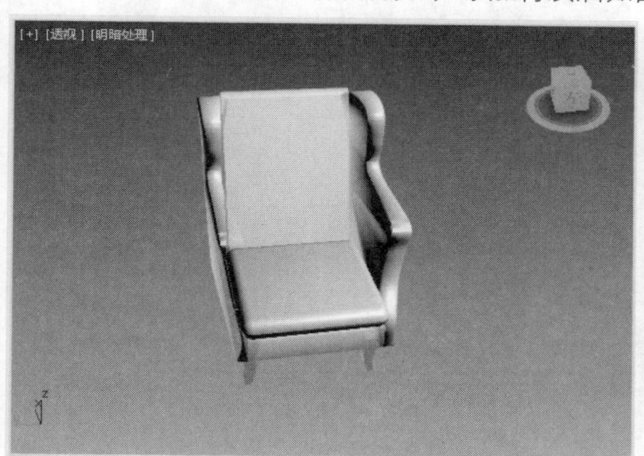

图3-176 制作坐垫和沙发腿

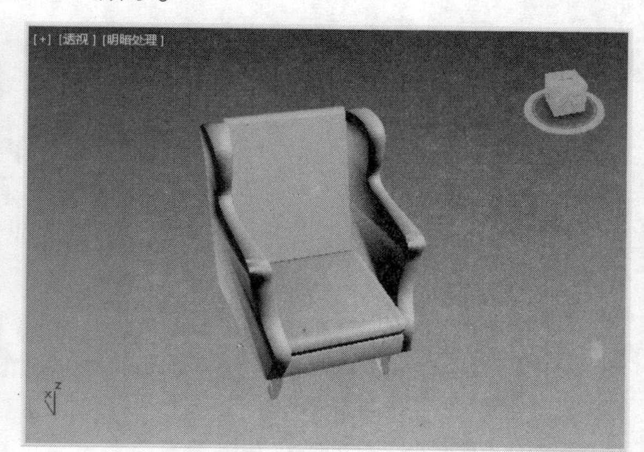

图3-177 创建单人沙发

3.6 上机实训

本章我们主要学习了创建与编辑多边形，通过本章的学习，用户对多边形的创建与编辑有了更深的了解。下面利用餐椅组合来巩固所学知识。

3.6.1 简约桌椅组合的制作

餐桌可以供四人、六人、八人或者更多人进行用餐。餐桌不仅要求其实用性，越来越多的人也注重餐桌的美观程度，对于现代桌椅组合，美观且实用的餐椅，可以在用餐时改善用餐者的心情。下面具体介绍简约桌椅组合的制作方法。

01 在顶视图创建长方体，参数如图3-178所示。

02 将长方体转换为可编辑多边形，然后在堆栈栏中选择“边”选项，返回左视图，将边移至合适的位置，如图3-179所示。

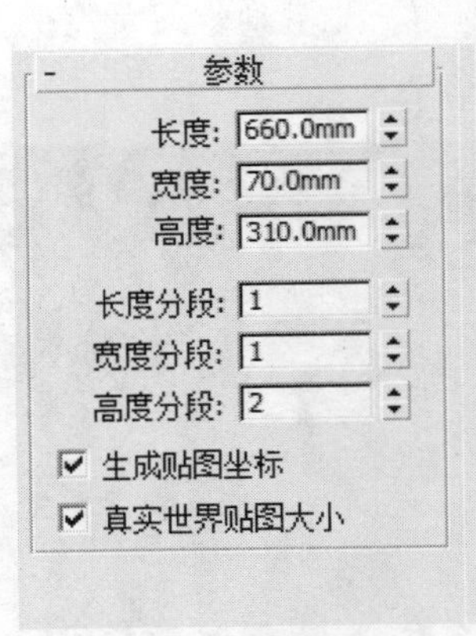

图3-178　长方体参数

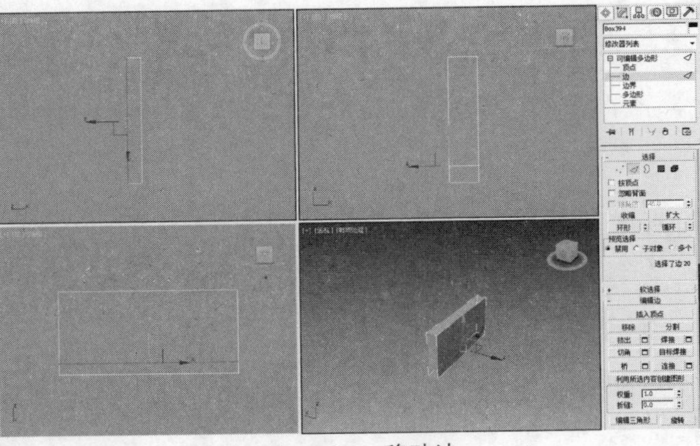

图3-179　移动边

03 在堆栈栏中切换至“多边形”选项，然后选择面，并在命令面板下方单击“挤出”按钮，如图3-180所示。

04 设置挤出高度为650mm，单击“应用并继续”按钮，即可观察挤出的效果，如图3-181所示。

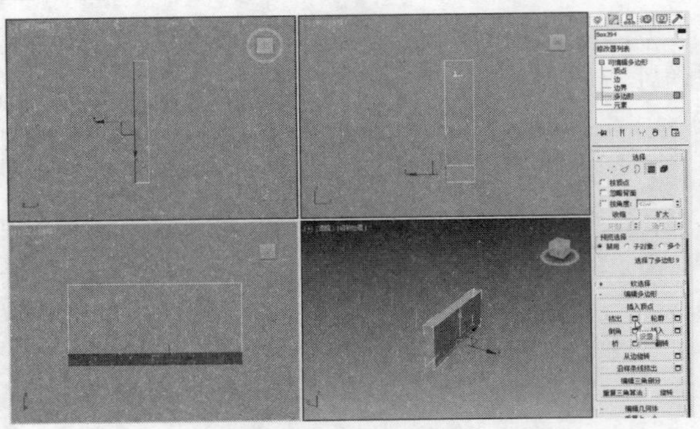

图3-180　选择面

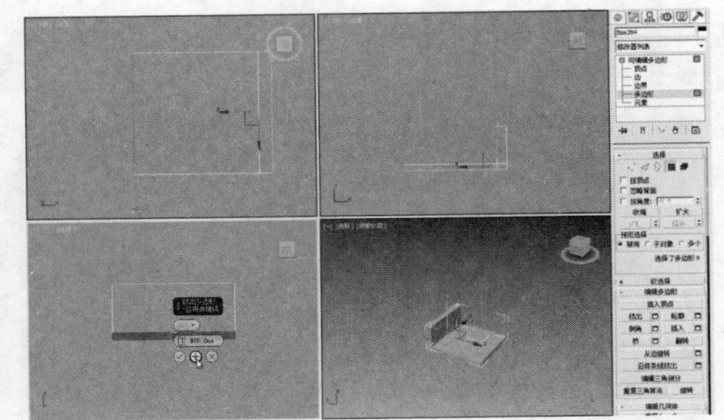

图3-181　挤出效果

05 继续设置挤出高度为70mm，设置完成后，单击按钮，即可挤出面。

06 在透视图中选择面，如图3-182所示。

07 再次挤出面，设置高度和左侧高度，挤出完成后如图3-183所示。

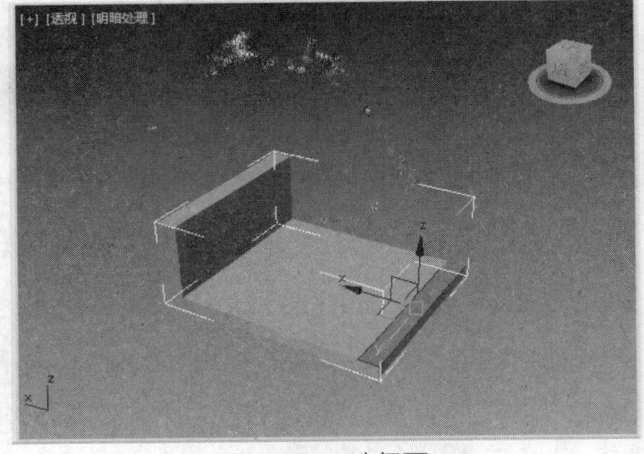

图3-182　选择面

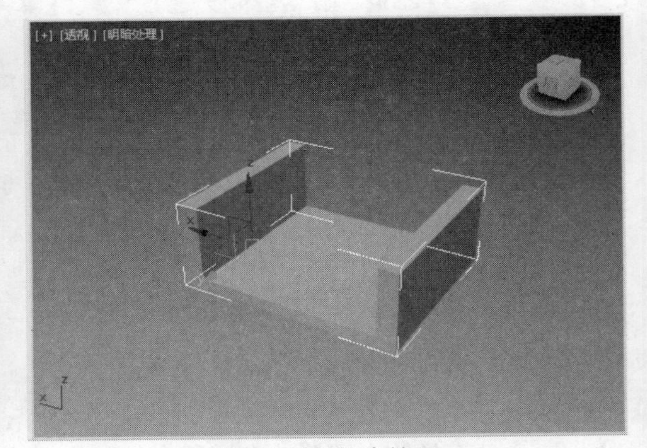

图3-183　挤出效果

08 返回“边”选项，在顶视图选择边，如图3-184所示。

09 在“编辑边”卷展栏中单击“连接”按钮，然后设置连接分段，如图3-185所示。

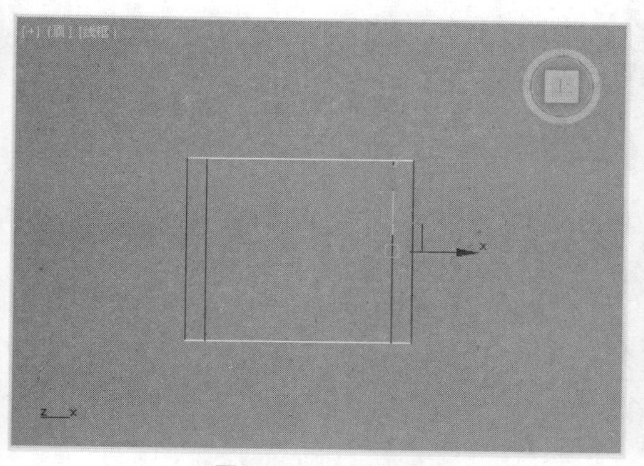

图3-184　选择边

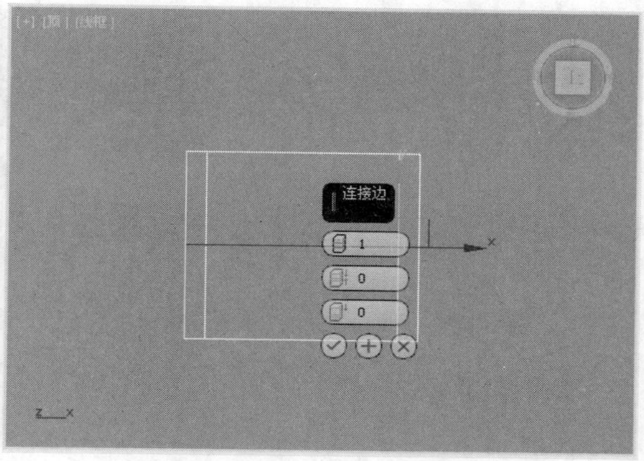

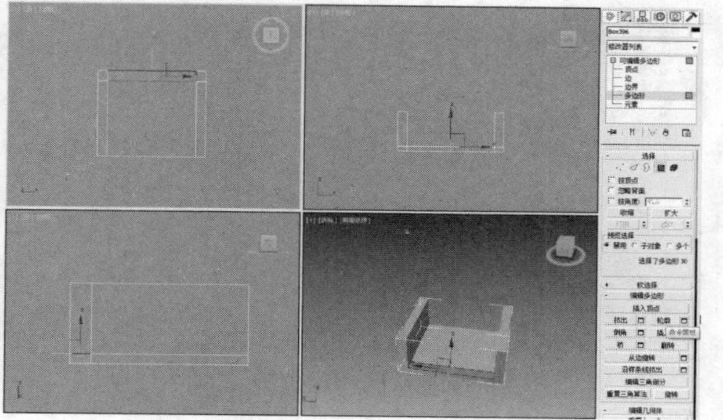

图3-185　设置连接分段

⑩ 单击☑按钮，完成连接操作，然后将连接出的边移动至合适位置，如图3-186所示。

⑪ 在堆栈栏中选择“多边形”选项，并在顶视图选择面，如图3-187所示。

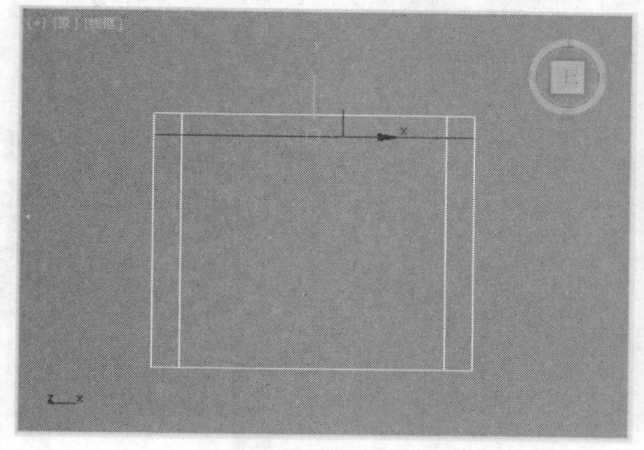

图3-186　移动面

图3-187　选择面

⑫ 再次重复挤出相同的高度，完成后如图3-188所示。

⑬ 在顶视图创建切角长方体，作为坐垫，参数值如图3-189所示。

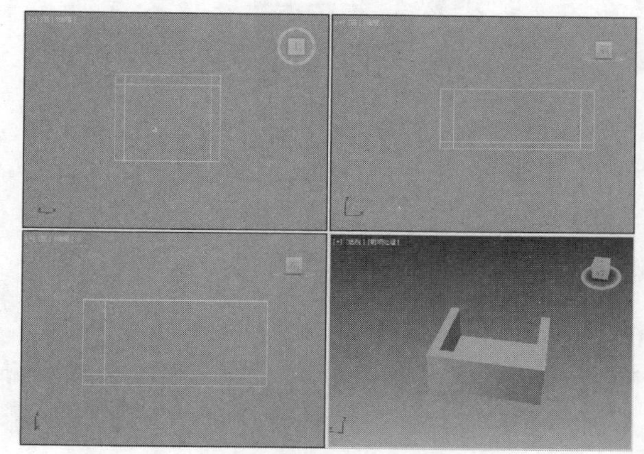

图3-188　挤出效果

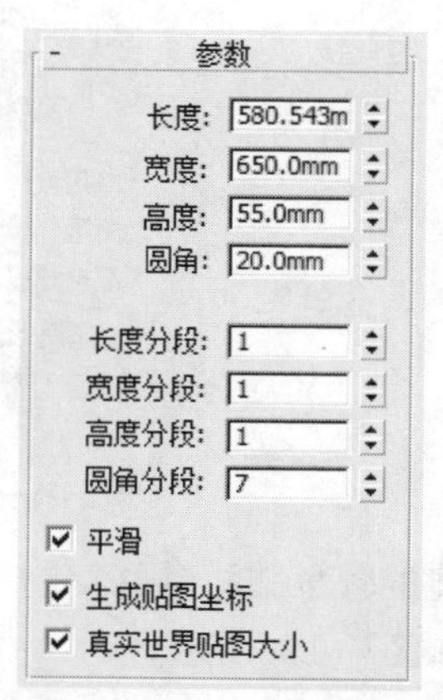

图3-189　切角长方体参数

⑭ 将切角长方体移至座椅的内部，如图3-190所示。

⑮ 下面开始制作座椅腿，在顶视图创建长方体，参数如图3-191所示。

⑯ 将长方体转换为可编辑多边形，然后选择并移动顶点，调整形状完成后，如图3-192所示。

⑰ 将座椅腿移动并复制，此时，座椅就制作完成了，如图3-193所示。

图3-190　移动坐垫

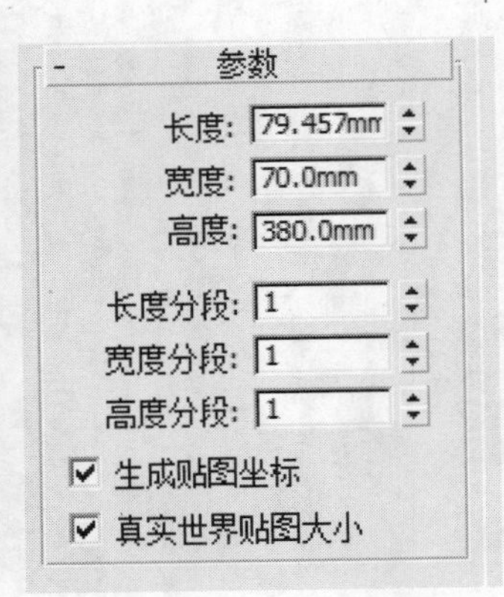

图3-191　长方体参数

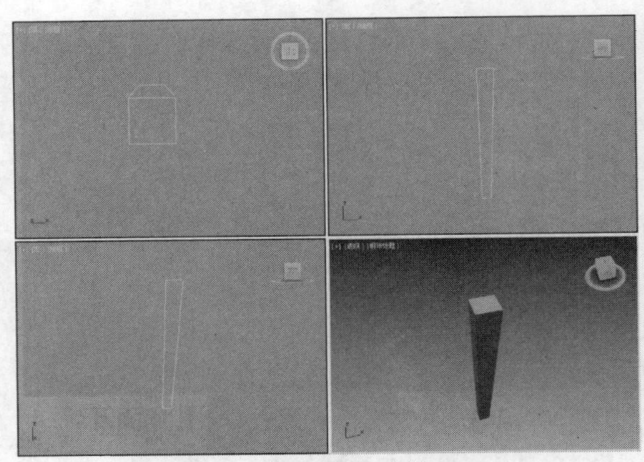
图3-192　制作座椅腿

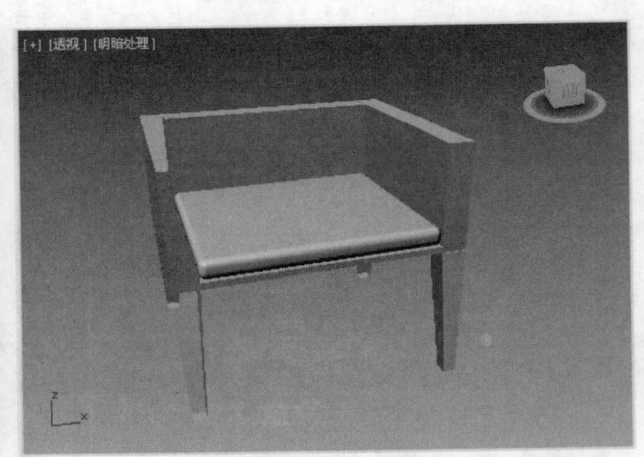

图3-193　制作座椅

⑱ 在顶视图创建长方体，参数如图3-194所示。

⑲ 再次在顶视图创建长方体，作为餐桌腿，参数如图3-195所示。

图3-194　长方体参数

图3-195　餐桌腿参数

⑳ 将创建的餐桌腿移动并复制至餐桌面下方，此时餐桌就制作完成了。将座椅移动到餐桌的正座位置，如图3-196所示。

㉑ 选择座椅，并在工具栏单击“镜像”按钮，在弹出的“镜像：屏幕坐标”对话框中设置镜像选项，如图3-197所示。

㉒ 设置完成后单击“确定”按钮，完成镜像操作，将镜像的座椅移动到另一侧，如图3-198所示。

㉓ 在“角度捕捉切换”按钮上单击鼠标右键，打开“栅格和捕捉设置”对话框，在其中设置旋转角度，如图3-199所示。

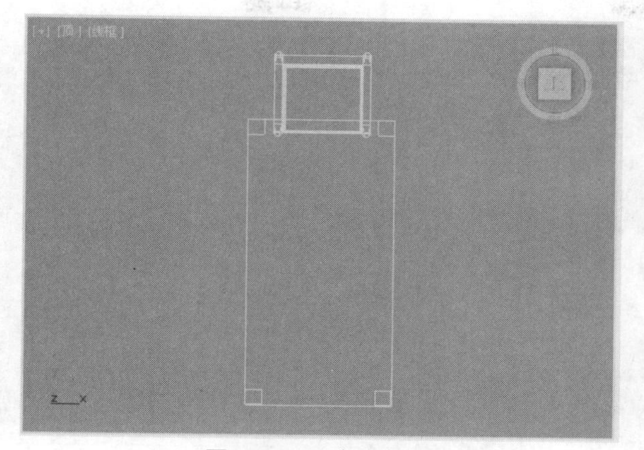

图3-196 移动座椅

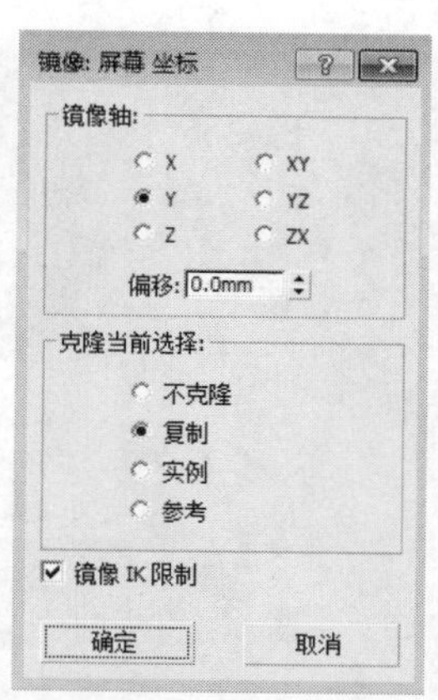

图3-197 设置镜像选项

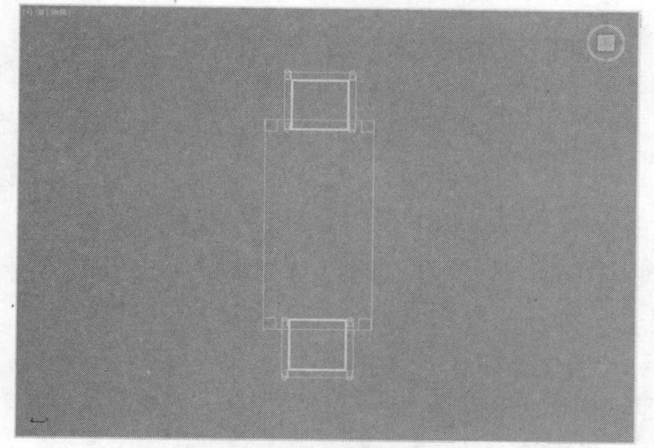

图3-198 镜像并移动座椅

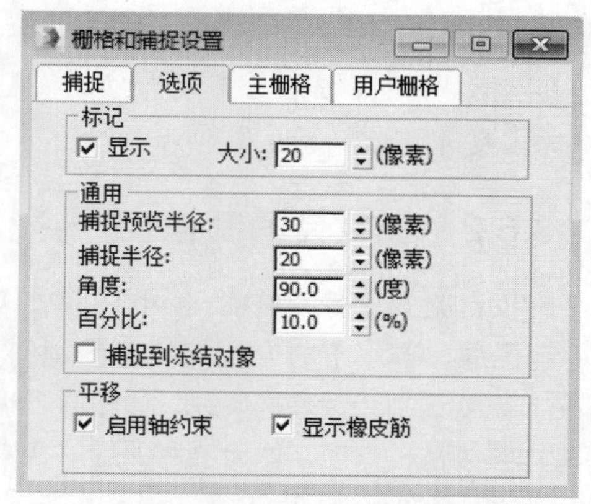

图3-199 设置旋转角度

24 设置完成后单击对话框右上角的 按钮，并激活“角度捕捉切换”按钮，复制并选择座椅，单击并拖动外侧旋转线，即可完成旋转操作。

25 将旋转的座椅移至餐桌的合适位置，如图3-200所示。

26 继续复制并镜像座椅，此时，桌椅就制作完成了，如图3-201所示。

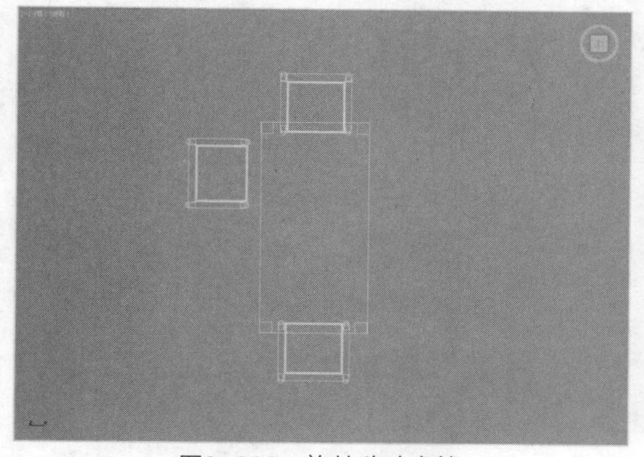

图3-200 旋转移动座椅

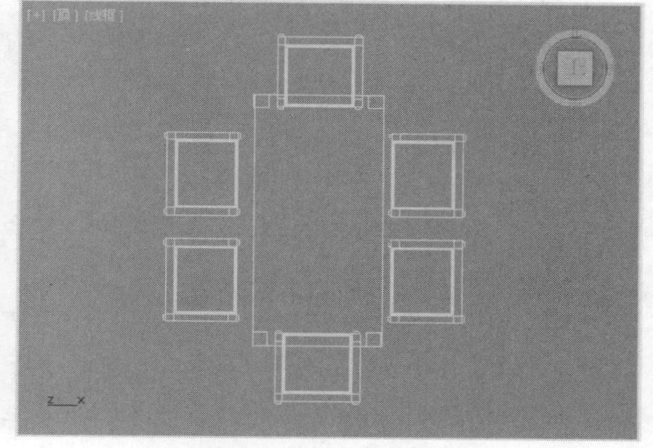

图3-201 制作桌椅

27 将“装饰”文件拖入到透视图中，弹出提示，并单击“合并”选项，如图3-202所示。

28 此时将导入装饰文件，按Z键显示导入文件，然后将其移动到餐桌上，添加材质并渲染，效果如图3-203所示。

图3-202　单击“合并”选项

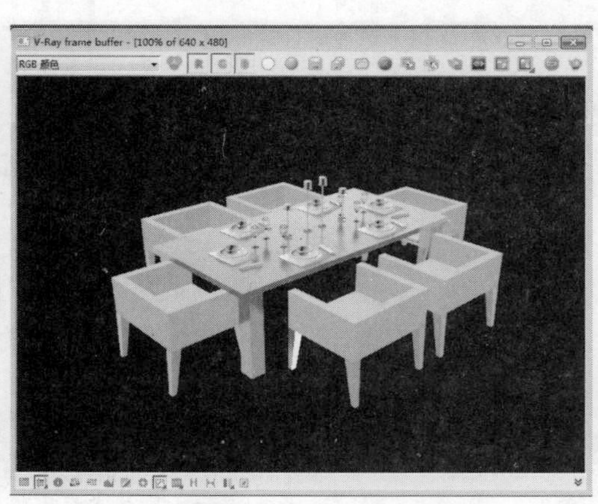

图3-203　单击“打开”按钮

知识点拨

在挤出物体时，先挤出高度为0mm，然后单击“应用并继续”按钮，再挤出需要的高度。这样做可避免重复挤出物体高度。

3.6.2 梳妆台的制作

梳妆台是每个家庭中必不可少的家具，使用者常常为女性，所以其美观和实用程度需要达到一定标准。本小节将介绍梳妆台的制作方法，下面逐一介绍其操作步骤。

01 在顶视图绘制并调整样条线，如图3-204所示。

02 将样条线挤出厚度，作为抽屉的底座，进行平滑后效果如图3-205所示。

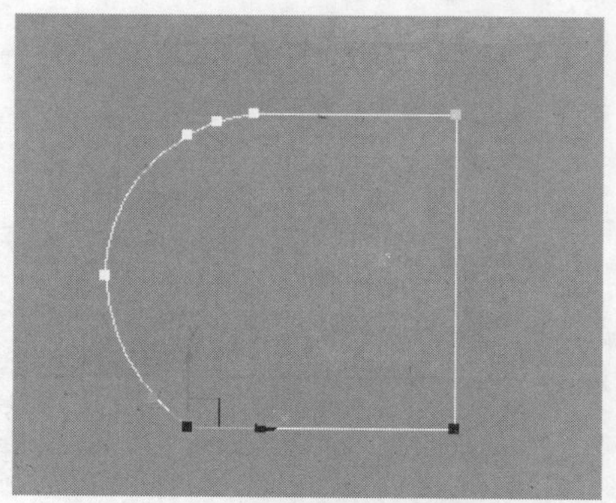
图3-204　绘制并调整样条线

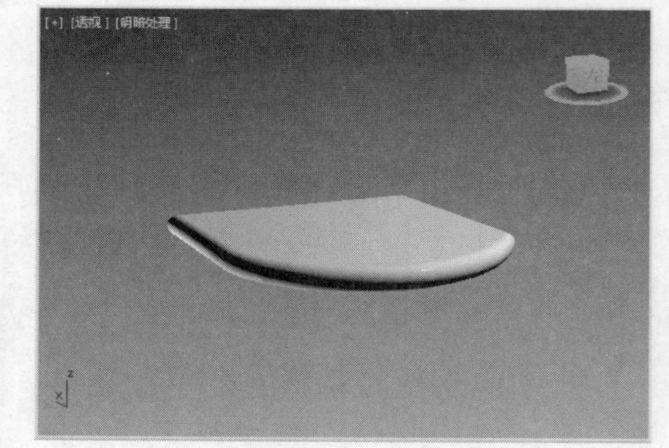

图3-205　挤出样条线

03 重复以上步骤，绘制样条线并将其挤出，完成抽屉边框的制作，如图3-206所示。

04 继续使用样条线、长方体、挤出等命令创建梳妆台桌面造型，如图3-207所示。

05 下面开始制作抽屉装饰，首先在左视图创建圆柱体，参数如图3-208所示。

06 继续在左视图创建圆环，参数如图3-209所示。

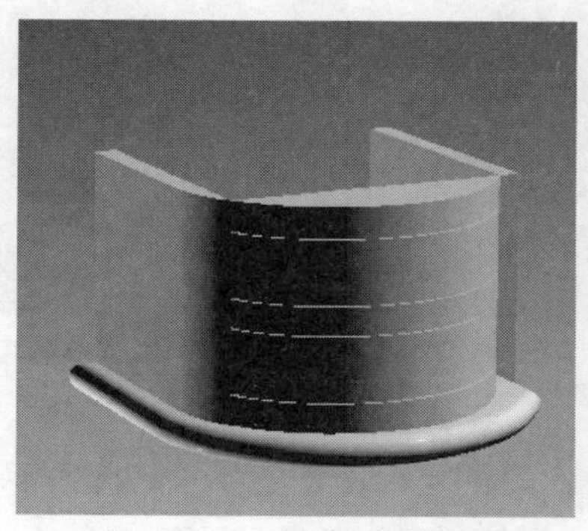
图3-206　创建抽屉边框

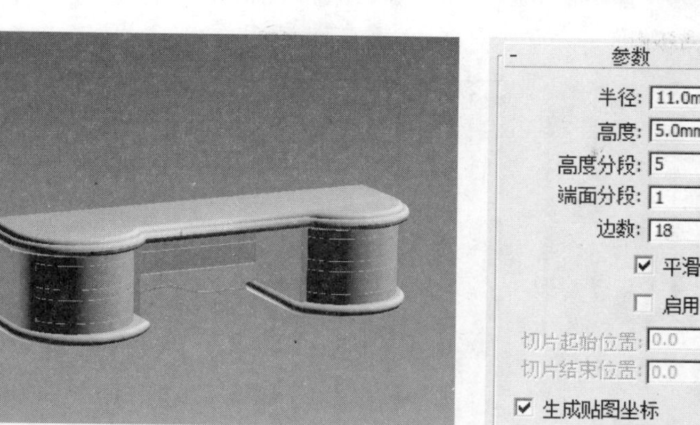

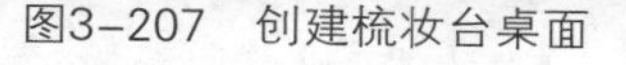

图3-207 创建梳妆台桌面

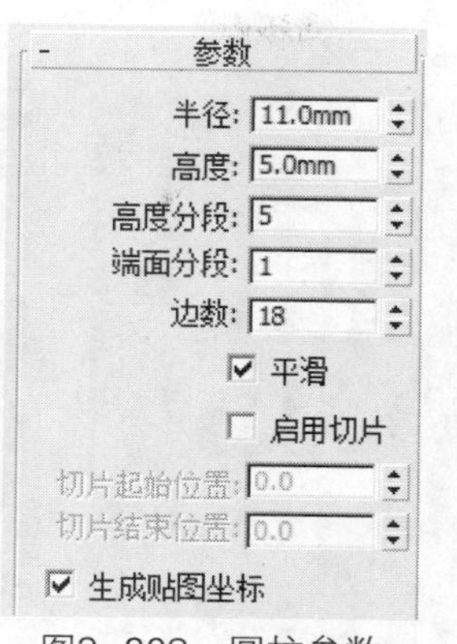

图3-208 圆柱参数

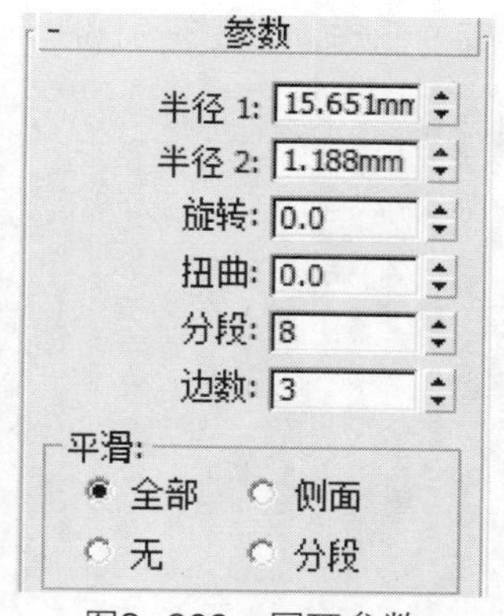

图3-209 圆环参数

07 将圆柱和圆环移动放置在合适位置，完成抽屉拉环的制作，如图3-210所示。

08 在前视图创建样条线，下面在左视图绘制样条线，如图3-211所示。

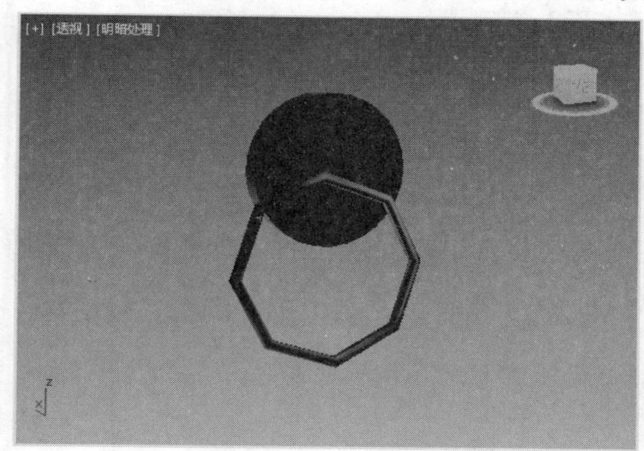

图3-210 制作抽屉拉环

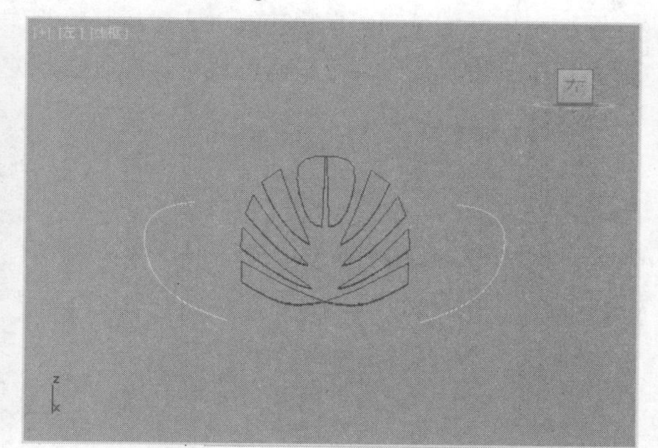

图3-211 绘制样条线

09 将相应的样条线挤出并渲染厚度，效果如图3-212所示。

10 将桌面装饰复制至每个抽屉上，效果如图3-213所示。

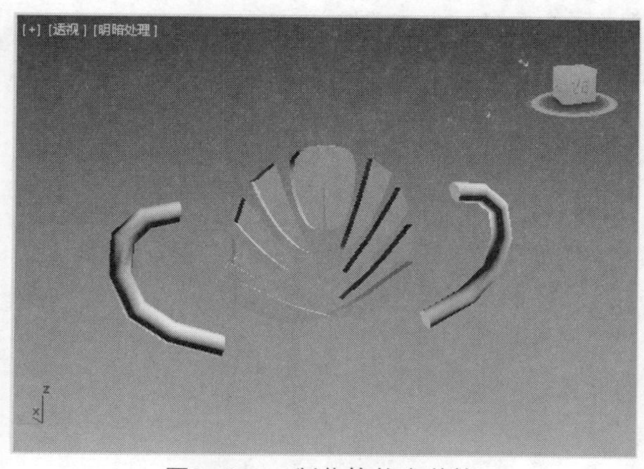

图3-212 制作梳妆台装饰

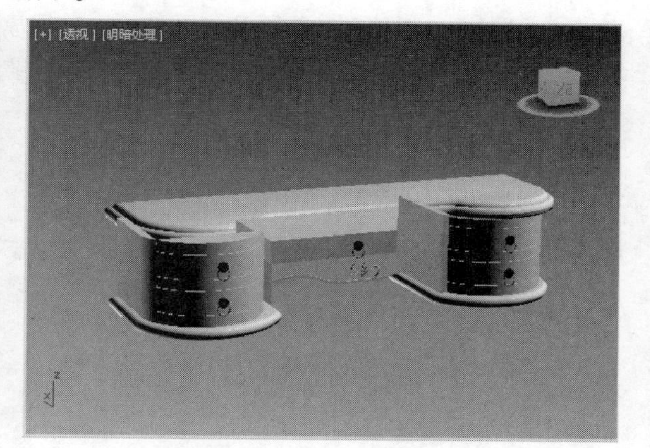

图3-213 复制装饰

11 下面开始制作桌腿，由于桌腿为曲线形状，所以首先我们需要在左视图绘制桌腿形状，如图3-214所示。

12 将样条线挤出厚度，然后将其转换为可编辑多边形，设置并在各个视图调整其节点，完成桌腿轮廓的制作，如图3-215所示。

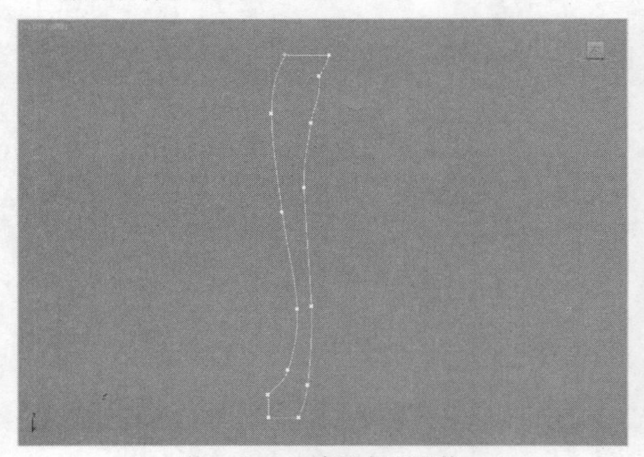

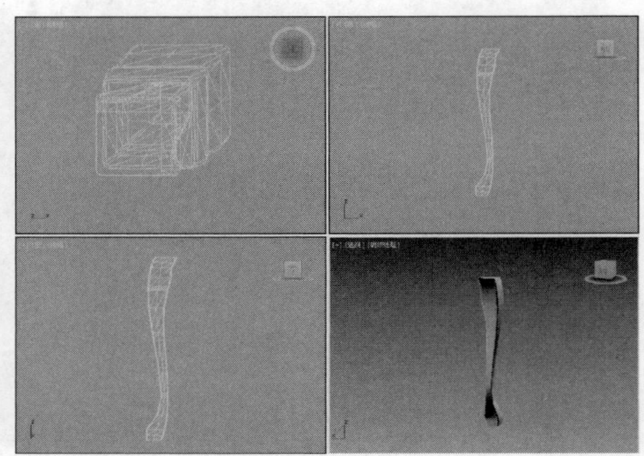

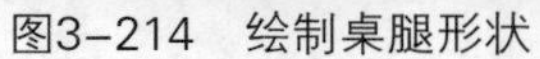

图3-214　绘制桌腿形状

图3-215　制作桌腿轮廓

⑬ 再次利用样条线制作桌腿花纹，完成桌腿的制作，如图3-216所示。

⑭ 重复以上步骤创建桌腿的其他装饰，将其复制并移动，效果如图3-217所示。

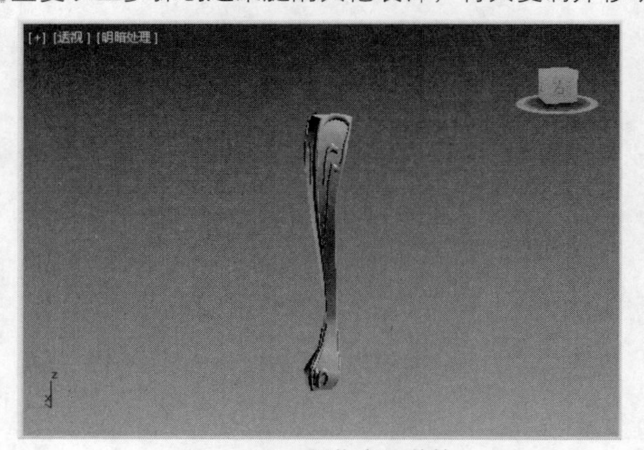

图3-216　制作桌腿装饰

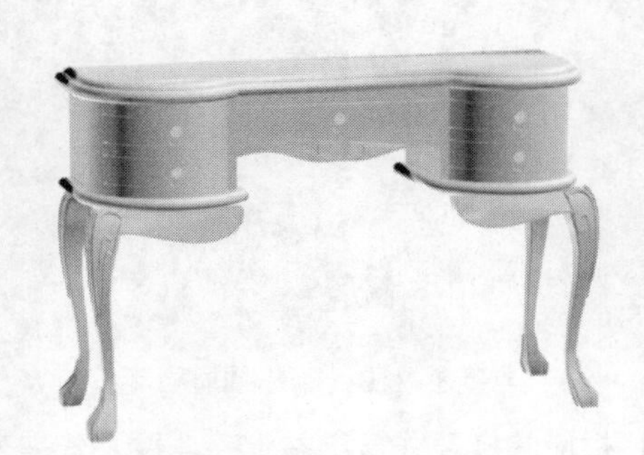

图3-217　复制并移动桌腿

⑮ 重复以上操作继续创建镜面和镜面装饰，然后放置在梳妆台上方，如图3-218所示。

⑯ 最后制作座椅模型，并将其移至梳妆台前方，渲染模型效果，如图3-219所示。

图3-218　制作镜面和装饰

图3-219　制作梳妆台

3.7 常见疑难解答

在创建模型时，随着需要掌握的知识越来越复杂，用户的疑问也会日益累积起来，下面介绍一些常见疑难解答，以供用户参考。

Q：为什么创建的长方体不显示整体边框，但可以看见长方体内部？

A：因为物体取消了“背面消隐”命令，所以可以显示物体的内部结构。如果需要查看物体外部边框，选择相应的实体，单击鼠标右键，在弹出的快捷列表中单击“对象属性”选项，打开“对象属性”对话框，在“显示属性”选项组中单击“按对象”按钮，激活选项组中的选项，勾选“背面消隐”复选框，此时执行“背面消隐”命令，实体就可以整体显示边框了。

Q：二次布尔运算怎么做？怎么经常出错？

A：进行布尔运算的时候，如果需要在一个物体上进行二次布尔运算，应该在第一次布尔运算后，重复执行“布尔”命令，再次拾取操作对象就完成二次布尔运算了。简单来说，如果需要在长方体上布尔出两个洞口，首先需要创建长方体和两个其他实体，执行过第一次布尔运算后，返回上一级，再次打开命令面板，单击“布尔”按钮，再进行布尔运算。

Q：创建基本体并将其进行扭曲后，表面非常不平滑？

A：这个主要是基本体分段的问题，基本体表面分段数值太小，扭曲之后按分段数值进行平滑曲面，数值越大，曲面越平滑。反之，数值越小，曲面则会有些粗糙或者变形。

Q：放样方向不对，如何转换？

A：在进行放样图形后，有时候会出现方向不对的情况，我们可以通过两个方法解决这个问题。当路径在顶视图，而放样路径在前视图或者左视图中，那么经常会出现方向反了180度的问题。反之，当路径在前视图或者顶视图，放样路径在顶视图，那么就会出现方向反了90度的情况，如果方向反了180度，我们在放样的时候按住Ctrl键就可以正常放样。如果方向反了90度，就需要在样条线级别中旋转图形。这样我们就解决了这一问题。

Q：3ds Max里有没有专门标注尺寸的工具？

A：在3ds Max里没有专门标注尺寸的工具，但在画每一项物体时，它都会显示出相关的参数，这就代替了尺寸的标注，何况在这个软件中也没必要去标注尺寸！

Q：怎样把创建的基本体组合在一起，方便选择？

A：选择需要的基本体，执行“组”|“成组”命令，打开“组”对话框，在其中设置组名称，单击“确定”按钮，即可将实体组合在一起，如图3-220所示。

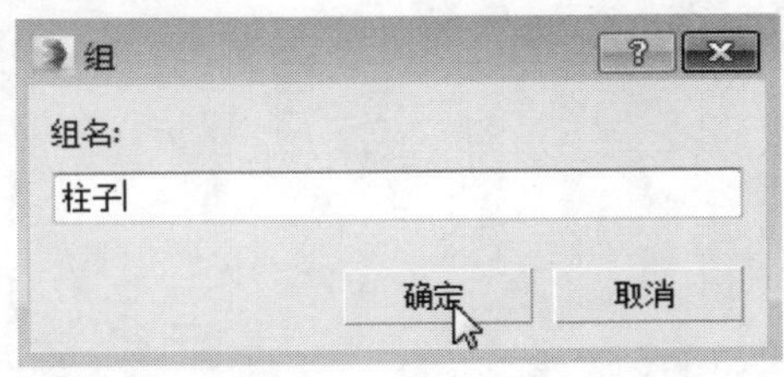

图3-220 组合实体

3.8 拓展应用练习

为了使用户掌握本章所学内容，下面将通过两个实例，考验用户的动手操作能力。

3.8.1 双人床的制作

使用长方体命令创建床头柜、靠背和底座，使用切角长方体命令创建床垫。效果如图3-221所示。

图3-221 制作双人床

3.8.2 桌椅组合的制作

下面利用三维建模命令创建桌椅组合，如图3-222所示。

图3-222 制作课桌

操作提示

01 使用长方体命令创建桌椅组合，并将长方体更改为可编辑多边形，调整节点更改桌腿的形状。

02 添加“FFD 4×4×4”修改器，调整椅子的靠背和椅腿形状。

第4章 三维模型的常用修改器

本章概述　无论是建模还是制作动画，都经常需要利用修改器对模型进行修改。本章主要介绍三维模型的常用修改器，包括“弯曲”修改器、“扭曲”修改器、“挤出”修改器、“车削”修改器、“晶格”修改器等。

知识要点

- “弯曲”修改器工具；
- “扭曲”修改器工具；
- “挤出”修改器工具；
- “车削”修改器工具；
- “晶格”修改器工具。

4.1 “弯曲”修改器

“弯曲”修改器可以使物体弯曲变形，用户可以设置弯曲角度和方向等，还可以将修改限制在指定的范围内。“弯曲”修改器常用于使管道变形和人体弯曲等。

4.1.1 认识“弯曲”修改器

打开修改器列表框，单击“弯曲”选项，即可调用“弯曲”修改器，如图4–1所示。在调用“弯曲”修改器后，命令面板的下方将弹出修改弯曲值的“参数”卷展栏，如图4–2所示。

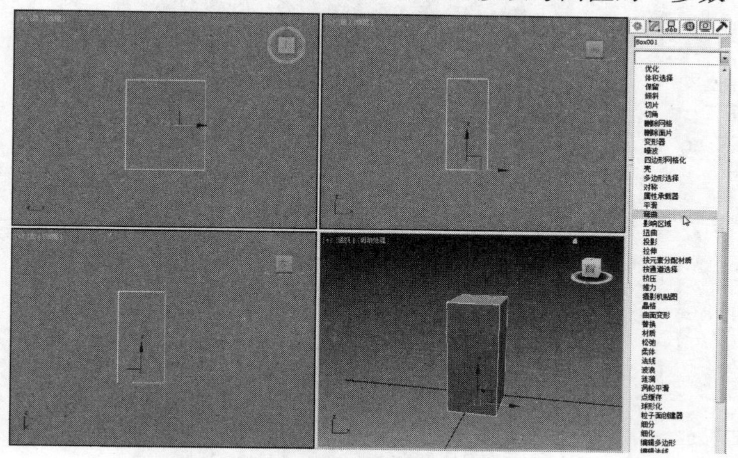

图4–1　单击“弯曲”选项

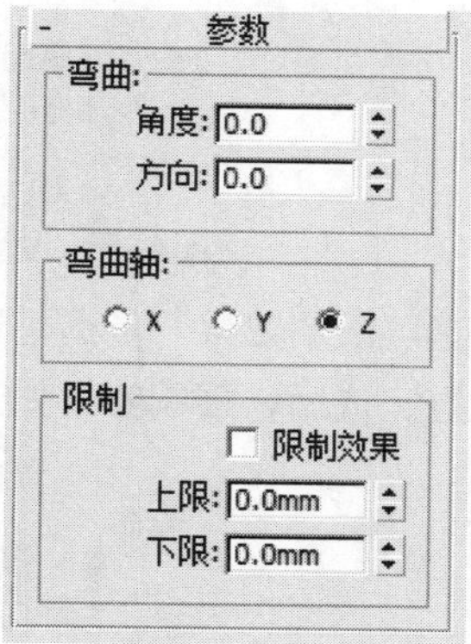

图4–2　“参数”卷展栏

下面具体介绍“参数”卷展栏中各选项的含义。

- 弯曲：控制实体的角度和方向值。
- 弯曲轴：控制弯曲的坐标轴向。
- 限制：限制实体弯曲的范围。勾选“限制效果”复选框，将激活“限制”命令，在“上限”和“下限”选项框中设置限制范围即可完成限制效果。

知识点拨

在堆栈栏中展开“BEND”卷展栏，在弹出的列表中选择“中心”选项，返回视图区，向上或向下拖动鼠标，即可更改限制范围。

【例4-1】下面以弯曲圆柱体为例，具体介绍使用“弯曲”修改器的方法。

01 调用“弯曲”修改器，在“参数”卷展栏中设置“弯曲”角度，如图4-3所示。

02 实体将被弯曲30度，如图4-4所示。

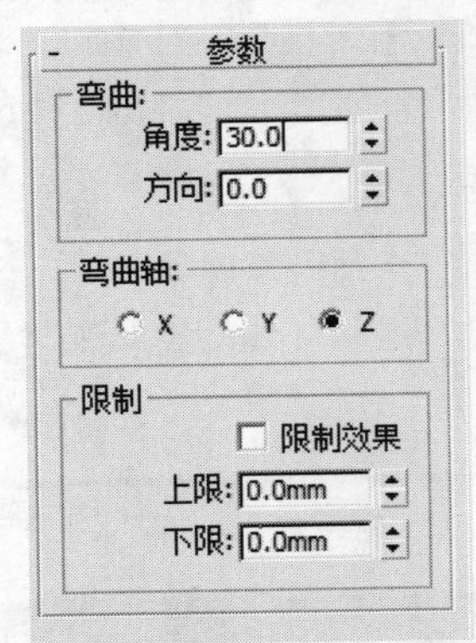

图4-3 设置“弯曲”角度

图4-4 弯曲效果

03 设置弯曲方向，如图4-5所示。

04 实体将更改弯曲方向，如图4-6所示。

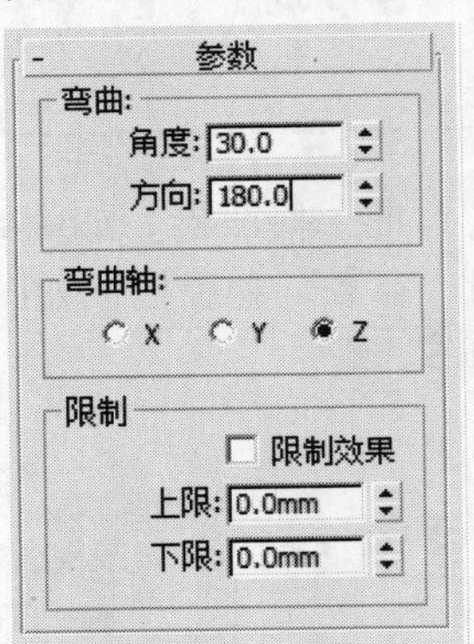

图4-5 设置弯曲方向

图4-6 设置方向效果

05 勾选“限制效果”复选框，在“上限”选项框中设置限制范围，如图4-7所示。

06 设置完成后，限制效果如图4-8所示。

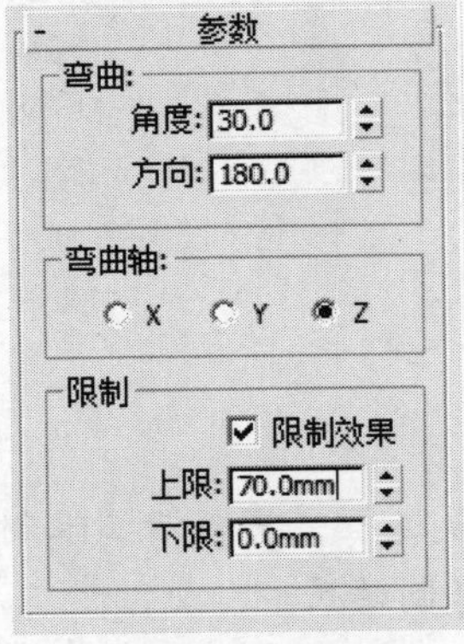

图4-7 设置限制范围

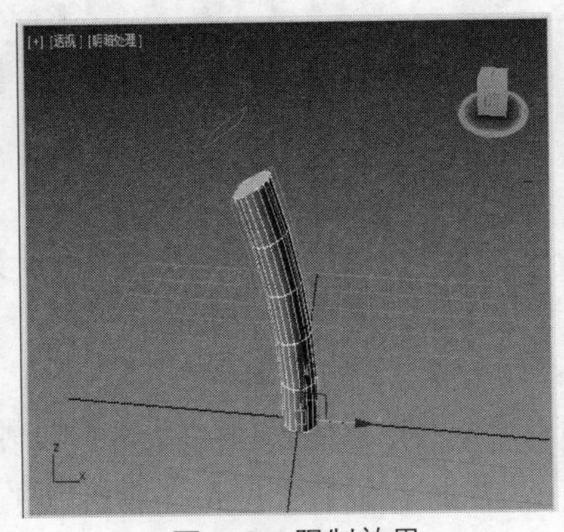

图4-8 限制效果

07 在堆栈栏中单击“中心”选项，如图4-9所示。

08 返回绘图区单击并拖动箭头即可更改弯曲范围，如图4-10所示。

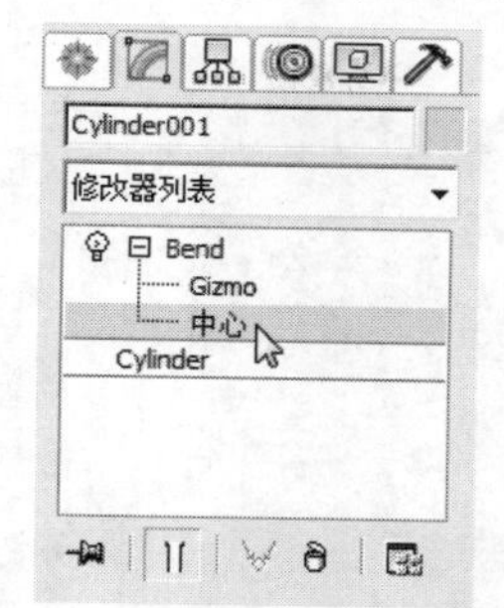

图4-9 单击“中心”选项

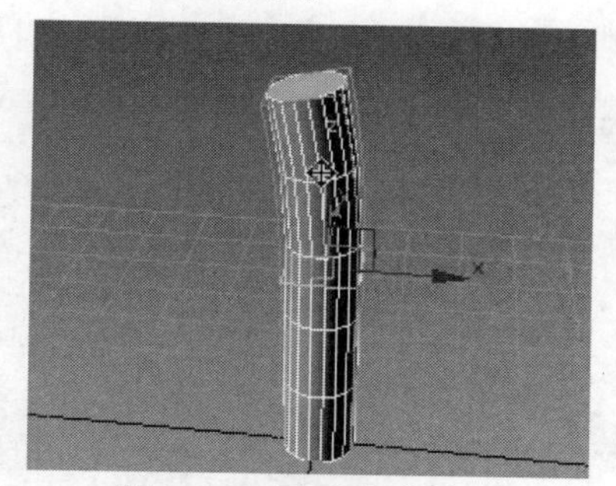
图4-10 更改弯曲范围

4.1.2 弯曲台灯的制作

利用“弯曲”修改器可以将物体修改成曲线形状，并可以利用该修改器调整实体造型。

【例4-2】下面以制作弯曲台灯为例，具体介绍“弯曲”修改器的应用。

01 在顶视图创建圆柱体，参数如图4-11所示。

02 选择圆柱体，按Shift键并向内拖动鼠标，缩小圆柱体，然后放置在其上方，如图4-12所示。

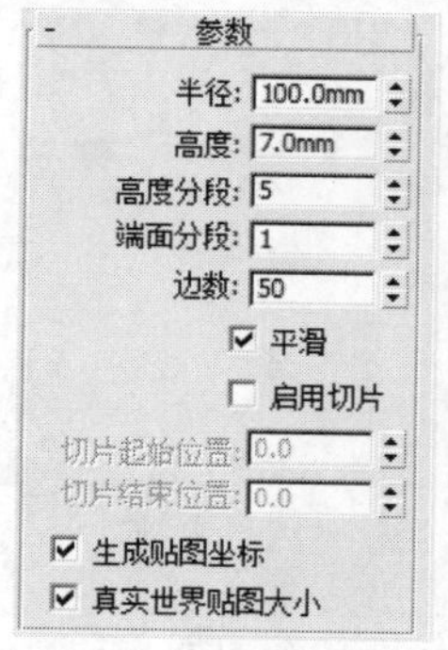

图4-11 创建圆柱体参数

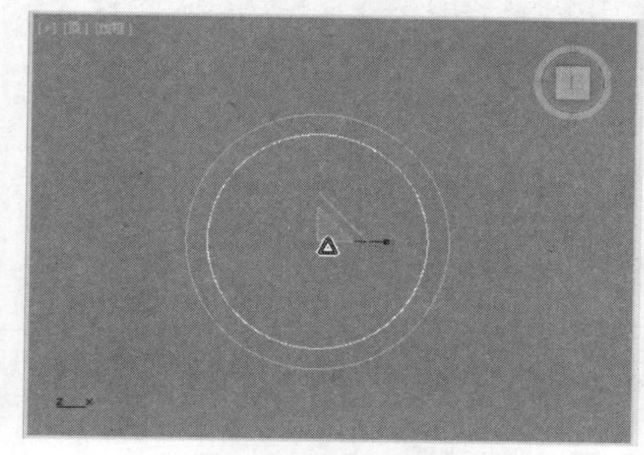
图4-12 缩小圆柱体

03 释放鼠标左键，将弹出“克隆选项”对话框，设置“克隆”选项，并单击“确定”按钮，如图4-13所示。

04 在前视图将缩小的圆柱体移动至上方，完成台灯底座的制作。

05 在顶视图创建圆柱体，参数如图4-14所示。

06 打开“修改”选项卡，单击修改器列表框，在弹出的对话框中单击“弯曲”选项。

07 在“参数”卷展栏中单击设置弯曲角度和限制参数，如图4-15所示。

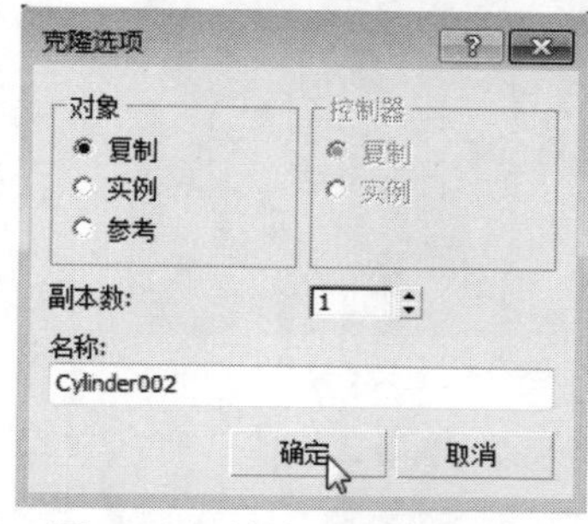

图4-13 单击“确定”按钮

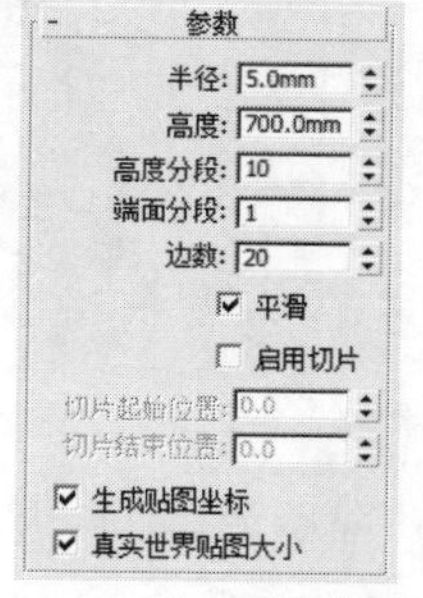

图4-14 创建圆柱体参数

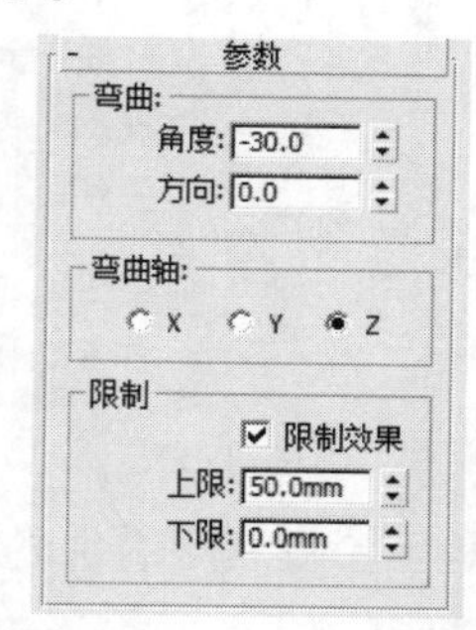

图4-15 设置弯曲参数

08 设置完成后，展开“Bend”卷展栏，在弹出的列表中单击“中心”选项，如图4-16所示。

09 返回视图区，单击并拖动向上箭头，更改弯曲位置，如图4-17所示。

10 再次进行弯曲操作，并设置弯曲参数，如图4-18所示。

图4-16 单击“中心”选项

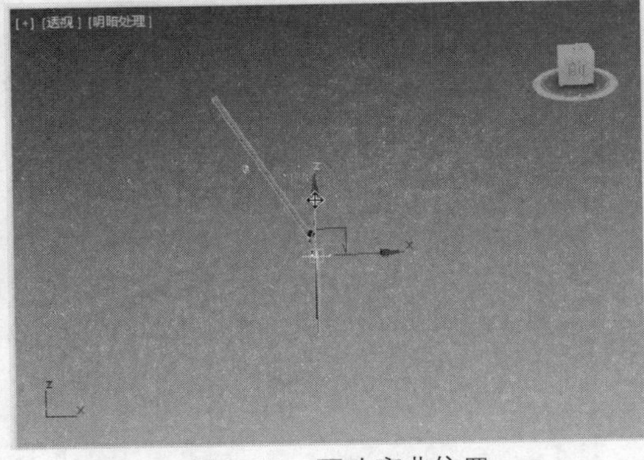
图4-17 更改弯曲位置

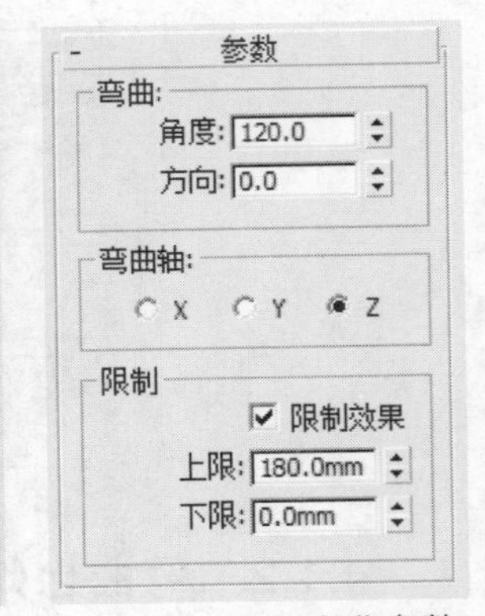

图4-18 设置弯曲参数

11 再次更改弯曲位置，设置完成后，如图4-19所示。

12 单击修改器列表框，在弹出的列表中单击“网格平滑”选项，如图4-20所示。

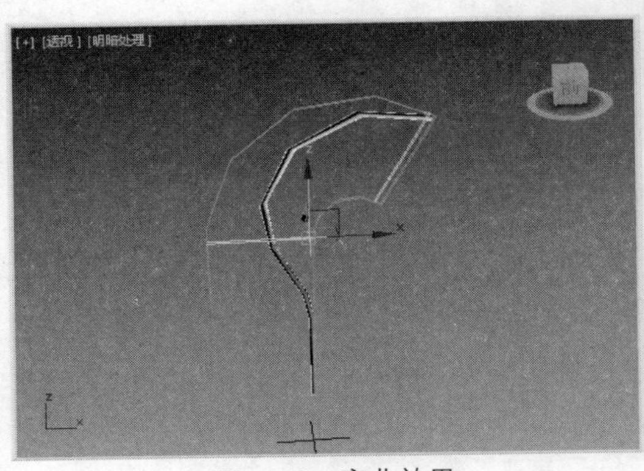
图4-19 弯曲效果

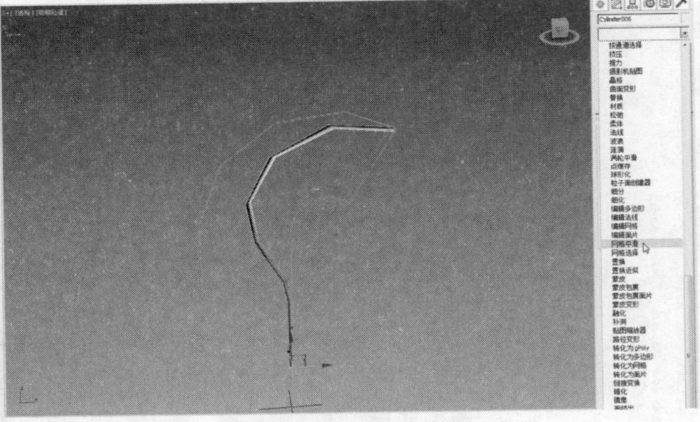
图4-20 单击“网格平滑”选项

13 在“细分量”卷展栏中设置迭代次数，如图4-21所示。

14 设置完成后，实体将被平滑显示，如图4-22所示。

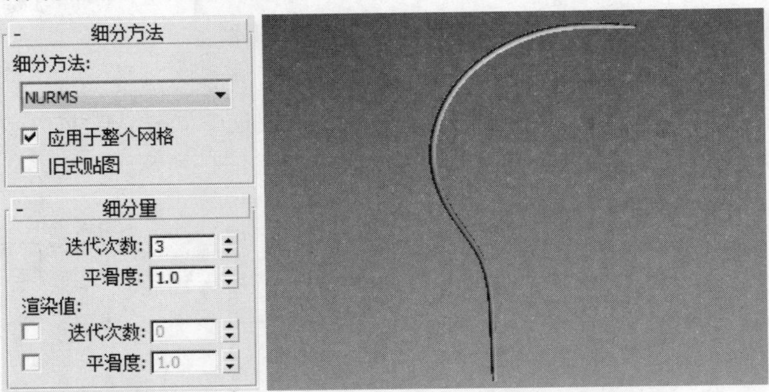

图4-21 设置迭代次数　　图4-22 网格平滑效果

15 将实体移至台灯底座的合适位置，然后在左视图绘制样条线，并将其渲染，作为钩子，如图4-23所示。

⑯ 在顶视图创建圆锥体，参数如图4-24所示。

⑰ 再次创建圆锥体，作为灯罩，参数如图4-25所示。

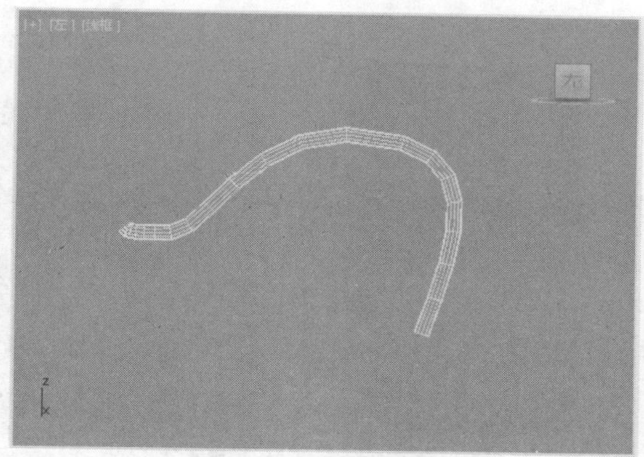

图4-23 制作钩子

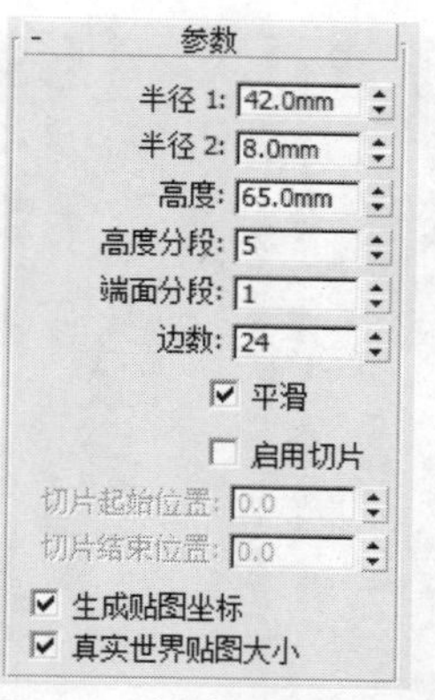

图4-24 创建圆锥体参数

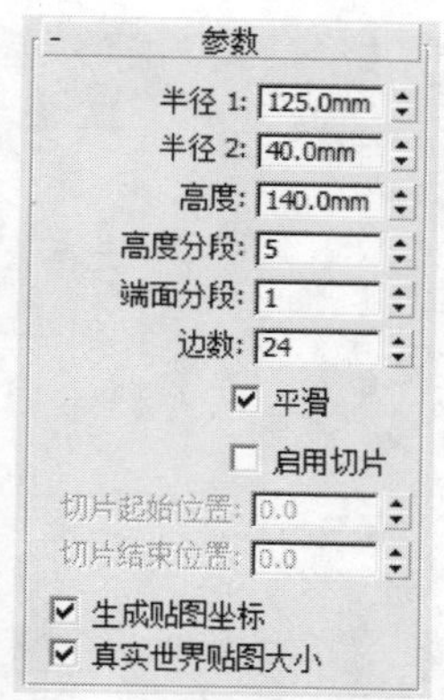

图4-25 创建圆锥体参数

⑱ 将圆锥体转换为可编辑多边形，在堆栈栏中单击“多边形”选项，返回视图区，选择灯罩底面，如图4-26所示。

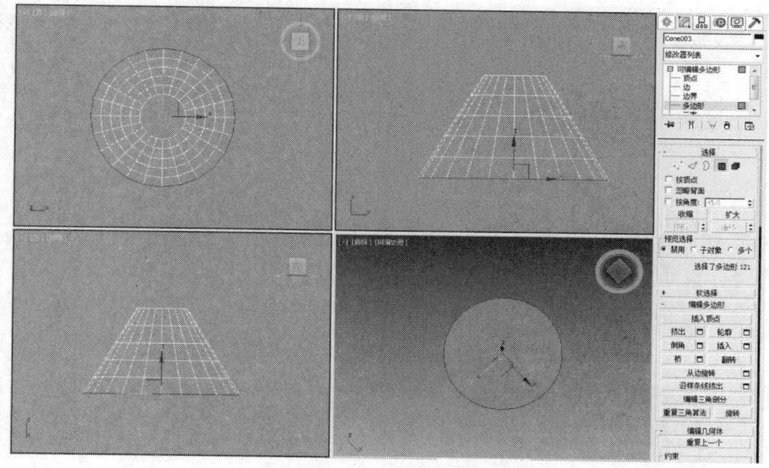

图4-26 选择面

⑲ 按Delete键删除面，再将顶面删除，效果如图4-27所示。

⑳ 在修改器列表中单击“壳”选项，在“参数”卷展栏中设置内部量为3mm，设置完成后如图4-28所示。

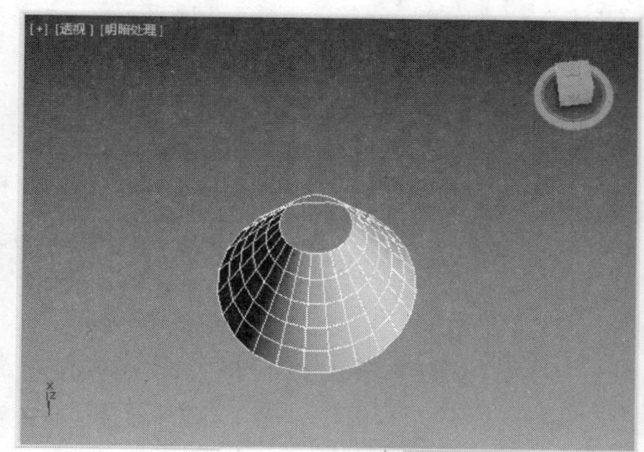

图4-27 删除面效果

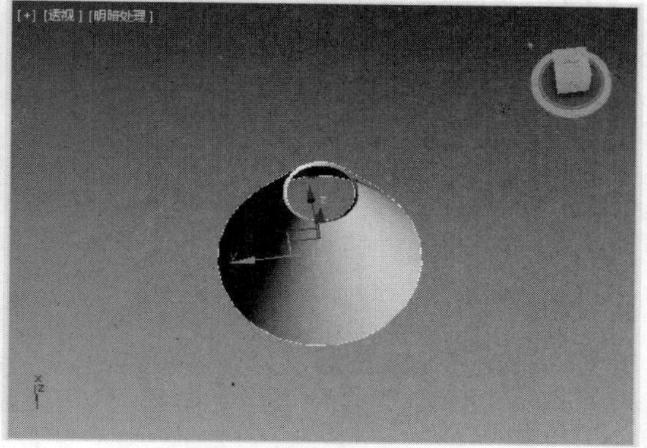

图4-28 添加壳效果

21 将创建的圆锥体钩子和灯罩移动到合适位置，如图4-29所示。

22 添加材质后，渲染效果如图4-30所示。

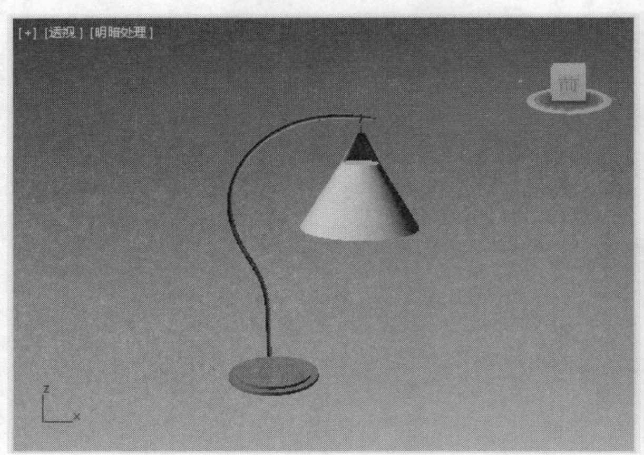

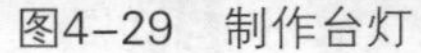
图4-29 制作台灯

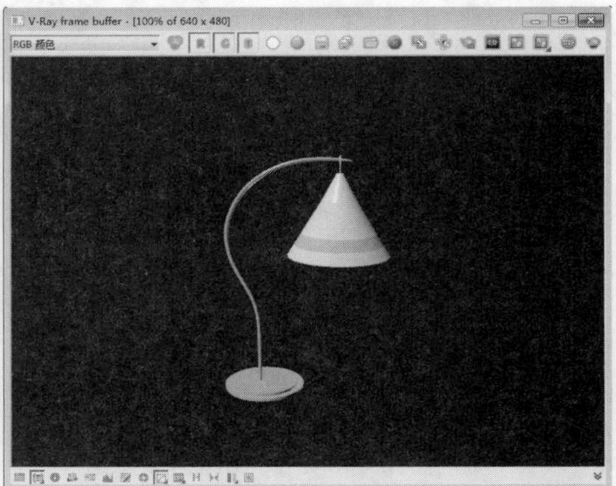

图4-30 渲染效果

4.2 “扭曲”修改器

“扭曲”修改器可以使实体成麻花或螺旋状，它可以按照指定的轴进行扭曲操作，利用该修改器可以制作绳索、冰淇淋或者带有螺旋形状的立柱等。

在使用“扭曲”修改器后，命令面板的下方将弹出设置实体扭曲的“参数”卷展栏，如图4-31所示。

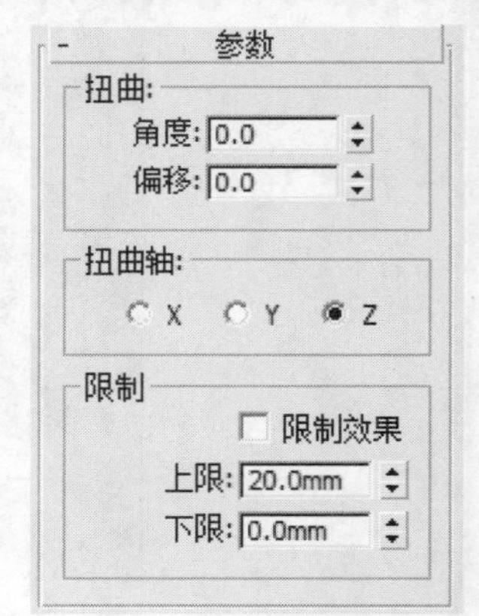

图4-31 “参数”卷展栏

下面具体介绍“扭曲”修改器中“参数”卷展栏中各选项组的含义。

- 扭曲：设置扭曲的角度和偏移距离，“角度”用于设置实体的扭曲角度。“偏移”用于设置扭曲向上或向下的偏向度。
- 扭曲轴：设置实体扭曲的坐标轴。
- 限制：限制实体扭曲范围，勾选“限制效果”复选框，将激活“限制”命令，在上限和下限选项框中设置限制范围即可完成限制效果。

【例4-3】下面以扭曲长方体为例，具体介绍使用“扭曲”修改器的方法。

01 在视图区创建长方体，在“修改”选项卡中单击修改器列表框，在弹出的列表中选择“扭曲”选项。

02 在“参数”卷展栏中设置扭曲角度，如图4-32所示。

03 设置完成后，如图4-33所示。

04 在“限制”选项组中勾选“限制效果”复选框，然后设置限制范围，如图4-34所示。

05 设置完成后，效果如图4-35所示。

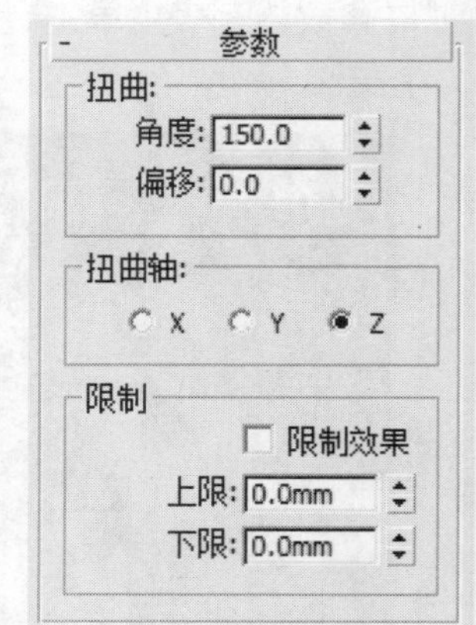

图4-32 设置扭曲角度

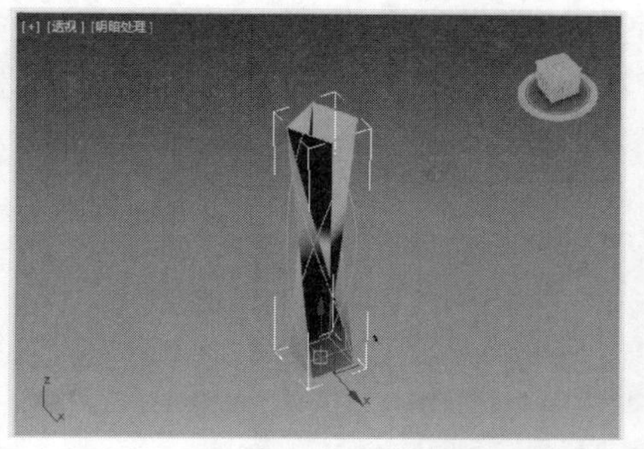

图4-33　扭曲效果

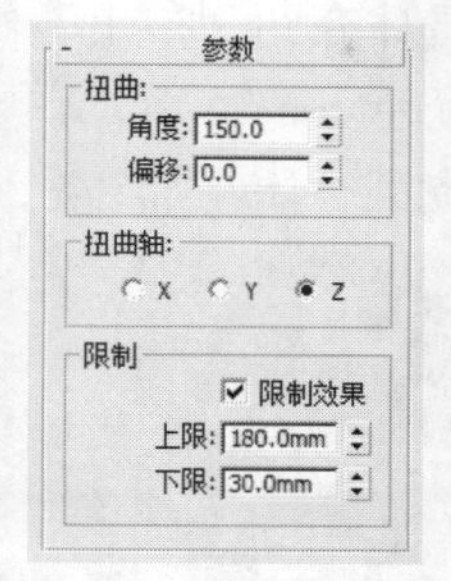

图4-34　设置限制范围

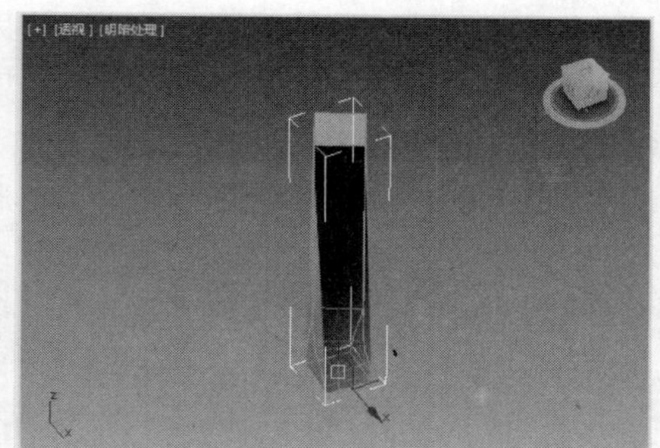

图4-35　限制效果

4.3 “挤出”修改器

“挤出”修改器可以将绘制的二维样条线挤出厚度，从而产生三维实体，如果绘制的线段为封闭的，即可挤出带有地面面积的三维实体，若绘制的线段不是封闭的，那么挤出的实体则是片状的。

4.3.1　认识“挤出”修改器

“挤出”修改器可以使二维样条线沿Z轴方向生长，在3ds Max 2015中，“挤出”修改器的应用十分广泛，许多图形都可以先绘制线，然后再挤出图形，最后形成三维实体。在使用“挤出”修改器后，命令面板的下方将弹出“参数”卷展栏，如图4-36所示。

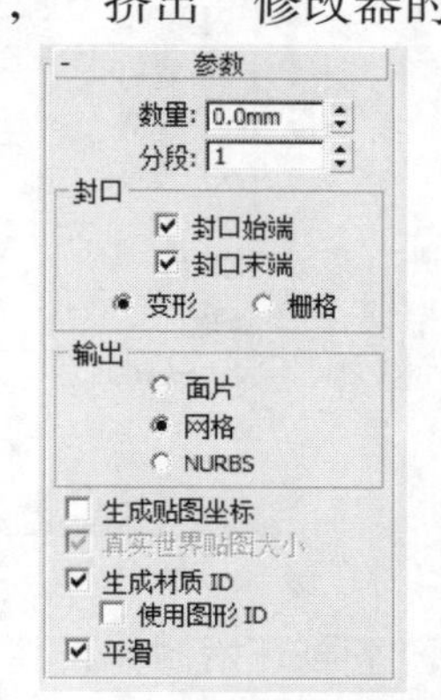

图4-36　“参数”卷展栏

下面具体介绍“参数”展卷栏中各选项组的含义。

- 数量：设置挤出实体的厚度。
- 分段：设置挤出厚度上的分段数量。
- 封口：该选项组主要设置在挤出实体的顶面和底面上是否封盖实体，“封口始端”在顶端假面封盖物体。“封口末端”在底端假面封盖物体。
- 变形：用于变形动画的制作，保证点面数恒定不变。
- 栅格：对边界线进行重新排列处理，以最精简的点面数来获取优秀的模型。
- 输出：设置挤出的实体输出模型的类型。
- 生成贴图坐标：为挤出的三维实体生成贴图材质坐标。勾选该复选框，将激活“真实世界贴图大小”复选框。
- 真实世界贴图大小：贴图大小由绝对坐标尺寸决定，与对象相对尺寸无关。
- 生成材质ID：自动生成材质ID，设置顶面材质ID为1，底面材质ID为2，侧面材质ID为3。
- 使用图形ID：勾选该复选框，将使用线形的材质ID。
- 平滑：将挤出的实体平滑显示。

4.3.2　圆桌的制作

在越来越发达的现代社会中，家具不仅仅是实用品，更多的人还会关注其外观。如果在家里放置一个古色古香的桌子，桌上摆放上装饰品，可以提升室内气氛，创造优雅环境，改善心情。

【例4-4】下面以创建圆桌为例，具体介绍“挤出”修改器的应用。

01 在顶视图创建圆柱体，参数如图4-37所示。

02 按Shift键并向内拖动鼠标，缩小并复制圆柱体，如图4-38所示。

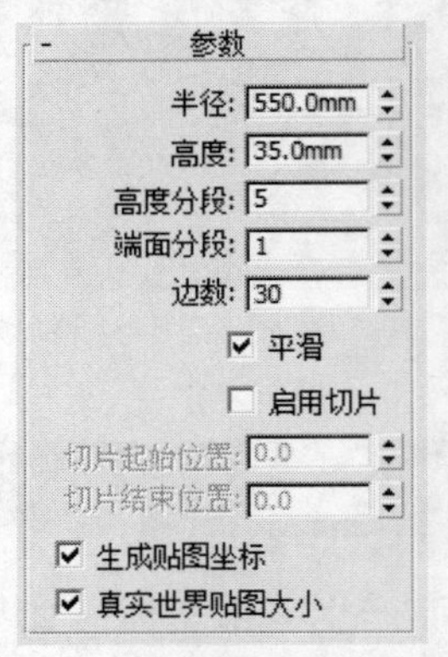

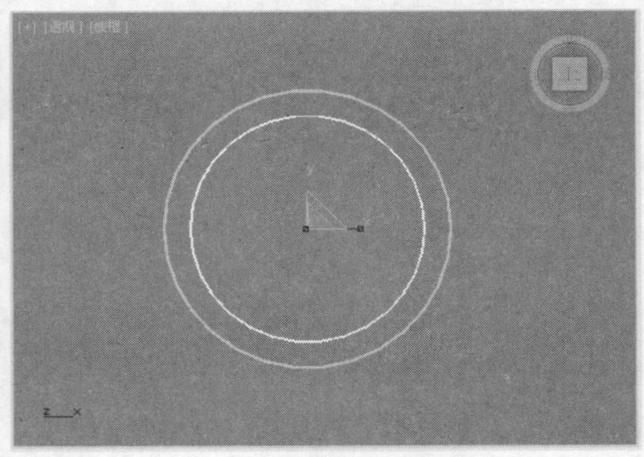

图4-37　创建圆柱体参数　　图4-38　选择面

03 在弹出的“克隆选项”中设置克隆选项，设置完成后单击“确定”按钮，如图4-39所示。

04 将创建的圆柱体移动到合适位置，参数如图4-40所示。

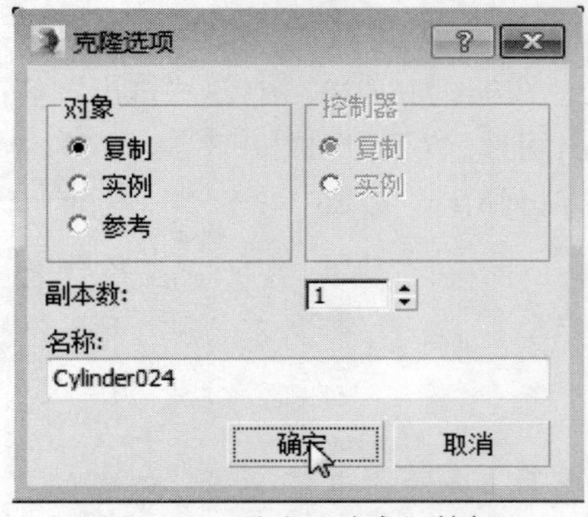

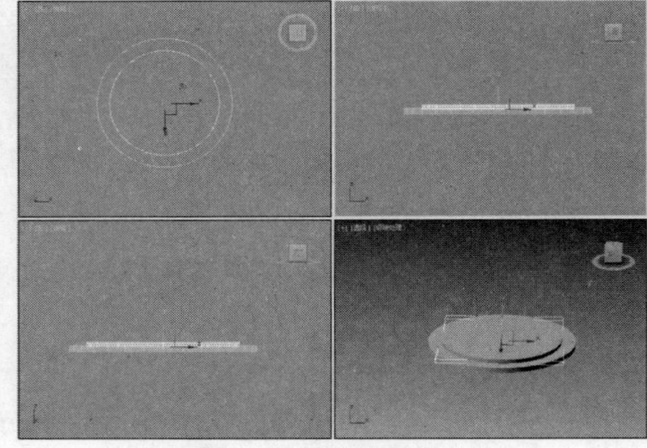

图4-39　单击“确定”按钮　　图4-40　移动圆柱体

05 下面开始制作桌腿，在前视图绘制并编辑样条线，并在修改器列表中单击“挤出”选项，如图4-41所示。

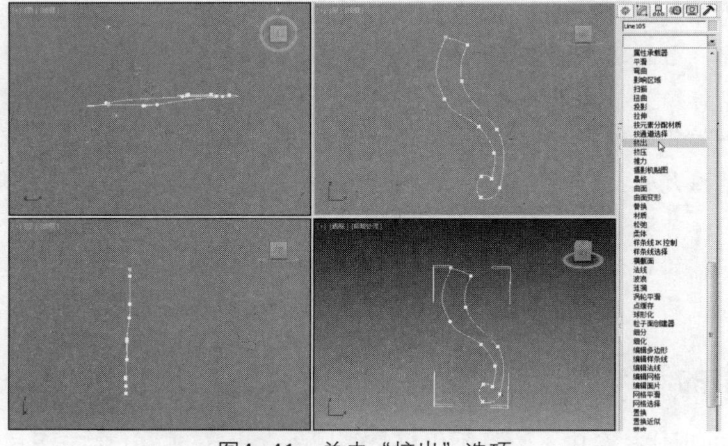

图4-41　单击“挤出”选项

06 在参数卷展栏中设置“挤出”厚度，如图4-42所示。

07 设置完成后，样条线将挤出为实体，如图4-43所示。

08 在前视图创建圆柱体，参数如图4-44所示。

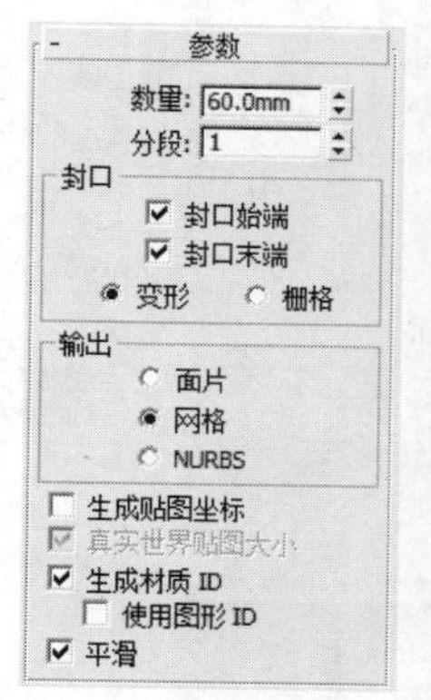

图4-42　设置“挤出”厚度

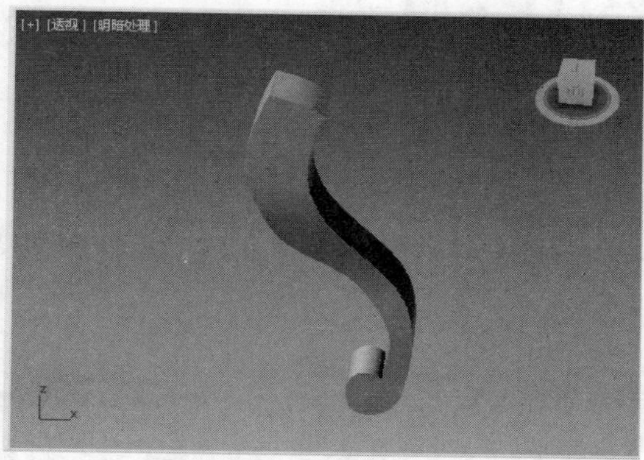

图4-43　挤出效果

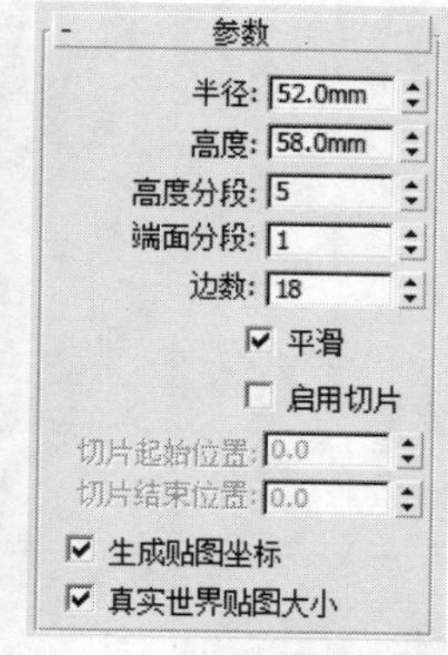

图4-44　创建圆柱体参数

09 下面开始制作桌腿装饰，将圆柱体转换为可编辑多边形，旋转并调整顶点，如图4-45所示。

10 在前视图创建圆柱体，参数如图4-46所示。

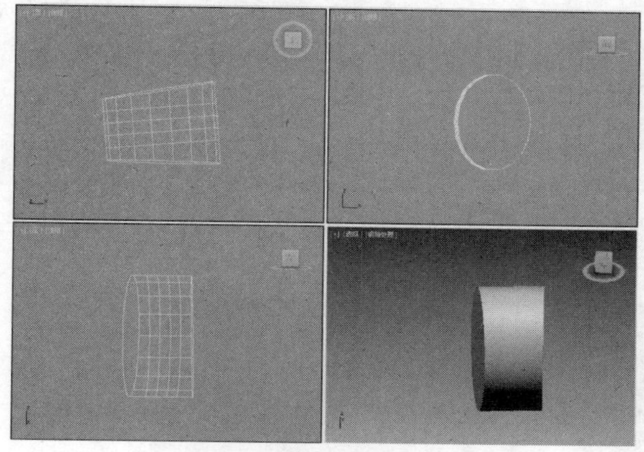

图4-45　调整顶点效果

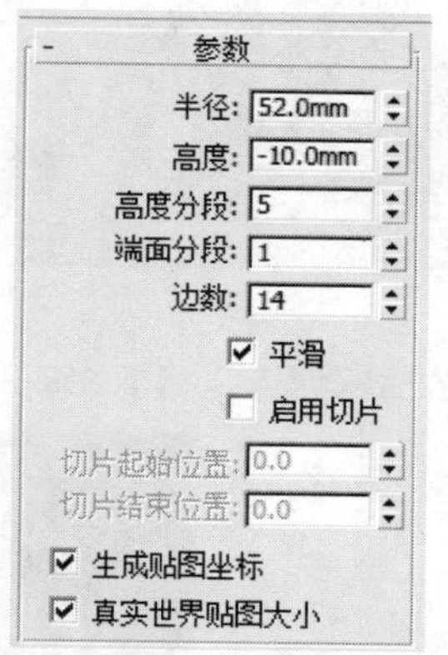

图4-46　创建圆柱体参数

11 利用缩放工具将圆柱体在各个图形中进行缩放。

12 在前视图创建球体，参数如图4-47所示。

13 在各个视图缩放球体，并将其移至圆柱体内，如图4-48所示。

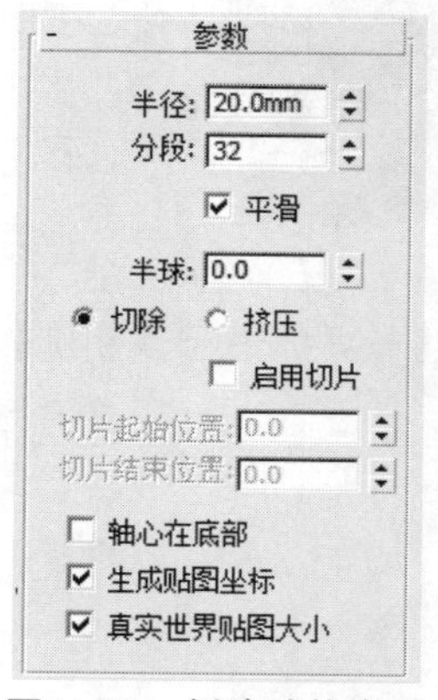

图4-47　创建球体参数

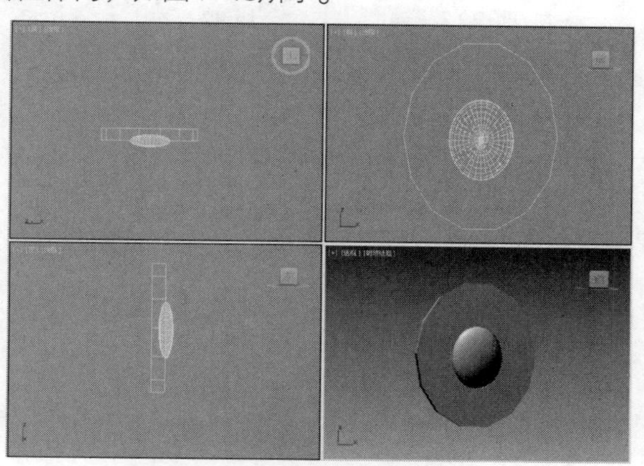

图4-48　缩放并移动球体

⑭ 选择多边形，并在复合对象命令面板中单击“布尔”按钮，在面板下方设置布尔方法，最后单击“拾取对象B”按钮，如图4-49所示。

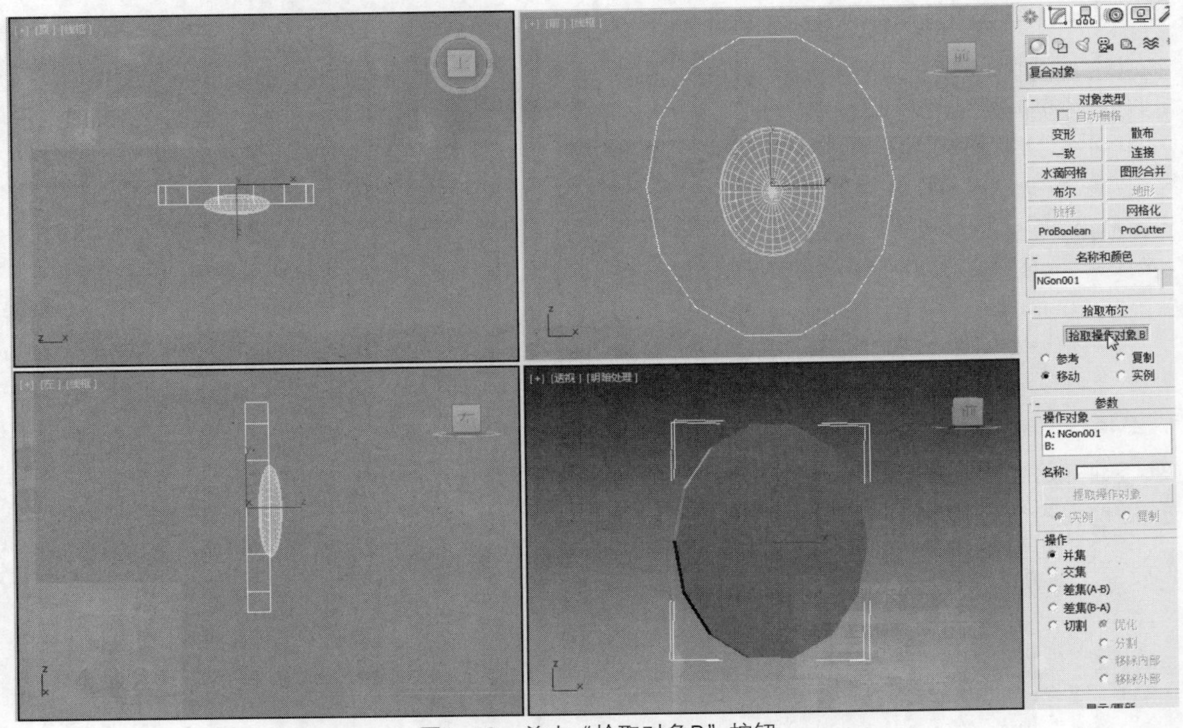

图4-49　单击“拾取对象B”按钮

⑮ 在视图区拾取球体，拾取完成后，将完成并集布尔运算，如图4-50所示。

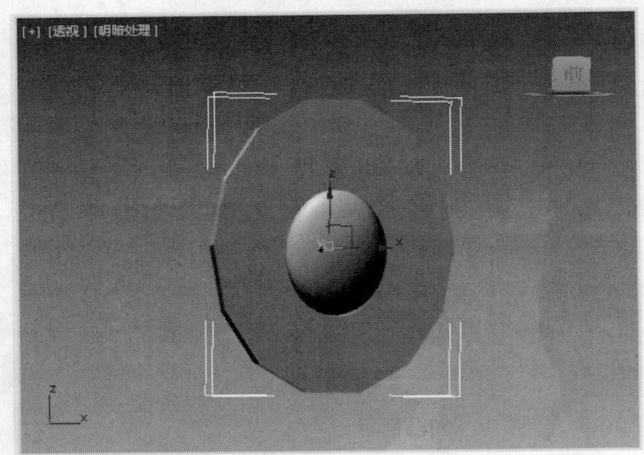

图4-50 布尔效果

⑯ 在透视视图创建长方体，并将创建的长方体旋转至合适角度，将长方体进行复制旋转，然后移至合适位置，如图4-51所示。

⑰ 选择多边形实体，依次进行布尔差集运算，效果如图4-52所示。

⑱ 在前视图绘制并编辑样条线，参数如图4-53所示。

⑲ 将创建的样条线挤出75mm，效果如图4-54所示。

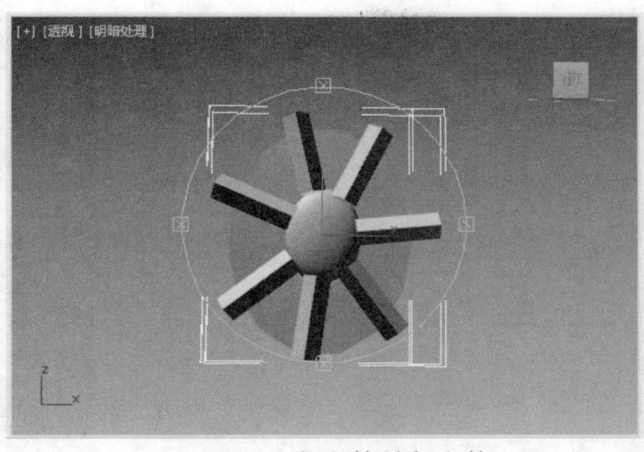

图4–51　复制旋转长方体

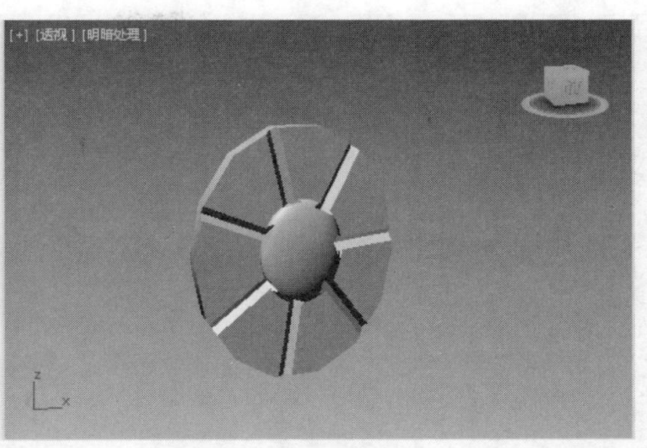

图4–52　布尔效果

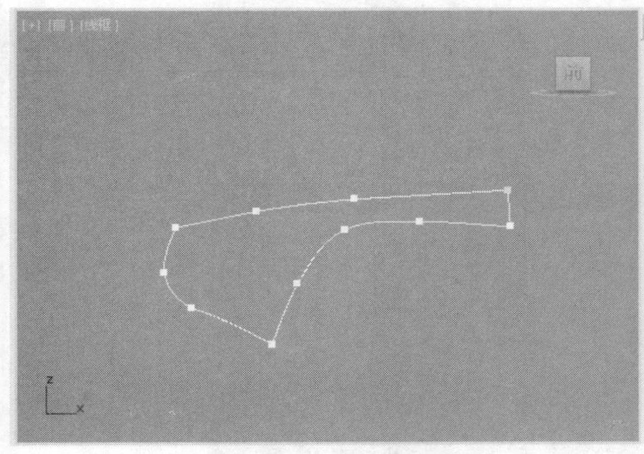

图4–53　绘制并编辑样条线

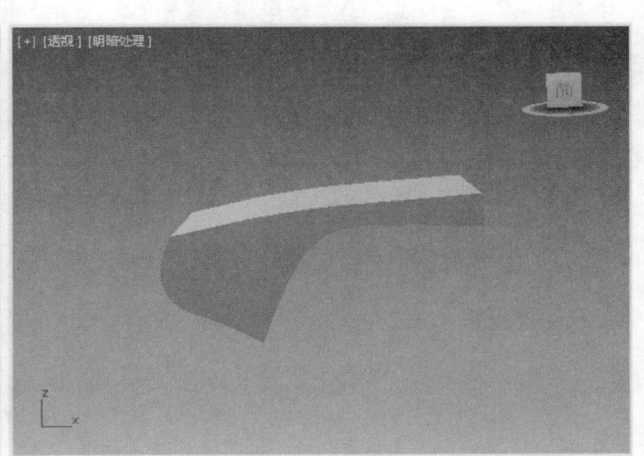

图4–54　挤出效果

20 继续制作装饰，在前视图绘制样条线，如图4–55所示。

21 将样条线挤出30mm，完成后的效果如图4–56所示。

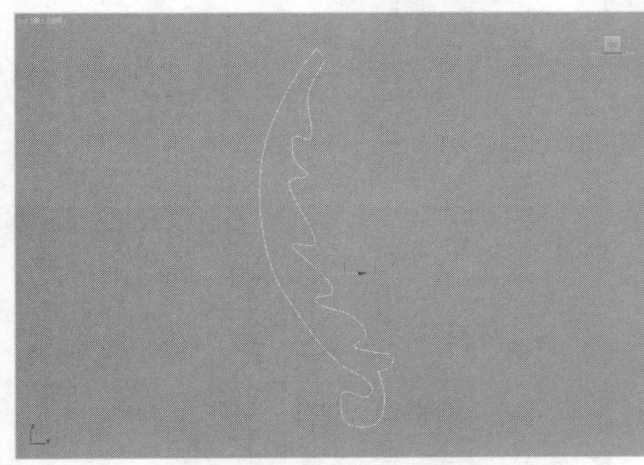

图4–55　绘制样条线

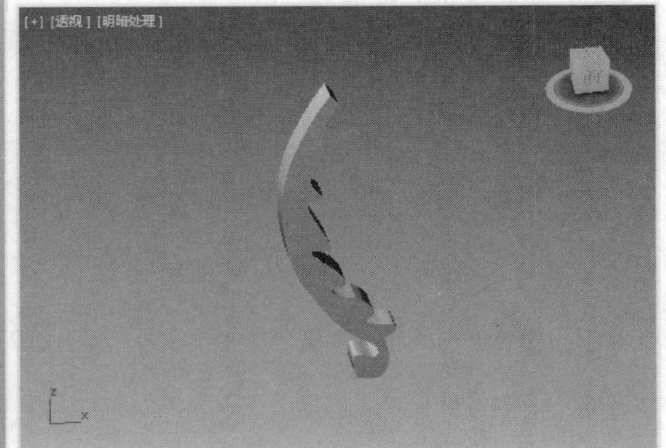

图4–56　挤出效果

22 复制3个挤出实体，分别设置挤出厚度，并将复制的实体移动在一起。

23 再绘制样条线，然后将样条线挤出，效果如图4–57所示。

24 调整样条线位置，将其放置在挤出实体的中央位置，效果如图4–58所示。

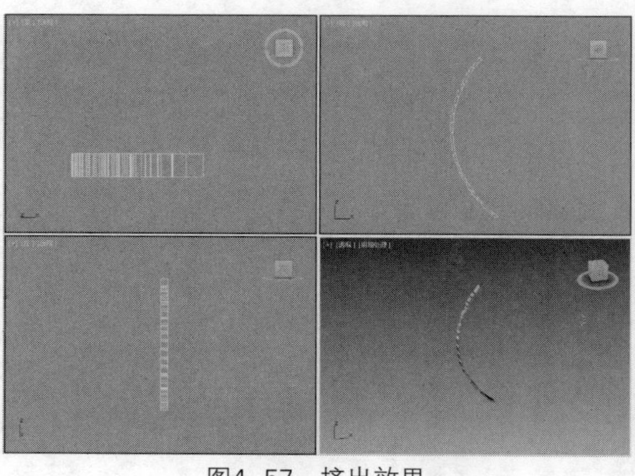

图4-57　挤出效果

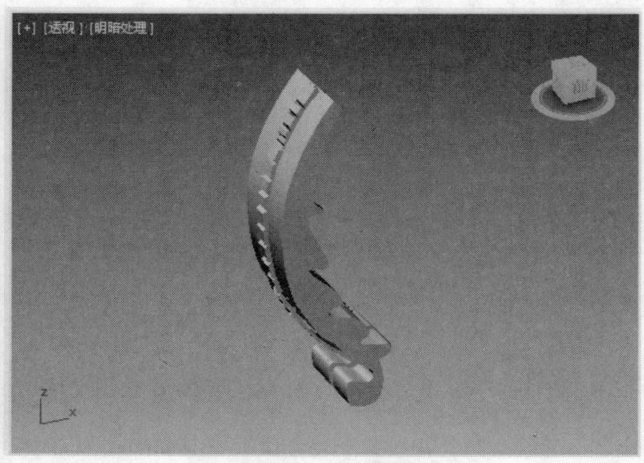

图4-58　移动实体

㉕ 继续使用样条线绘制其他装饰线，在“渲染”卷展栏中勾选“在渲染中启用”和“在视口中启用”复选框，并设置渲染厚度为5，如图4-59所示。

㉖ 渲染效果如图4-60所示。

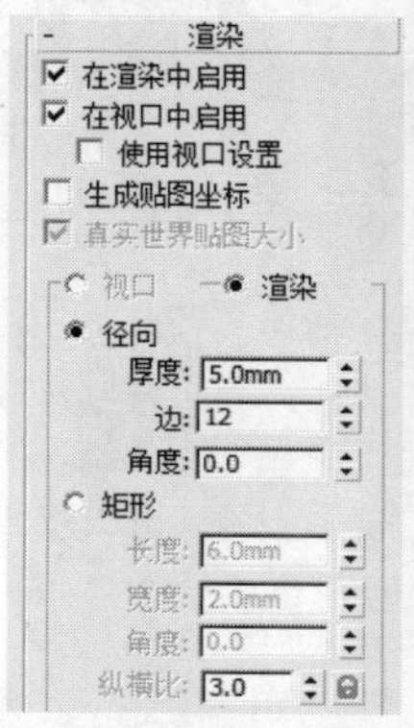

图4-59　设置渲染厚度

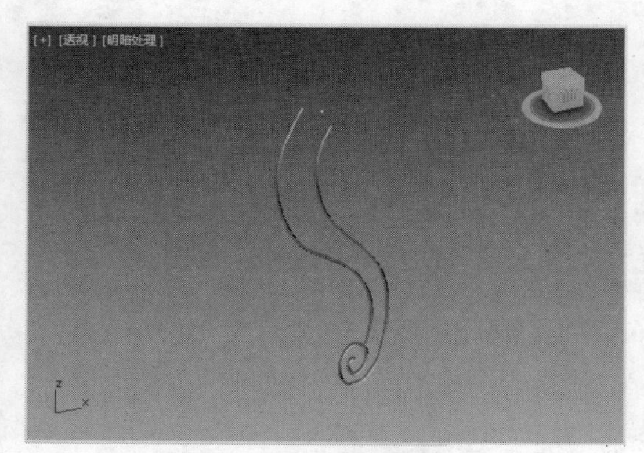

图4-60　渲染效果

㉗ 将制作的装饰物体逐一移动到桌腿的合适位置，然后将绘制的装饰物体复制镜像到另一侧。完成桌腿的制作，如图4-61所示。

㉘ 将桌腿移动到桌面下，并旋转复制桌腿，效果如图4-62所示。

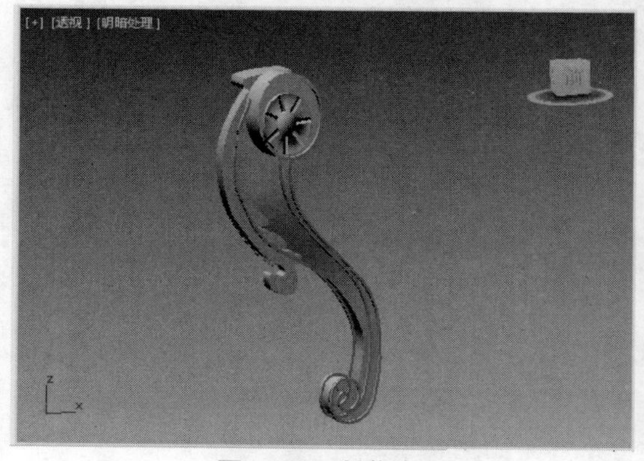

图4-61　制作桌腿

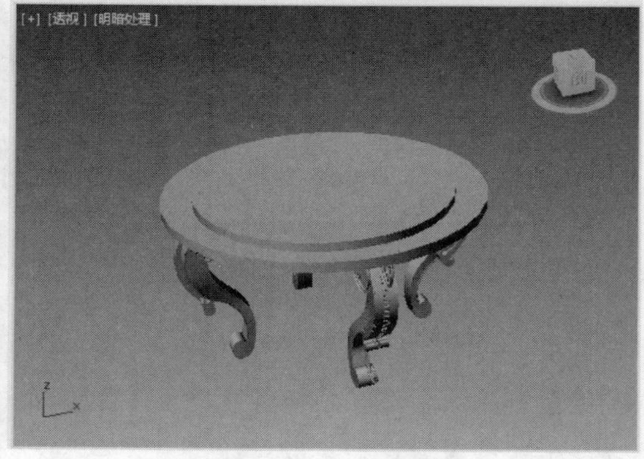

图4-62　复制桌腿效果

㉙ 在利用样条线绘制桌腿支撑并挤出，并将其复制移动到合适位置，如图4-63所示。

30 添加材质并导入花瓶，即可完成圆桌的制作，渲染效果如图4-64所示。

图4-63　移动并复制支撑

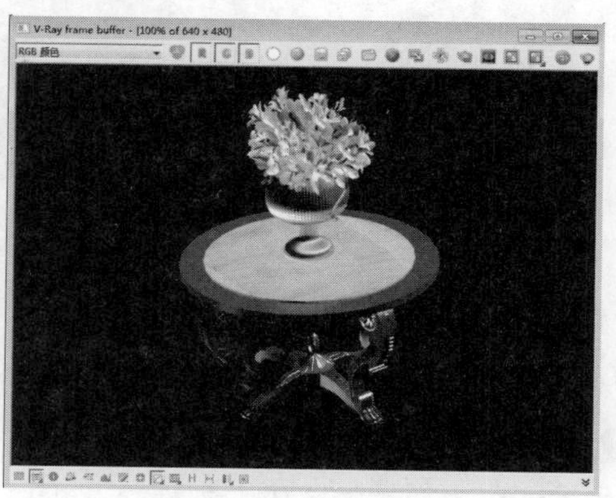

图4-64　圆桌渲染效果

4.4 “车削”修改器

“车削”修改器可以将绘制的二维样条线旋转一周，生成旋转体，用户也可以设置旋转的角度，更改实体旋转效果。

4.4.1　认识“车削”修改器

“车削”修改器通过旋转绘制的二维样条线创建三维实体，该修改器用于创建中心放射物体，在使用“车削”修改器后，命令面板的下方将显示“参数”卷展栏，如图4-65所示。

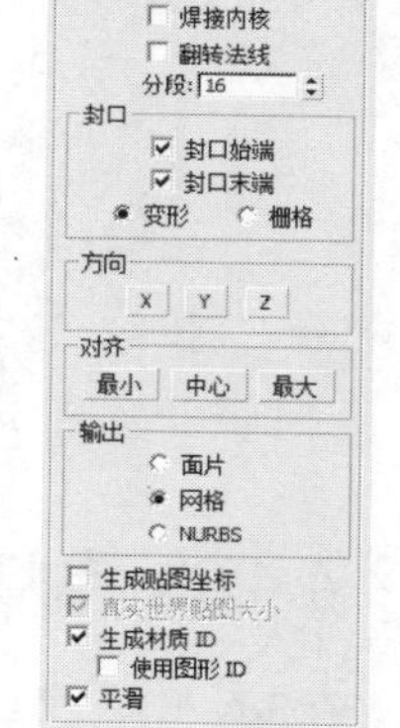

图4-65　“参数”卷展栏

下面具体介绍“参数”卷展栏中各选项的含义。

- 度数：设置车削实体的旋转度数。
- 焊接内核：将中心轴向上重合的点进行焊接精简，以得到结构相对简单的模型。
- 翻转法线：将模型表面的法线方向反向。
- 分段：设置车削线段后，旋转出的实体上的分段，值越高实体表面越光滑。
- 封口：该选项组主要设置在挤出实体的顶面和底面上是否封盖实体。
- 方向：该选项组主要设置实体进行车削旋转的坐标轴。
- 对齐：此区域用来控制曲线旋转时的对齐方式。
- 输出：设置挤出的实体输出模型的类型。
- 生成材质ID：自动生成材质ID，设置顶面材质ID为1，底面材质ID为2，侧面材质ID则为3。
- 使用图形ID：勾选该复选框，将使用线形的材质ID。
- 平滑：将挤出的实体平滑显示。

【例4-5】下面以创建花瓶为例，具体介绍使用“车削”修改器的方法。

01 在前视图中绘制并编辑样条线，如图4-66所示。

02 在“修改”选项卡中单击修改器列表框，在弹出的选项中选择“车削”选项，此时绘制的样条线将被车削，效果如图4-67所示。

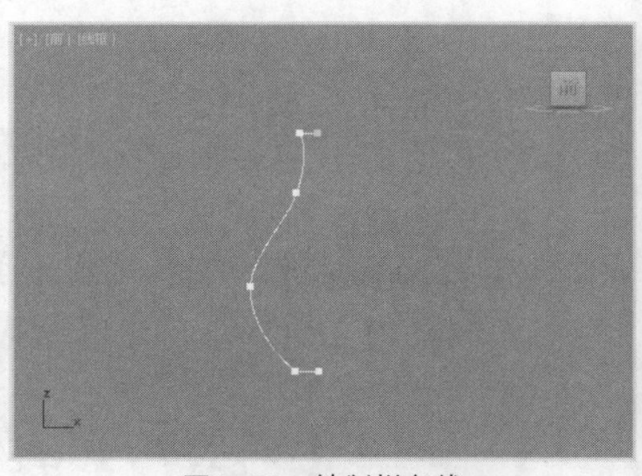

图4-66　绘制样条线

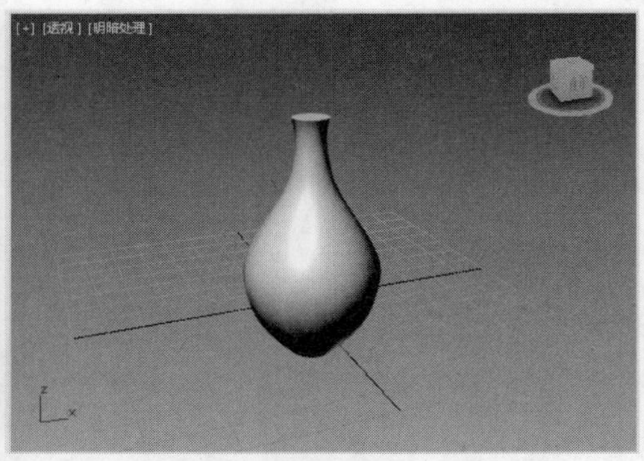

图4-67　车削效果

03 在“参数”卷展栏中设置旋转度数，如图4-68所示。

04 设置完成后，旋转效果如图4-69所示。

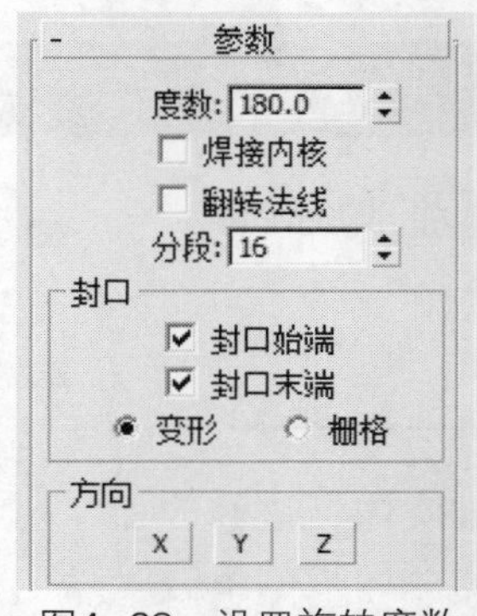

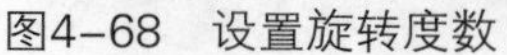

图4-68　设置旋转度数

图4-69　旋转180°效果

4.4.2　电灯泡的制作

在3ds Max 2015中，可以利用“车削”命令制各种放射性的实体，在视图中绘制并调整样条线，再使用“车削”修改器即可创建电灯泡形状。

【例4-6】下面以制作电灯泡为例，具体介绍“车削”修改器的应用。

01 在前视图创建样条线，如图4-70所示。

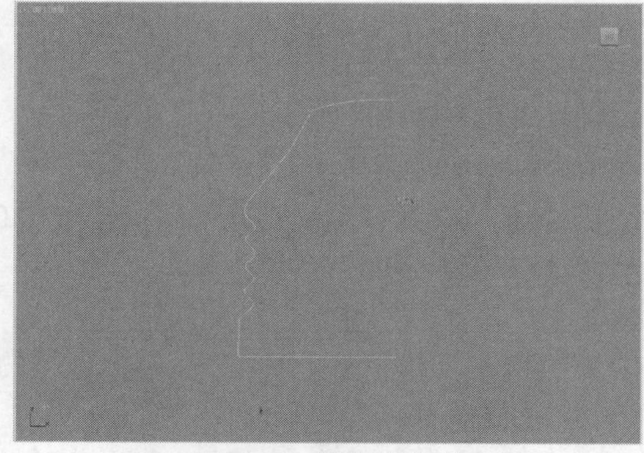

图4-70　绘制样条线

02 在“修改”选项卡堆栈栏中单击修改器列表框，在弹出的列表中单击“车削”选项，此时，样条线将旋转成三维实体，如图4-71所示。

图4-71　车削效果

03 在“对齐”选项组中单击“最大”按钮，如图4-72所示。

04 设置完成后，即可完成车削的最终效果，如图4-73所示。

05 在顶视图创建一个圆锥体，参数如图4-74所示。

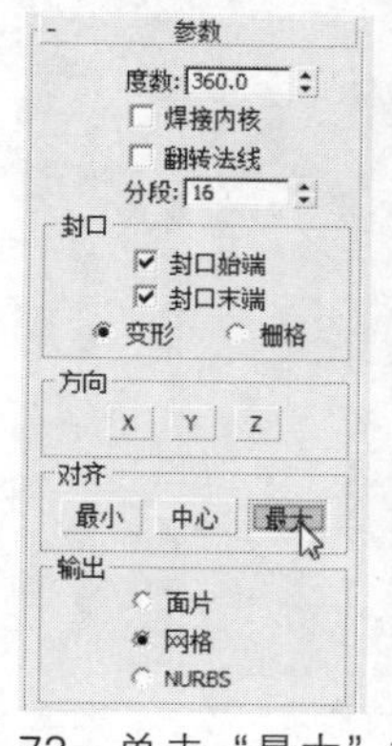

图4-72　单击“最大”按钮

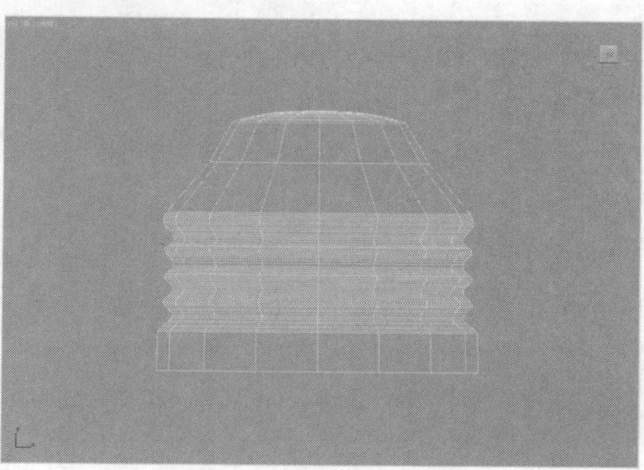

图4-73　车削最终效果

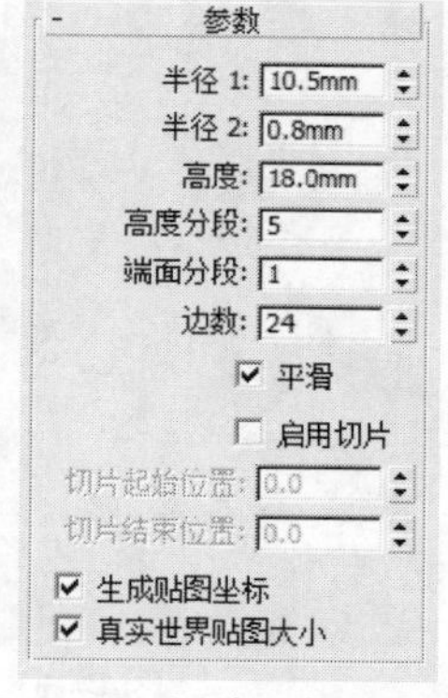

图4-74　创建圆锥体参数

06 将圆锥体移至车削实体的内部，如图4-75所示。

07 选择车削实体，返回“创建”选项卡，单击“标准基本体”列表框，在弹出的列表中单击“复合对象”选项，此时打开“复合对象”命令面板，单击“布尔”按钮，如图4-76所示。

08 在“拾取布尔”选项组中单击“拾取操作对象B”按钮，如图4-77所示。

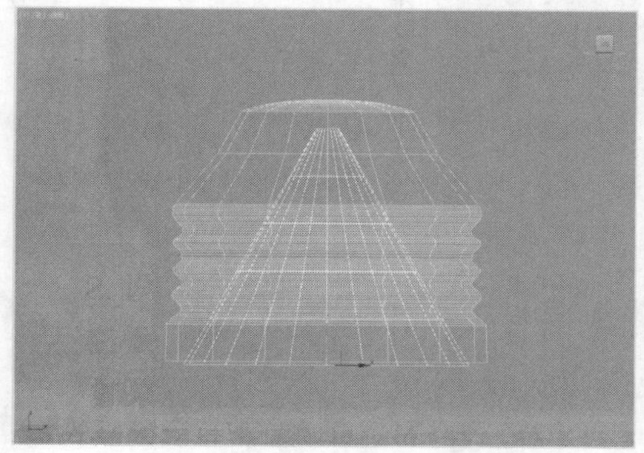

图4-75　移动圆锥体

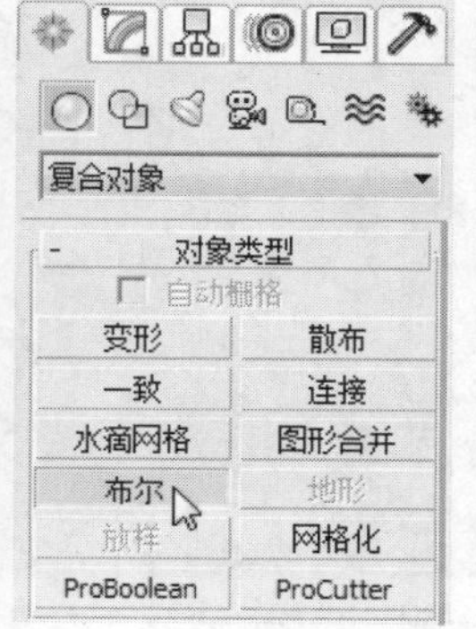

图4-76　单击“布尔”按钮

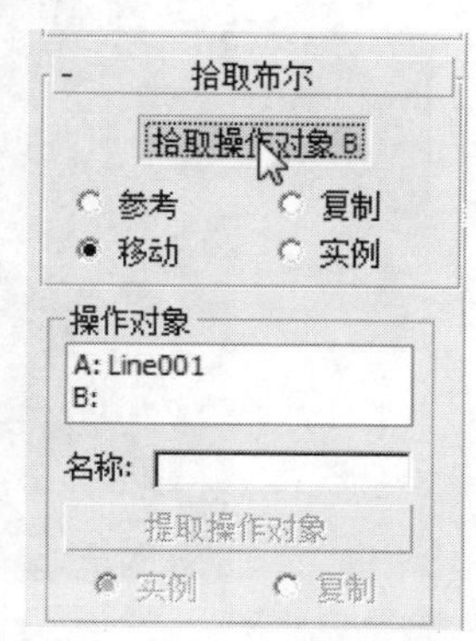

图4-77　单击“拾取操作对象B”按钮

09 在前视图单击圆锥体即可完成布尔运算。

10 下面来制作灯泡，再次在前视图绘制并编辑样条线，如图4-78所示。

11 然后进行车削操作，在“参数”卷展栏中设置分段为40，然后在修改器列表中单击“网格平滑”选项，平滑实体表面，此时灯泡就制作完成了，效果如图4-79所示。

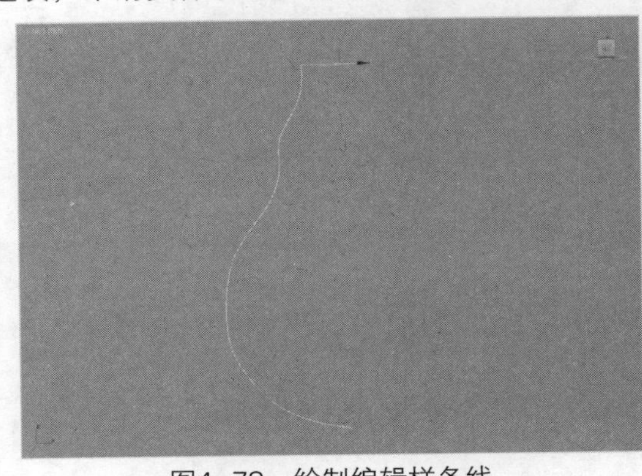

图4-78　绘制编辑样条线

图4-79　制作灯泡

12 下面制作灯管，继续在前视图绘制样条线，如图4-80所示。

13 将绘制的样条线进行车削操作，此时灯管就制作完成了，效果如图4-81所示。

图4-80　绘制样条线

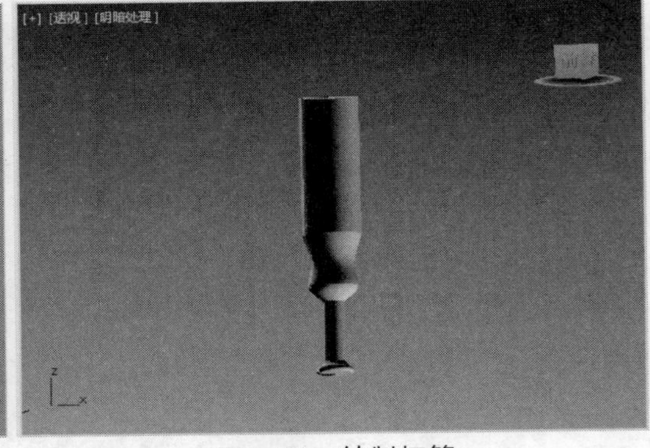

图4-81　绘制灯管

14 将灯管移至灯泡内部，下面制作灯丝。在前视图绘制样条线，如图4-82所示。

15 打开“修改”选项卡，在“渲染”选项组中勾选“在渲染中启用”和“在视口中启用”复选框，并设置样条线渲染厚度，如图4-83所示。

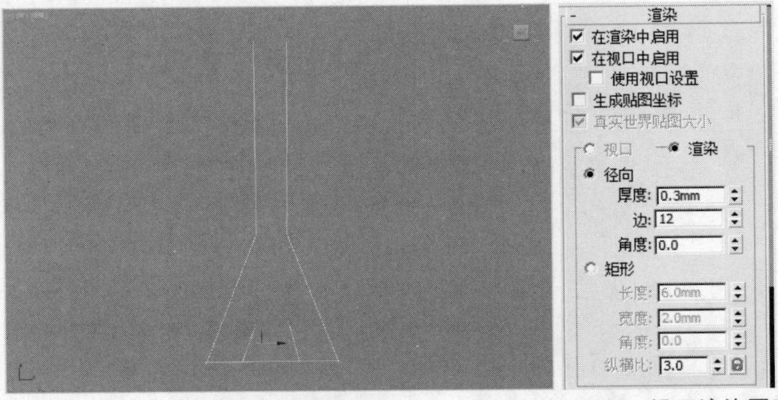

图4-82　绘制样条线　　图4-83　设置渲染厚度

⑯ 设置完成后，灯丝就制作完成了，将灯丝移至灯泡内部，如图4-84所示。

⑰ 添加材质后，电灯泡就制作完成了，效果如图4-85所示。

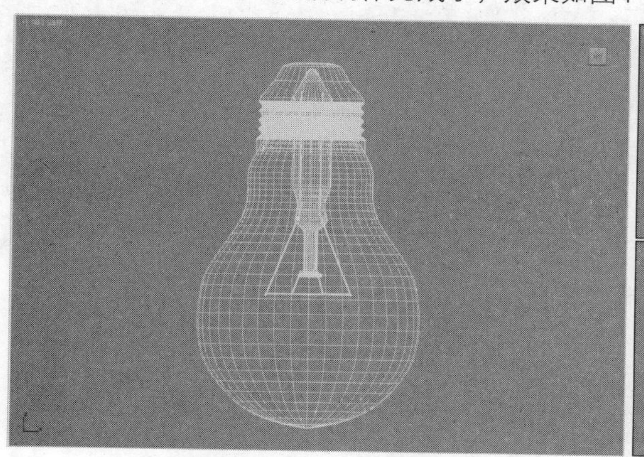

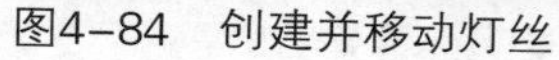

图4-84　创建并移动灯丝

图4-85　制作电灯泡

4.5 “晶格”修改器

“晶格”修改器可以将创建的实体进行晶格处理，快速编辑创建框架结构，在使用“晶格”修改器之后，命令面板的下方将弹出“参数”卷展栏，如图4-86所示。

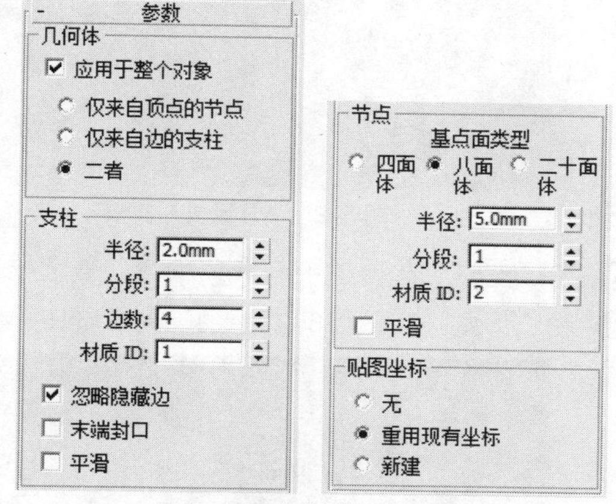

图4-86　“参数”卷展栏

下面具体介绍“参数”卷展栏中各常用选项的含义。

- 应用于整个对象：单击该复选项，然后选择晶格显示的物体类型，在该复选框下包含“仅来自顶点的节点”、“仅来自边的支柱”和“二者”三个单选按钮，它们分别表示晶格显示是以顶点、支柱以及顶点和支柱显示。
- 半径：设置物体框架的半径大小。
- 分段：设置框架结构上物体的分段数值。
- 边数：设置框架结构上物体的边。
- 材质ID：设置框架的材质ID号，通过它的设置可以实现物体不同位置赋予不同的材质。
- 平滑：使晶格实体后的框架平滑显示。
- 基点面类型：设置节点面的类型。其中包括四面体、八面体和二十面体。
- 半径：设计节点的半径大小。

【例4-7】下面具体介绍使用“晶格”修改器的方法。

01 在视图中创建圆柱体，并打开“修改”选项卡，在该选项卡中单击修改列表框，在弹出的列表中单击“晶格”选项。

02 此时圆柱体将被晶格化，如图4-87所示。

03 在“几何体”选项组中单击“仅来自顶点的节点”单选按钮，显示效果如图4-88所示。

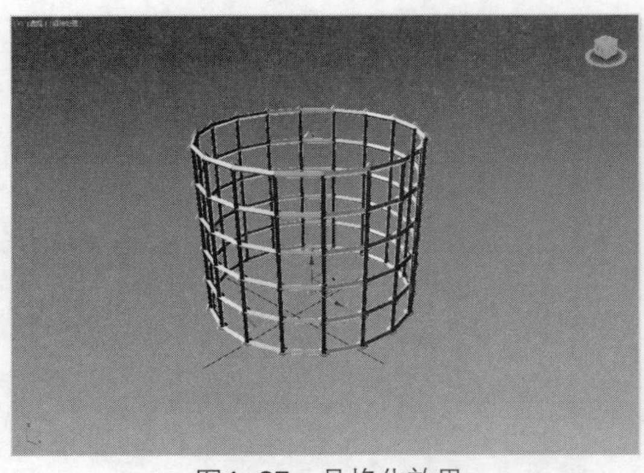

图4-87　晶格化效果

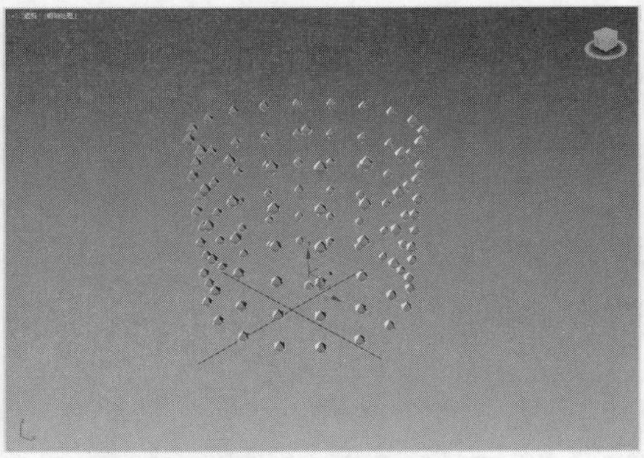

图4-88　显示顶点效果

04 单击“仅来自边的支柱”单选按钮，显示效果如图4-89所示。

05 在支柱选项组中设置半径值为4，效果如图4-90所示。

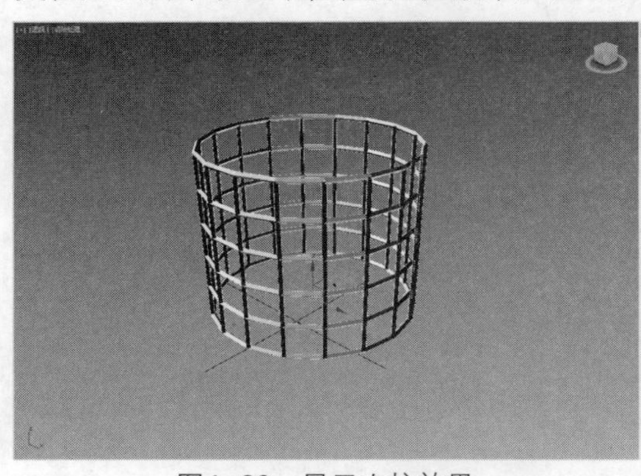

图4-89　显示支柱效果

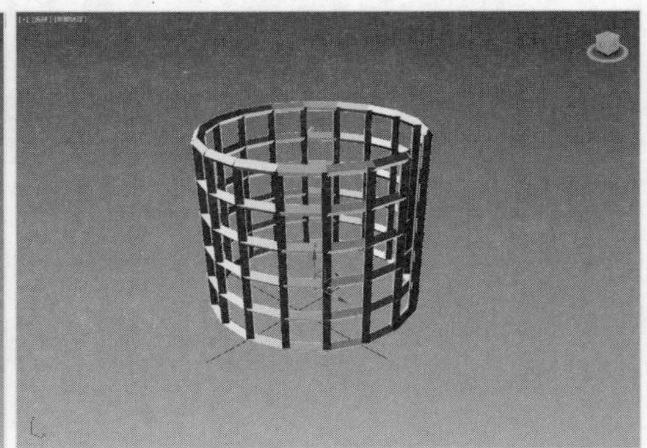

图4-90　设置实体框架半径

06 在“支柱”选项组中勾选“平滑”复选框，设置完成后，如图4-91所示。

07 在“节点”选项组的“半径”列表框中设置节点的半径大小为10，如图4-92所示。

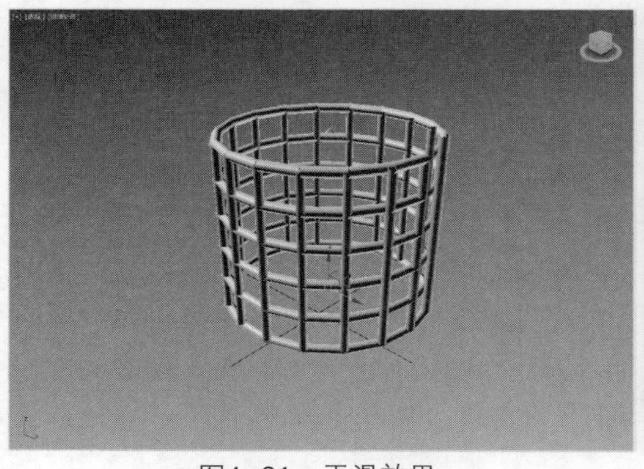

图4-91　平滑效果

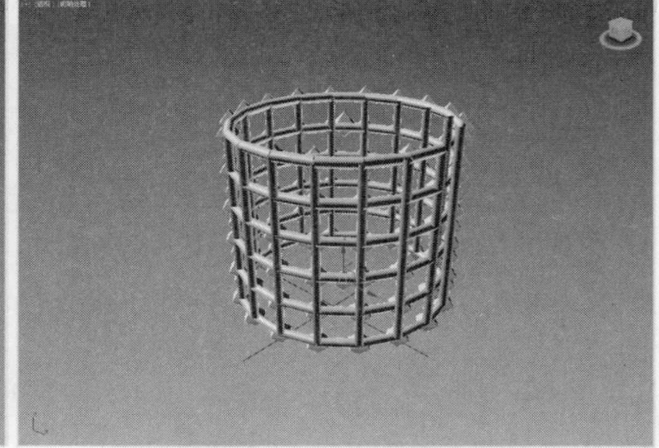

图4-92　设置节点半径效果

4.6 上机实训

本章我们主要学习了常用修改器的使用方法，通过本章的学习，用户对三维模型的常用修改器也有了更深的了解，下面针对本章内容，列举两个简单的实例，巩固本章所学知识。

4.6.1 双人床的制作

下面具体介绍双人床的制作方法。

01 首先制作靠背，在顶视图创建长方体，参数如图4-93所示。

02 将长方体转换为可编辑多边形，在堆栈栏中展开“可编辑多边形”列表框，在弹出的列表中单击“顶点”选项，如图4-94所示。

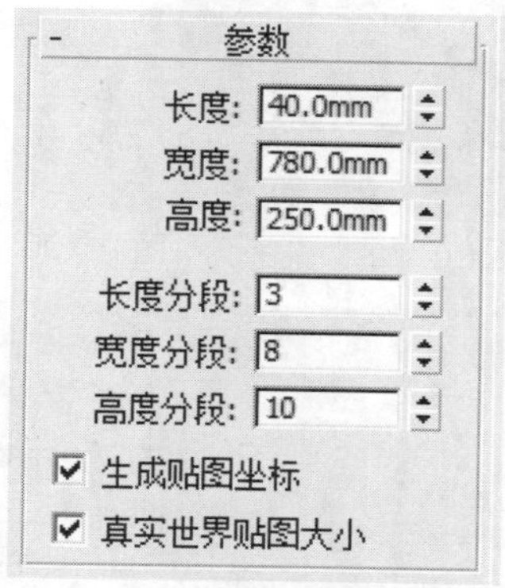

图4-93 创建长方体参数

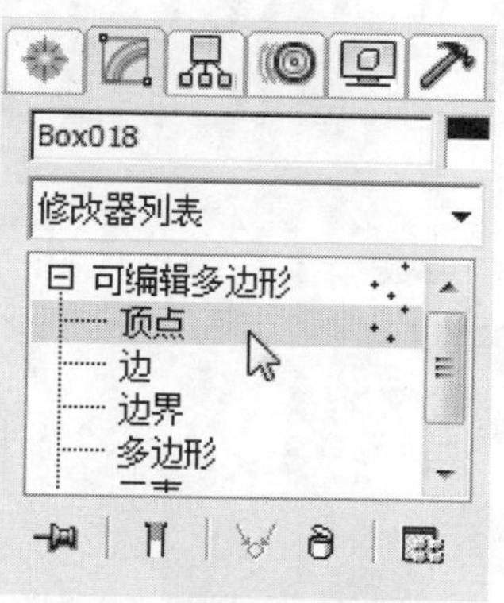

图4-94 单击“顶点”选项

03 在左视图调整顶点，如图4-95所示。

04 将编辑后的长方体复制并进行排列，此时靠背就制作完成了，如图4-96所示。

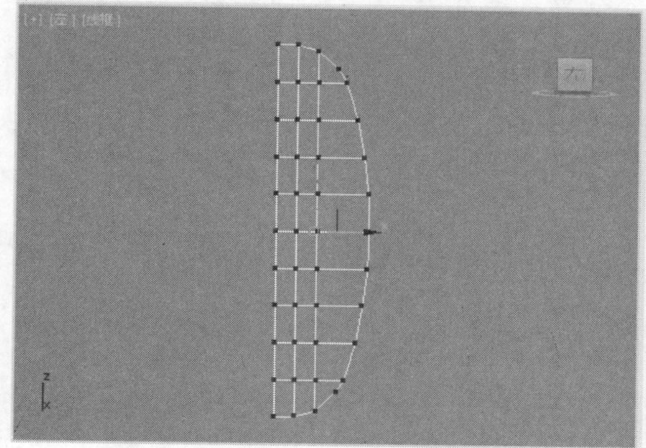

图4-95 调整顶点

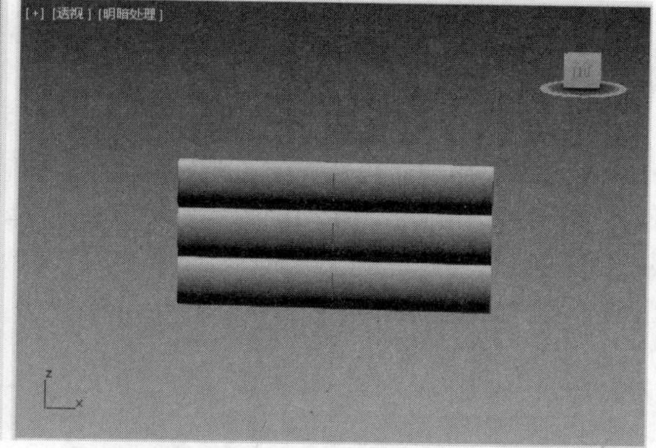

图4-96 制作靠背

05 接下来开始制作床板和床垫，在顶视图创建切角长方体，参数如图4-97所示。

06 复制实体，将其移至床板上方，然后将上方实体添加“噪波”修改器，将床垫设置为装好床垫套的效果，“噪波”参数如图4-98所示。

07 设置完成后，床板和床垫就制作完成了，如图4-99所示。

08 下面开始制作枕头，在顶视图创建长方体，参数如图4-100所示。

09 将长方体转换为可编辑多边形，然后在各个视图中调整顶点，如图4-101所示。

10 在修改器列表中单击“涡轮平滑”选项，并在“涡轮平滑”卷展栏中设置迭代次数为2，设置完成后，枕头就制作完成了，如图4-102所示。

图4-97 创建切角长方体

参数
噪波:
种子: 5
比例: 5.0
分形
粗糙度: 0.0
迭代次数: 6.0
强度:
X: 20.0mm
Y: 20.0mm
Z: 30.0mm

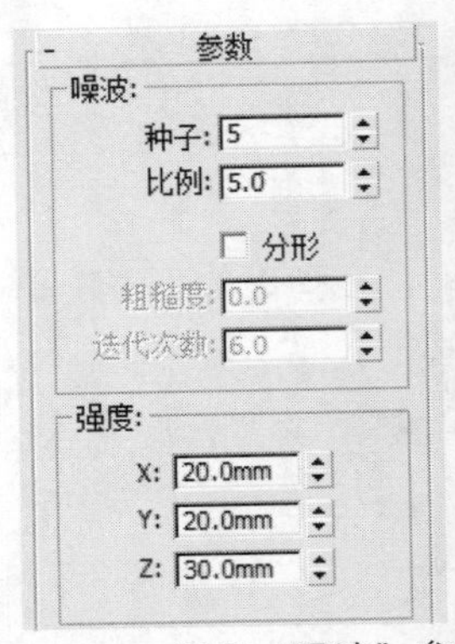

图4-98　设置“噪波”参数

图4-99　制作床板和床垫

参数
长度: 274.102m
宽度: 676.12mm
高度: 450.0mm
长度分段: 5
宽度分段: 5
高度分段: 5
生成贴图坐标
真实世界贴图大小

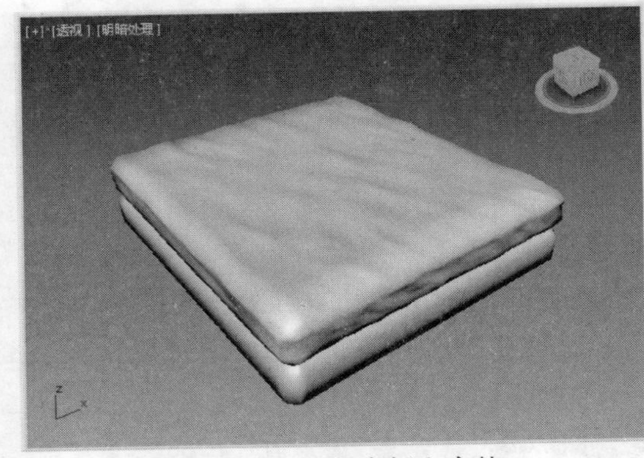

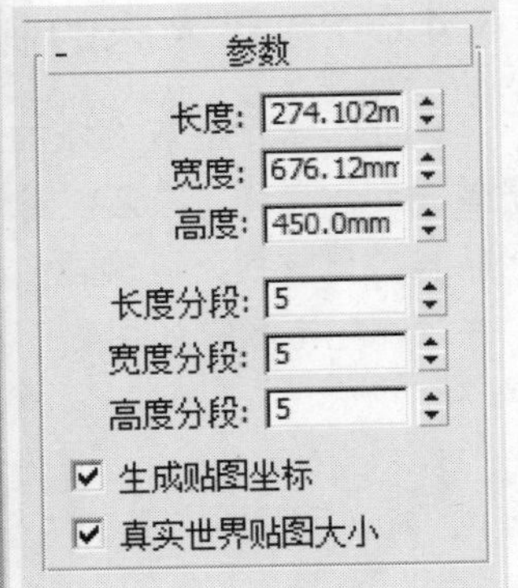

图4-100　创建长方体的参数

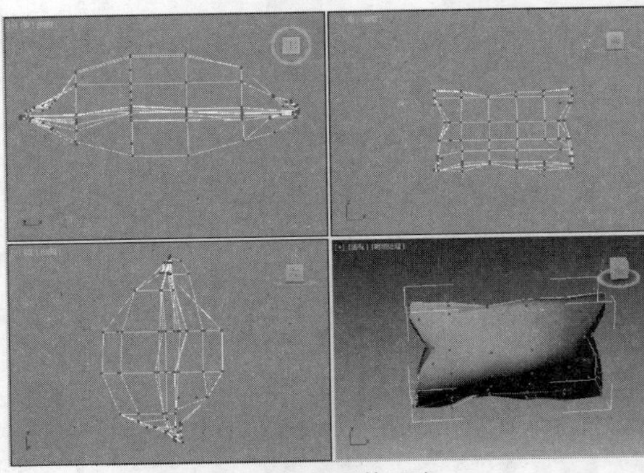

图4-101　调整顶点

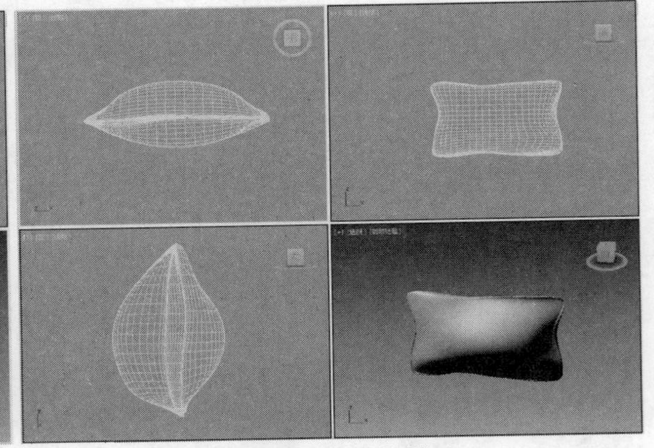

图4-102　制作枕头

⓫ 重复以上步骤制作抱枕，制作完成后，将枕头和抱枕放置在合适位置，如图4-103所示。

⓬ 下面开始制作地毯，在顶视图创建切角长方体，参数如图4-104所示。

⓭ 在修改器列表中单击“噪波”选项，并设置参数，如图4-105所示。

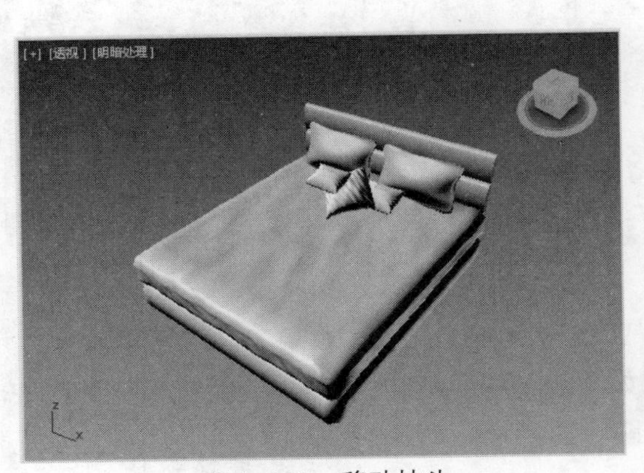

图4-103　移动枕头

参数
长度: 1445.0mm
宽度: 2300.0mm
高度: 12.0mm
圆角: 12.0mm
长度分段: 24
宽度分段: 24
高度分段: 1
圆角分段: 3
平滑
生成贴图坐标
真实世界贴图大小

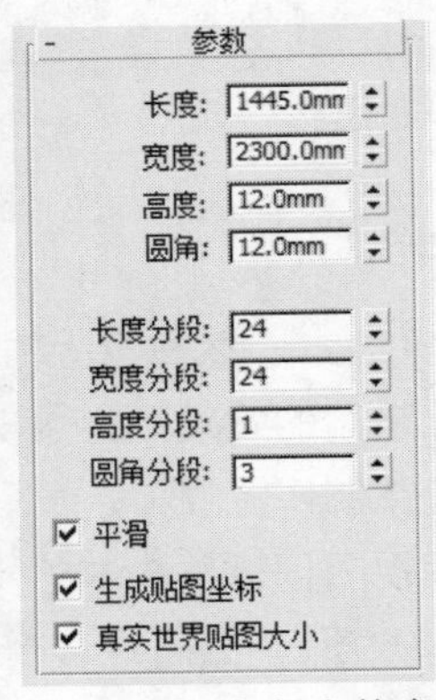

图4-104　切角长方体参数

参数
噪波:
种子: 5
比例: 5.0
分形
粗糙度: 0.0
迭代次数: 6.0
强度:
X: 10.0mm
Y: 10.0mm
Z: 10.0mm
动画:
动画噪波
频率: 0.25
相位: 0

图4-105　设置噪波参数

⓮ 设置参数后即可完成噪波效果，如图4-106所示。

⓯ 在命令面板中单击“标准基本体”列表框，在弹出的列表中单击“VRay”选项，如图4-107所示。

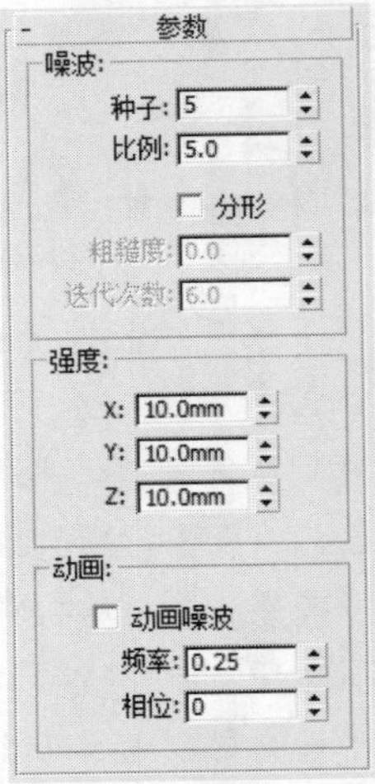

图4-106 噪波效果

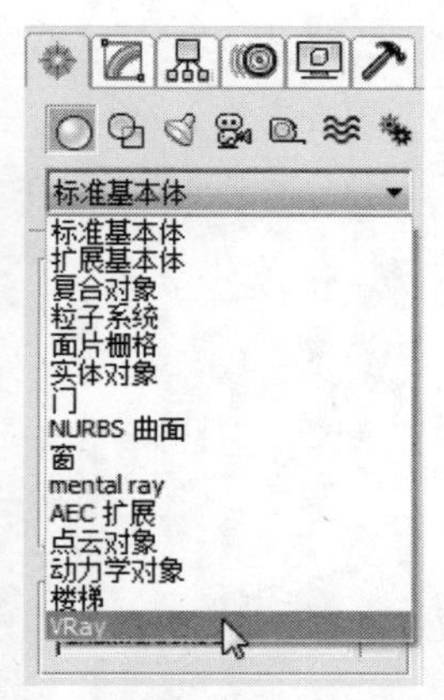

图4-107 单击“VRay”选项

⑯ 在弹出的命令面板中单击“VR-毛皮”按钮，并设置相应参数，如图4-108所示。

⑰ 设置完成后，选择“VR-毛皮”对象，调整其颜色，即可制作完成地毯，如图4-109所示。

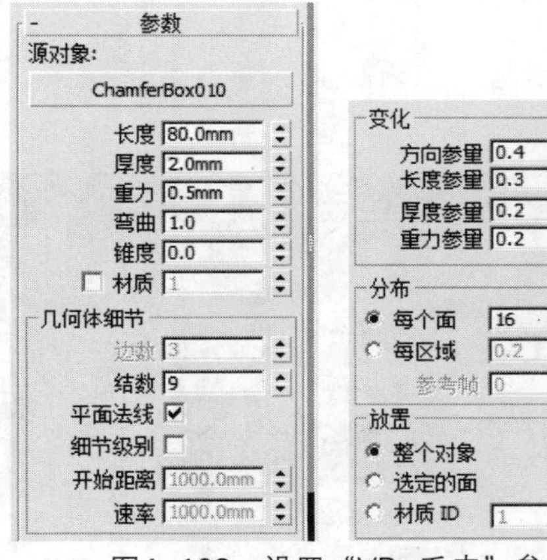

图4-108 设置“VR-毛皮”参数

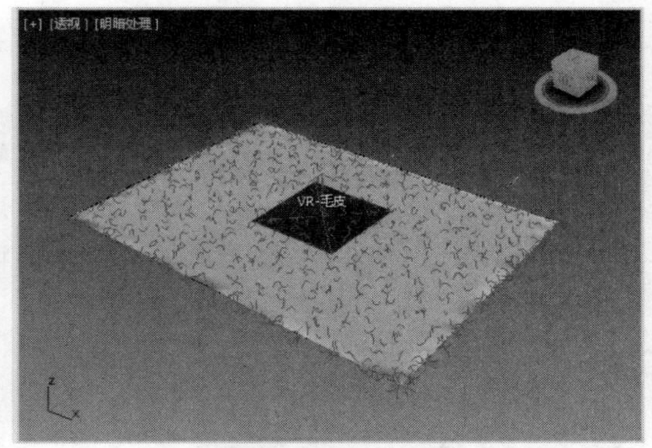

图4-109 制作地毯

⑱ 下面制作装饰画，在命令面板中单击按钮，单击“样条线”列表框，在弹出的列表中单击“扩展样条线”选项，如图4-110所示。

⑲ 在命令面板中单击“墙矩形”按钮，然后在前视图创建样条线，样条线长为413mm，宽为438mm，厚为30mm，设置完成后效果如图4-111所示。

⑳ 在修改器列表中单击“挤出”选项，并设置参数，如图4-112所示。

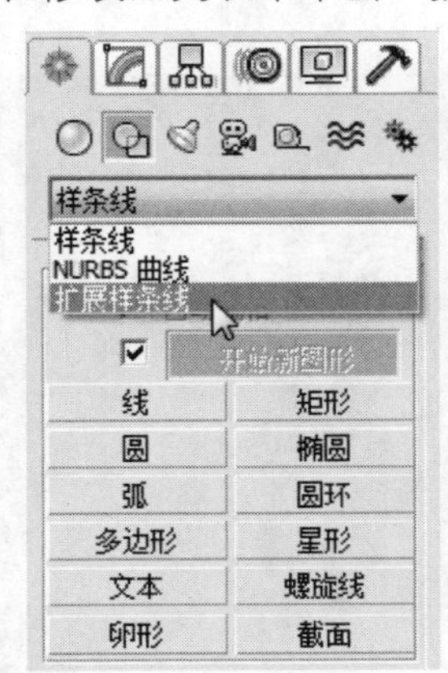

图4-110 单击“扩展样条线”选项

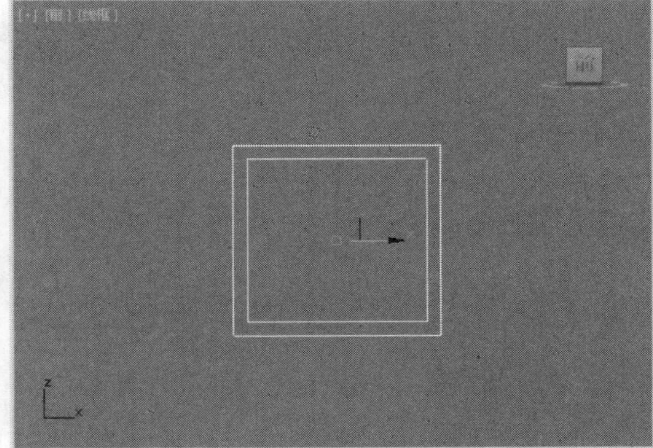

图4-111 创建样条线

参数
数量: 40.0mm
分段: 1
封口
封口始端
封口末端
变形 栅格
输出
面片
网格
NURBS
生成贴图坐标
真实世界贴图大小
生成材质 ID
使用图形 ID
平滑

图4-112 设置挤出数量

㉑ 设置完成后，样条线将挤出为实体，如图4-113所示。

㉒ 在前视图创建长方体，参数如图4-114所示。

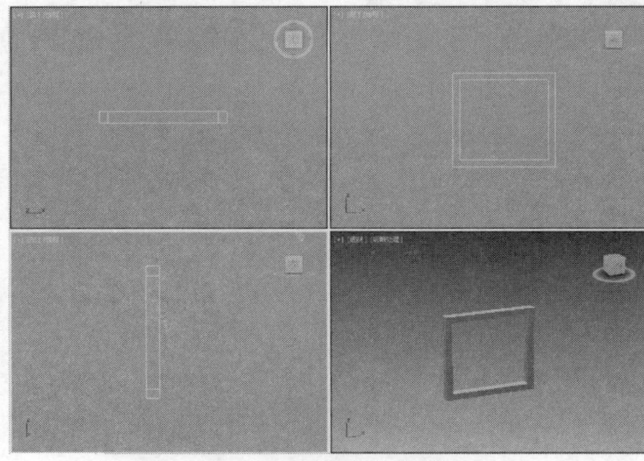

图4-113　挤出实体效果

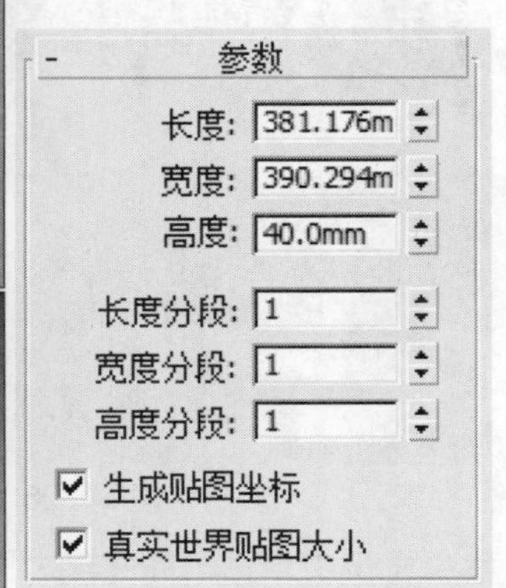

图4-114　创建长方体参数

㉓ 添加材质后装饰画就制作完成了，如图4-115所示。

㉔ 导入“被子”模型，将装饰画成组并在顶视图平行复制两个，再将其放置在合适位置，如图4-116所示。

图4-115　制作装饰画

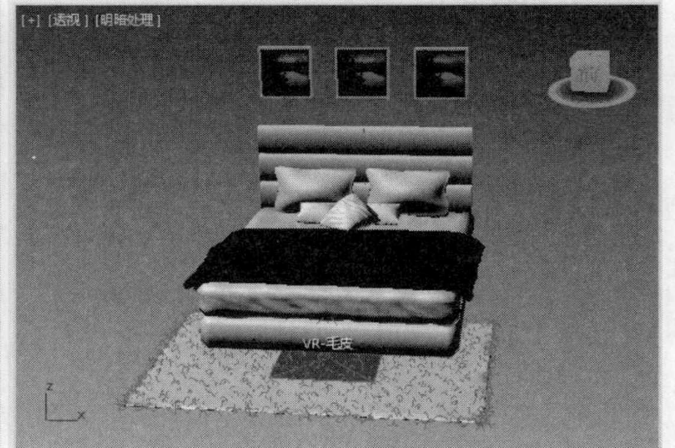

图4-116　移动装饰画

㉕ 接着制作台灯，在前视图绘制样条线，如图4-117所示。

㉖ 在修改器列表中单击“车削”选项，在“对齐”卷展栏中单击“最大”按钮，设置完成后，即可完成“车削”操作，如图4-118所示。

图4-117　绘制样条线

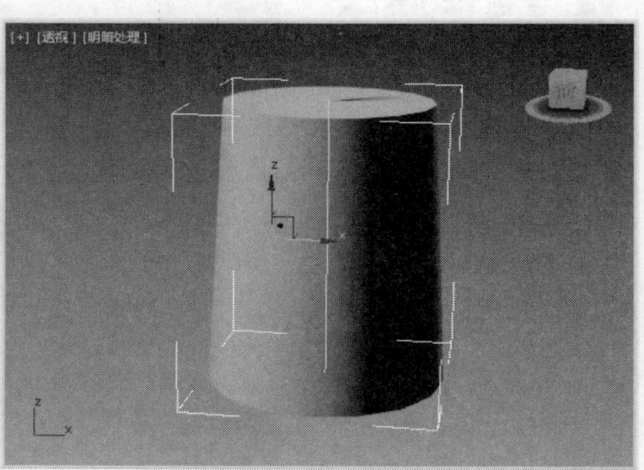

图4-118　“车削”效果

㉗ 将实体转换为可编辑多边形，在堆栈栏中单击“多边形”选项，并返回视图同时选择顶面和底面，如图4-119所示。

㉘ 在修改器列表中单击“壳”选项，并在“参数”卷展栏中设置参数，如图4-120所示。

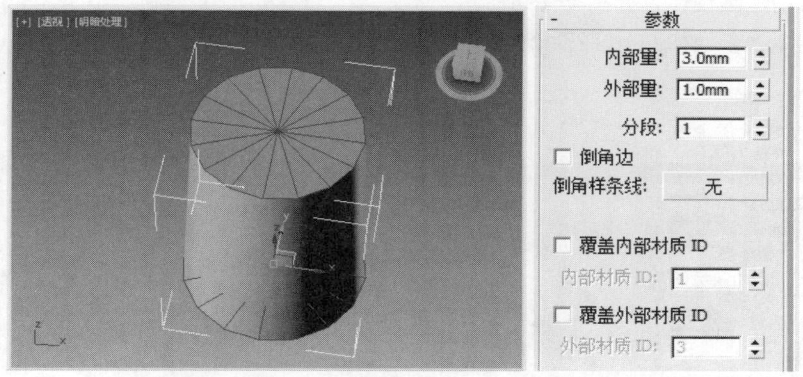

图4-119　选择顶面和底面　　图4-120　设置“壳”参数

㉙ 设置参数后，实体将向内添加3mm的壳，如图4-121所示。

㉚ 继续创建圆柱体和长方体，作为台灯的灯柱和底座，如图4-122所示。

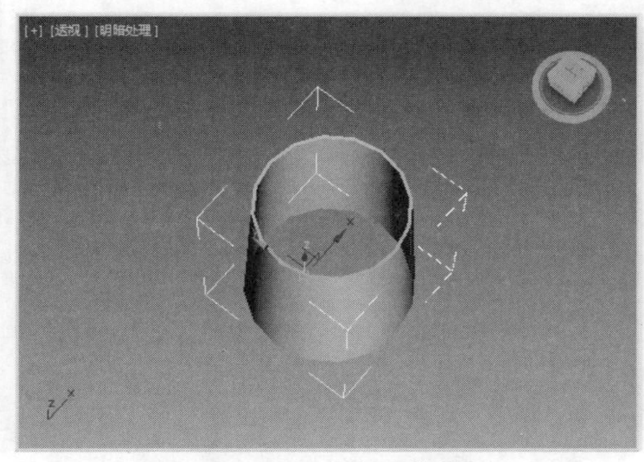

图4-121　添加壳效果

图4-122　制作台灯

㉛ 继续导入床头柜和装饰品，然后添加材质，双人床就制作完成了，渲染结果如图4-123所示。

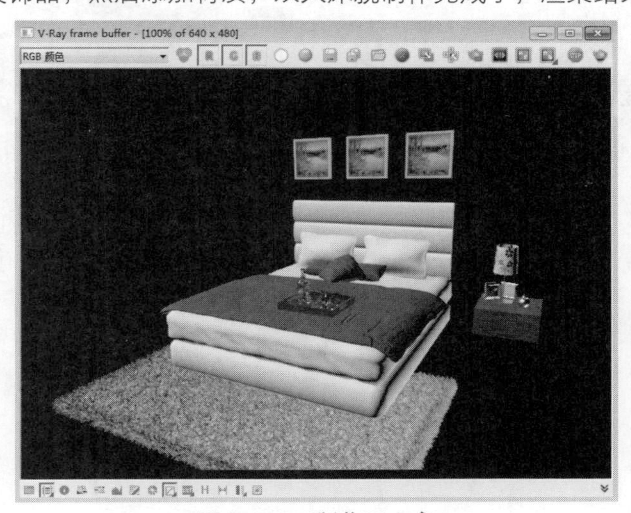

图4-123　制作双人床

4.6.2 玻璃杯的制作

下面利用圆锥、布尔、锥化等命令创建玻璃模型，具体操作方法如下。

01 首先在顶视图创建圆锥体，如图4-124所示。

02 再次创建圆锥体，参数如图4-125所示。

图4-124 创建圆锥体

图4-125 创建圆锥体

图4-126 布尔效果

03 将圆锥体进行布尔运算，效果如图4-126所示。

04 打开“修改”选项卡，单击修改器下拉列表按钮，在弹出的列表框中选择“锥化”修改器，并设置其参数，如图4-127所示。

05 在堆栈栏中单击“Gizmo”选项，如图4-128所示。

06 在前视图中向上拖动锥化区域，如图4-129所示。

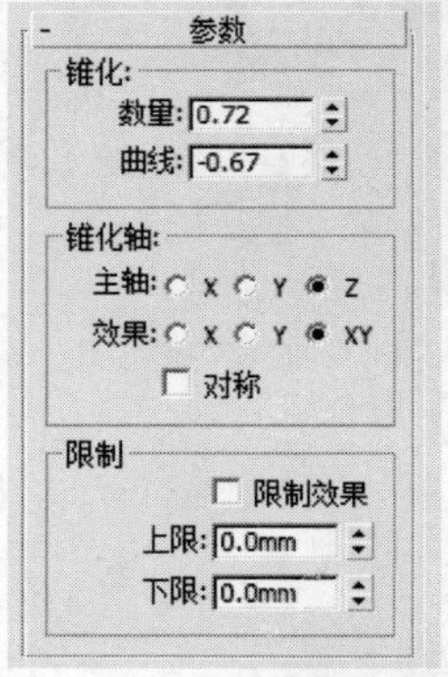

图4-127 设置锥化参数

图4-128 单击“Gizmo”选项

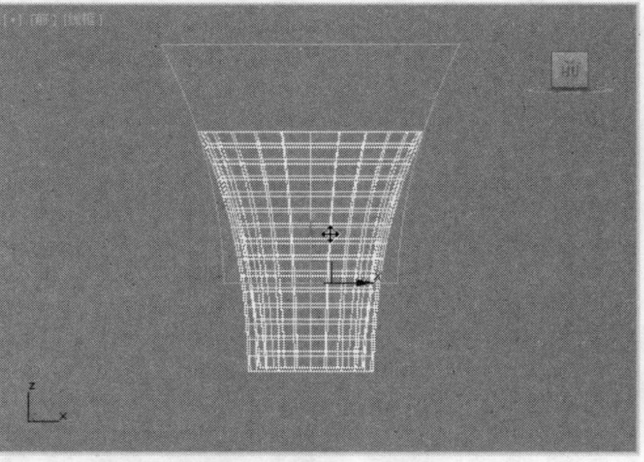

图4-129 拖动锥化区域

07 此时杯子就制作完成了，复制杯子模型，并添加材质后，效果如图4-130所示。

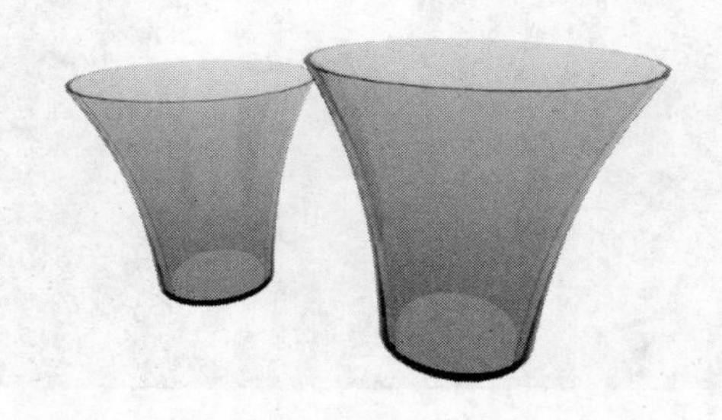

图4-130 玻璃杯的制作

4.7 常见疑难解答

在使用修改器后，常常会遇到很多问题，下面列举了使用修改器的一些常见疑难解答，以供用户参考。

Q：将创建的基本体进行弯曲后，为何会出现表面生硬弯曲的现象？

A：弯曲时分段越多，实体表面越平滑，分段越少，实体表面越生硬。创建的实体表面分段数值太小，使表面不光滑且显得非常生硬。

Q：在车削三维实体时，实体的外面有图形，为什么里面是空的？

A：车削物体也就是将样条线呈放射性结构创建三维实体。当线段的长度不够时，没有达到闭合顶点的要求，不能产生厚度，所以里面是空的。调整顶点的位置，闭合线段即可更改为闭合实体。

Q：“UVW贴图”修改器的用处是什么，怎么使用？

A：“UVW贴图”修改器可以控制在对象曲面上如何显示贴图材质。设置并赋予材质后，如果实体上并没有完整地显示贴图，就可以使用UVW贴图调节。执行“UVW贴图”命令，打开修改器“参数”卷展栏，按照创建模型选择贴图方式，例如球体、长方体等，再勾选“真实世界贴图大小”复选框，如图4-131所示，此时贴图就会完整地显示出来，如图4-132所示。

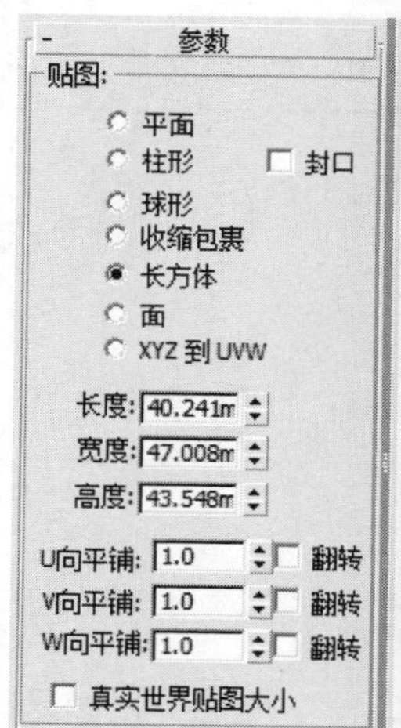

图4-131　设置修改器参数

图4-132　添加修改器效果

知识点拨

在“参数”卷展栏中可以设置贴图各轴上的平铺数值，控制贴图效果。

Q：Max中放样或挤压出的模型为何会同时看到内外两个面？

A：主要原因是2D样条线没有完全封闭或者有交叉（打结）现象。

Q：打开“修改”选项卡，为何修改器列表框是一片空白？

A：如果需要使用修改器列表，首先选择需要进行修改的实体，然后再打开“修改”选项卡，此时才可以激活修改器列表，展开下拉列表框后，在弹出的修改器列表中就可以选择相应的修改器了。

4.8 拓展应用练习

下面利用三维模型的常用修改器，创建以下实例模型，并巩固本章所学知识。

4.8.1 红酒杯的制作

使用“线”命令，在前视图绘制样条线，如图4-133所示。使用“车削”命令，创建红酒杯，如图4-134所示。

图4-133 绘制样条线

图4-134 制作红酒杯

4.8.2 吧椅的制作

下面利用样条线和常用修改器命令创建吧椅模型，效果如图4-135所示。

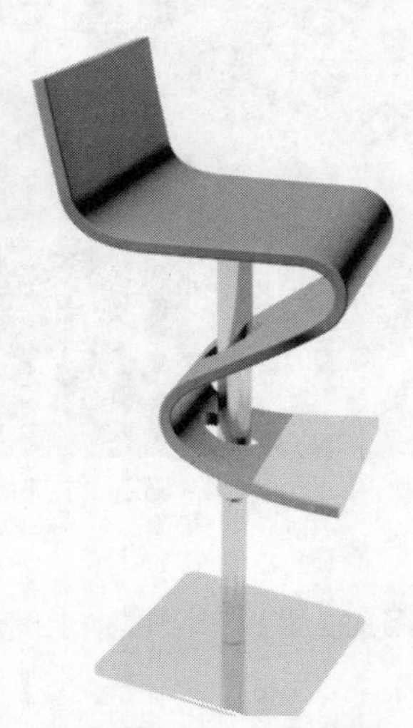

图4-135 制作吧椅

操作提示

01 使用“线”命令在前视图绘制吧椅曲线。

02 调整样条线之后，将其挤出厚度，然后添加壳。

03 使用圆柱体、长方体等标准基本体绘制底座和支柱。

04 进行布尔运算，将座椅布尔出洞口，移动底座和支柱至合适位置。

第5章 摄影机技术

本章概述 创建摄影机并指定摄影机角度，可以模拟人眼观察场景，使工作环境一目了然。利用摄影机不仅可以观察静态图像，还可以观察运动图像和视频。设置摄影机参数，可调整摄像头大小或景深效果。

知识要点

- 3ds Max摄影机
- VRay摄影机
- 设置摄影机的方法
- 浏览动画设置的方法

5.1 3ds Max 摄影机

摄影机包括目标摄影机和自由摄影机两种类型，目标摄影机用于表现静止和固定镜头的画面，自由摄影机用于表现摄影机的路径动画。

用户可以通过以下方式创建摄影机：

- 执行“创建”|“摄影机”命令的子命令。
- 在“创建”命令面板中单击“摄影机”按钮，在“对象类型”卷展栏中单击相应的摄影机。

5.1.1 目标

目标摄影机在设计中是一个重要组成部分，创建目标摄影可以观察和渲染环境，查看静帧或单一镜头的画面。和自由摄影机相比，它的优点在于更容易定向。

【例5-1】下面具体介绍如何创建目标摄影机。

01 在顶视图拖动鼠标创建茶壶，然后在命令面板中单击“摄影机”按钮，此时弹出“摄影机”命令面板，如图5-1所示。

02 在“对象类型”卷展栏中单击“目标”按钮，并在顶视图单击并拖动鼠标确定镜头位置，释放鼠标即可创建目标摄影机，如图5-2所示。

图5-1 “摄影机”命令面板

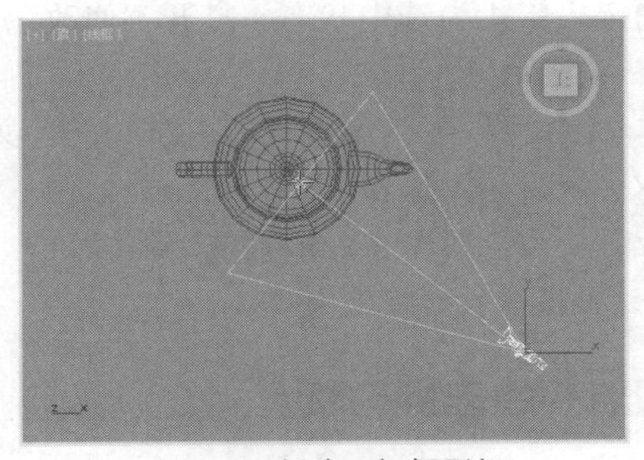
图5-2 创建目标摄影机

确定摄影机为选中状态，并在命令面板中单击“修改” 按钮，在命令面板的下方将弹出“参数”卷展栏，在其中可以设置摄影机的各项参数，如图5-3所示。

下面具体介绍各卷展栏中常用选项的含义。

- 镜头：以毫米为单位设置摄影机的焦距。
- 备用镜头：在该选项组中包含9个系统预设镜头，用户可以使用其中任意镜头查看工作环境。
- 视野：设置摄影机的查看区域的宽度，在其中包含3个方式设置区域。
- 环境范围：该选项组用于设置大气的近距范围和远距范围的参数。

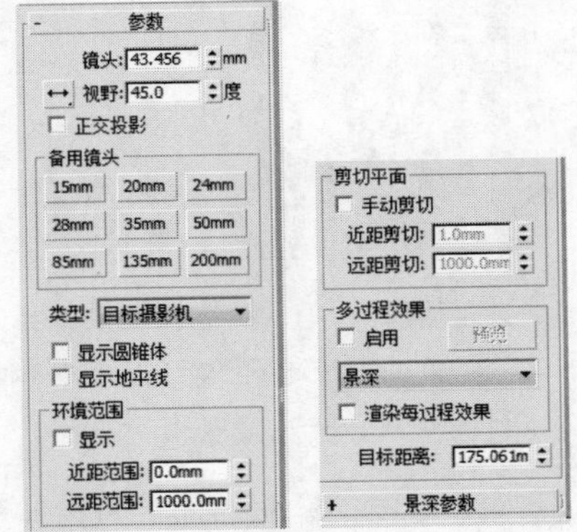

图5-3 设置摄影机的各卷展栏

- 剪切平面：在近距剪切和远距剪切输入参数，可以设置摄影机的观察范围。
- 多过程效果：在选项组中勾选“启用”复选框，启用“多过程效果”，单击下方列表框，在弹出的列表中可以选择多过程效果。
- 景深参数：该选项组主要设置摄影机景深的参数。

5.1.2 自由

自由摄影机没有目标点，只包含一个摄影机图标和摄影区域，随意移动摄影机可以更改视图的显示。在“摄影机”命令面板中单击“自由”按钮，在任意视图单击鼠标左键即可创建自由摄影机。设置自由摄影机和目标相应的选项相同，这里就不做过多介绍。

5.2 VRay摄影机

安装VRAY渲染器之后，Max软件中就增加了VRay摄影机类型。VRay摄影机是由VR穹顶摄影机和VR物理摄影机两种类型组成，和3ds Max自带的摄影机相比，VRay摄影机可以模拟真实成像，轻松地调节透视关系，还可以渲染半球圆顶效果，使用起来非常方便。

5.2.1 VR-穹顶摄影机

VR-穹顶摄影机主要用于渲染半球圆顶的效果，通过“翻转X”、“翻转Y”和“fov”选项可以设置摄影机参数。

创建并确定摄影机为选中状态，打开“修改”选项卡，在命令面板的下方将弹出“参数”卷展栏，如图5-4所示。

下面具体介绍设置VR-穹顶摄影机各选项的含义。

- 翻转X：使渲染图像在X坐标轴上翻转。
- 翻转Y：使渲染图像在Y坐标轴上翻转。
- fov：设置摄影机的视觉大小。

图5-4 “参数”卷展栏

5.2.2 VR-物理摄影机

VR-物理摄影机可以模拟真实成像，轻松调节透视关系，利用该摄影机可以调节灯光缓存大小，提高渲染质量。创建并确定摄影机为选中状态，在命令面板的下方将弹出设置VR摄影机的各卷展栏，如图5-5所示。

下面具体介绍各卷展栏中常用选项的含义。

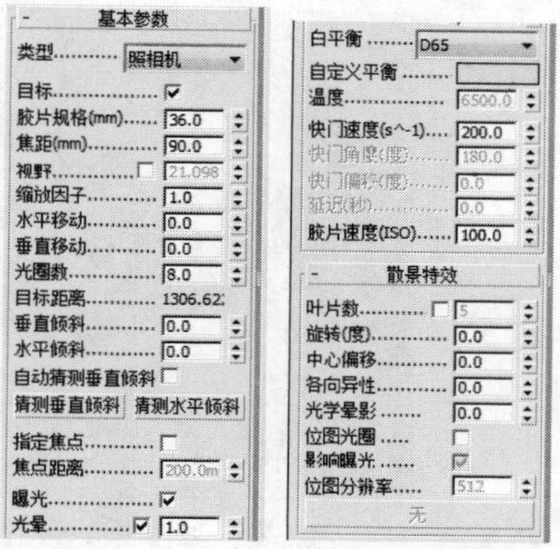

- 类型：单击该列表框，在弹出的列表中单击相应选项设置摄影机类型。
- 目标：勾选此选项，摄影机的目标点将放在焦平面上。
- 胶片规格：设置胶片规格大小，数值越大，摄影机看到的范围越大。
- 焦距：设置摄影机焦距，焦距越小，摄影机看到的范围越大。
- 视野：勾选该选项后方的复选框，此时视野选项框将被激活，在选项框中输入数值，数值越大，查看范围越大，此时“焦距”也被更改。
- 缩放因子：控制摄影机视口的大小。
- 水平移动、垂直移动：设置摄影机头的移动距离。
- 光圈数：设置摄影机光圈的大小，数值越小，渲染图片的亮度越高。
- 目标距离：显示摄影机到目标点的距离。
- 水平倾斜、垂直倾斜：设置摄影机头的倾斜角度。
- 白平衡：设置渲染图片的色偏程度。
- 自定义平衡：自定义图片颜色的色偏。
- 快门速度：控制摄影机快门速度，数值越小，进光时间越长，图片亮度越高。
- 胶片速度：设置胶片速度，控制图片的亮暗。数值越小，感光系数越小，图片就越暗。
- 散景特效：该选项组主要通过叶片数、旋转角度、中心偏移、各项异性等设置散景中的特效。“叶片数”控制散景产生的小圆圈的边，默认情况下为5，勾选该选框，则小圆圈为正五边形。“各项异性”控制散景的各项异性。数值越大，小圆圈就被拉得越长，最后变成椭圆。

图5-5 设置摄影机的各卷展栏

5.3 摄影机的使用

进行效果图制作时，为了使呈现的效果更加真实，我们往往会使用摄影机视图进行观察。如果创建的摄影机并不符合要求，还可以设置摄影机参数以达到最满意的效果。

5.3.1 创建摄影机

创建自由和VR-穹顶摄影机的方法非常简单，在命令面板中单击相应的摄影机选项，在任意视图单击鼠标左键即可创建摄影机，这里就不做具体介绍。

【例5-2】下面通过使用摄影机视图观察实体为例，介绍目标和VR-物理摄影机的创建方法。

01 打开“装饰桌面”文件，如图5-6所示。

02 执行“创建”|“摄影机”|“目标摄影”命令，如图5-7所示。

03 在视图中单击并拖动鼠标左键设置目标点位置，释放鼠标左键创建摄影机，调整摄影机后，效果如图5-8所示。

04 返回透视视图，按C键即可进入摄影机视图，如图5-9所示。

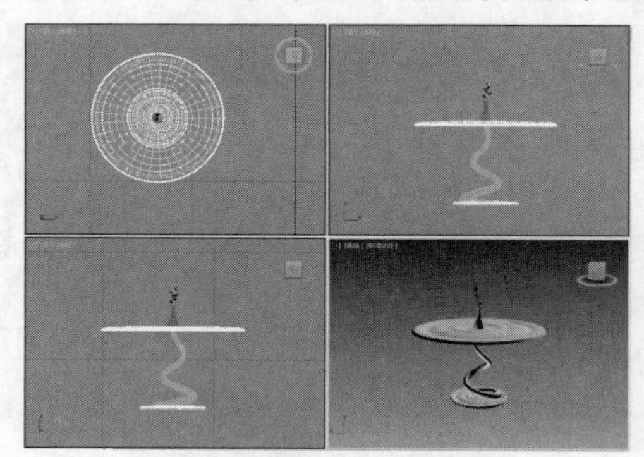
图5-6　打开文件

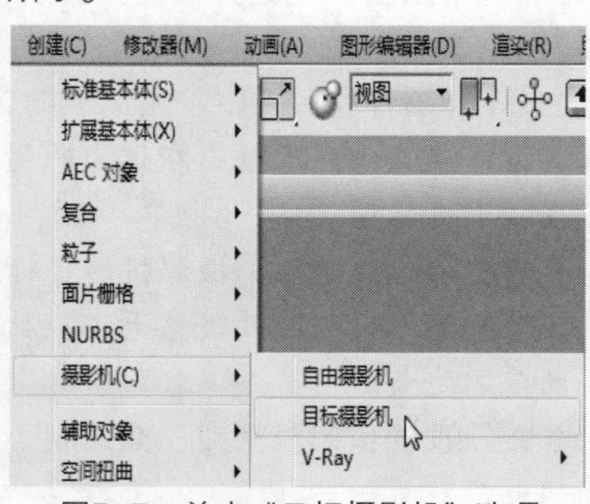

图5-7　单击“目标摄影机”选项

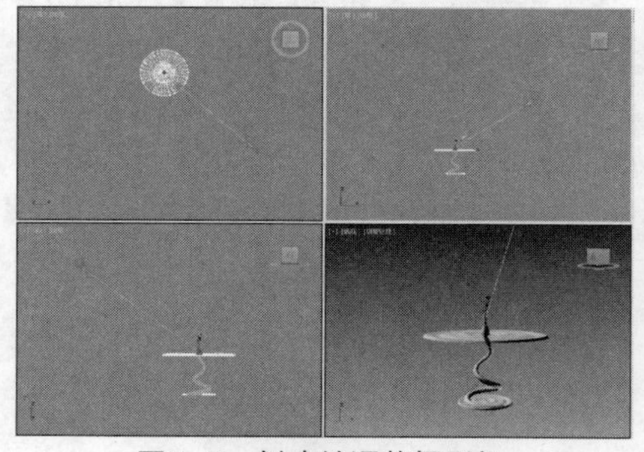
图5-8　创建并调整摄影机

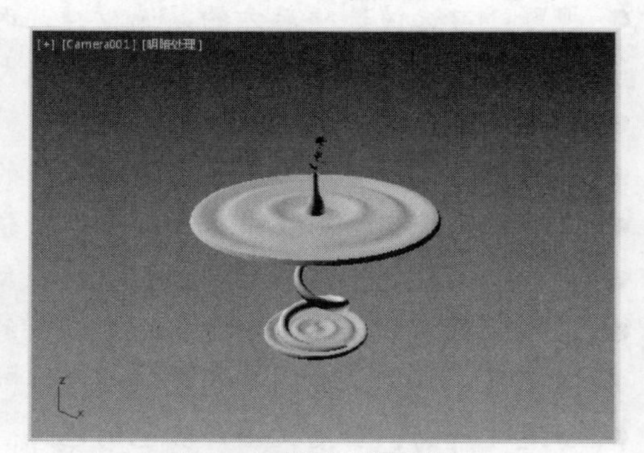
图5-9　摄影机视图效果

05 下面介绍创建VR-物理摄影机的方法。单击按钮，在弹出的命令面板中单击“VRay”选项，最后在“对象类型”卷展栏中单击“VR-物理摄影机”按钮，如图5-10所示。

06 在前视图单击并拖动鼠标，即可创建VR-物理摄影机，调整摄影机后，效果如图5-11所示。

图5-10　单击“VRay”选项

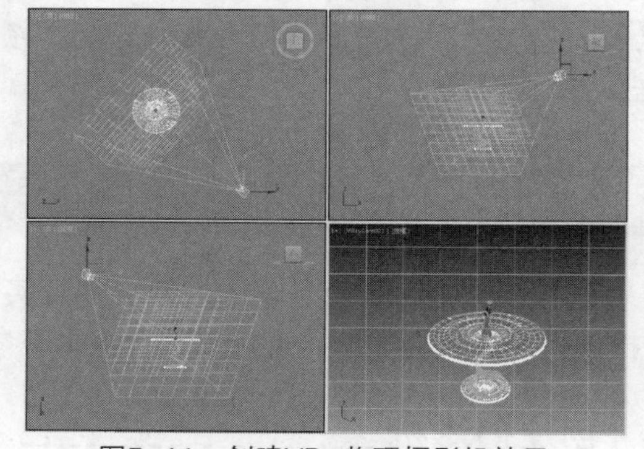
图5-11　创建VR-物理摄影机效果

5.3.2　调整摄影机

在创建摄影机之后，可以调整摄影机的角度和位置，使场景达到最理想的效果。用户可以利用移动工具调整摄影机，还可以在状态栏中输入坐标值，设置摄影机的位置，下面具体介绍调整摄影机的方法。

1. 使用移动工具

利用移动工具可以调整摄影机的位置和角度。

【例5-3】下面以调整摄影机视图显示图形为例，介绍调整摄影机的操作方法。

01 在顶视图创建目标摄影机，如图5-12所示。

02 在工具栏中单击“选择过滤器”列表框，在弹出的列表中单击“C-摄影机”选项，选择过滤器，如图5-13所示。

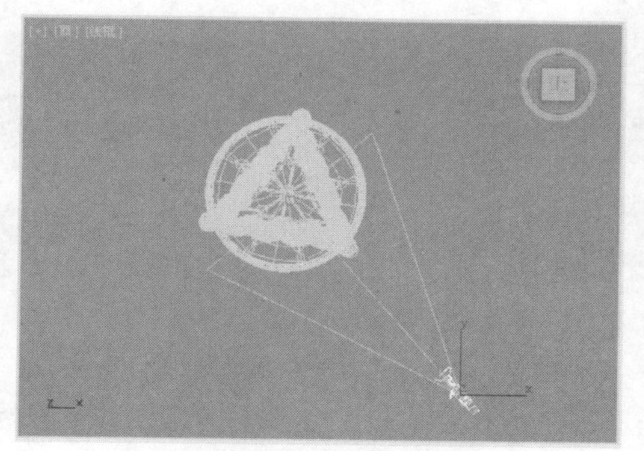

图5-12　创建目标摄影机

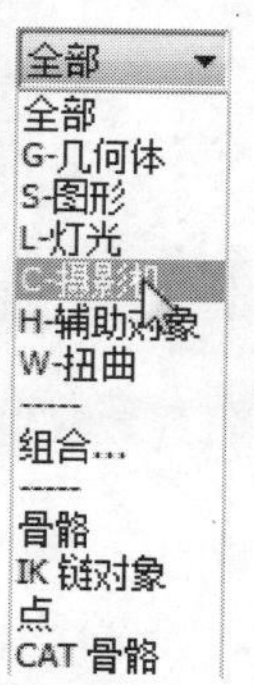

图5-13　选择过滤器

03 按F键将视图切换至前视图，框选摄影机机身和目标点，如图5-14所示。

04 按W键激活移动工具，并单击向上箭头，移动摄影机，如图5-15所示。

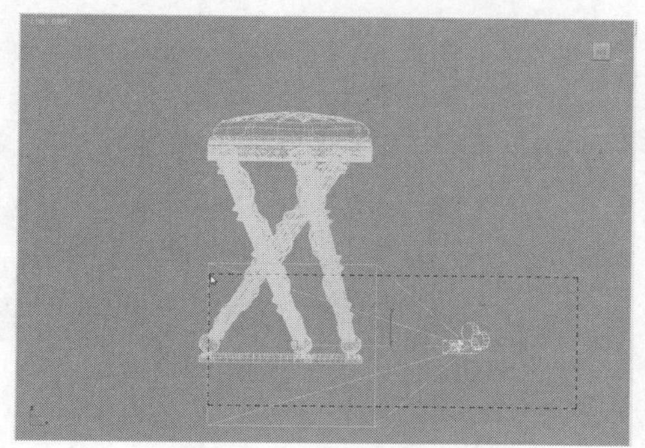

图5-14　框选摄影机

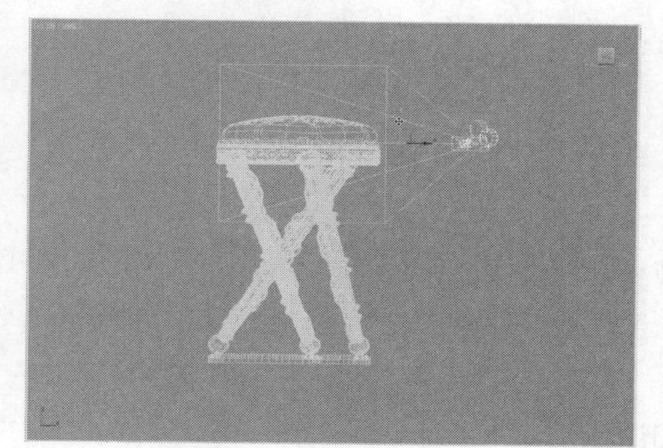

图5-15　移动摄影机

05 单击摄影机身，单击向上箭头，调整机身位置，如图5-16所示。

06 按C键切换至摄影机视图，效果如图5-17所示。

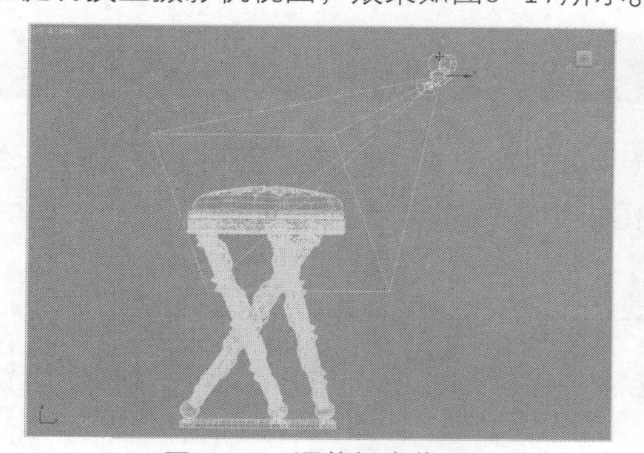

图5-16　调整机身位置

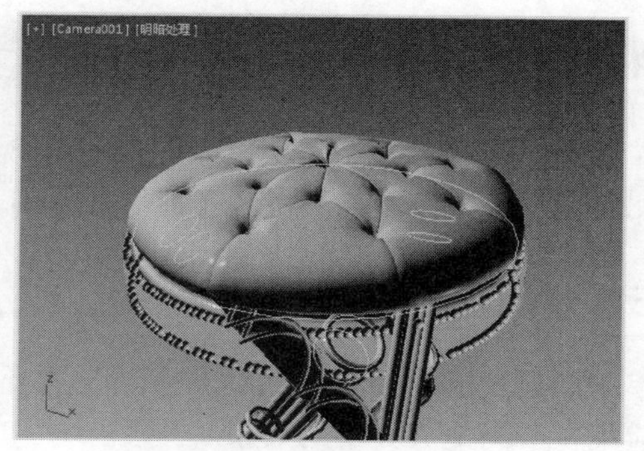

图5-17　摄影机视图效果

2. 设置坐标

在状态栏中设置坐标也可以调整摄影机位置。

【例5-4】下面以设置摄影机坐标为例，介绍设置坐标调整摄影机的方法。

01 在前视图框选摄影机，在状态栏Z坐标选框中输入Z轴坐标值，如图5-18所示。

02 按回车键即可完成设置，如图5-19所示。

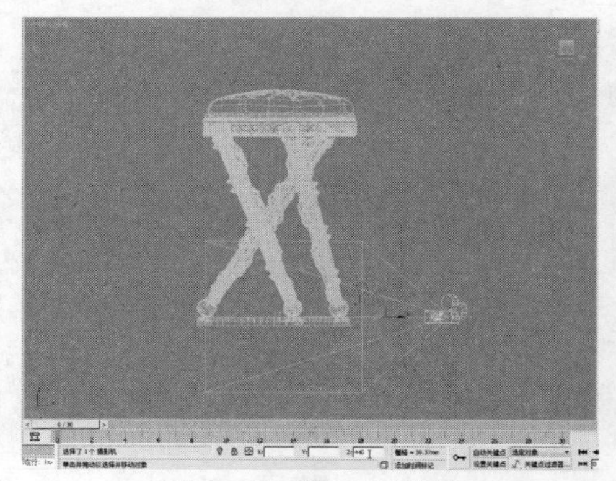

图5-18　输入Z轴坐标

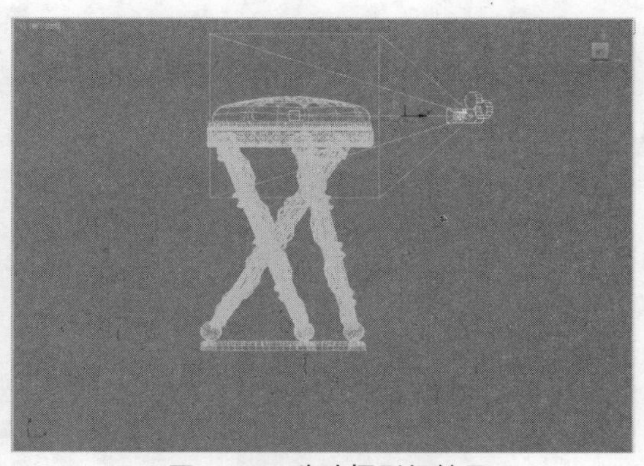

图5-19　移动摄影机效果

03 单击摄影机身，设置X坐标轴位置为15200mm，按回车键完成设置，如图5-20所示。

04 设置Z坐标轴为700mm，按回车键即可完成设置，如图5-21所示。

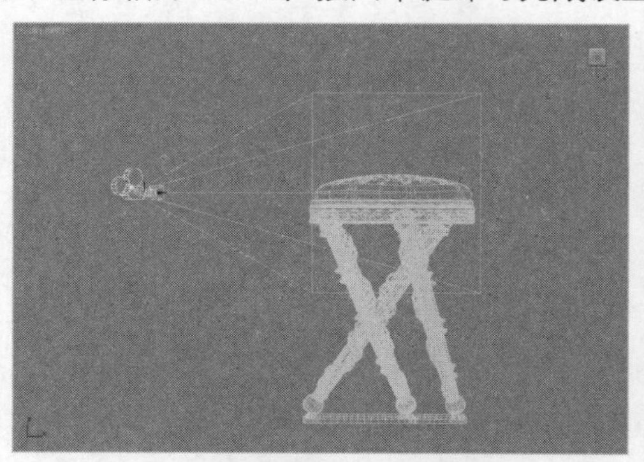

图5-20　设置X轴坐标效果

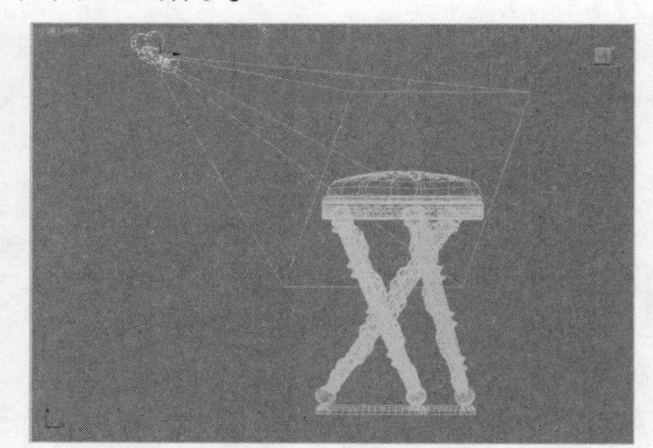

图5-21　设置Z轴坐标效果

知识点拨

在利用移动工具调整摄影机时，状态栏中的数值会随着摄影机移动进行更改。用户也可以利用旋转工具对摄影机进行旋转操作，从而更改视觉角度。

5.4 摄影机的参数设置

在创建摄影机并进行渲染时，常常会出现渲染角度不够真实，视野范围不够大等一系列问题。那么用户可以设置摄影机的各项参数，满足渲染出图的要求。

5.4.1 镜头大小的设置

单一的创建和调整摄影机位置和方向并不能满足出图的需要，用户可以设置摄影机镜头大小，渲染在不同镜头大小的效果。

【例5-5】下面以观察女孩跑步形态为例，介绍设置镜头大小的方法。

01 创建并确定摄影机为选中状态，单击“修改”选项卡，此时堆栈栏下方将弹出设置摄影机的“参数”卷展栏。

02 在“备用镜头”选项组中包含了9个系统预设镜头，单击85mm按钮，设置镜头大小为85mm，如图5-22所示。

03 单击135mm按钮，设置镜头大小为135mm，设置完成后效果如图5-23所示。

图5-22　镜头大小为85mm

图5-23　镜头大小为135mm

04 如果系统预设镜头中没有需要的镜头大小，可以在上方的镜头选项框中输入数值，设置镜头大小。

05 在镜头选项框中输入数值，如图5-24所示。

06 按回车键即可完成设置，效果如图5-25所示。

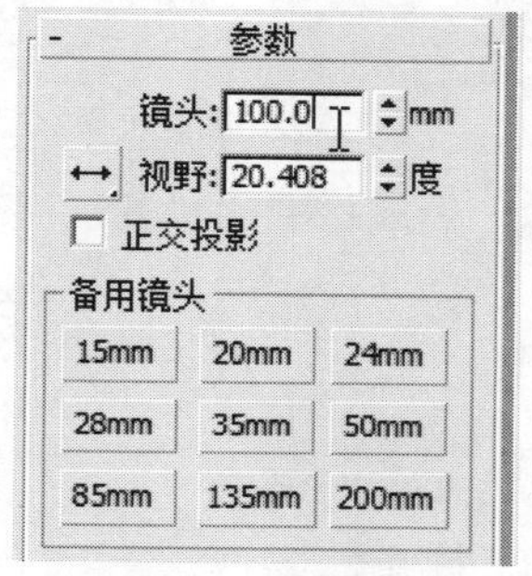

图5-24　输入数值

图5-25　镜头大小为100mm

5.4.2　景深参数的设置

景深特效是运用了多过程渲染效果生成的，可以指定模糊到摄影机焦点某距离处的帧的区域，使渲染过程中除焦距外的其他部分产生模糊效果。简单地讲就是它模拟了通过摄影机观看时，前景和背景场景元素出现的自然模糊效果。

选中摄影机，在命令面板中打开“修改”选项卡，此时将弹出“参数”卷展栏。在“多过程效果”选项组中勾选“启用”复选项，将启用“景深”效果，最后在“景深参数”卷展栏中设置参数，完成景深设置，如图5-26所示。

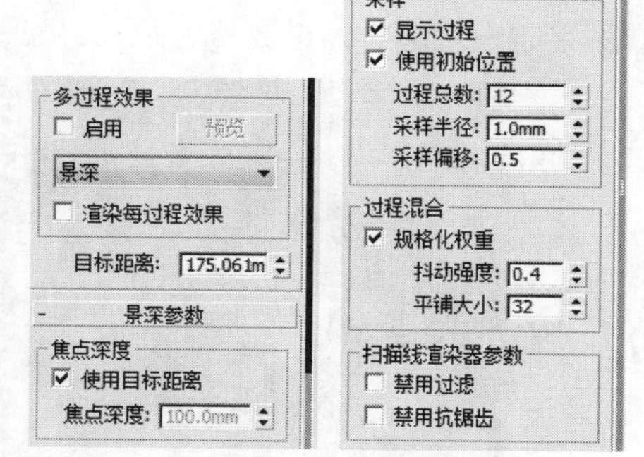

图5-26　“景深”卷展栏

下面具体介绍卷展栏中各选项的含义。

- 目标距离：设置摄影机和目标点之间的距离，设置准确的距离，以便物体对象位于焦点上。
- 过程总数：用于设置渲染效果的过程数值，数值越大，渲染质量越精确，时间也越长。
- 采样半径：用于控制移动场景生成模糊的半径，该参数值越大，模糊效果就越明显。
- 采样偏移：设置半径偏移数值，增加景深模糊的数量级，数值越大，模糊效果越均匀，数值越小，模糊效果就越随意。半径偏移的有效值为0.0～1.0。

● 过程混合：利用多过程效果进行渲染时，设置渲染过程中的模糊抖动强度和平铺大小值。

● 扫描线渲染器参数：勾选相应的复选框，设置在渲染过程中禁止过滤和禁止抗锯齿。

【例5-6】下面以渲染陶瓷装饰为例，介绍设置景深效果的方法。

01 打开“瓷器套组”文件，创建并调整摄影机位置，在“备用镜头”选项组中单击 35mm 按钮，设置镜头大小为35mm，如图5-27所示。

02 设置完成后，利用默认扫描线渲染器渲染透视图，效果如图5-28所示。

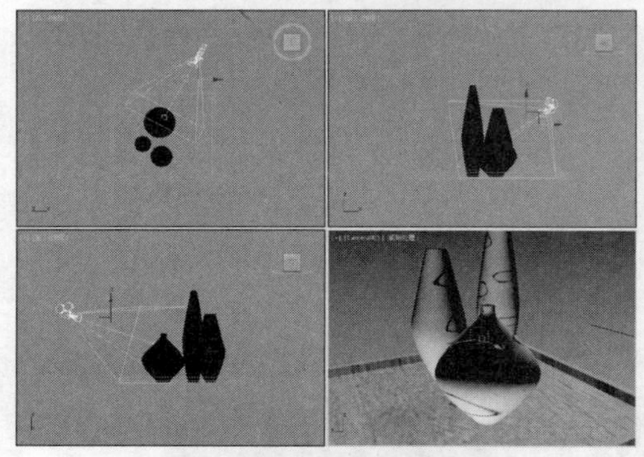

图5-27 设置镜头大小

图5-28 渲染效果

03 确定摄影机为选中状态，打开“修改”选项卡，在“参数”卷展栏中的“多过程效果”选项组中勾选“启用”复选框，如图5-29所示。

04 在“采样”选项组中设置采样半径，如图5-30所示。

图5-29 勾选“启用”复选框

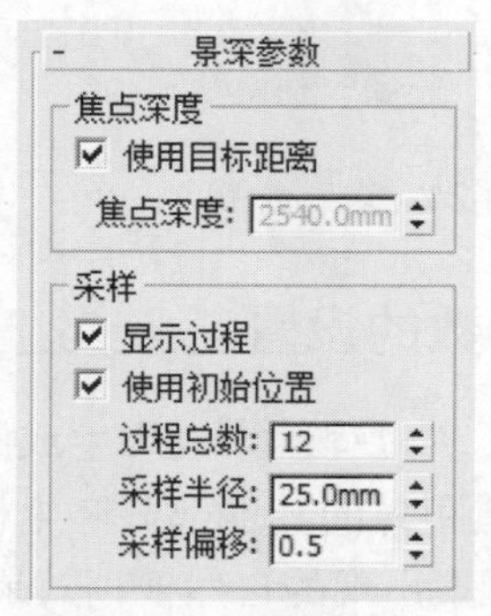

图5-30 设置采样半径

05 设置完成后再次渲染透视视图，效果如图5-31所示。

06 继续设置采样偏移数值为1，设置完成后，渲染效果如图5-32所示。

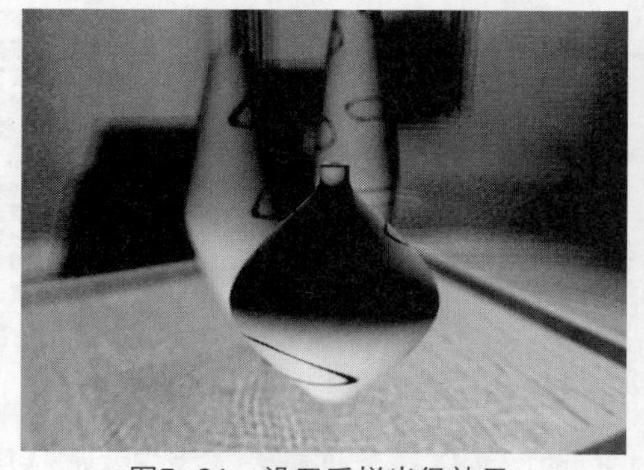

图5-31 设置采样半径效果

图5-32 采样偏移效果

5.4.3 扫描线渲染器参数的设置

利用“渲染设置”对话框可以控制渲染扫描器在渲染中的工作流程，如更换渲染器、设置扫描线渲染器中的各项参数等，如图5-33所示。

下面具体介绍设置默认扫描线渲染器各常用选项的含义。

- 选项：设置渲染器在渲染时是否渲染相应选项。启用“启用SSE”选项后，渲染使用“流simD扩展”（SIMD代表单指令、多数据），这取决于系统的CPU，SSE可以默认为1。
- 抗锯齿：勾选该复选框，渲染的图形将没有锯齿。若不勾选，会产生锯齿，影响效果图整体质量。

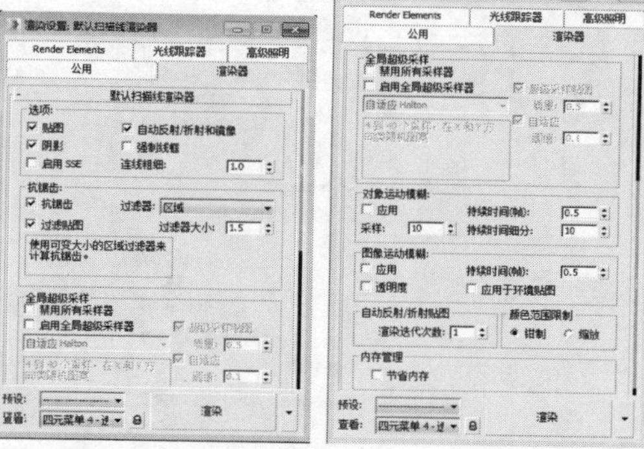
图5-33 “渲染设置”对话框

- 过滤器大小：设置过滤器的大小，数值越大，渲染显示的图形越模糊。
- 对象运动模糊：勾选该复选框，在渲染过程中应用运动模糊效果。在其下方可以设置采样值和持续时间以及持续时间细分控制效果。
- 图像运动模糊：该选项组主要设置图像运动模糊的模糊透明度和持续时间等。
- 自动反射/折射贴图：通过设置渲染迭代次数控制渲染时重复进行反射的数值。
- 内存管理：勾选“节省内存”复选框，可以有效地节省内存。

如果默认渲染器的渲染结果未达到用户的需求，安装过其他渲染器之后，在“渲染设置”对话框中可以更改渲染器。

【例5-7】下面以将渲染器更改为VRay为例，介绍更改渲染器的方法。

01 执行“渲染”|“渲染设置”命令，如图5-34所示。

02 此时将打开“渲染设置”对话框，将对话框拖动到最底端，并展开“渲染设置”卷展栏，如图5-35所示。

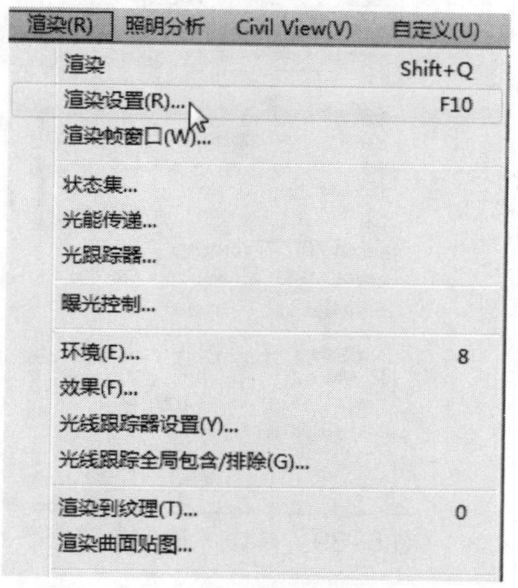

图5-34 单击“渲染设置”选项

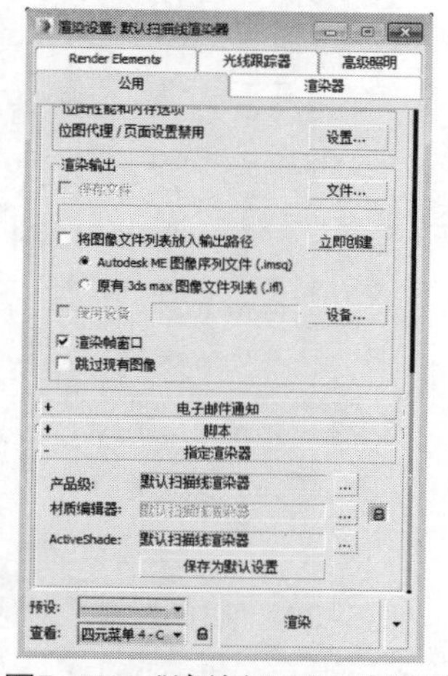
图5-35 “渲染设置”对话框

03 单击“产品级”选项后方的“选择渲染器”按钮，如图5-36所示。

04 打开“选择渲染器”对话框，选择渲染器后，单击“确定”按钮，完成更改渲染器操作，如图5-37所示。

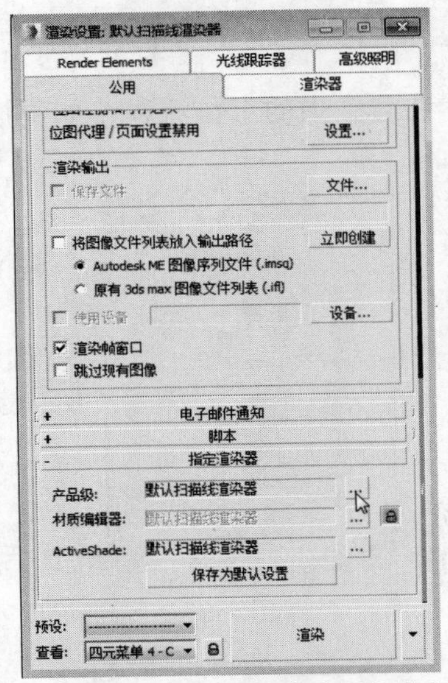

图5-36　单击“选择渲染器”按钮

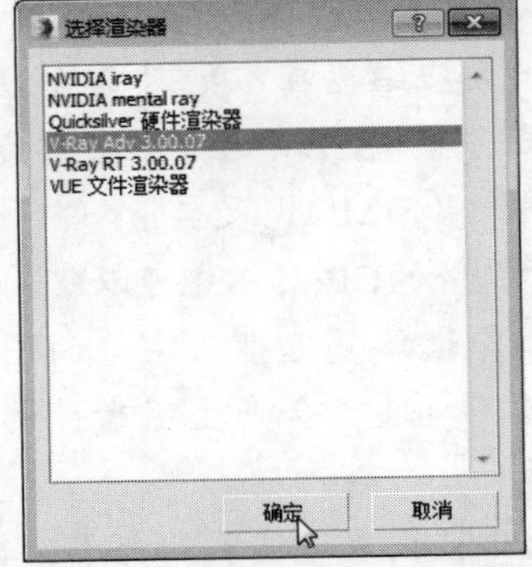

图5-37　“选择渲染器”对话框

5.5　浏览动画设置

若在设计过程中需要连续观察三维实体的各个布局效果，那么就需要设置动画。在视图中创建运动轨迹，将创建的自由摄影机与其运动轨迹连接在一起，即可创建浏览动画。

【例5-8】下面以观察石象为例，具体介绍创建浏览动画的方法。

01 打开“动画浏览”文件，在动画控制区上单击鼠标右键，弹出“时间配置”对话框，如图5-38所示。

02 在“动画”选项组中设置动画总长度为1000，设置完成后单击“确定”按钮，如图5-39所示。

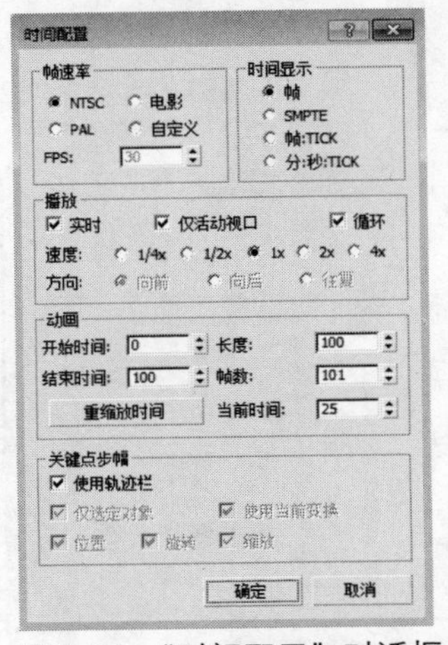

图5-38　“时间配置”对话框

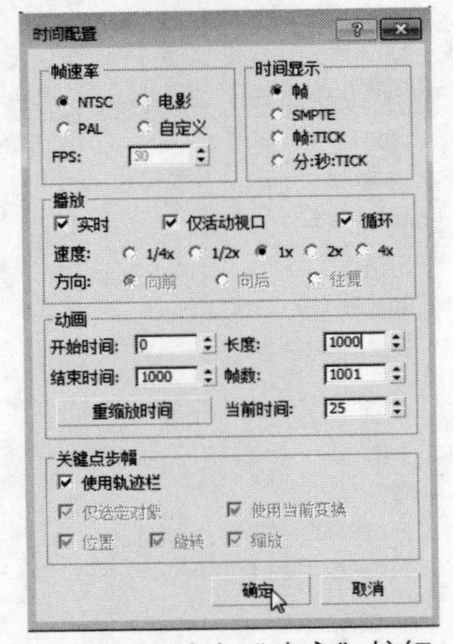

图5-39　单击“确定”按钮

03 此时动画总长度将显示为25/1000。

04 在顶视图选中全部物体，单击鼠标右键，在弹出的快捷菜单列表中单击“冻结当前选择”选项，如图5-40所示。

05 此时物体将被冻结，在前视图创建并编辑样条线，作为摄影机的运动轨迹，如图5-41所示。

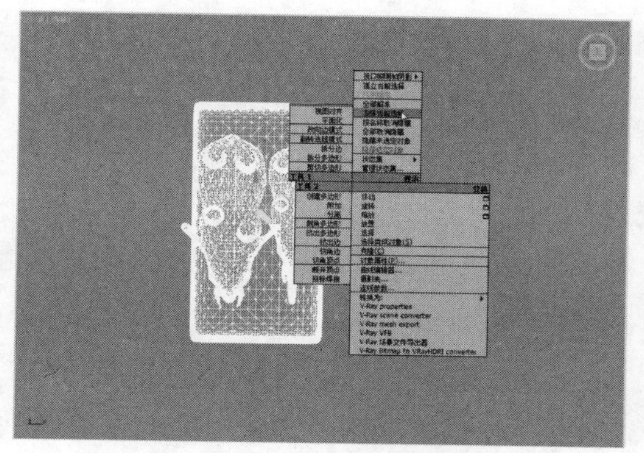

图5-40　单击“冻结当前选择”选项

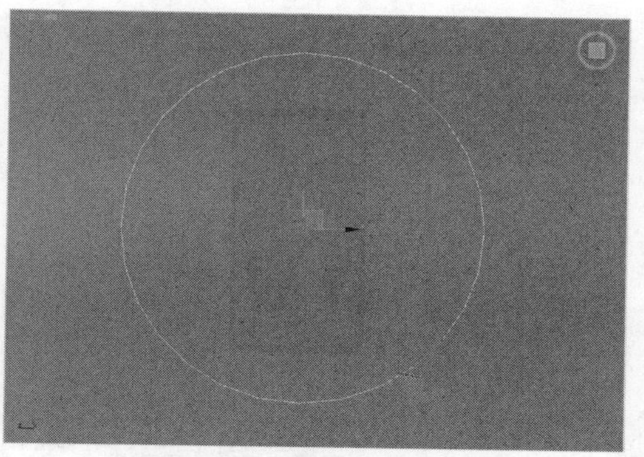

图5-41　创建并编辑样条线

06 在前视图将样条线移至合适的位置，如图5-42所示。

07 在命令面板中打开“修改”选项卡，单击“摄影机” 按钮，然后在“对象类型”卷展栏中单击“自由”按钮，如图5-43所示。

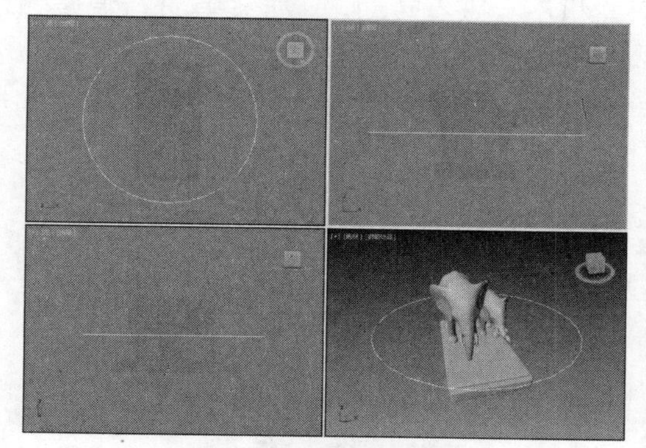

图5-42　移动样条线

图5-43　单击“自由”按钮

08 在左视图中单击鼠标左键，即可创建自由摄影机，如图5-44所示。

09 确定摄影机为选中状态，在命令面板中单击“运动” 按钮，展开“指定控制器”卷展栏，并在该卷展栏中单击“指定控制器”按钮，如图5-45所示。

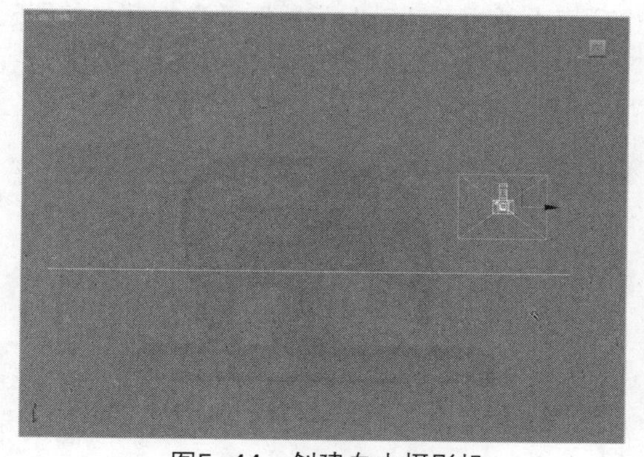

图5-44　创建自由摄影机

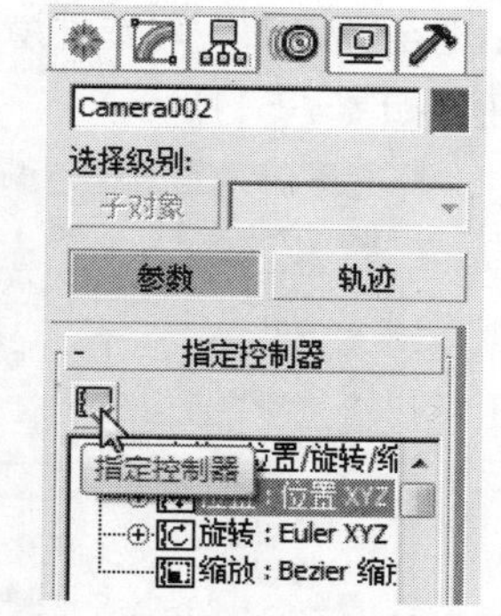

图5-45　单击“指定控制器”按钮

10 此时将弹出“指定位置控制器”对话框，单击“路径约束”选项后单击“确定”按钮，如图5-46所示。

11 在“路径参数”卷展栏中单击“添加路径”按钮，并返回前视图拾取样条线，此时命令面板中将显示路径目标和权重，如图5-47所示。

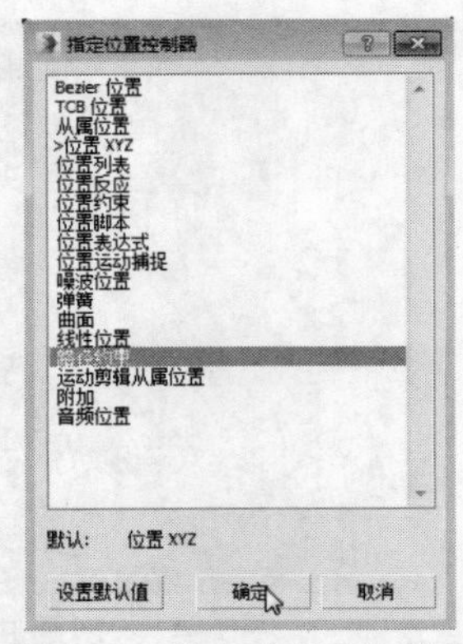

图5-46 单击“确定”按钮

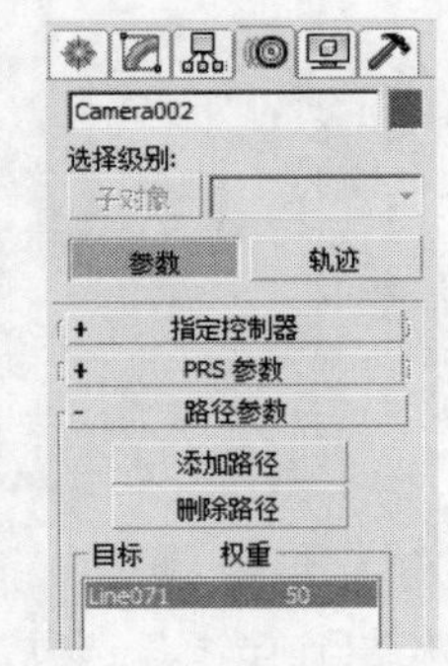

图5-47 显示路径目标和权重

⑫ 单击鼠标右键，在弹出的菜单列表中单击“全部解冻”选项，此时，场景中的物体将取消解冻，按C键转换为摄影机视图，在动画控制栏单击▶“播放动画”按钮，即可观看动画效果。

⑬ 在进行动画播放时，用户会发现拐角处摄影机不会跟着转动，下面对其进行调整。在“路径选项”选项中勾选“跟随”复选框，如图5-48所示。

⑭ 在顶视图旋转摄影机，将其与路径曲线相匹配，最后返回“修改”选项卡，在“备用镜头”选项组中设置镜头为20mm，如图5-49所示。

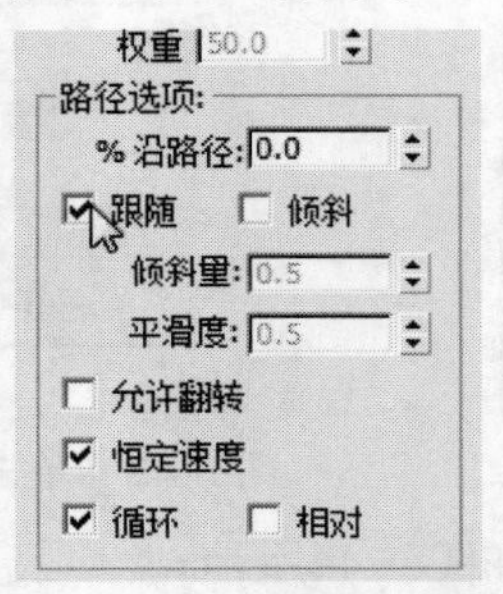

图5-48 勾选“跟随”复选框

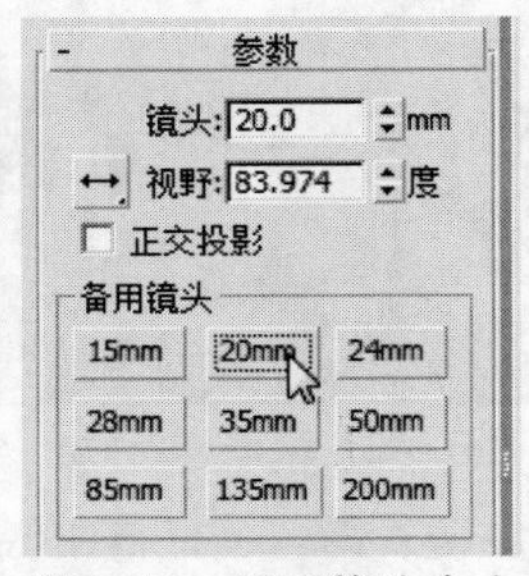

图5-49 设置镜头大小

⑮ 此时就完成动画的制作了，下面介绍渲染和输出动画的方法。按F10键打开“渲染设置”对话框，在“公用”选项卡的“时间输出”选项组中单击“活动时间段”单选按钮，如图5-50所示。

⑯ 拖动对话框至其底部，勾选“渲染输出”选项组中的 “保存文件”复选框，单击后方的“浏览文件”按钮，如图5-51所示。

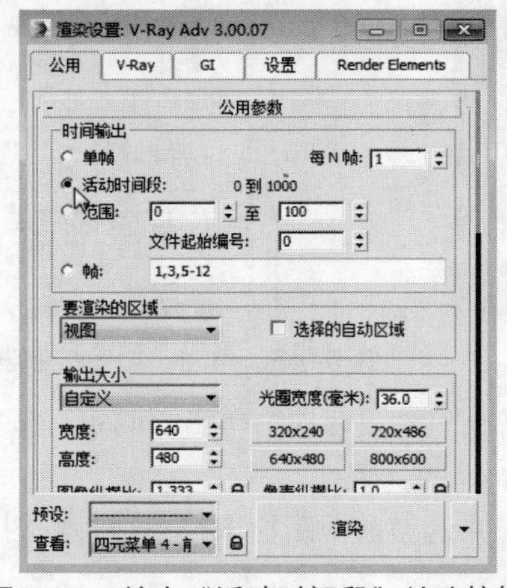

图5-50 单击“活动时间段”单选按钮

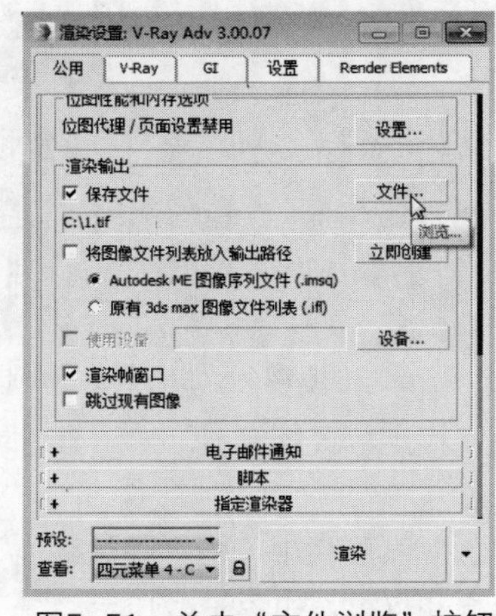

图5-51 单击“文件浏览”按钮

⑰ 打开“渲染输出文件”对话框，在其中设置输出文件路径、文件名称和文件格式，最后单击“保存”按钮，如图5-52所示。

⑱ 此时将弹出“AVI文件压缩设置”对话框，在该对话框中设置相应选项，最后单击“确定”按钮即可输出动画，如图5-53所示。

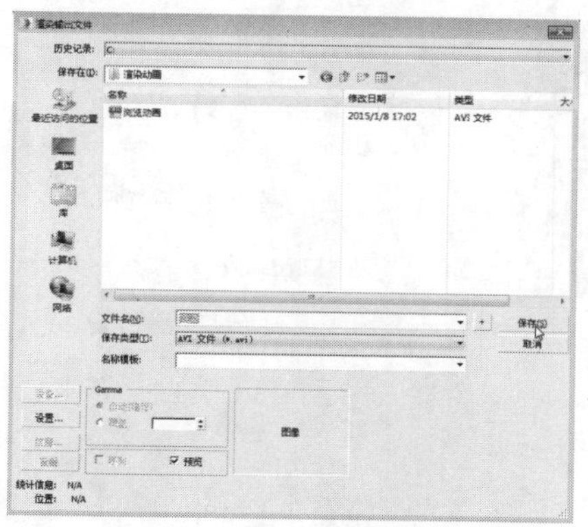

图5-52　单击“保存”按钮

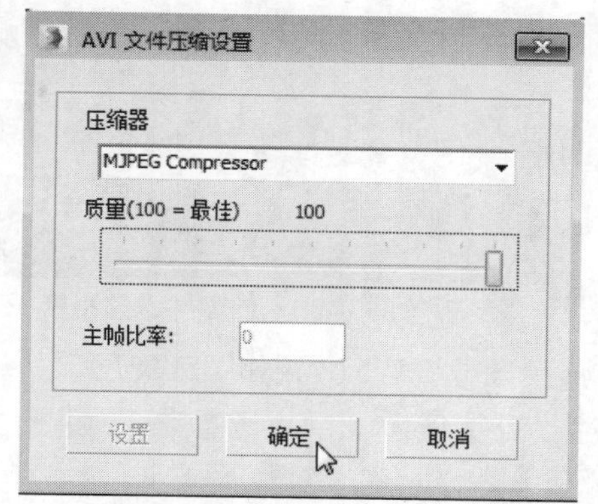

图5-53　单击“确定”按钮

⑲ 在“渲染设置”对话框的右下角单击“渲染”按钮，打开“渲染”对话框，对动画进行渲染，如图5-54所示。

⑳ 渲染完成后，动画文件将自动保存在设置的路径位置中，设置动画打开方式后即可观看动画，如图5-55所示。

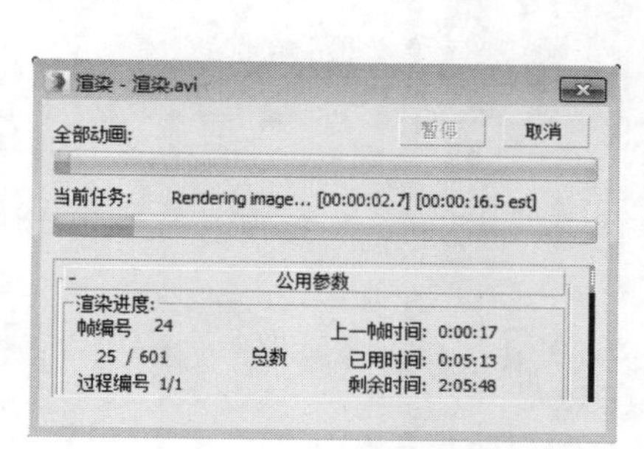

图5-54　渲染动画

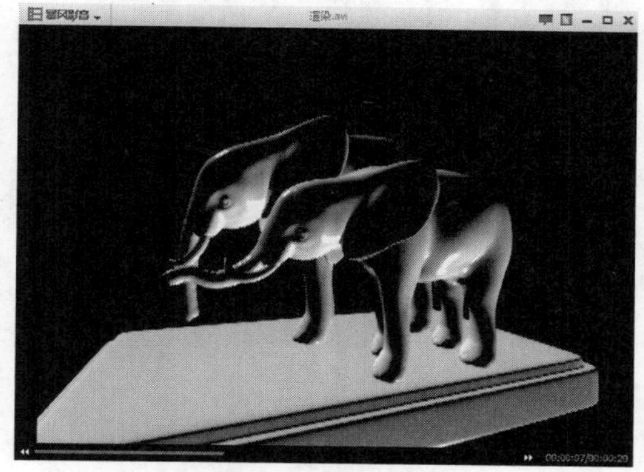

图5-55　观看视频

5.6 上机实训

本章我们主要介绍了标准和VRay摄影机类型，以及如何通过创建和设置摄影机完成所需的效果。通过本章的学习，用户会对摄影机技术有更深的了解，下面列举两个简单的实例，对摄影机技术进行巩固。

5.6.1 卧室场景摄影机的应用

下面利用目标摄影机和VR-物理摄影机观察和渲染卧室场景，并具体介绍其设置方法。

01 打开“卧室”文件，在顶视图创建目标摄影机，并在各个视图调整其位置，如图5-56所示。

02 确定摄影为选中状态，在参数卷展栏中设置镜头大小为24mm，如图5-57所示。

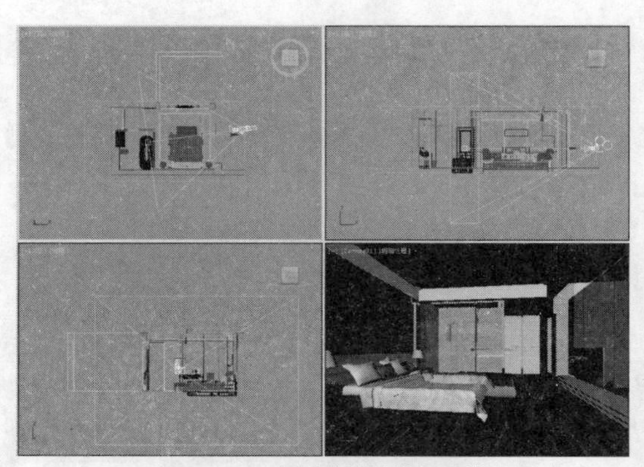

图5-56　创建并调整摄影机

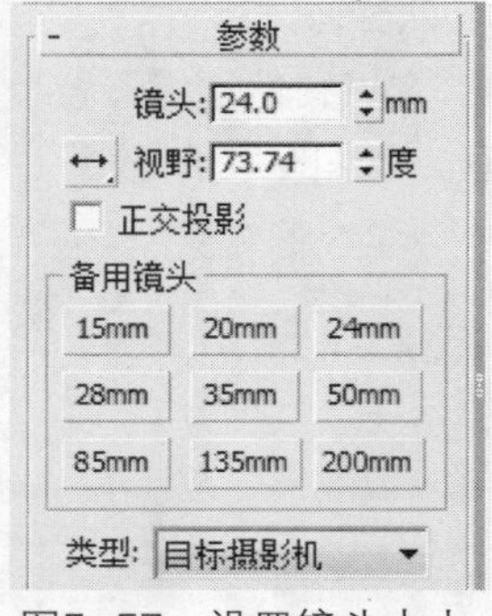

图5-57　设置镜头大小

03 设置完成后进行渲染，效果如图5-58所示。

04 设置镜头大小为35mm，并进行渲染，效果如图5-59所示。

图5-58　镜头大小为24mm

图5-59　镜头大小为35mm

05 下面介绍创建并设置VR-物理摄影机的方法，删除之前创建的摄影机，在顶视图创建VR-物理摄影机，并调整摄影机的位置，如图5-60所示。

06 在对话框的空白处单击鼠标左键，将对话框拖动到最底端，在“指定渲染器”卷展栏中单击“选择渲染器”按钮，如图5-61所示。

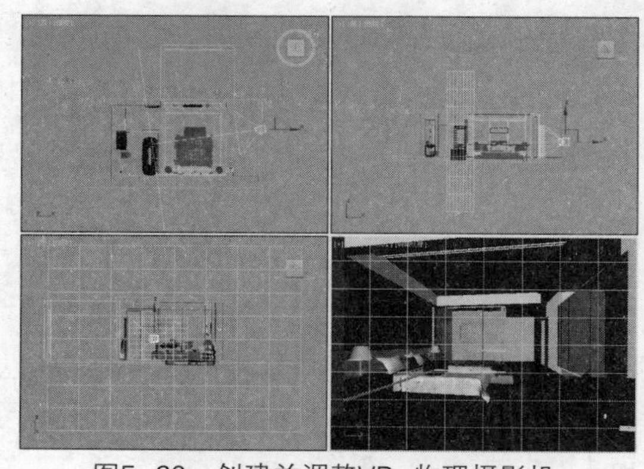

图5-60　创建并调整VR-物理摄影机

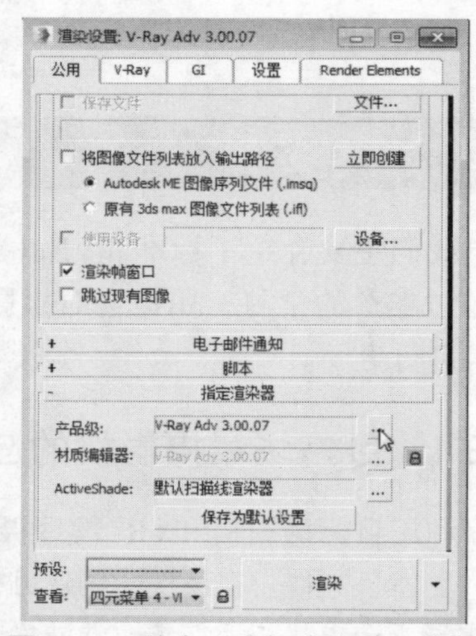

图5-61　单击“选择渲染器”按钮

07 创建摄影机之后，按F9键进行渲染场景，此时场景一片漆黑，如图5-62所示。

08 在“基本参数”卷展栏设置快门速度为30，继续进行渲染，如图5-63所示。

图5-62　创建VR-物理摄影机渲染效果

图5-63　快门速度为30效果

09 设置光圈为3，设置完成后效果如图5-64所示。

10 设置胶片速度为480，设置完成后效果如图5-65所示。

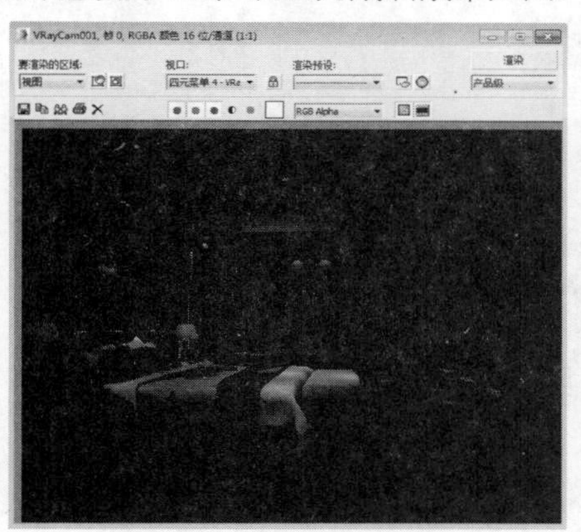

图5-64　光圈为3效果

图5-65　设置胶片速度效果

11 将摄影机目标点放置在台灯上，并设置焦距为100，渲染细节部分，如图5-66所示。

12 设置完成后，即可渲染细节，效果如图5-67所示。

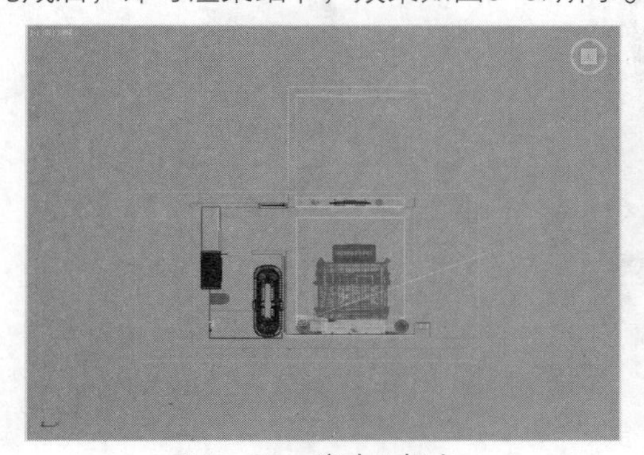

图5-66　移动目标点

图5-67　渲染细节效果

5.6.2　休闲椅摄影机的应用

下面利用Max标准摄影机进行观察并渲染视图，具体操作步骤如下。

01 打开“椅子”文件，执行“创建”|“摄影机”|“目标摄影机”命令，如图5-68所示。

02 在顶视图单击并拖动鼠标创建摄影机，并在其他视图调整摄影机的位置，如图5-69所示。

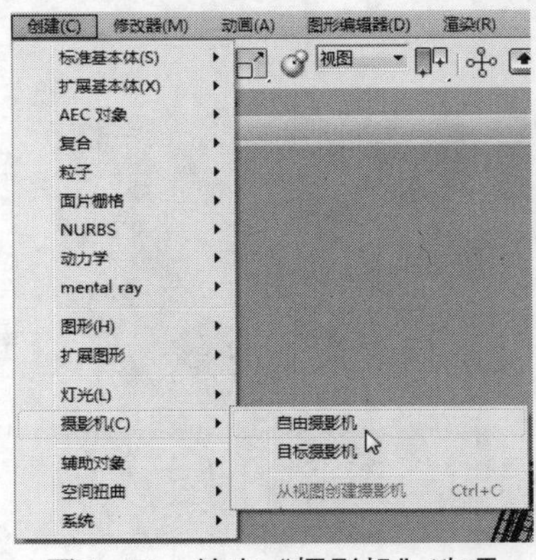

图5-68　单击“摄影机”选项

图5-69　创建摄影机

03 返回其他视图调整摄影机，如图5-70所示。

04 在“参数”卷展栏中设置镜头大小为28，如图5-71所示。

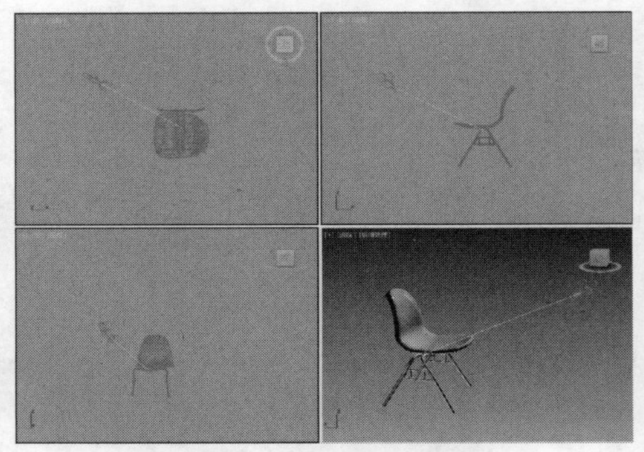

图5-70　调整摄影机

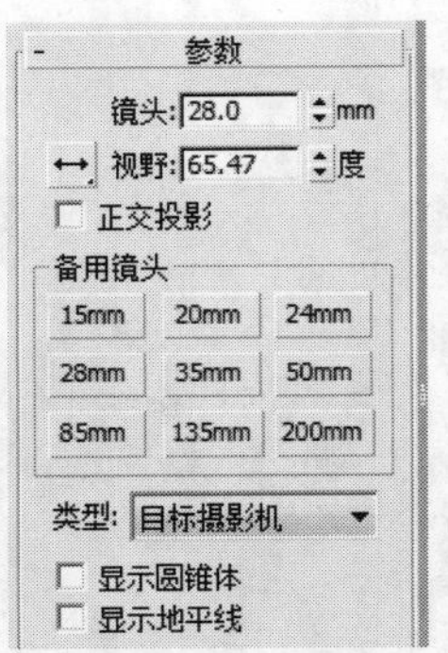

图5-71　设置镜头大小

05 按C键将透视视图更改为摄影机视图，效果如图5-72所示。

06 按F9键进行渲染，效果如图5-73所示。

图5-72　摄影机摄图效果

图5-73　渲染摄影机视图

知识点拨

当激活摄影机视图后，如果镜头大小不符合用户的要求，可以使用视图控制区的“视野”按钮进行调节，在视图中上下拖动鼠标即可更改视图的视野大小。当更改摄影机视图后，参数面板中的镜头和视野值也会相应地进行更改。

5.7 常见疑难解答

在学习过程中，读者可能会提出各种各样的疑问，在此我们对常见的问题及其解决办法进行了汇总，以供读者参考。

Q：创建摄影机渲染场景时为什么总是感觉不自然，应该怎么设置？

A：利用摄影机渲染场景也就是模拟人眼观察景物的原理，正常情况下，在渲染室内场景时，摄影机目标与镜头稍微倾斜一点也没有太大关系，只是位置差距不要太大，最好接近平行。摄影机的高度则根据人的身高，也就是1800和1900之间，视野可以根据需要设置。

Q：创建摄影机有什么用处？

A：创建摄影机可以观察和渲染物体透视效果。利用创建不同角度的摄影机可随意切换视图，观察不同角度。一般情况下，虽然透视视图也可以观察物体的透视效果，但是由于需要放大或者缩小视图观察物体状态，调整好的视图角度常常会被更改，再次进行调节会非常浪费时间，摄影机就不会出现这种情况，设置摄影机角度和参数后，在视图中按C快捷键即可切换为摄影机视图。当需要观察视图透视效果时，切换视图至透视视图，进行编辑，并不会影响摄影机视图。

知识点拨

使用摄影机视图观察和渲染场景，透视图则配合编辑实体，这样搭配使用会非常方便。

Q：场景中包含的实体太多，选择摄影机时总是误选其他实体，怎样解决这一问题？

A：这个解决方法非常简单，在软件中只激活摄影机就不会出现选择出错的情况。在工具栏中单击全部按钮，此时弹出列表框，在其中选择“C−摄影机”选项，如图5−74所示，此时在视图中用户只能选中摄影机，框选视图也只会选择摄影机，如图5−75所示。

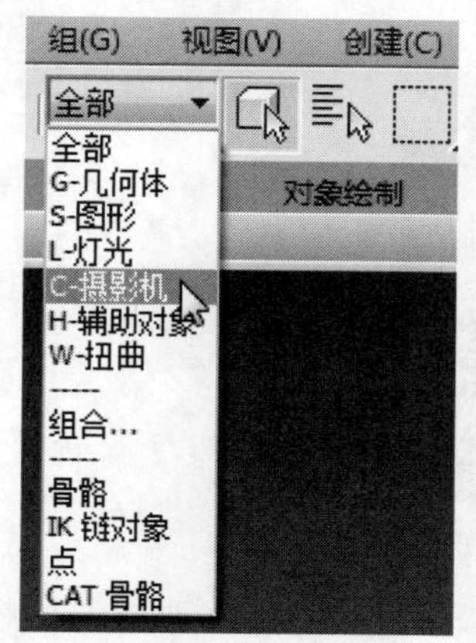

图5−74 选择“C−摄影机”选项

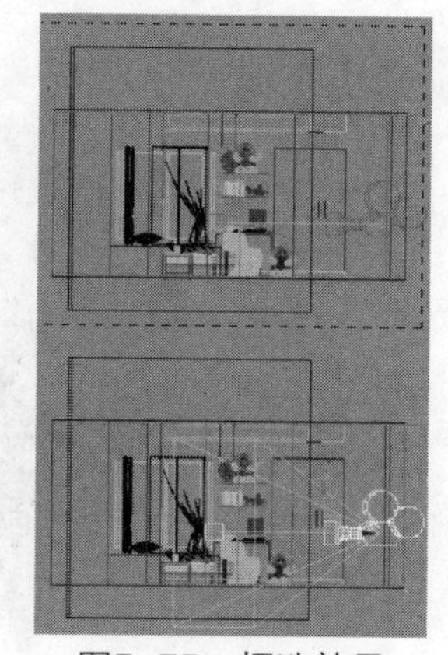

图5−75 框选效果

Q：创建摄影机之后，摄影机视图为什么是黑色的？

A：创建摄影机时，应特别注意，要把镜头位置放置在室内，切记不要放在墙外或者墙中，如果将摄影机镜头放置在墙中，摄影机视图中将是黑色的，看不到任何东西，如果设置到墙外，也就看不到室内场景的布置。此时你只需要将镜头向内移动一段距离，即可看到场景。

5.8 拓展应用练习

针对本章所学知识，下面列举两个关于摄影机的实例，加以巩固。

5.8.1 衣物展架摄影机的应用

下面创建并调整摄影机，切换摄影机视图，并渲染视图，效果如图5-76所示。

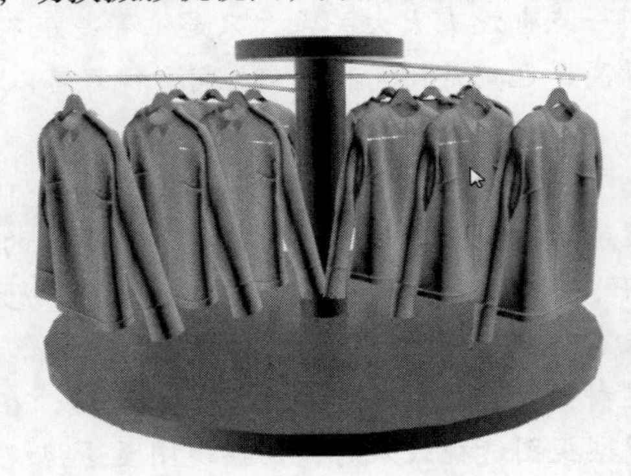

图5-76　渲染衣物展架

操作提示

01 打开“衣物展架”文件，在顶视图创建目标摄影机。

02 在其他视图中调整摄影机的位置，激活透视视图，并按C快捷键切换至摄影机视图。

03 按F9键渲染摄影机视图。

5.8.2 笔记本摄影机的应用

利用摄影机创建视图，并进行渲染，渲染效果如图5-77所示。

图5-77　渲染笔记本

01 打开“笔记本”文件。

02 创建并调整摄影机的位置。

03 将视图切换为摄影机视图，按F9键完成渲染。

第6章

材质的应用

本章概述 材质是描述对象如何反射或透射灯光的属性，并模拟真实纹理，通过设置材质可以将三维模型的质地、颜色等效果与现实生活的物体质感相对应，达到逼真的效果，本章将具体介绍材质的应用，并通过本章的学习使用户掌握一些常用材质的设置方法。

知识要点
- 材质编辑器及工具
- 材质的类型及编辑
- VRay的常见材质
- 材质的应用

6.1 材质编辑器

材质与贴图的建立和编辑，都需要利用材质编辑器完成，通过设置使物体表面显示出不同的质地、色彩以及纹理。用户在学习如何设置材质之前，必须具体了解材质编辑器的应用方法。

6.1.1 打开材质编辑器

通过菜单命令、工具栏按钮命令和快捷键均可以打开“材质编辑器”对话框。下面具体介绍打开材质编辑器的方法。

用户可以通过以下方式打开“材质编辑器”对话框。

- 执行“渲染”|“材质编辑器”命令的子命令。
- 在工具栏单击“精简材质编辑器”按钮和“Slate材质编辑器”按钮。
- 按M快捷键打开“材质编辑器”对话框。

Max软件中包含精简材质编辑器和Slate材质编辑器两种类型，图6-1为“精简材质编辑器”对话框，图6-2为“Slate材质编辑器”对话框。

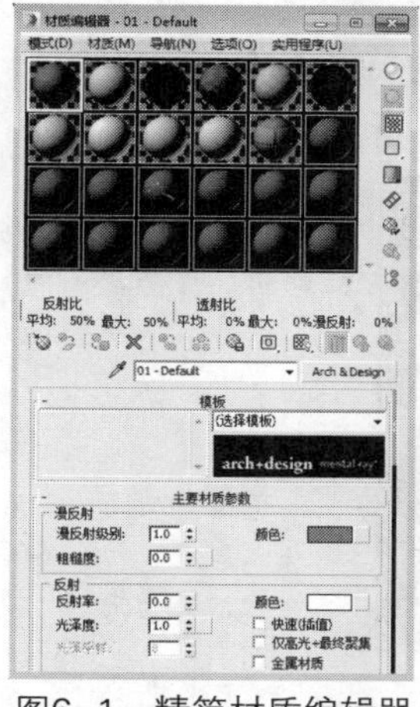

图6-1 精简材质编辑器

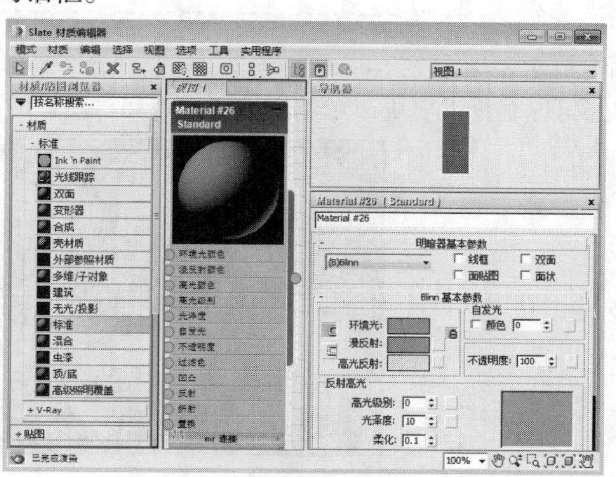

图6-2 Slate材质编辑器

知识点拨

若之前使用过材质编辑器，则按快捷键M再次打开材质编辑器后，系统默认打开上次的编辑器类型。如果需要使用VRay材质，首先要将渲染器改为V-Ray渲染器，设置完成之后，在材质编辑器中就可以选择标准和VRay材质类型了。

6.1.2 标题栏和菜单栏

标题栏和菜单栏位于材质编辑器的最上方，标题栏用于显示当前选择材质球的名称，以及更改编辑器的显示状态或关闭编辑器。菜单栏由模式、材质、导航、选项和实用程序5个菜单项目组成，如图6-3所示。

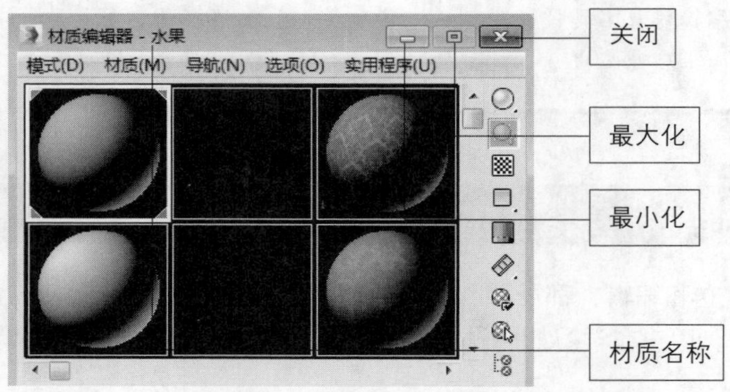

图6-3　标题栏和菜单栏

下面具体介绍编辑器中各菜单栏的含义。

- 模式：选择材质编辑器的样式。
- 材质：获取、保存和设置材质的显示。
- 导航：更改材质编辑器中的“参数”面板。
- 选项：控制材质的示例窗材质球的显示，在“选项”菜单列表中单击“选项”选项，打开“材质编辑器选项”对话框，在其中可以设置材质和贴图在示例窗中的显示方式。
- 实用程序：渲染贴图和编辑材质编辑器窗口。

6.1.3 示例窗口

示例窗口主要用来显示编辑和修改过的材质球。编辑材质的特征都会在示例窗口中展示出来，用户还可以根据需要更改示例窗口的大小和材质球的数量，如图6-4所示。

图6-4　示例窗口

1. 窗口大小的更改

示例窗口的材质球为固定大小，如果此时的材质有细微纹理，用户需要观察设置的纹理比例或大小，可以放大显示材质球实例框，方便观察材质球效果。

【例6-1】下面具体介绍如何更改窗口大小。

01 按M键打开“材质编辑器”对话框，如图6-5所示。

02 双击示例窗口的第一个材质球，弹出材质球窗口，拖曳窗口即可放大显示材质和纹理，如图6-6所示。

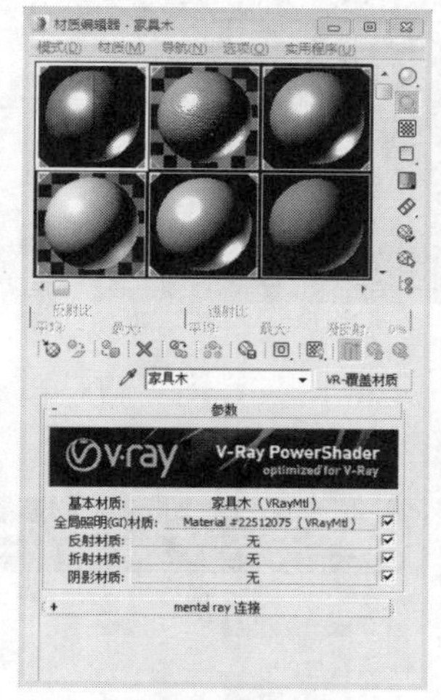

图6-5 “材质编辑器”对话框

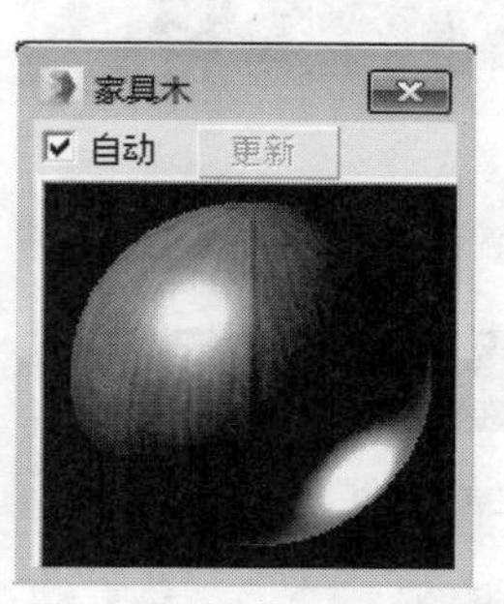

图6-6 放大显示窗口

知识点拨

在材质编辑器中，利用菜单命令也可以放大窗口。在示例窗口中单击选择材质球，执行“材质”|“启动放大窗口”命令（如图6-7所示），此时将放大显示材质球窗口，如图6-8所示。

在材质球上单击鼠标右键，在弹出的快捷菜单列表中单击“放大”选项同样可以放大材质球窗口。

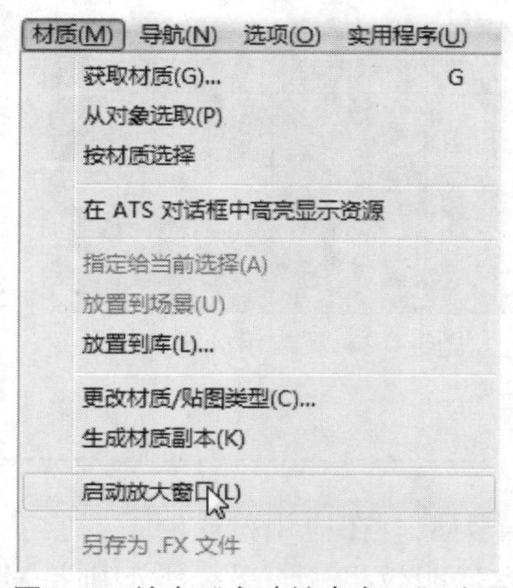

图6-7 单击“启动放大窗口”选项

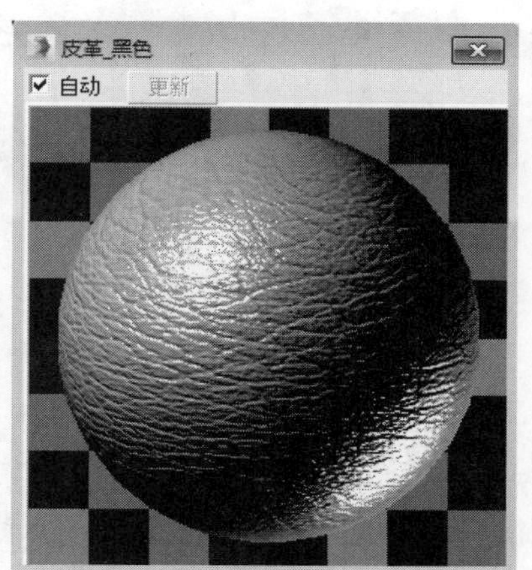

图6-8 放大显示窗口

2. 材质球示例窗数量的更改

如果设计场景时需要使用的材质非常多，在只有6个实例窗口的情况下，用户可以更改示例窗口的数量，更改示例窗口数量的方法有两种，用户可以通过以下方式设置示例窗口的数量。

● 执行“选项”|“选项”命令，在弹出的“材质编辑器选项”对话框的“示例窗口数目”选项组单击相应的数目单选按钮。

● 在任意材质球上单击鼠标右键，在弹出的快捷菜单列表中单击相应的示例窗数值。

【例6-2】下面将实例窗口更改为6×4模式。

01 打开“材质编辑器”对话框，如图6-9所示。

02 执行“选项”|“选项”命令，如图6-10所示。

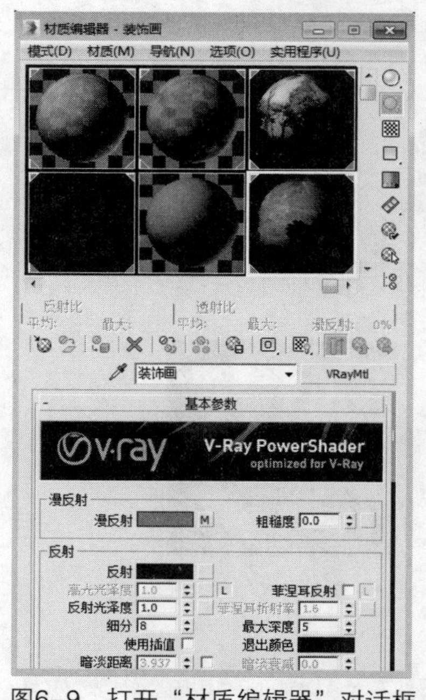

图6-9 打开“材质编辑器”对话框

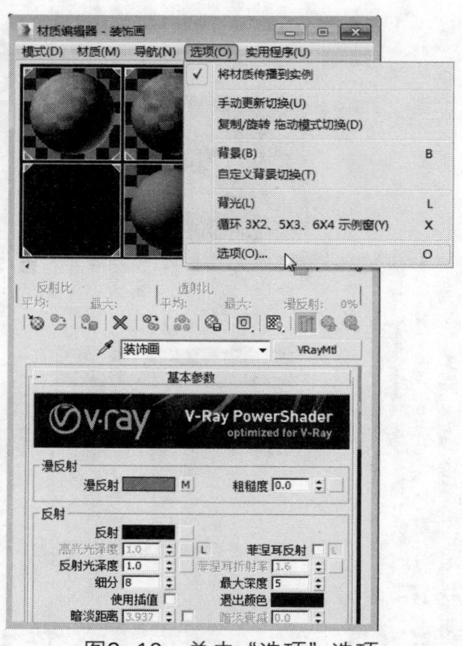

图6-10 单击“选项”选项

03 在弹出的“材质编辑器选项”对话框的“示例窗数目”选项组中单击“6×4”单选按钮，设置完成后单击“确定”按钮，如图6-11所示。

04 此时返回“材质编辑器”对话框，实例窗口将被更改为“6×4”模式，如图6-12所示。

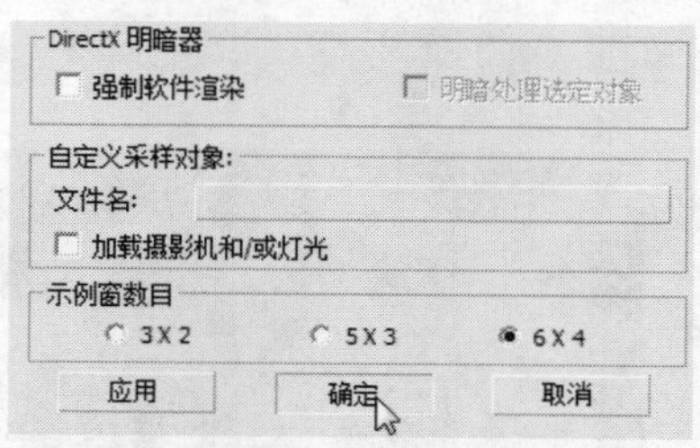

图6-11 单击“确定”按钮

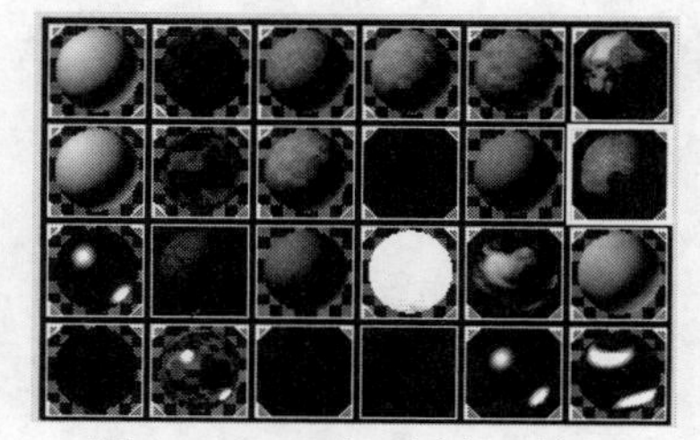

图6-12 更改示例窗口效果

6.1.4 材质球的显示

在示例窗口中，还可以设置材质球的背景和采样类型。在应用材质时，经常会用到一些透明材质，更改示例窗口的背景显示，可以有效地观察透明效果，而采样类型则是显示示例窗口中材质的显示形状。

1. 更改背景

更改背景模式，可以有效地显示透明材质，更改背景的方法有很多种，用户可以通过以下方式更改材质球背景。

- 在工具栏单击“背景”按钮。
- 执行“选项”|“背景”命令。

【例6-3】下面具体介绍更改实例窗口的背景和自定义背景的方法。

01 打开“材质编辑器”对话框，选择透明材质，如图6-13所示。

02 执行“选项”|“背景”命令，如图6-14所示。

图6-13 选择材质球

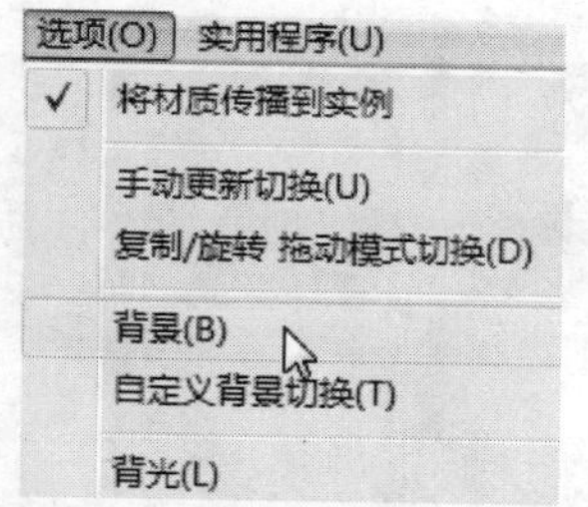

图6-14 单击“背景”选项

03 此时，材质球将更改背景，并非常明显地显示透明材质状态，如图6-15所示。

04 在材质编辑器中，还可以自定义材质球背景，下面介绍自定义材质球背景的发法。

05 执行“选项”|“选项”命令，打开“材质编辑器选项”对话框，勾选“自定义背景”复选框，并单击后面的列表框，如图6-16所示。

图6-15 显示背景效果

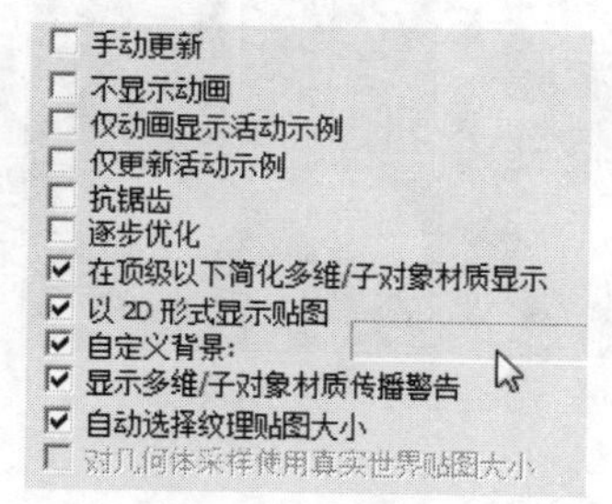

图6-16 单击“自定义背景”列表框

06 打开“选择背景位图文件”对话框，在其中选择图片并单击“打开”按钮，如图6-17所示。

07 返回“材质编辑器选项”对话框，单击“确定”按钮，此时将完成自定义背景的操作，如图6-18所示。

图6-17 单击“打开”按钮

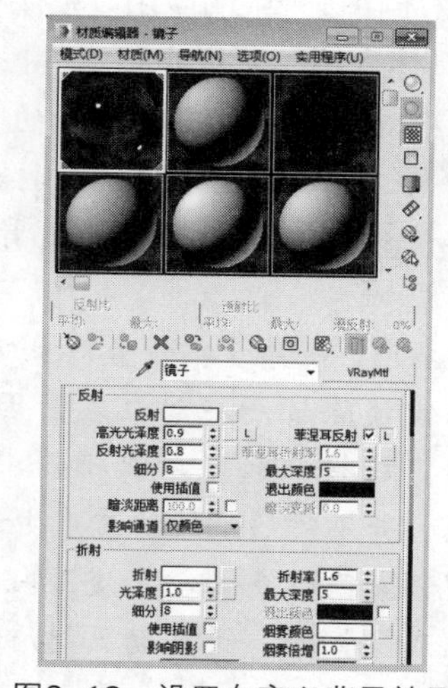

图6-18 设置自定义背景效果

2. 更改采样类型

在材质编辑器中不仅可以以球体显示材质，还可以以圆柱体和长方体显示材质，利用工具栏可以更改材质球的显示状态。

【例6-4】下面具体介绍采样类型的设置方法。

01 选择材质球，如图6-19所示。

02 在右侧工具栏长按“采样类型”按钮，在弹出的按钮列表中选择圆柱体，如图6-20所示。

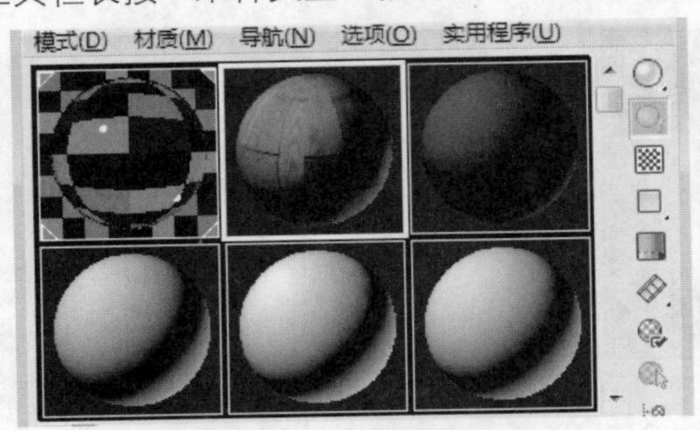

图6-19 选择材质球

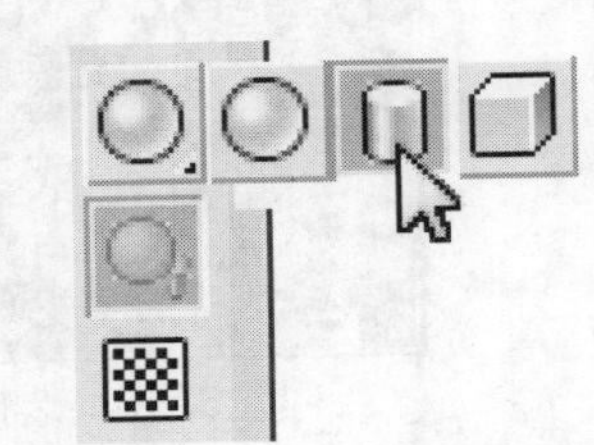

图6-20 单击“圆柱体”按钮

03 此时示例窗口将材质球更改为圆柱体形状，如图6-21所示。

04 重复以上操作，将材质球更改为长方体形状，如图6-22所示。

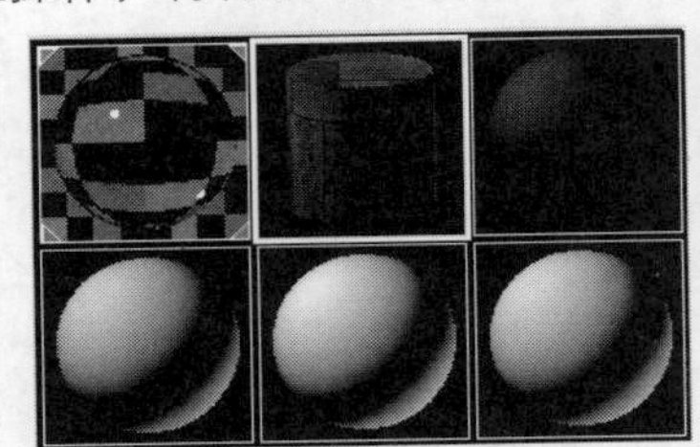

图6-21 圆柱体效果

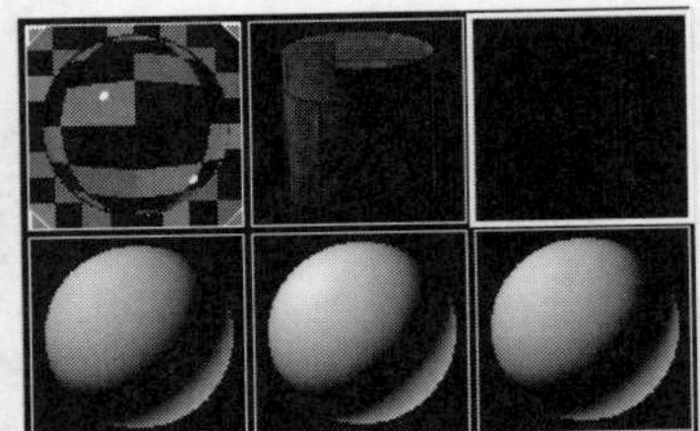

图6-22 长方体效果

6.1.5 工具栏

工具栏在示例窗口的两侧垂直放置，其中包含了21种工具，如图6-23所示。该工具栏用于更改材质球在示例窗的显示，设置参数面板的位置状态，编辑材质在场景中的应用以及保存材质。

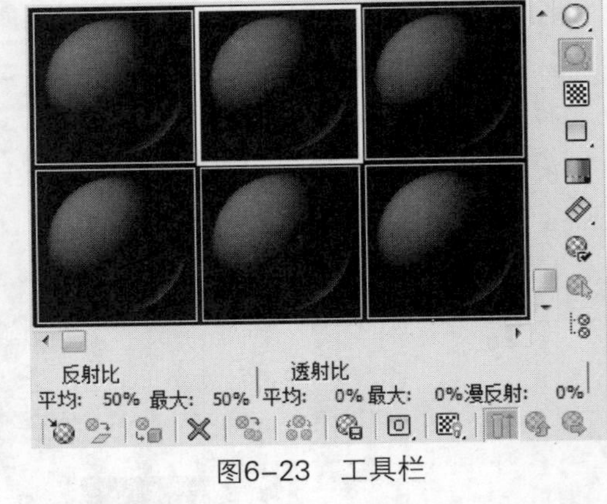

图6-23 工具栏

下面具体介绍工具栏中各工具按钮的含义。

- 采样类型：设置材质球的显示形状。
- 背光：决定材质球是否打开背光灯。
- 背景：应用并显示材质背景，有助于观察透明材质。
- 采样UV平铺：设置对象重复贴图的效果，以便消除位图在对象表面因重复而形成的接缝。该按钮只显示编辑器中材质球的显示状态，并不对场景的材质产生影响。
- 视频颜色检查：检查除NTSC和PAL制式以外的视频信号色彩是否超出视频界线。
- 生成预览：设置动画材质的预览效果。

- 选项：单击该工具按钮，即可打开“材质编辑器选项”对话框，可以设置材质和贴图在示例窗中的显示方式。
- 按材质选择：单击该按钮，弹出“选择对象”对话框，在其中可以按材质选择实体。
- 材质/贴图导航器：单击该按钮，即可打开“材质/贴图导航器”对话框，在其中可以查看当前选择材质的基本信息。
- 获取材质：单击该按钮，打开“材质/贴图浏览器”对话框，在该对话框中可以设置材质的类型。
- 将材质放入场景：使当前样本材质成为同步材质。
- 将材质指定给选定对象：在视图中选择物体，单击该按钮即可将当前选定材质球的材质赋予到物体上。
- 重置贴图/材质为默认设置：将选定材质重置为默认状态，当场景中使用了材质贴图时，单击该按钮，会弹出提示窗口，在其中可以设置重置当前材质是影响场景和编辑器中的材质，还是只影响编辑器中材质球的材质。
- 生成材质副本：将当前选定材质生成副本，生成副本的材质将不再同步。
- 使唯一：将关联复制的材质脱离关联，使之成为单独的材质。
- 放入库：将选定的材质设置名称后保存在库中，方便下次调用。
- 材质ID通道：材质效果通道，将指定一个通道来使材质产生特殊效果。
- 视图中显示明暗处理材质：单击该按钮，将在视图中显示赋予该材质的效果。
- 显示最终结果：设置材质球以球体形状显示还是将贴图平铺在窗口上。
- 转到父对象：控制材质编辑器中当前的参数面板，单击该按钮，即可转到上一个父级材质编辑状态。
- 转到下一个同级项：返回同一层的下一个贴图或材质属性。

【例6-5】下面以为沙发添加材质为例，介绍工具栏中常用工具的使用方法。

01 打开“材质编辑器”对话框，在实例窗口中选择材质球，如图6-24所示。

02 确定物体为选中状态，在工具栏中单击按钮，将材质指定给选定对象，如图6-25所示。

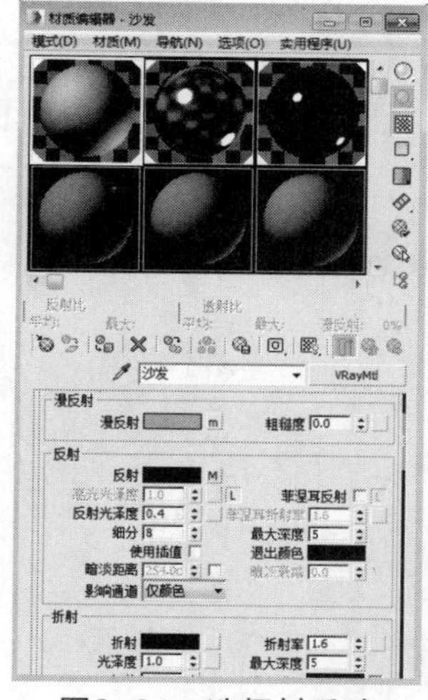

图6-24 选择材质球

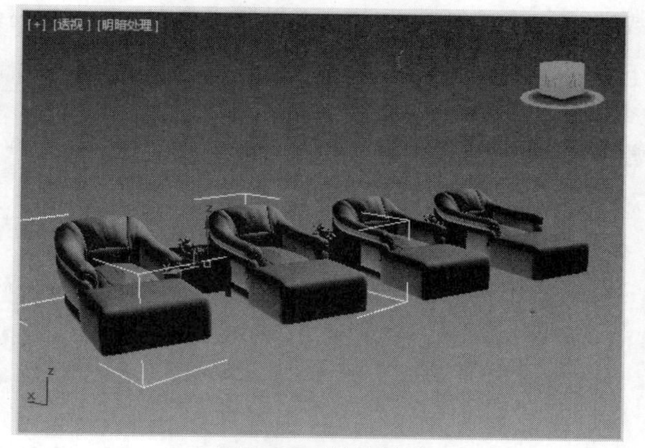

图6-25 赋予材质

03 此时透视图并没有显示赋予后的材质，在水平工具栏单击“视口中显示明暗处理材质”按钮，完成后的效果如图6-26所示。

04 在实例窗口中选择下方的材质球，并在“基本参数”卷展栏中单击“从对方拾取材质”按钮，如图6-27所示。

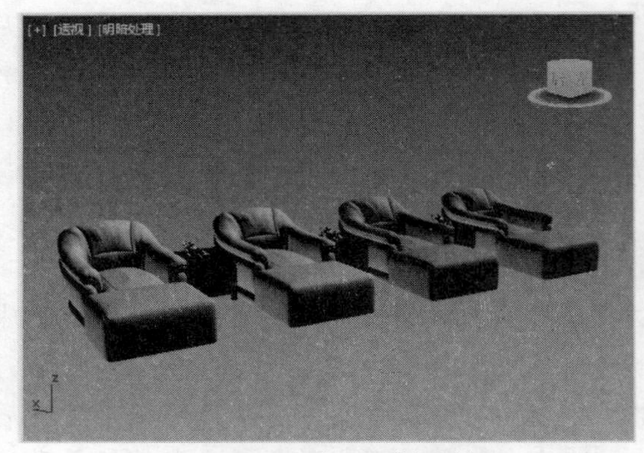

图6-26　明暗显示材质效果

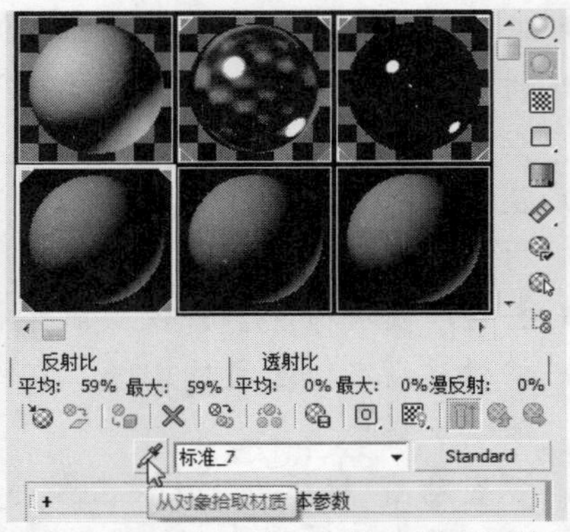

图6-27　单击“从对方拾取材质”按钮

05 在透视视图中，在沙发材质上单击鼠标左键，此时材质将被拾取，如图6-28所示。

06 将该材质赋予到剩余的两个沙发中，并在视图中明暗显示材质，设置完成后如图6-29所示。

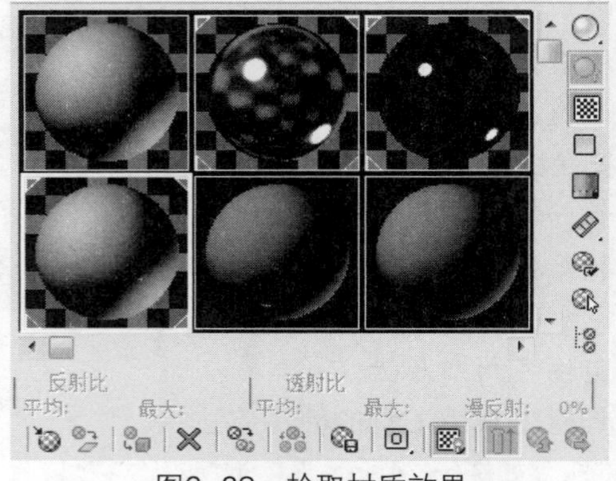

图6-28　拾取材质效果

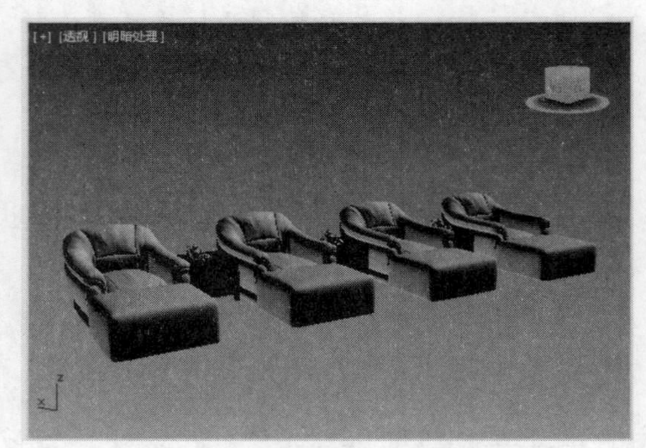

图6-29　赋予材质效果

6.1.6　参数面板

参数面板在工具栏的下方，将材质设置为VRayMtl材质后，此时将生成新的参数面板，如图6-30所示。

在参数控制面板中，包含了基本参数、双向反射分布函数、选项、贴图、反射插值、折射插值和mental ray连接7个卷展栏，下面就具体介绍各卷展栏的含义。

- 基本参数：“基本参数”卷展栏中包含漫反射、反射、折射、半透明和自发光的颜色、光泽度5个选项组。
- 双向反射分布函数：用来定义给定入射方向的辐射照度如何影响给定出射方向上的辐射率。也就是描述入射光线经过某个表面反射后如何在各个出射方向上分布。

图6-30　参数面板

- 选项：设置材质的其他显示效果。
- 贴图：可以访问材质的各个部件，部分组件还能使用贴图代替原有的颜色。

6.1.7 材质的存储

在创建和编辑材质的过程中，由于材质示例窗中的材质球有限，在不够使用的情况下，用户可以将材质存储起来，方便下次调用。

【例6-6】下面以存储木地板材质为例，介绍存储材质的方法。

01 打开“材质编辑器”对话框，选择材质球，如图6-31所示。

02 在水平工具栏中单击“放入库”按钮，此时弹出“材质编辑器”对话框，单击“是”按钮，如图6-32所示。

图6-31 选择材质球

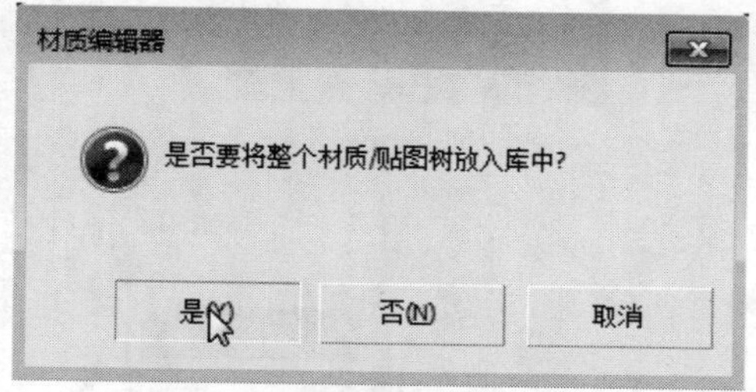

图6-32 “材质编辑器”对话框

03 在“放置到库”对话框中，设置材质名称并单击“确定”按钮，如图6-33所示。

04 在工具栏中单击“获取材质”按钮，打开“材质/贴图浏览器”对话框并展开“临时库”卷展栏，该卷展栏可以显示保存的材质，如图6-34所示。

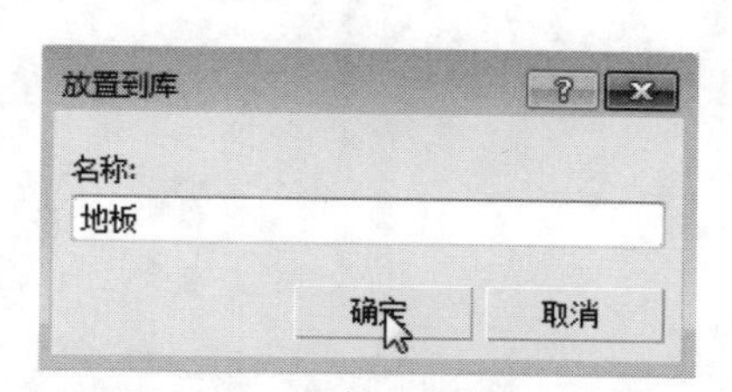

图6-33 单击“确定”按钮

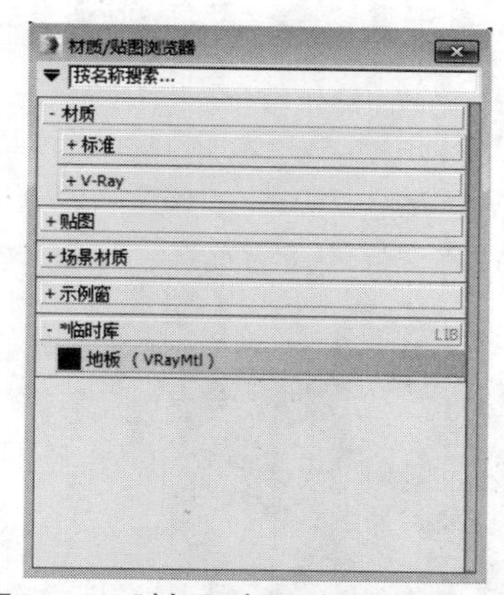

图6-34 “材质/贴图浏览器”对话框

6.2 材质的设置

材质用于描述对象与光线的相互作用，材质的具体特征可以手动设置，如漫反射、高光、置换、凹凸、光泽度、反射和折射等。在材质编辑器中可以对这些选项进行相应的设置，设置完成后还可以将材质赋予到实体上。下面具体介绍设置材质属性的方法。

6.2.1 漫反射的设置

材质是描述对象与光线的相互作用，属性设置不同，显示的材质也不相同。设置漫反射属性可以显示物体表面的颜色，它受灯光和环境的影响。

在设置漫反射属性之前，首先选择材质类型，以下设置均为VRay材质类型。

【例6-7】下面以创建水果材质为例，介绍设置物体材质属性的方法。

01 在工具栏单击材质编辑器的下拉菜单按钮，在弹出的列表中单击“精简材质编辑”按钮，此时打开精简材质编辑器，在示例窗口的下方单击 Arch & Design 按钮，如图6-35所示。

02 打开“材质/贴图浏览器”对话框，选择“VRayMtl”选项，并单击“确定”按钮，如图6-36所示。

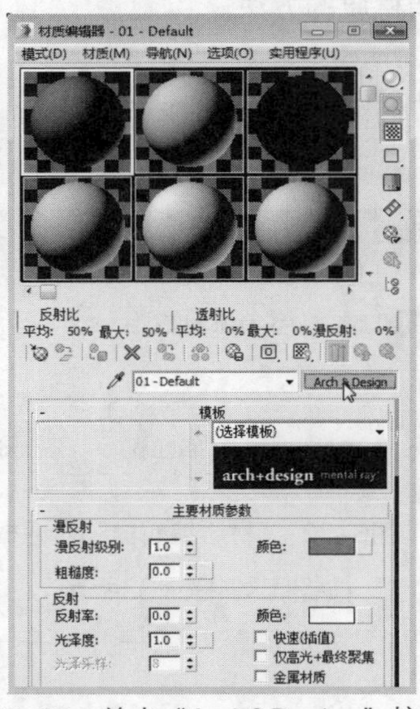

图6-35 单击“Arch&Design”按钮

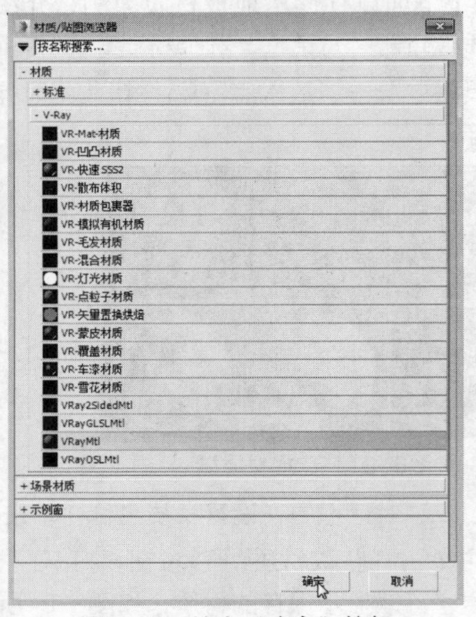

图6-36 单击“确定”按钮

03 此时编辑器中该材质将更改为VRay材质，在“基本参数”卷展栏的“漫反射”选项组中，可以设置漫反射参数和粗糙度，以及添加贴图。

04 单击漫反射后的颜色列表框，如图6-37所示。

05 打开“颜色选择器”，设置颜色，设置完成后单击“确定”按钮，如图6-38所示。

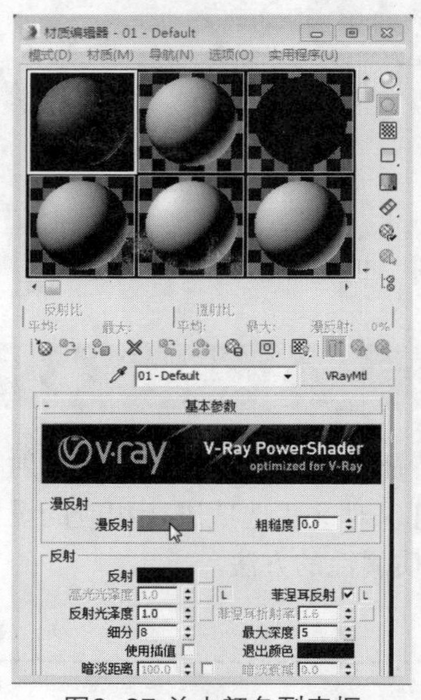

图6-37 单击颜色列表框

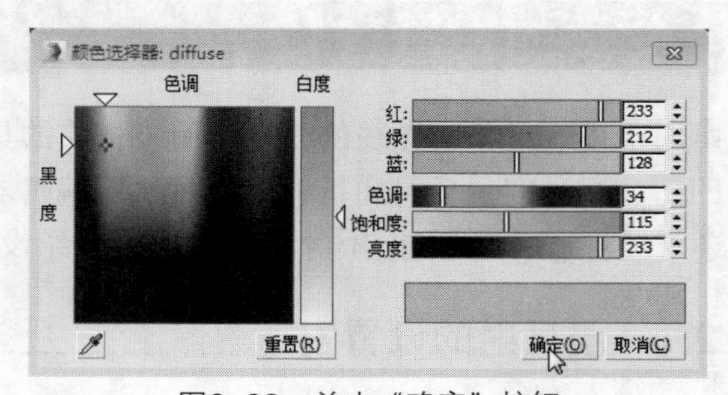

图6-38 单击“确定”按钮

06 此时返回材质编辑器，材质将更改为编辑过的状态，如图6-39所示。

07 将设置的材质赋予到物体上，即可显示材质，如图6-40所示。

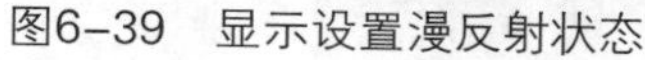
图6-39 显示设置漫反射状态

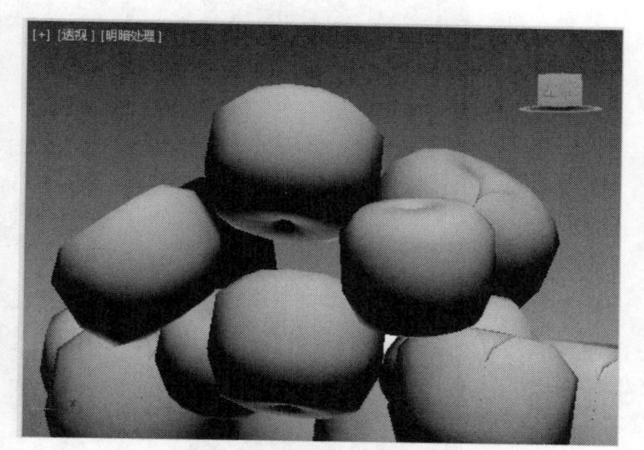

图6-40 赋予材质效果

08 单击颜色列表框后的正方形按钮，打开“材质/贴图”对话框，此时卷展栏中显示“标准”和“V-Ray”两种材质，如图6-41所示。

09 展开“贴图”卷展栏中的“标准”卷展栏，在该卷展栏中选择“位图”选项后单击“确定”按钮，如图6-42所示。

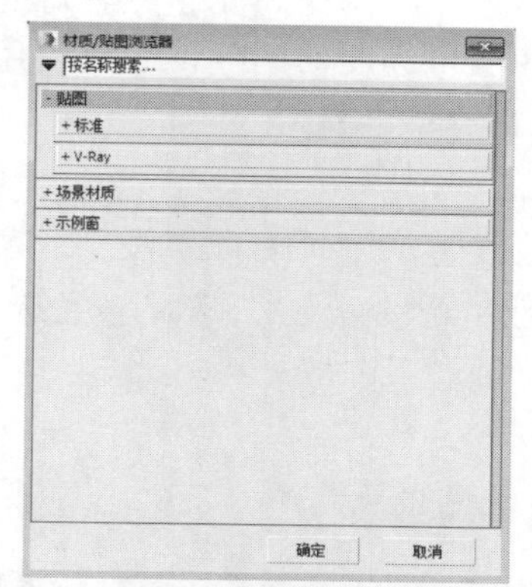

图6-41 “贴图”卷展栏

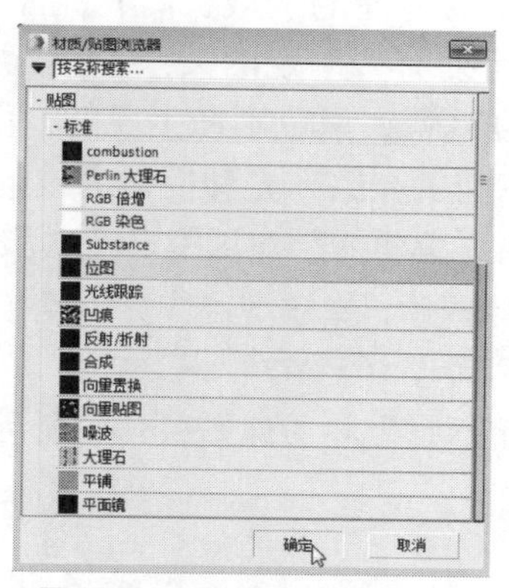

图6-42 单击“确定”按钮

10 打开“选择位图图像文件”对话框，在该对话框中选择需要的图片，并单击“打开”按钮，如图6-43所示。

11 设置贴图比例之后，完成材质贴图设置，材质球效果如图6-44所示。

图6-43 单击“打开”按钮

图6-44 材质球贴图效果

⑫ 将材质赋予物体上，效果如图6-45所示。

图6-45　赋予材质效果

6.2.2　高光和反射的设置

高光也就是带有光泽的区域，高光光泽度主要是控制模糊高光，在有灯光的情况下，值越低越模糊。它和反射有着一定的关系，高光区域的颜色为反射的颜色。反射用来控制反射的强弱，反射越大速度越慢，黑色不产生反射，而白色是完全反射。

【例6-8】下面来介绍高光和反射的设置方法。

01 按M键打开“材质编辑器”对话框，将材质类型设置为VRayMtl，设置漫反射颜色为255，反射颜色为65，设置完成后，单击“高光光泽度”选项后的L按钮，此时激活设置选项窗口，并设置数值，如图6-46所示。

02 此时将出现高光区域，材质球如图6-47所示。

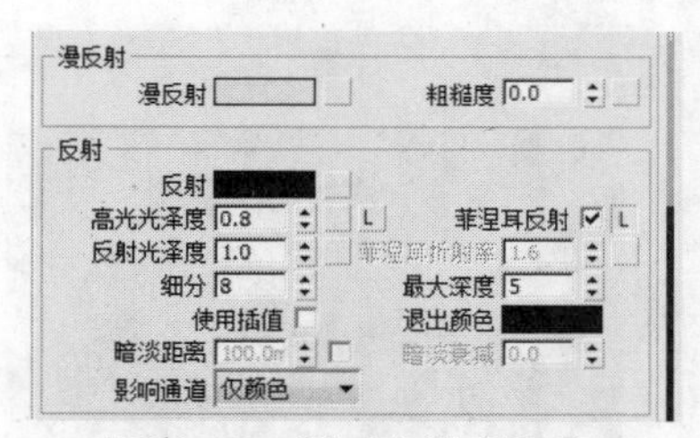

图6-46　设置高光光泽度

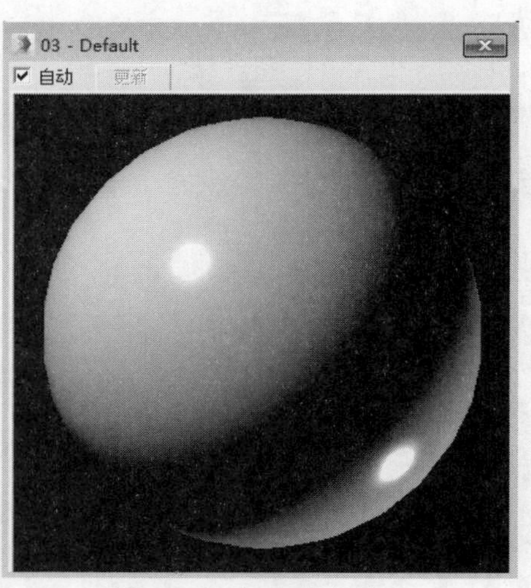

图6-47　设置高光效果

03 将反射颜色更改为橘色，此时材质球如图6-48所示。

04 继续设置高光光泽度为0.5，高光效果如图6-49所示。

05 在3ds Max中，反射颜色越白，反射越强，颜色越黑，反射强度越弱，如图6-50所示的反射颜色为255，如图6-51所示的反射颜色为62。

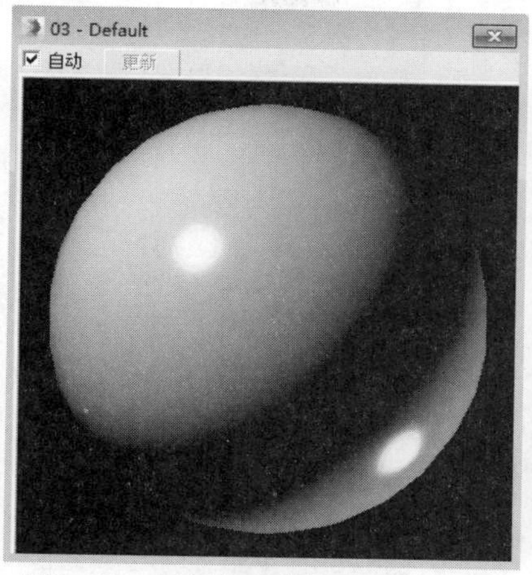

图6-48　反射颜色为橘色

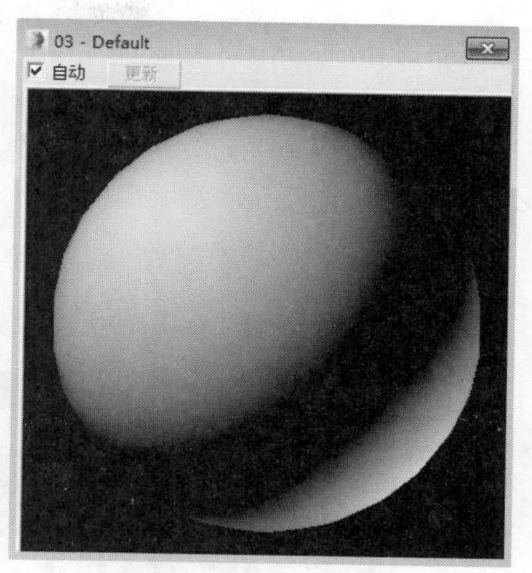

图6-49　光泽度为0.5

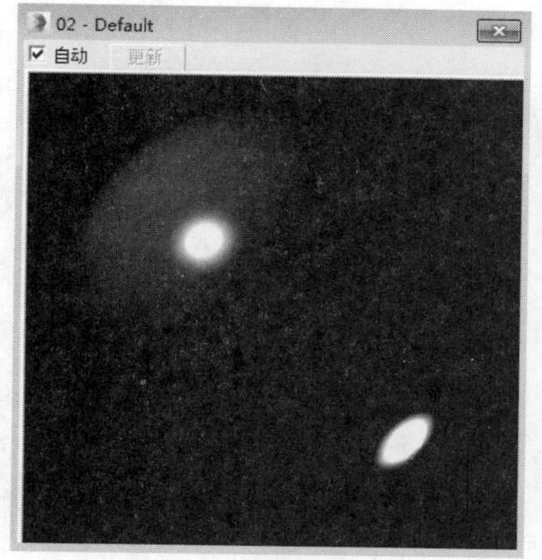

图6-50　反射值为255

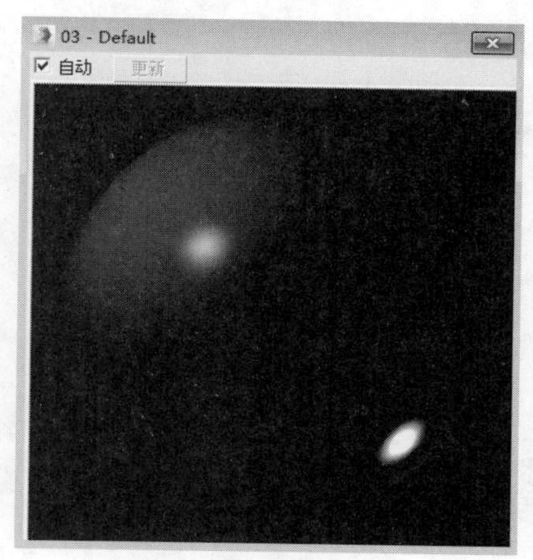

图6-51　反射值为62

6.2.3　凹凸的设置

在现实生活中，许多物体的表面并不全是光滑的，常常会有凹凸表面的物体，只简单地设置材质的漫反射、反射和高光等并不会改变材质表面的效果，在“贴图”卷展栏中可以设置凹凸效果。

【例6-9】下面以创建墙纸材质为例，介绍凹凸材质的设置方法。

01 打开“材质编辑器”对话框，在“颜色选择器”对话框中设置漫反射颜色，如图6-52所示。

02 在参数面板中展开“贴图”卷展栏，单击“凹凸”通道。

03 打开“材质/贴图浏览器”对话框，单击“位图”选项，设置完成后单击“确定”按钮，如图6-53所示。

04 打开“选择位图图像文件”对话框，在其中选择贴图，并单击“打开”按钮，如图6-54所示。

05 打开“坐标”卷展栏，设置图形的大小，如图6-55所示。

06 此时双击材质球，在弹出的材质球窗口中即可观察出材质球上方有些细小的凹凸纹理，如图6-56所示。

07 单击“转到父对象”按钮，在贴图卷展栏中设置凹凸值为100，如图6-57所示。

08 放大材质球，凹凸效果如图6-58所示。

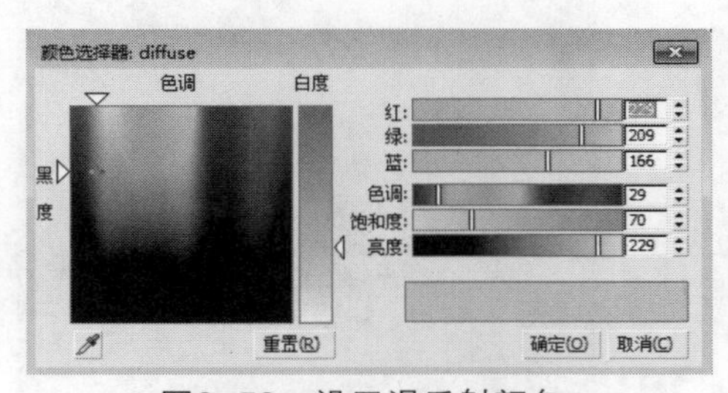

图6-52　设置漫反射颜色

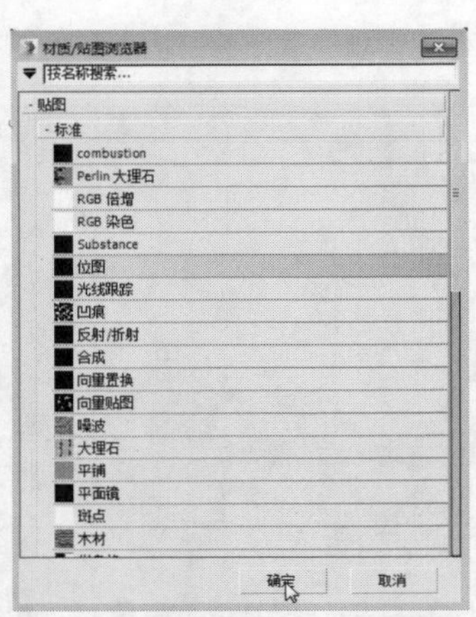

图6-53　单击“确定”按钮

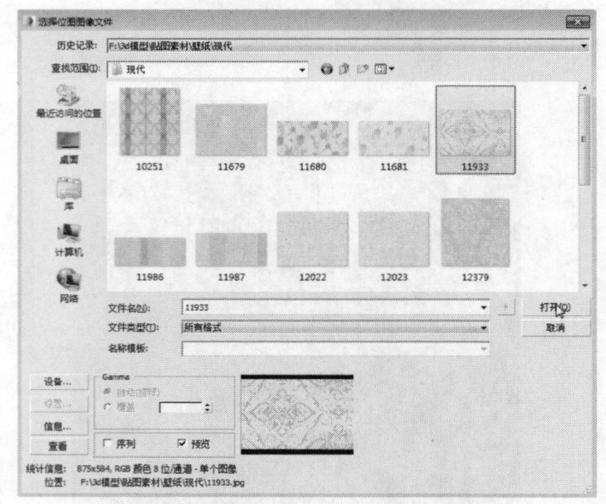

图6-54　单击“打开”按钮

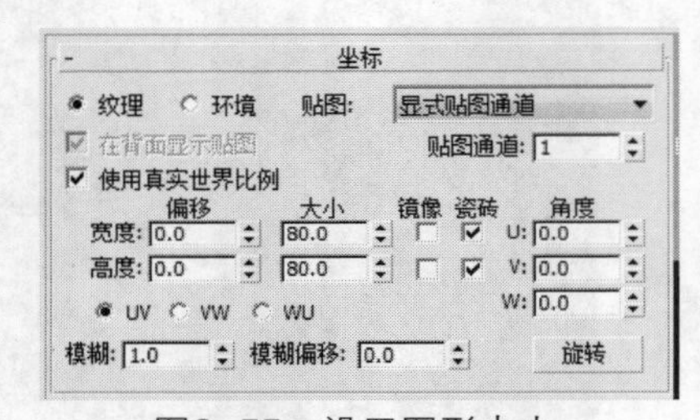

图6-55　设置图形大小

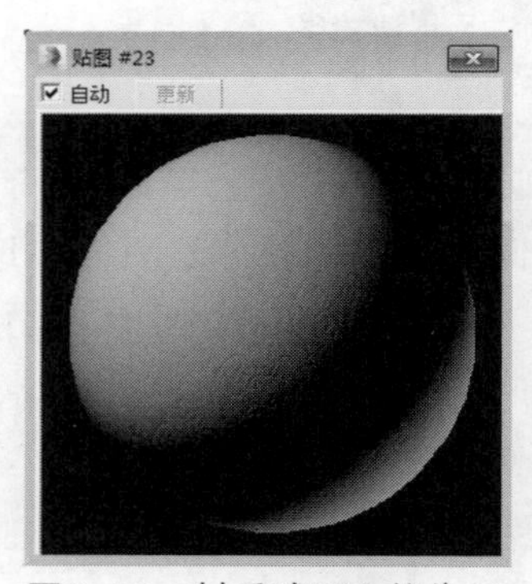

图6-56　材质球凹凸值为60

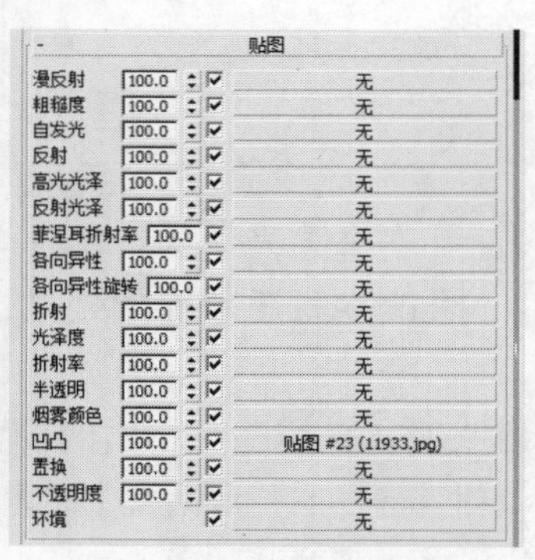

图6-57　设置凹凸值

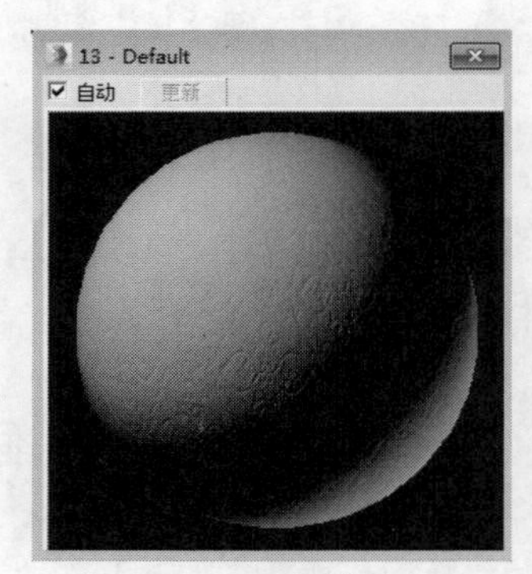

图6-58　凹凸值为100

6.2.4　折射的设置

折射是控制透明度的倍增器，颜色越白，材质越透明。

【例6-10】下面以创建玻璃材质为例，具体介绍设置折射的方法。

01 打开“材质编辑器”对话框，选择一个空白材质球，并设置反射颜色，如图6-59所示。

02 单击“确定”按钮，拖动参数面板至“折射”选项组，将“折射”颜色设置为白色，此时材质将为透明，示例窗口中不显示材质球，在工具栏中单击▩按钮，显示背景，材质球如图6-60所示。

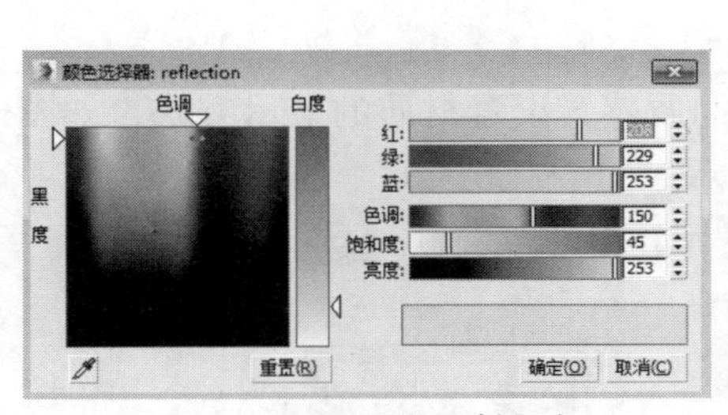

图6-59 设置漫反射颜色

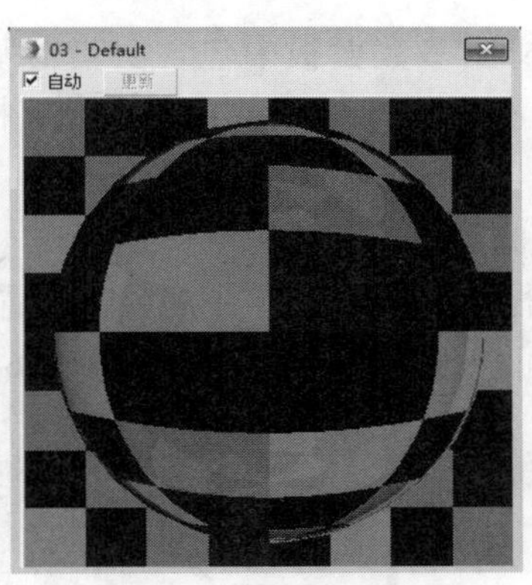

图6-60 透明材质效果

6.3 材质的类型

在3ds Max软件中，默认材质为标准材质，在“渲染设置”对话框中更改渲染器为“V-Ray渲染器”后，“材质/贴图”对话框中的材质卷展栏中将另外添加“V-Ray”选项。

6.3.1 标准

在“材质/贴图浏览器”对话框中展开“标准”卷展栏后，会弹出15个标准材质类型，其中包括Ink'n Paint、光线跟踪、双面、变形器、合成、壳材质等15个标准材质类型，下面具体介绍几个常用材质类型。

1. 标准

标准材质是3ds Max最常用的材质，它可以模拟物体的表面颜色，或者通过添加贴图改变物体纹理。在参数面板中可以设置各种明暗器，并设置相应的选项，设置材质状态。

【例6-11】下面具体介绍调用标准材质的方法。

01 将默认渲染器更改为V-Ray渲染器之后，打开“材质编辑器”对话框，在水平工具栏下方单击 Arch & Design 按钮，打开“材质/贴图浏览器”对话框，此时“材质”卷展栏中将显示“标准”和“V-Ray”两种材质类型，如图6-61所示。

02 展开“标准”卷展栏，在其中单击“标准”选项，选择完成后再单击“确定”按钮（如图6-62所示），设置完成后即可使用标准材质。

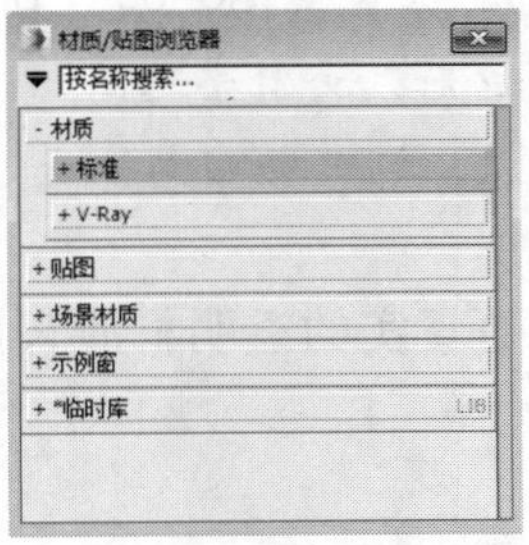

图6-61 “材质”卷展栏

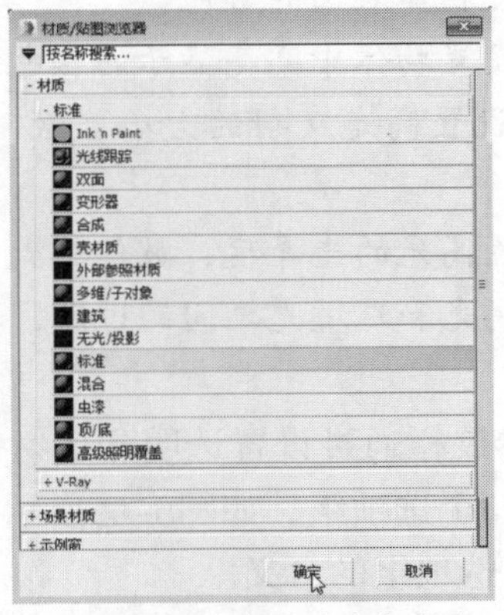

图6-62 单击“确定”按钮

在标准材质参数面板中包含明暗器基本参数、Blinn基本参数、扩展参数、超级采样、贴图、mental ray连接5个卷展栏，每个卷展栏设置材质的选项不同，下面具体介绍卷展栏中各选项的含义。

（1）明暗器基本参数

“明暗器基本参数”卷展栏主要设置材质的质感，设置材质的显示方式，如图6-63所示，该卷展栏中可以设置8个明暗类型，如图6-64所示。

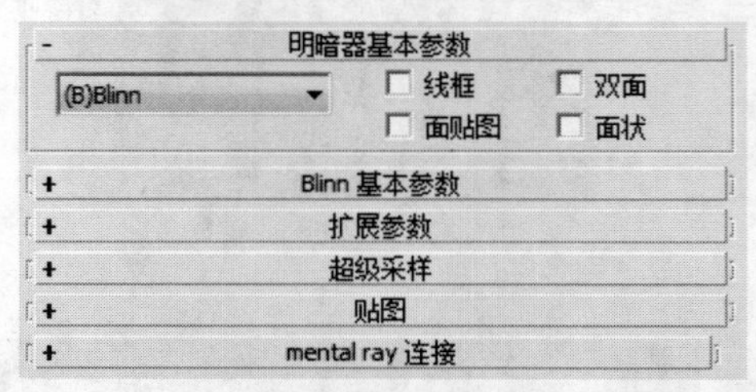

图6-63 “明暗器基本参数”卷展栏

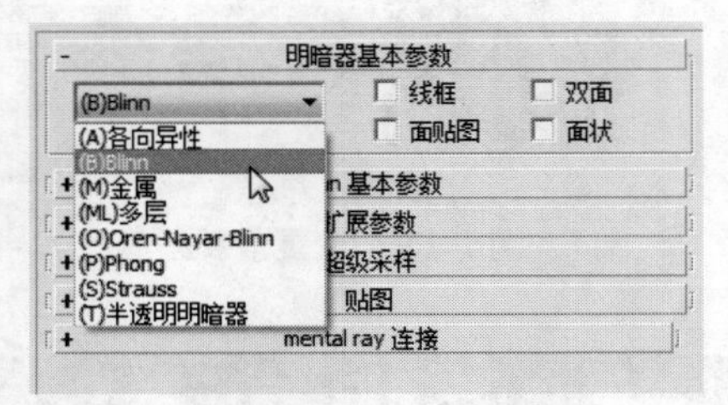

图6-64 明暗类型

下面具体介绍各明暗类型的含义。

- 各项异性：设置带有方向非圆的高光曲面，该明暗器适合做人物头发、玻璃和金属等。
- Blinn：会产生带有发光效果的平滑曲面，在标准材质中属于默认明暗类型。
- 金属：设置金属材质效果，也可以设置金属颜色等。
- 多层：通过设置两个高光反射层，创建更复杂的高光效果。
- Oren-Nayar-Blinn：产生平滑的无光曲面。
- Phong：和Blinn相同，可以设置带有发光效果的平滑曲面，但不可以处理高光。
- Strauss：主要用于模拟金属和非金属曲面。
- 半透明明暗器：可以设置玻璃、塑料等材质，通过设置半透明度，调节透明效果。

（2）Blinn基本参数

“基本参数”卷展栏会根据明暗基本参数，选择不同的明暗类型，在默认情况下，会自动选择Blinn明暗类型，所以下方会显示“Blinn基本参数”卷展栏，在其中可以设置漫反射和高光的颜色，还可以设置反射的高光值和光泽度等，如图6-65所示。

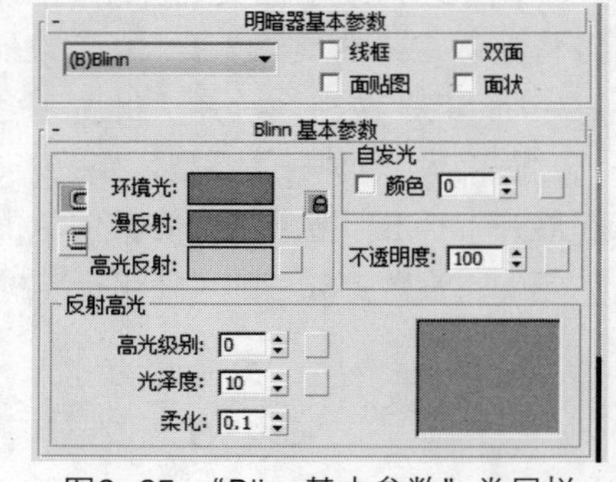

图6-65 “Blinn基本参数”卷展栏

下面具体介绍卷展栏中常用选项的含义。

- 环境光：设置对象在阴影中的颜色。
- 漫反射：设置物体表面的颜色。
- 高光反射：设置物体中高亮显示的颜色。
- 高光级别：设置高光反射的大小，数值越大，高光越明显。
- 光泽度：设置高光的光泽度，数值越大，高光越亮，反射率越高。
- 柔化：设置高光和环境光之间的过渡，数值越大，过渡越自然。

（3）扩展参数

“扩展参数”卷展栏通过设置透明和反射等制作更真实的透明材质，该卷展栏包含高级透明、线框和反射暗淡3个选项组，如图6-66所示。

下面具体介绍各选项组的含义。

- 高级透明：控制材质的不透明度衰减等效果。

- 线框：设置线框的大小和单位类型。
- 反射暗淡：勾选“应用”复选框，设置暗淡值和反射值，可以使阴影中的反射贴图进行暗淡处理。

（4）贴图

在“贴图”卷展栏中，可以对相应选项设置贴图，如图6-67所示，部分组件还会以实用贴图代替原有的材质颜色。

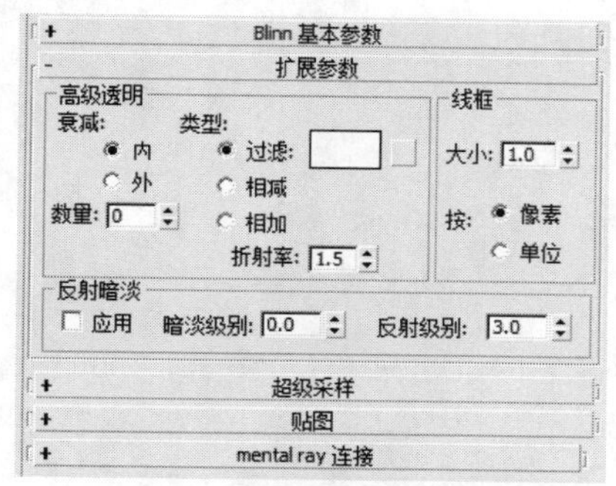

图6-66 “扩展参数”卷展栏

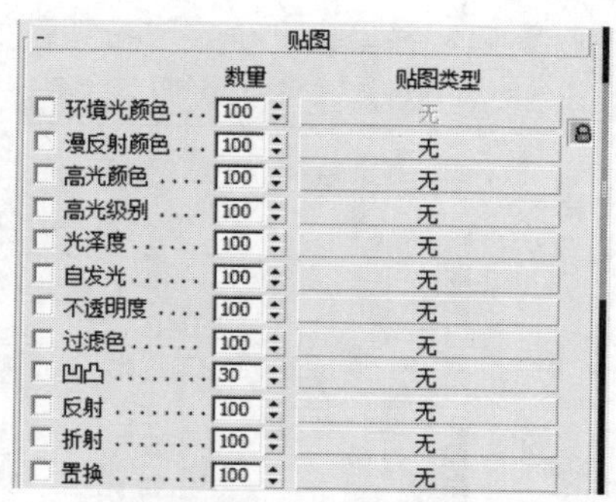

图6-67 “贴图”卷展栏

2. 建筑

在3ds Max 2015中提供了大量的建筑材质的模板，通过调整物理性质和灯光的配合使材质达到更逼真的效果，将“材质”更改为建筑材质后，参数面板如图6-68所示。

下面具体介绍参数面板中各卷展栏的含义。

- 模板：单击用户定义列表框，在弹出的列表中选择材质名称，设置当前建筑材质。

图6-68 “建筑材质”参数面板

- 物理特性：对建筑材质整体进行设置，更改材质显示效果。
- 特殊效果：设置凹凸、置换、轻度、裁切等特殊效果值或添加相应贴图。
- 高级照明覆盖：通过该卷展栏可以调整材质在光能传递解决方案中的行为方式。

3. 混合

混合材质可以将两种不同的材质融合在一起，控制材质的显示程度，还可以制作成材质变形的动画。混合材质由两个子材质和一个遮罩组成，子材质可以是任何材质的类型，遮罩则可以访问任意贴图中的组件或者是设置位图等。它常被用于制作刻花镜、带有花样的抱枕和部分锈迹的金属等。

在使用混合材质后，参数面板如图6-69所示。

下面具体介绍卷展栏中各常用选项的含义。

- 材质1和材质2：设置各种类型的材质。默认材质为标准材质，单击后方的选项框，在弹出的材质面板中可以更换材质。
- 遮罩：使用各种程序贴图或位图设置遮罩。遮罩中较黑的区域对应材质1，较亮较白的区域对应材质2。
- 混合量：决定两种材质混合的百分比，当参数为0时，将完全显示第一种材质，当参数为100时，将完全显示第二种材质。

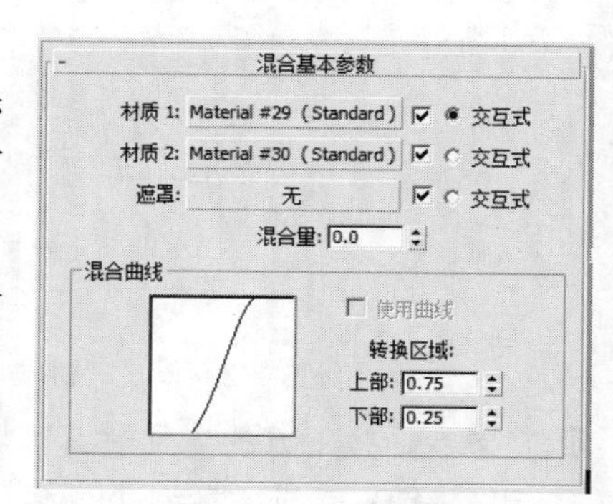

图6-69 参数面板

● 混合曲线：影响进行混合的两种颜色之间变换的渐变或尖锐程度，只有制定遮罩贴图后，才会影响混合。

【例6-12】下面以创建抱枕材质为例，具体介绍设置混合材质的方法。

01 打开“抱枕”文件，按M快捷键打开“材质编辑器”对话框，在水平工具栏下方单击 Arch & Design 按钮，打开“材质/贴图浏览器”对话框，在“标准”卷展栏中单击“混合”选项，并单击“确定”按钮，如图6-70所示。

02 此时弹出透视窗口，并单击“确定”按钮，如图6-71所示。

图6-70 单击“确定”按钮

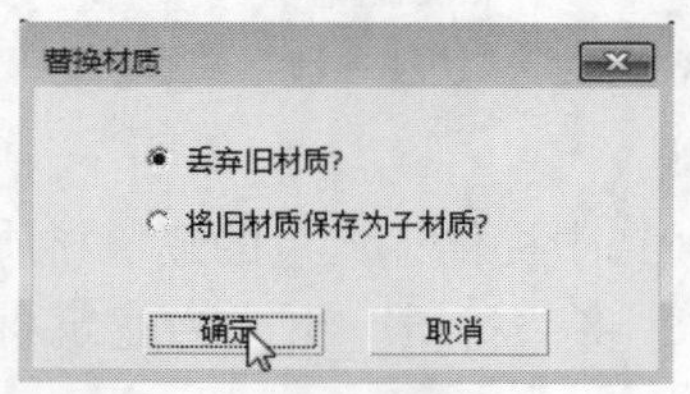

图6-71 单击“确定”按钮

03 此时弹出“混合材质”参数面板，设置材质名称为抱枕，并单击“材质1”选项框，如图6-72所示。

04 进入子材质参数面板中，设置材质环境光的颜色，设置颜色值如图6-73所示。

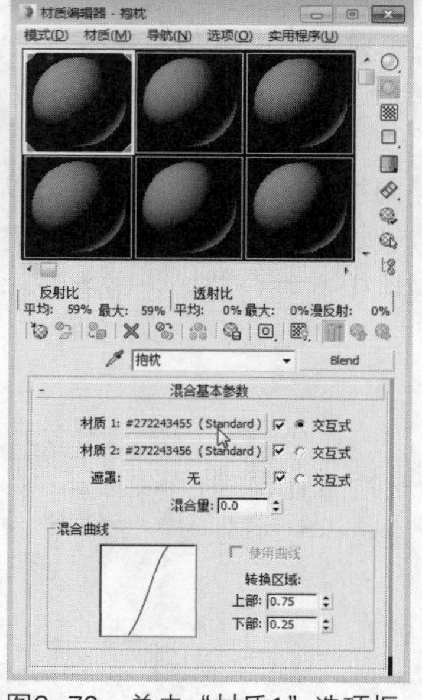

图6-72 单击“材质1”选项框

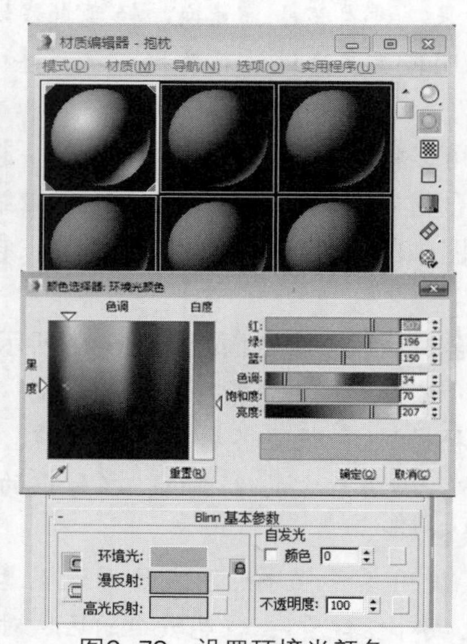

图6-73 设置环境光颜色

05 在参数面板下方的“反射高光”选项组中，设置高光为50，光泽为20，柔化为1，并单击“确定”按钮，完成环境光和漫反射颜色的设置，完成后材质球如图6-74所示。

06 在水平工具栏中单击“转到父对象”按钮，返回“混合材质”参数面板中，并单击“材质2”选项框，进入子材质参数面板，并设置环境光和漫反射颜色，如图6-75所示。

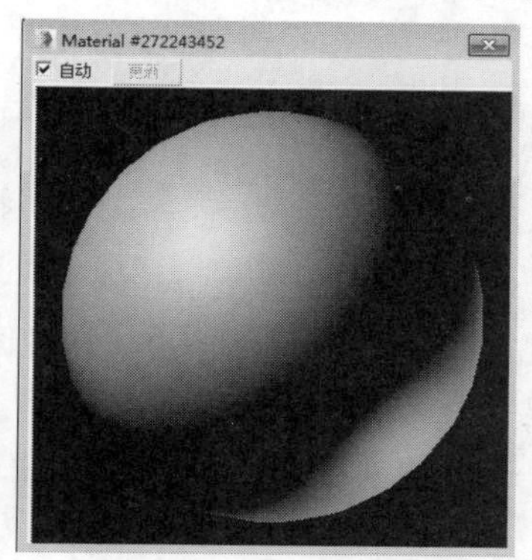

图6-74 设置环境光效果

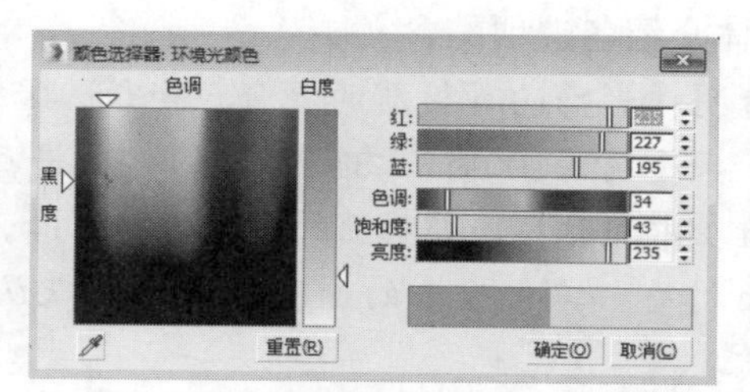

图6-75 设置环境光和漫反射颜色

07 再次返回“混合材质”参数面板，单击“遮罩”选项框，打开“选择位图图像文件”对话框，选择光盘中的遮罩位图，并单击“打开”按钮，如图6-76所示。

08 在打开的“坐标”卷展栏中，将“使用真实世界比例”复选框取消勾选，并在下方设置瓷砖大小，如图6-77所示。

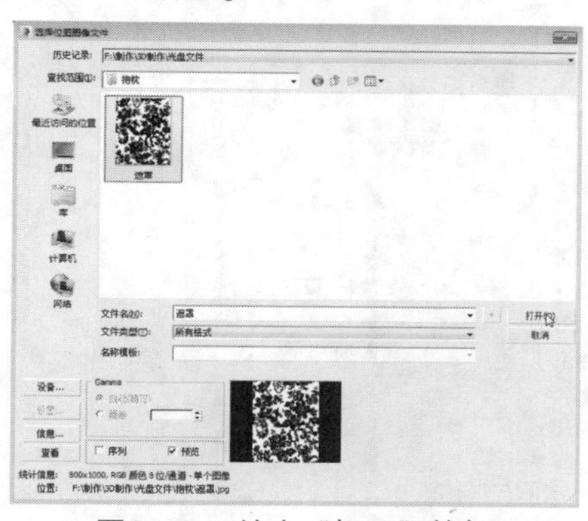

图6-76 单击“打开”按钮

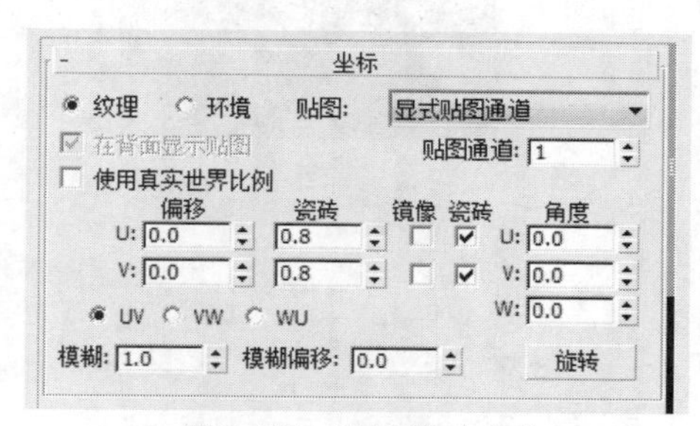

图6-77 设置瓷砖大小

09 设置完成后，材质球如图6-78所示。

10 将材质球赋予到抱枕上，渲染效果如图6-79所示。

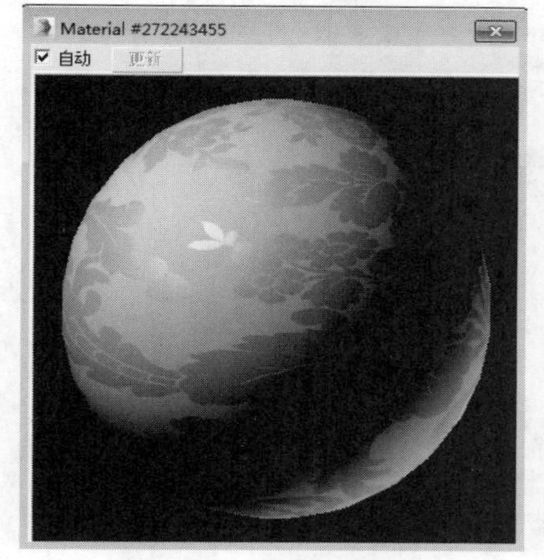

图6-78 材质球效果

图6-79 渲染效果

4. 双面材质

在现实生活中，有许多物体都是双面的，即由内部和外部组成。利用双面材质为正面和背面指定不同的材质，可以达到双面的效果。

应用双面材质后，参数面板如图6-80所示。

图6-80　参数面板

设置双面的参数面板由半透明、正面材质和背面材质组成。下面具体介绍各选项的含义。

- 半透明：影响两种材质的混合，当值为0时，没有混合，半透明为100时，内部外部的材质将互相显示，当值在中间时，内部材质的百分比将下降，并显示在外部面上。
- 正面材质：单击后方的选项框，进入默认标准子材质参数面板中，在其中可设置正面材质。
- 背面材质：单击后方的选项框，进入默认标准子材质参数面板中，在其中可设置背面材质。

【例6-13】下面以创建纸杯材质为例，具体介绍双面材质的使用方法。

01 在“材质/贴图浏览器”对话框的“标准”卷展栏中单击“双面”材质，打开双面参数面板，如图6-81所示。

02 单击正面材质后的选项框，进入标准子材质参数面板中，并单击漫反射后的方框，如图6-82所示。

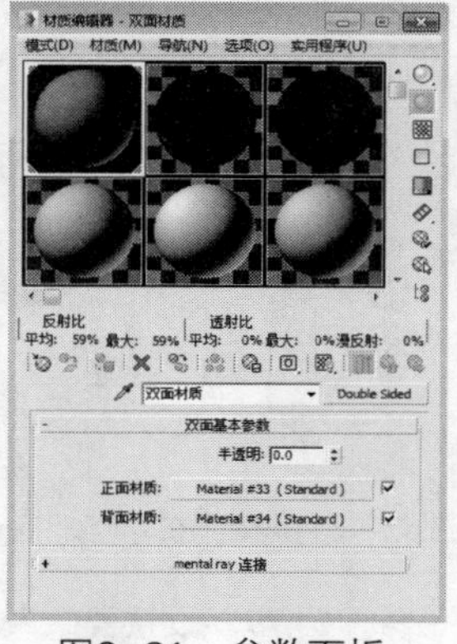
图6-81　参数面板

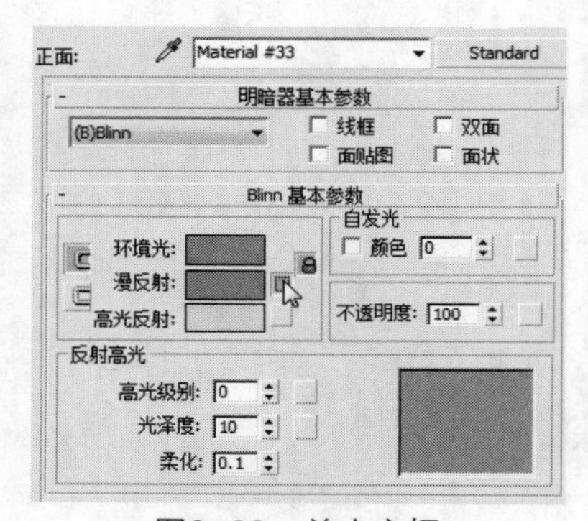

图6-82　单击方框

03 在弹出的“材质/贴图浏览器”对话框中选择位图选项，并单击“确定”按钮，如图6-83所示。

04 打开“选择位图图像”文件，选择正面，单击“打开”按钮，如图6-84所示。

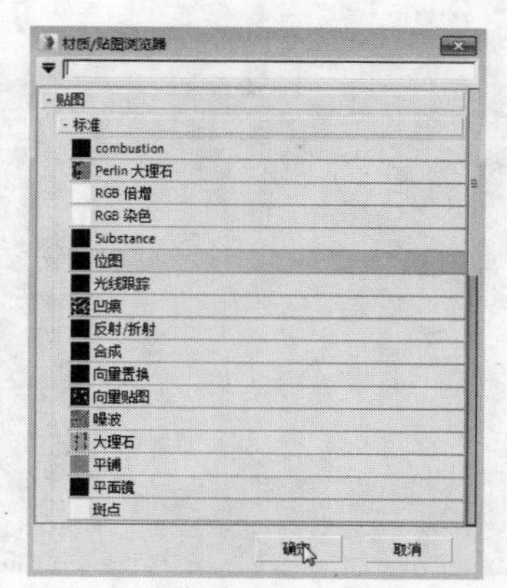

图6-83　单击“确定”按钮

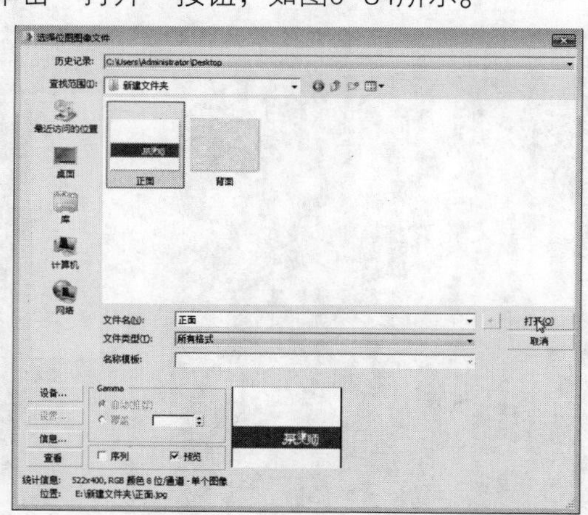

图6-84　单击“打开”按钮

05 重复以上步骤设置背面材质，设置完成后材质球如图6-85所示。

06 将材质赋予到物体上，并添加贴图，在“贴图”选项组中单击“长方体”选项组，将“真实世界贴图大小”复选框取消勾选。

07 渲染物体，材质效果如图6-86所示。

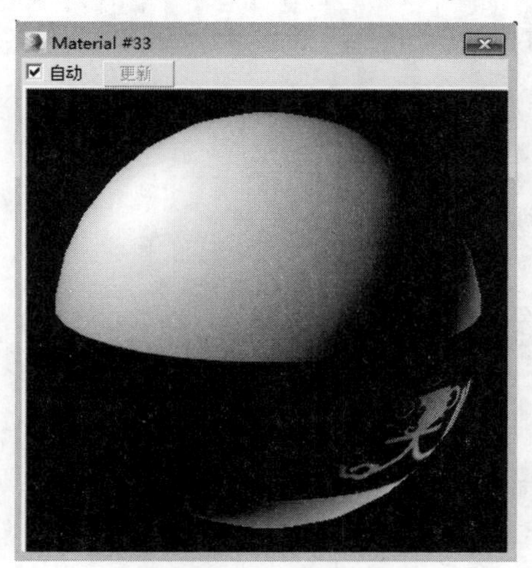

图6-85 材质球效果

图6-86 赋予材质效果

知识点拨

双面材质可以为物体的两个面指定不同的纹理效果，而双面选项仅可以将材质应用到物体的两个面中。

5. 多维/子对象

多维/子对象材质是将多个材质组合到一个材质当中，将物体设置不同的ID材质后，使材质根据对应的ID号赋予到指定物体区域上。该材质常被用于包含许多贴图的复杂物体上。在使用多维/子对象后，参数面板如图6-87所示。

图6-87 参数面板

多维/子对象参数面板中的内容并不多，下面具体介绍参数面板中按钮和选项的含义。

- 设置数量：用于设置子材质的参数，单击该按钮，即可打开“设置材质数量”对话框，在其中可以设置材质数量。
- 添加：单击该按钮，在子材质下方将默认添加一个标准材质。
- 删除：删除子材质。单击该按钮，将从下向上逐一删除子材质。

【例6-14】下面以创建茶壶材质为例，具体介绍设置多维/子对象材质的方法。

01 在视图中创建茶壶，并单击鼠标右键，在弹出的快捷菜单列表中单击“转换为可编辑多边形”选项，如图6-88所示。

02 在堆栈栏中展开“可编辑多边形”卷展栏，在弹出的列表框中单击“多边形”选项，如图6-89所示。

03 在选择面，如图6-90所示。

04 返回“修改”选项卡，在“多边形：材质ID”卷展栏中设置该面ID为1，如图6-91所示。

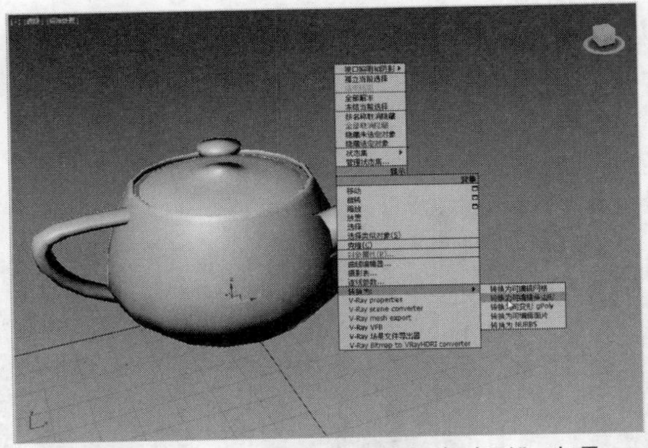

图6-88 单击“转换为可编辑多边形”选项

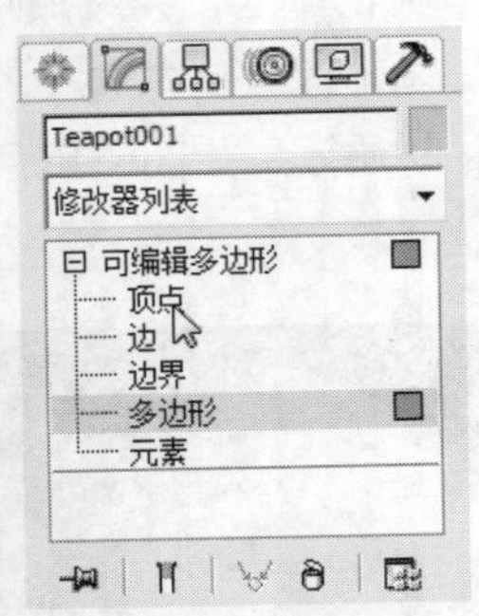

图6-89 单击“多边形”选项

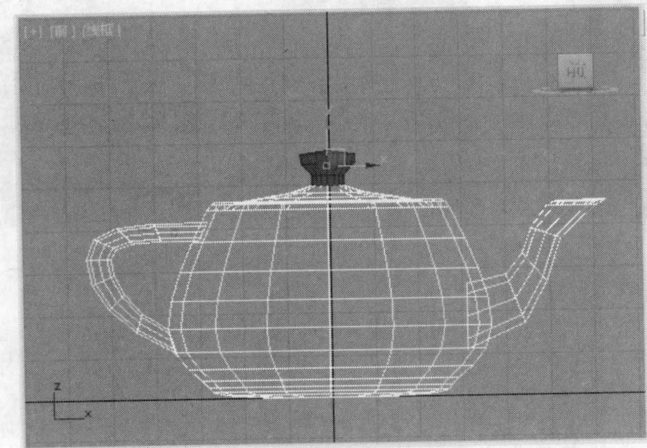

图6-90 选择面

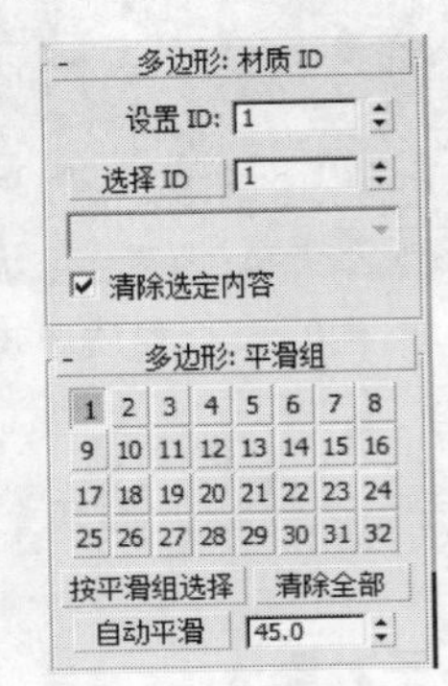

图6-91 设置ID号

05 重复以上步骤，设置壶把、壶盖和壶嘴ID号为2，壶身ID号为3，壶身边缘ID号为1。

06 设置完成后，按M快捷键打开“材质编辑器”对话框，将材质更改为多维/子对象材质，此时参数面板如图6-92所示。

07 单击“设置数量”按钮，在“设置材质数量”对话框中设置数量为6，并单击“确定”按钮，如图6-93所示。

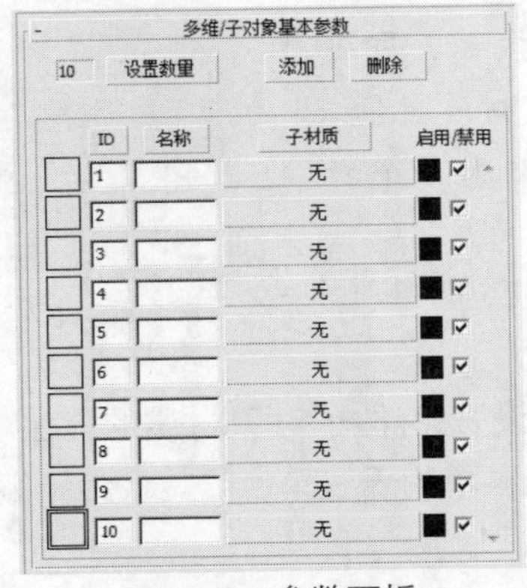

图6-92 参数面板

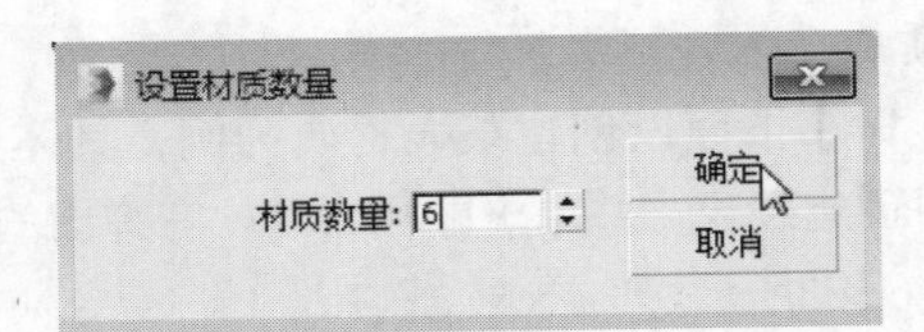

图6-93 单击“确定”按钮

08 此时子材质将更改为5个，在“名称”选项框中输入材质名称，并单击子材质选项框，如图6-94所示。

09 将子材质设置为标准材质，在对话框中设置材质的相关选项，如图6-95所示。

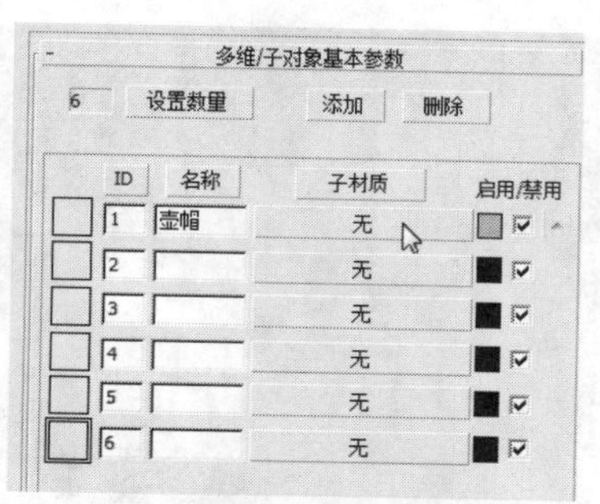

图6-94　单击选项框

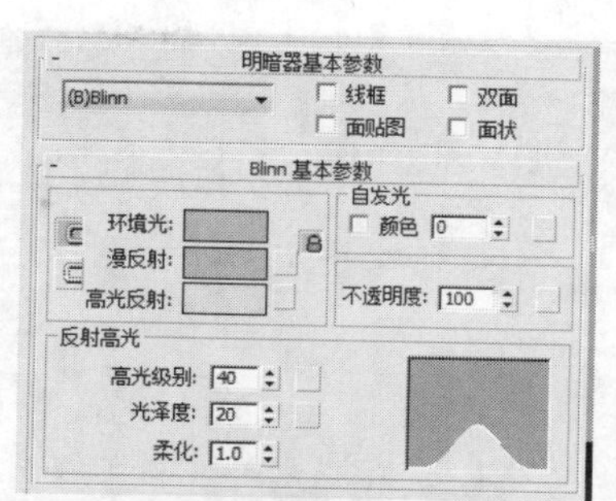

图6-95　设置材质

⑩ 返回“多维/子对象”参数面板，材质球将发生更改，效果如图6-96所示。

⑪ 设置ID2名称为“其他”，将材质设置为陶瓷材质，返回至“多维/子对象”参数面板，设置完成后，如图6-97所示。

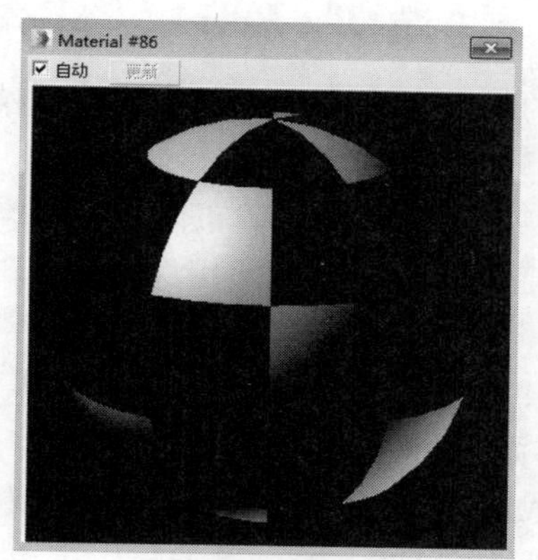

图6-96　材质球效果

图6-97　设置ID2材质效果

⑫ 更改ID3名称为壶身，将材质设置为标准材质类型，为漫反射添加位图，如图6-98所示。

⑬ 设置完成后，参数面板如图6-99所示。

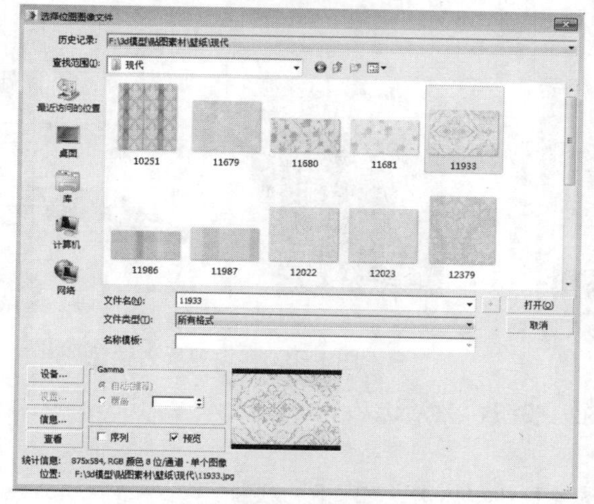

图6-98　添加位图

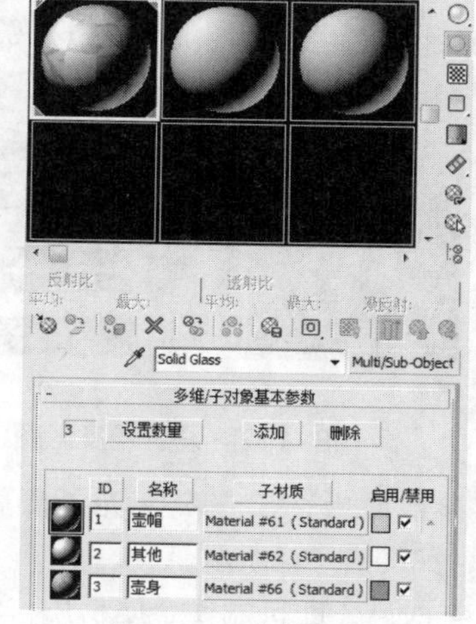

图6-99　参数面板

⑭ 将材质赋予到茶壶上，视图中材质显示如图6-100所示。

⑮ 此时贴图并未显示在画面中，为物体添加UVW贴图后，将“真实世界贴图大小”复选框取消勾选，将显示材质，如图6-101所示。

图6-100　赋予材质

图6-101　添加UVW贴图效果

6.3.2　V-Ray

V-Ray材质类型是专门配合VRay渲染器使用的材质，使用VRay渲染器的时候，这个材质会比Max的标准材质在渲染速度和质量上高很多。

V-Ray的材质类型包括VR-Mat-材质、VR-凹凸材质、VR-散布体积、VR-材质包裹器、VR-模拟有机材质、VR-毛发材质等19种材质。下面具体介绍几种常用材质类型。

1. VRayMtl（基本材质）

VRayMtl材质是VRay中最基本的材质，它与Max中的标准材质的使用方法类似，同样可以设置漫反射和高光等。唯一不同的是添加了“折射”选项，设置折射可以创建透明或半透明材质。

在“材质/贴图浏览器”对话框中选择“VRayMtl”选项后，即可打开参数面板，在上一小节中已经介绍了“VRayMtl”的参数面板，这里就不具体介绍了。

【例6-15】下面以创建金属、木材和镜面材质为例，具体介绍VRayMtl的使用方法。

01 打开“VRayMtl”材质参数面板，将材质设置名称为金属。

02 打开漫反射颜色选择器，设置漫反射颜色，如图6-102所示。

03 再设置反射颜色，参数值如图6-103所示。

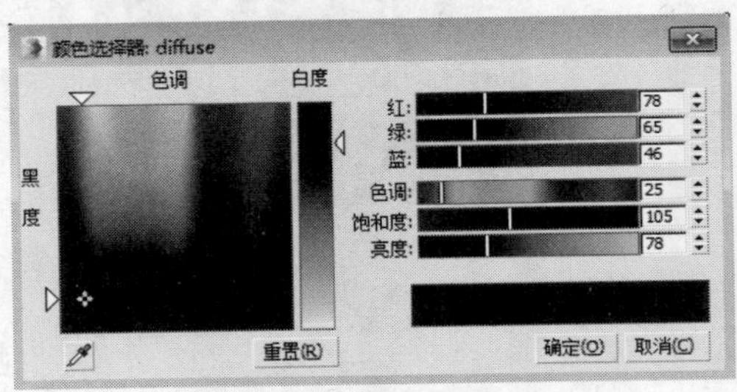

图6-102　设置漫反射颜色

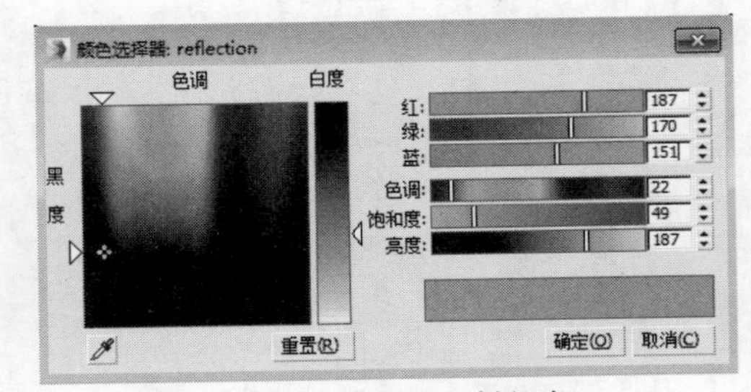

图6-103　设置反射颜色

04 返回参数面板，单击高光光泽度后方的L按钮，激活选项，设置光泽度为0.6，反射光泽度为0.85，如图6-104所示。

05 设置完成后，即可制作金属材质，将材质赋予到实体上，如图6-105所示。

06 下面创建木材材质，打开VRayMtl参数面板，单击漫反射后方的方框，如图6-106所示。

07 打开“材质/贴图浏览器”对话框，在“标准”卷展栏中双击“位图”选项，打开“选择位图图像文件”对话框。

08 选择贴图并单击“打开”按钮，如图6-107所示。

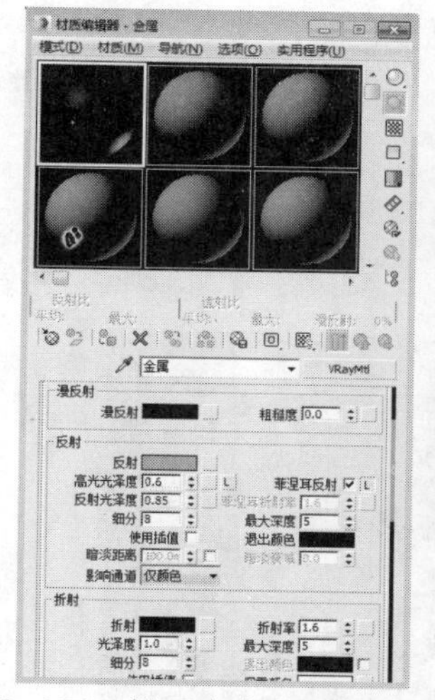

图6-104　设置高光和反射光泽度

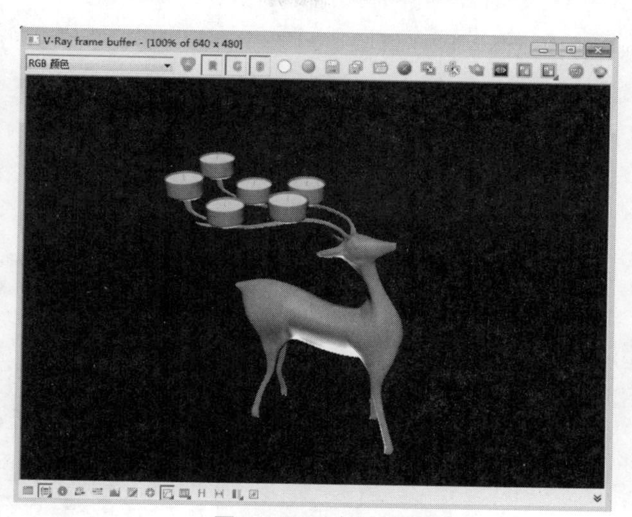

图6-105　金属效果

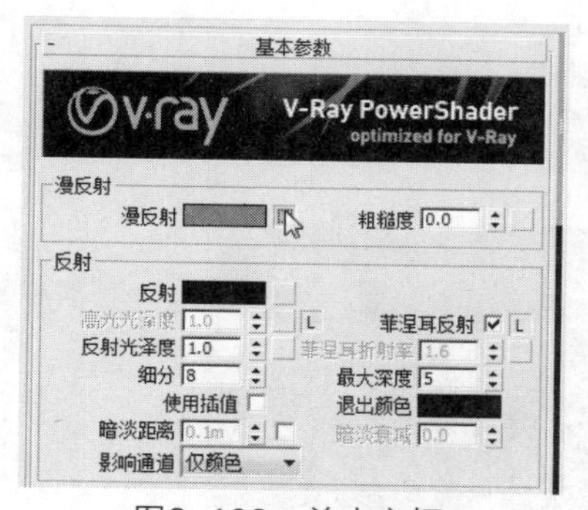

图6-106　单击方框

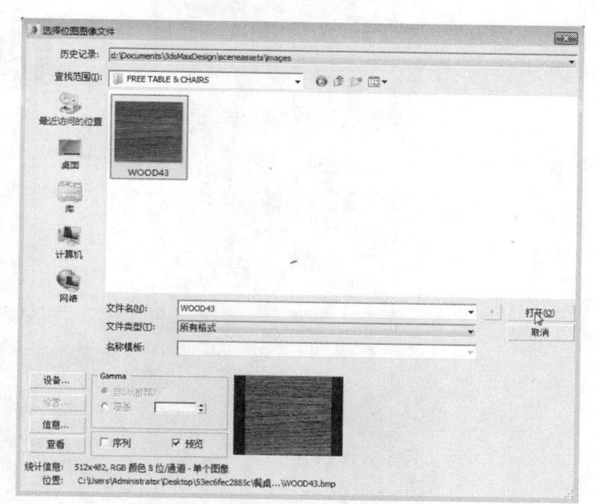

图6-107　单击“打开”按钮

⑨ 将位图设置为漫反射贴图，在“坐标”卷展栏中勾选“使用真实世界比例”复选框，此时木材材质就创建完成了，材质球效果如图6-108所示。

⑩ 将材质赋予在桌子上，并添加UVW贴图，渲染效果如图6-109所示。

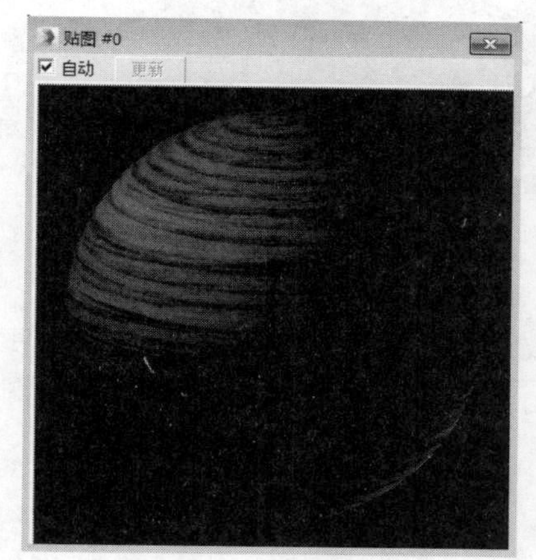

图6-108　材质球效果

图6-109　赋予并渲染材质

⑪ 下面创建镜面材质，打开VRayMtl参数面板，设置材质名称为镜面。

⑫ 设置漫反射颜色为黑色，反射颜色为白色，将“菲尼尔反射”复选框取消勾选，参数面板如图6-110所示。

⑬ 在实例窗口中添加材质球背景，将显示镜面材质效果，如图6-111所示。

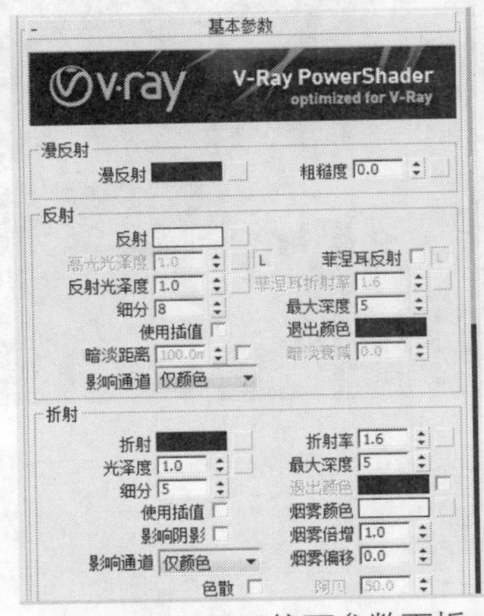

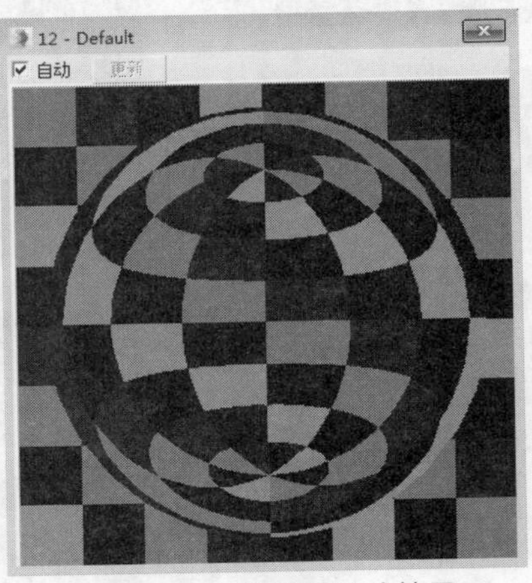

图6-110　设置镜面参数面板

图6-111　镜面材质球效果

⑭ 将材质赋予到镜子上，并进行渲染，效果如图6-112所示。

图6-112　镜面材质效果

2. VR-材质包裹器

VR-材质包裹器一般用于场景中要单独控制的物体材质的GI发散与接收，可以使物体接受GI和发出GI增加或减少，甚至不受其他环境影响，还可以在物体接收和发出GI上贴图，使用该材质后，参数面板如图6-113所示。

下面具体介绍参数面板中各常用选项的含义。

● 基本材质：定义一个基本材质，只要是VAay支持即可。

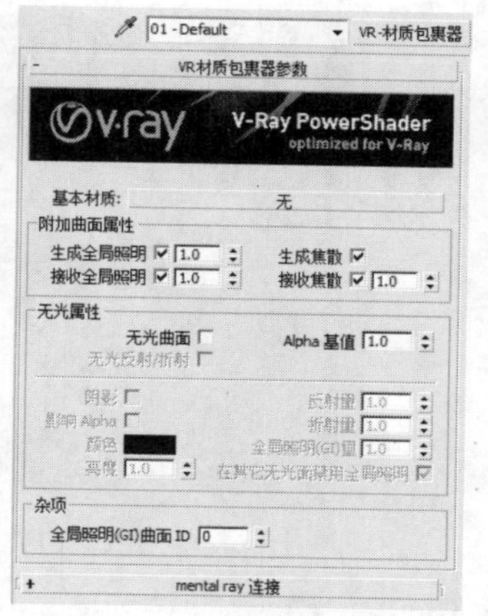

图6-113　参数面板

- 生成全局照明：勾选该复选框，通过调整后面强度倍增值控制材质产生GI的强度，数值越大，越影响周围环境，产生的色溢程度越严重。
- 接收全局照明：勾选该复选框，表示接收产生的全局照明，设置接收强度倍增值决定接收的强度，接收全部照明的强度越强，表面就会越亮。
- 生成焦散：控制对象是否生成焦散效果。
- 接收焦散：控制是否接收焦散效果。值越大焦散越强。取消勾选之后，将不产生焦散，只有阴影效果。

3. VR-灯光材质

VR-灯光材质在设计中起到了灯光的效果，它属于自发光材质，常被用于制作灯带、灯箱、LED字体、电视屏幕和电脑屏幕等。在使用灯光材质后，即可打开参数面板，如图6-114所示。

灯光材质包括颜色、倍增、纹理等贴图参数，下面具体介绍参数面板中各常用选项的含义。

图6-114　参数面板

- 颜色：设置灯光的颜色。在选项框中输入参数可以设置灯光强度，默认强度为1.0，单击后方的 无 按钮，选择合适的位图文件，将图片设置为光照贴图。设置材质贴图后，颜色设置将不对场景控制起作用。
- 不透明度：设置贴图的镂空效果，勾选后面的复选框，可以通过一个黑白图片实现镂空效果。
- 背面发光：控制灯光材质实现背面发光。

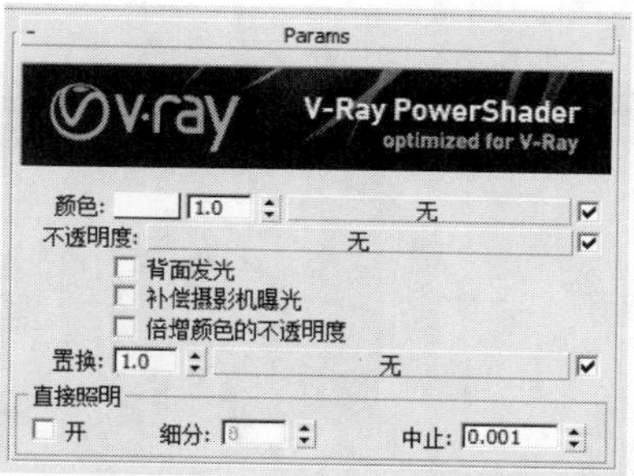

【例6-16】下面以创建LED字体为例，具体介绍VR-灯光材质的使用方法。

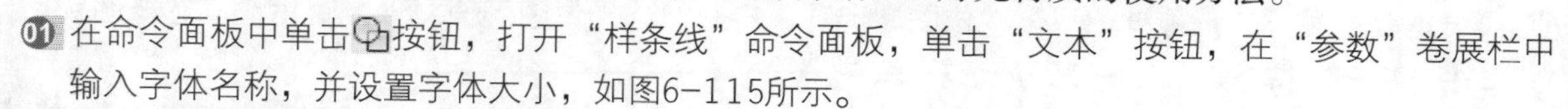

01 在命令面板中单击按钮，打开“样条线”命令面板，单击“文本”按钮，在“参数”卷展栏中输入字体名称，并设置字体大小，如图6-115所示。

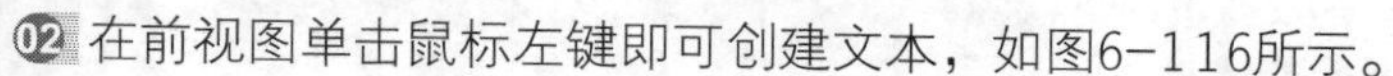

02 在前视图单击鼠标左键即可创建文本，如图6-116所示。

图6-115　设置文本大小

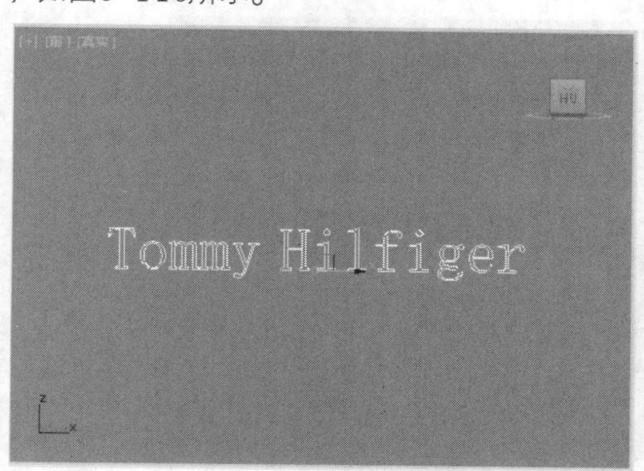

图6-116　创建文本

03 将创建的文本挤出厚度为3。继续创建并挤出字体，透视视图如图6-117所示。

04 打开“材质编辑器”对话框，在“材质/贴图”对话框中双击“VR-灯光材质”选项，打开参数面板，如图6-118所示。

图6-117 挤出文本

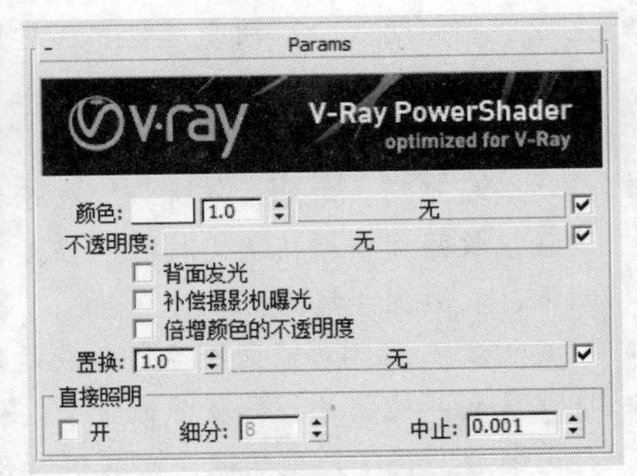

图6-118 参数面板

05 单击“颜色”选项框，在其中设置灯光的颜色，如图6-119所示。

06 设置完成后单击“确定”按钮，返回参数面板，此时材质球将发生更改，如图6-120所示。

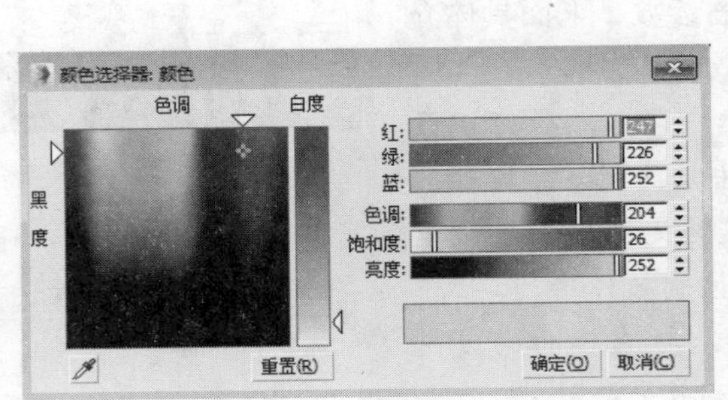

图6-119 设置灯光颜色

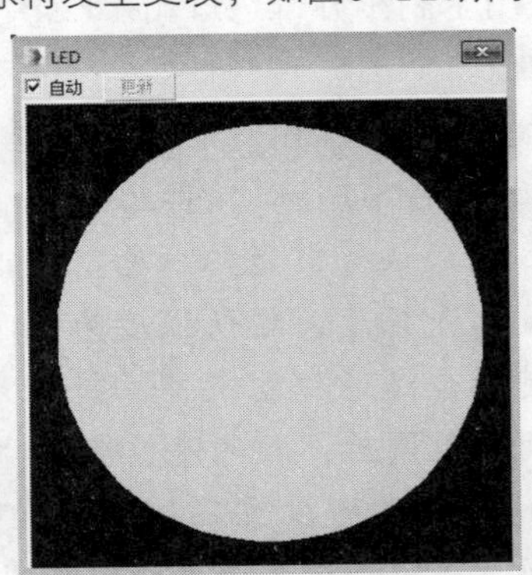

图6-120 材质球效果

07 将灯光材质赋予到字体上，LED灯就制作完成了，渲染效果如图6-121所示。

08 再单击颜色后方的选项框，双击“位图”选项，打开“选择位图图像文件”对话框，选择图片后单击“打开”按钮，如图6-122所示。

图6-121 LED灯效果

图6-122 单击打开按钮

09 在“坐标”卷展栏勾选“使用真实贴图世界比例”复选框，返回上一层参数面板，设置灯光强弱为2，设置完成后，材质球效果如图6-123所示。

10 将材质赋予在实体上，渲染效果如图6-124所示。

图6-123 材质球效果

图6-124 灯箱效果

4. VR-车漆材质

VR-车漆材质可以模拟金属车漆，它由基础层、雪花层、镀膜层等材质层组成，它允许对每一个层进行参数调整。在“材质/贴图浏览器”对话框中双击“VR-车漆材质”选项，即可打开参数面板，如图6-125所示。

01 - Default
VR-车漆材质
基础层参数
雪花层参数
镀膜层参数
选项
贴图
mental ray 连接

图6-125 参数面板

下面具体介绍各常用卷展栏中选项的含义。

（1）基础层参数

该卷展栏主要设置基础材质层的参数。展开“基础层参数”卷展栏，其中由基础颜色、基础反射、基础光泽度和基础跟踪反射等选项组成，如图6-126所示。

- 基础颜色：设置材质的漫反射颜色。
- 基础反射：设置基础层的反射率。
- 基础光泽度：设置基础层的反射光泽度。
- 基础跟踪反射：当关闭该选项时，基础层只反射镜面高光，不产生反射光泽度。

（2）雪花层参数

该卷展栏主要利用各选项设置金属薄片的显示效果。展开卷展栏，如图6-127所示。

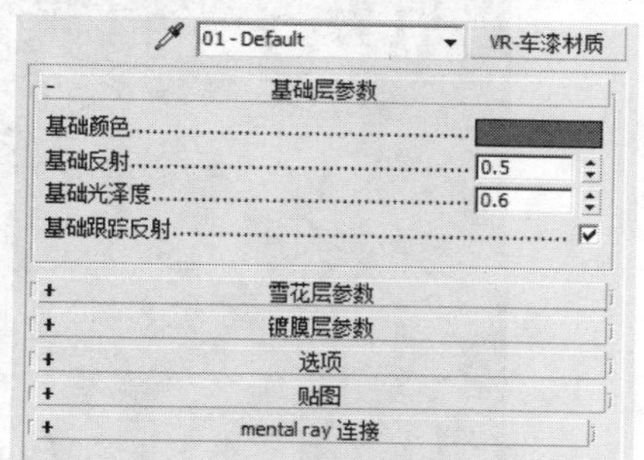

图6-126 “基础层参数”卷展栏

雪花层参数
雪花颜色
雪花光泽度 0.8
雪花方向 0.5
雪花密度 0.5
雪花比例 0.01
雪花大小 0.5
雪花种子 1
雪花过滤 方向型
雪花贴图大小 1024
雪花贴图类型 显式 UVW 通道
雪花贴图通道 1
雪花跟踪反射

图6-127 “雪花层参数”卷展栏

下面具体介绍卷展栏中各选项的含义。

- 雪花颜色：设置金属薄片的颜色。
- 雪花光泽度：设置金属薄片的光泽度。

- 雪花方向：设置薄片与建模表面法线的相对方向。
- 雪花密度：设置金属薄片的密度，最高值为4.0。
- 雪花比例、雪花大小：控制薄片结构的整体比例和大小。数值越大，薄片越大。
- 雪花种子：设置产生薄片的随机种子数量，使薄片随机分布。
- 雪花贴图大小：设置薄片的贴图大小。
- 雪花贴图通道：单击该列表框，在弹出的列表中选择贴图方式。
- 雪花跟踪反射：当关闭该选项时，基础层只反射镜面高光，不产生反射光泽度。

（3）镀膜层颜色

镀膜层和基础层的设置方法一致，只是设置的对象不同。在“参数”卷展栏中可以设置镀膜的相应选项。用户可以参考基础层了解选项的含义，这里就不具体介绍了。

（4）选项和贴图

“选项”卷展栏用于设置材质的显示方式和其他设置，如图6–128所示。“贴图”卷展栏用于设置各材质层的贴图和相应颜色倍增以及凹凸倍增值，如图6–129所示。

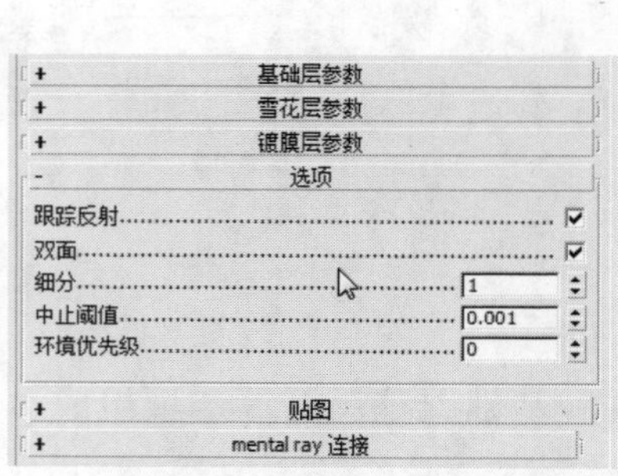

图6–128 “选项”卷展栏

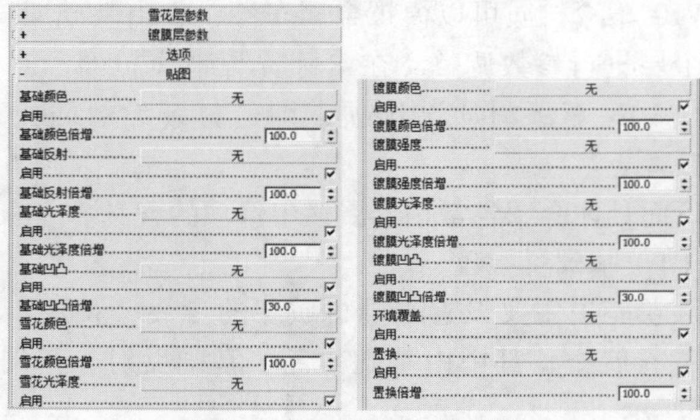

图6–129 “贴图”卷展栏

【例6–17】下面具体介绍设置车漆材质的方法。

01 打开“VR–车漆材质”参数面板，在“基础材质参数”卷展栏中设置基础颜色，如图6–130所示。

02 单击“确认”按钮，此时材质球效果如图6–131所示。

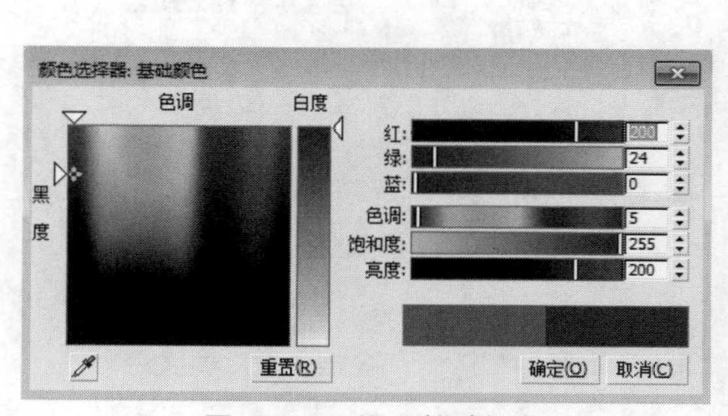

图6–130 设置基础颜色

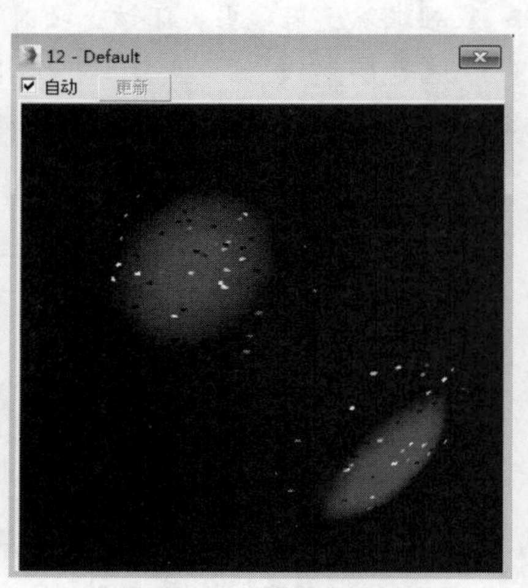

图6–131 材质球效果

03 在“雪花层参数”卷展栏中设置雪花颜色，如图6–132所示。

04 单击“确定”按钮，材质球效果如图6–133所示。

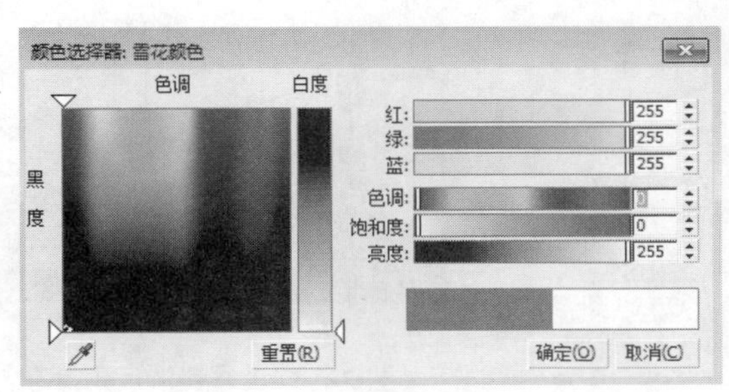

图6-132　设置雪花颜色

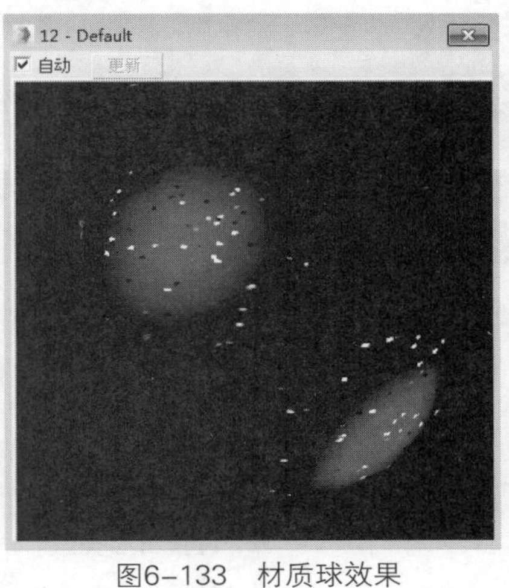

图6-133　材质球效果

05 设置雪花密度为1，材质球效果如图6-134所示。

06 设置雪花大小为0.2，材质球效果如图6-135所示。

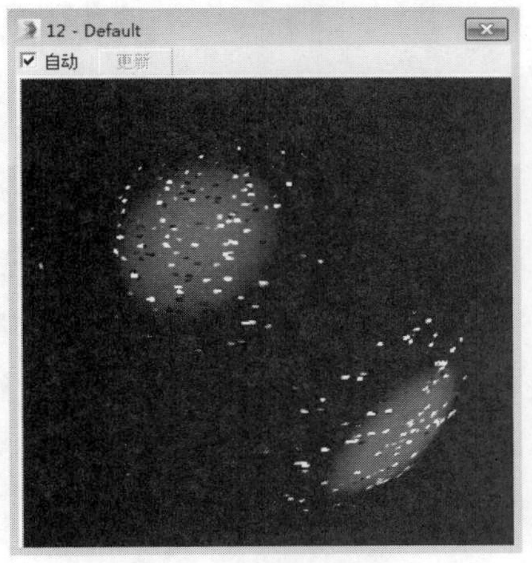

图6-134　雪花密度为1

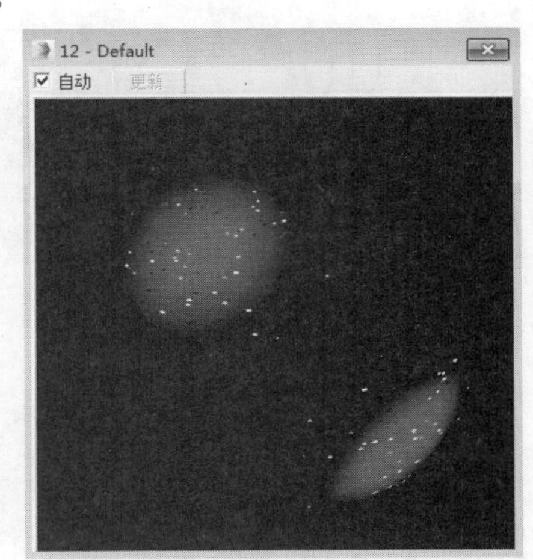

图6-135　雪花大小为0.2

6.4 创建VRay材质

在进行渲染之前，需要创建材质，通过赋予相应的材质，提高渲染效果，利用VRay材质可以还原现实生活中的真实材质效果。下面以金属、玻璃、陶瓷、毛料等材质为例，介绍VRay中的常用材质。

6.4.1 金属材质

利用VAayMtl材质可以设置各种金属材质，金属材质具有一定反光性且光泽度较高，也是受光线影响最大的材质之一，且应用也十分广泛。

【例6-18】下面以创建钥匙挂件材质为例，具体介绍设置金属材质的方法。

01 打开“钥匙项链”文件，按M键打开“材质编辑器”对话框，并设置材质类型，如图6-136所示。

02 设置完成后即可打开VRayMtl参数面板，设置漫反射颜色，如图6-137所示。

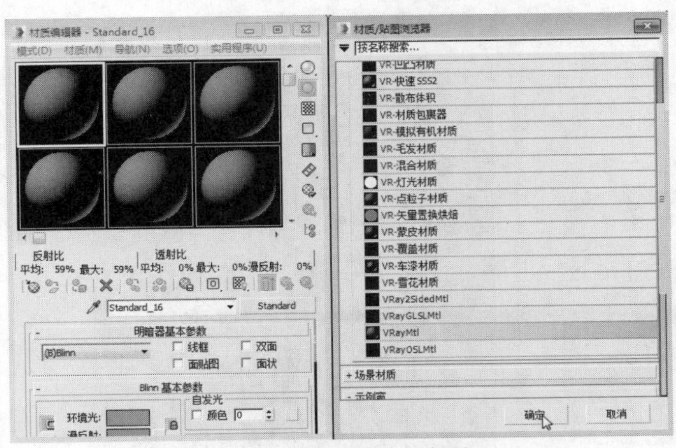
图6-136　设置材质类型

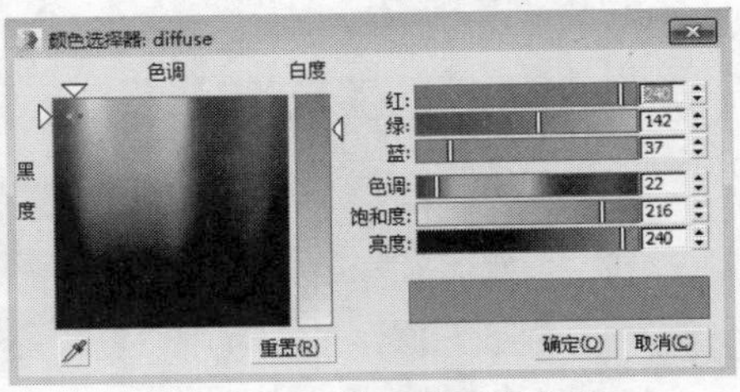

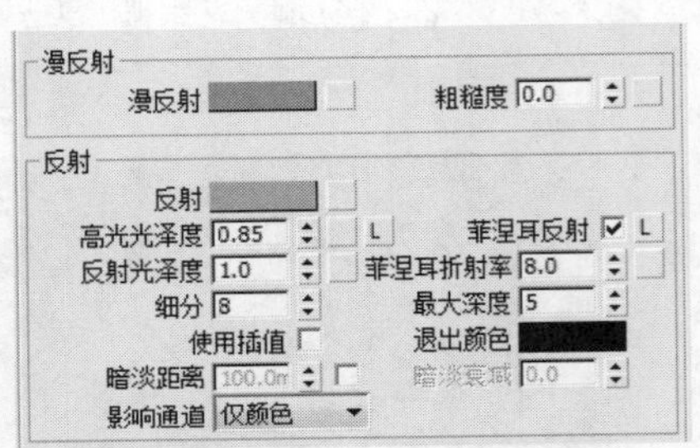
图6-137　设置漫反射颜色

03 单击“确定”按钮即可创建并设置漫反射颜色，继续设置反射颜色，如图6-138所示。

04 最后设置高光光泽度和折射率，如图6-139所示。

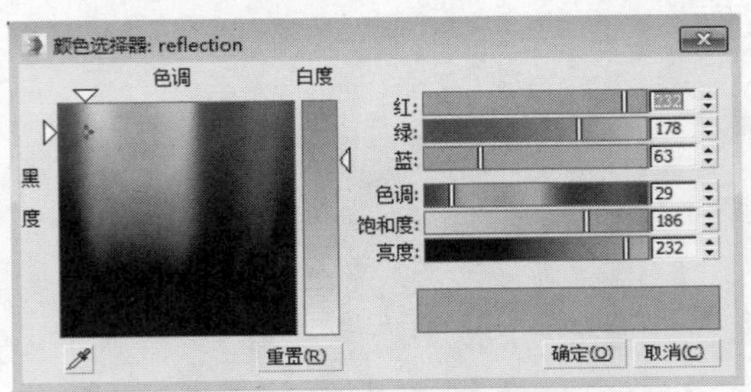
图6-138　设置反射颜色

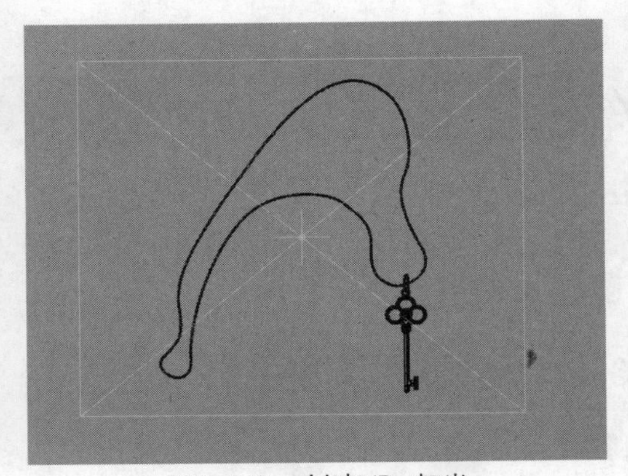
图6-139　设置高光光泽度和折射率

05 此时设置完成金属材质，材质球效果如图6-140所示。

06 在顶视图创建VR-灯光，如图6-141所示。

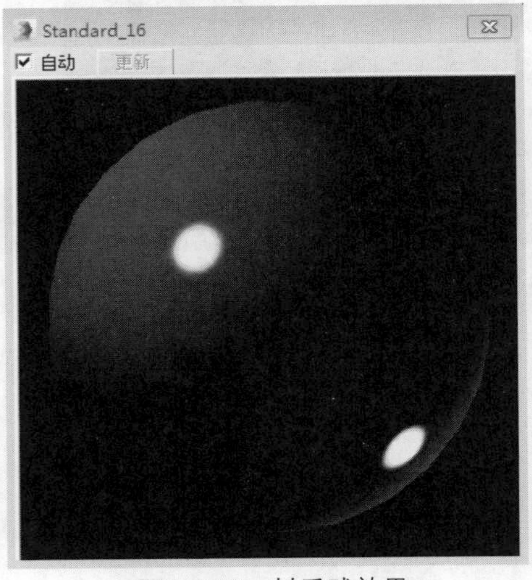
图6-140　材质球效果

图6-141　创建VR-灯光

07 在前视图将灯光移至物体上方，并在“修改”选项卡的“参数”卷展栏中设置灯光强度和各项显示参数，如图6-142所示。

08 将材质赋予到物体上，渲染效果如图6-143所示。

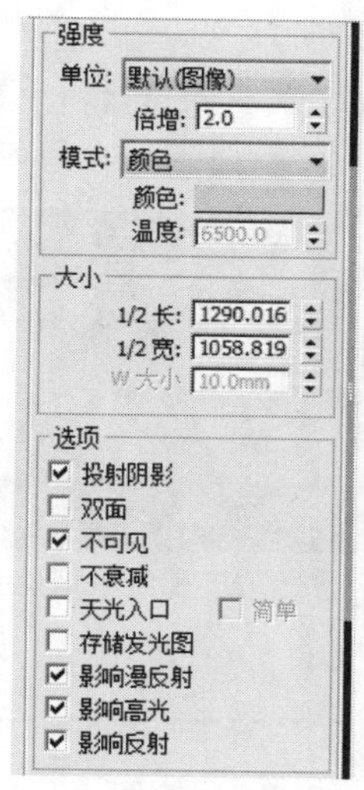

图6-142 设置灯光

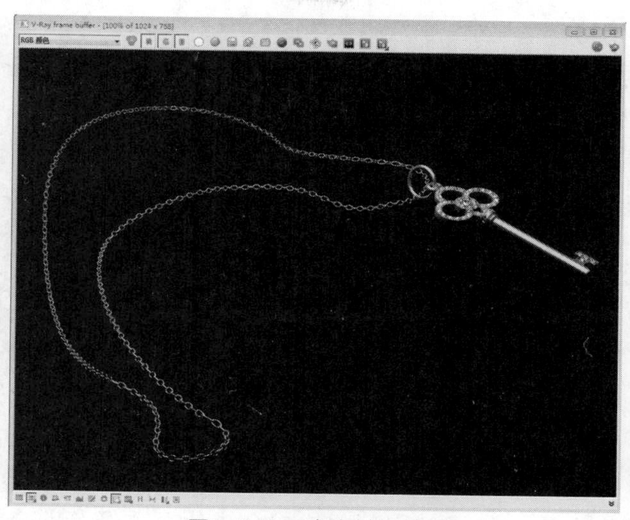

图6-143 渲染材质效果

6.4.2 玻璃材质

玻璃材质属于透明材质，可以透视玻璃外的物体。通过漫反射、反射和折射参数可以设置玻璃材质。

【例6-19】下面以设置普通和磨砂玻璃为例，介绍设置玻璃材质的方法。

01 首先介绍普通玻璃的设置方法。打开“材质编辑器”对话框，设置漫反射材质为黑色，反射为白色，如图6-144所示。

02 拖动参数面板至“折射”选项组，在该选项组设置折射参数，如图6-145所示。

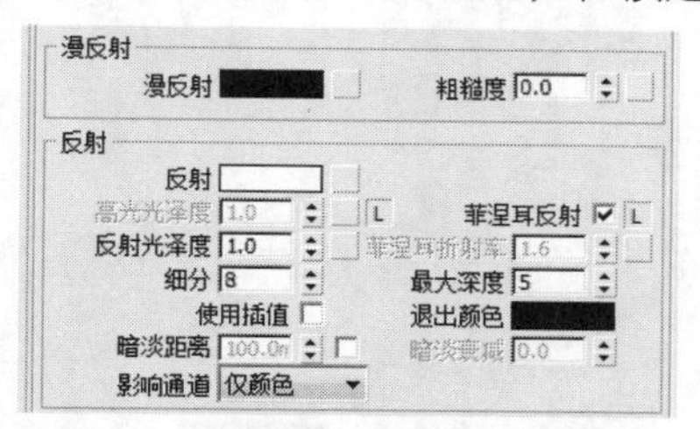

图6-144 设置漫反射和反射颜色

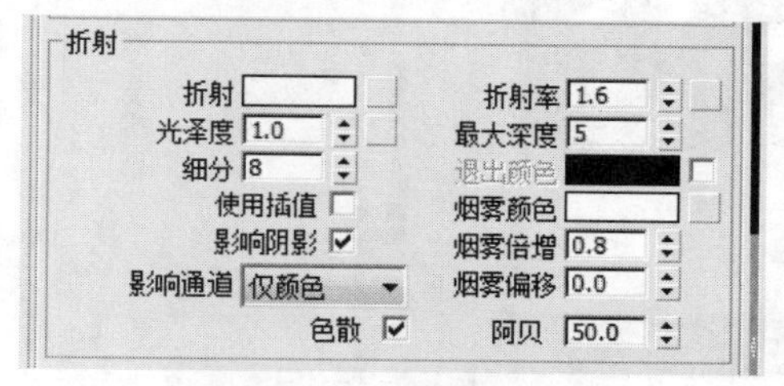

图6-145 设置折射参数

03 完成玻璃材质的设置，在示例窗口中显示背景，材质球效果如图6-146所示。

04 下面创建磨砂玻璃材质，选择一个新的材质球，设置材质类型为VRayMtl材质，在参数面板中设置“漫反射”选项组中的各选项值，如图6-147所示。

图6-146 玻璃材质球效果

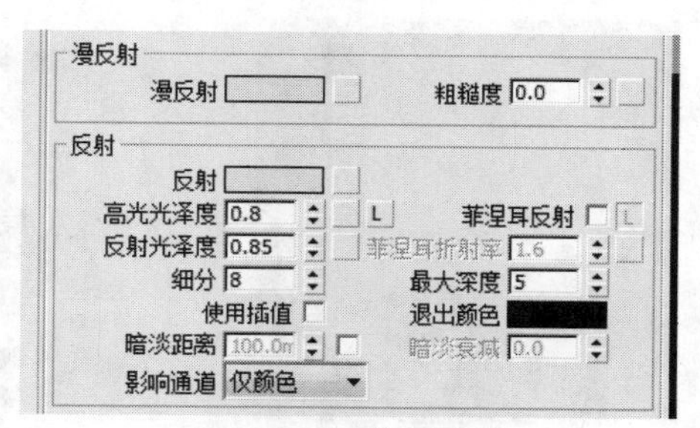

图6-147 设置参数

05 拖动参数面板至“折射”选项组，在其中设置折射参数，如图6-148所示。

06 设置完成后，完成磨砂玻璃材质的设置，在示例窗口中观察磨砂玻璃和普通玻璃材质球的区别，如图6-149所示。

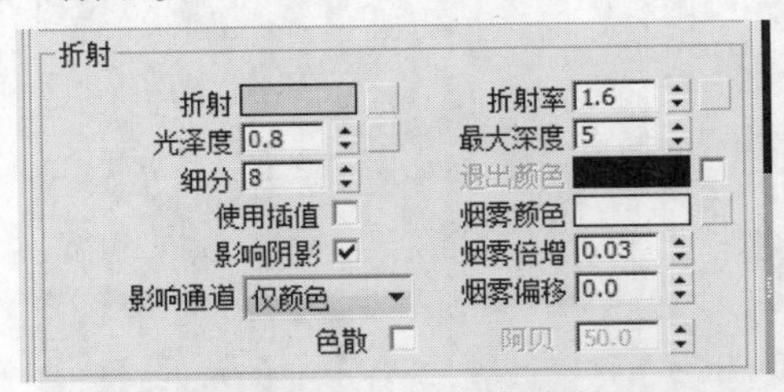

图6-148 设置折射参数

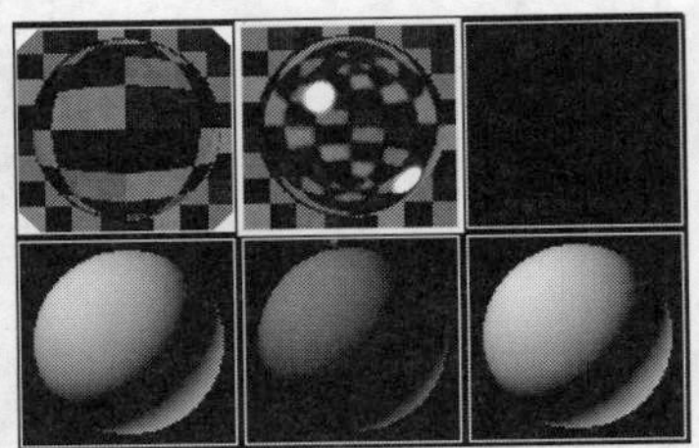

图6-149 普通玻璃和磨砂玻璃

6.4.3 陶瓷材质

在现实生活中，陶瓷材质是天然或合成化合物经高温烧制而成的一类材料。在VRay材质中，它具有一定的光泽度，有些陶瓷工艺品的表面也十分光滑。该材质主要应用在装饰瓷器工艺品、花瓶等物体。

【例6-20】下面以创建花瓶材质为例，具体介绍设置陶瓷材质的方法。

01 打开“花瓶”文件，按M键打开“材质编辑器”对话框，并设置材质类型为VAayMtl，单击漫反射后的方框按钮，并在“材质/贴图浏览器”对话框中双击“位图”选项，如图6-150所示。

02 再打开“选择位图图像文件”对话框，选择图片并单击“打开”按钮，如图6-151所示。

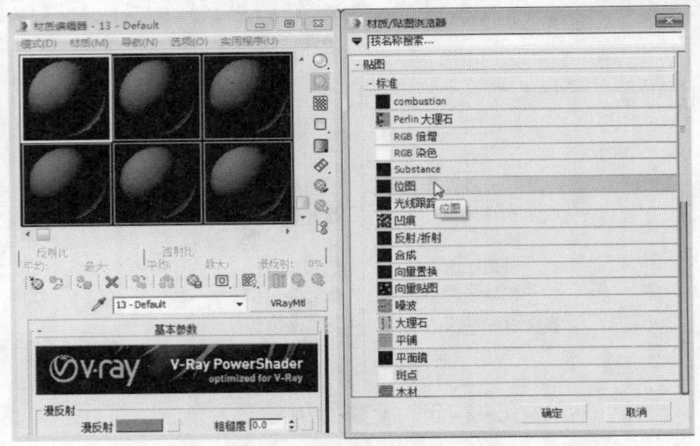

图6-150 双击“位图”选项

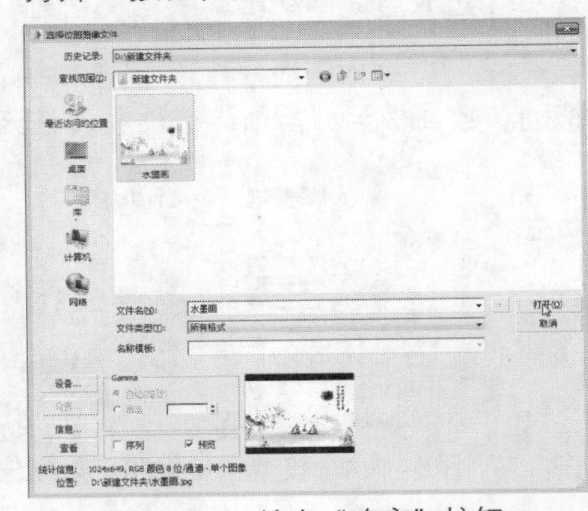

图6-151 单击“确定”按钮

03 打开“坐标”卷展栏，勾选“使用真实世界比例”复选框，此时材质球如图6-152所示。

04 继续设置反射值、高光光泽度、反射光泽度和细分等值，其中，反射值为60，如图6-153所示。

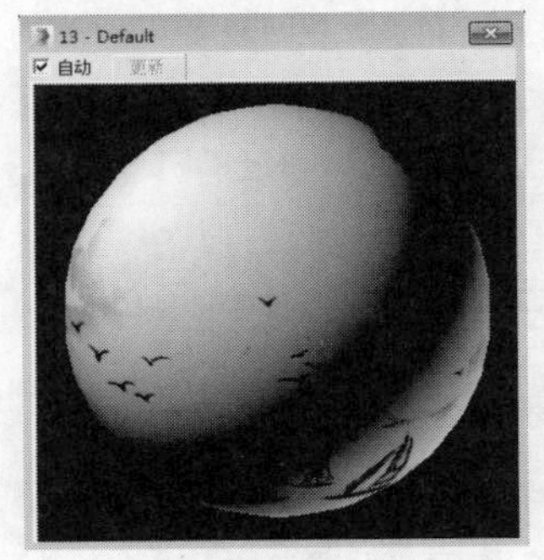

图6-152 材质球效果

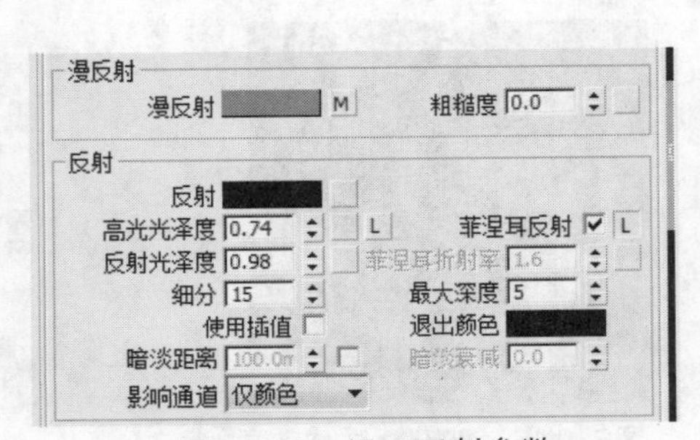

图6-153 设置反射参数

05 设置完成后效果如图6-154所示。

06 将材质赋予到物体上，渲染效果如图6-155所示。

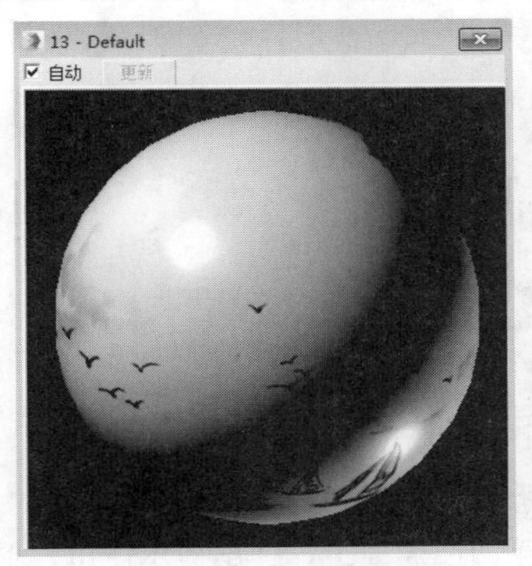

图6-154 材质球效果

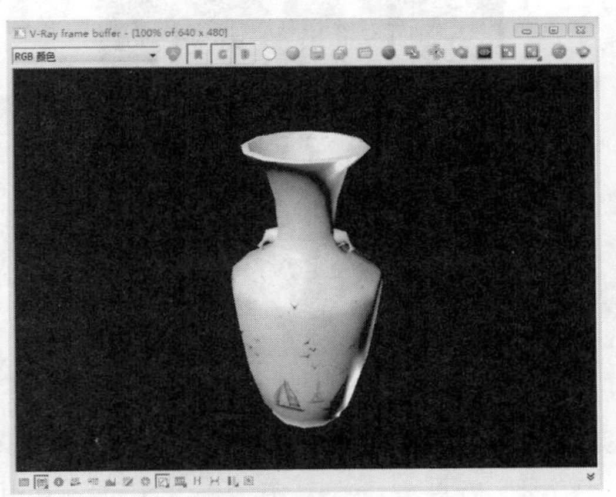

图6-155 渲染材质效果

6.4.4 毛料材质

在3ds Max中，还包含许多毛料材质，如毛巾，地毯等，这些实体的质地是凹凸毛料效果。

【例6-20】下面以创建地毯材质为例，具体介绍制作毛料材质的方法。

01 打开“床”材质文件，按M键打开“材质编辑器”对话框，选择一个空白材质球，将材质类型设置为VRayMtl，并设置材质名称为“地毯”。

02 在参数面板中单击漫反射后的方框按钮，打开“材质/贴图浏览器”对话框，选择“位图”选项，并单击“确定”按钮，如图6-156所示。

03 此时打开“选择位图图像文件”对话框，选择位图，并单击“打开”按钮，如图6-157所示。

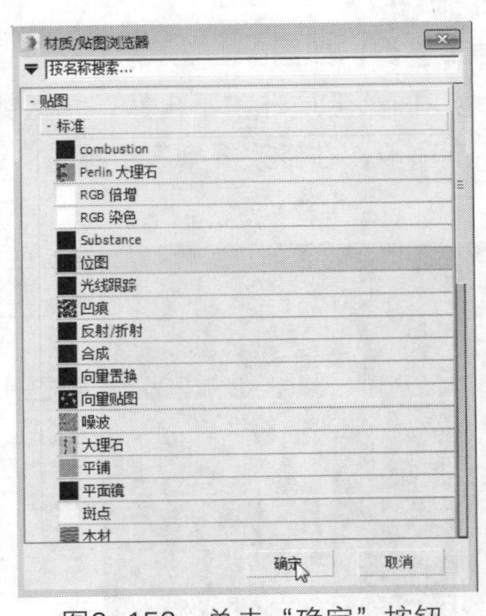

图6-156 单击“确定”按钮

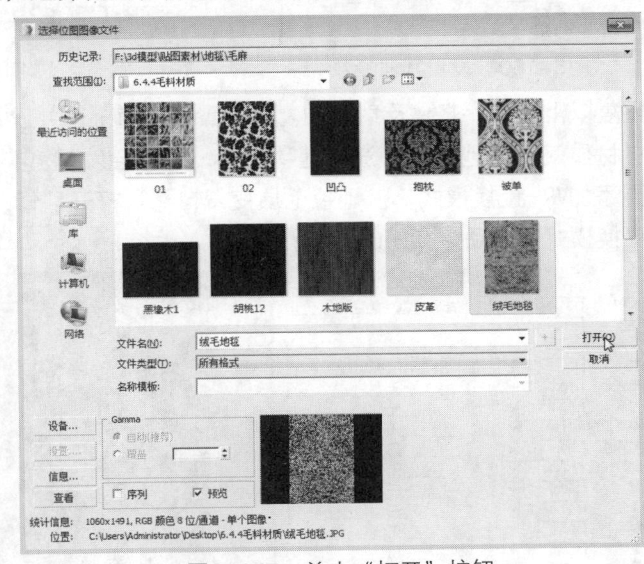

图6-157 单击“打开”按钮

04 在“坐标”卷展栏中取消勾选“使用真实世界比例”复选框，设置完成后材质球如图6-158所示。

05 设置漫反射颜色为245，反射值为35，再为反射添加“衰减”贴图，将衰减类型更改为Fresnel类型，如图6-159所示。

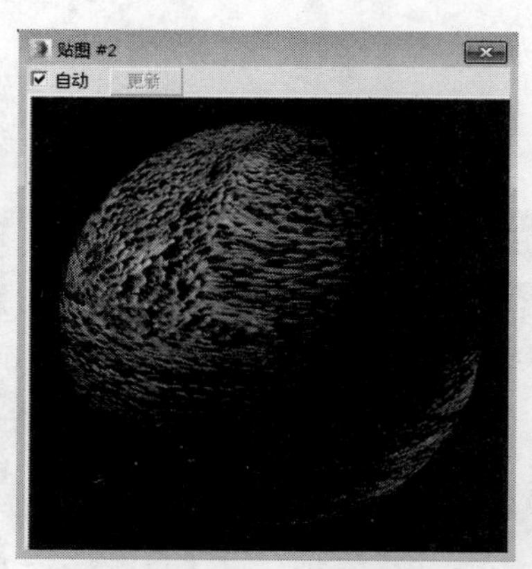

图6-158　材质球效果

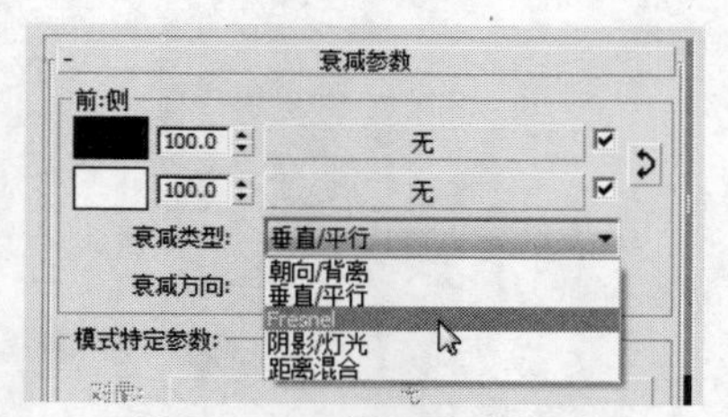

图6-159　设置衰减类型

06 设置完成后，在参数面板中设置其他参数，如图6-160所示。

07 展开“贴图”卷展栏，在其中单击并拖动漫反射贴图至凹凸通道上，弹出提示窗口，单击“实例”单选按钮，最后单击“确定”按钮完成复制操作，如图6-161所示。

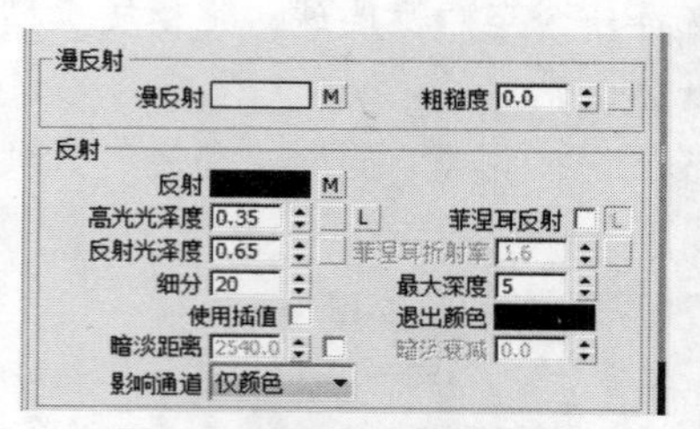

图6-160　设置其他参数

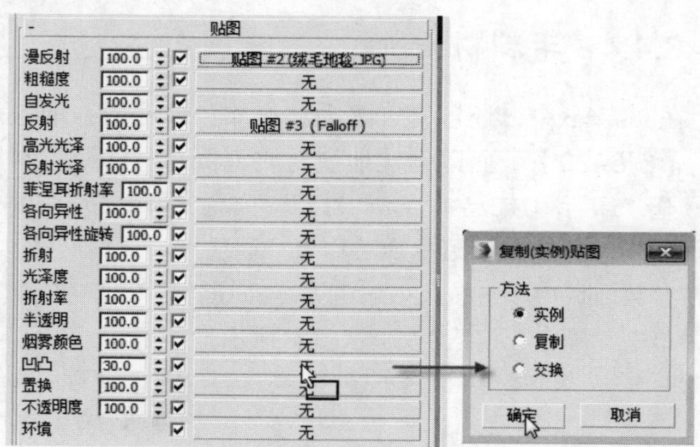

图6-161　单击“确定”按钮

08 重复以上步骤，将漫反射贴图复制到置换通道上，并设置各通道参数，如图6-162所示。

09 将材质赋予到地毯上，渲染地毯效果，此时会发现渲染出的地毯凹凸毛质非常不自然，那么就需要添加VR-置换模式，使地毯毛质变得自然。打开“修改器”选项卡，在修改器列表中单击“VR-置换模式”选项，如图6-163所示。

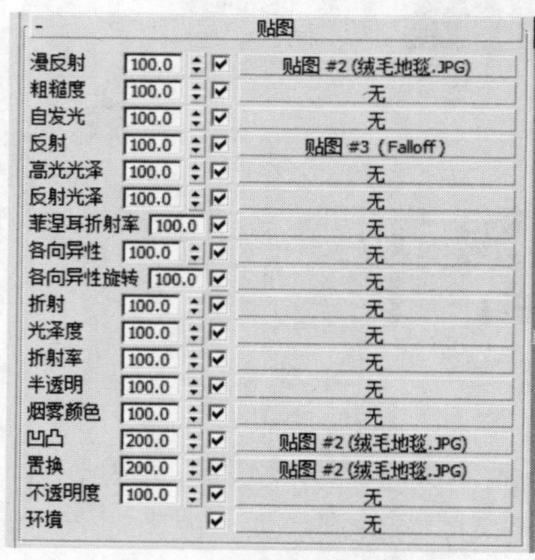

图6-162　“贴图”卷展栏

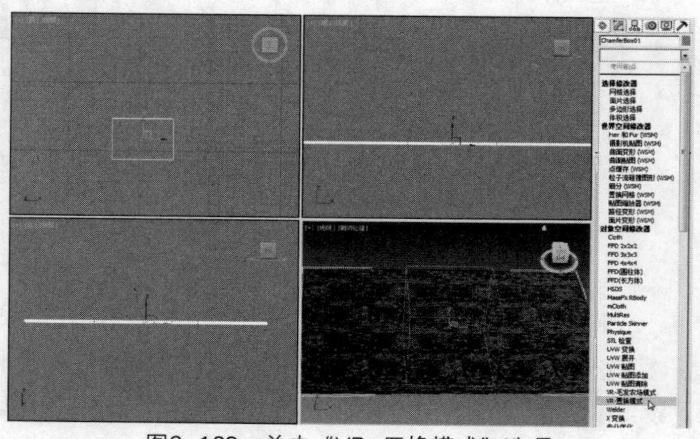

图6-163　单击“VR-置换模式”选项

⑩ 再次进行渲染，地毯效果如图6-164所示。

图6-164　地毯材质效果

6.5 上机实训

本章主要介绍了物体材质的制作方法和应用技巧，通过本章的学习使用户深入了解“材质编辑器”对话框中各工具的操作方法，下面针对本章所学内容列举两个简单的实例，进行巩固学习。

6.5.1 创建书房场景材质

下面在书房场景中逐一创建材质对本章所学知识进行巩固。打开“书房”文件，此时文件中许多物体并没有赋予材质，我们就依次创建场景中需要的材质。

01 首先创建地面，按M键打开“材质编辑器”对话框，设置材质类型为VRayMtl，将材质名称设置为“木地板”，单击“漫反射”后方的方框按钮，在弹出的“材质/贴图浏览器”对话框中选择“位图”选项，最后单击“确定”按钮，如图6-165所示。

02 打开“选择位图图像”对话框，选择位图，并单击“打开”按钮，如图6-166所示。

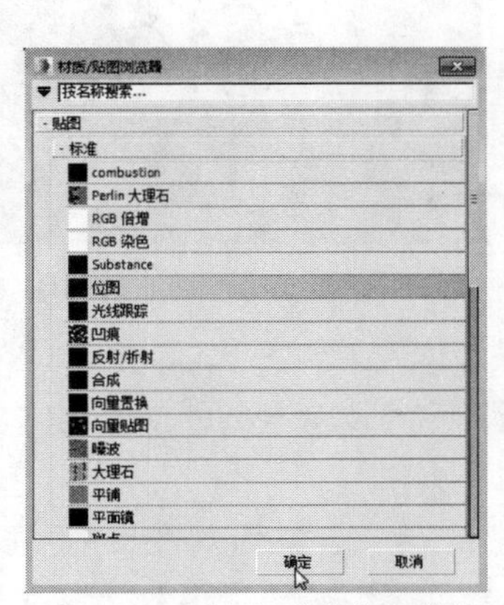

图6-165　单击“确定”按钮

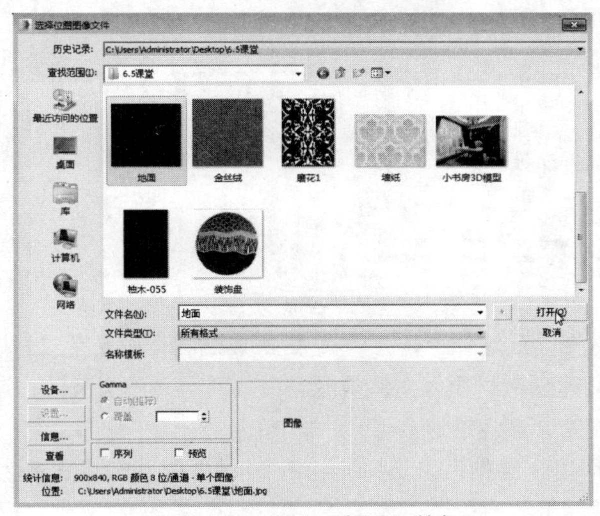

图6-166　单击“打开”按钮

03 勾选“使用真实世界比例”复选框，此时地板材质球如图6-167所示。隐藏模型中的多余物体，随后选择地板，将材质赋予到地板上，并在编辑器水平工具栏中单击▩按钮，将材质显示在场景中。

04 此时为地板添加UVW贴图，贴图类型设置为长方体，再勾选“真实世界比例大小”复选框，此时场景中的材质效果如图6-168所示。

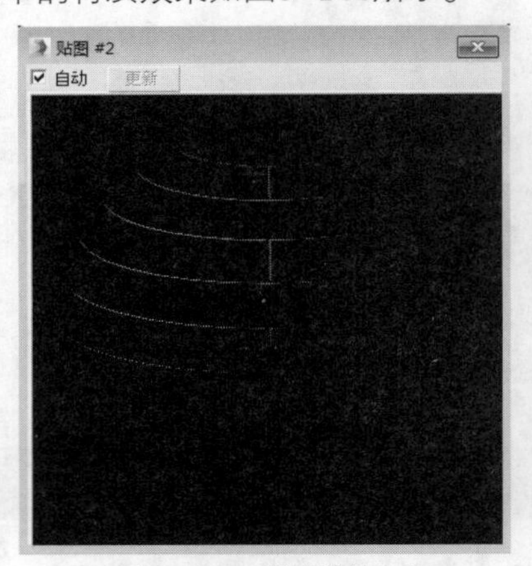

图6-167　地板材质球

图6-168　赋予材质效果

05 下面创建墙体材质，将材质类型设置为VRayMtl，选择一个空白材质球，设置材质球名称为“墙面”，并为漫反射添加贴图文件，如图6-169所示。

06 勾选“使用真实世界比例”复选框，此时墙体材质球如图6-170所示。

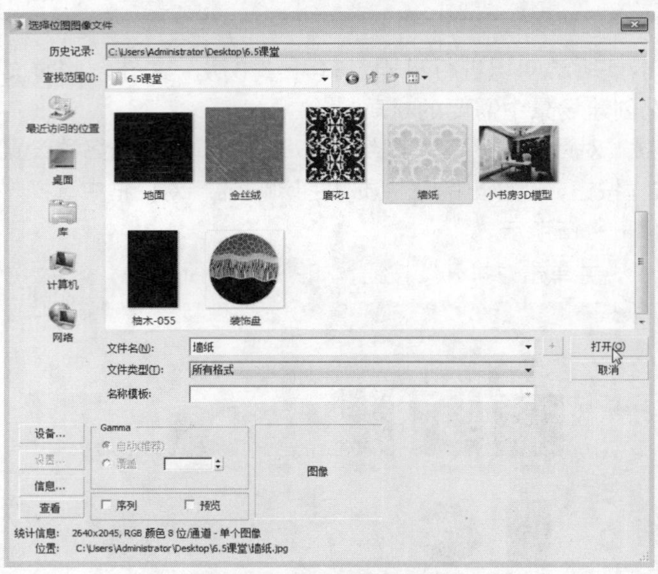

图6-169　设置漫反射贴图

图6-170　墙体材质球

07 将材质赋予到墙体上，并为其添加UVW贴图，设置完成后场景墙体效果如图6-171所示。

08 下面创建窗帘材质，文件中的窗帘分两层，一层薄纱，透过窗帘可以观察到外面的物体，内层为布料窗帘，颜色较深。

09 首先创建内层窗帘，选择一个空白材质球，将其命名为“窗帘1”，并为其漫反射贴图，如图6-172所示。

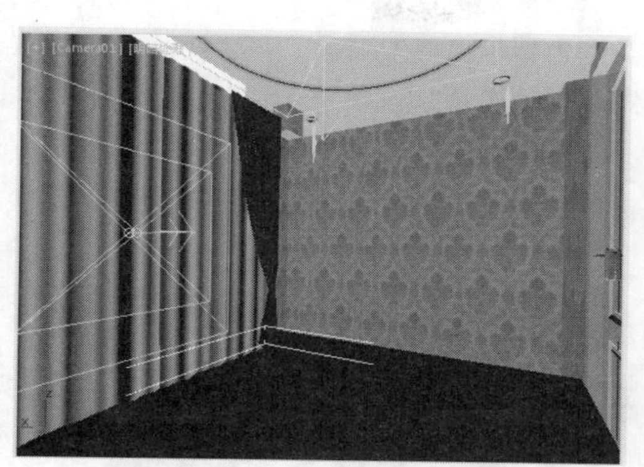

图6-171 赋予墙面材质效果

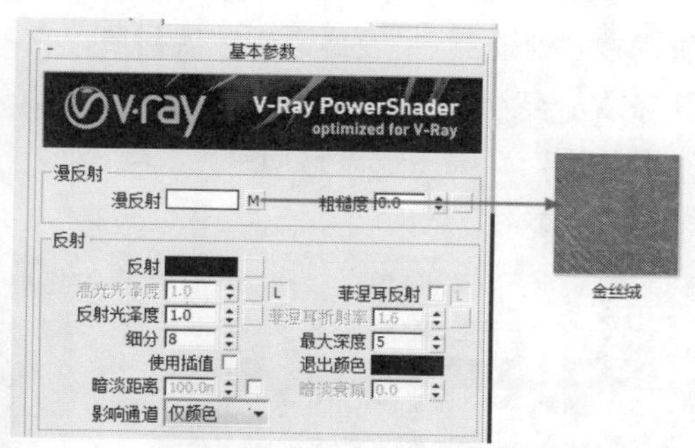

图6-172 添加漫反射贴图

⑩ 此时内层窗帘材质就创建完成了，如图6-173所示。

⑪ 下面创建外层窗帘，选择空白材质球，将其命名为“窗帘2”，设置材质类型为VRayMtl，设置漫反射颜色为248，并在折射通道中添加衰减贴图，设置材质1颜色为57，材质2颜色为5，卷展栏如图6-174所示。

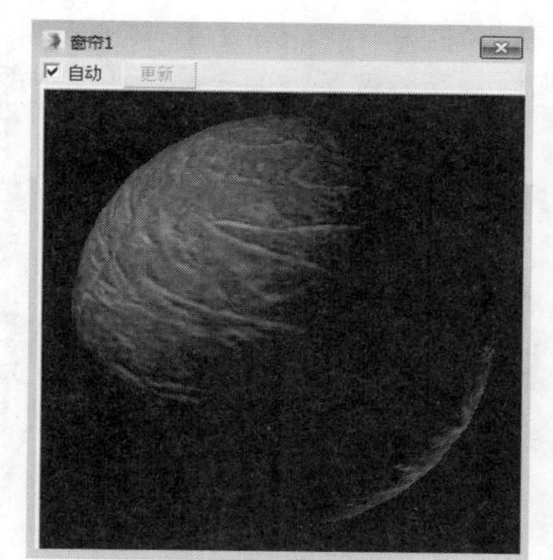

图6-173 窗帘1材质

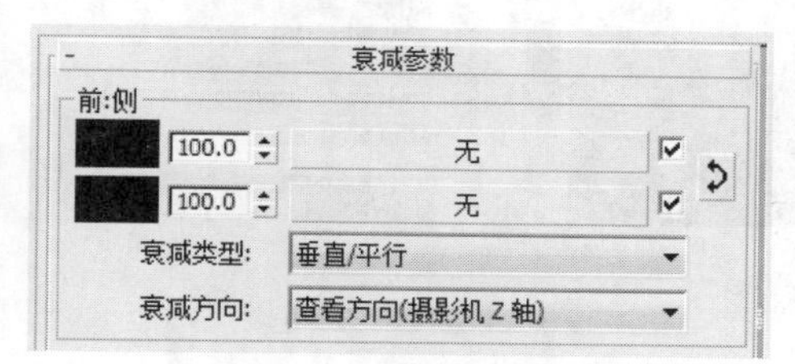

图6-174 “衰减参数”卷展栏

⑫ 返回上一层参数面板，此时窗帘2创建完成，材质球效果如图6-175所示。

⑬ 将材质赋予到指定窗帘上，透明薄纱在场景中并不能完全显示，下面渲染场景，效果如图6-176所示。

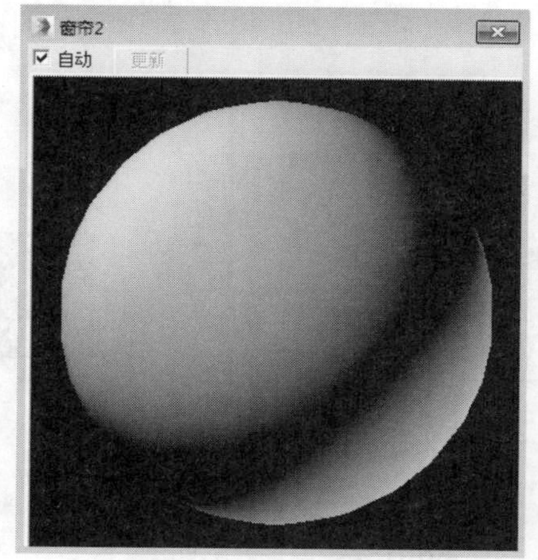

图6-175 窗帘2材质

图6-176 渲染场景效果

⑭ 下面创建书柜玻璃材质，选择材质球并设置材质类型为标准混合材质，在“材质1”中设置茶镜材质，在“材质2”中设置磨砂玻璃材质，在“遮罩”选项中添加遮罩贴图，如图6-177所示。

⑮ 下面依次介绍创建茶镜和磨砂玻璃材质的方法。单击后方的 无 按钮，打开“材质/贴图浏览器”对话框，在其中设置材质类型为VRayMtl，将材质名称更改为“茶镜”，设置漫反射颜色，如图6-178所示。

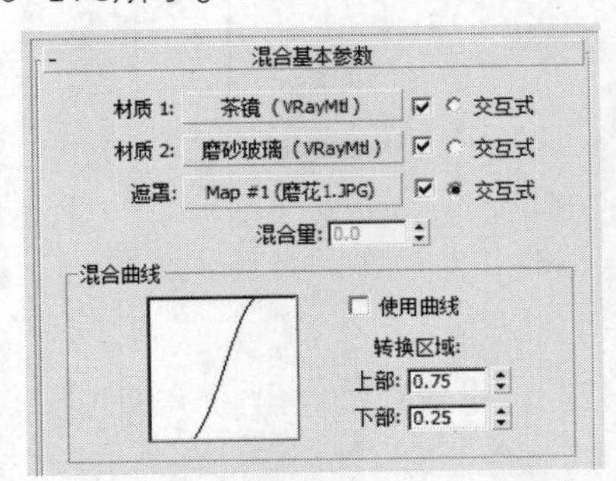

图6-177 “混合基本参数”卷展栏

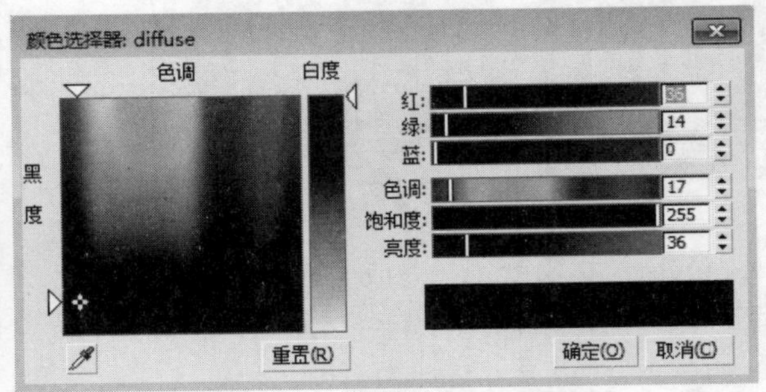

图6-178 设置漫反射颜色

⑯ 下面设置反射颜色，如图6-179所示。

⑰ 勾选“菲尼尔反射”复选框，完成茶镜材质。接下来设置磨砂玻璃，首先设置漫反射颜色，如图6-180所示。

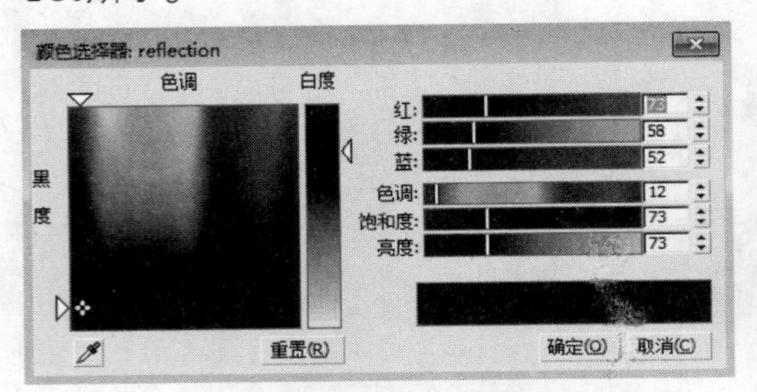

图6-179 设置反射颜色

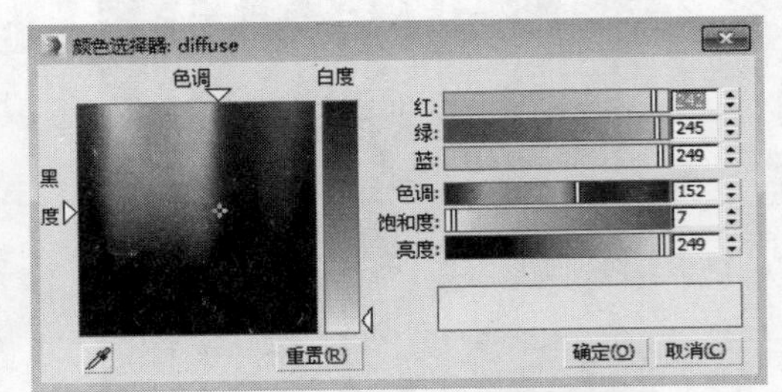

图6-180 设置漫反射颜色

⑱ 设置反射颜色为35，反射光泽度为0.8，勾选“菲尼尔反射”复选框，然后设置折射颜色为120，设置完成后，返回参数面板设置其他数值，如图6-181所示。

⑲ 此时磨砂玻璃就设置完成了，返回上一个参数面板，为遮罩添加贴图，如图6-182所示。

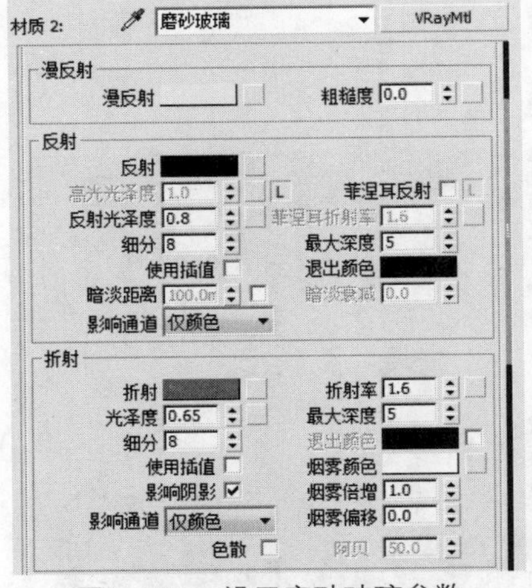

图6-181 设置磨砂玻璃参数

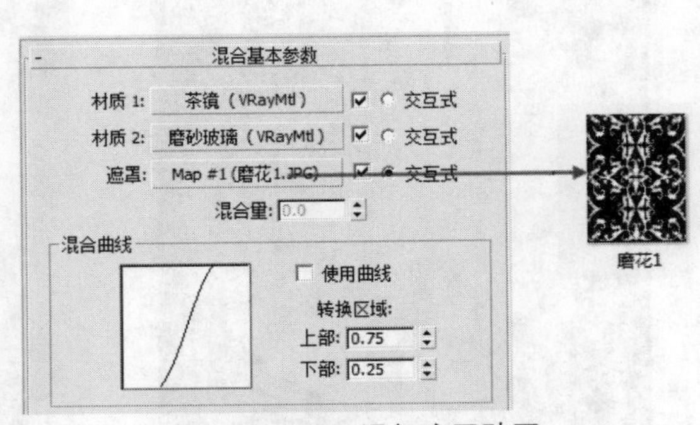

图6-182 添加遮罩贴图

⑳ 此时书柜玻璃材质就制作完成了，材质球如图6-183所示。

㉑ 将材质赋予到实体上，渲染效果如图6-184所示。

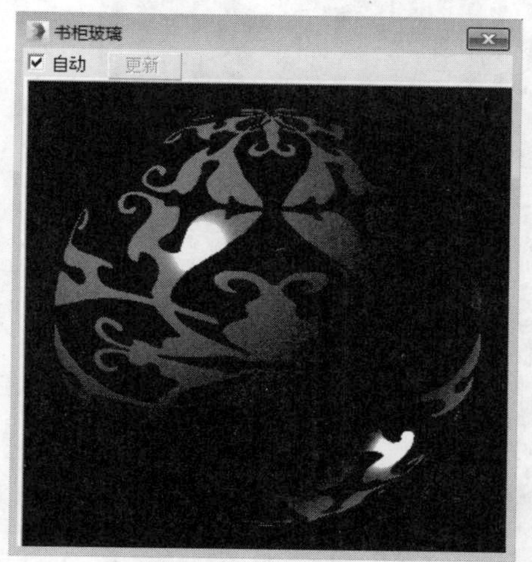

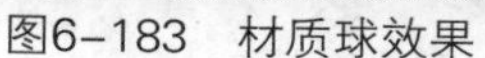
图6-183　材质球效果

图6-184　赋予材质效果

㉒ 下面创建台灯材质，首先创建灯罩，灯罩中包含花纹，所以要添加贴图，将材质球设置为VRayMtl，并命名为灯罩。

㉓ 在漫反射中单击贴图，如图6-185所示。然后设置反射颜色为10，勾选“菲尼尔反射”复选框，并设置细分为15。

㉔ 下面设置折射颜色，如图6-186所示。

图6-185　添加漫反射贴图

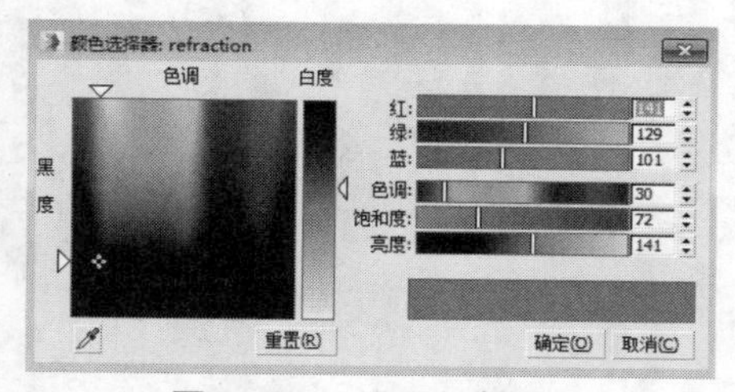

图6-186　设置折射颜色

㉕ 单击“确定”按钮，返回参数面板，设置折射的其他数值，如图6-187所示。

㉖ 此时灯罩材质就设置完成了，材质球效果如图6-188所示。

㉗ 下面创建灯身不锈钢材质，灯身的颜色为黑色，且有较强的反射。设置不锈钢漫反射颜色为29，反射颜色为100，设置完成后，返回参数面板，设置其他参数，如图6-189所示。

㉘ 设置完成后，显示材质球背景，效果如图6-190所示。

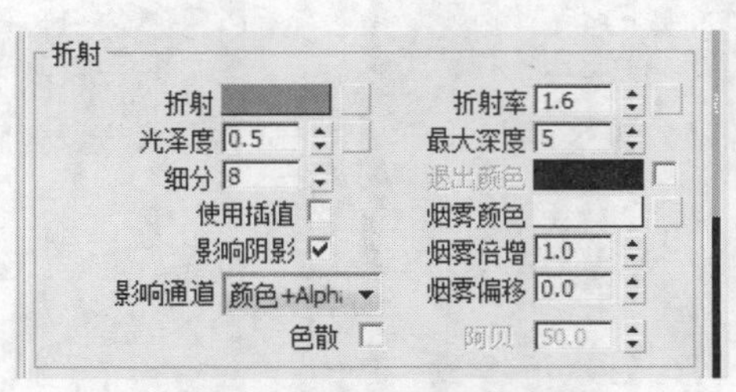

图6-187　设置折射参数

图6-188　灯罩材质球

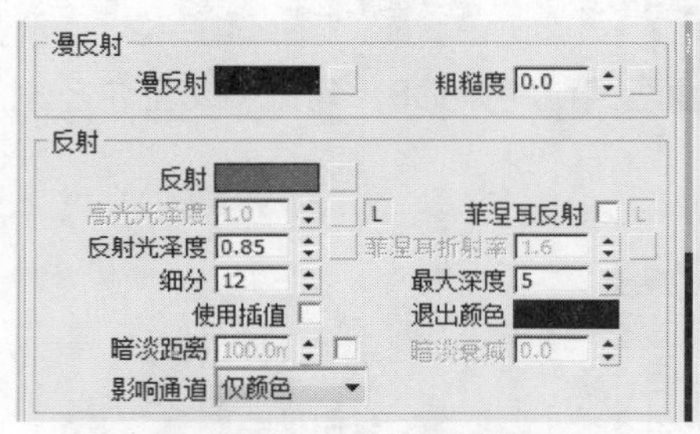

图6-189　设置参数

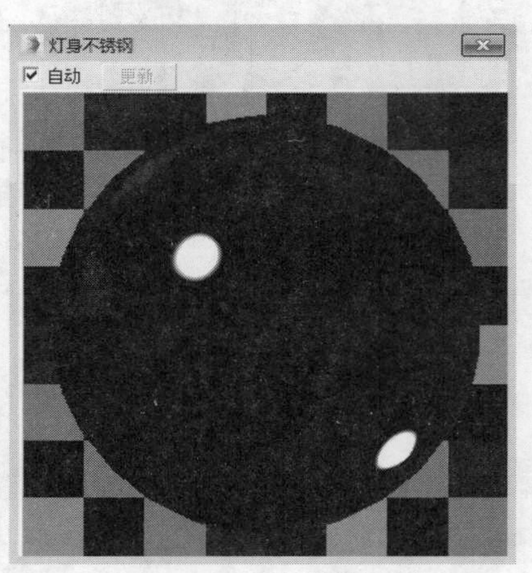

图6-190　不锈钢材质球

㉙ 将材质赋予到相应实体上，渲染台灯效果，此时书柜材质也被赋予，如图6-191所示。

㉚ 全部取消隐藏，并设置渲染场景，效果如图6-192所示。

图6-191　渲染台灯

图6-192　渲染场景

6.5.2　创建藤椅材质

藤条材质是通过编制产生的材质效果，它的特点是之间会有镂空的效果。所以在创建该材质时要创建镂空效果。创建藤条材质的方法非常简单，需要藤条贴图和镂空黑白贴图，且这两种贴图要互相合适。

01 打开“单人沙发”文件，如图6-193所示。

02 按M键打开“材质编辑器”，选择一个空白材质球，并设置为VRayMtl材质类型，为漫反射添加贴图，如图6-194所示。

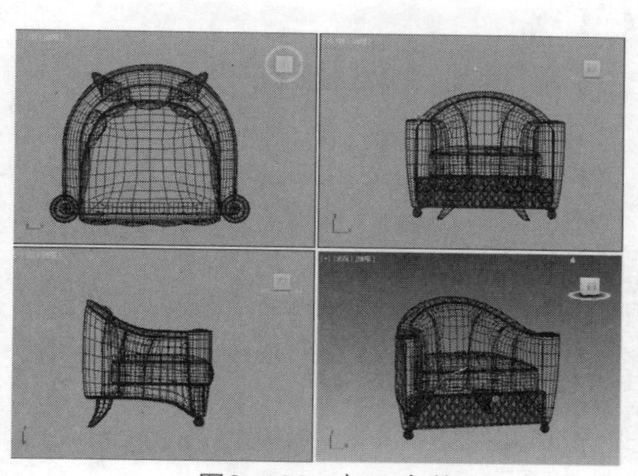

图6-193　打开文件

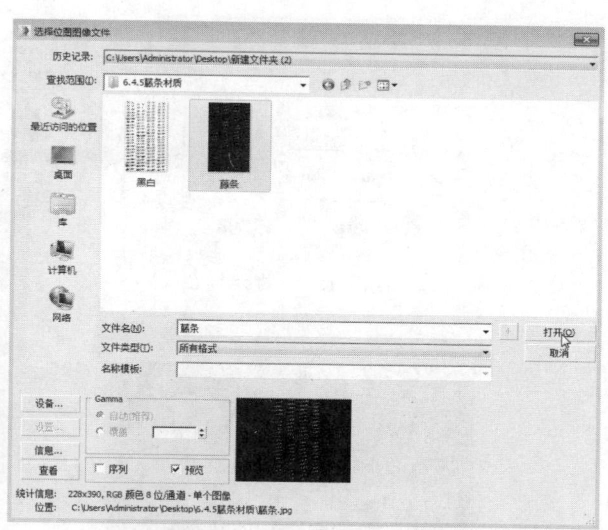

图6-194　添加漫反射贴图

03 单击“打开”按钮，即可添加贴图，勾选“使用真实世界比例”复选框，此时材质球如图6-195所示。

04 返回上一级，并展开“贴图”卷展栏，在“不透明度”通道中添加“黑白”贴图，并取消勾选“使用真实世界比例”复选框，此时材质球将产生镂空效果，如图6-196所示。

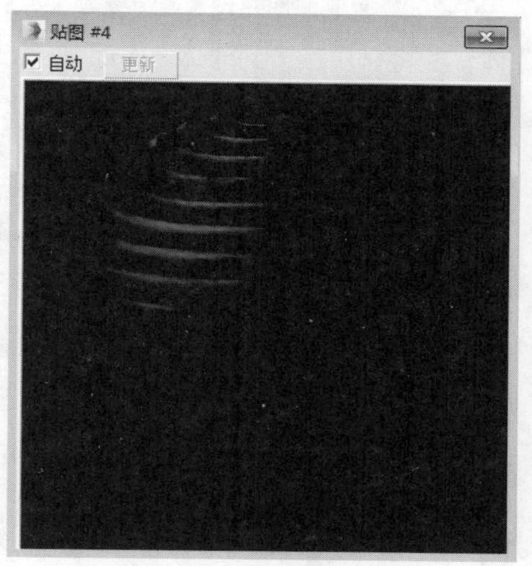

图6-195　添加贴图效果

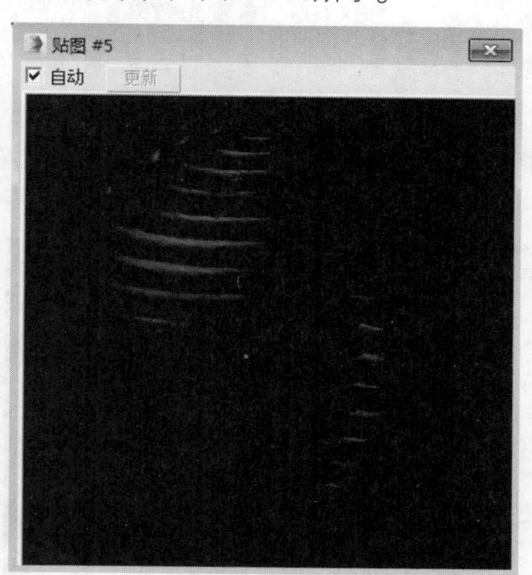

图6-196　镂空效果

05 在“贴图”卷展栏中单击并拖动漫反射通道上的贴图至自发光通道上，释放鼠标左键，此时弹出提示窗口，如图6-197所示。

06 单击“确定”按钮，即可复制贴图，如图6-198所示。

07 设置自发光后，材质球的整体颜色明显提亮了许多，效果如图6-199所示。

08 重复以上步骤复制贴图，并设置其通道参数，如图6-200所示。

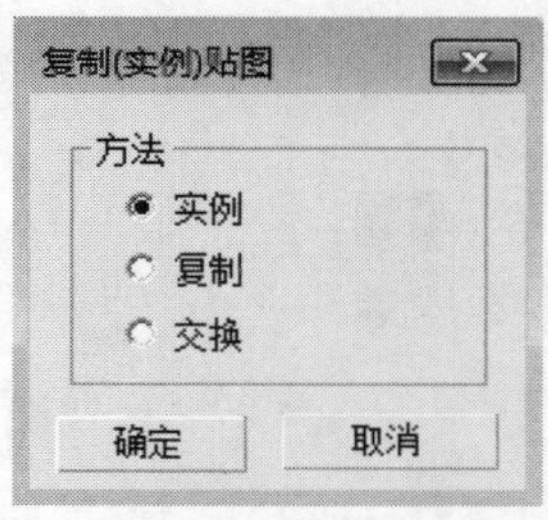

图6-197　提示窗口

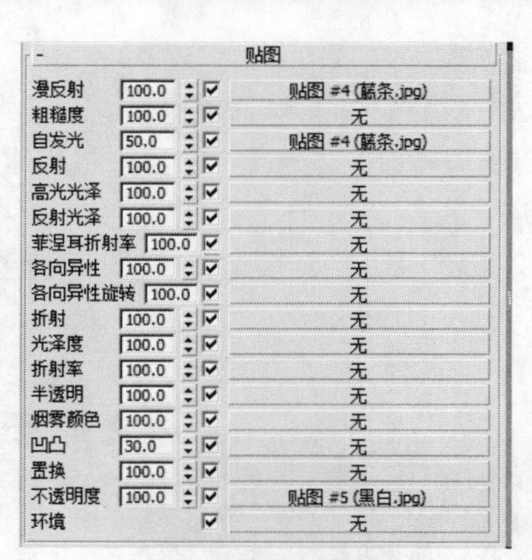

图6-198　复制实例

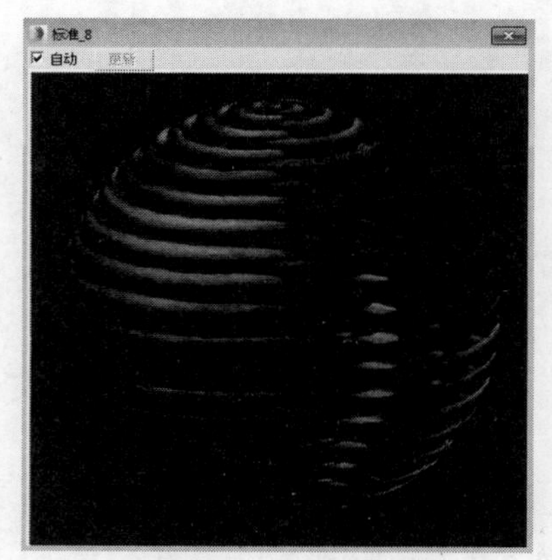

图6-199　自发光效果

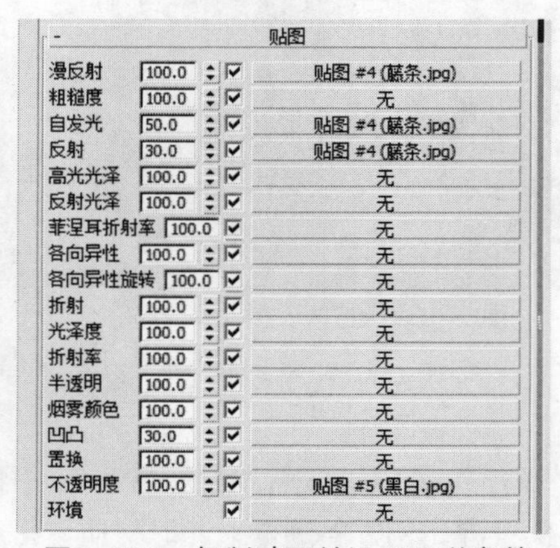

图6-200　复制贴图并设置通道参数

09 此时藤条材质就制作完成了。在顶视图随意创建球体，并将材质赋予到球体上，添加UVW贴图后，观察藤条效果，如图6-201所示。

10 再次将材质赋予到单人沙发上，渲染结果如图6-202所示。

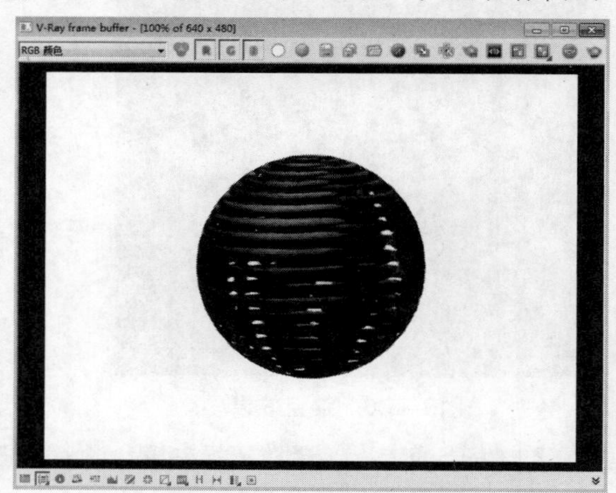

图6-201　藤条镂空效果

图6-202　赋予材质效果

知识点拨

如果添加的黑白贴图和漫反射贴图不匹配，就不会正确显示镂空效果。

6.6 常见疑难解答

由于本章知识比较复杂，在添加材质后会出现一些琐碎的问题，下面列举了有关材质的常见疑难解答，以供用户参考。

Q：为什么打开已经赋予过材质贴图的场景，材质丢失了？

A：那是因为贴图没有放置在原路径上。设置材质后，更改贴图的名称和位置都会丢失材质，所以一旦设置完成后，不要轻易更改贴图信息。我们可以通过3个方法防止材质丢失，下面介绍其方法。

1. 将贴图放置在固定文件夹中

新建文件夹，设置文件名称并将贴图放置在其中，在该文件夹中选择位图，设置材质贴图。将模型文件保存在该文件夹中即可。以后在其他位置上打开文件时，需要将文件夹整体复制，这样才不会丢失贴图。

2. 压缩文件

选择文件夹，单击鼠标右键，在快捷菜单列表中单击“添加到压缩文件”选项，设置完成后单击“确定”按钮，如图6-203所示。此时就会出现压缩的进度对话框（如图6-204所示），当进度到100%时，文件将压缩成功。

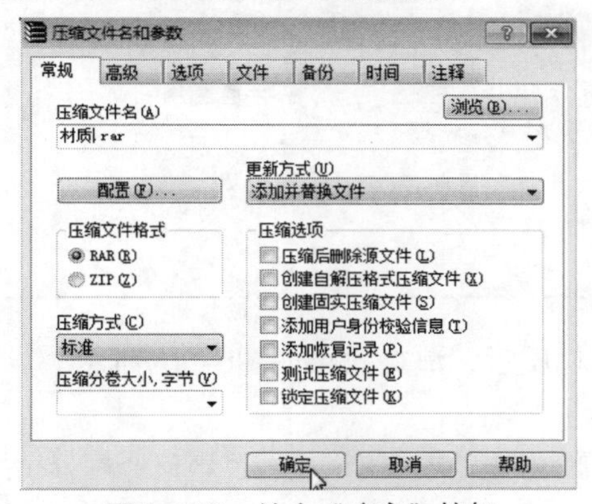

图6-203 单击“确定”按钮

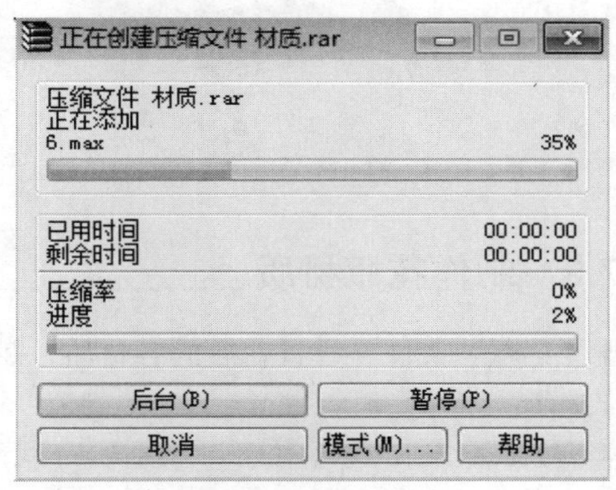

图6-204 压缩进度

3. 归档文件

单击“菜单浏览器”按钮，单击“另存为”选项后方的三角形按钮，弹出快捷列表，然后单击“归档”选项，如图6-205所示。弹出“文件归档”对话框，设置保存路径和名称后单击“确定”按钮，如图6-206所示。

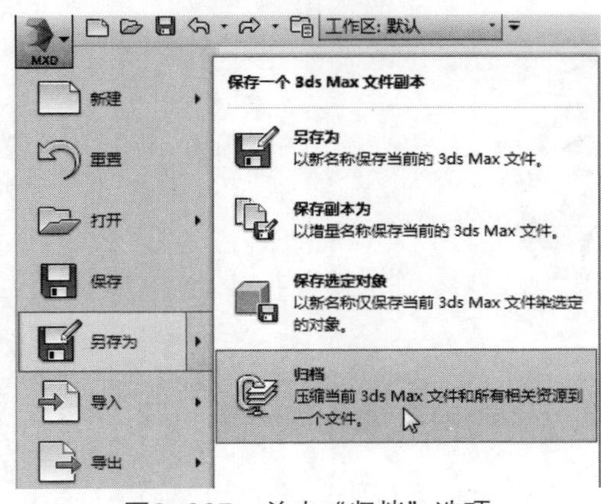

图6-205 单击“归档”选项

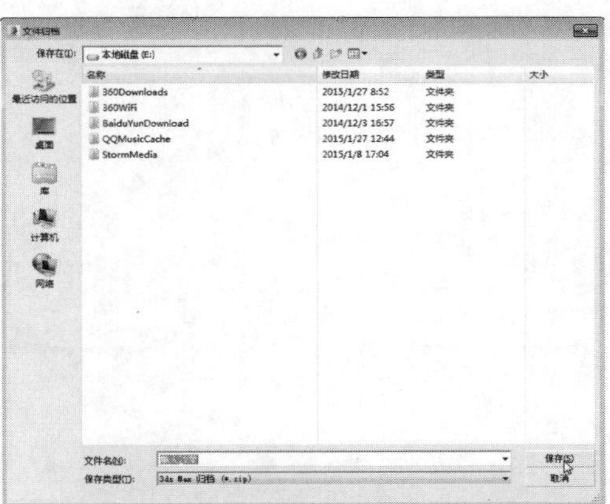

图6-206 单击“确定”按钮

6.7 拓展应用练习

为了使用户更加深入地掌握本章所学知识，下面通过两个实例，进行巩固学习。

6.7.1 制作木质秋千材质

下面设置木纹材质，并将其赋予至秋千模型中，进行渲染，效果如图6-207所示。

操作提示

01 打开“秋千”文件，在“材质编辑器”对话框中选择一个空白材质球。

02 在漫反射通道中添加“木纹”位图，并设置反射光泽度和高光光泽度值，如图6-208所示，在凹凸通道上添加“凹凸”位图，并设置值为40。

03 将材质作为“木质”材质，赋予到秋千上，并添加“UVW贴图”修改器。

图6-207 制作木质材质

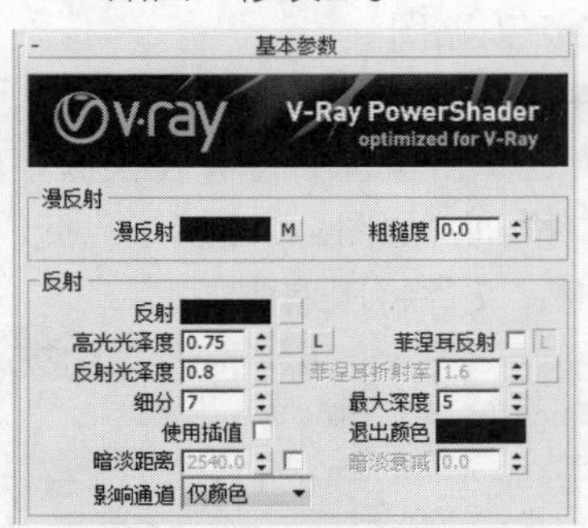

图6-208 设置参数

6.7.2 制作花瓶材质

打开“花瓶”文件，设置花瓶的各材质，赋予材质后，渲染效果如图6-209所示。

操作提示

01 材质类型为VRayMtl，漫反射颜色为绿色，反射设置为10，高光光泽度和反射光泽度分别为0.75和0.8，取消菲尼尔反射，完成绿茎的制作。

02 在漫反射通道中添加“衰减”贴图，类型为Fresnel，反射颜色为5，高光光泽度和反射光泽分别为0.5和0.9，取消菲尼尔反射，即可完成花瓣的制作。

03 设置漫反射颜色为87，0，4，反射值为10，高光光泽度为0.4，反射光泽度为0.8，取消菲尼尔反射，即可完成花蕊材质的设置。

图6-209 渲染花瓶

第7章 灯光技术

本章概述 在室内设计中，灯光起到了画龙点睛的效果。只创建模型和材质，往往达不到真实的效果，利用灯光可以体现空间的层次，设计的风格和材质的质感。最终得到真实而生动的效果。

知识要点
- 3ds Max 和VRay的光源系统
- 编辑灯光参数
- 创建不同种类的灯光
- 在室内场景中应用灯光

7.1 灯光的分类

灯光可以模拟现实生活中的光线效果。在3ds Max 2015中提供了标准、光度学和VRay3种灯光类型，每种灯光的使用方法不同，模拟光源的效果也不同。

7.1.1 标准灯光

标准灯光是Max软件自带的灯光，它包括目标聚光灯、自由聚光灯、目标平行光、自由平行光、泛光、天光、mr Area Omni和mr Area Spot 8种灯光，下面具体介绍各种灯光的应用范围。

1. 聚光灯

聚光灯包括目标聚光灯和自由聚光灯两种，它们的共同点都是带有光束的光源，但目标聚光灯有目标对象，而自由聚光灯没有目标对象。如图7-1为灯光光束效果。目标聚光灯和自由聚光灯的照明效果相似，都是形成光束照射在物体上，只是使用方式上不同，如图7-2为照明效果。

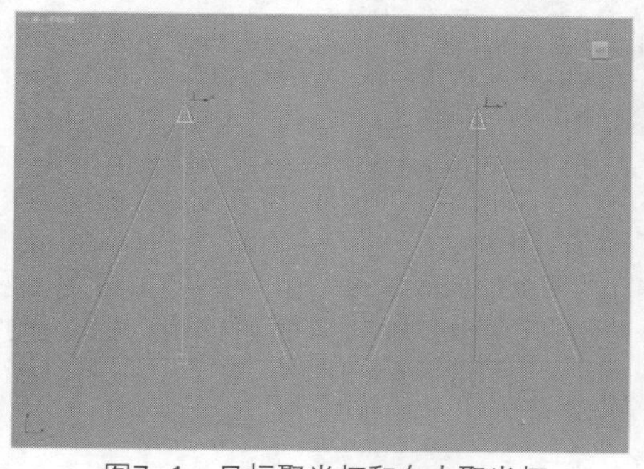
图7-1 目标聚光灯和自由聚光灯

图7-2 照明效果

知识点拨

目标聚光灯会根据指定的目标点和光源点创建灯光，在创建灯光后会产生光束，照射物体并产生隐影效果，当有物体遮挡住光束时，光束将被折断。

自由聚光灯没有目标点，选择该按钮后，在任意视图单击鼠标左键即可创建灯光，该灯光常在制作动画时使用。

2. 平行光

平行光包括目标平行光和自由平行光两种，平行光的光束分为圆柱体和方形光束。它的发光点和照射点大小相同，该灯光主要用于模拟太阳光的照射、激光光束等。自由平行光和目标平行光的用处相同，常在制作动画时使用。图7–3所示为平行光效果。

3. 泛光灯

泛光灯可以照亮整个场景，是非常常用的灯光，在场景中创建多个泛光灯，调整色调和位置，使场景具有明暗层次。图7–4所示为泛光灯照射效果。

图7–3　平行光效果

图7–4　泛光灯照明效果

4. 天光

天光是模拟天空和大气层的光照，使用该灯光可以创建日光的效果。由于阴影过虚，所以要配合光跟踪器使用才能产生理想的效果。图7–5为天光照射效果。

图7–5　天光效果

5. mr Area Omni和mr Area Spot

mr Area Omni和mr Area Spot灯光可以支持全局光照和聚光等功能，它们的作用基本一致，都是在光源的周围一个较为宽阔的区域内发光，并可以生成柔和的阴影效果。

7.1.2　光度学灯光

光度学灯光和标准灯光的创建方法基本相同，在“参数”卷展栏中可以设置灯光的类型，并导入外部灯光文件模拟真实灯光效果，光度学灯光包括目标灯光、自有灯光和mr天空入口3种灯光效果，下面具体介绍各灯光的应用。

1. 目标灯光

光度学中的目标灯光支持多种灯光模板，在视图区创建灯光后，在命令面板下方的“模板”卷展栏中可以设置不同的灯光类型，如图7-6所示。

2. 自由灯光

自由灯光是没有目标点的灯光，它的参数和目标灯光相同，创建方法也非常简单，在任意视图单击鼠标左键，即可创建自由灯光。

3. mr天空入口

mr天空入口对象提供了一种“聚集”内部场景中的现有天空照明的有效方法，无需高度最终聚集或者全局照明设置，节省渲染速度。使用起来也非常方便，简单来说，mr天空入口灯光是一种区域灯光，可以从环境中导出其亮度和颜色。如图7-7所示为mr天空入口灯光。

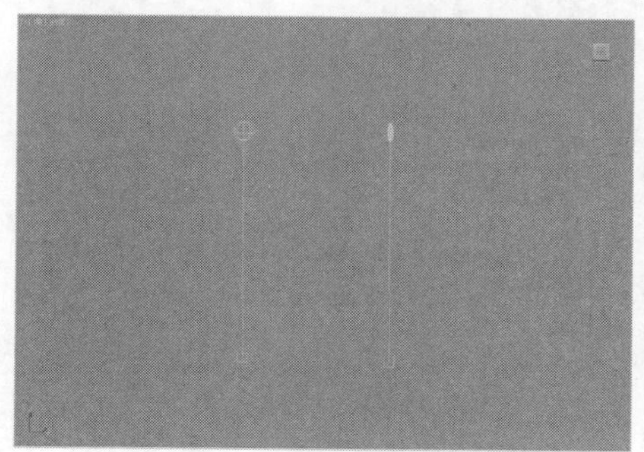

图7-6　目标灯光

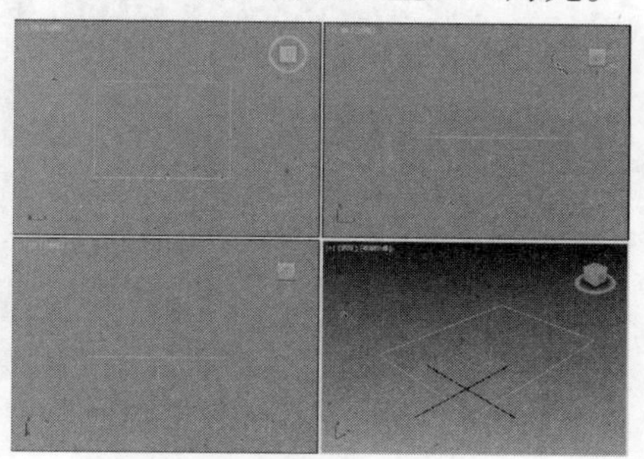

图7-7　mr天空入口

7.1.3　VRay灯光

在安装过VRay灯光后，灯光栏中就会增加VRay灯光，在软件中专门提供了VRay灯光的命令面板，面板中包括VR-灯光、VRayIES、VR-环境灯光和VR-太阳4种灯光类型，下面具体介绍这4种灯光。

1. VR-灯光

VR-灯光包括平面、穹顶、球体和网格4种显示方式，在“参数”卷展栏中选择灯光类型，可以更改灯光形态。默认情况下，VR-灯光是以平面进行创建的，其灯光类型是最常用的灯光类型，它相当于一种区域灯光，常利用它进行区域的照亮和补光。如图7-8所示为VR-灯光的4种形态。

2. VRayIES

VRayIES灯光是一种特殊的使用物理计算的灯光，它是一种射线形式的灯光，并可以色温控制灯光的色调，灯光特性类似于光度学灯光，可以添加IES光域网文件，渲染出的灯光更加真实。创建灯光后视图中的显示形态如图7-9所示。

图7-8　VR-灯光类型

图7-9　VRayIES灯光

3. VR–环境灯光

VR–环境灯光顾名思义就是影响整体环境效果的灯光。它和标准灯光中的泛光灯的创建方法相同，用处也基本相同，唯一不同的是它可以添加灯光贴图，设置灯光效果。

4. VR–太阳

VR–太阳是模拟真实世界中的阳光的灯光类型，位置不同灯光效果也不同，在参数面板中可以设置目标点的大小和灯光的强弱与颜色等。如图7–10所示为VR–太阳灯光。如图7–11所示为VR–太阳的光照效果。

图7–10　VR–太阳灯光

图7–11　光照效果

7.2 灯光的创建

要想利用灯光设置室内环境和氛围，就要学习如何创建并调整灯光的位置和方向。通过以下方式可以创建灯光。

- 执行“创建>灯光”命令的子命令，如图7–12所示。
- 在命令面板中单击“灯光”按钮，单击“标准”列表框，在弹出的列表中选择相应的灯光类型，如图7–13所示。

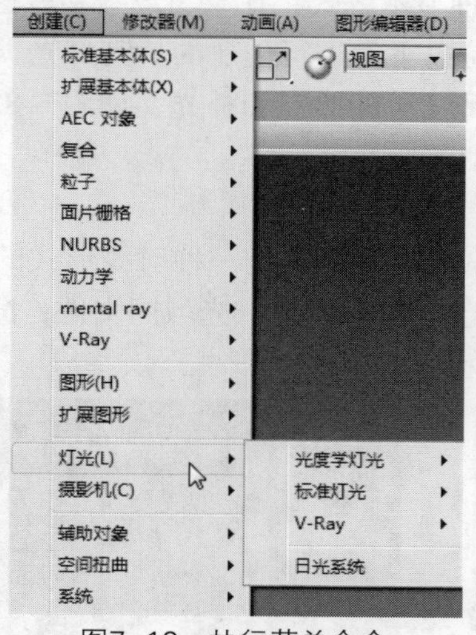

图7–12　执行菜单命令

图7–13　命令面板

7.2.1　创建标准灯光

标准灯光包括8种灯光类型，其中自由聚光灯、自由平行光、泛光、天光和mr Area Omni等灯光的创建方法非常简单，在视图中单击鼠标左键即可创建灯光，这里就不再具体介绍。

【例7-1】下面主要介绍目标聚光灯和目标平行光的创建方法。

01 在视图中任意创建一个标准基本体，在命令面板中单击“灯光”按钮，打开“标准灯光”命令面板，在其中单击“目标聚光灯”按钮，如图7-14所示。

02 在前视图单击并拖动鼠标，即可创建目标聚光灯，如图7-15所示。

图7-14 单击“目标聚光灯”按钮

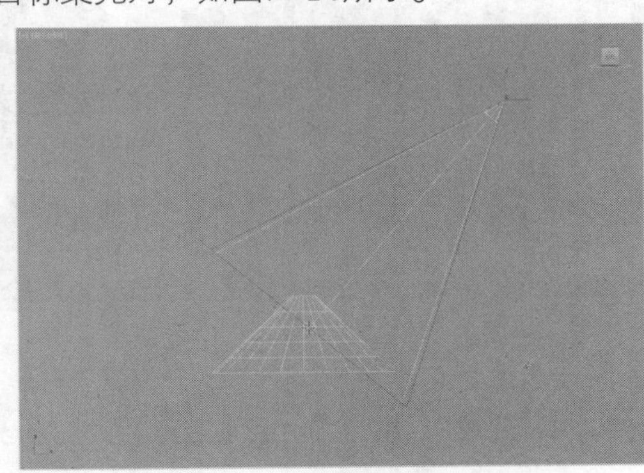

图7-15 创建目标聚光灯

03 激活“选择并移动”按钮，在其他视图将灯光移至合适位置，如图7-16所示。

04 在视图中的空白处单击鼠标，将显示聚光灯图标，如图7-17所示。

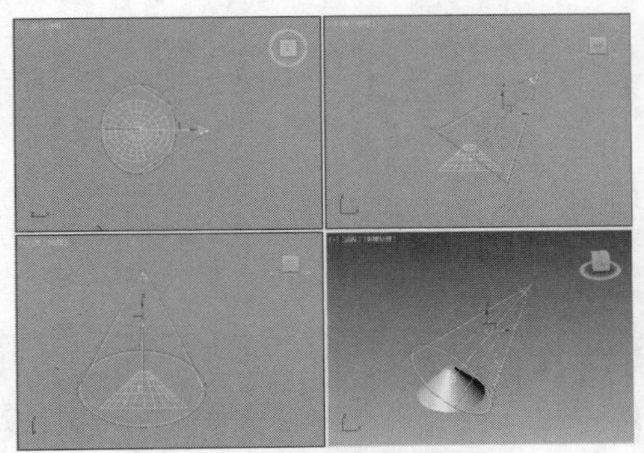

图7-16 移动目标聚光灯

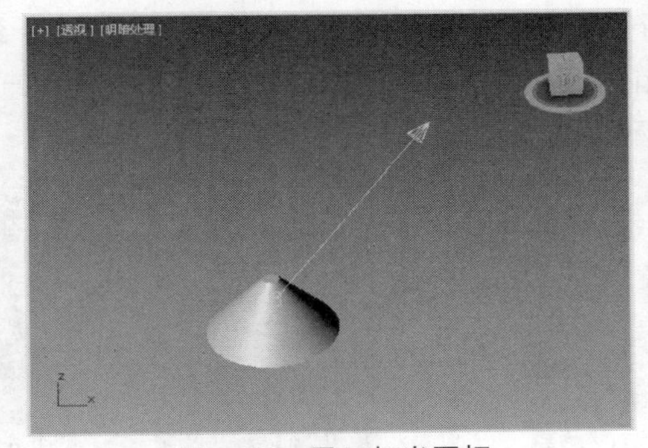

图7-17 显示灯光图标

05 隐藏目标聚光灯，下面继续创建目标平行光。在命令面板单击“目标平行光”按钮后，在顶视图单击并拖动鼠标，确定灯光方向和目标点，如图7-18所示。

06 此时用户会发现，在其他视图中并没有将灯光照射在物体上，按W键激活“选择并移动”按钮，并将其移至合适的位置，如图7-19所示。

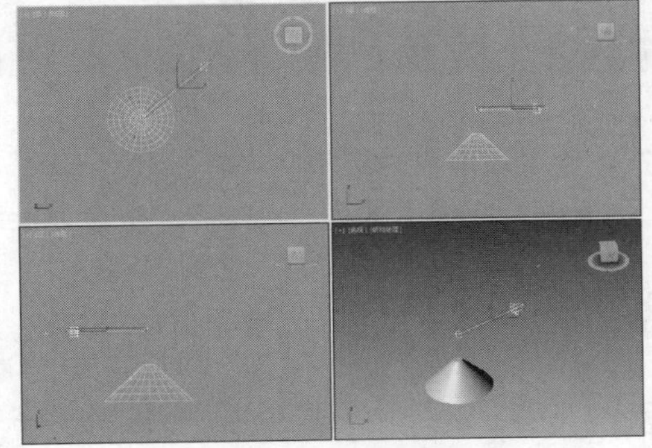

图7-18 创建目标平行光

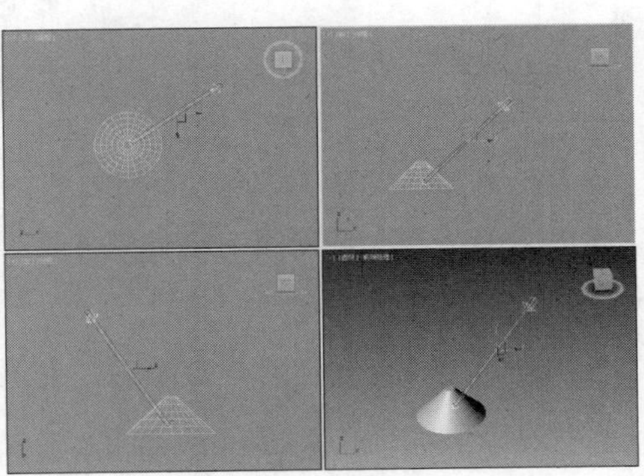

图7-19 移动灯光

07 在空白处单击鼠标左键即可显示灯光图标，如图7-20所示。

08 取消隐藏目标聚光灯，观察两种图标的效果，如图7-21所示。

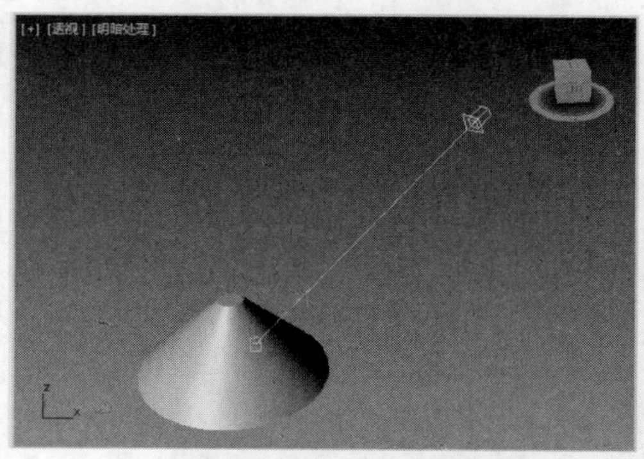

图7-20　目标平行光图标

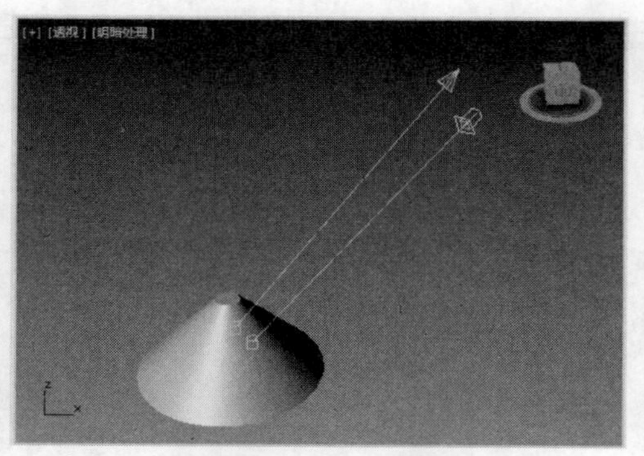

图7-21　两种灯光图标

7.2.2　创建光度学灯光

光度学灯光包括目标灯光、自由灯光和mr天空入口3种灯光类型，其中自由灯光与标准灯光泛光灯的创建方法相同，这里就不详细介绍了。

【例7-2】下面具体介绍目标灯光和mr天空入口灯光的创建方法。

01 执行“创建>灯光>光度学灯光>目标灯光”命令，如图7-22所示。

02 在前视图确定灯光位置，单击并拖动鼠标创建光束，释放鼠标左键完成创建目标灯光，如图7-23所示。

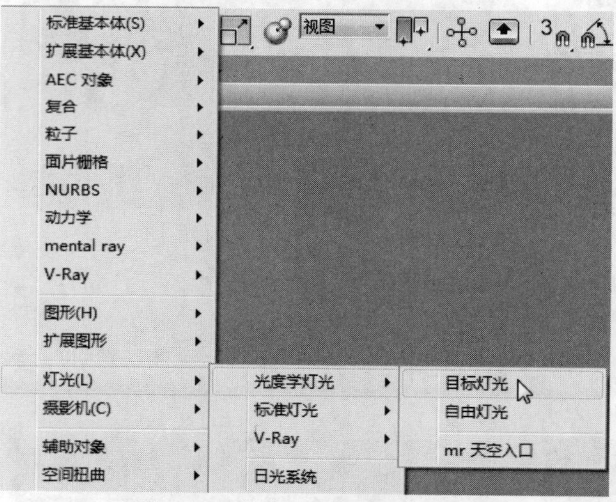

图7-22　单击“目标灯光”选项

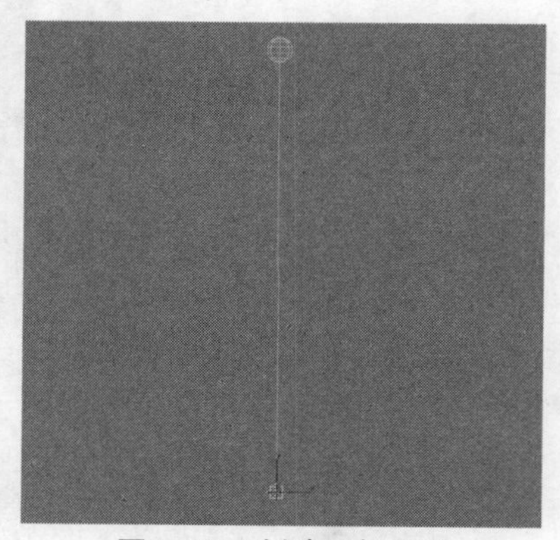

图7-23　创建目标灯光

03 在“参数”卷展栏中，可以添加外部IES灯光文件，确定透射点为选中状态，打开“修改”选项卡，在“灯光分布”选项组中单击“统一球形”列表框，在弹出的列表中选择“光度学Web”选项，如图7-24所示。

04 设置完成后，此时将打开“分布”卷展栏，并在卷展栏中单击“选择光度学文件”按钮，如图7-25所示。

05 此时弹出“打开光域Web文件”对话框，在其中选择灯光文件并单击“打开”按钮，如图7-26所示。

06 设置完成后，卷展栏中显示灯光文件信息，视图中的灯光也发生更改，如图6-27所示。

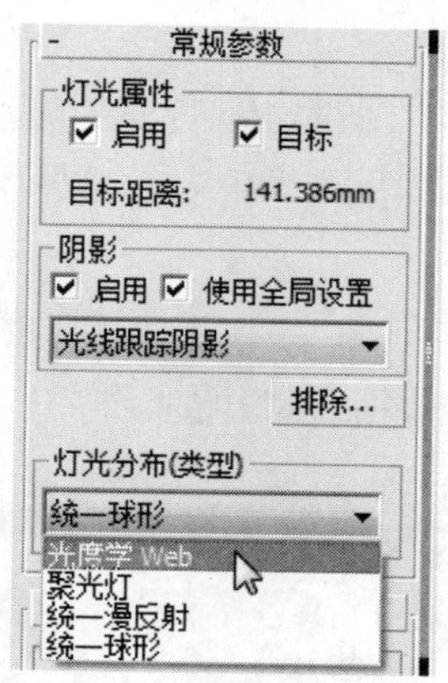

图7-24　单击“光度学web”选项

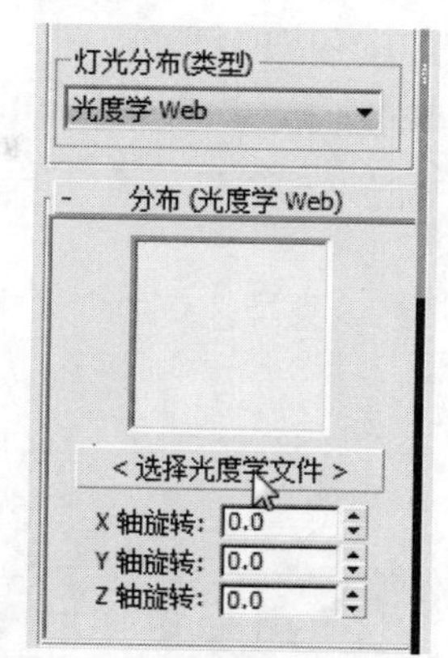

图7-25　单击“选择光度学文件”按钮

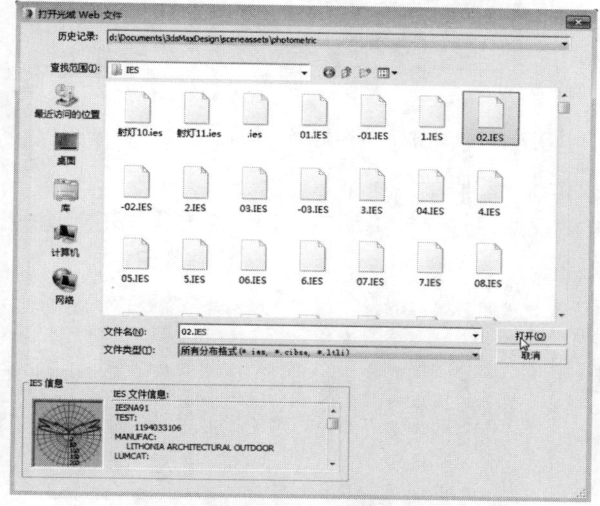

图7-26　单击“打开”按钮

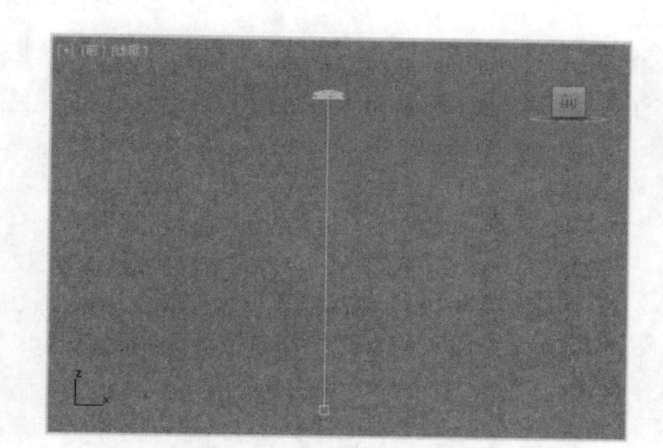

图7-27　IES文件图标

07 下面创建“mr天空入口”灯光，该灯光属于区域灯光，但是不需要进行全局照明设置，执行“创建>光度学>mr天空入口”命令，在顶视图单击并拖动鼠标，如图7-28所示。

08 在空白处单击鼠标，即可显示mr天空入口灯光，如图7-29所示。

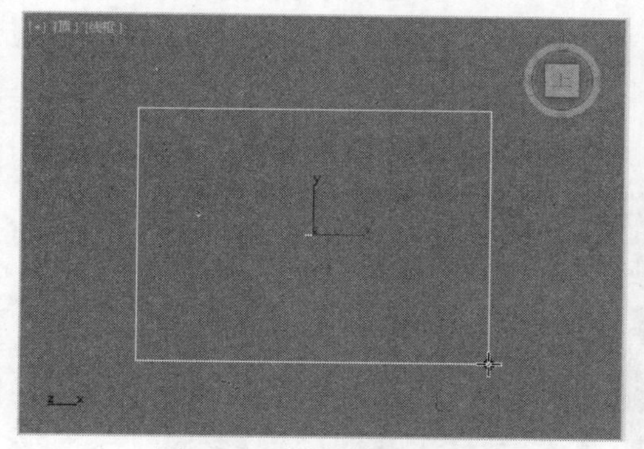

图7-28　单击并拖动鼠标

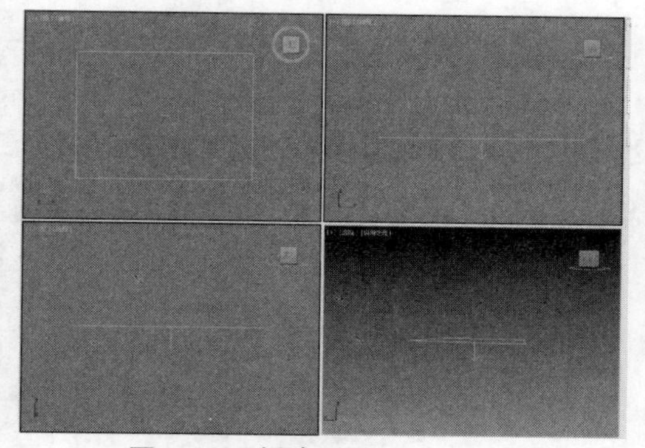

图7-29　创建mr天空入口灯光

7.2.3　创建VRay灯光

在安装VRay渲染器之后，此时灯光选项中就会增加“VRay”灯光选项，选择VRay灯光类型后，在命令面板中单击相应的灯光按钮，即可创建灯光。

【例7-3】下面以创建VR-灯光和VRayIES为例，介绍创建VRay灯光的方法。

01 打开“灯光”命令面板，单击“光度学”列表框，并在弹出列表中选择“VRay”选项，如图7-30所示。

02 此时将显示VRay灯光的类型，在命令面板中单击“VR-灯光”按钮，如图7-31所示。

图7-30 单击“VRay”选项

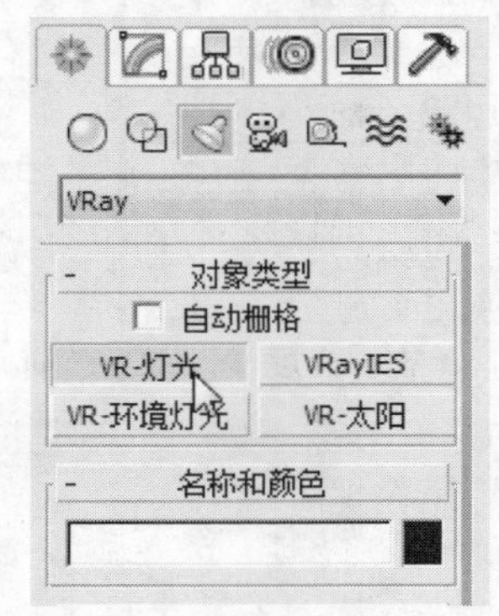

图7-31 单击“VR-灯光”按钮

03 返回顶视图，单击并拖动鼠标创建灯光区域，如图7-32所示。

04 释放鼠标即可创建VR-灯光，此时切换视图至前视图，灯光箭头朝下，说明灯光是向下照明的，如图7-33所示。

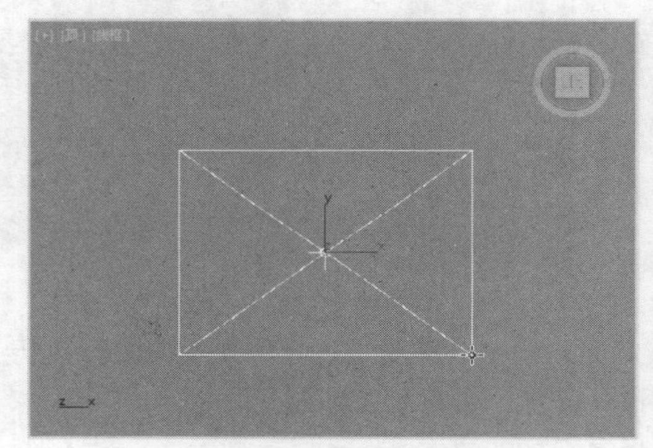

图7-32 创建灯光区域

图7-33 灯光照明方向

05 确定投射点为选中状态，打开“修改”选项卡，在“参数”卷展栏中单击“类型”列表框，在弹出的列表中选择“穹顶”选项，如图7-34所示。

06 设置完成后，灯光类型被更改为“穹顶”灯光，视图显示效果如图7-35所示。

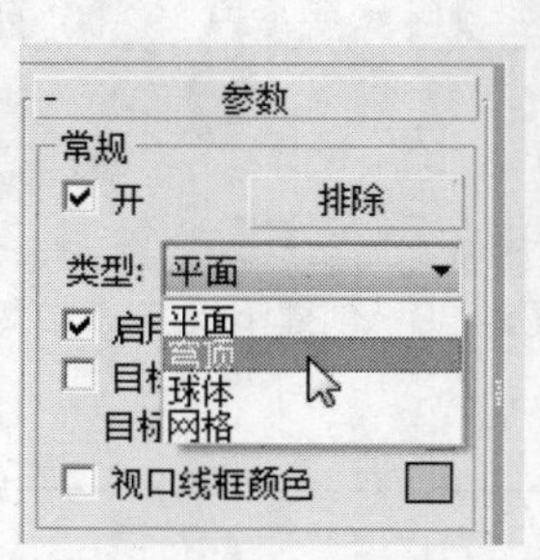

图7-34 单击“穹顶”选项

图7-35 穹顶灯光效果

07 下面继续创建VRayIES灯光，在命令面板中单击“VRayIES”按钮，在顶视图单击鼠标左键，向外拖动一点将显示灯光光照位置，如图7-36所示。

08 接着拖动鼠标至合适位置，确定目标点后释放鼠标左键即可创建灯光，如图7-37所示。

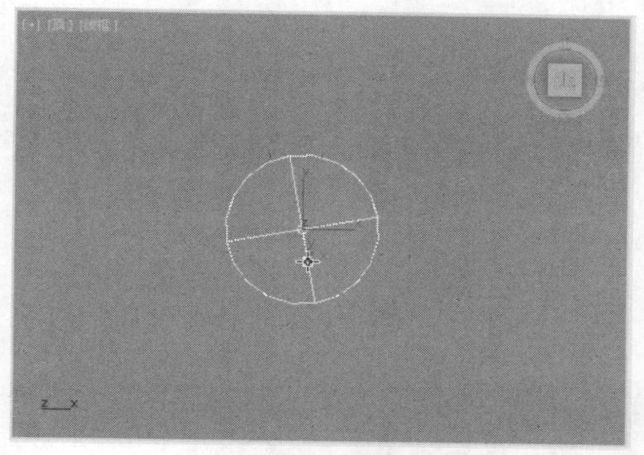

图7-36　确定光照位置

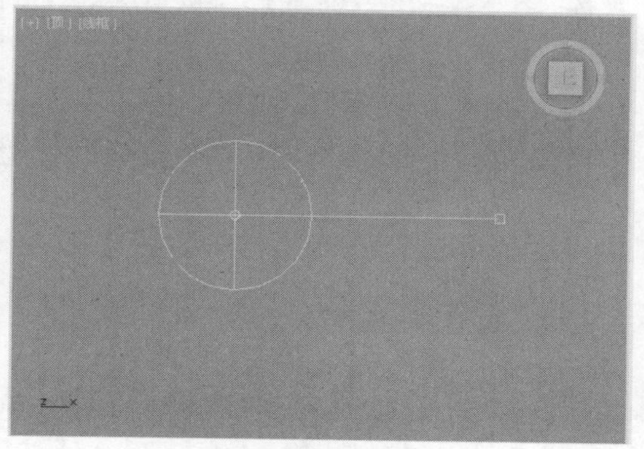

图7-37　创建灯光

7.3 标准灯光的参数设置

在创建灯光后，环境中的部分物体会随着灯光而显示效果，在参数面板中调整灯光的各项参数，即可达到理想效果。

7.3.1 强度、颜色、衰减的设置

在“强度/颜色/衰减”卷展栏中，可以设置灯光中的最基本属性。打开“修改”选项卡，展开卷展栏即可显示参数选项，如图7-38所示。

由图7-38可知，该卷展栏由“倍增”、“颜色”、“衰退”、“近距衰减”和“远距衰减”等选项组组成，下面具体介绍各选项组的含义。

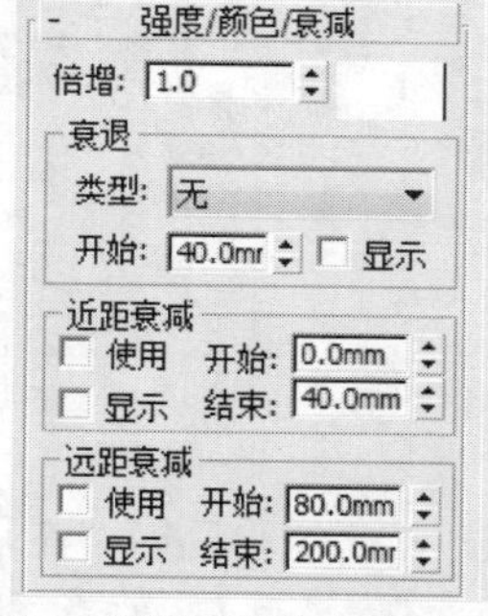

图7-38　“强度/颜色/衰减”卷展栏

- 倍增：设置灯光强弱。
- 颜色：单击“倍增”选项后的“颜色”选项框，在弹出的颜色选项器中可以设置灯光颜色。
- 衰退：该选项组可以将远处的灯光强度减小。在“类型”选项框中可以设置倒数和平方比两种方法。
- 近距衰减和远距衰减：该选项组主要控制灯光强度的淡入和淡出的参数。

【例7-4】下面以设置目标聚光灯为例，介绍设置强度、颜色、衰减的方法。

01 打开“烛台”文件，执行“创建>灯光>标准灯光>目标聚光灯”命令，在视图中单击并拖动鼠标创建灯光，如图7-39所示。

02 打开“修改”卷展栏，拖动页面至“强度/颜色/衰减”卷展栏，单击后方颜色选项，在弹出的颜色选择器其中设置灯光颜色，如图7-40所示。

03 单击“确定”按钮即可设置灯光颜色，此时灯光默认强度为1，如图7-41所示。

04 渲染场景，即可观察灯光效果，如图7-42所示。

05 在倍增选项内输入数值3，设置灯光强度为3，如图7-43所示。

06 设置完成后，渲染灯光效果，如图7-44所示。

图7-39 创建目标聚光灯

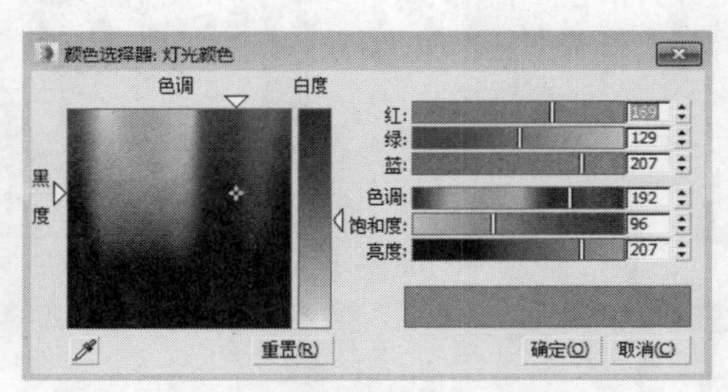

图7-40 设置灯光颜色

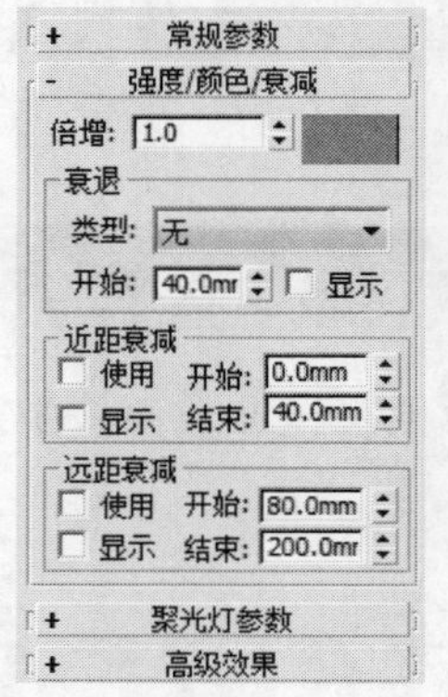

图7-41 设置灯光颜色和强度

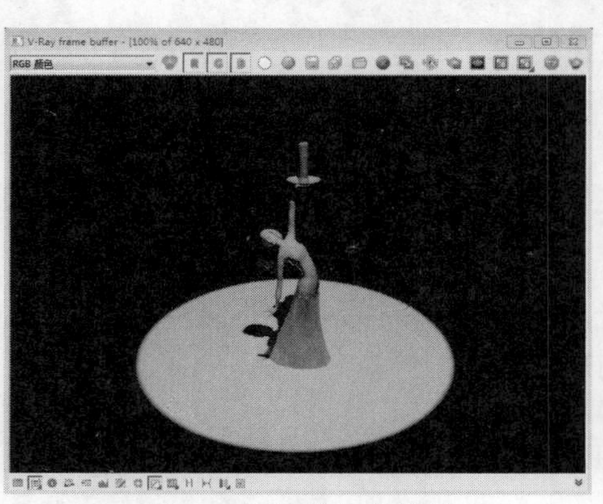

图7-42 渲染灯光效果

图7-43 设置灯光强度

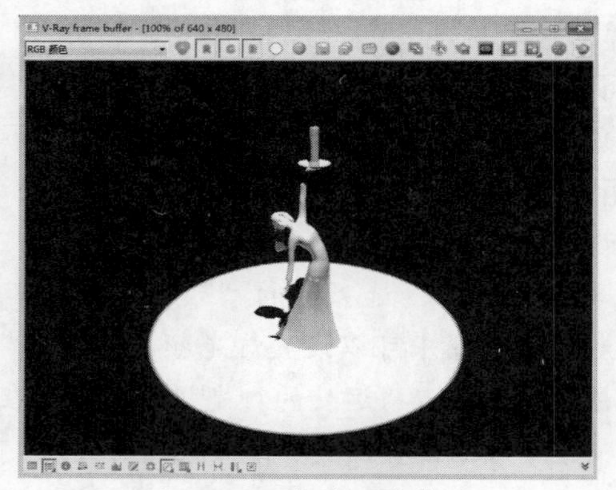

图7-44 灯光强度为3

07 保存文件，并设置文件名为“设置灯光强度、颜色、衰减”。完成设置灯光操作。

7.3.2 光束、区域的设置

聚光灯光可以产生光束效果，这种灯光是非常常用的灯光，常应用于舞台光束、台灯光束等效果。在“聚光灯参数”卷展栏中还可以设置光束的大小和衰减的区域。

【例7-5】下面具体介绍设置光束和区域的方法。

01 打开“烛台”文件，在命令面板中打开灯光面板，并选择“标准灯光”类型，然后在灯光面板中单击“自由聚光灯”按钮，如图7-45所示。

02 在顶视图单击鼠标左键创建自由聚光灯，并调整灯光的位置和大小，如图7-46所示。

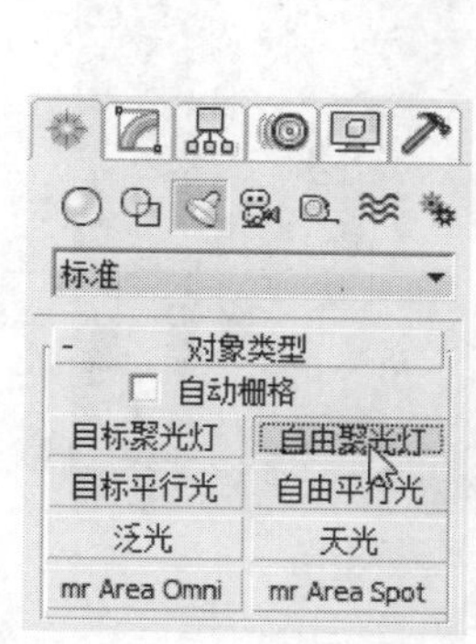

图7-45　单击“自由聚光灯”按钮

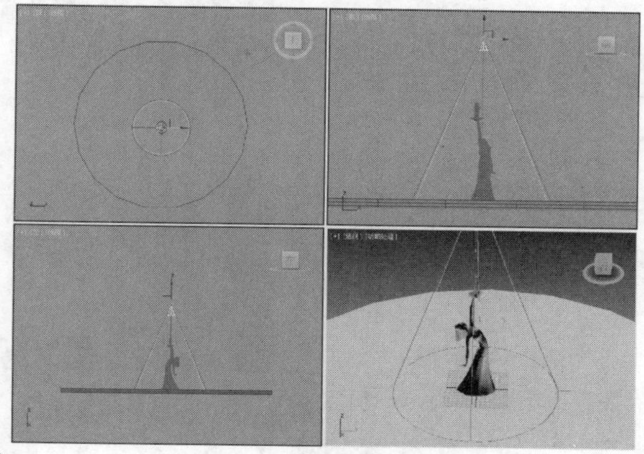

图7-46　创建并调整灯光

03 渲染灯光效果，如图7-47所示。

04 确定投射点为选中状态，打开“修改”选项卡，拖动页面至“大气和效果”卷展栏，并单击“添加”按钮，如图7-48所示。

图7-47　渲染灯光效果

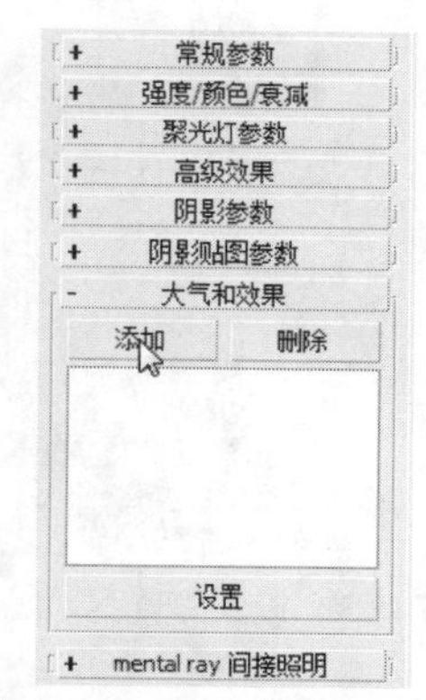

图7-48　单击“添加”按钮

05 打开“添加大气或效果”对话框，选择体积光，并单击“确定”按钮，如图7-49所示。

06 此时渲染场景，即可观察聚光灯光束效果，如图7-50所示。

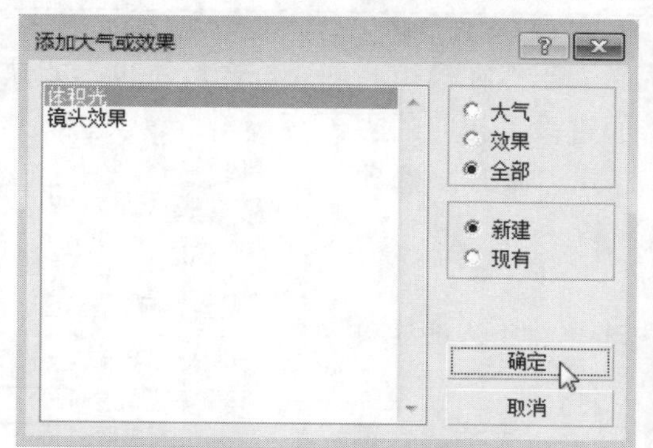

图7-49　单击“确定”按钮

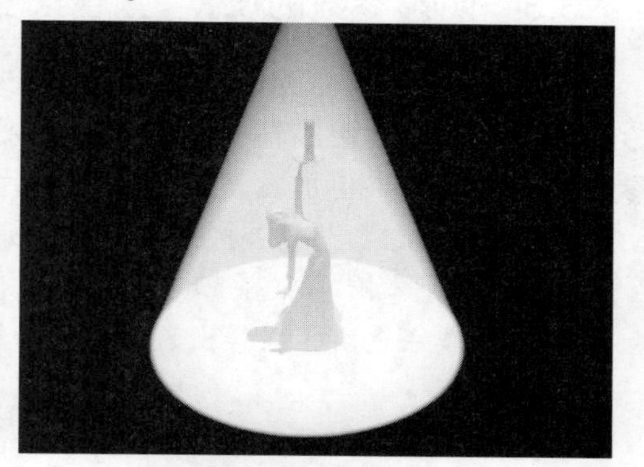

图7-50　光束效果

07 展开“聚光灯参数”卷展栏，在聚光区/光束中设置光束区域为30，如图7-51所示。

08 渲染场景，此时会发现聚光区缩小了，衰减区相应地增加了，光束会显得有些模糊，如图7-52所示。

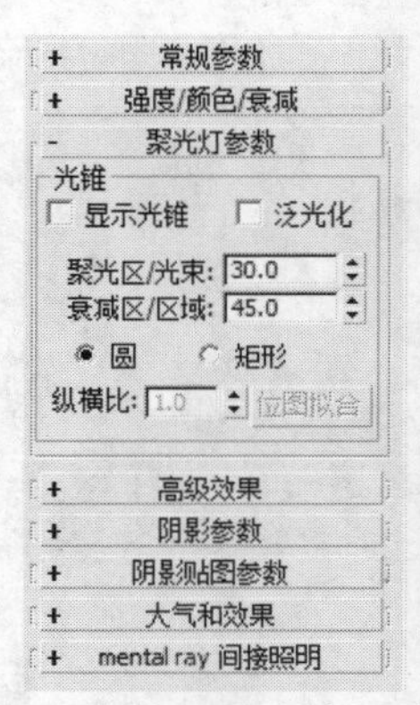

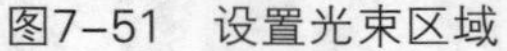

图7-51　设置光束区域

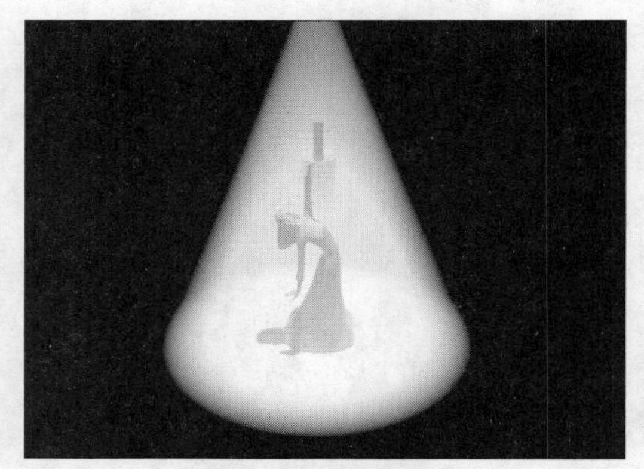

图7-52　设置光束效果

09 由此可知，聚光区和衰减区的数值要成比例，按照默认的数值差渲染的效果就很自然，重新设置聚光区和衰减区数值，如图7-53所示。

10 调整灯光颜色后，渲染效果如图7-54所示。

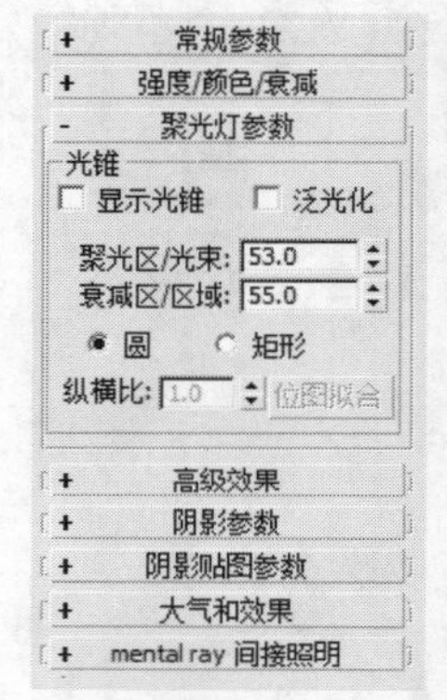

图7-53　设置聚光区和衰减区

图7-54　渲染效果

知识点拨

聚光区和衰减区的数值要成比例，聚光区比衰减区相差2个数值可产生自然光束。

7.3.3　阴影参数的设置

在真实世界中，有灯光的地方总不能缺少阴影，当然在模拟和创建灯光后，也不能缺少阴影。所有标准灯光类型中都有阴影参数卷展栏，通过设置相应的阴影参数，使渲染效果更加真实。创建灯光后，打开“修改”选项卡，并展开“阴影参数”卷展栏，如图7-55所示。

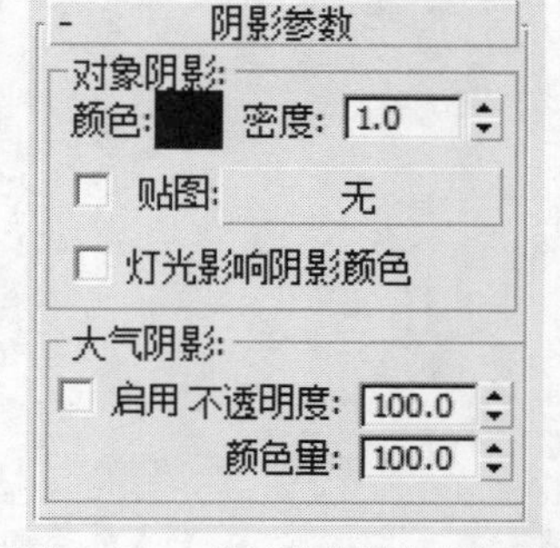

图7-55　“阴影参数”卷展栏

下面具体介绍卷展栏中各选项的含义。

- 颜色：单击色块，在弹出的颜色选择器中选择颜色，设置阴影颜色。
- 密度：控制阴影的密度，数值越大，阴影越强，反之，数值越小，阴影越淡。
- 贴图：勾选该复选框，单击后方通道按钮，可以设置各种程序贴图与阴影颜色进行混合，产生更加复杂的阴影。
- 灯光影响阴影颜色：勾选该复选框，阴影的颜色将受灯光的影响。

- 大气阴影：勾选该复选框，可以使场景中的大气效果也产生投影，并可以设置其不透明度和颜色量。

7.4 光度学灯光的设置

光度学灯光与标准灯光相同强度、颜色、衰减为最基本的参数，但光度学可以设置灯光的分布、光线形状和色温等。

7.4.1 强度、颜色、衰减的设置

创建灯光后，打开“强度/颜色/衰减”卷展栏，在其中可以设置灯光的颜色、色温和强度等，如图7-56所示。

- 颜色：选择设置颜色的方式，单击列表框，在弹出的列表中可以设置灯具规格和色温。
- 强度：设置灯光的强度，单击lm和cd选项，激活前方选项框，单击bc选项，则激活后方选项框。
- 暗淡：在保持灯光强度的情况下，控制灯光强度。
- 远距衰减：控制灯光的淡出参数。

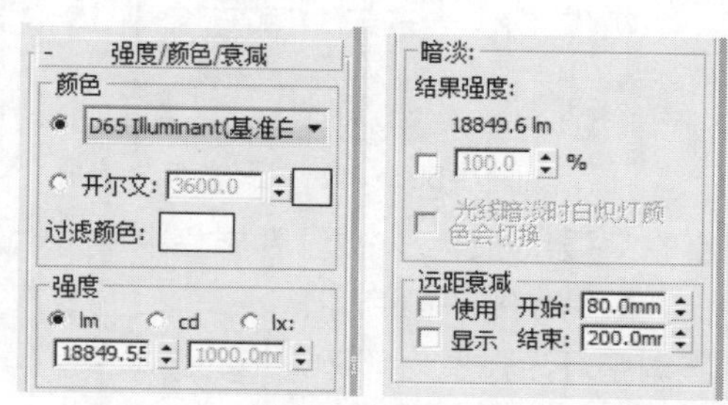

图7-56 “强度/颜色/衰减”卷展栏

7.4.2 光度学打光的方式

在3ds Max 2015中，光度学灯光可以设置灯光的四个显示方式。在常规参数卷展栏的灯光分布中可以更改灯光显示类型。下面具体介绍这4种灯光分布方式。

1. 统一球形

统一球形是灯光分布类型中的默认设置，它可以在各个方向上均匀分布光线，使用该分布类型时，视图中的灯光图标为球体结构。如图7-57所示为灯光图标显示情况，如图7-58所示为灯光照明效果。

图7-57 统一球形分布

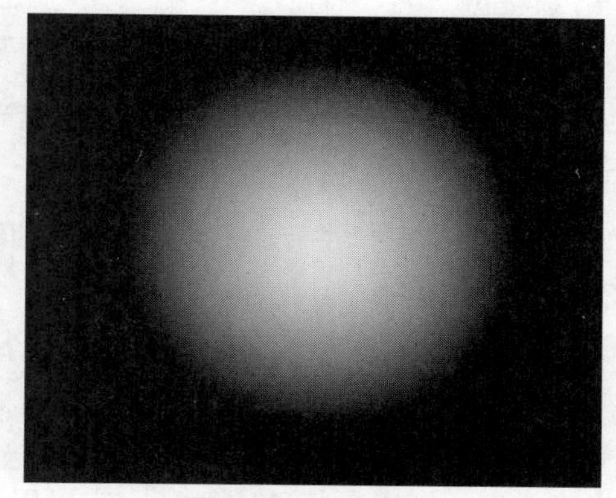

图7-58 照明效果

2. 聚光灯

使用聚光灯分布类型，灯光会产生光束区域，在“分布”卷展栏中可以通过设置光束的角

度和强度衰减调整聚光灯照明效果。

【例7-6】下面具体介绍设置聚光灯分布情况的方法。

01 在视图中创建目标灯光后，确定灯光为选中状态，打开“修改”选项卡，展开“常规参数”卷展栏，在“灯光类型”选项组中选择“聚光灯”选项，如图7-59所示。

02 此时视图中目标灯光将更改为聚光灯分布类型，并产生光束，如图7-60所示。

图7-59　单击“聚光灯”选项

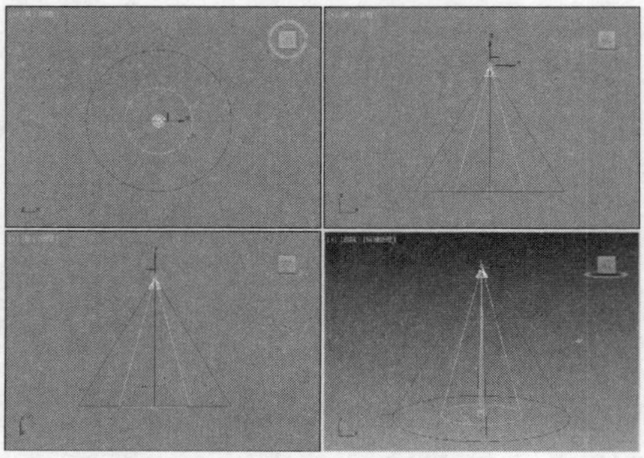

图7-60　聚光灯显示形态

03 在“强度/颜色/衰减”卷展栏中单击“颜色”列表框，在弹出的列表中单击“荧光（浅白色）”选项，如图7-61所示。

04 调整灯光强度为5000，拖动页面至“分布(聚光灯)”卷展栏，在其中设置光束和衰减区域，如图7-62所示。

05 渲染视图，聚光灯照明效果如图7-63所示。

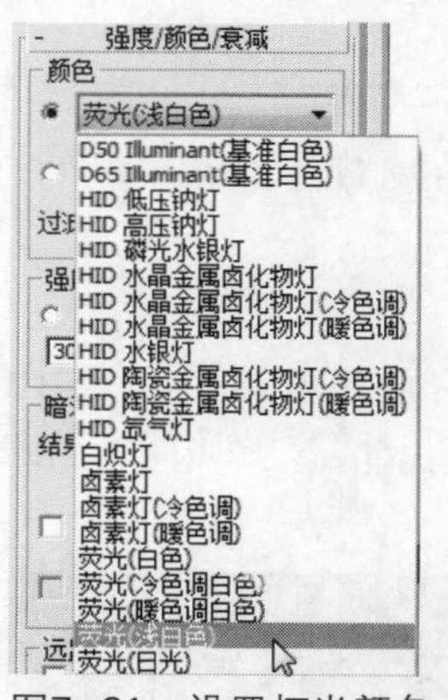

图7-61　设置灯光颜色

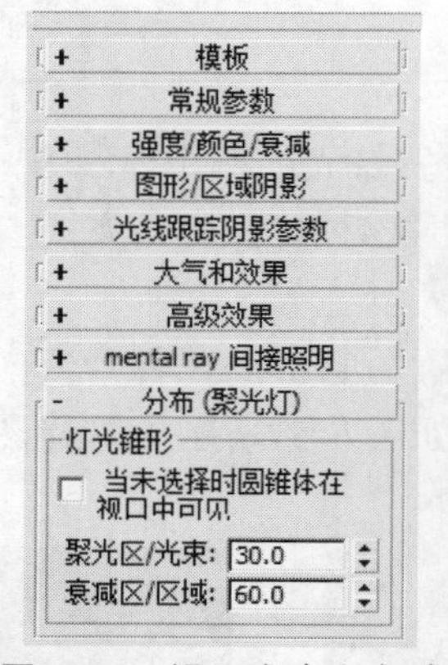

图7-62　设置光束和衰减

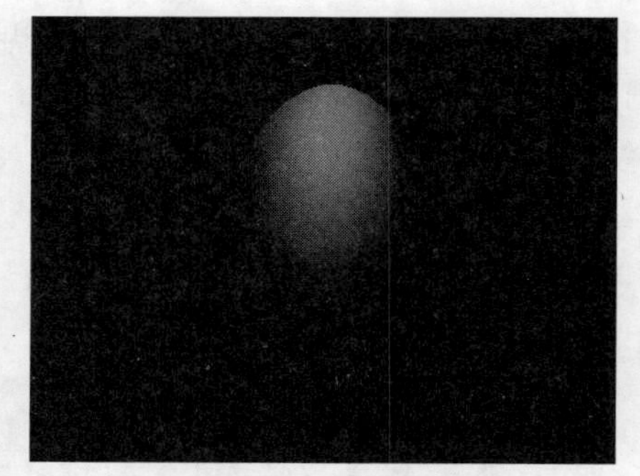

图7-63　聚光灯照明效果

知识点拨

如果需要观察灯光效果，必须在视图中创建实体，起到映衬的作用，这样才可以渲染出灯光。

3. 统一漫反射

统一漫反射可以统一照亮环境，但是从曲面发射光线时，可以保持曲面上的灯光强度最大，如图7-64所示为统一漫反射照明效果。

4. 光度学Web

光度学Web灯光是特殊的灯光，它可以支持IES灯光文件，导入外部灯光，产生更理想、更真实的灯光。

在视图中创建目标灯光，并将灯光分布类型更改为“光度学Web”灯光。在“分布（光度学

Web）”卷展栏中导入IES文件后，文件信息将显示在卷展栏中，如图7-65所示。按F9键渲染视图，照明效果如图7-66所示。

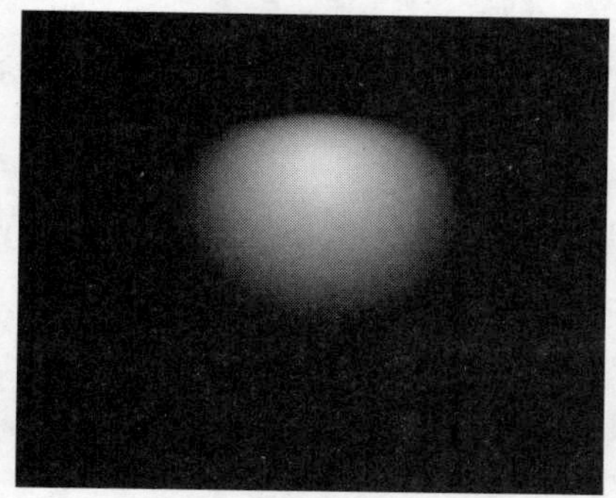
图7-64　漫反射照明效果

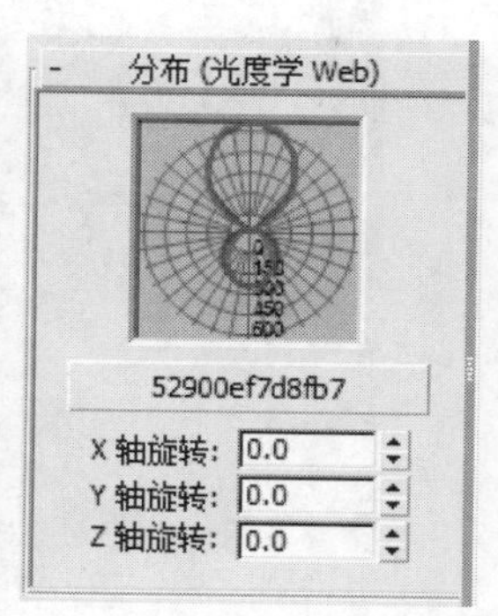

图7-65　IES灯光信息

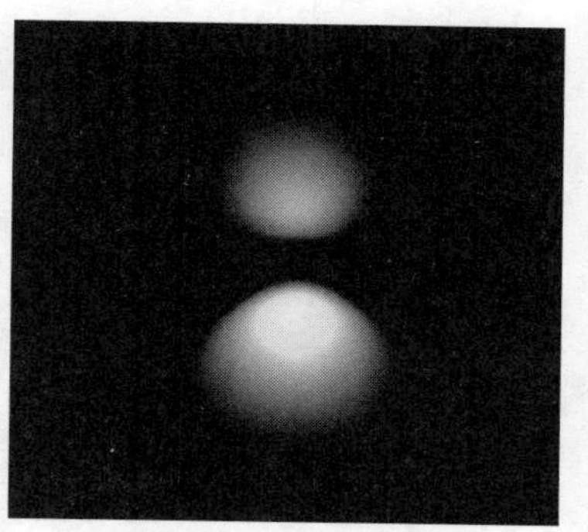
图7-66　照明效果

7.4.3　光度学灯光的形状

光度学灯光不仅可以设置灯光的分布方式，还可以设置发射光线的形状。目标和自由灯光这两种灯光类型可以切换光线形状，确定灯光为选择状态，在“从（图形）发射光线”卷展栏中可以设置灯光的形状，其中包括点光源、线、矩形、圆形、球体和圆柱体6个选项。

1. 点光源

点光源是光度学灯光中默认的灯光形状，使用点光源时，灯光与泛光灯照射方法相同，对整体环境进行照明。

2. 线

使用“线”灯光形状时，光线会从线处向外发射光线，这种灯光类似于真实世界中的荧光灯管效果。在视图中创建目标灯光后，确定灯光为选中状态，打开“修改”选项卡，拖动页面至“从（图形）发射光线”选项组，单击“线”选项，如图7-67所示。此时视图中灯光会发生更改，如图7-68所示。

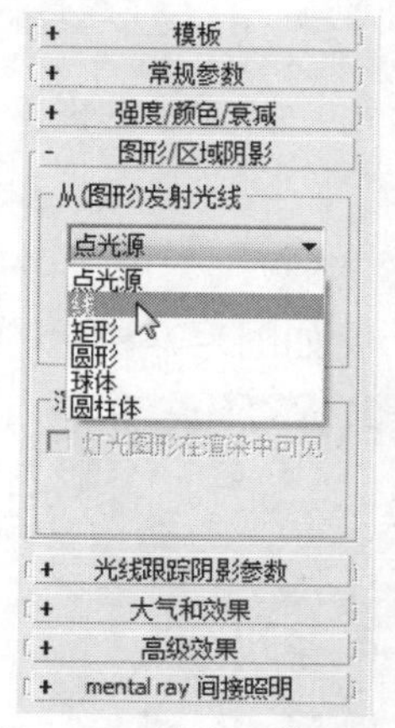

图7-67　单击“线”选项

图7-68　线形灯光形状

3. 矩形

矩形灯光形状是从矩形区域向外发射光线，与VR-灯光中的平面类型的用处相同。设置形状为矩形后，下方会出现长度和宽度选项，在其中可以设置矩形的长和宽，如图7-69所示。设置完成后视图灯光形状如图7-70所示。

图7-69　设置矩形长宽

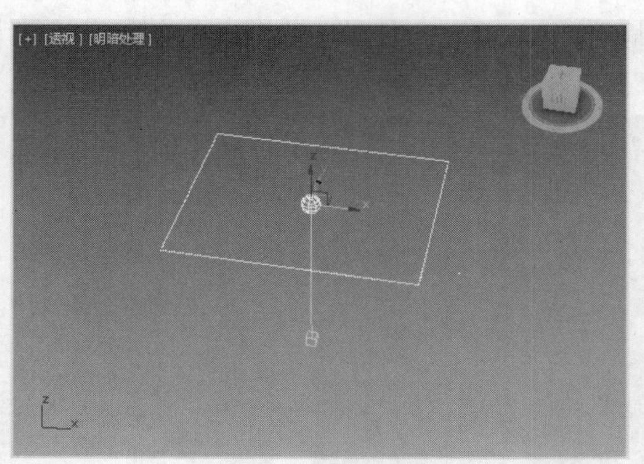

图7-70　矩形灯光形状

4. 圆形

设置圆形灯光形状后，灯光会从圆形向外发射光线，在“从（图形）发射光线”卷展栏中可以设置圆形形状的半径大小。圆形灯光形状如图7-71所示。

5. 球体

和其他灯光形状相同，灯光会从球体的表面向外发射光线，在卷展栏中可以设置球体的半径大小，设置完成后灯光会更改为球状，如图7-72所示。

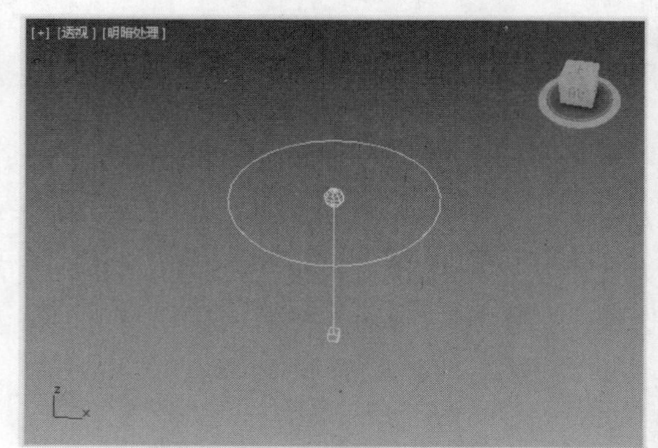

图7-71　圆形灯光形状

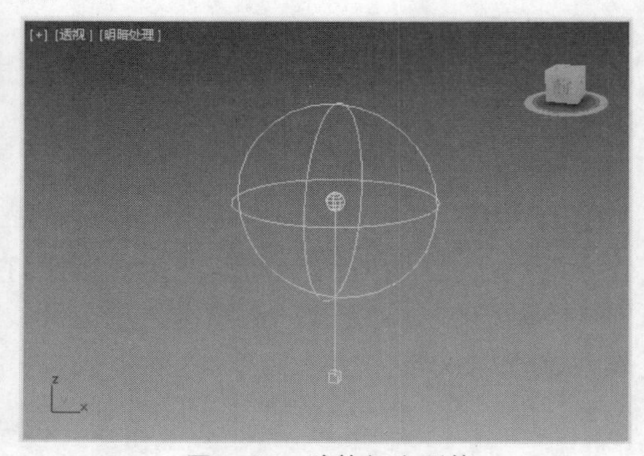

图7-72　球体灯光形状

6. 圆柱体

设置该灯光形状后，灯光会从圆柱体表面向外发射光线，在“参数”卷展栏中可以设置圆柱体的长度和半径，如图7-73所示，设置完成后，视图中的灯光形状如图7-74所示。

图7-73　设置圆柱体大小

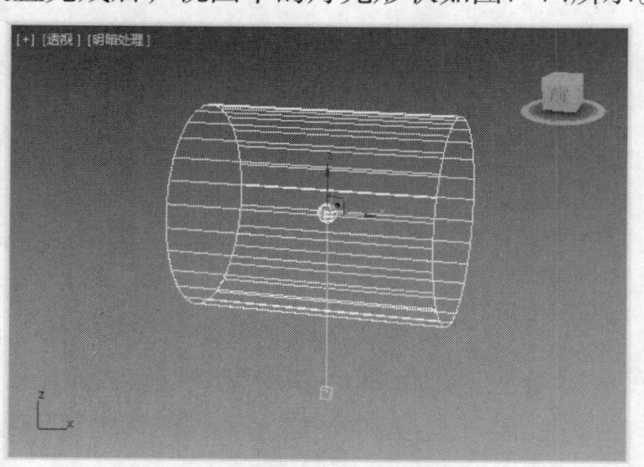

图7-74　圆柱体灯光形状

【例7-7】下面以创建线形灯光形状为例，介绍设置灯光线形的方法。

01 打开“客厅”文件，此时用户会发现场景中已经设置了灯光，如图7-75所示。

02 渲染场景，即可显示灯光效果，如图7-76所示。

图7-75 打开文件

图7-76 渲染场景效果

03 在命令面板中打开“灯光”面板，选择“光度学”灯光类型，然后在命令面板中单击“目标灯光”按钮，如图7-77所示。

04 在前视图单击并拖动鼠标创建目标灯光，如图7-78所示。

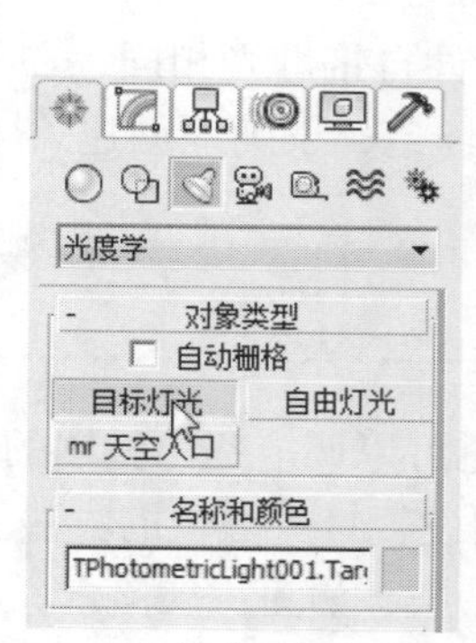

图7-77 单击“目标灯光”按钮

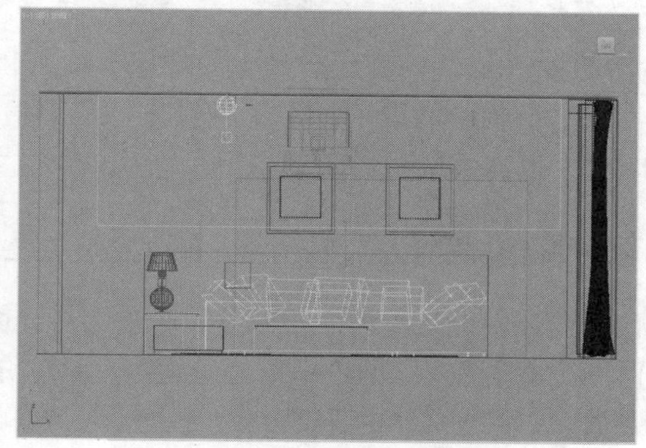

图7-78 创建目标灯光

05 打开“修改”选项卡，再拖动页面至“图形/区域阴影”卷展栏，并设置灯光形状，如图7-79所示。

06 选择灯光类型后，在“长度”选项框中设置长度为6000mm，并在“常用参数”卷展栏中将“启用”和“使用全局设置”复选框取消勾选，如图7-80所示。

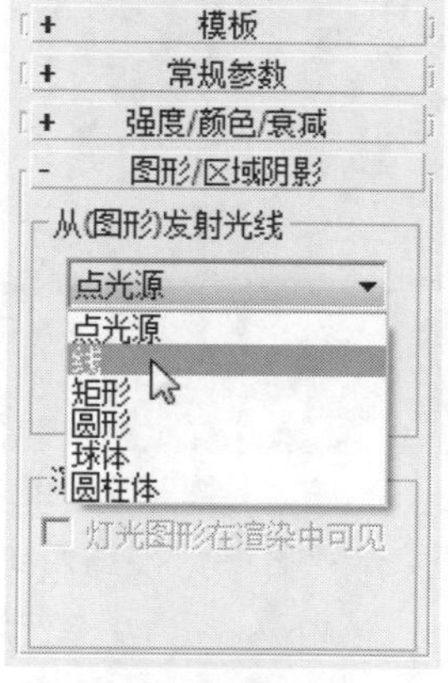

图7-79 设置灯光形状

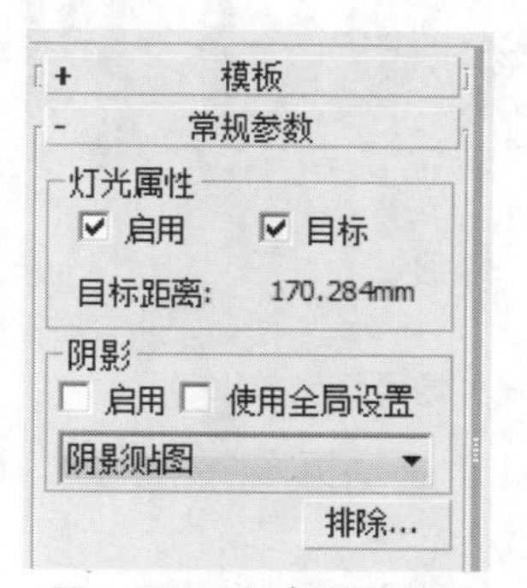

图7-80 取消阴影设置

07 设置完成后将灯光移动至吊顶和顶面之间，如图7-81所示。

08 重复以上步骤，再创建灯光并将其放置在合适位置，渲染灯光效果，此时可以观察灯光模拟灯带的效果，如图7-82所示。

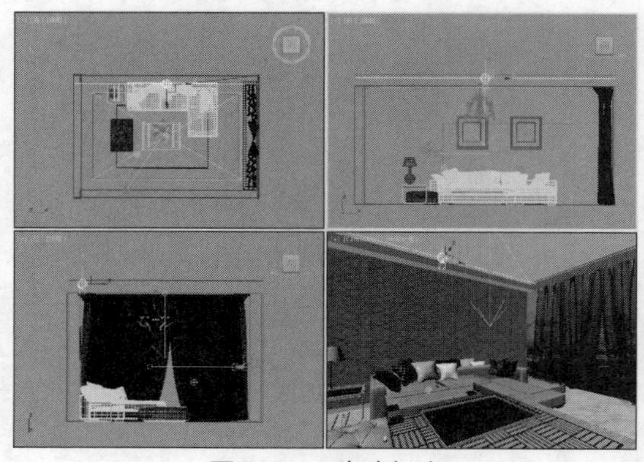

图7-81　移动灯光

图7-82　渲染灯光效果

7.5 VRay灯光的参数设置

VRay灯光是安装VRay渲染器之后产生的灯光类型，和软件自带灯光相同，在“参数”卷展栏中也可以对灯光进行相应的设置。若使用VRay渲染器渲染场景，正确地创建VRay灯光可以有效地节省渲染时间，提高效果质量。

7.5.1　颜色的设置

灯光的颜色在设计中也是整体的一部分，合适的灯光颜色可以调节室内整体的氛围。

【例7-8】下面以设置客厅场景吊顶灯光为例，具体介绍设置灯光颜色的方法。

01 打开“客厅场景”文件，文件中已经设置了灯光。渲染灯光效果，如图7-83所示。

02 该场景的灯光属于黄色调，使整体环境看上去很温馨明亮。

03 下面设置灯光颜色。切换至顶视图，并选择VRay平面光源，如图7-84所示。

图7-83　渲染场景灯光效果

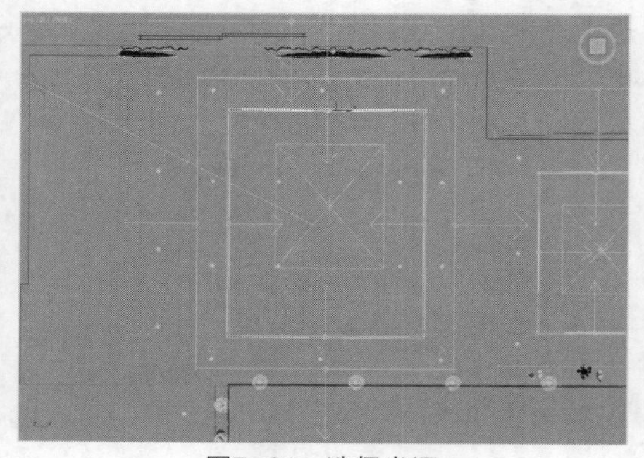

图7-84　选择光源

04 打开“修改”选项卡，拖动页面至“参数”卷展栏，在“强度”选项组中单击“颜色”选框，如图7-85所示。

05 打开“颜色选择器”对话框，在其中选择颜色，设置完成后单击“确定”按钮，如图7-86所示。

06 设置完成后，渲染灯光，灯带颜色更改为浅紫色，多了些浪漫的气氛，如图7-87所示。

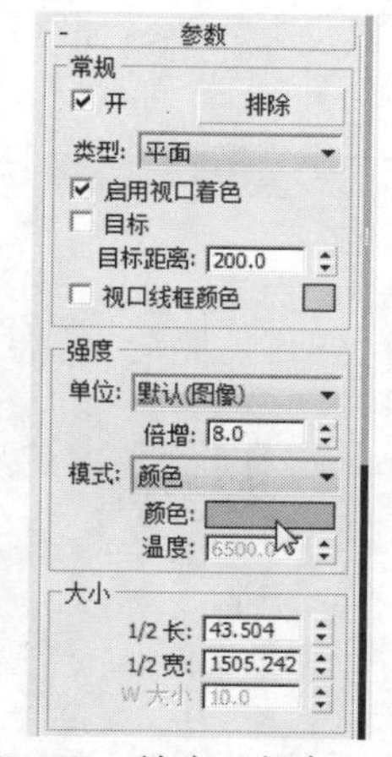

图7-85 单击“颜色”选框

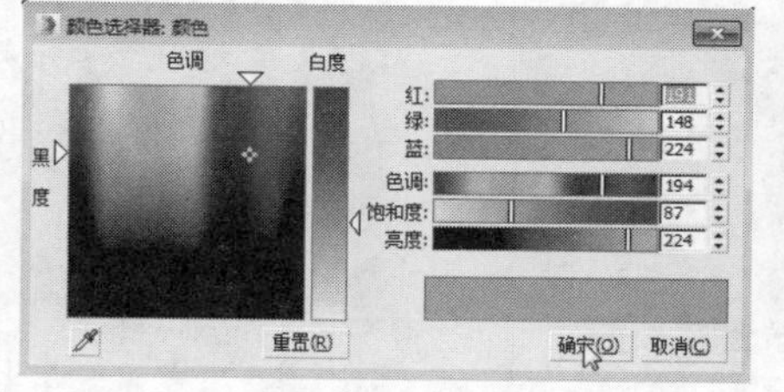

图7-86 单击“确定”按钮

图7-87 设置灯光颜色效果

7.5.2 强度的设置

灯光的明暗程度往往会影响场景的渲染效果，所以用户需要掌握如何设置灯光强度。在视图中选择灯光，在卷展栏中找到“强度倍增”选项，输入数值即可设置灯光强度，如图7-88所示的灯光强度为1，如图7-89所示的灯光强度为4。

图7-88 灯光强度为1

图7-89 灯光强度为4

7.5.3 阴影、细分的设置

对物体进行照明时，按照真实世界中的照明方式VRay会出现阴影效果，但是基于设计效果，我们会对需要的物体设置阴影效果，不需要的物体则隐藏阴影，在创建阴影效果时，还可以设置阴影的细分值。

【例7-9】下面具体介绍设置阴影和细分的方法。

01 在视图中任意创建长方体、茶壶和球体，然后在顶视图创建VR-灯光，并将其移至合适位置，如图7-90所示。

02 渲染光照效果，如图7-91所示。

03 打开“修改”选项卡，拖动页面至“参数”卷展栏，在“参数”选项组中单击“排除”按钮，如图7-92所示。

04 打开“排除/包含”对话框，双击“茶壶”选项，此时茶壶将自动显示在右侧的选项框内，选择“茶壶”选项，单击“排除”和“投射阴影”单选按钮，设置排除茶壶阴影投射效果，如图7-93所示。

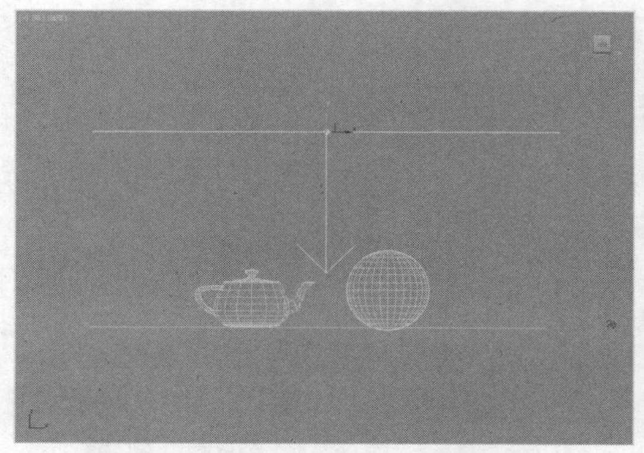

图7-90　创建并移动VR-灯光

图7-91　渲染灯光效果

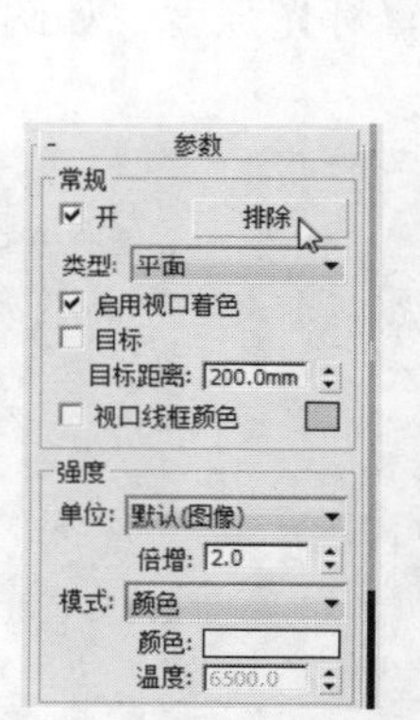

图7-92　单击“排除”按钮

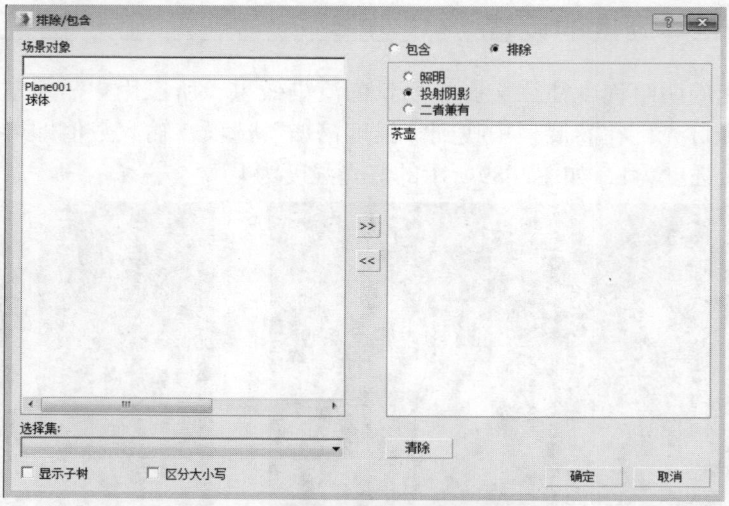

图7-93　排除茶壶阴影投射效果

05 单击“确定”按钮完成设置，渲染场景后会发现茶壶没有光照阴影了，如图7-94所示。

06 显示茶壶阴影，在“采样”选项组中设置阴影细分为24，渲染视图，此时的阴影效果会比之前的清晰，如图7-95所示。

图7-94　隐藏阴影效果

图7-95　阴影细分为24

7.6 上机实训

本章主要学习了如何创建和设置各类灯光，通过本章的学习，我们了解了灯光的类型，掌握了创建和设置灯光的方法。下面通过两个实例，巩固以上所学知识。

7.6.1 为卧室添加灯光

下面为卧室添加灯光，并渲染整体场景效果。

01 打开“卧室场景”文件，此时场景中没有设置灯光，渲染场景效果，如图7-96所示。

02 在命令面板中打开灯光面板，并选择“光度学”灯光类型，在命令面板中单击“自由灯光”按钮，如图7-97所示。

图7-96 渲染场景效果

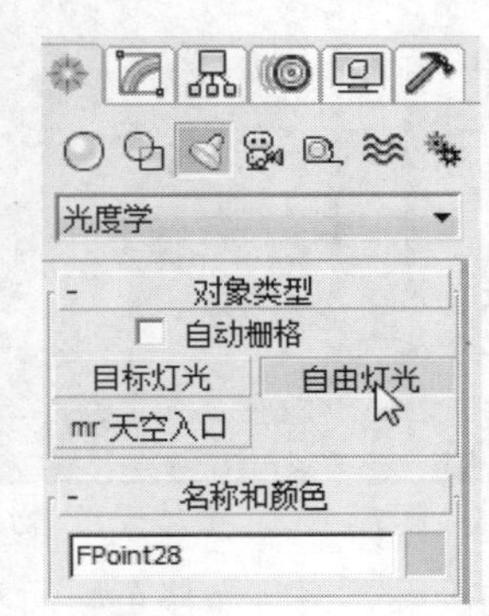

图7-97 单击“自由灯光”按钮

03 在顶视图单击鼠标左键创建自由灯光，将灯光复制5个实例实体，并将其分别移至合适位置，如图7-98所示。

04 选择其中一个灯光，打开“修改”选项卡，单击并拖动页面至“常规参数”卷展栏位置，单击“灯光类型”列表框，在其中单击“光度学Web”选项，如图7-99所示。

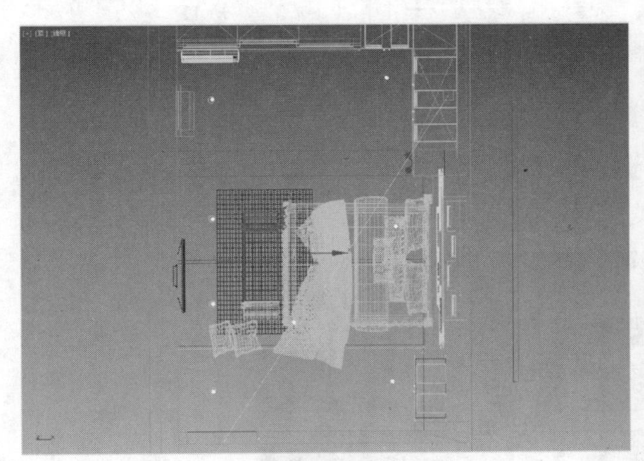

图7-98 复制并调整灯光位置

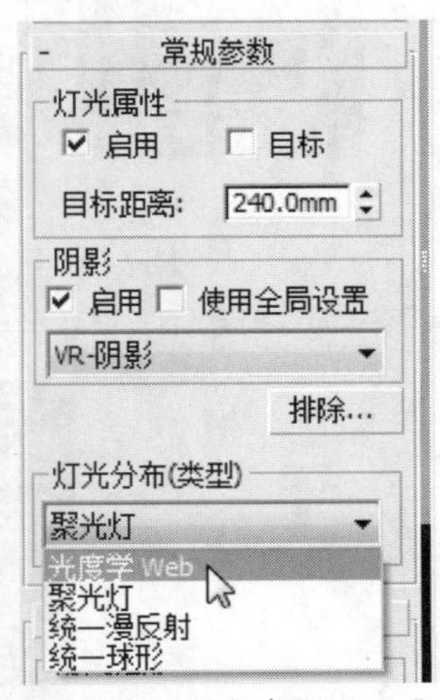

图7-99 单击“光度学Web”选项

05 此时面板中增加了“分布（光度学Web）”卷展栏，在卷展栏中添加光度学文件后，灯光信息将被显示，如图7-100所示。

06 在“强度/颜色/衰减”卷展栏中设置过滤颜色，参数如图7-101所示。

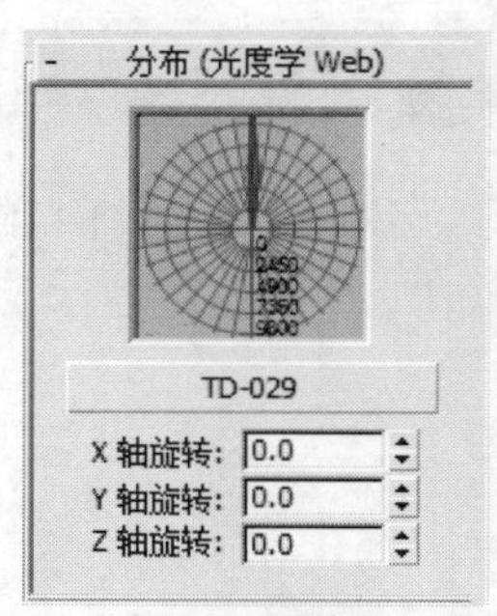

图7-100　添加光度学文件

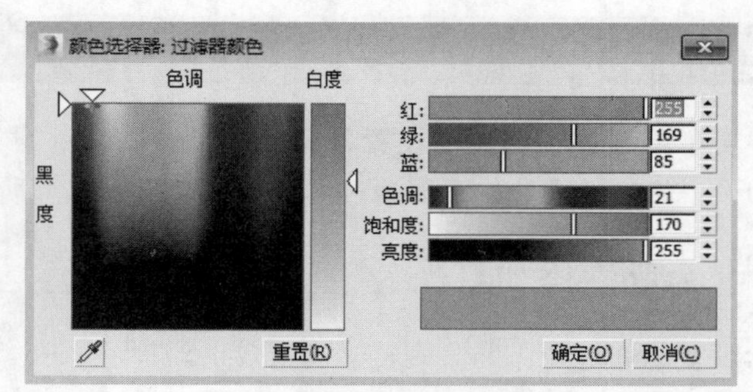

图7-101　设置过滤颜色

07 单击“确定”按钮完成颜色设置，渲染灯光效果，如图7-102所示。

08 在顶视图创建VR-灯光，如图7-103所示。

图7-102　渲染光度学灯光效果

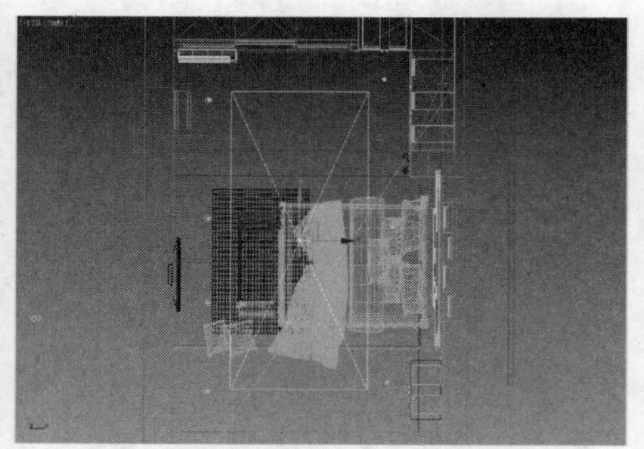

图7-103　创建VR-灯光

09 切换至前视图，将灯光移至屋顶下方，设置灯光颜色，参数如图7-104所示。

10 设置灯光强度为2，拖动页面至“选项”选项组，并设置相应选项，如图7-105所示。

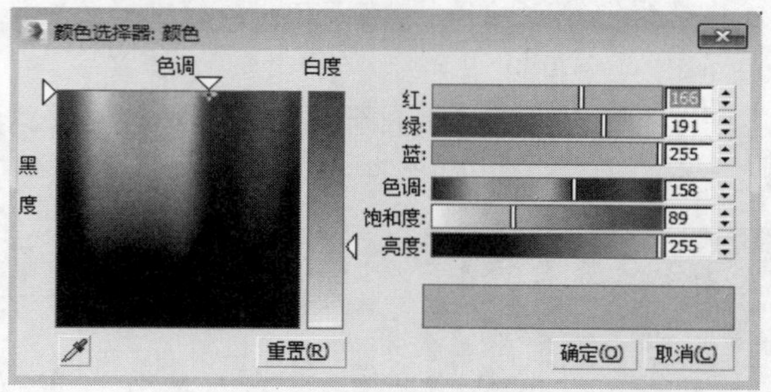

图7-104　设置灯光颜色

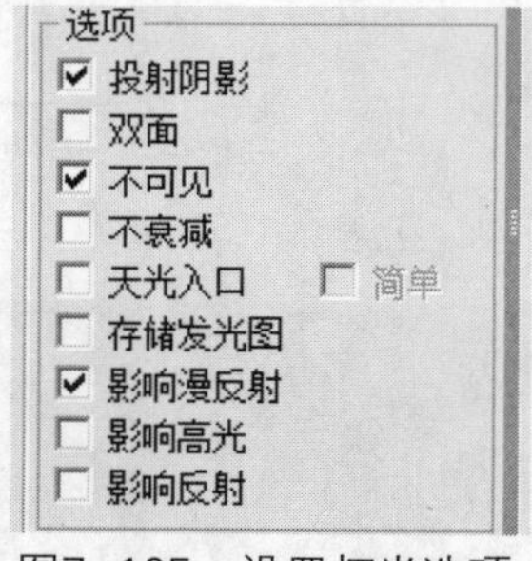

图7-105　设置灯光选项

11 渲染场景，效果如图7-106所示。

图7-106　渲染效果

7.6.2 渲染台灯效果

下面利用VR平面和VR球形灯光设置台灯效果，具体操作方法如下。

01 首先打开“台灯”文件，如图7-107所示。

02 在命令面板中单击“灯光”按钮，在其中选择VRay灯光类型，并单击“VR-灯光”按钮，在顶视图单击并拖动鼠标创建平面光，调整灯光后，如图7-108所示。

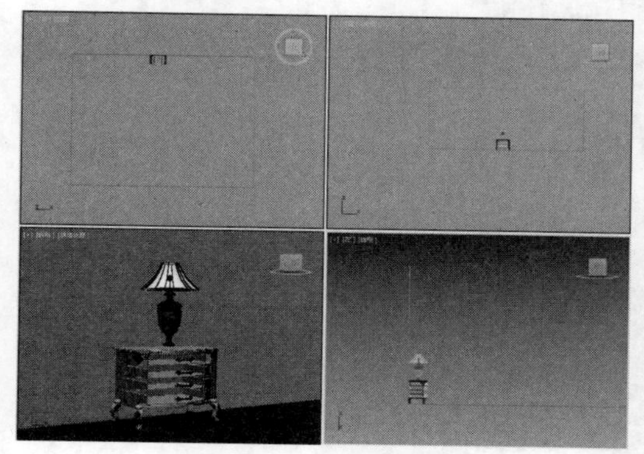

图7-107 打开文件

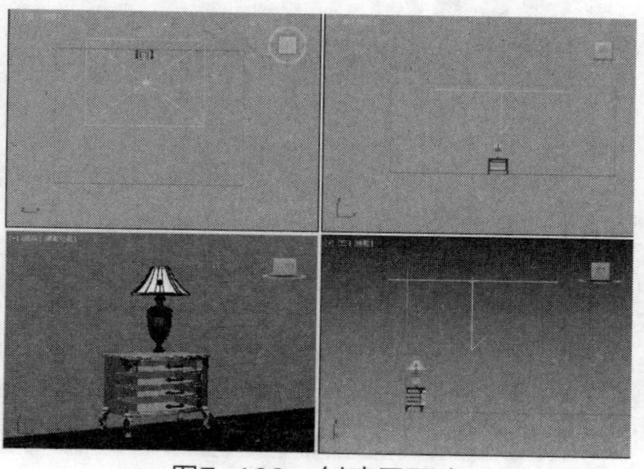

图7-108 创建平面光

03 确认灯光为选中状态，打开“修改”选项卡，在其中设置灯光强度、灯光颜色与其他参数，如图7-109所示。

04 按F10键打开“渲染设置”对话框，首先打开“GI”选项卡，在各卷展栏中设置其参数，如图7-110所示。

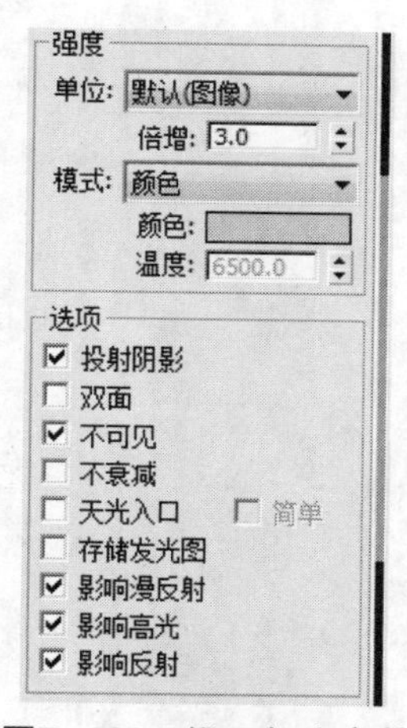

图7-109 设置灯光参数

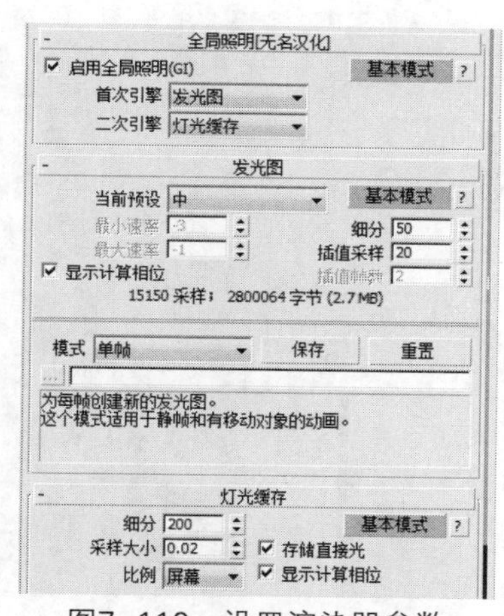

图7-110 设置渲染器参数

05 继续打开“V-Ray”选项卡，设置图形类型，如图7-111所示。

06 将颜色贴图设置为“指数”，如图7-112所示。

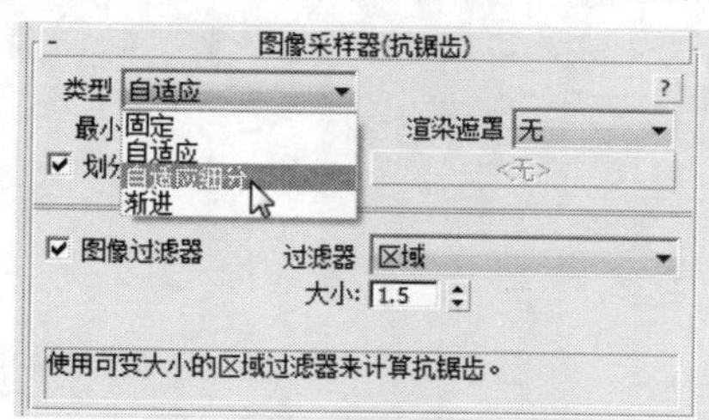

图7-111 单击“自适应细分”选项

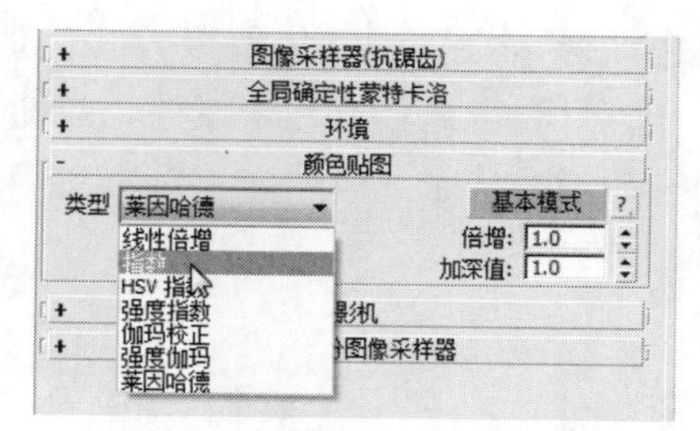

图7-112 单击“指数”选项

07 此时渲染透视视图，观察灯光效果，如图7-113所示。

08 下面开始创建台灯灯光，在命令面板中单击“VR灯光”按钮，在打开的参数面板中将灯光分布类型设置为球体，如图7-114所示。

图7-113 渲染平面光效果

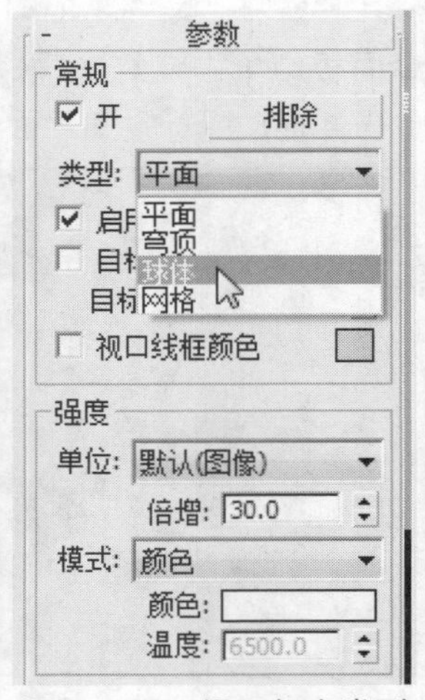

图7-114 设置灯光类型

09 在任意视图单击鼠标左键即可创建灯光，将灯光移至灯罩内，并返回“修改”面板中设置灯光的其他参数，如图7-115所示。

10 设置完成后，渲染透视视图，即可显示台灯灯光效果，如图7-116所示。

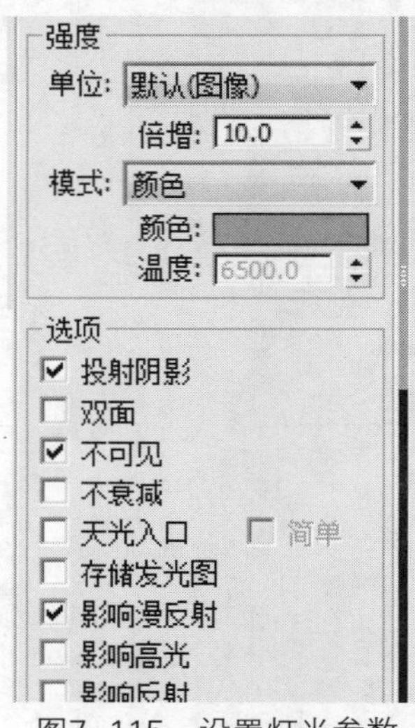

图7-115 设置灯光参数

图7-116 渲染灯光效果

知识点拨

灯光的色调影响室内的整体效果，暖色调会使室内环境更加温馨，冷色调则简单干练，一般情况下，卧室的灯光色调较柔和浪漫些，有助于睡眠，客厅则应该以明亮为主，使整体环境干净整洁，卫生间一般没有什么具体要求，常以白炽灯的效果进行照明，暖色调比较适合厨房，更有助于烹饪。

7.7 常见疑难解答

在设置灯光时，为了解决用户的一些疑问，下面列举了一些常见疑难解答，供用户参考。

Q：创建灯光之前，应该注意哪些？

A：场景中的灯光分为自然光、人工光以及二者结合。自然光也就是太阳光，当使用自然光时，需要注意外界天气情况，或者是时间，当使用人工光时，注意场景中整体的色调，配合场景更改灯光颜色才会达到满意的效果。当然有时也需要两者进行结合，最后完成室内的灯光布置。

Q：创建的灯光太多，在渲染时非常浪费时间，怎么隐藏指定的灯光，只渲染需要的灯光效果？

A：如果想只渲染需要的灯光效果，那么就要将不需要渲染的灯光隐藏。首先在视图中选中需要隐藏的灯光，在命令面板中打开“修改”选项卡，拖动页面至“参数”卷展栏，将取消“启用”复选框的勾选，即可隐藏指定灯光效果。

Q：效果图中的筒灯发光效果和筒灯下的光束是如何制作的？

A：筒灯发光效果也就是在筒灯上添加VR–灯光材质，此时筒灯就会产生自发光效果。在筒灯下创建标准灯光中的“目标聚光灯”，将目标点接近墙面，投射点稍微向外移动，设置颜色和强度后，即可渲染出光束效果。或者创建光度学灯光类型中的目标和自由灯光，添加光度学灯光文件，也可以产生光束。

Q：如何设置窗纱透明材质效果？

A：窗纱的质地非常轻柔，具有一定的透明度，光线可以直接穿透过来。设置漫反射颜色作为窗纱的基本颜色，在折射通道中添加“衰减”贴图，并设置合适的折射颜色，返回上一级，设置折射光泽度为0.92，使透明材质有模糊效果。勾选“影响反射”复选框，然后打开“选项”卷展栏，取消“追踪反射”复选框，以上设置完成后，窗纱透明材质就设置完成了。

Q：在添加外部灯光时，常常会出现没有灯光效果这一问题，怎样解决？

A：在添加外部IES灯光文件时，由于灯光的强度太低，所以经常就会出现不显示灯光效果这一现象。在“参数”卷展栏将参数调到很大的数值，观察是否显示灯光效果，当场景出现曝光现象时，说明出现了灯光效果且光线太亮，然后将灯光强度调节至合适数值即可。

Q：创建灯光后，渲染场景效果，发现场景中出现了许多杂点，这些是不是灯光的问题，怎样解决？

A：首先排除是否是灯光问题，这个不是灯光的问题，而是图像采样器设置不当的问题。按F10快捷键打开“渲染设置”对话框，在“V–Ray”选项卡中展开“图像采样器”卷展栏，将类型选项框中选择“自适应细分”选项（如图7–117所示），再次进行渲染即可解决这一问题。

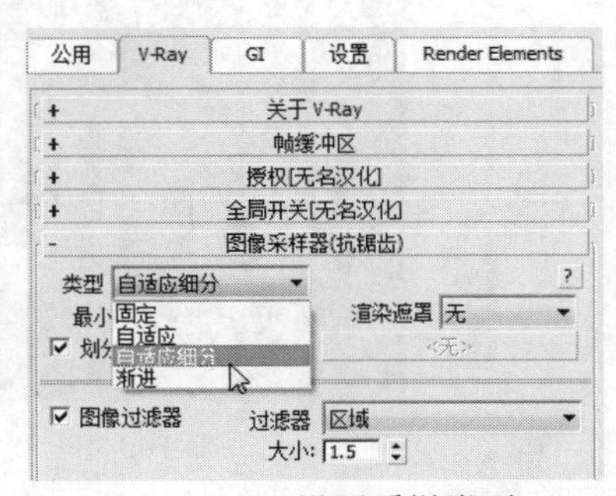

图7–117　设置采样类型

7.8 拓展应用练习

为了更好地巩固本章所学知识，接下来练习为室内场景创建灯光，营造合适的效果。

7.8.1 创建卧室灯光

下面利用本章所学知识，为卧室场景创建灯光，并进行渲染，效果如图7-118所示。

操作提示

01 打开“拓展应用练习”文件，渲染场景效果，如图7-119所示。

02 在视图中创建光度学灯光和VRay灯光，设置各项参数，并渲染灯光效果。

图7-118 设置灯光效果

图7-119 渲染场景

7.8.2 创建壁灯效果

下面为壁灯添加外部IES灯光，创建壁灯效果，如图7-120所示。

操作提示

01 打开“壁灯”文件，在前视图创建光度学自由灯光。

02 选择自由灯光，打开“修改”选项卡，设置灯光的分布类型，并设置IES文件，如图7-121所示。

03 将灯光强度设置为500，完成灯光的创建，并渲染透视图效果。

图7-120 渲染壁灯效果

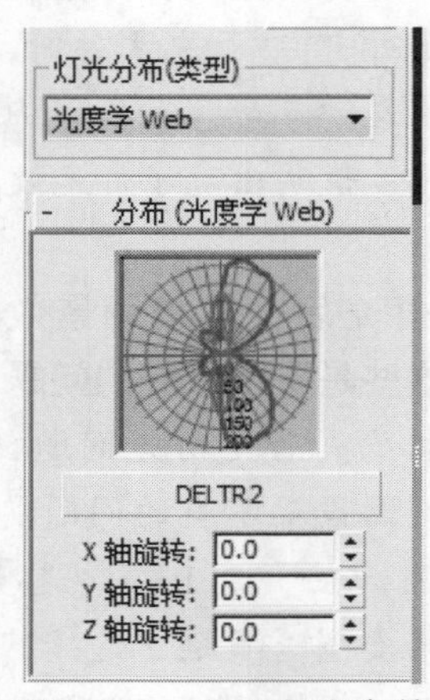

图7-121 设置灯光参数

第8章 VRay渲染器

本章概述 VRay渲染器偏向建筑和表现行业。它的渲染效果真实，光线较柔和，层次感很好，可以真实地显示纱帘、玻璃等自带有透明和反射、折射的材质。本章我们将主要介绍渲染器的功能和如何正确设置VRay渲染器，用户可以利用渲染器窗口设置渲染区域和渲染视口，还可以将渲染的效果复制或保存下来。

知识要点

- VRay渲染器的基本概念
- VRay渲染器的功能
- VRay渲染器的设置
- 使用VRay渲染器窗口
- 设置渲染环境

8.1 VRay渲染器的概述

VRay渲染器是一款优秀的渲染软件，利用全局光照系统模拟真实世界中的光的原理渲染场景中的灯光，渲染灯光较为真实。

8.1.1 VRay渲染器的基本概念

VRay渲染器是一款外挂渲染器，它的优点在于渲染速度快，渲染效果好。VRay主要用于渲染一些特殊效果，如光迹追踪、焦散、全局照明等。使用渲染器可以做到以下几点。

第一、指定材质类型，通过设置合适的参数创建大理石、磨砂玻璃等材质。

第二、模拟真实的光影追踪和折射效果。

第三、使用外部IES灯光文件，通过全局照明有效控制间接光照效果。

第四、使用VRay阴影类型，制作柔和的阴影效果。

如图8-1所示为使用VRay渲染灯光效果，如图8-2所示为渲染材质细节效果。

图8-1 渲染的灯光效果

图8-2 渲染材质效果

8.1.2 VRay渲染器与3ds Max 的关系

VRay渲染器不是3ds Max自带的渲染器，只有安装和3ds Max软件的版本相同的VRay渲染器后，软件中才可以使用该渲染器。

如果场景中使用了VRay材质，将渲染器切换为3ds Max自带的渲染器之后，使用的VRay材质就会失效，所以3ds Max渲染器不支持VRay材质。作为独立的渲染器插件，VRay在支持3ds Max的同时，也提供了自身的灯光材质和渲染算法，可以得到更好的画面计算质量。

与3ds Max渲染器相比，VRay渲染器的最大特点是较好地平衡了渲染品质和渲染速度，在渲染设置面板中，VRay渲染器还提供了多种GI方式，这样渲染方式就比较灵活，既可以选择快速高效的渲染方案，还可以选择高品质的渲染方案。

8.2 VRay渲染器的功能

通过VRay渲染器可以将物体渲染出不同的效果，如运动模糊和焦散效果等，下面具体介绍这些效果的操作方法。

8.2.1 逼真的运动模糊

运动模糊是指在场景中设置移动和偏移动画效果，通过摄影机渲染得出的运动动作的过程。利用3ds Max和VRay渲染器可以渲染图形的运动模糊效果，本章主要介绍VRay插件，所以这里利用VRay渲染器设置运动模糊。

【例8-1】下面将闹钟分针设置为运动模糊。

01 打开“闹钟”文件，此时文件中已经设置动画效果，动画范围在1～55帧。

02 在视图中创建目标聚光灯和VR-物理摄影机，如图8-3所示。

03 将动画滑块拖动至10帧处，选择摄影机镜头，打开“修改”面板，在“采样”卷展栏中勾选“运动模糊”选项，启用运动模糊，如图8-4所示。

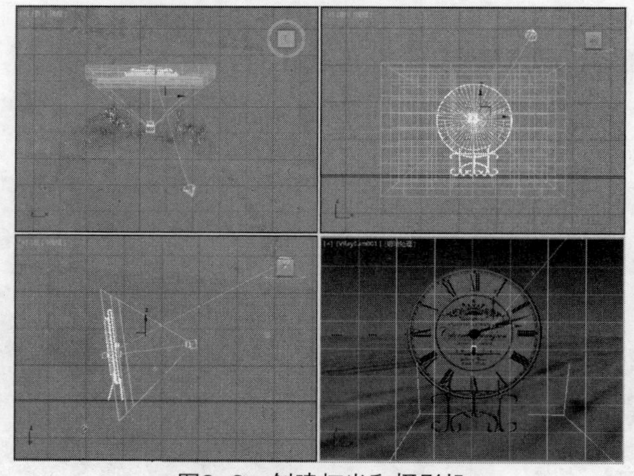

图8-3 创建灯光和摄影机

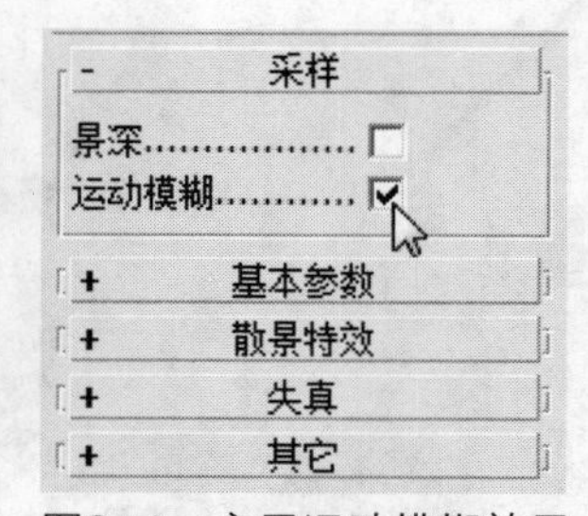

图8-4 启用运动模糊效果

04 展开“基本参数”卷展栏，在其中调整快门速度，自定义平衡颜色，光圈数和胶片速度，如图8-5所示。

05 设置完成后渲染摄影机视图，即可观察运动模糊效果，如图8-6所示。

- 基本参数	
类型	照相机
目标	☑
胶片规格(mm)	36.0
焦距(mm)	15.37
视野 ☑	94.484
缩放因子	1.0
水平移动	0.0
垂直移动	0.0
光圈数	10.0
目标距离	200.863
垂直倾斜	-0.141
水平倾斜	0.0
自动猜测垂直倾斜	☐
猜测垂直倾斜	猜测水平倾斜

指定焦点	☐
焦点距离	200.0
曝光	☑
光晕 ☑	1.0
白平衡	自定义
自定义平衡	
温度	6500.0
快门速度(s^-1)	5.0
快门角度(度)	180.0
快门偏移(度)	0.0
延迟(秒)	0.0
胶片速度(ISO)	400.0

图8-5 设置摄影机参数

图8-6 运动模糊效果

8.2.2 照片级的焦散效果

焦散是指当光线穿过一个透明物体时，由于对象表面的不平整，使得光线折射并没有平行发生，出现漫折射，投影表面出现光子分散。

设置焦散效果后，光线从反射表面到散射表面进行传递的时候，会产生聚焦或者发散，当这种光线接触到场景中的其他对象的表面时，又会产生新的照明效果，于是就产生了焦散效果。

知识点拨

焦散效果需要从三个方向进行设置：首先使光源产生焦散光子，其次激活对象的焦散投射，最后设置光子的数目。

【例8-2】下面以设置水晶装饰焦散效果为例，具体介绍设置焦散效果的方法。

01 打开“水晶装饰”文件，创建摄影机，并调整摄影机位置，如图8-7所示。

02 在视图中创建目标聚光灯，然后在各个视图中调整其位置，效果如图8-8所示。

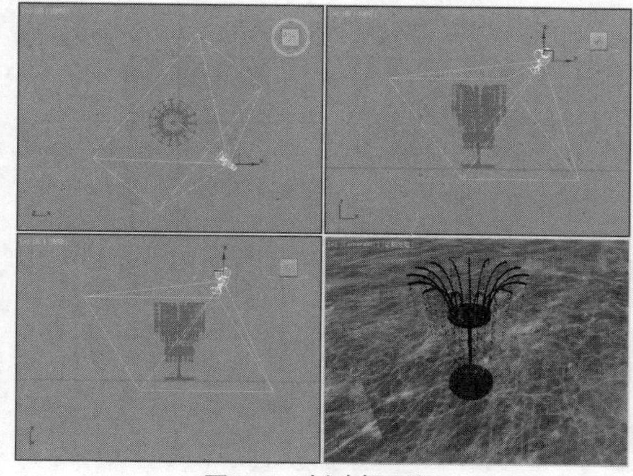
图8-7 创建摄影机

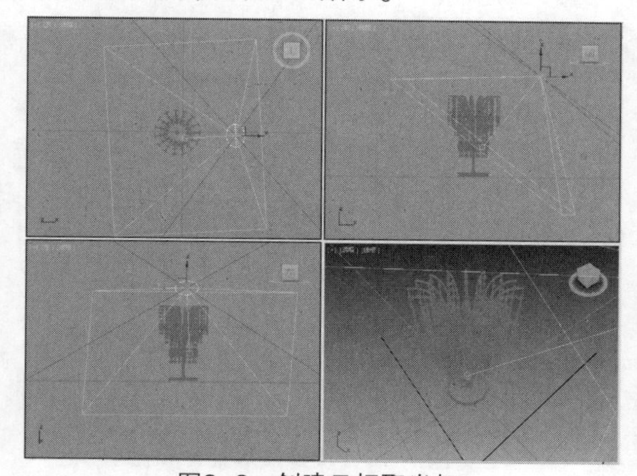
图8-8 创建目标聚光灯

03 确认灯光为选中状态，在“修改”选项卡的“常规参数”卷展栏中勾选“启用阴影”复选框，并设置类型为VR-阴影，如图8-9所示。

04 按F10键打开“渲染设置”对话框，在“GI”选项卡中展开“焦散”卷展栏，将基本模式切换为高级模式，设置焦散倍增，如图8-10所示。

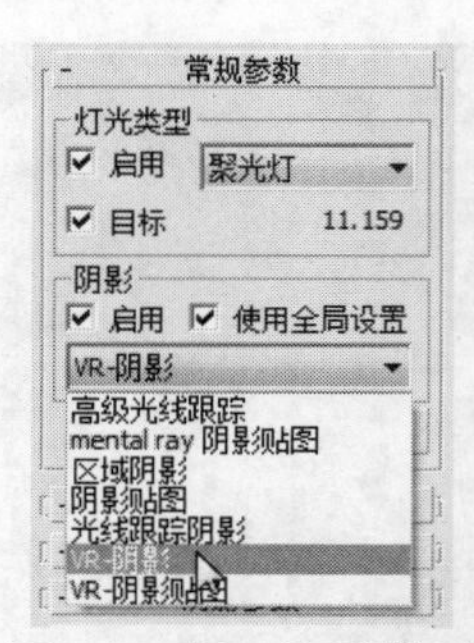

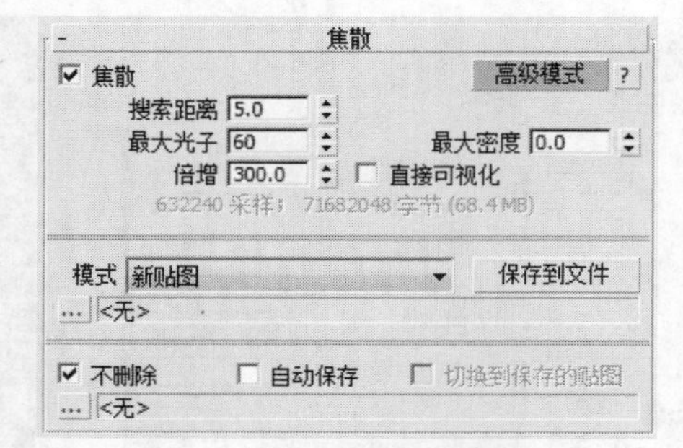

图8-9 设置阴影类型　　图8-10 设置焦散倍增

05 按F9键对摄像机视图进行渲染，效果如图8-11所示。

06 此时会发现，焦散效果并不是很明显，选择灯光投射点，单击鼠标右键，在弹出的快捷菜单列表中单击“V-Ray properties”选项，如图8-12所示。

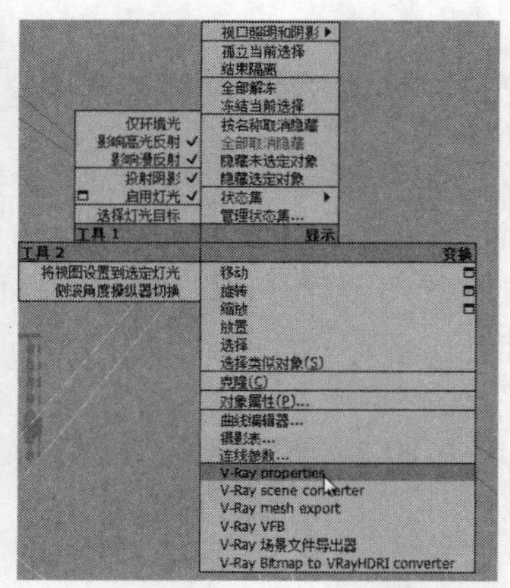

图8-11 渲染视图效果　　图8-12 单击“V-Ray properties”选项

07 打开“VRay灯光属性”对话框，在“灯光属性”选项组中设置“焦散细分”和“焦散倍增”，如图8-13所示。

08 设置完成后再次渲染视图场景，此时会出现焦散效果，如图8-14所示。

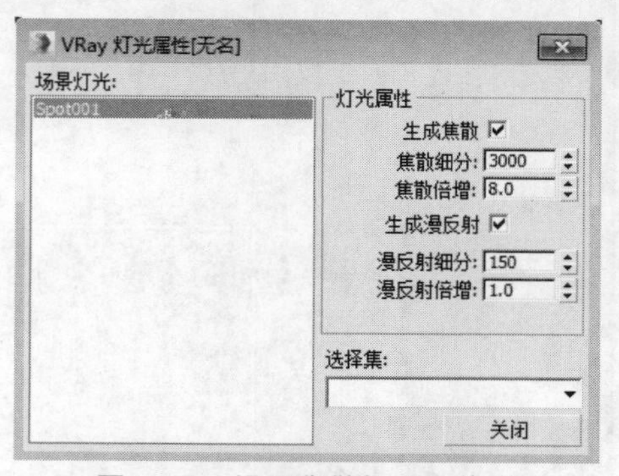

图8-13 设置焦散细分和倍增　　图8-14 渲染焦散效果

8.3 VRay渲染器的设置

VRay渲染器提供了自己的“渲染设置”对话框，在指定渲染器之后，“渲染设置”对话框就会更改为VRay渲染设置，在该对话框中可以设置渲染器类型、全局照明、灯光缓存等。

8.3.1 渲染器的设置

新建场景后，软件中的渲染器为默认扫描线渲染器，在“渲染设置”对话框中可以更改渲染器，用户可以通过以下操作打开“渲染设置”对话框。

- 执行“渲染>渲染设置”命令。
- 在工具栏右侧单击“渲染设置”按钮。
- 按F10键打开“渲染设置”对话框。

【例8-3】下面以设置VRay渲染器为例，具体介绍设置渲染器的方法。

01 执行“渲染>渲染设置”命令，打开“渲染设置”对话框，如图8-15所示。

02 单击并拖动鼠标至页面最下方，展开“指定渲染器”卷展栏，并单击“选择渲染器”按钮，如图8-16所示。

图8-15 “渲染设置”对话框

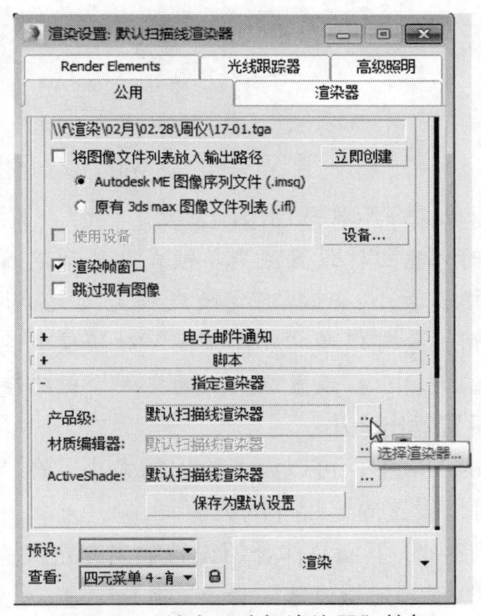

图8-16 单击“选择渲染器”按钮

03 打开“选择渲染器”对话框，选择渲染器，并单击“确定”按钮，如图8-17所示。

04 设置完成后，对话框将更改为“VRay渲染设置”对话框，如图8-18所示。

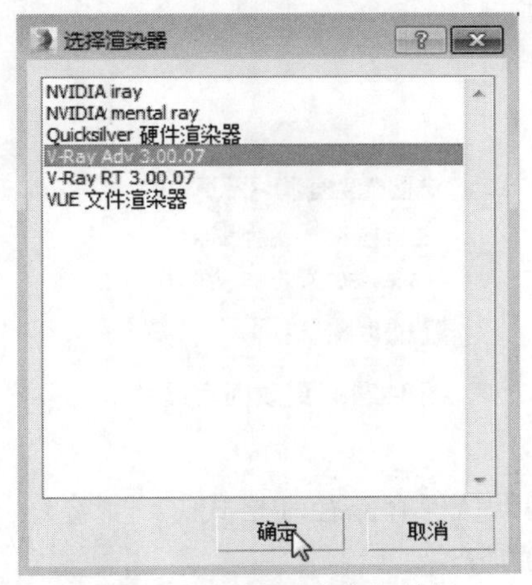

图8-17 单击“确定”按钮

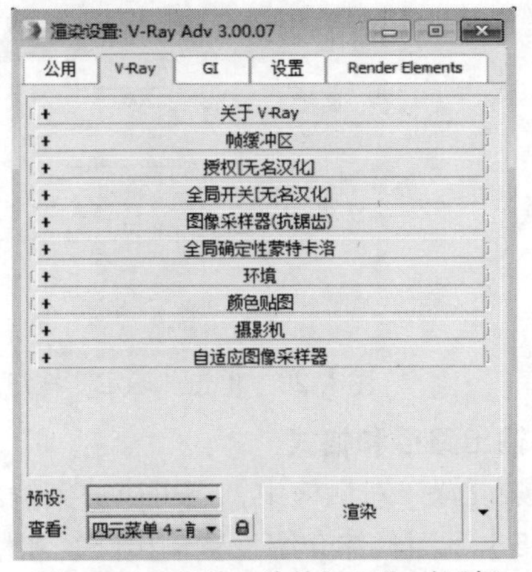

图8-18 “VRay渲染设置”对话框

8.3.2 渲染输出设置

在“渲染设置”对话框中，可以设置场景的输出位置、格式和文件大小等，在“公用参数”卷展栏中可以设置以上选项，如图8-19所示。

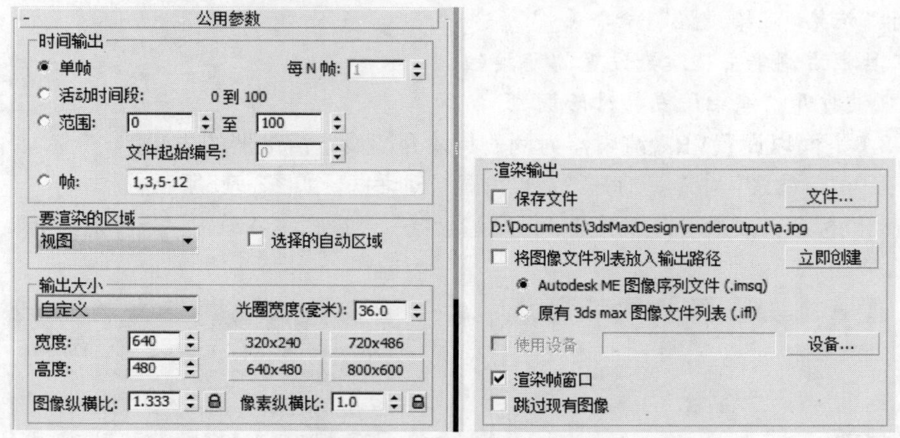

图8-19 “公用参数”卷展栏

下面具体介绍各选项组的含义。

- 时间输出：设置渲染单帧或是活动范围。
- 输出大小：选择自定义或预定义大小设置图像大小，在选项组中提供了4组固定尺寸，用户也可以在“配置预设”对话框中设置固定尺寸大小。
- 渲染输出：设置渲染后的文件输出路径和文件格式。

1. 设置输出大小

在3ds Max中，可以设置输出的大小，在“输出大小”卷展栏中不仅可以使用固定的输出尺寸，还可以设置固定尺寸的数值。

【例8-4】下面具体介绍设置输出固定尺寸大小的方法。

01 执行“渲染>渲染设置”命令，打开“渲染设置”对话框，在“输出大小”卷展栏的 320x240 按钮上单击鼠标右键，弹出“配置预设”对话框，在其中设置宽度和高度，并单击“确定”按钮，如图8-20所示。

02 设置完成后，此时该按钮将发生更改，如图8-21所示。

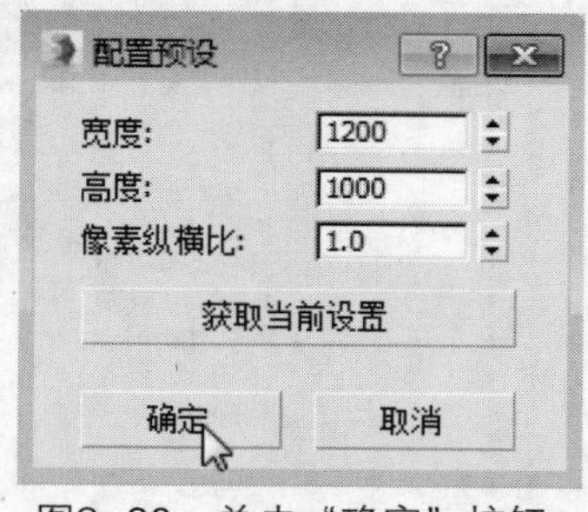

图8-20 单击“确定”按钮

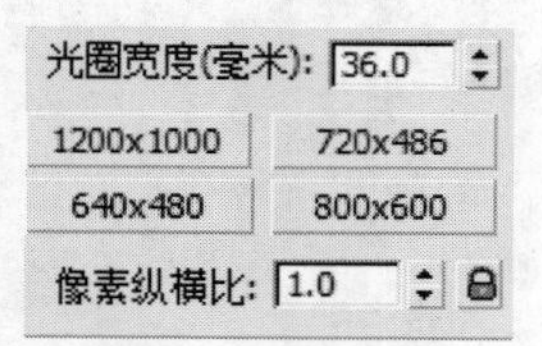

图8-21 更改固定尺寸

2. 设置输出路径和格式

在“渲染设置”对话框中，还可以渲染输出的默认保存路径和格式。

【例8-5】下面具体介绍设置输出路径和格式的方法。

01 打开“渲染设置”对话框，单击并拖动页面至“渲染输出”选项组，并单击“文件”按钮，如图8-22所示。

02 此时打开“渲染输出”对话框，在其中设置渲染路径、文件格式和文件名后，如图8-23所示。

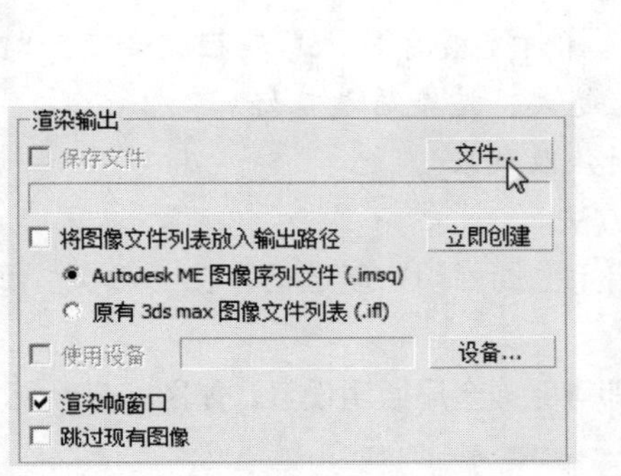

图8-22 单击“文件”按钮

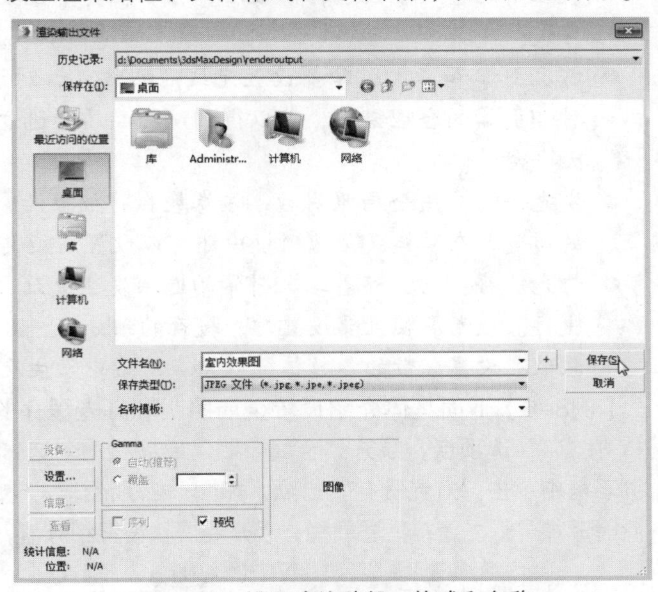

图8-23 设置渲染路径、格式和名称

03 设置完成后单击“保存”按钮，此时打开“JPEG图像控制”对话框，并设置各选项，设置完成后单击“确定”按钮，如图8-24所示。

04 此时返回“渲染设置”对话框，“渲染输出”选项组中将更改设置，如图8-25所示。

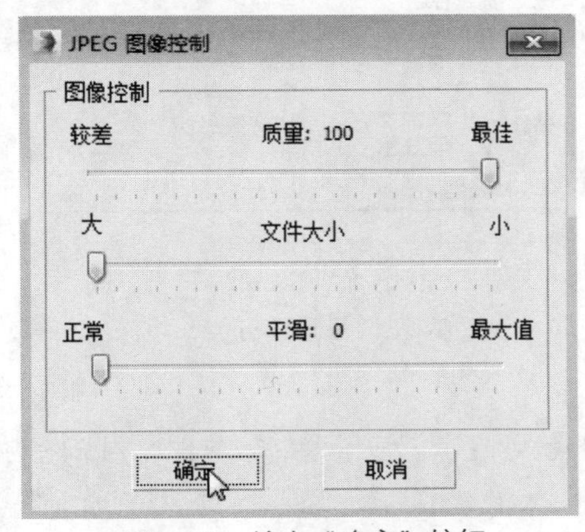

图8-24 单击“确定”按钮

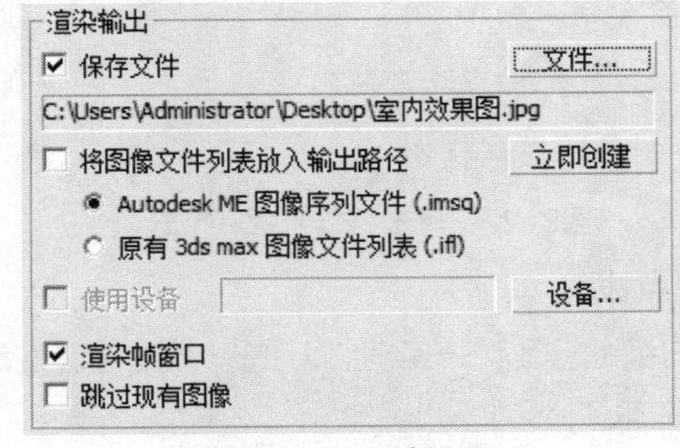

图8-25 更改设置

知识点拨

渲染输出设置完成后，渲染的场景就会按照设置格式自动保存至指定位置。

8.3.3 全局照明和灯光缓存的设置

全局照明包括首次引擎和二次引擎两个照明方式，勾选该选项后，既可以利用全局照明的算法进行多次光线照明传播。并激活发光图和相应二次引擎选项的卷展栏，在“全局照明”卷展栏中可以设置该选项，如图8-26所示。

下面具体介绍各选项的含义。

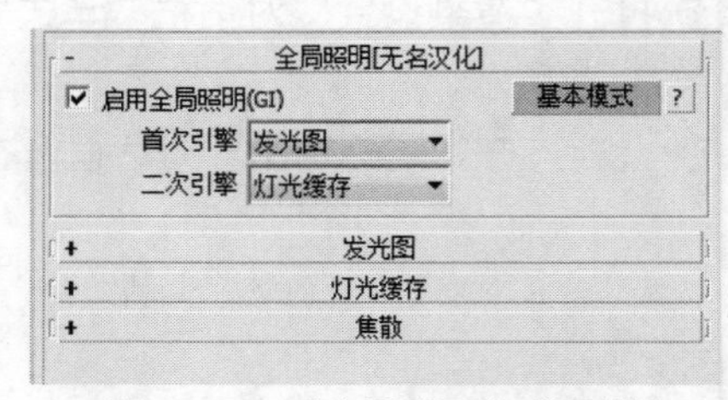

图8-26 “全局照明”卷展栏

- 启用全局照明：勾选该复选框，将启用全局照明，卷展栏中的各项参数也将被激活，可以在其中设置照明方式。
- 首次引擎和二次引擎：设置光线照明方式，通过对4种GI引擎的合理搭配，可以得到渲染品质和速度的最大平衡。
- 发光图：启用全局照明后，该卷展栏将被激活，在“当前预设”选项框中可以设置渲染的质量，在“模式”选项框中还可以设置渲染类型。
- 灯光缓存：它会随着二次引擎的选项发生更改，选择灯光缓存时，卷展栏就会变为灯光缓存。该卷展栏主要设置灯光缓存的细分值，数值越大，渲染质量越好。
- 焦散：设置焦散的各数值，以便在渲染中产生反射焦散效果。

【例8-6】下面具体介绍设置全局照明和灯光缓存的方法。

01 打开“GI”选项卡，展开“全局照明”卷展栏后勾选“启用全局照明”复选框，在“二次引擎”列表框中单击“灯光缓存”选项，如图8-27所示。

02 此时添加“灯光缓存”卷展栏，展开卷展栏设置细分值，即可完成全局照明设置，如图8-28所示。

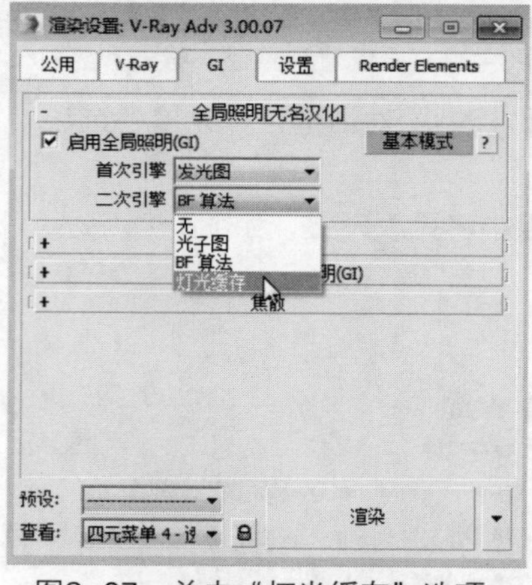

图8-27 单击“灯光缓存”选项

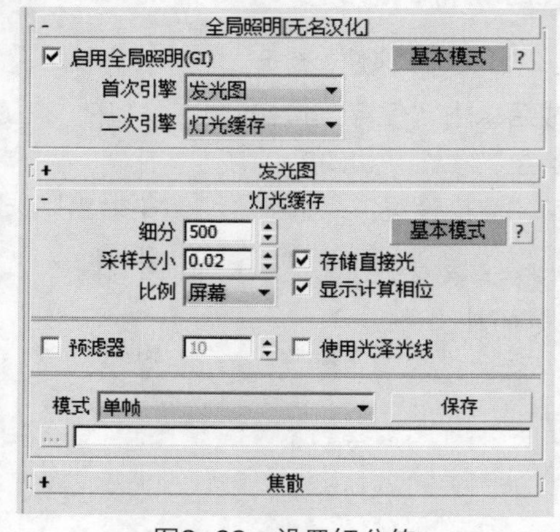

图8-28 设置细分值

知识点拨

在初级进行测试渲染时，灯光细分数值调节到200就可以了，渲染最终效果时，可以将数值调节到1000左右。

8.3.4 环境的设置

在“环境”卷展栏中可以设置全局照明、反射和折射的环境颜色及强度，也可以根据需要设置环境贴图。在“渲染设置”对话框中打开“V-Ray”选项卡，展开“环境”卷展栏即可查看卷展栏内的选项，如图8-29所示。

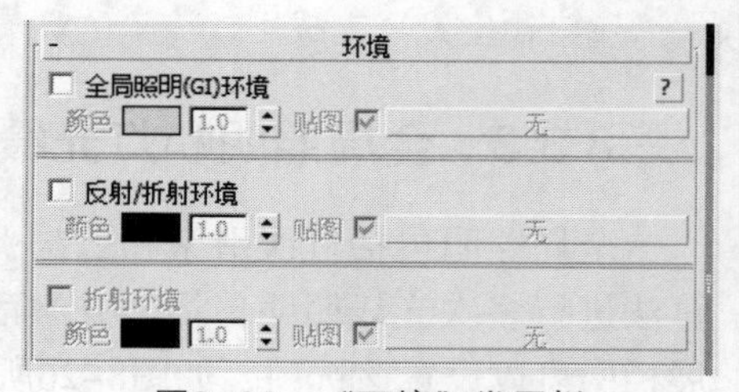

图8-29 “环境”卷展栏

由图可知，“环境”卷展栏由“全局照明环境”、“反射/折射环境”和“折射环境”3个选项组组成，并且每个选项组中的选项都相同，所以含义也相同，就不再重复介绍。下面以“全局照明环境”选项组为例，具体介绍各选项的含义。

- 全局照明(GI)环境：勾选“全局照明GI环境”复选框后，将开启“全局照明环境”选项。
- ：单击下方的“颜色”选项框，在弹出的“颜色选择器”对话框中可以设置环境颜色。
- 1.0：设置全局照明环境亮度的倍增值，值越大，亮度越亮。
- 贴图 ☑ 无：单击该按钮，可选择不同的贴图作为全局照明的环境。

8.3.5 颜色贴图的设置

使用“颜色贴图”卷展栏可以设置渲染曝光方式，以及对象直接接受光部分和背光部分的倍增值，来整体调整图面的明亮度和对比度。在“V-Ray”卷展栏中展开“颜色贴图”卷展栏，如图8-30所示。

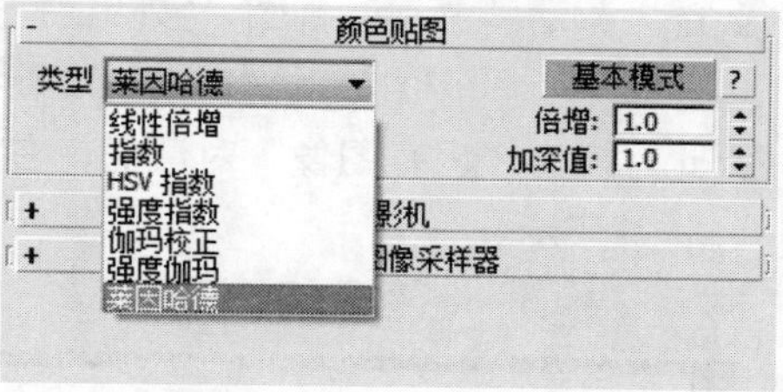

由图可知，在“类型”下拉列表中提供了7种曝光类型，每个曝光类型的参数会有点不同，曝光效果也会略有不同。

图8-30 “颜色贴图”卷展栏

1. 莱茵哈德

该选项为指数和线性倍增两种曝光方式的结合体。选择该曝光方式时，会出现“倍增”和“加深值”两个选项。

- 倍增：倍增值是设置曝光强度，1.0实际上为线性曝光方式的效果，0.2接近指数曝光方式的效果，数值范围在0.2～1.0之间，也就为线性曝光和指数曝光的混合曝光效果。
- 加深值：该选项用来设置渲染效果的饱和度。

2. 线性倍增

使用这种曝光方式的优点是亮度对比度突出，色相饱和度高，适合明暗关系对比突出、颜色饱和度高的场景空间，但是使用该曝光方式容易出现局部曝光的现象。选择该曝光方式后，卷展栏中会显示“暗度倍增”和“明亮倍增”两个选项。

- 暗度倍增：对暗色部分进行亮度倍增，调整场景中不直接接收灯光部分的亮度。
- 明度倍增：调整场景中的迎光面和曝光面的亮度。

3. 指数

指数曝光方式的效果比较平和，不会出现局部曝光的现象，但是色彩饱和度降低，使效果看上去灰蒙蒙的失去了许多色彩。

4. HSV和强度指数

HSV和强度指数与指数曝光方式类似，HSV会保护色彩的色调和饱和度。强度指数则在亮度上会有一些保留，缺点是从明处到暗处不会产生自然的过渡。

5. 伽玛校正

伽玛校正曝光方式可以对最终的图形进行简单校正，和线性倍增相同的是它会出现局部曝光的现象。选择此选项后，卷展栏中会显示“倍增”和“反向伽玛”两个选项。

- 倍增：设置渲染图面上的亮度。
- 反向伽玛：使伽玛值反向。

6. 强度伽玛

强度伽玛与伽玛校正曝光模式类似，还可以设置灯光的亮度。

8.4 渲染帧窗口

当渲染器指定为“V-Ray渲染器”之后，渲染帧窗口也会随之更改为V-Ray窗口。利用“渲染帧窗口”渲染场景后，用户可以查看和编辑渲染结果。

8.4.1 保存图像

在渲染场景后，渲染结果就会显示在渲染帧窗口中，利用该窗口可以设置图像的保存路径、格式和名称。

【例8-7】下面具体介绍保存渲染效果的方法。

01 首先激活“透视”视图，按F9键打开“VRay渲染帧窗口”渲染视图，渲染完成后单击窗口上方的“Save image”按钮，如图8-31所示。

02 此时打开“保存图像”对话框，在其中设置保存路径、保存名称和格式，并“保存”按钮，如图8-32所示。

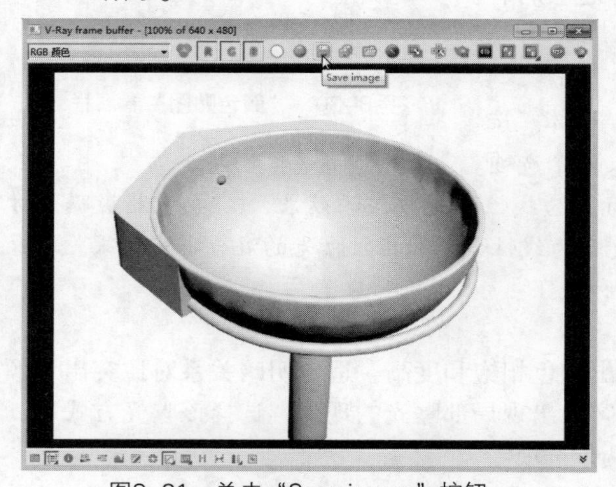

图8-31 单击“Save image”按钮

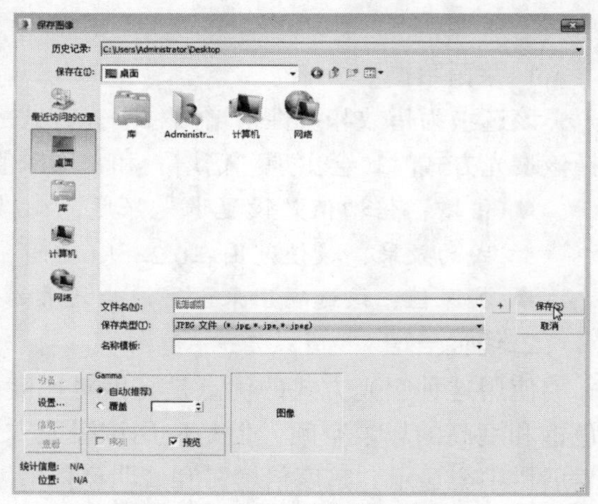

图8-32 单击“保存”按钮

03 打开“JPEG图像控制”对话框，并在其中设置图像质量的各选项，设置完成后单击“确定”按钮，即可保存图像，如图8-33所示。

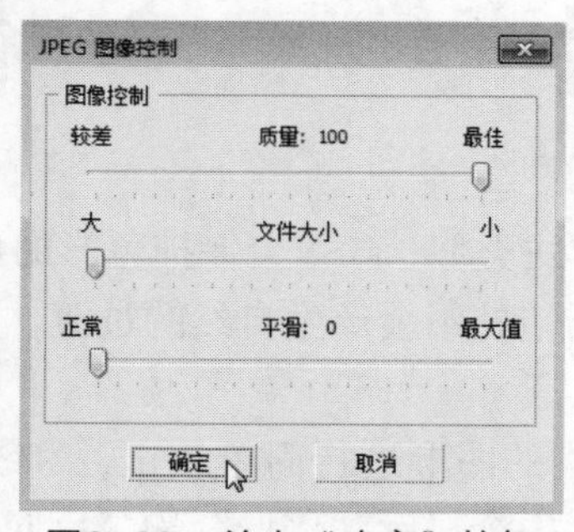

图8-33 单击“确定”按钮

8.4.2 局部渲染

如果只需要查看一小部分的实体状态，不需要渲染整个视图，可以设置局部渲染。在3ds Max 2015中可以使用两种方法进行局部渲染，下面具体介绍这两种方法。

1. 渲染区域

利用“VRay渲染帧窗口”可以渲染区域，这样系统就会根据指定的区域进行渲染，利用这一功能可以有效地节约时间，更快速地渲染需要查看的位置。

【例8-8】下面以渲染洗手池为例，具体介绍设置渲染区域的方法。

01 在视图区左侧“V-Ray Toolbar”快捷工具列表中单击“最后VFB”按钮，打开渲染帧窗口，此时并没有进行渲染，所以窗口中没有渲染实体效果。

02 在窗口上方单击“Region render”按钮，如图8-34所示。

03 在渲染帧窗口中单击并拖动鼠标创建红色矩形区域，如图8-35所示。

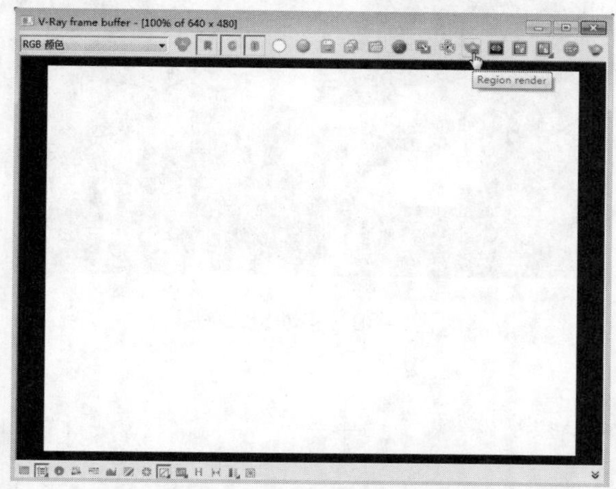

图8-34 单击“Region render”按钮

图8-35 创建区域

04 单击“Render last”按钮，在选定区域内就开始进行渲染，如图8-36所示。

05 渲染完成后，渲染效果如图8-37所示。

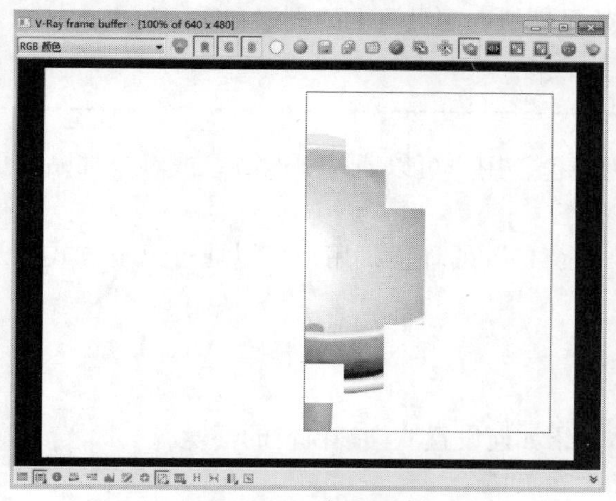

图8-36 渲染区域

图8-37 渲染区域效果

知识点拨

再次单击“Region render”按钮，即可取消区域渲染。

2. 指定渲染位置

利用VRay渲染帧窗口，不仅可以渲染区域，还可以指定渲染的位置，利用按钮，可以渲染鼠标所处位置，最快速地渲染指定位置。

【例8-9】下面具体介绍设置指定渲染位置的方法。

01 打开渲染帧窗口，在窗口上方激活按钮，然后再单击右侧的按钮，开始进行渲染。

02 在窗口中移动鼠标，确定渲染位置，如图8-38所示。

03 此时移动鼠标，渲染位置将随着鼠标移动而发生更改，如图8-39所示。

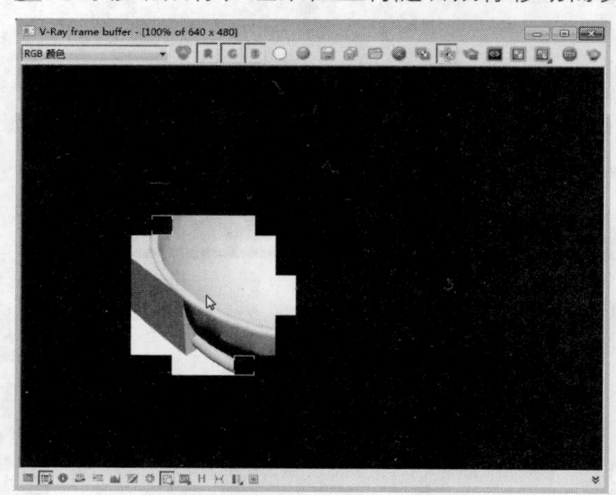

图8-38　确定渲染位置

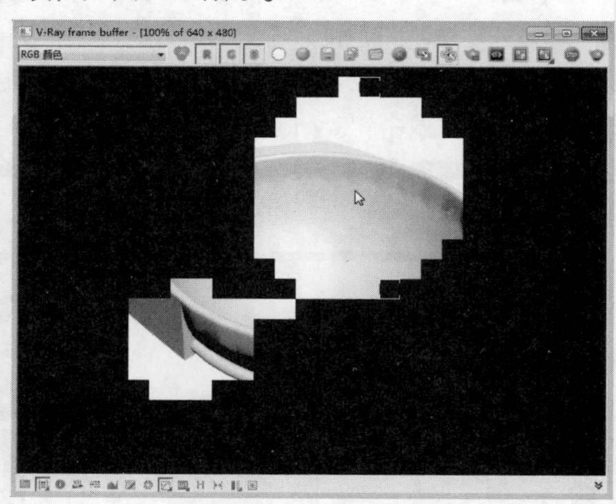

图8-39　移动鼠标效果

知识点拨

使用该功能时，系统会随着鼠标位置进行渲染，再逐渐向外扩散，直至渲染整个视图为止。

8.5 环境和大气效果的设置

为了使3ds Max中制作的场景更加真实，用户可以设置渲染的环境和效果，通过更改背景和环境光来更改“渲染帧窗口”的背景，添加大气效果模拟真实世界中的火焰和雾的效果。

8.5.1 环境颜色的设置

默认情况下，“VRay渲染帧窗口”的背景为黑色，用户可以通过更改颜色或者添加贴图更改背景，还可以设置染色颜色和环境光更改环境状态。

在“环境和效果”对话框中可以设置“渲染帧窗口”的环境，用户可以通过以下方式打开对话框。

- 执行“渲染>环境”命令。
- 按8快捷键。

【例8-10】下面以渲染休闲躺椅为例，具体介绍如何设置渲染帧窗口的环境。

01 首先渲染文件，观察未设置环境之前的状态，如图8-40所示。

02 执行“渲染>环境”命令，打开“环境和效果”对话框，如图8-41所示。

03 单击“颜色”选项框，在弹出的“颜色选择器”对话框中设置颜色，设置完成后单击“确定”按钮，如图8-42所示。

04 设置完成后，渲染视图效果如图8-43所示。

05 下面设置环境光，单击“环境光”选项框，在弹出的对话框中设置环境光颜色，如图8-44所示。

06 设置完成后单击“确定”按钮，返回视图进行渲染，渲染效果如图8-45所示。

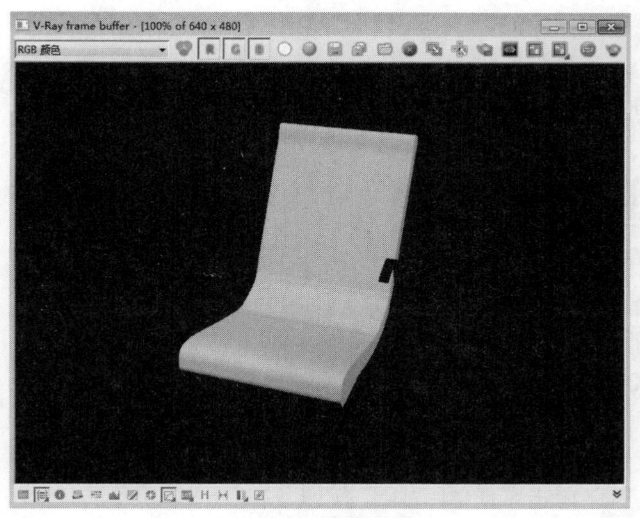

图8-40 渲染场景

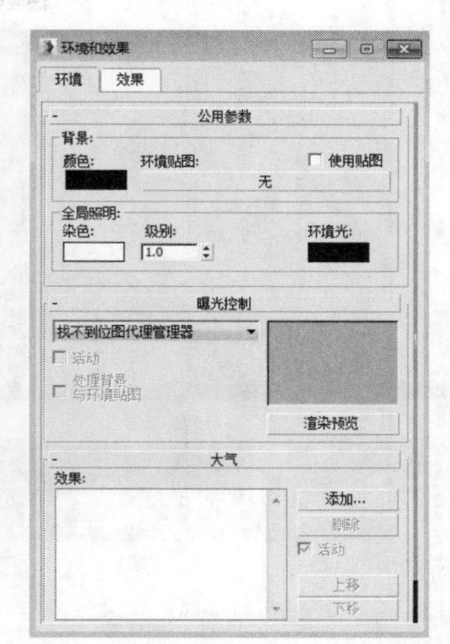

图8-41 “环境和效果”对话框

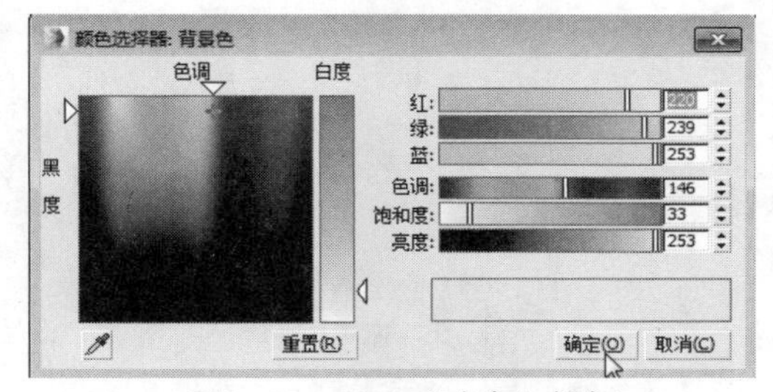

图8-42 单击“确定”按钮

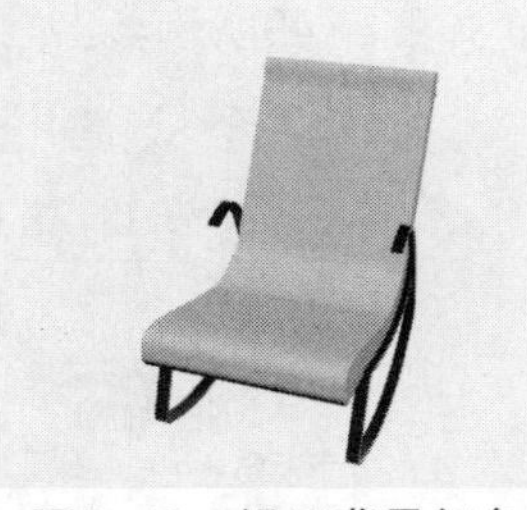
图8-43 设置背景颜色效果

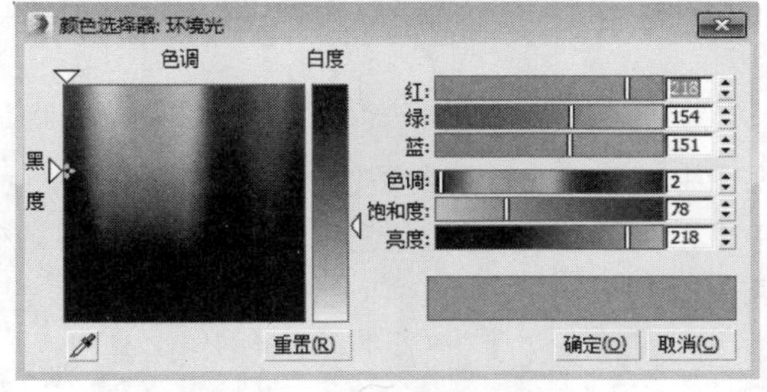

图8-44 设置环境光颜色

图8-45 设置环境光颜色效果

知识点拨

物体自身的颜色受环境光颜色的影响，所以设置环境光后，物体的颜色也会发生些许改变。

8.5.2 大气的添加

在3ds Max中，还可以添加大气效果模拟体积和雾的效果，下面逐一介绍利用大气效果制作烛光和雾的效果。

1. 制作烛光

【例8-11】在大气中添加火效果可以制作出烛光效果，下面具体介绍制作烛光效果的方法。

01 首先打开“制作烛光效果”文件，如图8-46所示。

02 在命令面板中单击“辅助对象”按钮，并在列表中选择“大气装置”选项，如图8-47所示。

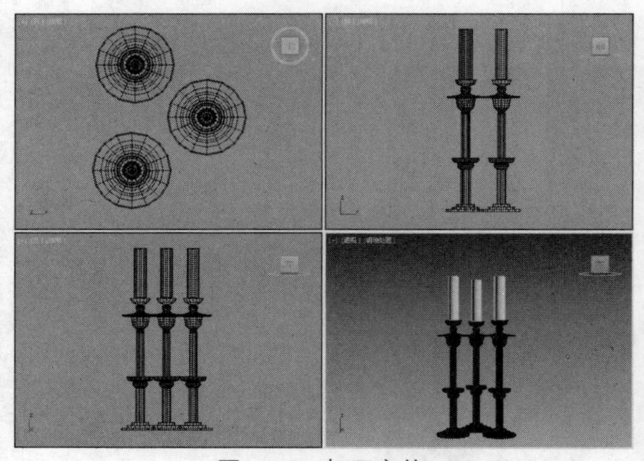

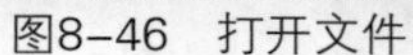

图8-46　打开文件

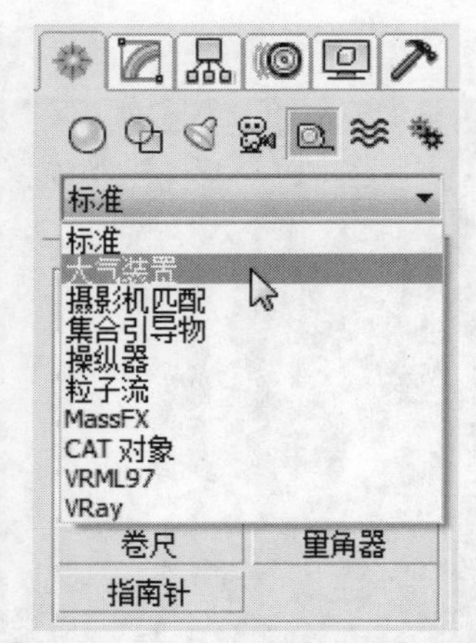

图8-47　单击“大气装置”按钮

03 此时打开“大气装置”命令面板，在其中单击“球体Gizmo”按钮，如图8-48所示。

04 在视图中单击并拖动鼠标创建球体，返回“球体Gizmo参数”卷展栏，勾选“半球”复选框，将球体设置为半球，如图8-49所示。

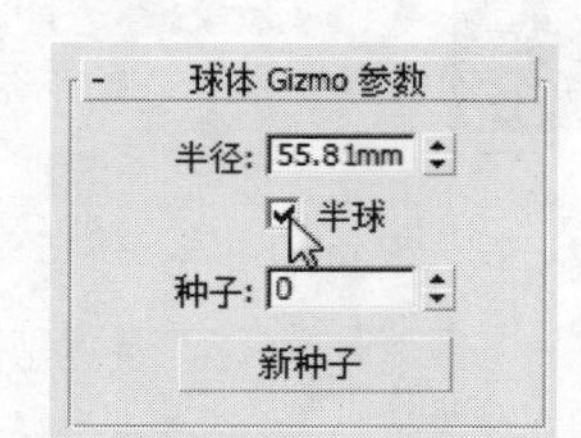

图8-48　单击“球体Gizmo”按钮　图8-49　勾选“半球”复选框

05 使用“选择并均匀缩放”按钮，在各个视图中将球体缩放至合适的形状，如图8-50所示。

06 返回命令面板，在“大气和效果”卷展栏中单击“添加”按钮，打开“添加大气”对话框，选择“火效果”选项并单击“确定”按钮，如图8-51所示。

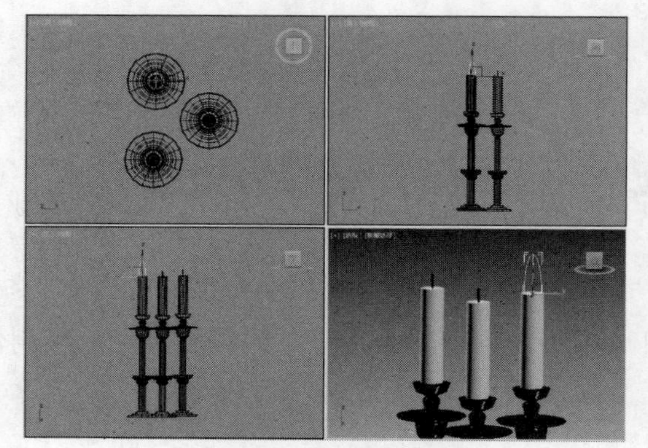

图8-50　缩放球体

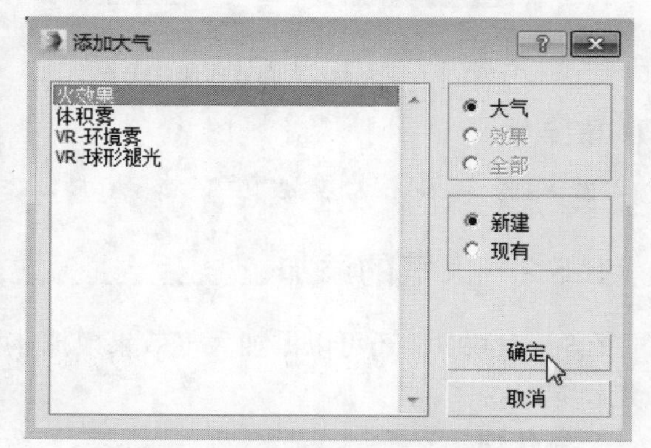

图8-51　单击“确定”按钮

07 执行“渲染>环境”命令，打开“环境和效果”对话框，在“大气”卷展栏中选择“火效果”选项，如图8-52所示。

08 此时将添加“火效果参数”卷展栏，在卷展栏中设置火效果的各选项参数，如图8-53所示。

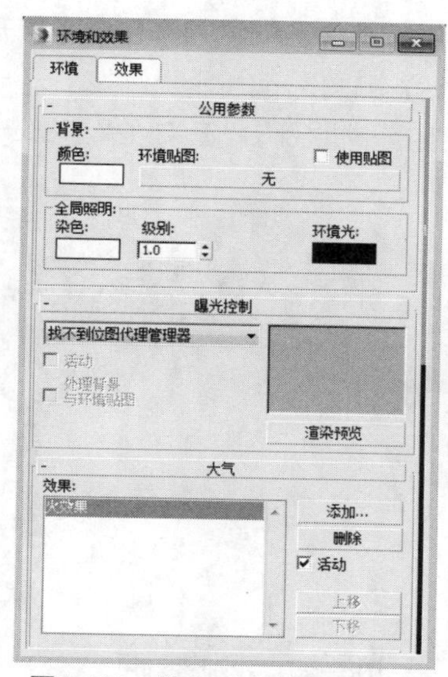

图8-52　单击“火效果”选项

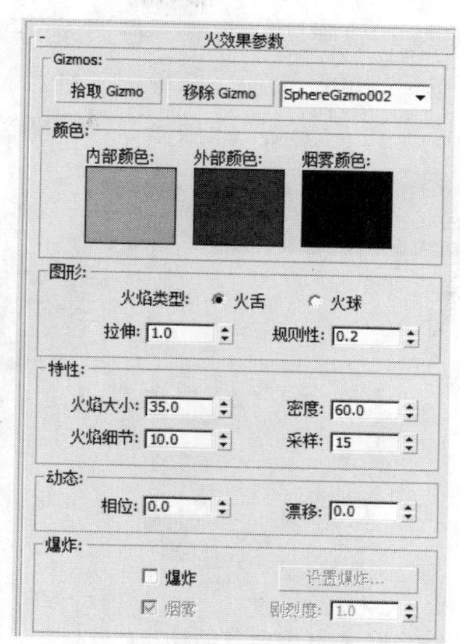

图8-53　设置火效果参数

09 设置完成后，渲染效果如图8-54所示。

10 将火焰复制到其他两个烛台上，渲染最终效果如图8-55所示。

图8-54　渲染烛光效果

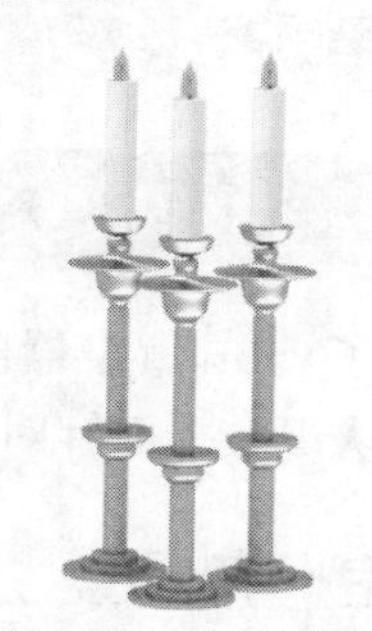

图8-55　最终效果

2. 制作雾

在大气中添加雾，可以模拟真实世界中的雾天，并可以将场景设置成烟雾缭绕的感觉。

【例8-12】下面将植物文件制作出雾的效果。

01 打开“植物”文件，在视图中创建标准目标摄影机，如图8-56所示。

02 确定摄影机为选中状态，打开“修改”选项卡，在“参数”卷展栏中的“环境范围”选项组中勾选“显示”复选框，如图8-57所示。

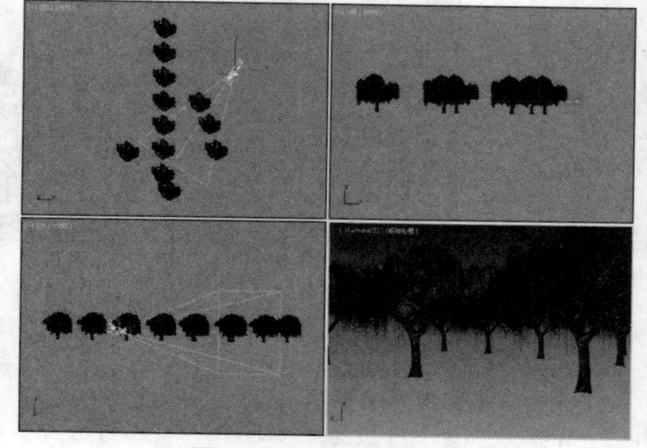

图8-56　创建摄影机

图8-57　勾选“显示”复选框

03 按8键打开“环境和效果”对话框，在“大气”卷展栏中单击“添加”按钮，打开“添加大气效果”对话框，选择“雾”选项，并单击“确定”按钮，如图8-58所示。

04 此时“雾”将添加到“效果”选项框中，按F9键渲染摄影机视图，渲染效果如图8-59所示。

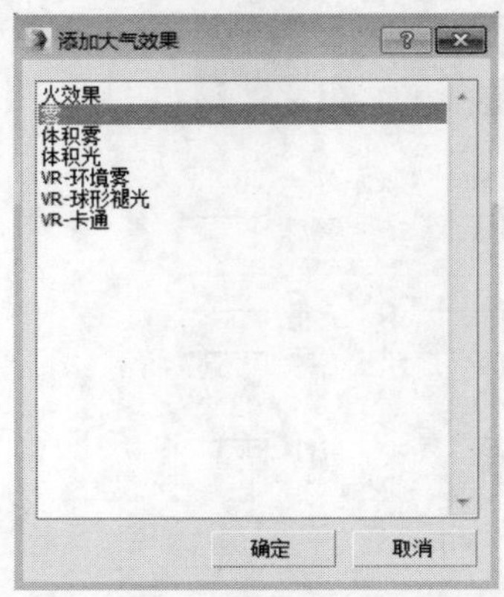

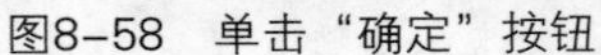

图8-58 单击“确定”按钮

图8-59 添加雾效果

知识点拨

“环境范围”选项组中的“远距范围”选项的数值要根据场景中图形的总体距离更改，若数值与场景距离不符，那么渲染帧窗口会变成白色，不显示物体。

8.6 上机实训

本章我们主要学习了VRay渲染器的功能和如何正确使用渲染器。通过本章的学习用户对VRay渲染器有了更多的认识，下面针对本章学习内容，列举两个简单的案例，巩固所学知识。

8.6.1 渲染卧室一角场景

应用本章所学知识对卧室一角场景进行渲染，下面介绍操作步骤。

01 打开“卧室一角”场景文件，如图8-60所示。

02 使用默认渲染器渲染场景效果，如图8-61所示。

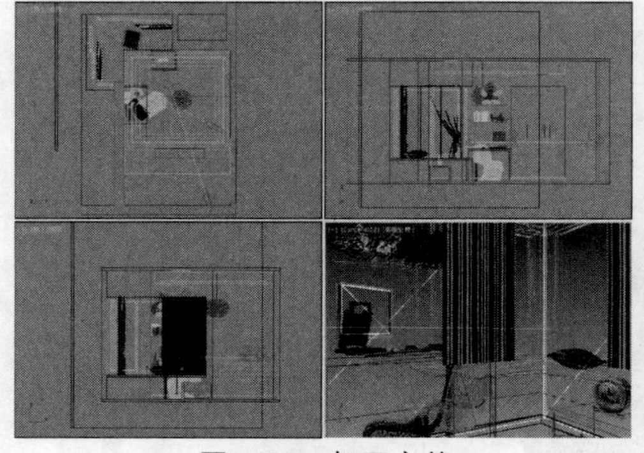

图8-60 打开文件

图8-61 渲染效果

03 打开“选择渲染器”对话框，更改渲染器为VRay渲染器，并单击“确定”按钮，如图8-62所示。

04 此时对话框将更改为VRay渲染设置，将渲染图片尺寸更改为640×480，打开“GI”选项卡，勾选“启用全局照明”复选框，并设置照明方式和发光图的质量，如图8-63所示。

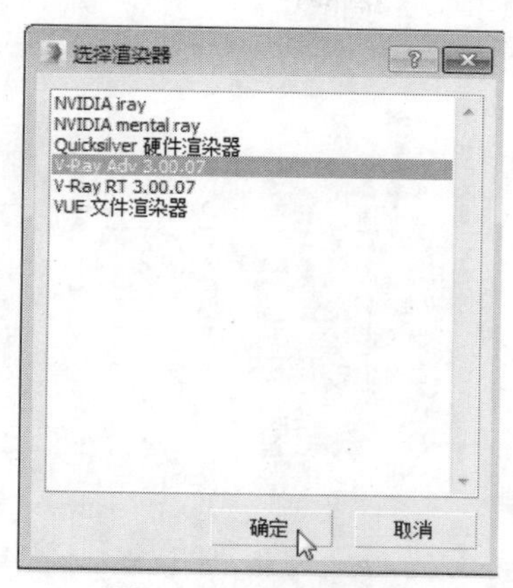

图8-62 更改渲染器

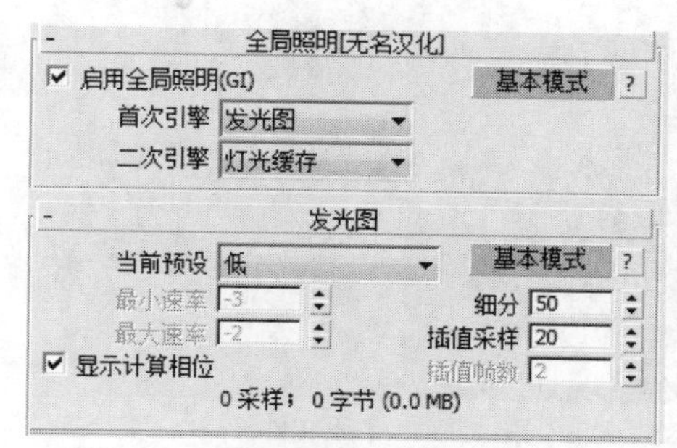

图8-63 设置照明方式和发光图质量

05 展开“灯光缓存”对话框，设置细分为200，如图8-64所示。

06 按F9键对摄影机视图进行渲染，效果如图8-65所示。

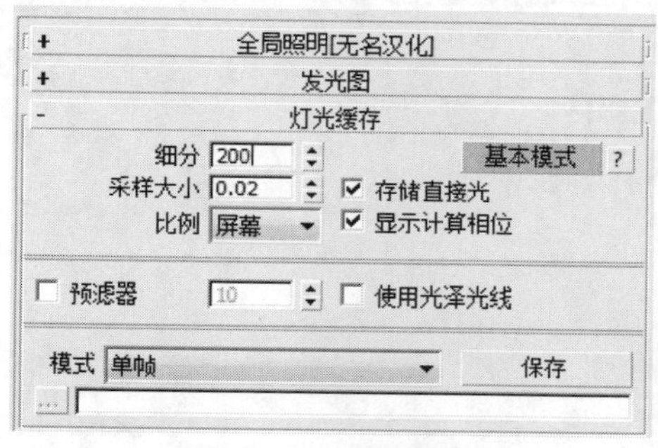

图8-64 设置细分

图8-65 渲染场景效果

07 打开“VRay”选项卡，展开“图案采样器”卷展栏，设置采样器类型，如图8-66所示。

08 展开“颜色贴图”卷展栏，设置贴图类型和明暗倍增值，如图8-67所示。

09 设置完成后，渲染场景效果，如图8-68所示。

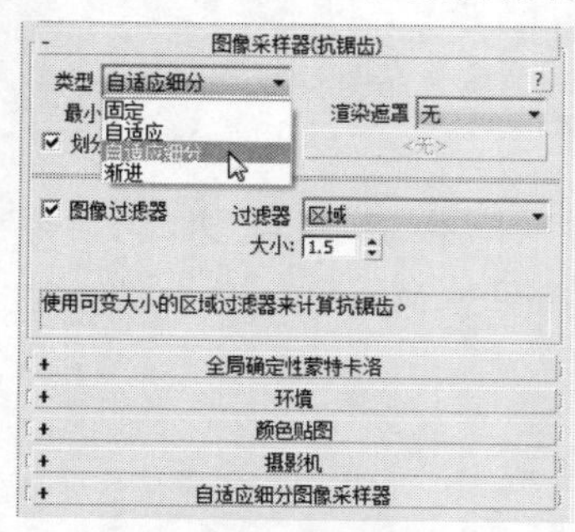

图8-66 设置采样器类型

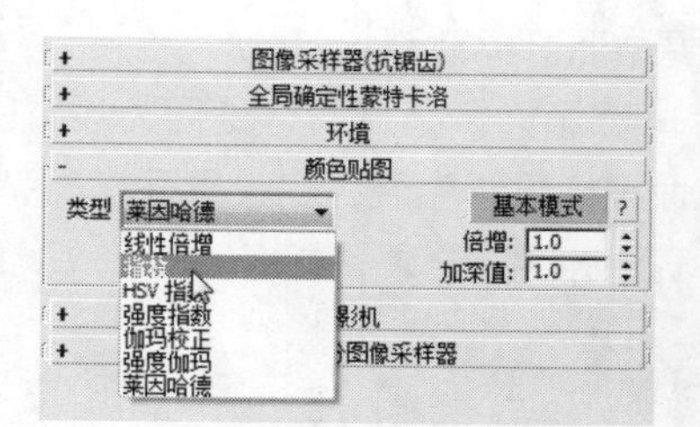

图8-67 设置颜色贴图类型

图8-68 渲染卧室一角效果

8.6.2 渲染客厅沙发背景墙

下面渲染客厅场景效果。

01 首先打开“客厅”文件，客厅中已经创建好了灯光、摄影机和其他模型等，如图8-69所示。

02 按F10键打开“渲染设置”对话框，将渲染器更改至VRay渲染器，在“GI”选项卡中勾选“启用全局照明”复选框，并在其中设置二次引擎类型，如图8-70所示。

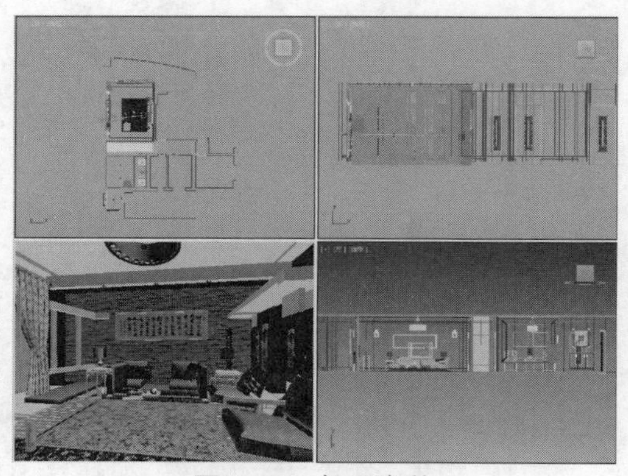

图8-69　打开文件

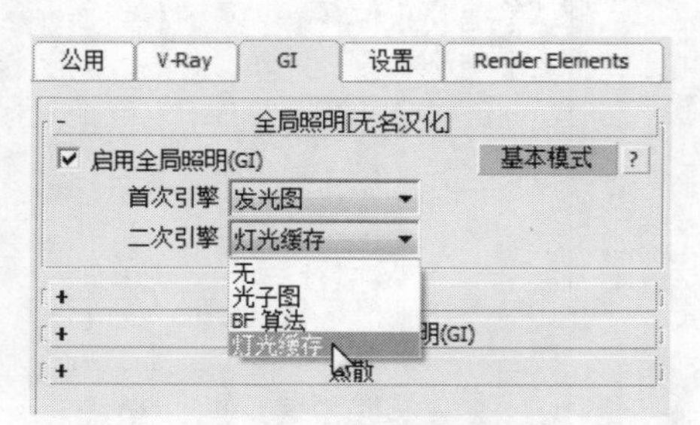

图8-70　单击“灯光缓存”选项

03 此时将激活“发光图”和“灯光缓存”卷展栏，首先渲染测试图，所以图片质量选择“自定义”，将灯光缓存下的“细分”数值调为200，如图8-71所示。

04 打开“VRay”选项卡，将图片采样器设置为自适应细分，颜色贴图更改为“指数”类型，如图8-72所示。

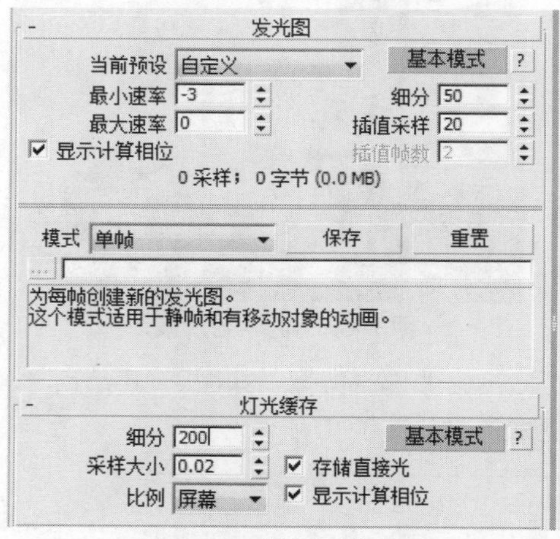

图8-71　设置图片质量

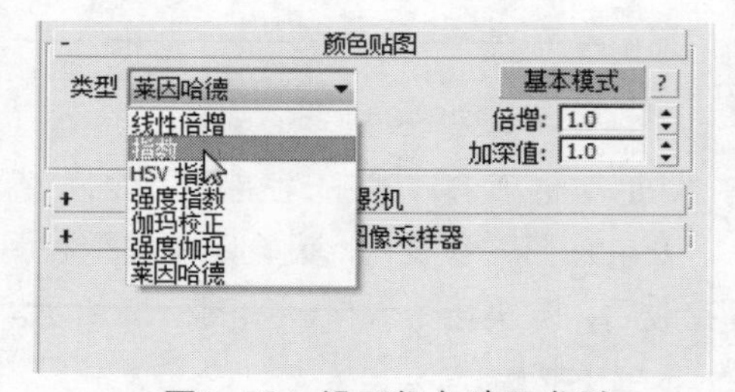

图8-72　设置颜色贴图类型

05 下面开始渲染摄影机视图，效果如图8-73所示。

06 渲染完成后，用户会发现图片出现了许多杂点，这是因为设置图像采样器与场景类型不符，再次打开“VRay”选项卡，在“图像采样器”卷展栏中设置采样类型，如图8-74所示。

图8-73　测试渲染

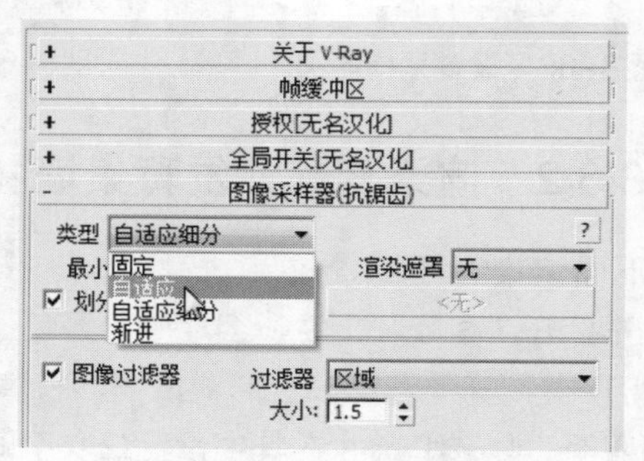

图8-74　单击“渐进”选项

07 在“发光图”卷展栏中将发光图设置为“高”，如图8-75所示。

08 在“灯光缓存”卷展栏中设置细分数值，如图8-76所示。

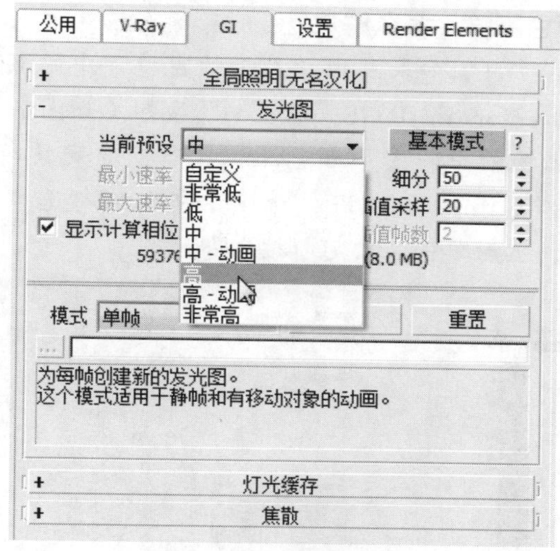

图8-75　单击“高”选项

图8-76　设置细分值

09 设置完成后，按F9键即可渲染出图效果，效果如图8-77所示。

图8-77　渲染沙发背景效果

8.7 常见疑难解答

渲染出图是室内设计的最后一步，在进行渲染的过程中，用户常常会遇到很多问题，下面提供了疑难解答，以供用户参考。

Q：V-Ray渲染帧窗口中的图像和场景中材质的颜色不符，怎么解决？

A：这和Gamma有关。出现颜色不同有两种情况：（1）如果发现“渲染帧窗口”中的颜色比场景中的颜色浅，那么在窗口中单击“Display colors in sRGB space”按钮（如图8-78所示），即可解决这一问题。（2）如果窗口比场景中的图形颜色深，执行“自定义>首选项”命令，打开“首选项设置”对话框，在“Gamma和LUT”选项卡中取消勾选“启用Gamma/LUT校正”复选框（如图8-79所示），然后单击“确定”按钮即可。

图8-78 单击“Display colors in sRGB space”按钮

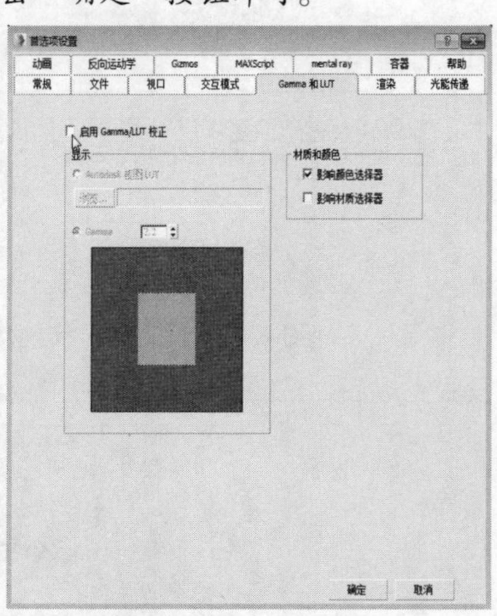

图8-79 取消勾选校正

Q：为什么安装VRay渲染器之后打不开Max软件了？

A：VRay渲染器必须和Max软件相匹配。如果版本不同就会出现这种情况。在安装过程中不需要更改安装路径，将渲染器与max文件安装在同一个文件夹中，才可以使用渲染器。

Q：在Vray使用全局光照之后，如果没控制好，房间内部会产生色溢的现象，怎样控制色溢的现象发生？

A：（1）用vr的包裹材质可以很好地控制房间内部产生色溢的现象。具体方法是在原来材质的基础上加一层包裹材质，然后减少物体发射GI的大小。（2）把产生全局光照GI适度地减小，就可以控制色溢的问题。（3）按F10键在“间接照明”卷展栏中降低饱和度，即可改善颜色溢出。

Q：Vray的置换贴图与Max的默认置换有什么不同？

A：MAX默认置换和VR置换都有两种方式：1.材质置换；2.修改面板里面的物体置换。就材质置换来说，默认置换和VR置换相差无几。而物体的修改置换就有很大的区别；默认置换需要巨大的网格数及面数加多，而且精度不是很好。其优点是渲染的速度快。而VR置换只需要少量的网格数，其效果也是默认置换无法比拟的，但是渲染的速度根据精度的加大而变得相当缓慢，当然效果也越好。

8.8 拓展应用练习

为了更好地学习本章内容，下面针对所学知识列举了两个实例，以供用户巩固练习。

1. 渲染鞋柜模型

利用本章所学知识渲染鞋柜模型，如图8-80所示。

图8-80　渲染鞋柜模型

操作提示

01 打开“鞋柜”模型，创建摄影机并调整摄影机位置。

02 创建灯光并调整灯光强度和位置。

03 将渲染器更改为VRay渲染器并进行渲染即可。

2. 渲染厨房场景

利用“渲染设置”对话框将渲染器更改为VRay，然后设置其参数，渲染厨房场景效果如图8-81所示。

图8-81　渲染厨房场景

操作提示

01 按F10键打开“渲染设置”对话框，将渲染器更改为VRay渲染器。

02 在“渲染设置”对话框中设置各参数。

03 关闭对话框，按F9键进行渲染。

第9章 室内家具的制作

本章概述 随着时代的发展，消费人群不仅对家具的实用性严格要求，对其造型的要求也非常苛刻，本章为用户介绍室内家具的制作方法，其中包括家具的造型设计、颜色搭配和物体的材质等。

知识要点

- 了解家具的功能
- 了解家具的风格
- 掌握家具的制作方法

9.1 餐椅组合的制作

餐椅组合是室内家具中必不可少的，其大小和风格也非常之多，一般四口之家需要选择4–6把椅子的桌椅组合，方便自己和招待亲朋好友使用。像别墅等空旷的房子需要选择大些的桌椅组合，使房间和桌椅比例得到协调，下面我们具体介绍餐椅组合的制作方法。

9.1.1 餐桌的制作

首先介绍如何制作餐桌。需要使用的命令有长方体、线、挤出等。

01 打开软件，激活顶视图并执行“创建”|“标准基本体”|“长方体”命令，如图9-1所示。

02 在顶视图拖动移动鼠标创建长方体，参数如图9-2所示。

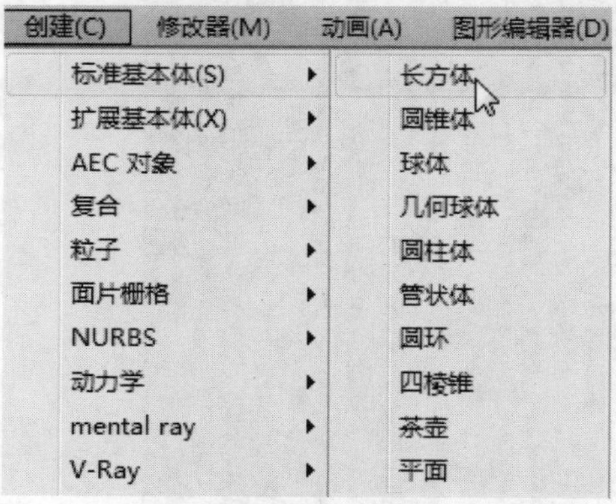

图9-1 单击“长方体”选项

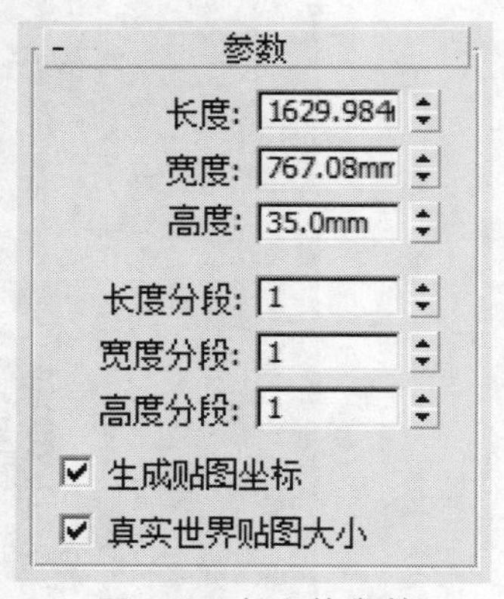

图9-2 长方体参数

03 打开“图形”命令面板，然后单击“矩形”按钮，如图9-3所示。

04 在前视图单击并拖动鼠标创建矩形样条线，参数值如图9-4所示。

05 选择样条线，单击鼠标右键打开快捷菜单列表，在其中选择“转换为可编辑样条线”选项，如图9-5所示。

06 展开“修改”选项卡，在堆栈栏中选择“样条线”选项，然后拖动命令面板至“几何体”卷展栏中的“轮廓”选项处，设置值为30，设置完成后，如图9-6所示。

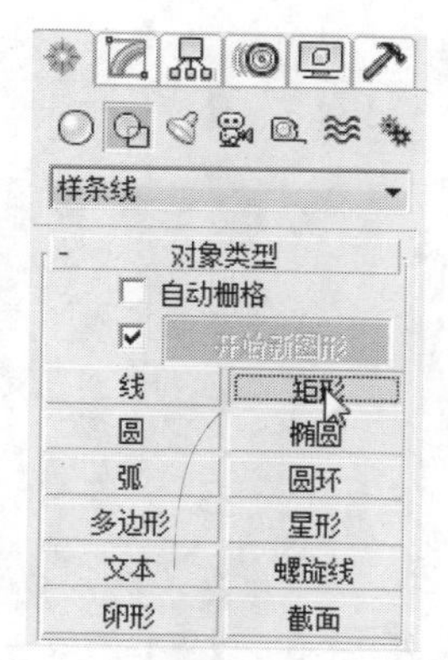

图9-3 单击“矩形”按钮

图9-4 样条线参数

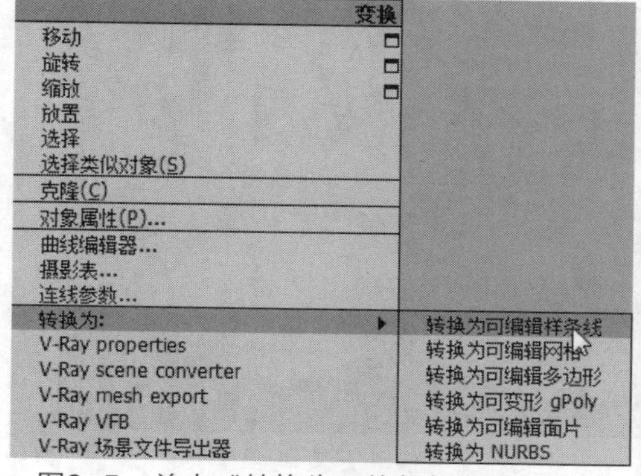

图9-5 单击“转换为可编辑样条线”选项

图9-6 设置轮廓效果

07 选择样条线，将其挤出35mm，即可将样条线制作为实体，将其移至合适的位置，效果如图9-7所示。

08 复制桌腿至另一侧并创建长方体，连接两侧桌腿，餐桌就制作完成了，效果如图9-8所示。

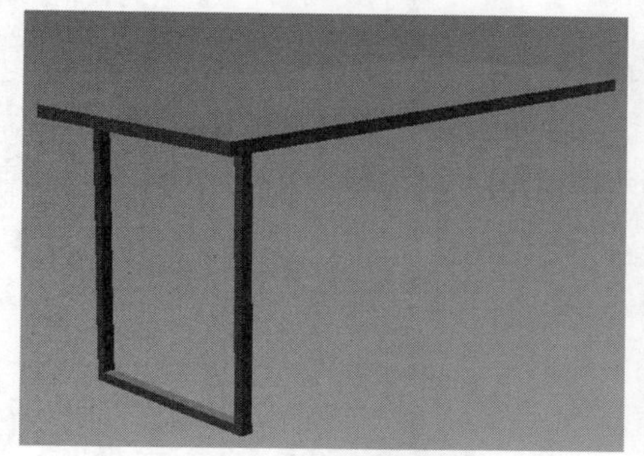
图9-7 创建桌腿

图9-8 创建餐桌

9.1.2 椅子的制作

下面开始制作椅子。其中需要使用的命令有线、挤出等。

01 在左视图创建样条线，形状如图9-9所示。

02 将样条线更改为可编辑样条线，并设置轮廓为35，效果如图9-10所示。

03 将样条线挤出为500mm，即可完成座椅的制作，如图9-11所示。

04 将座椅复制并移动至合适位置，如图9-12所示。

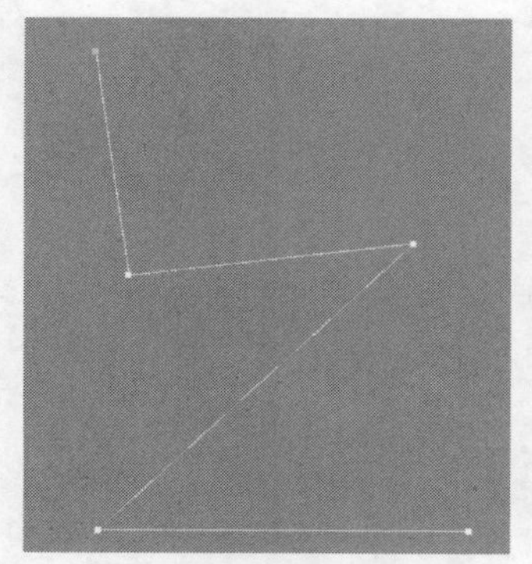
图9-9　创建样条线

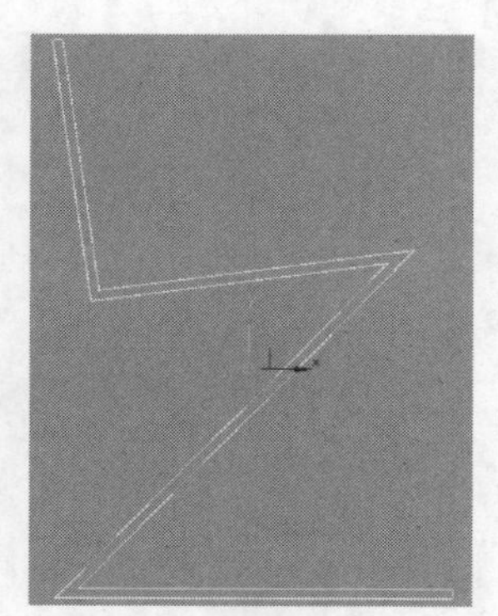
图9-10　设置轮廓效果

图9-11　制作座椅

图9-12　移动并复制座椅

9.1.3　添加材质

为了使餐椅组合呈现出更加逼真的效果，需要为其添加一些配饰和材质，下面具体介绍如何设置物体材质。

01 按M键打开材质编辑器，选择一个空白材质球，设置材质类型为VRayMtl。

02 单击漫反射的“颜色”选项框，在“颜色选择器”对话框中设置漫反射颜色，如图9-13所示。

03 下面为反射添加衰减贴图。首先单击反射后方的方框按钮，打开“材质/贴图浏览器”对话框，在其中选择“衰减”选项，最后单击“确定”按钮，如图9-14所示。

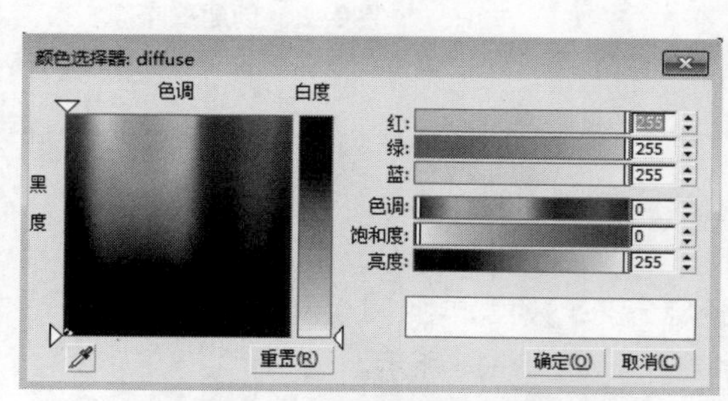

图9-13　设置漫反射颜色

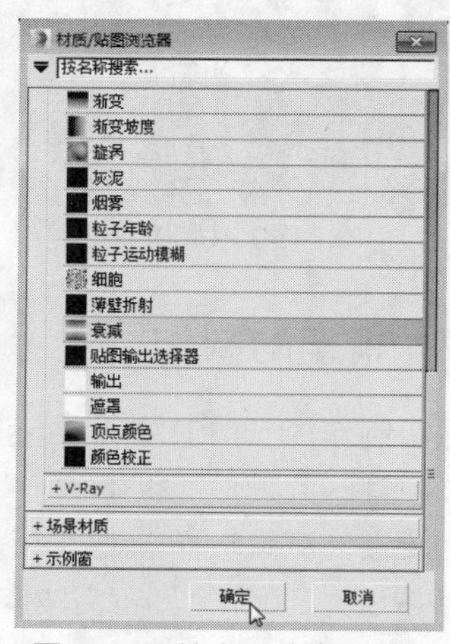

图9-14　单击“确定”按钮

04 此时打开“衰减参数”卷展栏，在其中设置衰减颜色和衰减类型，如图9-15所示。

05 返回“基本参数”面板，设置高光反射度和反射光泽度分别为0.89和0.93，设置完成后材质球如图9-16所示。

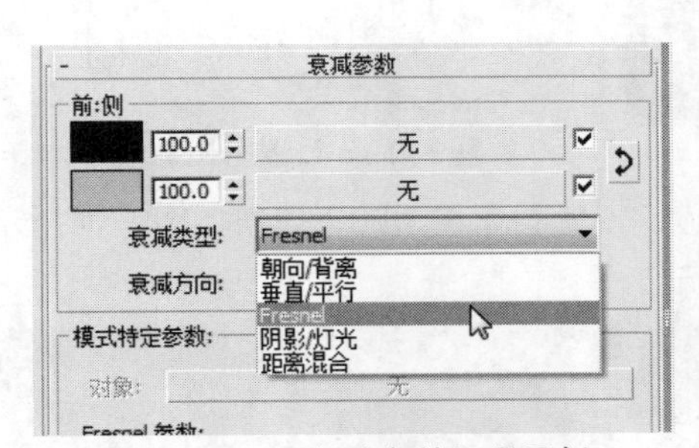

图9-15 “衰减参数”卷展栏

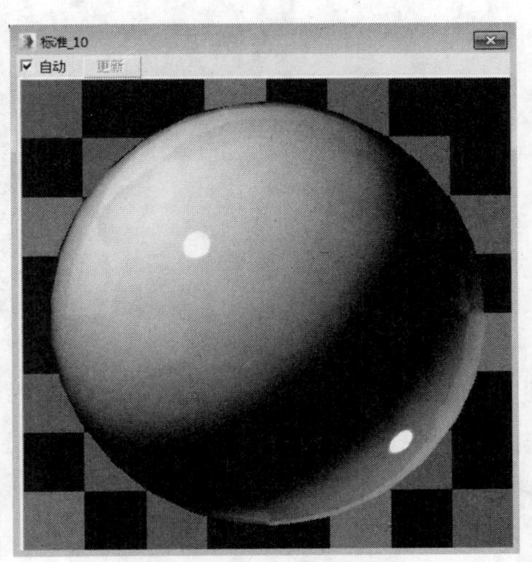

图9-16 材质球效果

06 将该材质赋予餐椅组合。添加桌面装饰后，渲染效果如图9-17所示。

图9-17 添加材质和装饰效果

9.2 茶几的制作

异形茶几不仅看上去非常独特，而且还会提升室内空间的艺术感。下面通过制作异形茶几造型来具体介绍其制作方法。

9.2.1 样条线制作茶几

首先制作茶几造型，其中需要使用的命令有样条线、挤出等，下面具体介绍茶几的制作方法。

01 首先在顶视图创建矩形样条线，并设置角半径为100，效果如图9-18所示。

02 将样条线挤出制作茶几面，挤出数值如图9-19所示。

图9-18　创建样条线

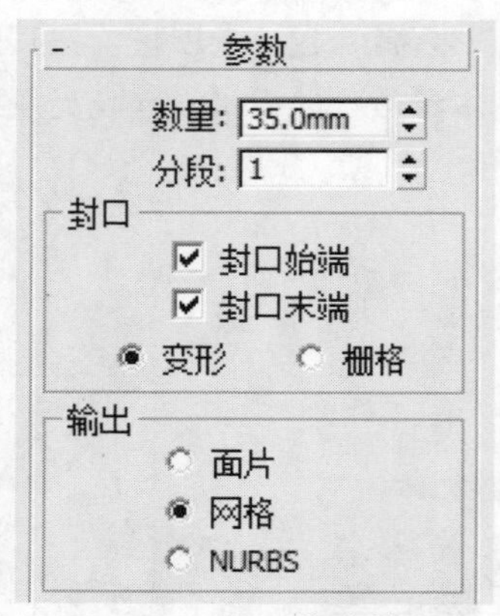

图9-19　设置挤出数值

03 在前视图创建样条线，并将其转换为可编辑样条线，设置圆角值为80，效果如图9-20所示。

04 设置样条线轮廓值为30，设置完成后如图9-21所示。

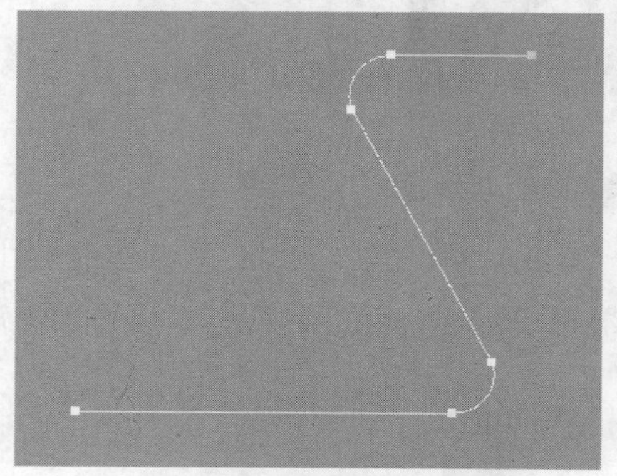

图9-20　创建样条线并添加圆角

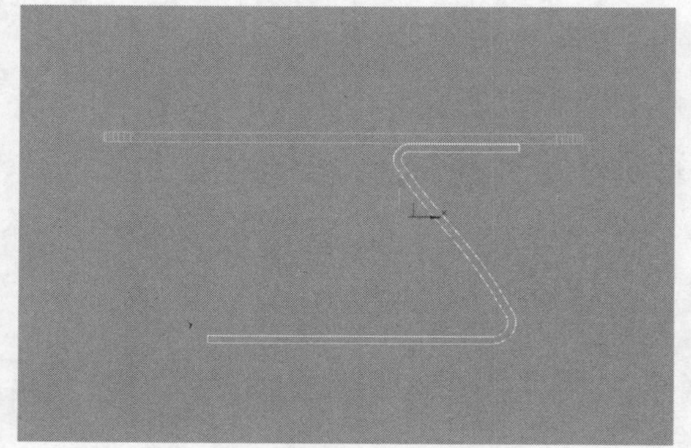

图9-21　添加轮廓

05 挤出样条线300mm后即可完成茶几腿的制作，效果如图9-22所示。

06 将茶几腿复制并镜像到另一侧，导入花模型，并放置在合适位置，如图9-23所示。

图9-22　创建茶几腿

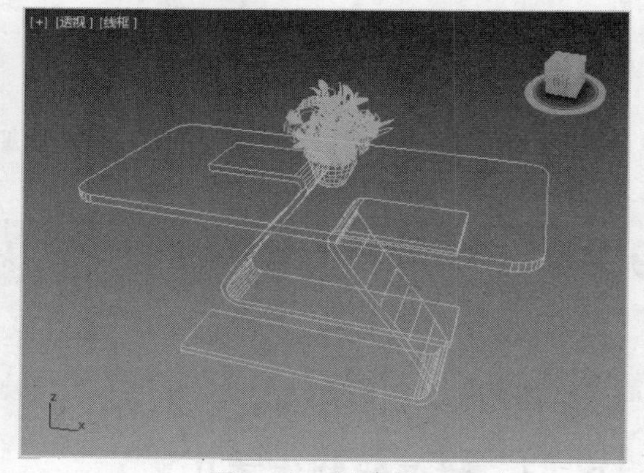

图9-23　创建茶几

9.2.2　添加材质

下面为茶几添加材质，其中茶几面为玻璃材质，茶几腿为木头材质，下面具体介绍设置各材质的添加方法。

01 首先设置茶几腿材质。打开材质编辑器，单击“漫反射”后方的方框按钮，打开“材质/贴图浏览器”对话框，选择“位图”选项，最后单击“确定”按钮，如图9-24所示。

02 打开“选择位图图像文件”对话框，选择图片并单击“打开”按钮，如图9-25所示。

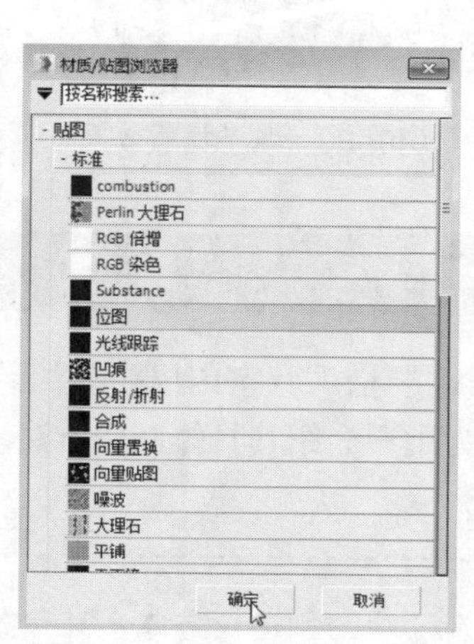

图9-24 单击“确定”按钮

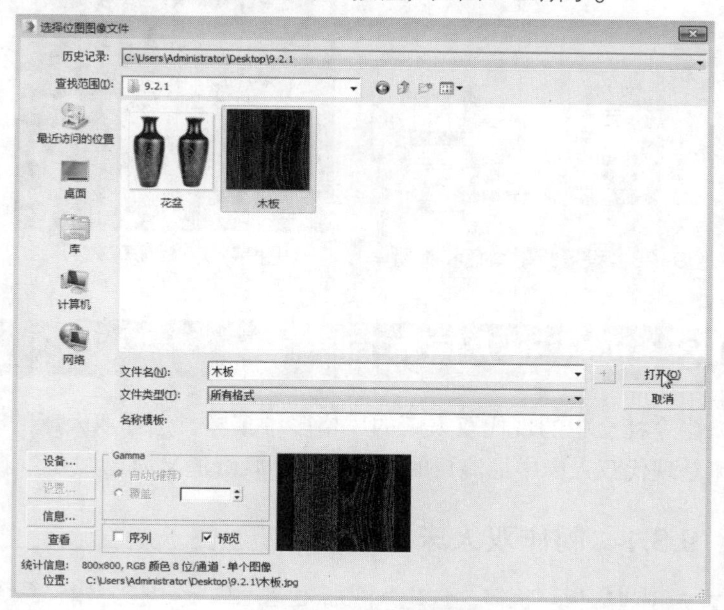

图9-25 选择材质贴图

03 勾选“使用真实世界比例”复选框后，将在材质球中显示纹理，完成茶几腿材质的设置，如图9-26所示。

04 下面开始设置茶几面的玻璃材质。首先选择空白材质球，设置漫反射颜色为浅蓝色，为反射添加“衰减”贴图，衰减参数如图9-27所示。

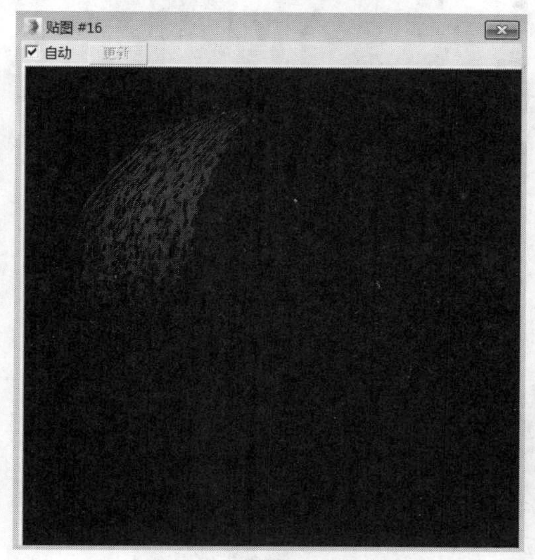

图9-26 材质球效果

图9-27 设置衰减参数

05 返回“基本参数”面板，设置折射颜色为浅灰色，折射率为1.5，如图9-28所示。

06 设置完成后，材质球效果如图9-29所示。

07 赋予材质后，渲染茶几效果如图9-30所示。

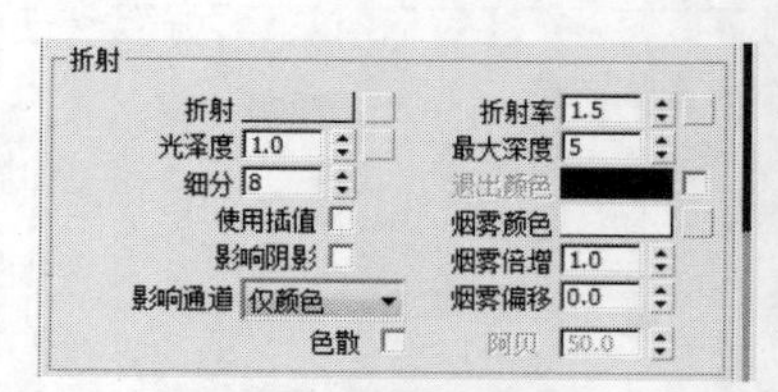

图9-28　设置折射颜色和折射率

图9-29　材质球效果

图9-30　赋予材质效果

9.3 现代双人床的制作

当今社会中的现代双人床的风格多种多样，选择双人床的时候需要搭配其室内风格。简约双人床是现代双人床中最流行的风格之一，既舒适又简单大方。下面为用户介绍其具体制作方法。

9.3.1 制作双人床模型

01 首先创建床板。执行“创建”|“标准基本体”|“长方体”命令，在顶视图创建长方体，其参数如图9-31所示。

02 再创建一个长方体作为双人床的隔板，并将其移至合适位置，如图9-32所示。

图9-31　创建床板

图9-32　创建隔板

03 下面开始制作床垫，执行“创建”|“扩展基本体”|“切角长方体”命令，在顶视图创建床垫，参数如图9-33所示。

04 设置完成后，效果如图9-34所示。

图9-33　床垫参数

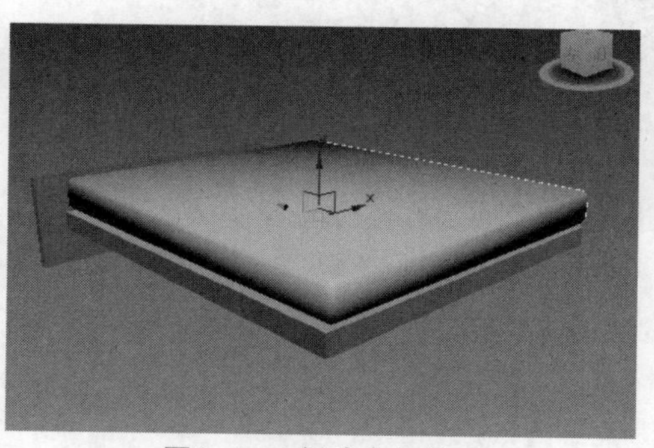

图9-34　创建床垫效果

05 下面开始创建靠背。激活左视图并绘制样条线，如图9-35所示。

06 将样条线挤出宽度为1800mm，并将其移至合适位置，如图9-36所示。

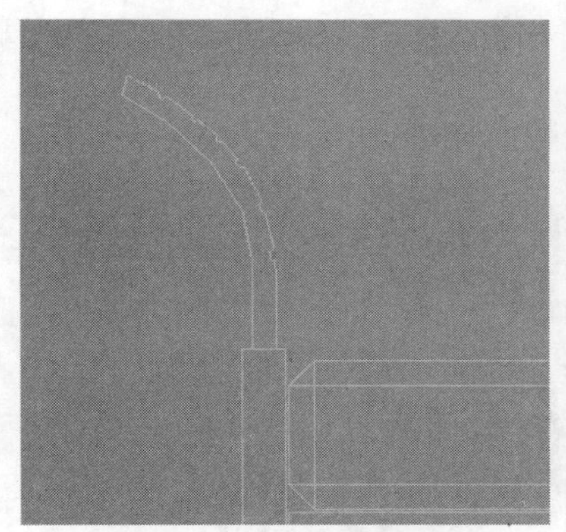

图9-35 绘制样条线

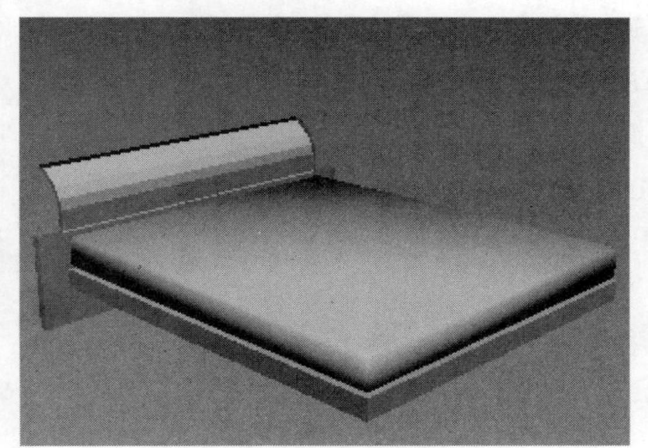

图9-36 挤出靠背效果

07 下面创建床头架。在顶视图创建长方体作为床头架，如图9-37所示。

08 最后创建床腿用来支撑床板，放置于床尾两侧，如图9-38所示。

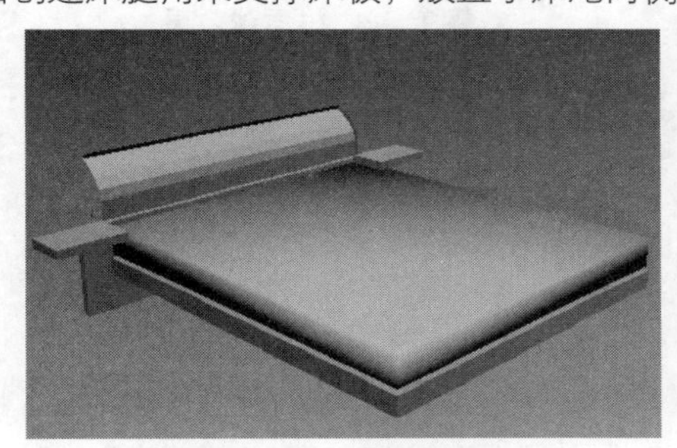

图9-37 创建床头架

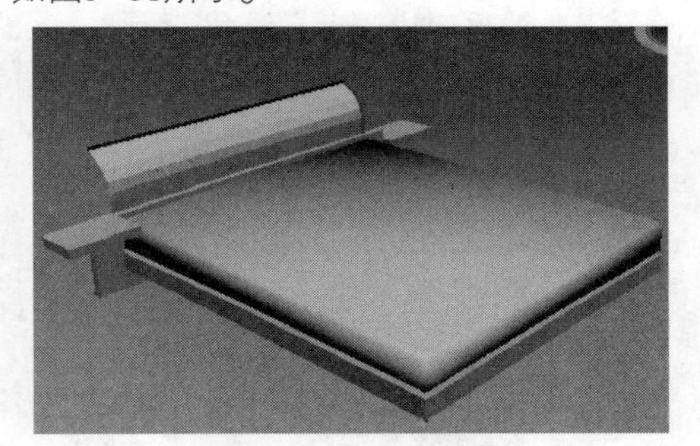

图9-38 创建床腿

9.3.2 添加材质

双人床制作完成后就可以设置并添加材质了，由于双人床以简约为主，所以色调上也会以黑色和白色为主。下面具体介绍如何设置双人床材质。

01 打开材质编辑器，选择空白材质球，单击材质类型按钮，如图9-39所示。

02 打开“材质/贴图浏览器”对话框，选择VRayMtl材质，并单击“确定”按钮，如图9-40所示。

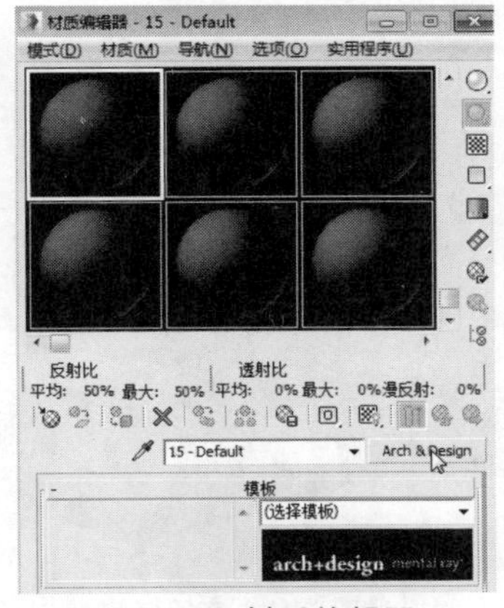

图9-39 材质编辑器

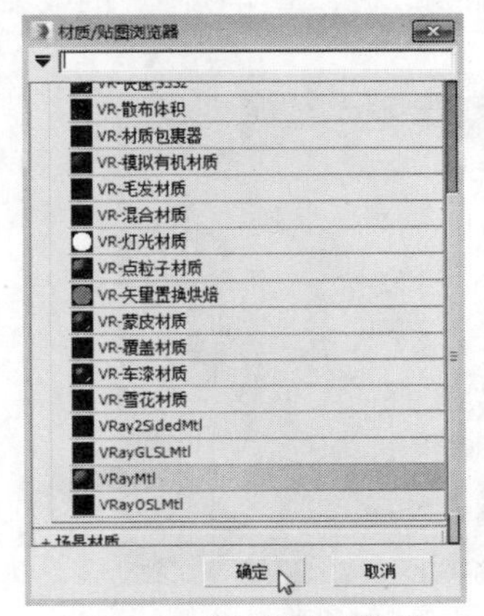

图9-40 设置材质类型

03 设置材质名称为“木纹”，单击漫反射后的方框按钮，打开“选择位图图像文件”对话框，选择图像并单击“打开”按钮，如图9-41所示。

04 此时返回“坐标”卷展栏，勾选“使用真实世界比例”复选框后，材质球即可显示纹理，如图9-42所示。

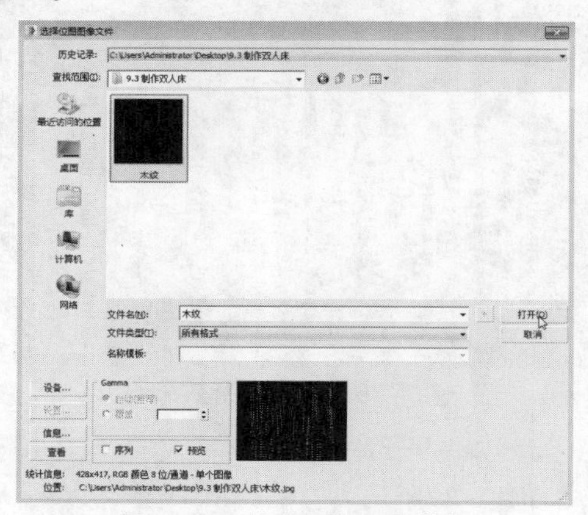

图9-41　单击“打开”按钮

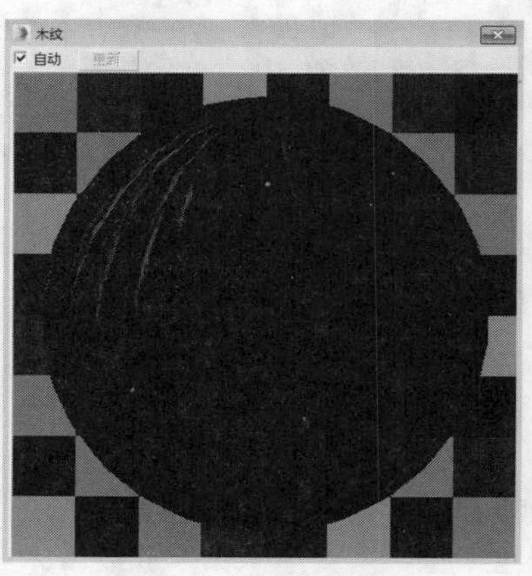

图9-42　材质球效果

05 赋予材质后，透视图即可显示材质效果，如图9-43所示。

06 下面开始设置床头和床垫材质。选择空白材质球，将材质类型设置为VRayMtl，设置材质的基本参数，如图9-44所示。

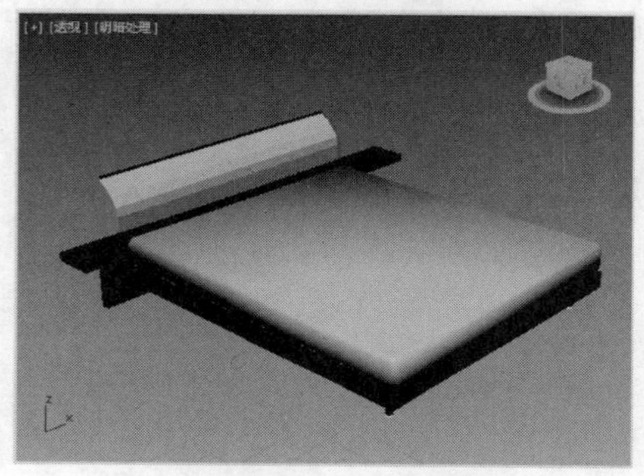
图9-43　赋予材质效果

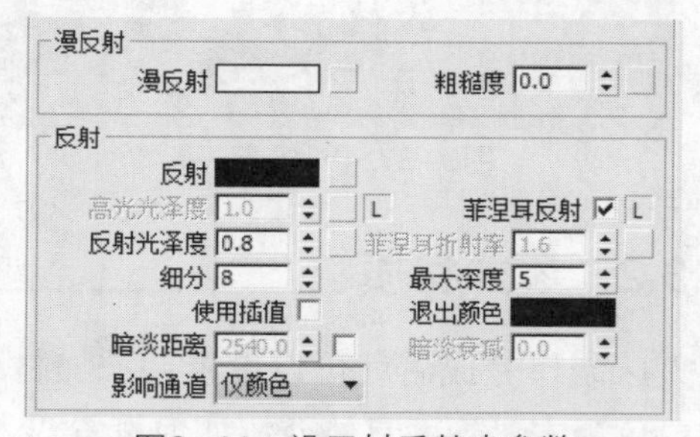

图9-44　设置材质基本参数

07 设置完成后，材质球效果如图9-45所示。

08 此时材质就添加完成了，渲染视图后的效果如图9-46所示。

图9-45　材质球效果

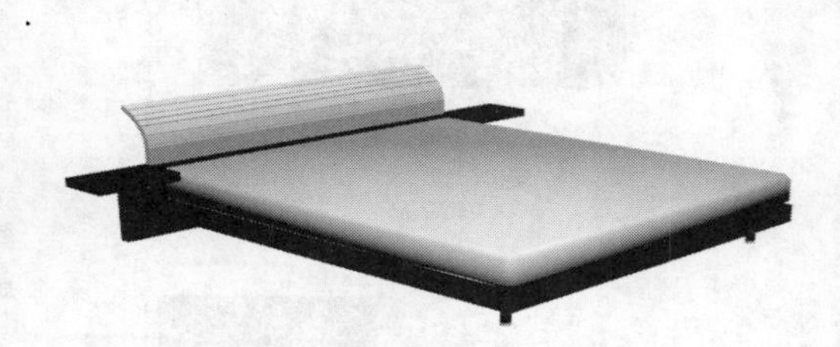
图9-46　添加材质效果

9.4 酒架的制作

酒架是餐桌或厨房中的常见物品，它的造型和材质多种多样，本小节将介绍木质酒架的制作方法。

9.4.1 底座的制作

本节介绍的木质酒架由底座、边框和木架等组成，下面开始制作底座模型。

01 首先在顶视图创建长方体，参数如图9-47所示。

02 打开“图形”命令面板，在其中单击“矩形”按钮，如图9-48所示。

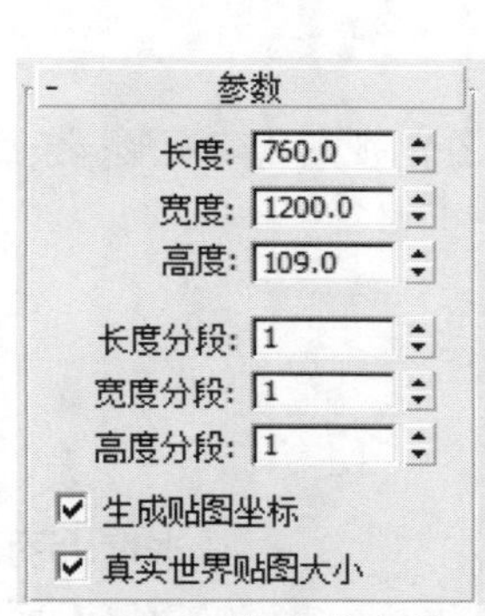

图9-47 长方体参数

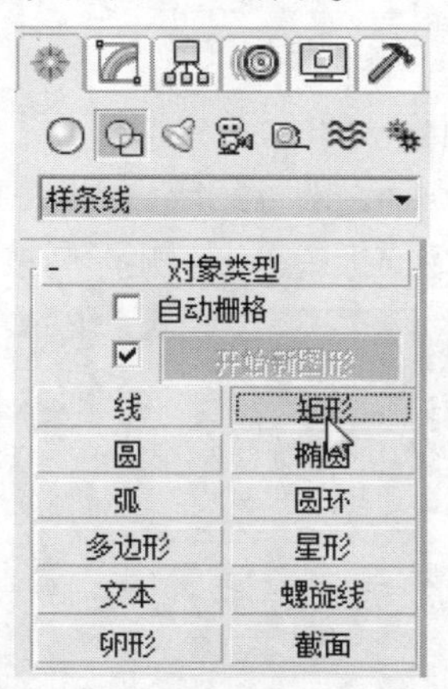

图9-48 单击“矩形”按钮

03 在顶视图单击并拖动鼠标创建矩形样条线，然后打开“渲染”卷展栏，在其中设置渲染参数，如图9-49所示。

04 将样条线复制并移动到合适位置，此时酒架底座就制作完成了，如图9-50所示。

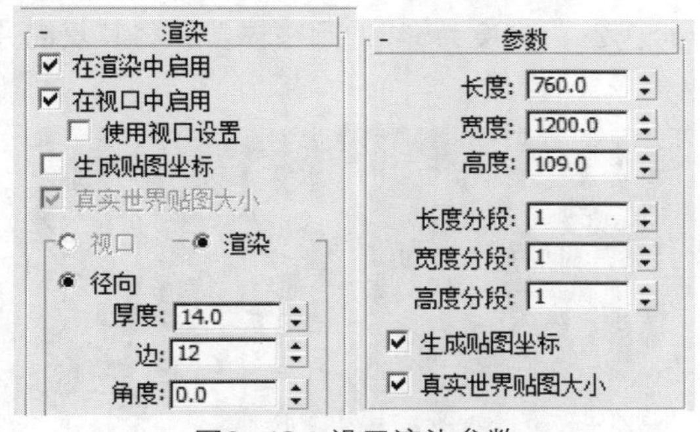

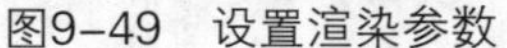

图9-49 设置渲染参数

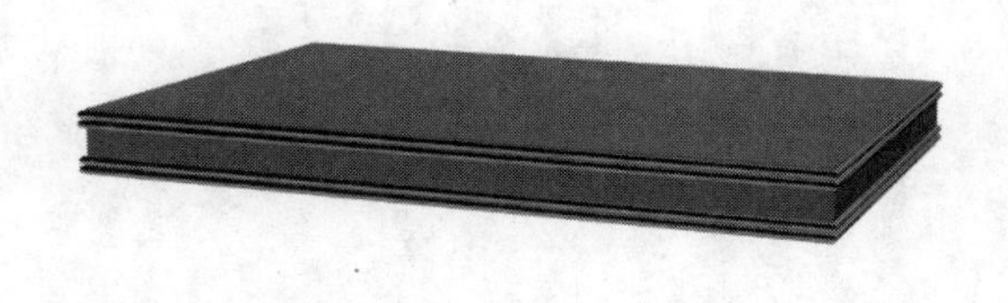

图9-50 酒架底座的制作

9.4.2 边框和木架的制作

下面开始制作边框和木架，需要使用的命令包括线、挤出、长方体和圆柱体等。

01 在“图形”命令面板中选择“扩展样条线”类型，在弹出的命令面板中单击“T形”按钮，如图9-51所示。

02 在前视图创建样条线，返回“修改”选项卡，在“参数”卷展栏中设置样条线参数，如图9-52所示。

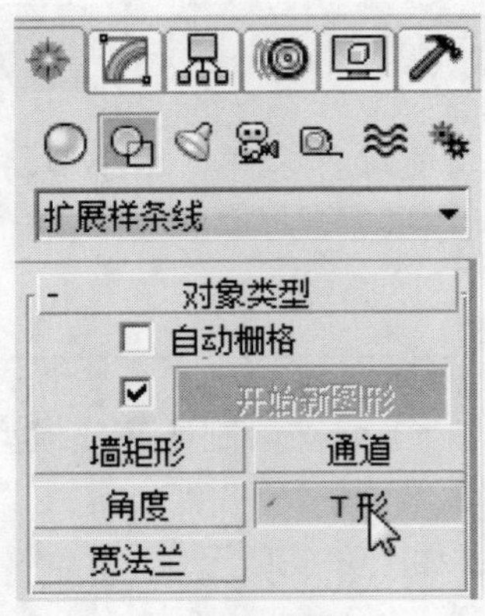

图9-51　T形

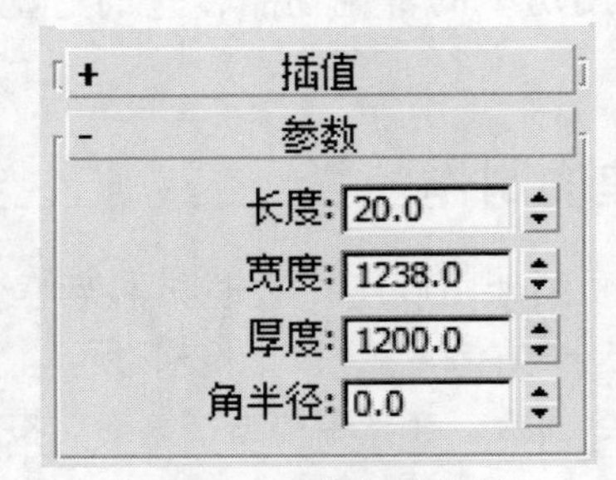

图9-52　样条线参数

03 设置完成后，效果如图9-53所示。

04 将样条线挤出厚度300mm，即可完成边框的制作。

05 下面制作木架，在命令面板中单击“矩形”按钮，在前视图创建矩形样条线，数值如图9-54所示。

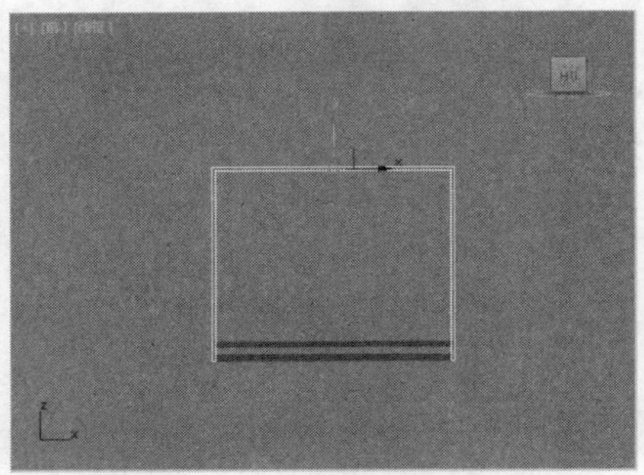

图9-53　创建样条线效果

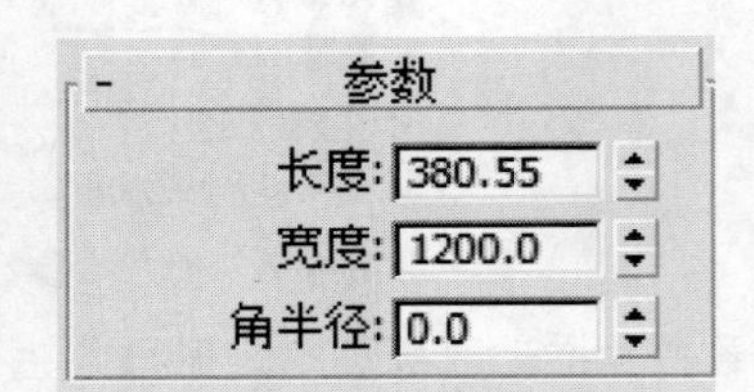

图9-54　矩形样条线数值

06 为样条线设置23mm的轮廓厚度，如图9-55所示。

07 将样条线挤出32mm的厚度，然后在前视图设置半径为25，高度为565的圆柱体，并将其复制并移动到合适的位置，如图9-56所示。

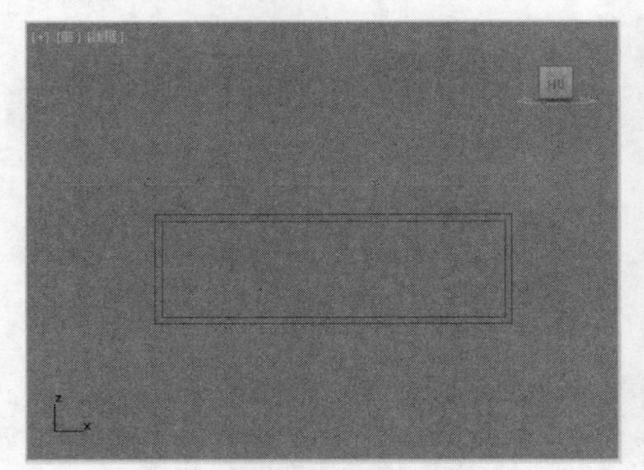

图9-55　创建轮廓效果

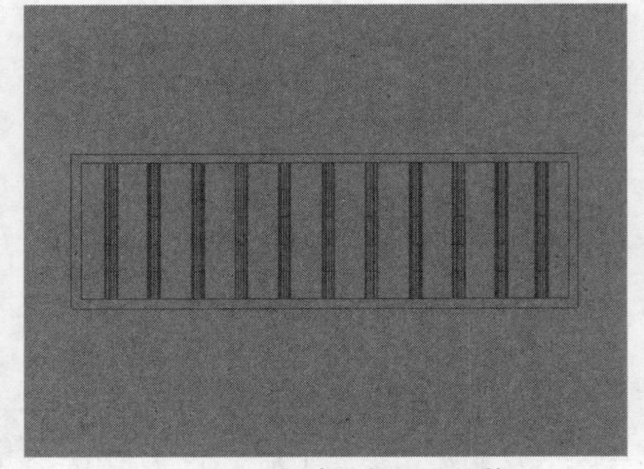

图9-56　创建并复制圆柱体

08 将木架图形成组，在工具栏的“角度捕捉切换”按钮上单击鼠标右键，在弹出的“栅格和捕捉设置”对话框中设置旋转角度，如图9-57所示。

09 激活“角度捕捉切换”按钮，然后单击“选择并旋转”按钮，在左视图选择木架，将其内旋转45°，效果如图9-58所示。

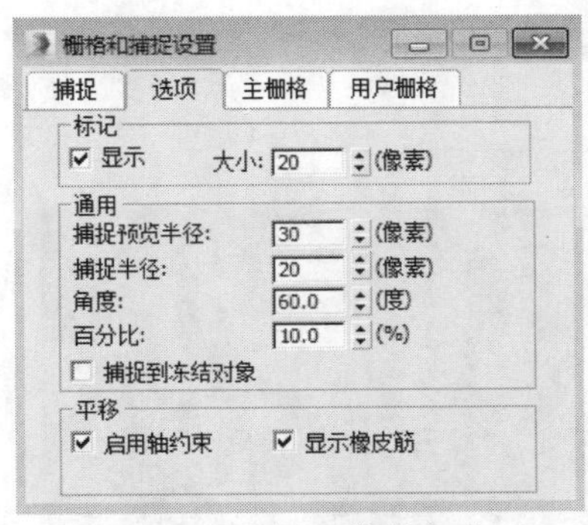

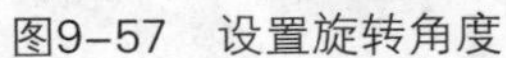
图9-57　设置旋转角度

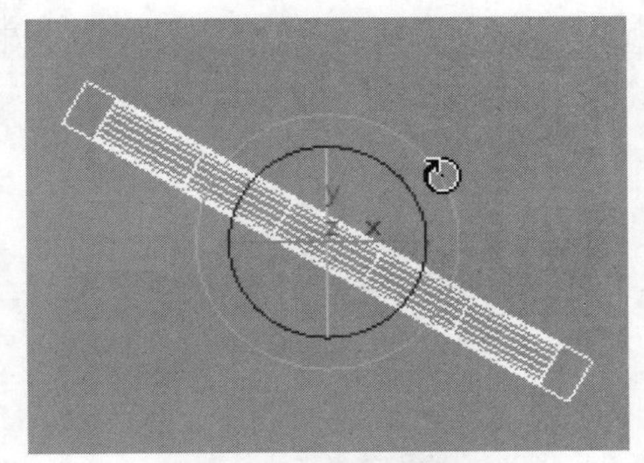
图9-58　旋转木架效果

⑩ 镜像并复制木架，将其移至边框合适位置，如图9-59所示。

⑪ 创建其他部件后，即可完成酒架的制作，如图9-60所示。

图9-59　镜像并复制木架

图9-60　制作酒架

9.4.3　添加材质

为了呈现出真实的酒架效果，下面为其添加材质，然后导入酒瓶作为装饰。

01 按M键打开材质编辑器，设置材质类型后，为漫反射添加位图，如图9-61所示。

02 取消勾选“使用真实世界比例”复选框，返回上一级面板，为反射通道添加“衰减”贴图，参数如图9-62所示。

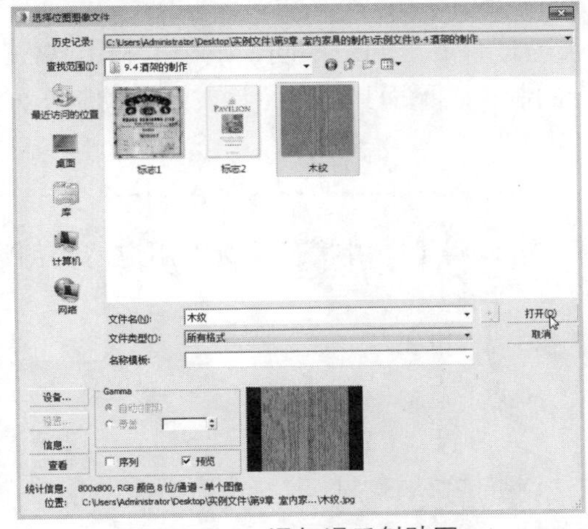

图9-61　添加漫反射贴图

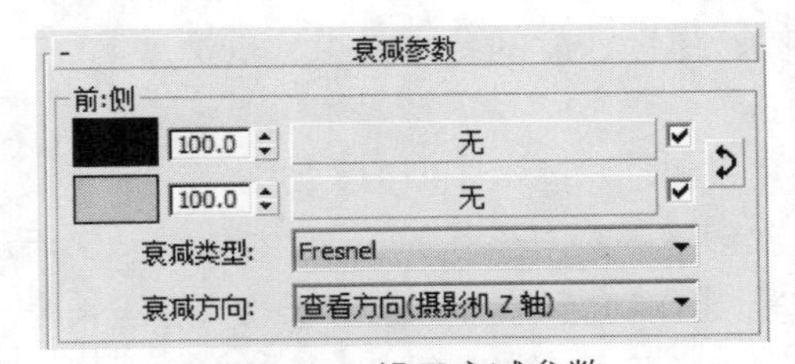

图9-62　设置衰减参数

03 再次返回上一级面板，并设置材质的其他参数，如图9-63所示。

04 设置完成后，材质球效果如图9-64所示。

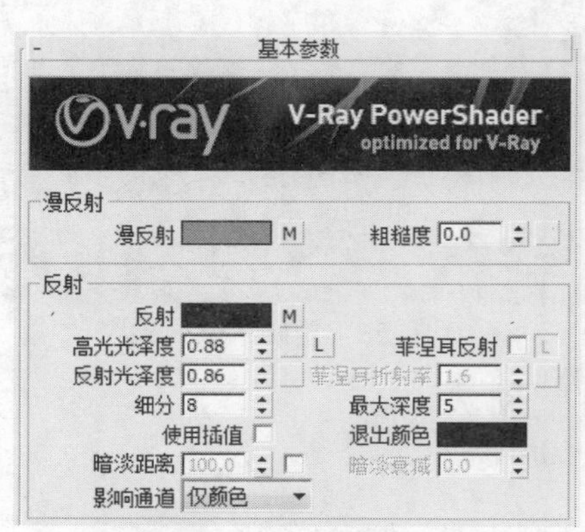

图9-63　设置其他参数

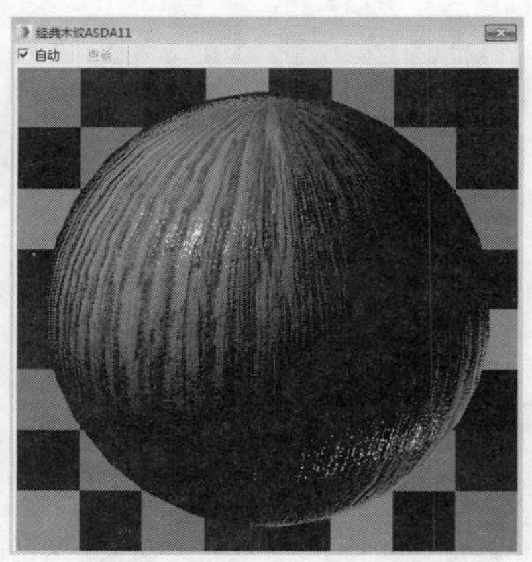

图9-64　材质球效果

05 赋予材质至酒架上，效果如图9-65所示。

06 导入酒瓶，并设置酒瓶标志，赋予材质后，效果如图9-66所示。

图9-65　赋予材质效果

图9-66　添加酒瓶装饰

9.5 沙发的制作

沙发分为单人沙发和沙发组合，每种沙发的类型适合的空间也不同，本小节利用软件的基本物体，通过旋转、复制和变形等命令完成沙发组合的制作。下面具体介绍沙发组合的制作方法。

9.5.1 沙发坐垫和靠背的制作

首先开始制作沙发坐垫和靠背，坐垫和靠背的边缘属于圆滑状态，所以用户需要创建切角长方体，保证沙发的感官效果和舒适度。

01 执行“创建”|“扩展基本体”|“切角长方体”命令，如图9-67所示。

02 在顶视图创建基本体，参数如图9-68所示。

03 再次创建基本体作为靠背，参数如图9-69所示。

04 重复创建切角长方体，使其长度与底座长度一致，调整位置后效果如图9-70所示。

05 重复以上步骤，继续创建其他沙发座位，调整位置后，如图9-71所示。

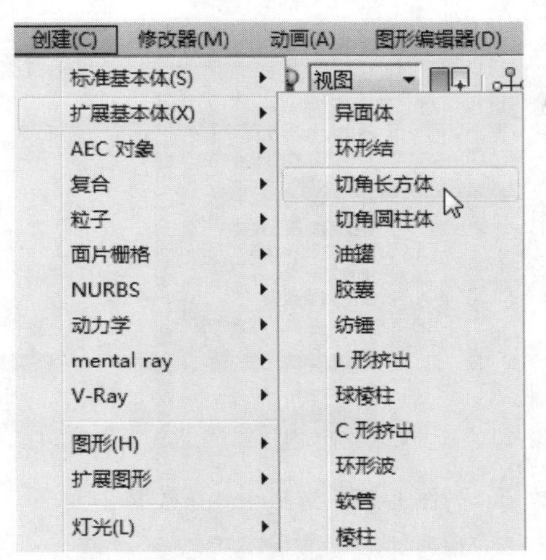

图9-67 单击“切角长方体”选项

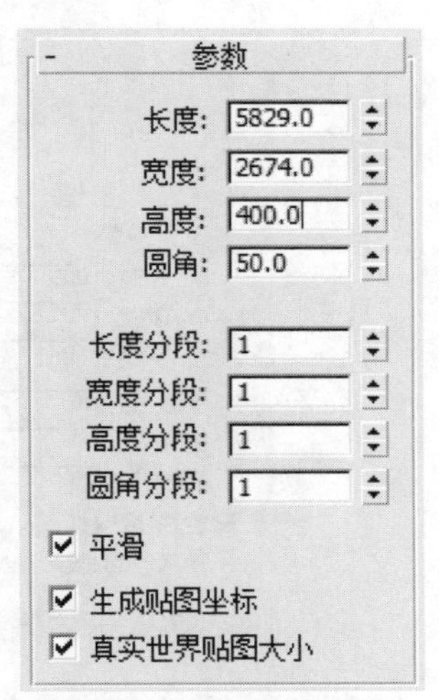

图9-68 基本体参数

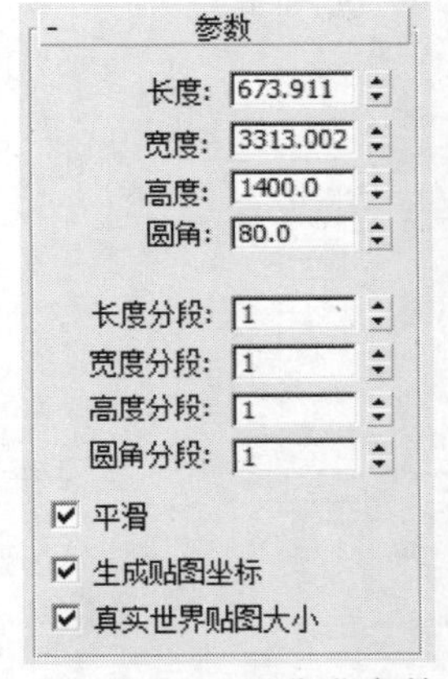

图9-69 设置靠背参数

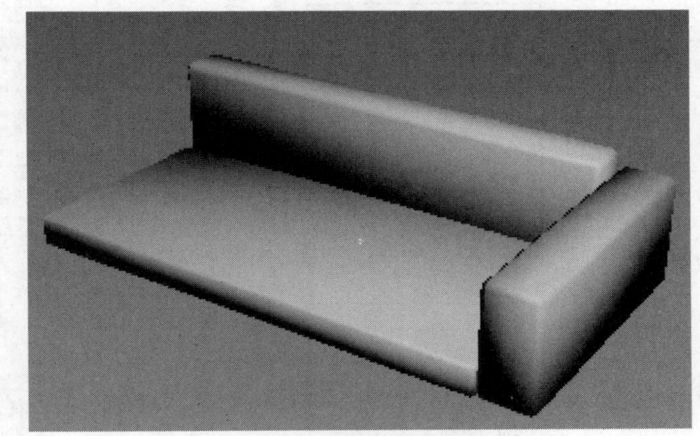

图9-70 调整长方体位置

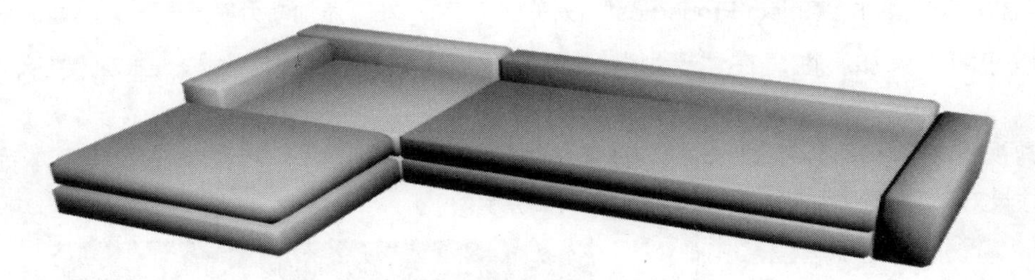

图9-71 制作坐垫和靠背

9.5.2 抱枕的制作

下面开始制作抱枕，借鉴动力学原理可以做出逼真的效果，下面具体介绍其操作方法。

01 在顶视图创建长方体，其参数如图9-72所示。

02 打开“修改”选项卡，在修改列表框中选择Cloth修改器，如图9-73所示。

03 此时将打开该修改器的相应卷展栏，在“对象”卷展栏中单击“对象属性” Object Properties 按钮，如图9-74所示。

04 此时打开“对象属性”对话框，选择物体名称后为其添加动力属性，如图9-75所示。

图9-72 长方体参数

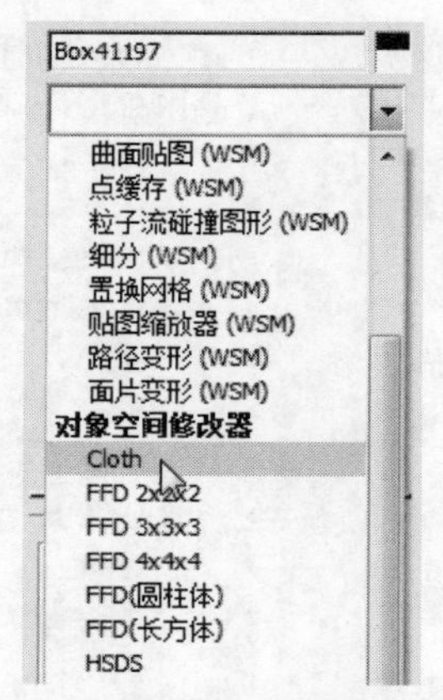

图9-73 选择cloth修改器

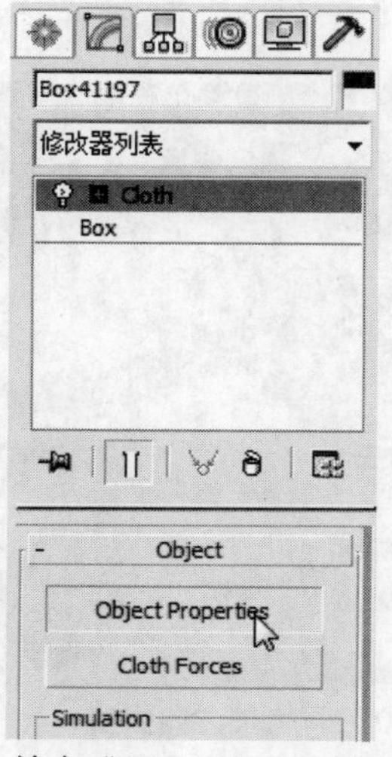

图9-74 单击“Object Properties”按钮

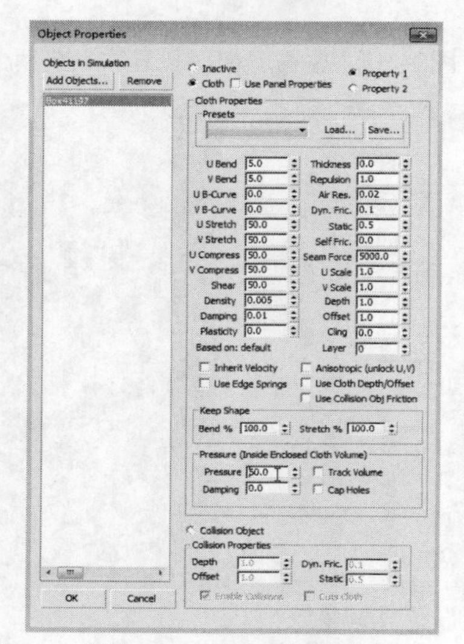

图9-75 添加动力属性

05 单击OK按钮即可添加属性，在“模拟”选项组中单击“模拟本地” Simulate Local 按钮，如图9-76所示。

06 此时在透视图中用户可以观察长方体的变化，到满意的程度后，再次单击“模拟本地”按钮即可，此时长方体将演变为枕头形状，如图9-77所示。

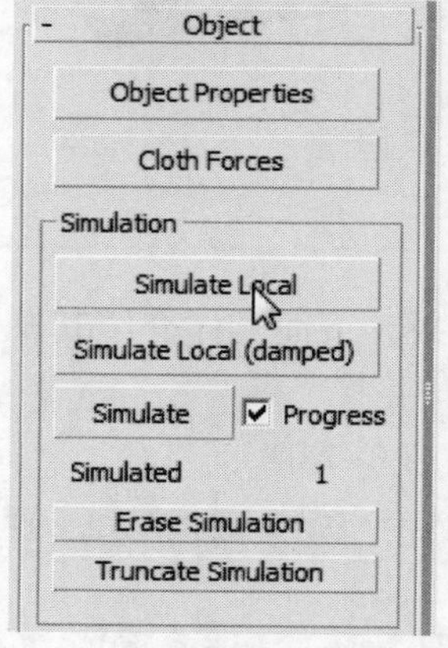

图9-76 单击“模拟本地”按钮

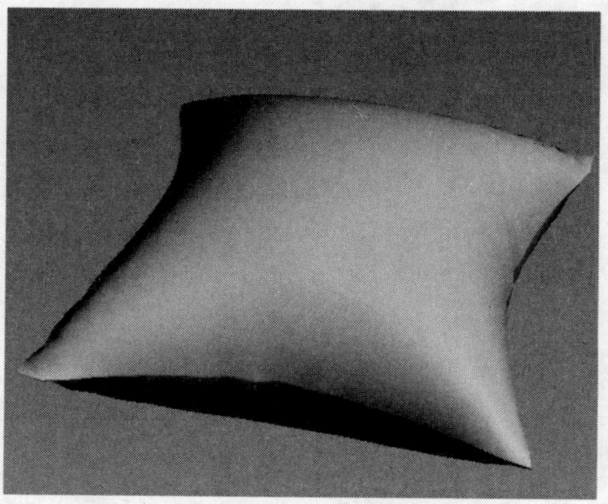

图9-77 制作抱枕

07 将抱枕复制并移动到合适位置，效果如图9-78所示。

图9-78　复制并移动抱枕

知识点拨

当长方体动力进行到一定程度时，长方体就不会再向外产生动力，并向下降落，慢慢还原未产生动力时的形状，按Z键可以显示动力效果。

9.5.3　添加材质

下面开始为沙发座椅靠背和抱枕添加材质，使其风格和质感统一。

01 打开材质编辑器，选择空白材质球，将材质类型设置为VRayMtl材质，并设置材质球名称为“坐垫”。

02 在漫反射通道中添加“衰减”贴图，参数如图9-79所示。

03 将反射颜色设置为10，在其中设置反射光泽度，如图9-80所示。

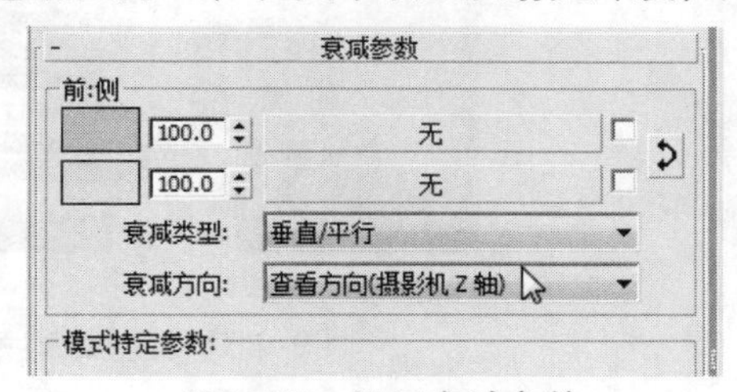

图9-79　设置衰减参数

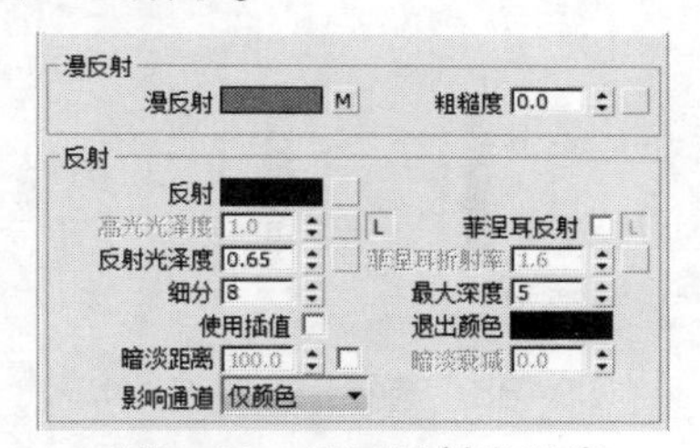

图9-80　设置反射光泽度

04 在凹凸通道中添加“斑点”贴图，并设置斑点大小，如图9-81所示。

05 返回“贴图”卷展栏，设置凹凸通道值为0.01，设置完成后，材质球如图9-82所示。

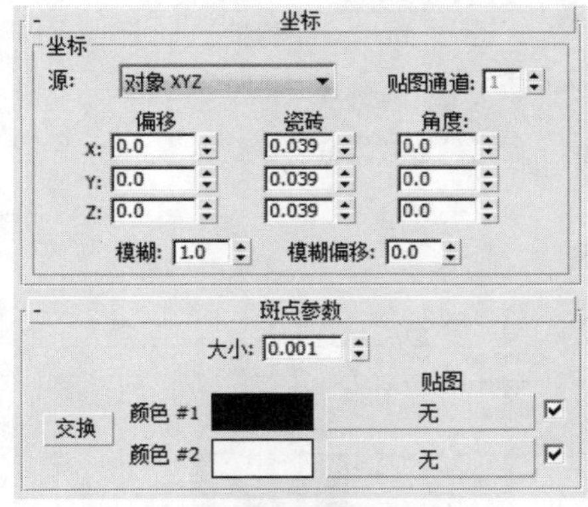

图9-81　设置斑点参数

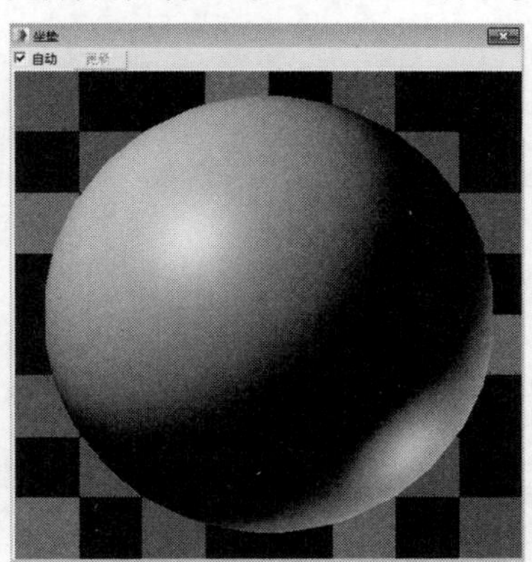

图9-82　材质球效果

06 将材质赋予到坐垫和靠背上，效果如图9-83所示。

07 下面开始设置抱枕材质，在漫反射通道上添加“衰减”贴图，衰减颜色如图9-84所示。

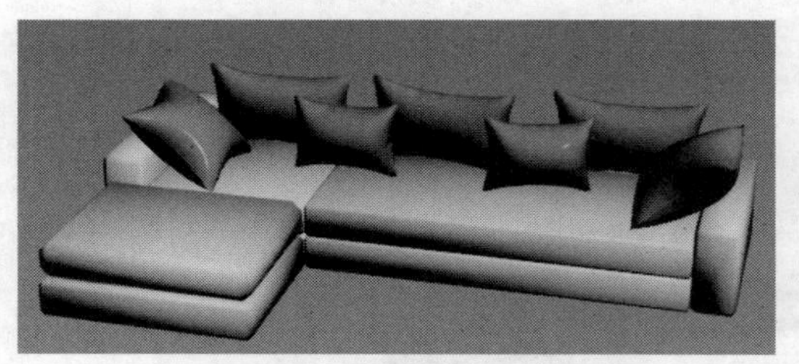

图9-83　赋予材质效果

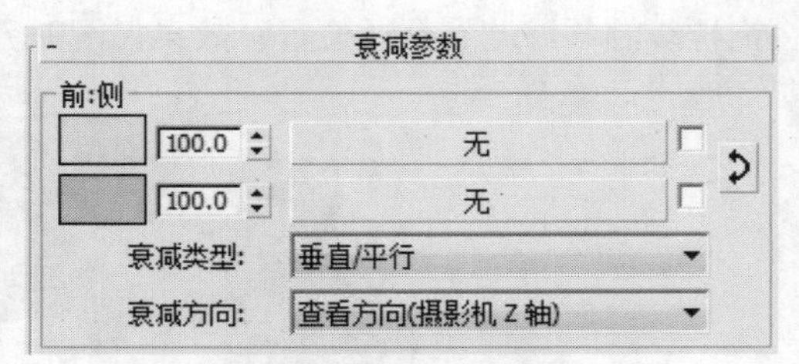

图9-84　设置衰减颜色

08 单击“无”按钮，选择“位图”选项后，打开“选择位图图像文件”对话框，选择抱枕贴图，如图9-85所示。

09 返回“基本参数”面板，设置反射颜色，如图9-86所示。

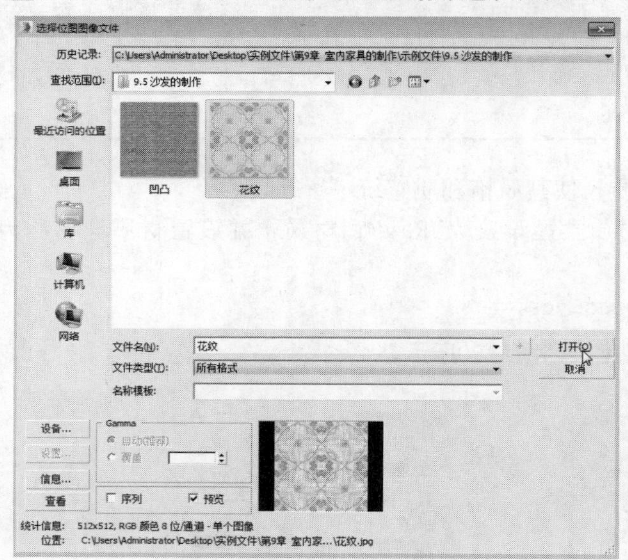

图9-85　选择抱枕贴图

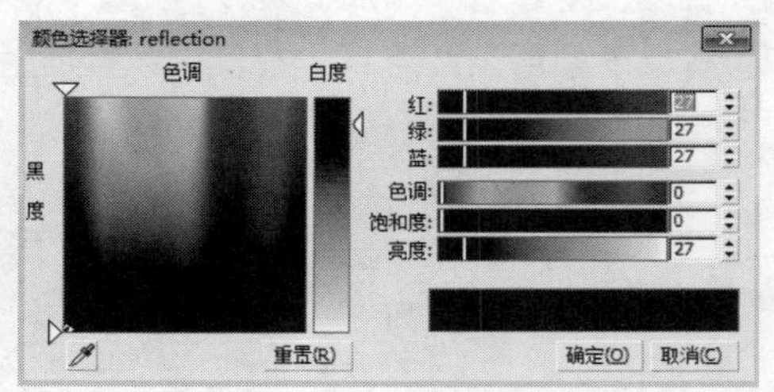

图9-86　设置反射颜色

10 继续设置“反射”选项组中的其他选项，如图9-87所示。

11 打开“贴图”卷展栏，为凹凸通道添加贴图，如图9-88所示。

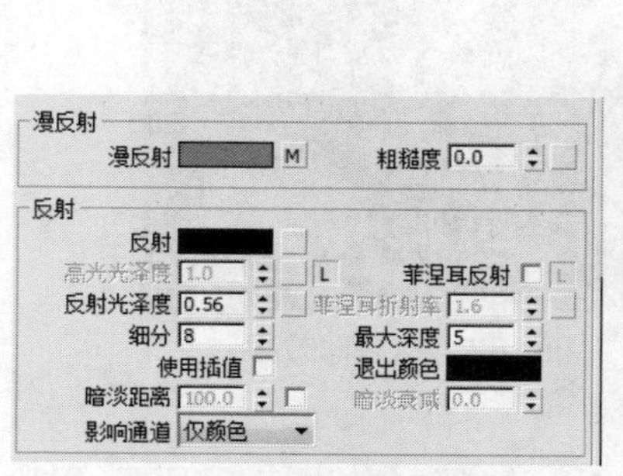

图9-87　设置其他选项

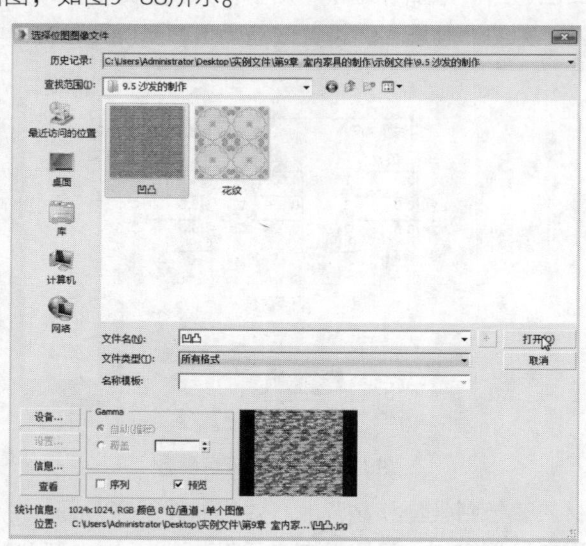

图9-88　添加贴图

⑫ 取消勾选“使用真实世界比例”复选框，并设置瓷砖比例，如图9-89所示。

⑬ 将凹凸通道值设置为50，材质球如图9-91所示。

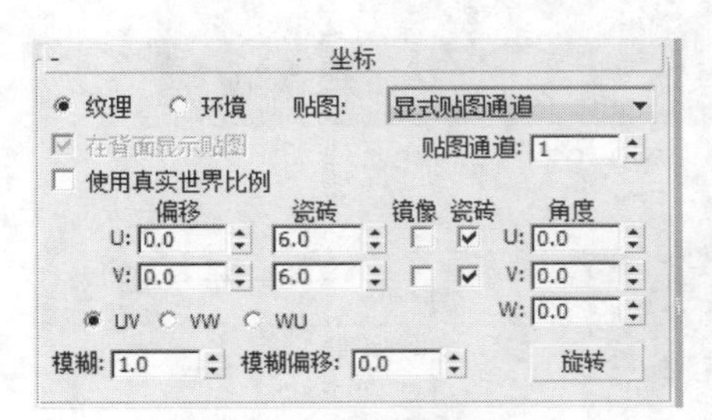

图9-89　设置瓷砖大小

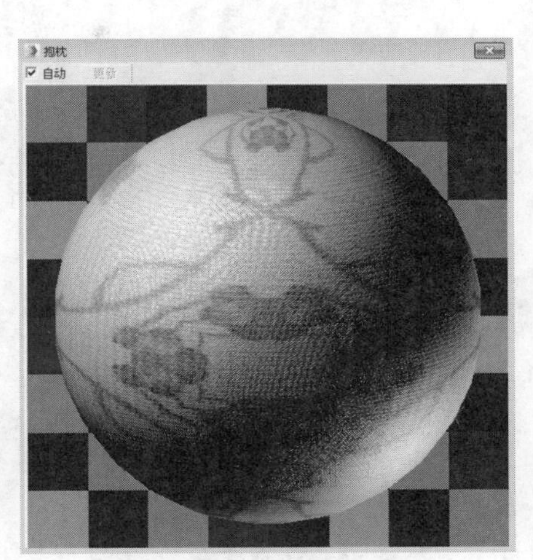

图9-90　材质球效果

⑭ 赋予材质后，渲染材质效果，如图9-90所示。

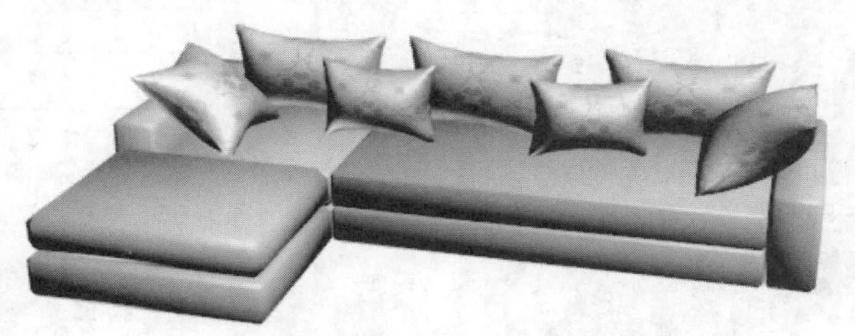

图9-91　赋予材质效果

9.6 上机实训

本章我们主要学习了制作室内常用家具的方法，为了使用户更加深入地掌握本章内容，下面以两个案例进行巩固练习。

9.6.1 弧形鞋架的制作

由于本小节鞋柜的形状为不规则形状，所以用户需要使用样条线绘制形状后再将其挤出，下面具体介绍弧形鞋柜的制作方法。

01 打开“图形”命令面板，在弹出的命令面板中单击“线”按钮，如图9-92所示。

02 在顶视图绘制样条线，如图9-93所示。

03 将样条线挤出厚度为200mm，单击鼠标右键，在弹出的快捷菜单列表中选择“转换为可编辑多边形”选项，如图9-94所示。

04 打开“修改”选项卡，并在堆栈栏中选择“顶点”选项，如图9-95所示。

05 在前视图调整多边形顶点的位置，如图9-96所示。

06 此时第一层鞋架就制作完成了，下面开始制作第二层。激活左视图，在左视图绘制并调整样条线，如图9-97所示。

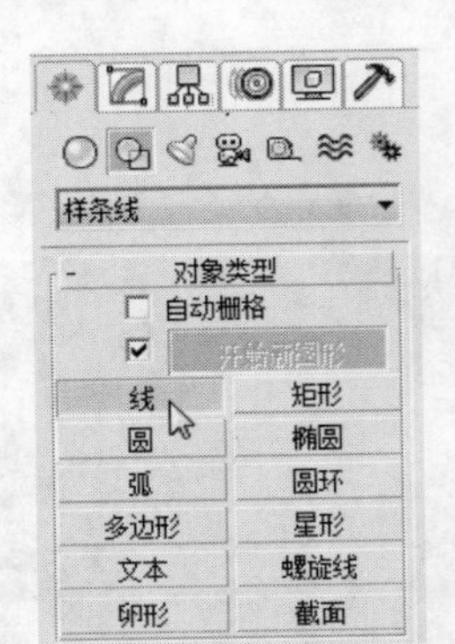

图9-92 单击“线”按钮

图9-93 绘制样条线

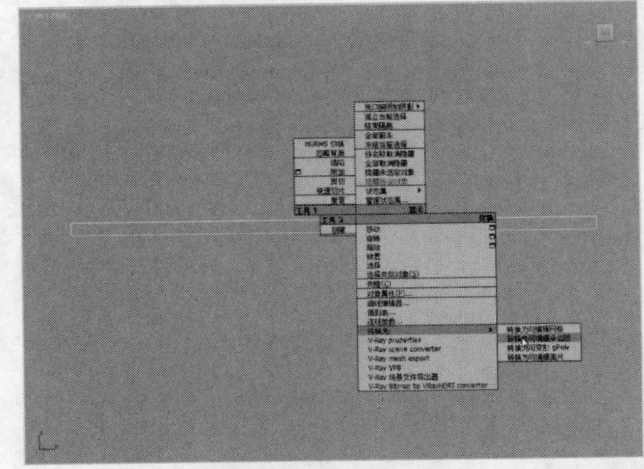

图9-94 单击“转换为可编辑多边形”选项

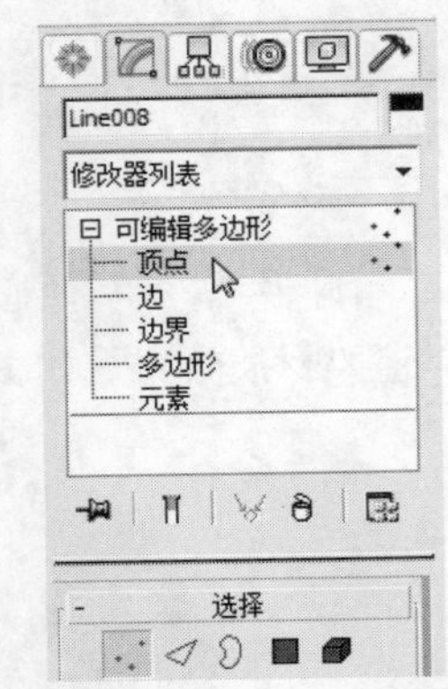

图9-95 单击“顶点”选项

图9-96 调整顶点

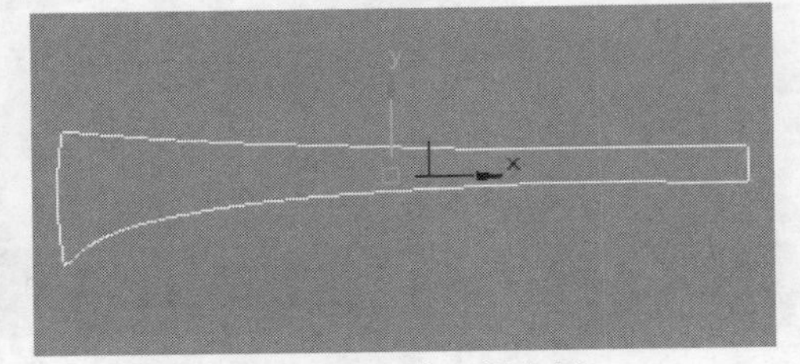

图9-97 绘制样条线

07 将其挤出作为第二层鞋架，最后在顶视图创建长方体作为第三层鞋架，其长度和宽度和上两层一致。

08 在左视图绘制样条线，如图9-98所示。

09 将样条线挤出600mm作为鞋架的边框造型，透视图效果如图9-99所示。

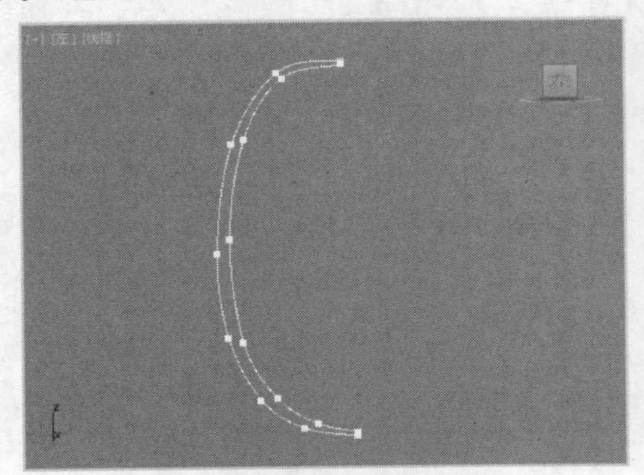

图9-98 绘制样条线

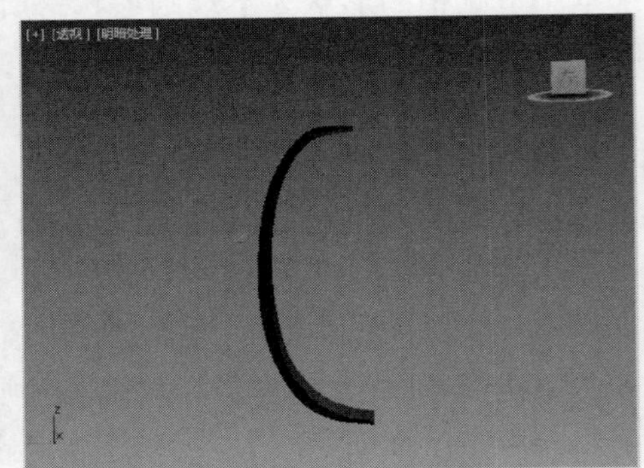

图9-99 制作边框造型

⓫ 在顶视图复制边框造型并移动到另一侧，效果如图9-100所示。

⓬ 将其余层架放置移动到合适位置，效果如图9-101所示。

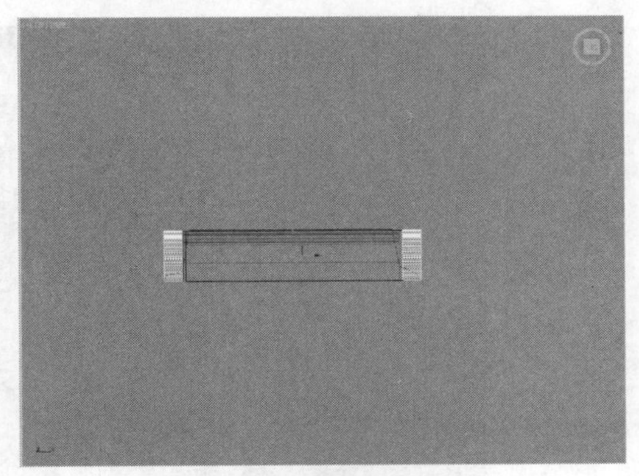

图9-100　复制边框造型

图9-101　移动层架位置

⓭ 最后制作鞋架腿，在视图中绘制样条线，如图9-102所示。

⓮ 将样条线进行车削操作，并设置对齐方式为最大，效果如图9-103所示。

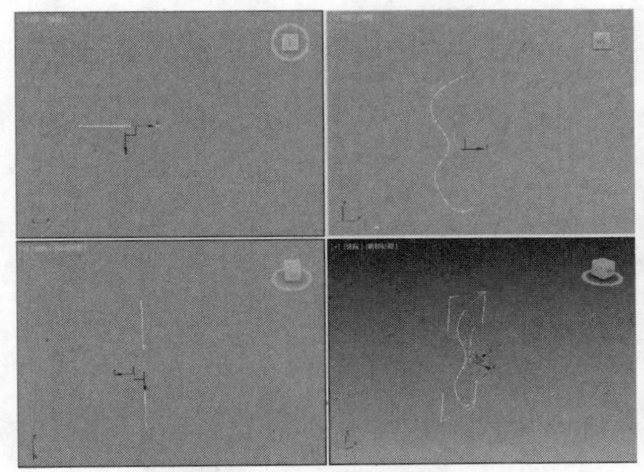

图9-102　绘制样条线

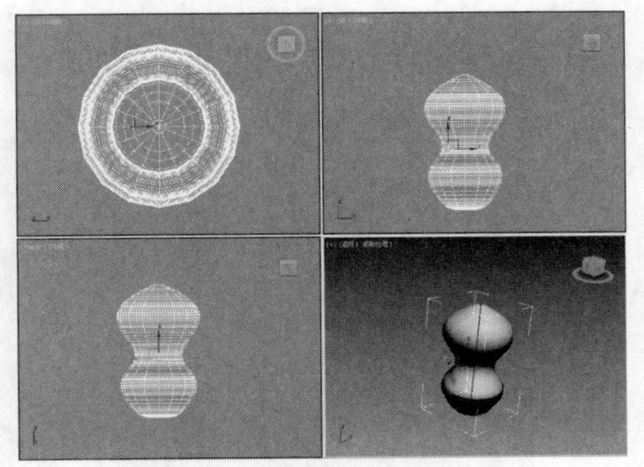

图9-103　进行车削操作

⓯ 将鞋架腿复制并移动到鞋架底部作为支撑，设置完成后，弧形鞋架的模型就制作完成了，如图9-104所示。

⓰ 在工具栏单击“材质编辑器”按钮，如图9-105所示。

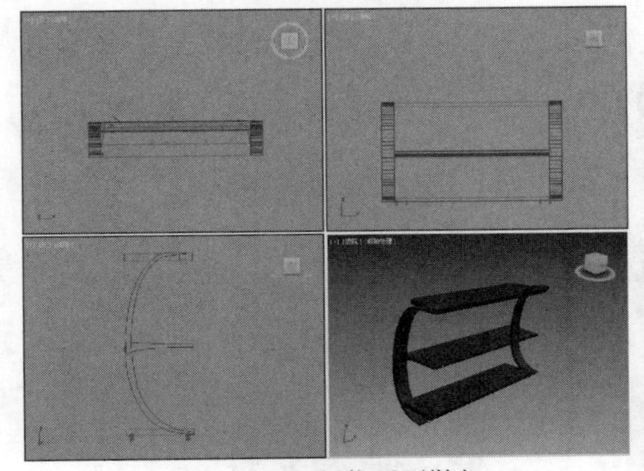

图9-104　制作弧形鞋架

图9-105　单击“材质编辑器”按钮

⓱ 打开材质编辑器，选择空白材质球，设置材质名称为“木纹”，然后单击漫反射后方的方框按钮。

⓲ 打开“材质/贴图浏览器”对话框，选择“位图”选项并单击“确定”按钮，如图9-106所示。

⑲ 取消勾选“使用真实世界比例”复选框，此时将显示材质纹理，如图9-107所示。

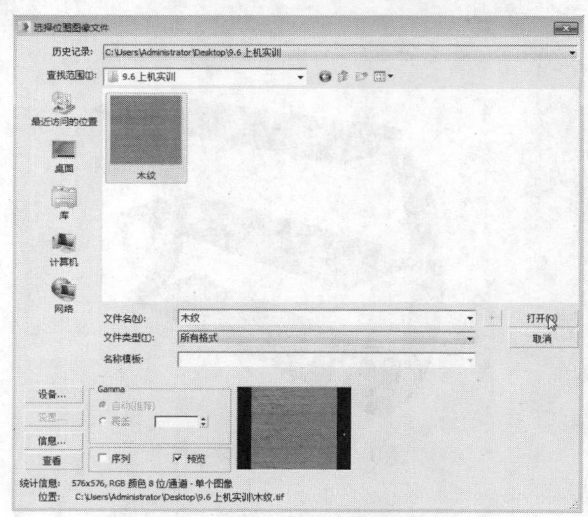

图9-106　选择漫反射贴图

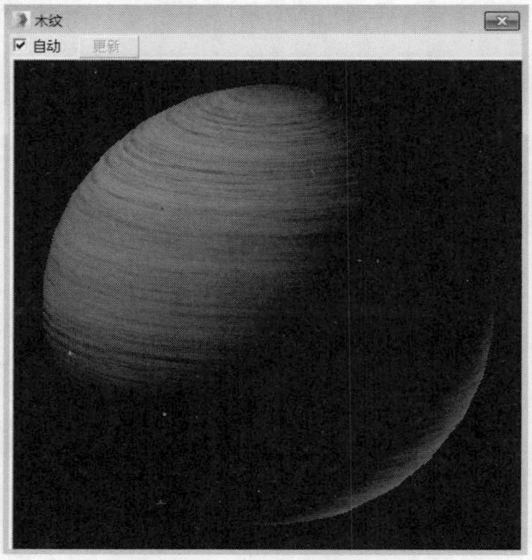

图9-107　材质球效果

⑳ 将材质赋予到鞋架上，添加并设置UVW贴图后，效果如图9-108所示。

㉑ 最后设置不锈钢材质，参数如图9-109所示。

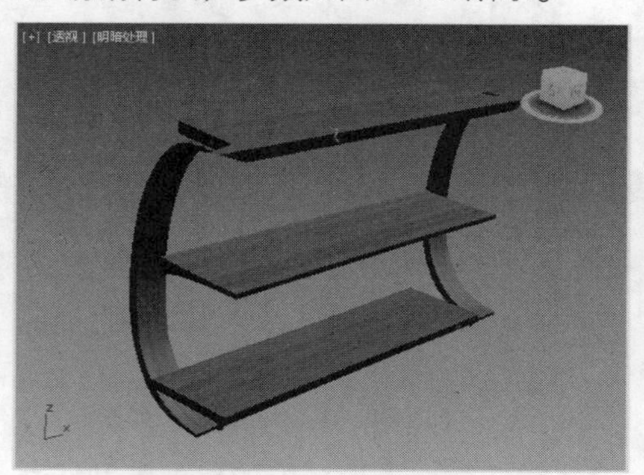

图9-108　设置添加木纹材质

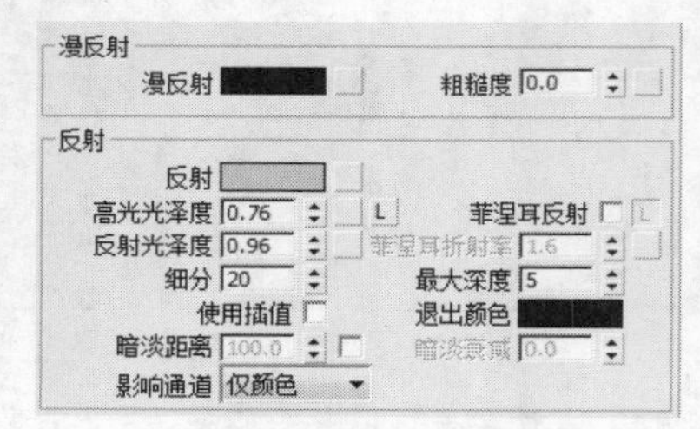

图9-109　设置不锈钢参数

㉒ 设置完成后，材质球效果如图9-110所示。

㉓ 渲染鞋柜材质效果，如图9-111所示。

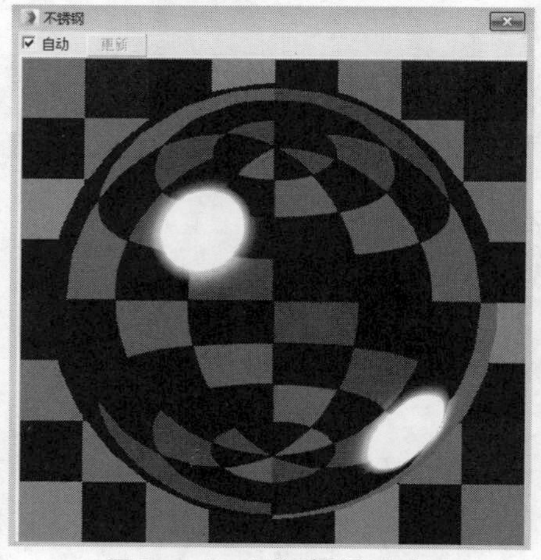

图9-110　不锈钢材质球

图9-111　渲染材质效果

9.6.2 制作课桌椅

在现实生活中课桌均以简约美观为主，其装饰也非常少，可以使学生静下心学习，本节实训内容介绍如何制作课桌，下面具体介绍其方法。

01 首先在顶视图创建长方体作为桌面，参数如图9-112所示。

02 继续创建长方体作为课桌的抽屉，参数如图9-113所示。

图9-112 桌面参数

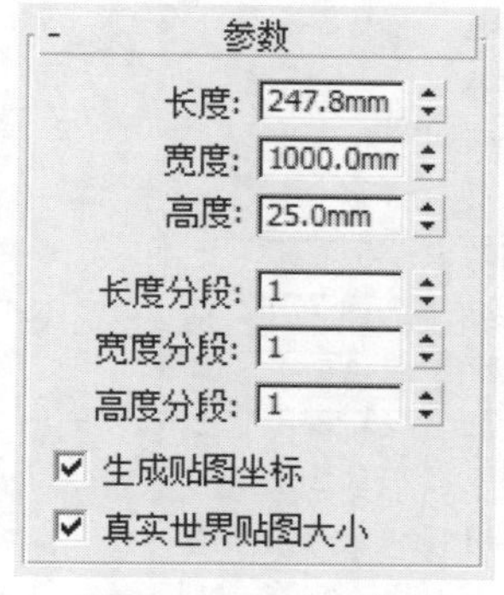

图9-113 抽屉参数

03 再次创建长方体作为抽屉挡板，参数如图9-114所示。

04 将长方体移至相应的位置，如图9-115所示。

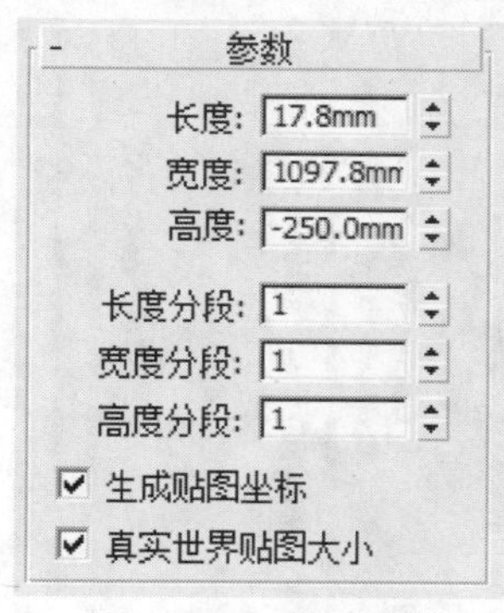

图9-114 挡板参数

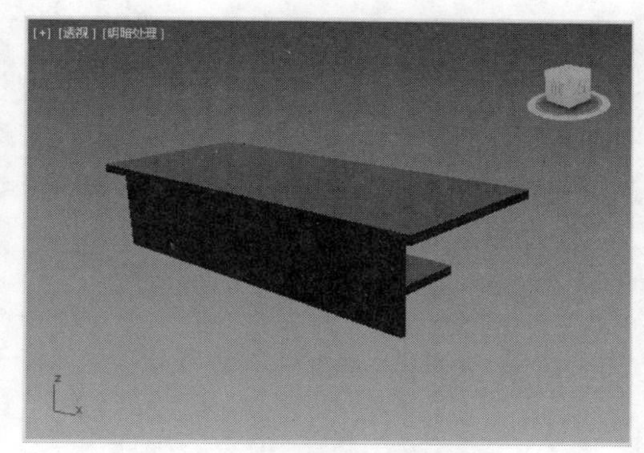

图9-115 移动长方体

05 在各个视图依次创建长方体，然后移动到合适位置即可创建支撑，如图9-116所示。

06 在前视图绘制样条线，如图9-117所示。

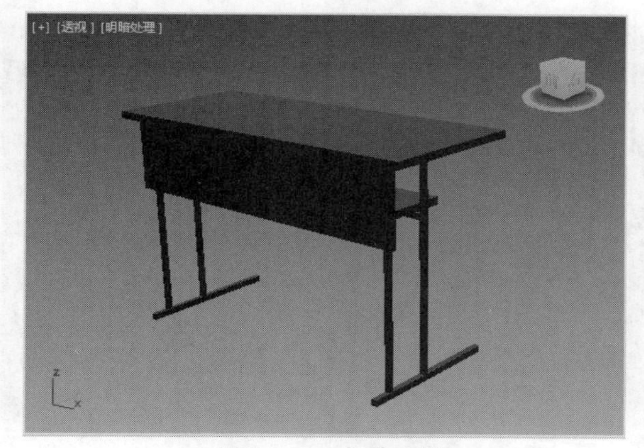

图9-116 创建支撑

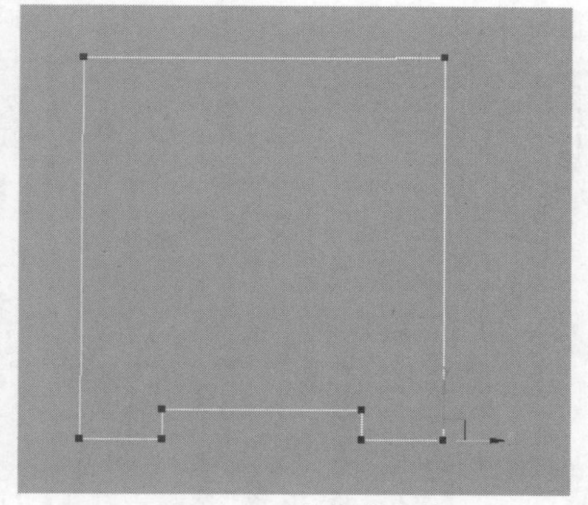

图9-117 绘制样条线

07 选择右上角的顶点，设置圆角值，如图9-118所示。

08 按回车键即可显示圆角，如图9-119所示。

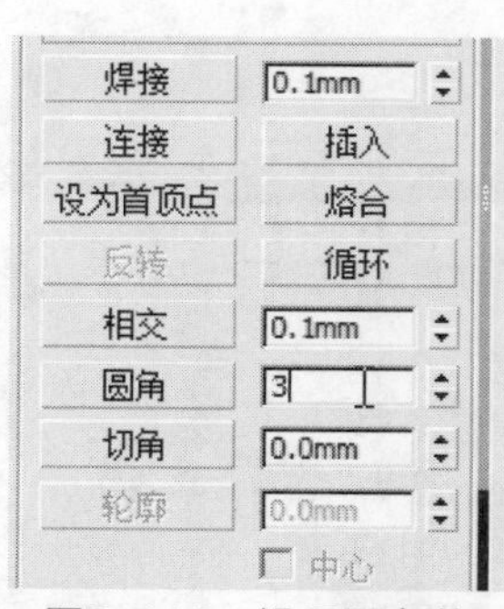

图9-118　设置圆角值

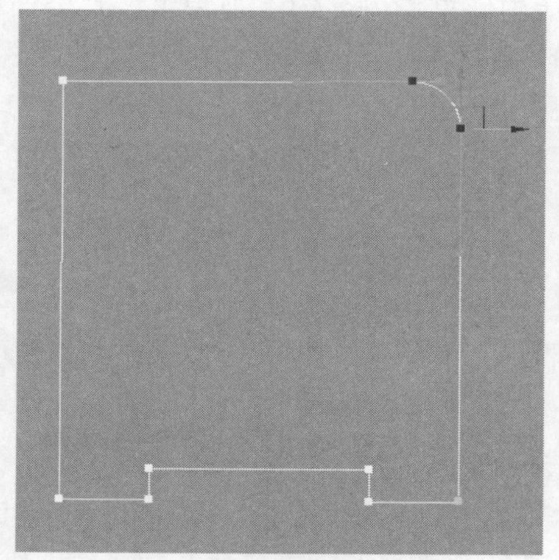

图9-119　角点圆角效果

09 重复以上操作，将左上角的角点也设置为圆角效果，如图9-120所示。

10 将样条线挤出厚度30mm，效果如图9-121所示。

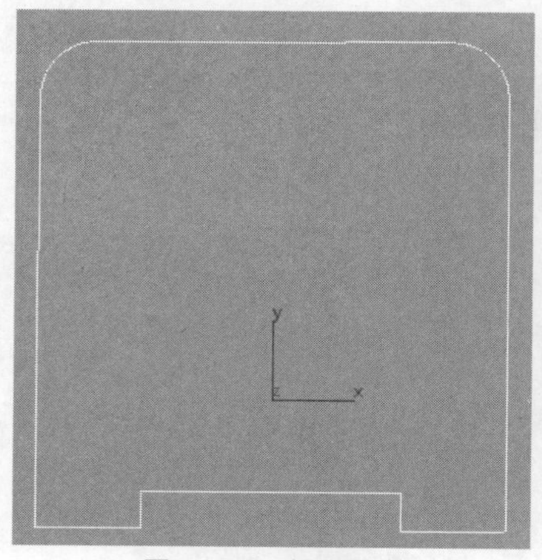

图9-120　设置圆角

图9-121　挤出样条线

11 将实体转换为可编辑多边形，选择“多边形”选项，选择面，如图9-122所示。

12 删除该面后，实体将呈现片状，并可以观察内部结构，如图9-123所示。

图9-122　选择面

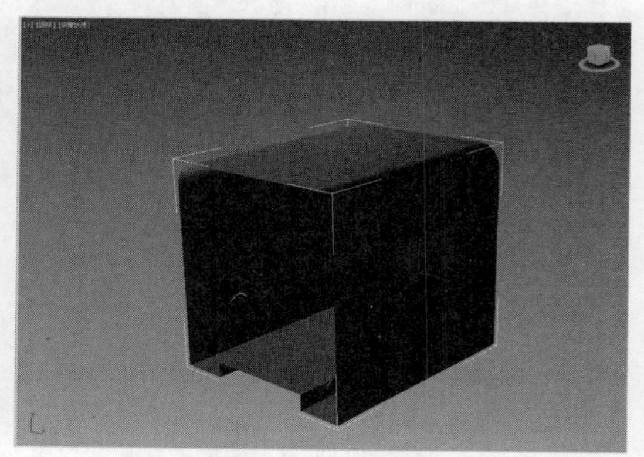

图9-123　删除面

⑬ 在“修改”选项框中选择“壳”修改器，为多边形添加壳，参数如图9-124所示。

⑭ 设置后即可完成桌椅脚架的制作，效果如图9-125所示。

图9-124 设置壳参数

图9-125 添加壳效果

⑮ 将其旋转复制并放置在合适位置，如图9-126所示。

⑯ 此时课桌就制作完成了，效果如图9-127所示。

图9-126 移动并复制桌椅脚架

图9-127 制作课桌

⑰ 下面开始制作椅子，首先在顶视图创建矩形样条线，并将四周角点进行圆角处理，如图9-128所示。

⑱ 挤出样条线厚度为20，效果如图9-129所示。

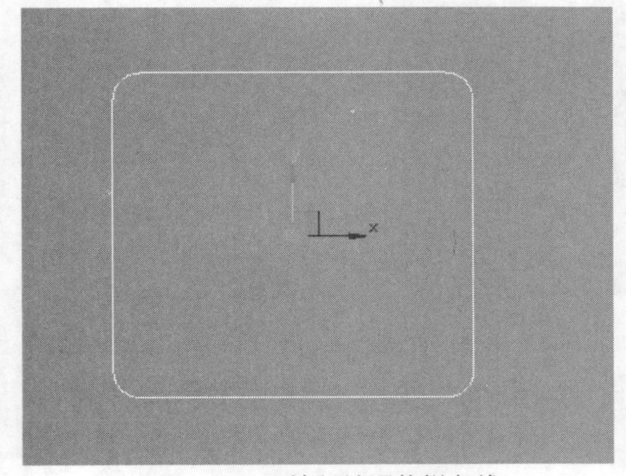

图9-128 绘制并调整样条线

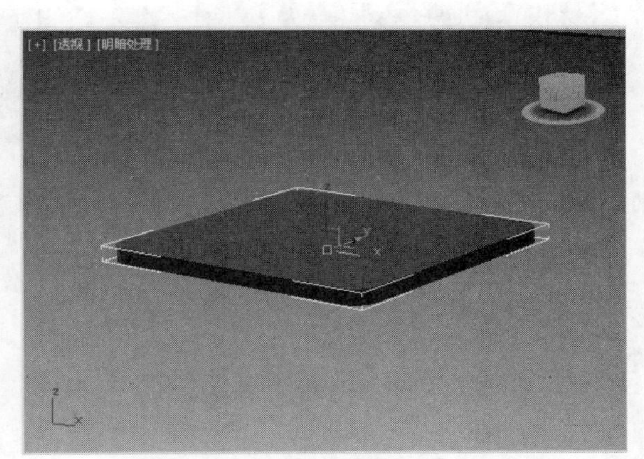

图9-129 挤出样条线

⑲ 将实体转换为可编辑多边形，为其添加边，如图9-130所示。

⑳ 在堆栈栏中选择顶点选项，并在各个视图调整顶点的位置，如图9-131所示。

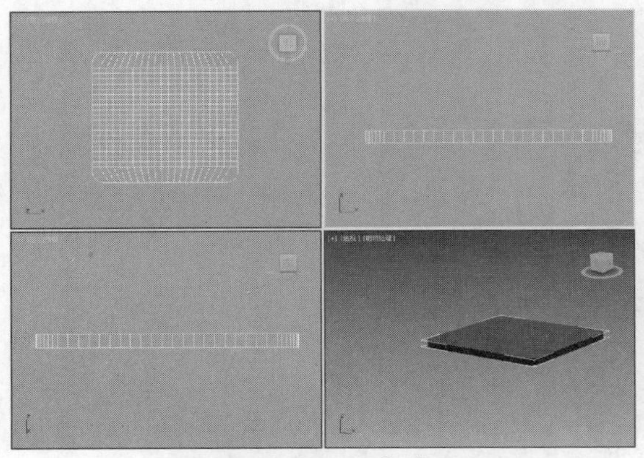

图9-130　添加边

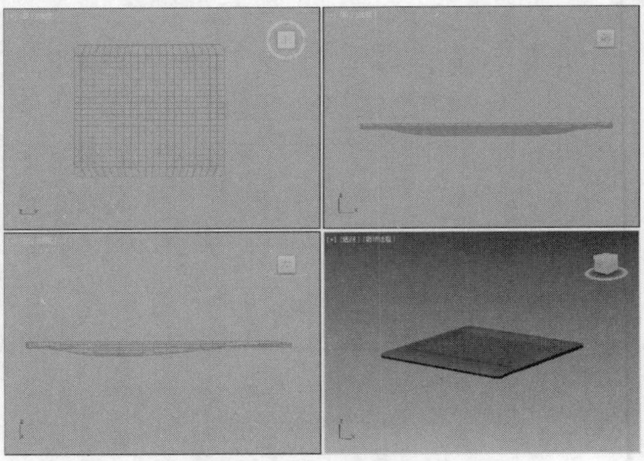

图9-131　调整顶点

㉑ 下面利用前面介绍的方法创建不锈钢座椅支撑，并将座椅脚架放置在合适位置，如图9-132所示。

㉒ 最后创建座椅靠背。绘制样条线并挤出厚度为400，如图9-133所示。

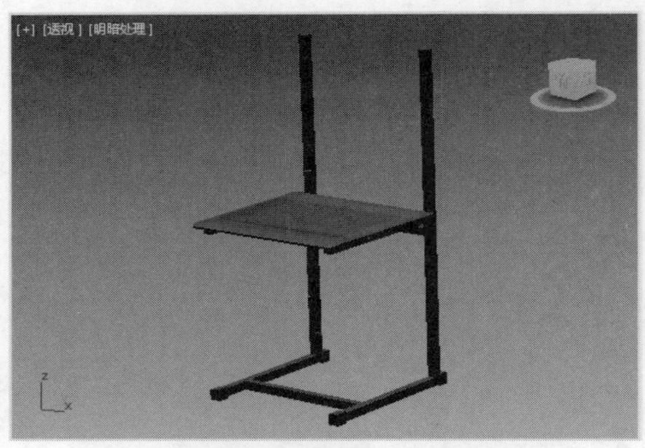

图9-132　创建座椅支撑

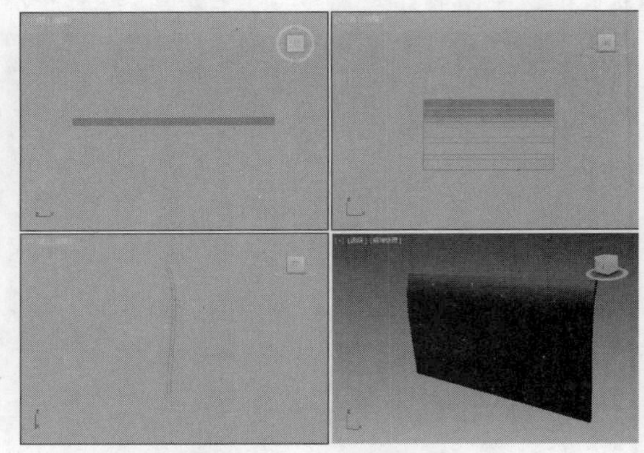

图9-133　创建座椅靠背

㉓ 将靠背移至椅子上，此时座椅就制作完成了，效果如图9-134所示。

㉔ 将座椅复制并放置在课桌的两侧，课桌椅就制作完成了，如图9-135所示。

㉕ 最后添加材质后的效果如图9-136所示。

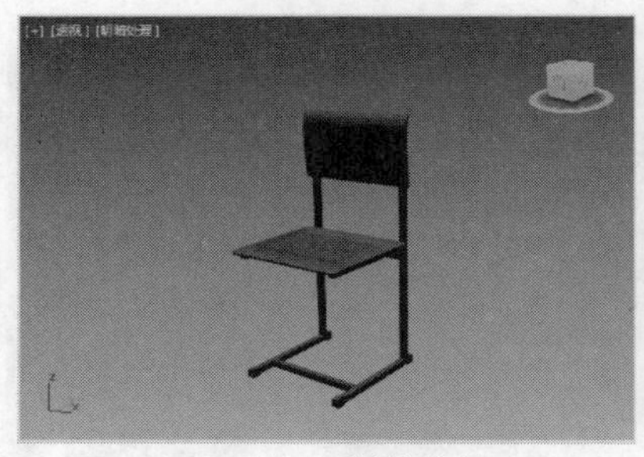

图9-134　制作座椅

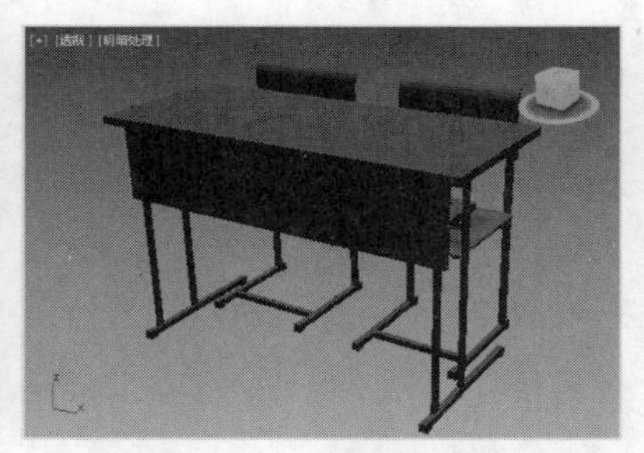

图9-135　制作课桌椅

图9-136　添加材质效果

9.7 常见疑难解答

在学习的过程中，读者可能会提出许多疑问，在此我们对常见的问题及其解决办法进行了汇总，以供读者参考。

Q：创建模型的尺寸很令人苦恼，一般床和沙发的尺寸为多少？

A： 床的类型有单人床、双人床和圆床三种类型，单人床（宽度：90，105，120；长度：180，186，200，210），双人床（宽度：135，150，180；长度180，186，200，210）圆床（直径：186，212.5，242.4）。

一般布艺沙发有两种组合形式：三位+贵妃、三位+双位+贵妃+转角。三位+贵妃：三位规格为1880 mm *950 mm *860mm，贵妃规格为1720mm*950mm*860mm，三位+双位+贵妃+转角组合：三位规格为1800mm*950mm*860mm；双位规格为1350mm*950mm*860mm；转角规格为950mm*950mm*860mm；贵妃规格为1720mm*950mm*860mm。

Q：文件中创建的模型太多，怎么将它们区分开，方便选择？

A： 用户可以通过设置实体名称和将实体进行成组两个方法来区分模型。

1. 设置实体名称：选择实体后打开“修改”选项卡，在命令面板中设置实体名称，然后在工具栏单击“按名称选择”按钮，打开“从场景选择”对话框，并通过该对话框选择图形。

2. 将实体成组：如果文件中创建的物体太多，很容易出现选择错误的情况，那么利用“组”对话框即可将文件成组，减少选择和编辑错误的情况。选择图形，执行“组”|“成组”命令（如图9-137所示），打开“组”对话框，设置图形名称并单击“确定”按钮，即可将图形成组（如图9-138所示），下次再选择图形时，这些图形就会被一起选择。

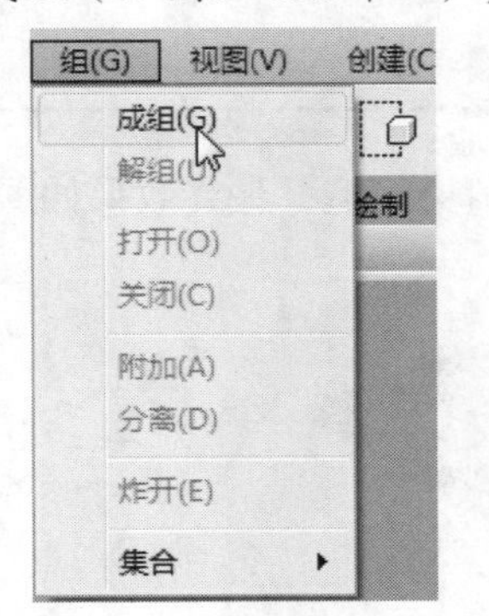

图9-137 单击“成组”选项

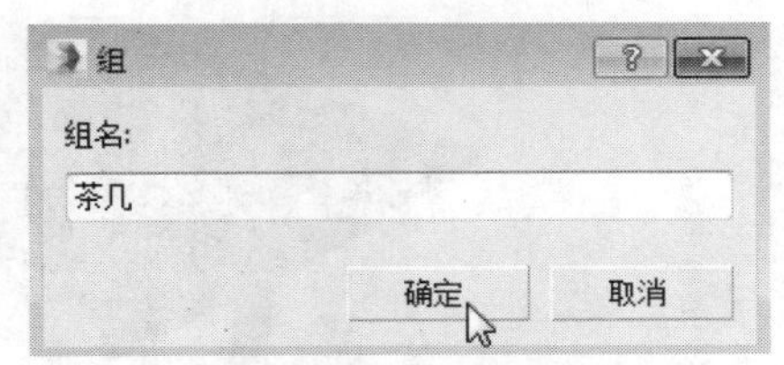

图9-138 单击“确定”按钮

Q：在创建物体时，使用涡轮平滑和网格平滑都可以将物体进行平滑操作，它们有什么不同吗？

A： 在“涡轮平滑”出现之前都是使用“网格平滑”来光滑物体的，代价就是光滑之后显卡明显迟钝，严重影响了操作，大家不得不一直升级硬件来满足需要。而“涡轮平滑”是3ds Max 7推出的强大功能之一，它的效果跟“网格平滑”是一样的，算法非常优秀，对显卡的要求却非常低，同样设置迭代次数，“网格平滑”为2时，机器就跑不动了，而“涡轮平滑”却可以轻松上到6级，简直不可同日而语，也因此取代了“网格平滑”，不过它的高速度是有一定缺陷的，稳定性不如“网格平滑”好，不过这种情况很少见。如果发现模型发生了奇怪的穿洞或者拉扯现象，可以试着把“涡轮平滑”换成“网格平滑”。

9.8 拓展应用练习

下面运用本章所学知识，动手创建以下两个实例模型。

9.8.1 制作平板电脑

下面通过创建多边形来制作平板电脑，效果如图9–139所示。

图9–139 制作平板电脑

操作提示

01 利用切角长方体、长方体等命令创建平板电脑模型。

02 将长方体转换为可编辑多边形，设置其底面曲线形状。

03 将图形进行布尔操作，制作出插口形状。

04 为多边形添加材质，并进行渲染，完成平板电脑的操作。

9.8.2 制作古代桌子

下面利用长方体和样条线等命令制作古代桌子模型，渲染模型，最终效果如图10–140所示。

图9–140 制作古代桌子

操作提示

01 创建长方体，作为桌面和支柱。

02 绘制样条线，创建桌腿曲线轮廓，并将其挤出厚度，完成桌腿的制作。

03 设置木材材质并赋予桌子，调整桌子的观察角度，并进行渲染。

第10章 室内灯具的制作

本章概述　灯具是室内装饰中一个重要的组成部分，它的造型多种多样，并直接影响室内的整体风格，在进行室内装修中，不仅要选择灯具的造型风格，还要选择灯具的色调，散发出的灯光色彩不同，室内环境的气氛也会不同，所以选择一款造型和色彩与室内环境相互呼应的灯具是非常重要的。

知识要点
- 了解灯具的种类与风格
- 掌握灯具的制作方法
- 掌握制作灯具的构思

10.1 客厅吊灯的制作

客厅吊灯的款式风格多种多样，且不同的款式适合不同的室内风格。本小节将介绍欧式客厅吊灯的制作，并介绍如何为灯具添加材质，下面将具体介绍其制作方法。

10.1.1 装饰灯架的制作

制作装饰灯架使用的命令包括圆柱体、球体、样条线、车削和涡轮平滑等。

01 首先制作顶棚支架，在命令面板单击圆锥体按钮，如图10-1所示。

02 在顶视图单击并拖动鼠标创建圆锥体，参数如图10-2所示。

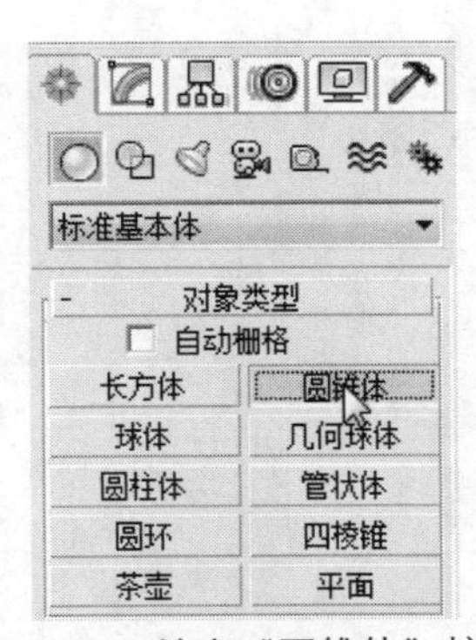

图10-1　单击“圆锥体”按钮

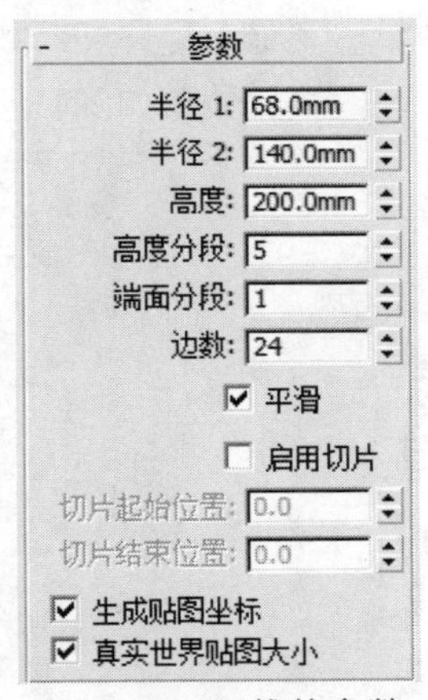

图10-2　圆锥体参数

03 在顶视图创建圆柱体，作为吊灯支架，参数如图10-3所示。

04 将其移至合适位置，前视图效果如图10-4所示。

05 打开“图形”命令面板，在命令面板中单击“线”按钮，如图10-5所示。

06 在前视图绘制并调整样条线，如图10-6所示。

图10-3　圆柱体参数

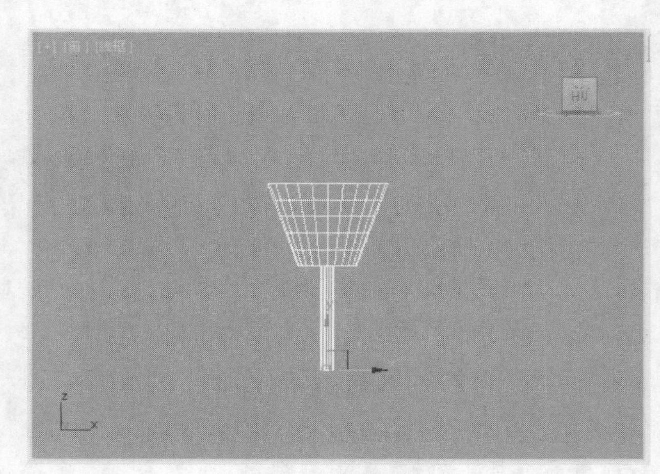

图10-4　移动圆柱体

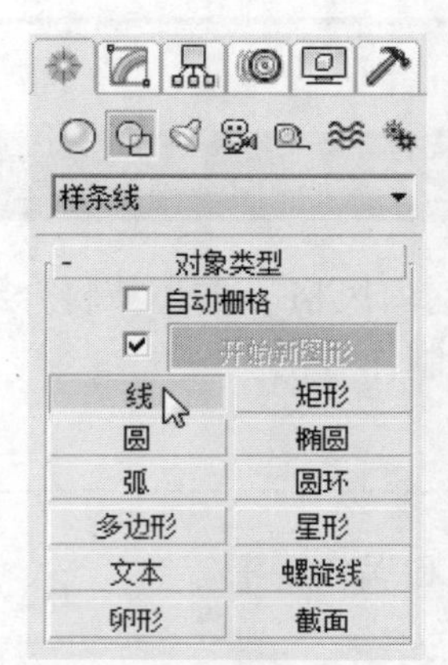

图10-5　单击“线”按钮

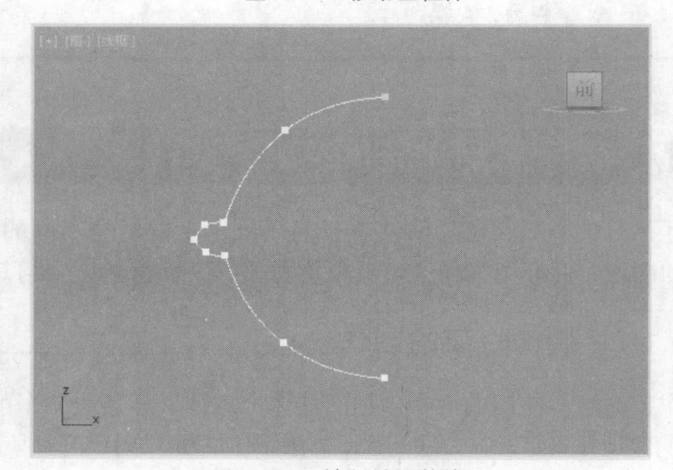

图10-6　绘制并调整线

07 在“参数”卷展栏中单击“最大”按钮，如图10-7所示。

08 此时视图中将显示车削效果，效果如图10-8所示。

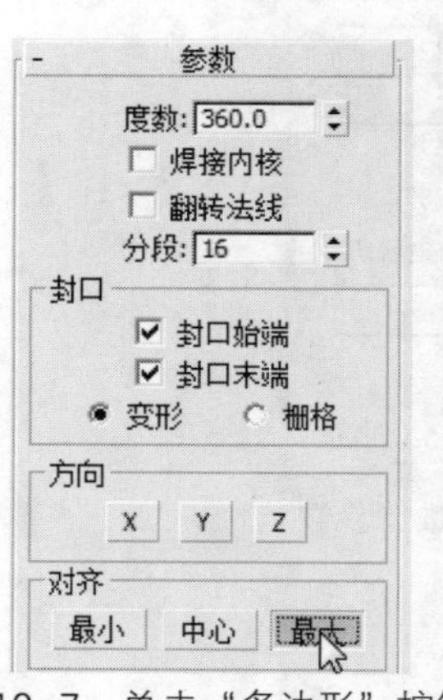

图10-7　单击“多边形”按钮

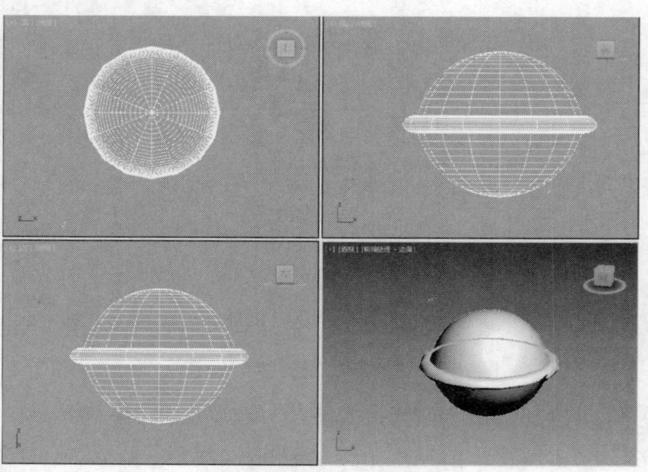

图10-8　车削效果

09 此时用户发现图形会出现棱角，在修改器列表中选择“涡轮平滑”选项，为图形添加“涡轮平滑”修改器，效果如图10-9所示。

⑩ 将实体移至合适位置，并创建球体作为其他装饰结构，如图10-10所示。

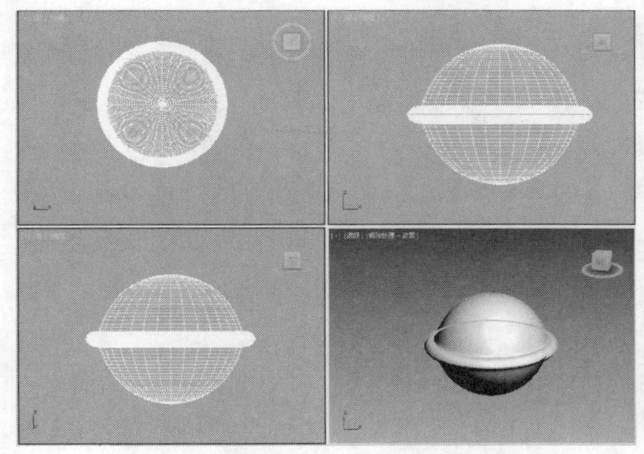

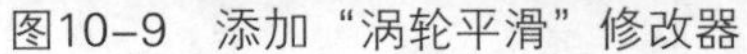

图10-9　添加“涡轮平滑”修改器

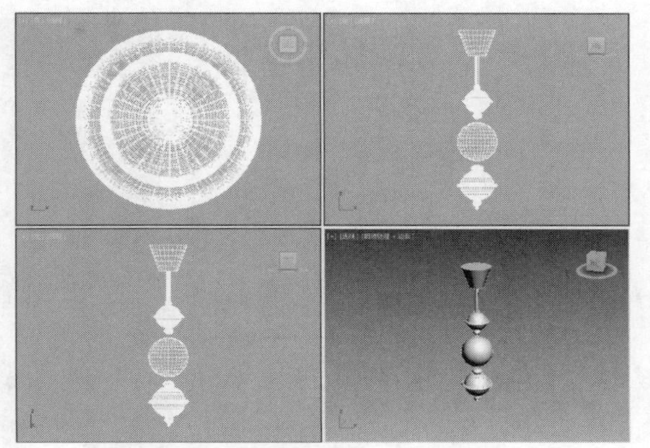

图10-10　创建装饰结构

⑪ 下面开始制作灯具的装饰支架，继续执行“线”命令，在前视图绘制样条线，并进行调整，效果如图10-11所示。

⑫ 打开“修改”选项卡，展开“渲染”卷展栏，在其中设置参数，如图10-12所示。

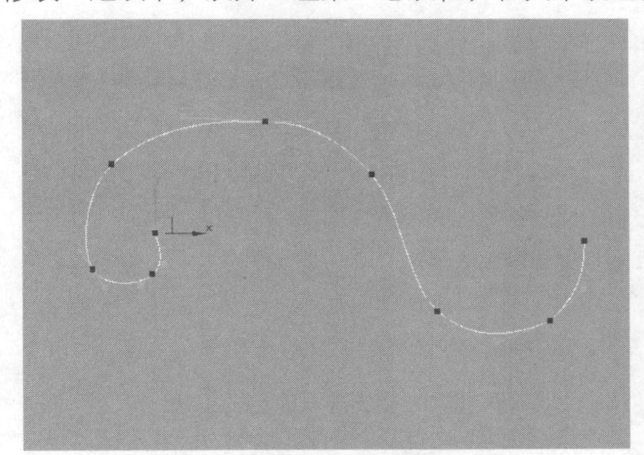

图10-11　绘制并调整样条线

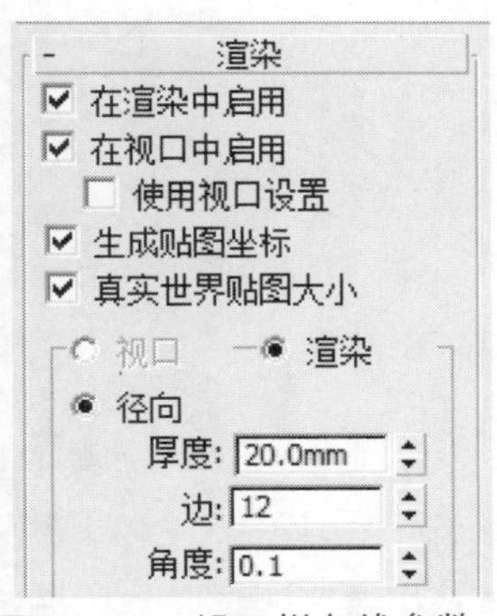

图10-12　设置样条线参数

⑬ 在前视图绘制样条线，如图10-13所示。

⑭ 将样条线进行车削和涡轮平滑处理，此时样条线将更改为实体片状，如图10-14所示。

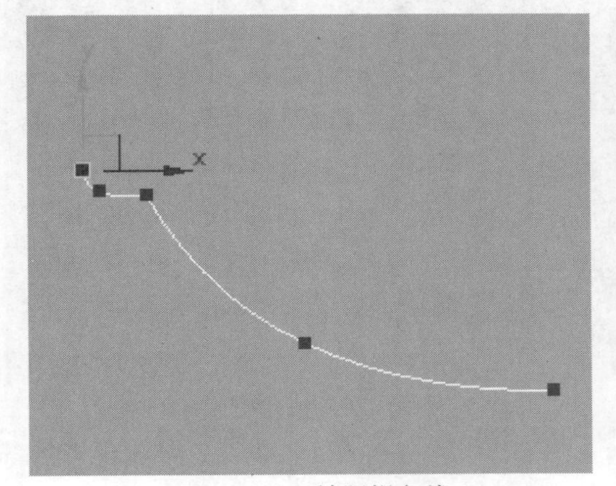

图10-13　绘制样条线

图10-14　添加修改器效果

⑮ 为了使实体有一定的厚度，为实体添加“壳”修改器，并设置参数，如图10-15所示。

⑯ 此时实体内部将增加厚度，托盘就制作完成了，效果如图10-16所示。

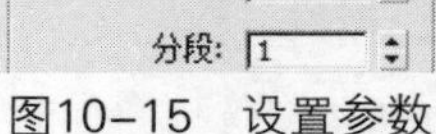

图10-15 设置参数

图10-16 添加壳效果

⑰ 移动托盘，框选支架和托盘，并执行“组”|“成组”命令，如图10-17所示。

⑱ 弹出“组”对话框，并单击“确定”按钮，如图10-18所示。

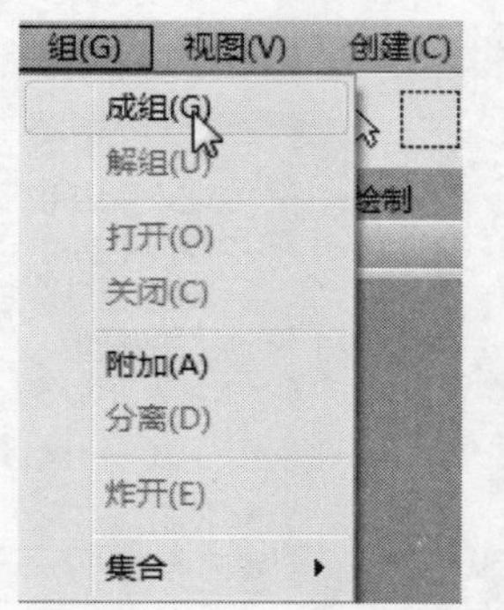

图10-17 单击“成组”选项

图10-18 单击“确定”按钮

⑲ 此时实体将组合为一体，作为装饰支架，然后移至合适位置，如图10-19所示。

⑳ 将装饰支架复制并旋转，完成装饰灯架的制作，效果如图10-20所示。

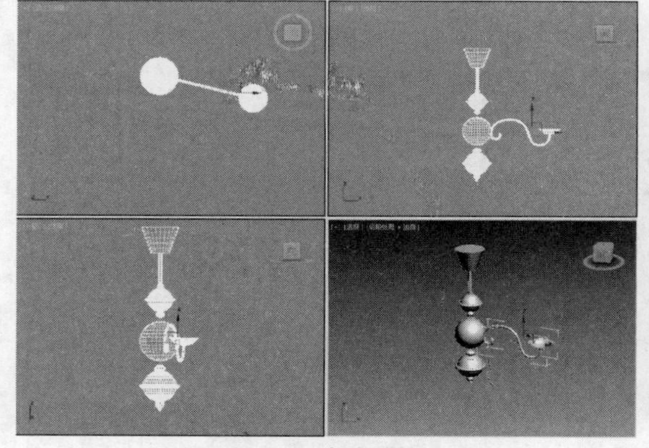

图10-19 移动装饰支架

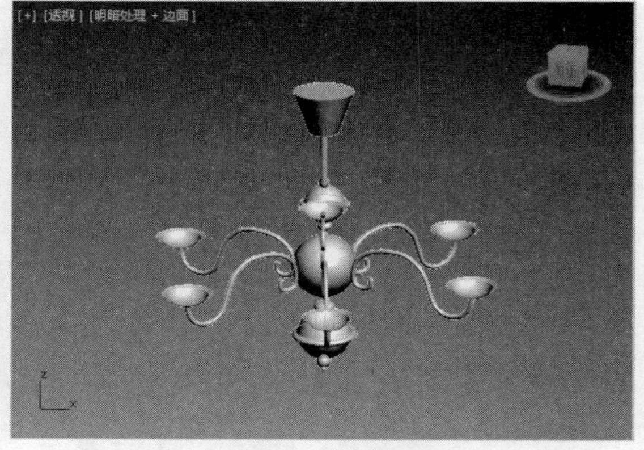

图10-20 制作灯架

10.1.2 灯芯的制作

下面开始制作灯芯，制作灯芯主要是为了使吊灯起到发散光源的效果，下面具体介绍制作灯芯的操作方法。

01 执行“创建”|“扩展基本体”|“圆柱体”命令，如图10-21所示。

02 在视图中创建5个圆柱体，参数如图10-22所示。

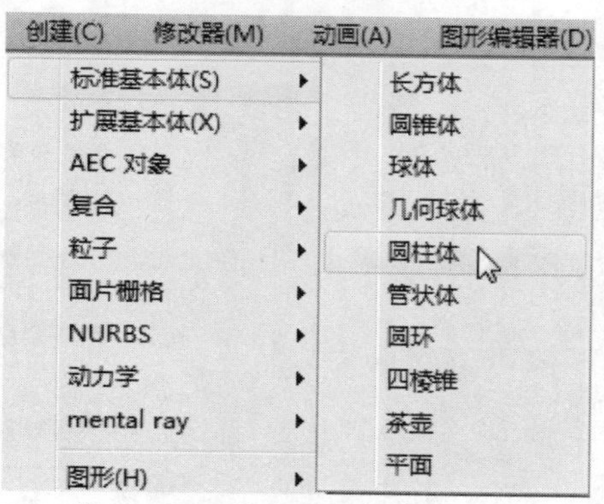

图10-21　单击“圆柱体”选项

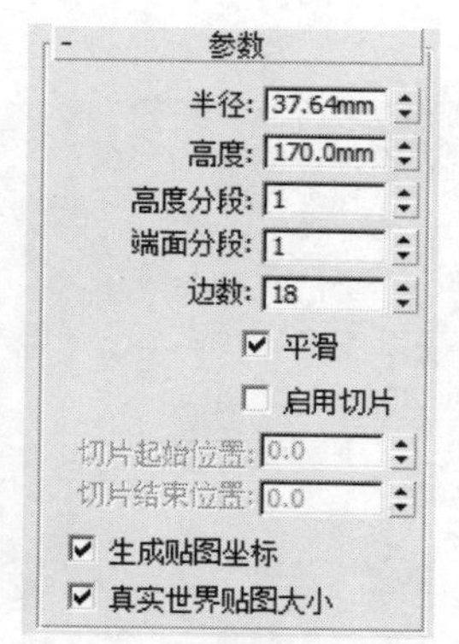

图10-22　圆柱体参数

03 将圆柱体移动到合适位置，继续在顶视图创建一个球体，半径为87，并在前视图进行挤压，然后创建圆环，将圆环移动到球体上方，前视图效果如图10-23所示。

04 此时灯芯就制作完成了，效果如图10-24所示。

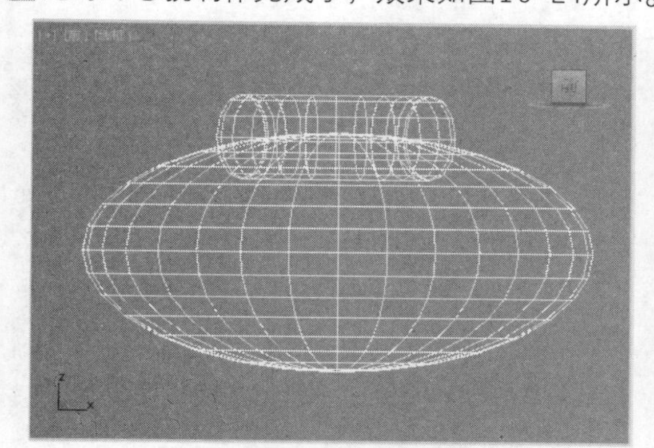
图10-23　创建并移动实体

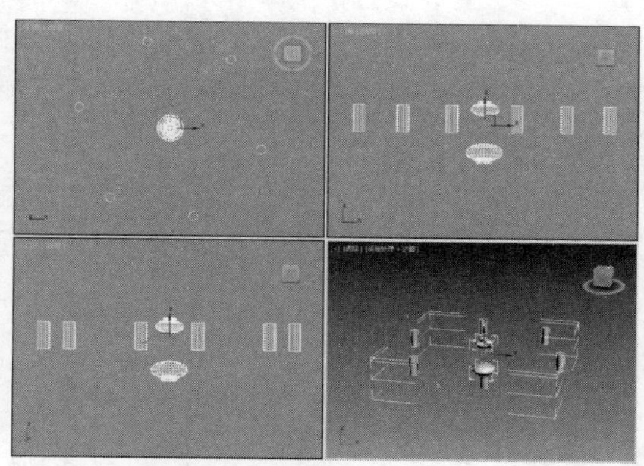
图10-24　制作灯芯

05 将灯芯移动到装饰灯架上，效果如图10-25所示。

06 下面开始制作灯罩，在顶视图创建圆锥体，参数如图10-26所示。

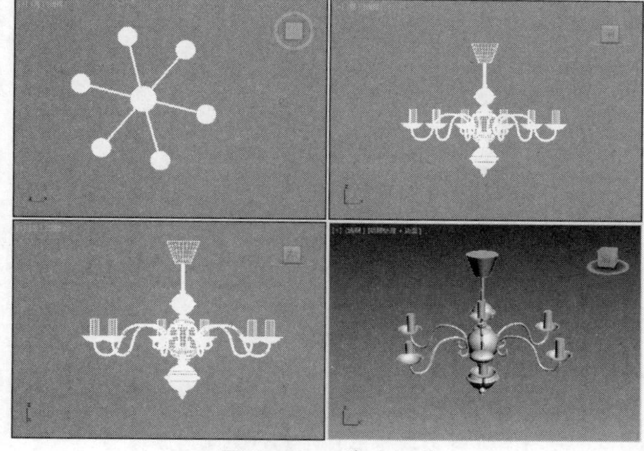
图10-25　移动灯芯

图10-26　圆锥体参数

07 将圆锥体转换为可编辑多边形，删除上下两个面，单击“边”选项，在视图中选择边，如图10-27所示。

08 在“修改”选项卡中拖动命令面板至“编辑多边形”卷展栏，单击“挤出”后的方框按钮，如图10-28所示。

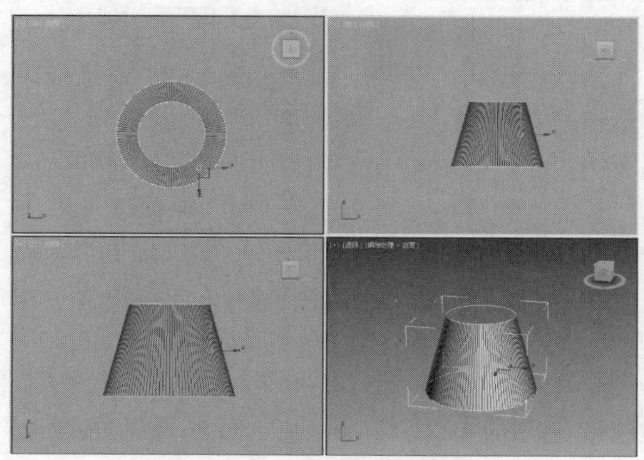

图10-27 选择边

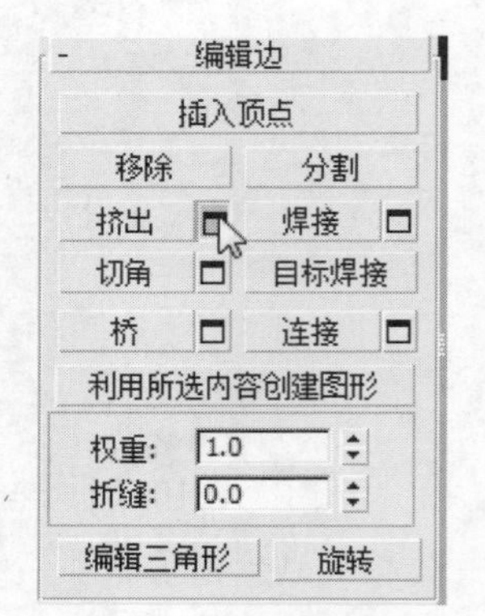

图10-28 单击方框按钮

09 弹出提示设置，设置挤出厚度为2，然后单击“确定”按钮，如图10-29所示。

10 此时灯罩会出现边突出的效果，产生纹理，如图10-30所示。

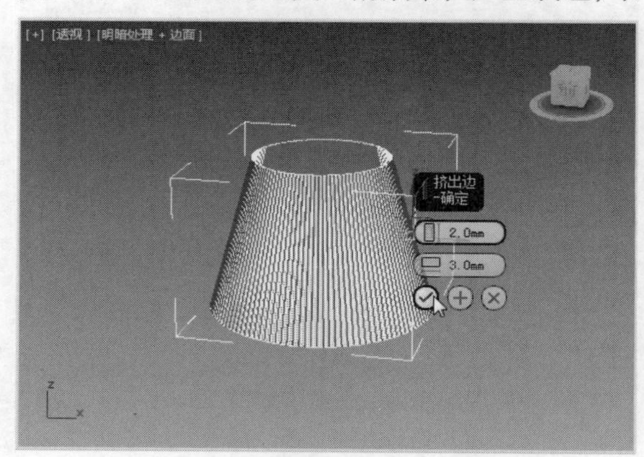

图10-29 单击“确定”按钮

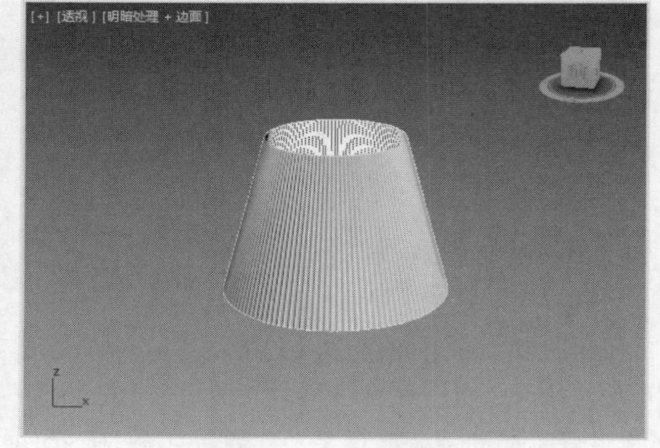

图10-30 凹槽效果

11 为实体添加“壳”修改器，并设置内部厚度为1mm，灯罩就制作完成了，将灯罩依次复制并放置在每个灯芯的上方，完成吊灯的制作，效果如图10-31所示。

图10-31 制作吊灯

10.1.3 添加材质

下面开始为灯具添加材质，使其呈现出逼真的吊灯效果。

01 在工具栏单击“材质编辑器”按钮，打开“材质编辑器”对话框，选择空白材质球，将其命名为“金属”，并设置材质类型为VRayMtl，设置其反射颜色，参数如图10-32所示。

02 返回基本参数面板，设置反射数值，如图10-33所示。

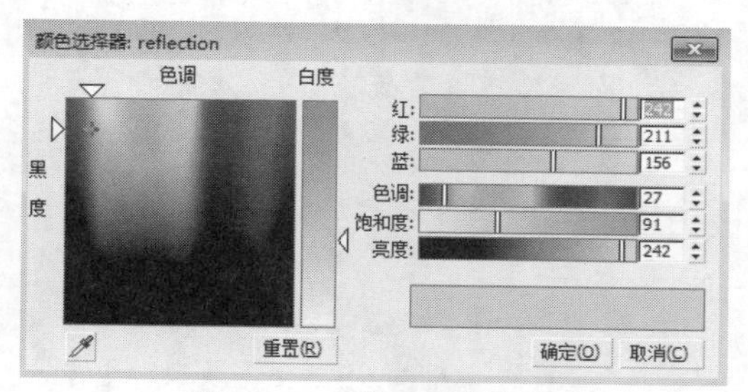

图10-32 设置反射颜色

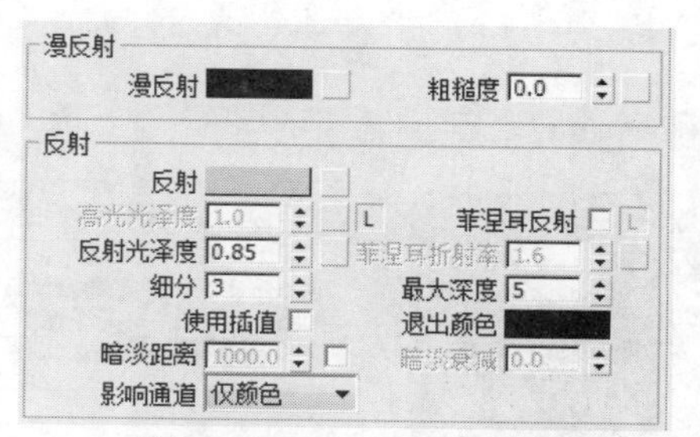

图10-33 设置反射参数

03 拖动页面至“折射”选项组，设置折射参数，如图10-34所示。

04 此时金属材质就创建完成了，材质球效果如图10-35所示。

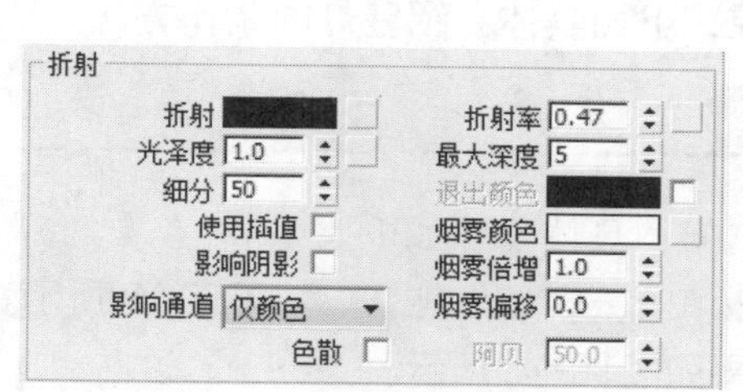

图10-34 设置折射参数

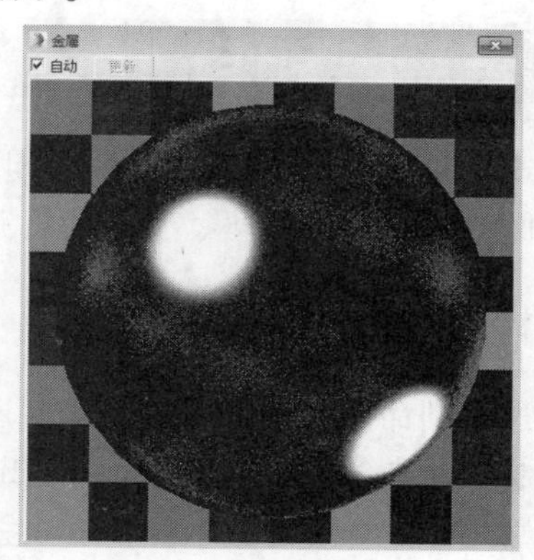

图10-35 材质球效果

05 将材质球赋予至装饰灯架上，渲染视图效果如图10-36所示。

06 下面开始制作灯光材质，选择空白材质球，单击材质名称后的 Standard 按钮，打开“材质/贴图浏览器”对话框，选择材质类型，并单击“确定”按钮，如图10-37所示。

图10-36 赋予金属材质效果

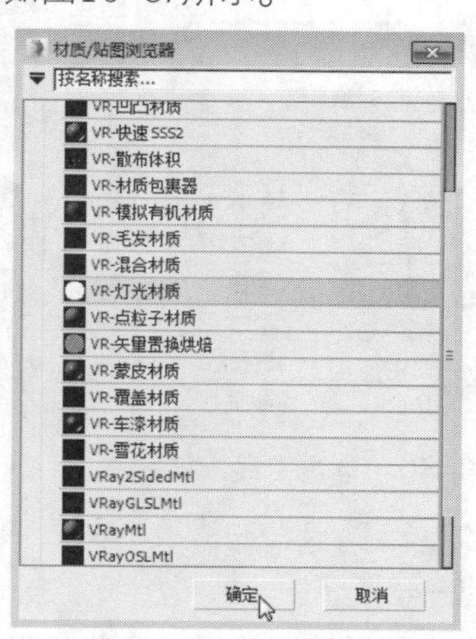

图10-37 单击“确定”按钮

07 此时打开“VR-灯光材质”的参数面板，单击灯光颜色选项框，打开“颜色选择器”对话框，设置灯光颜色，如图10-38所示。

08 设置完成后，在视图中创建摄影机和泛光灯，将视图切换至摄影机视图，渲染视图即可观察添加材质的效果，如图10-39所示。

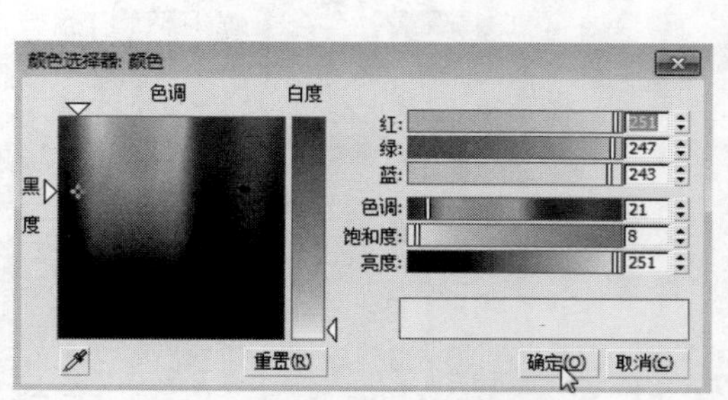

图10-38 设置灯光材质颜色

图10-39 渲染材质效果

10.2 壁灯的制作

壁灯在室内装修中主要起到了装饰和照明的效果，在室内放置壁灯可以提升空间的风格和设计感。本例的壁灯是由底座、支架和灯罩组成，下面具体介绍壁灯的制作方法。

10.2.1 用车削制作壁灯

下面通过车削命令开始制作壁灯的底座和支架，具体步骤如下。

01 在命令面板中单击“图形”按钮，在弹出的面板中单击“线”按钮，如图10-40所示。

02 在前视图单击绘制样条线，并调整样条线，效果如图10-41所示。

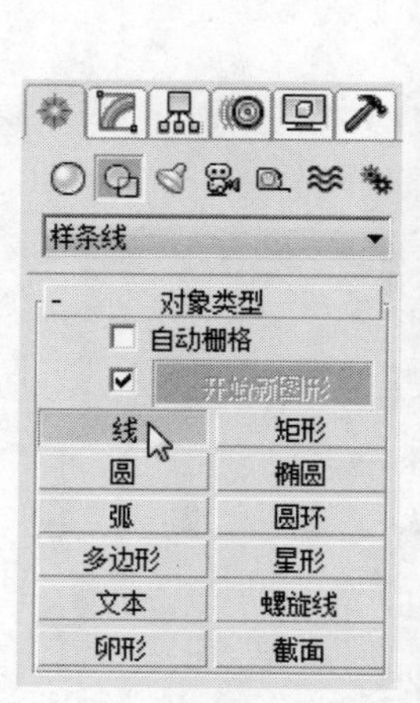

图10-40 单击“线”按钮

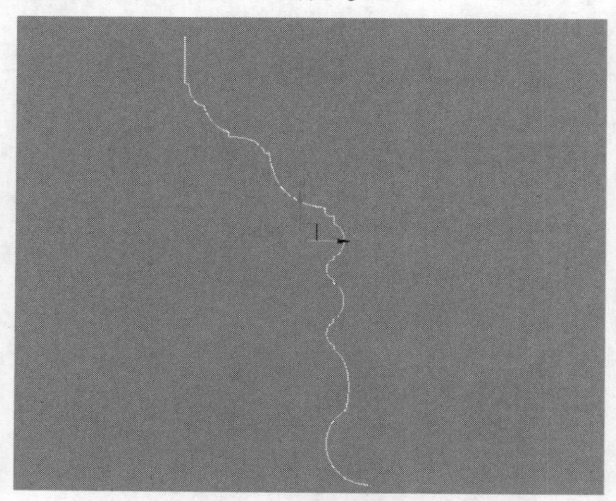

图10-41 绘制并调整样条线

03 打开“修改”选项卡，在修改器列表中选择“车削”选项，在“参数”卷展栏中单击“最大”按钮，如图10-42所示。

04 此时视图中将显示车削效果，底座和支架1就制作完成了，效果如图10-43所示。

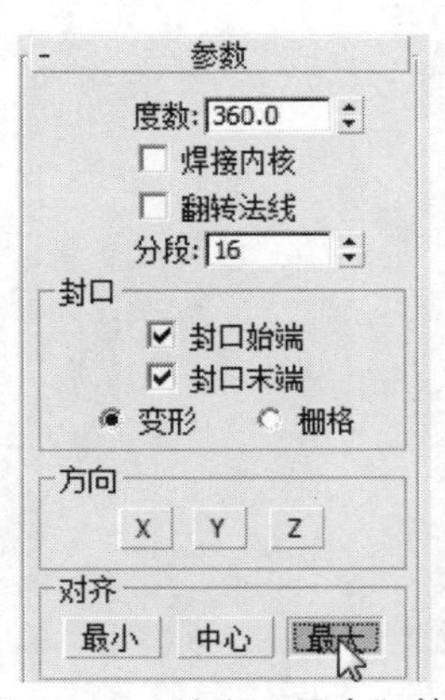

图10-42　单击“最大”按钮

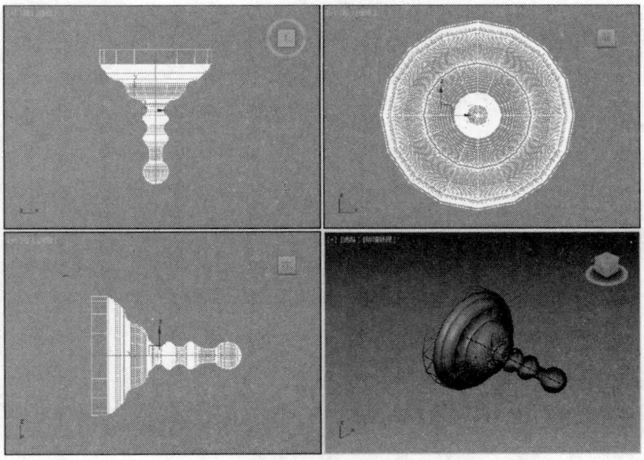

图10-43　制作底座和支架1

05 下面开始制作支架装饰，在顶视图创建圆柱体，参数如图10-44所示。

06 将圆柱体向下拖动并释放鼠标左键，在弹出的对话框中选择“复制”选项，最后单击“确定”按钮，如图10-45所示。

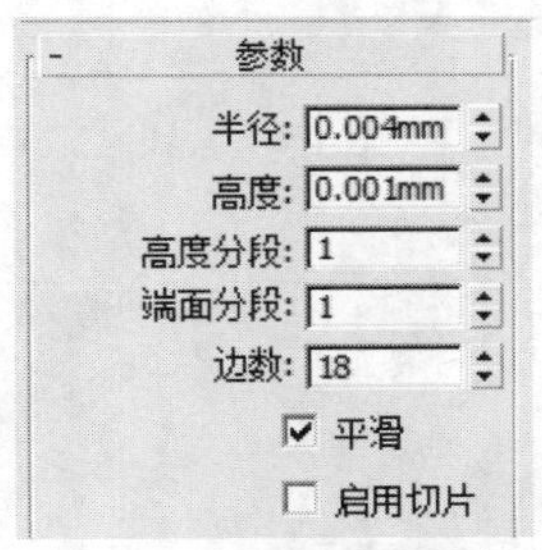

图10-44　创建圆柱体

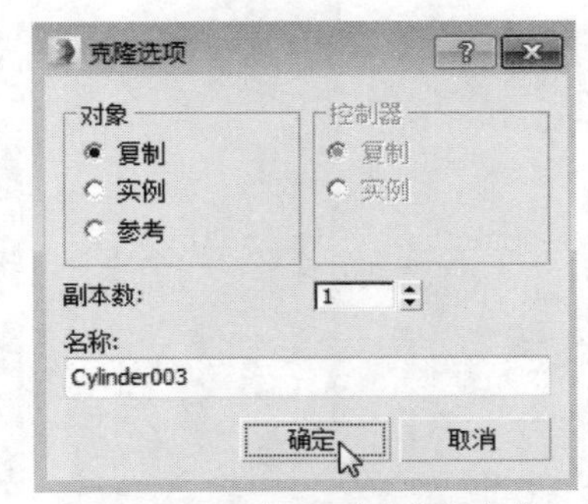

图10-45　单击“确定”按钮

07 将下方圆柱体的厚度进行缩放，效果如图10-46所示。

08 继续在顶视图创建球体，并将其在前视图进行缩放，移动到圆柱体中间，效果如图10-47所示。

图10-46　缩放圆柱体

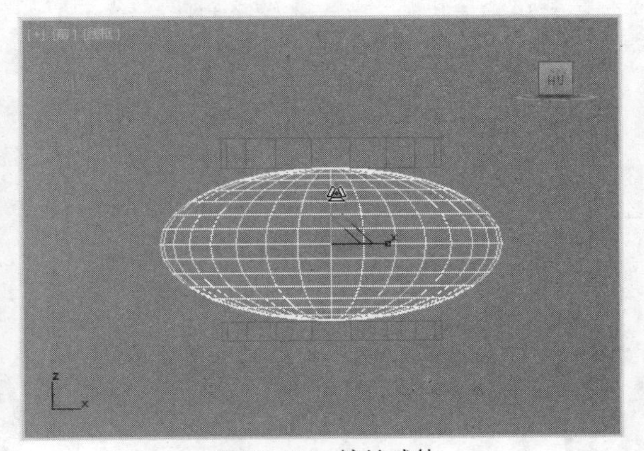
图10-47　缩放球体

09 在前视图绘制样条线，如图10-48所示。

10 将样条线进行车削操作，并将车削后的实体移至基本体下方，此时支架装饰就制作完成了，如图10-49所示。

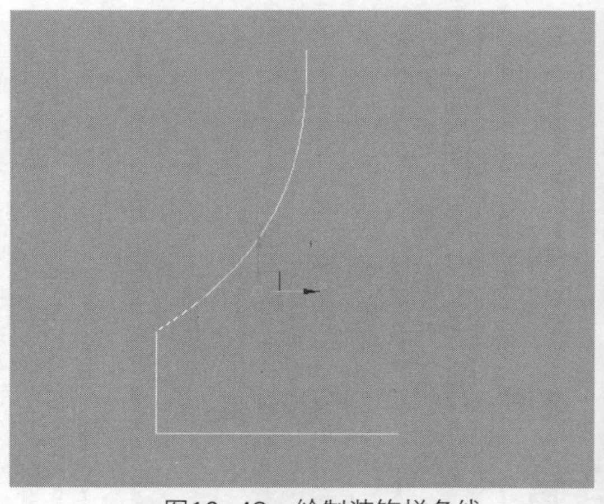

图10-48　绘制装饰样条线

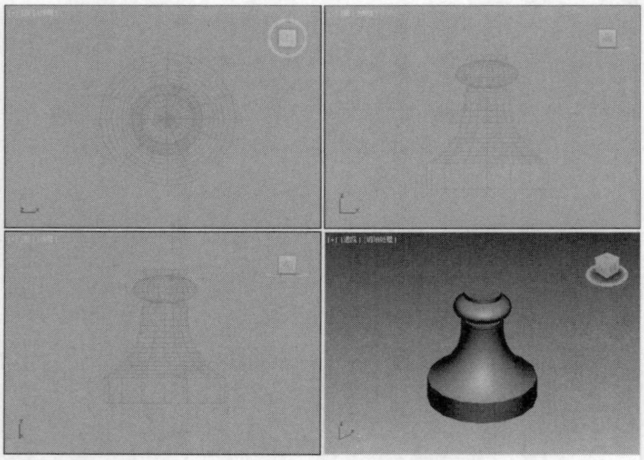

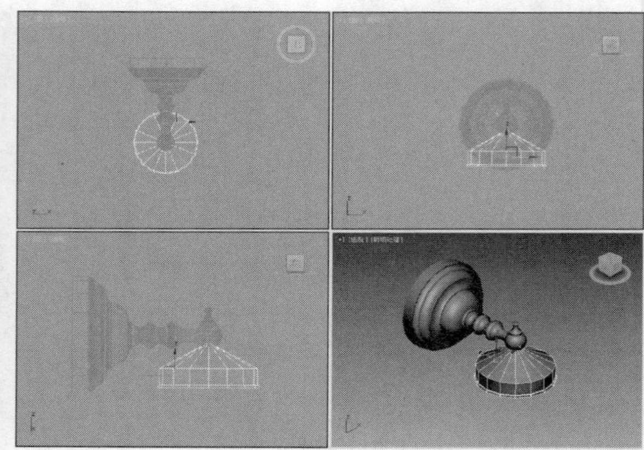

图10-49　制作支架装饰

⑪ 将灯架装饰移动到支架上，然后开始制作支架2，在左视图绘制样条线，如图10-50所示。

⑫ 将样条线添加“车削”修改器，此时样条线将更改为实体，支架2就制作完成了，如图10-51所示。

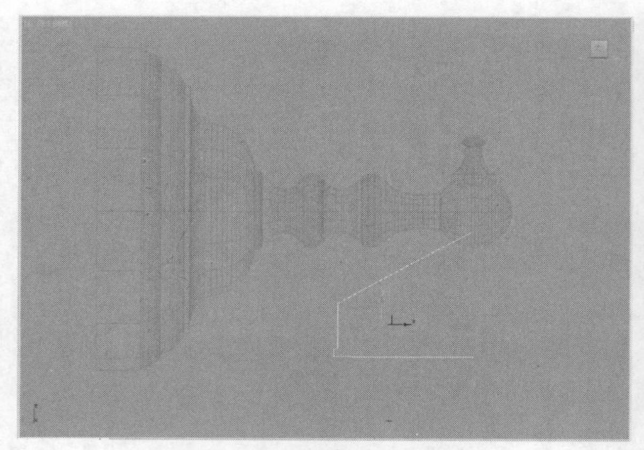

图10-50　绘制样条线

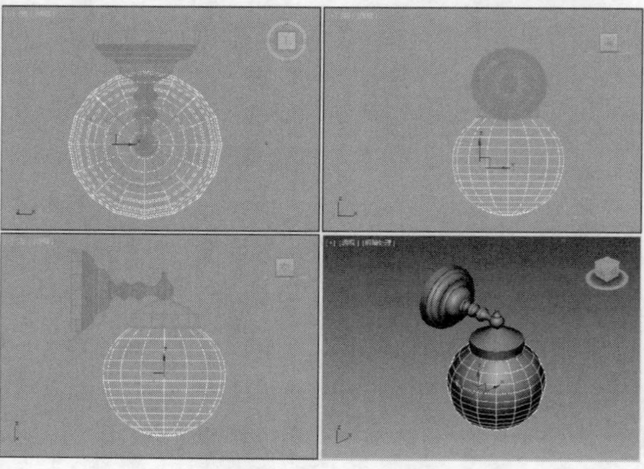

图10-51　制作支架2

⑬ 下面开始制作灯罩，在前视图绘制样条线，如图10-52所示。

⑭ 将样条线添加车削修改器，并将其移动至合适位置，灯罩就制作完成了，效果如图10-53所示。

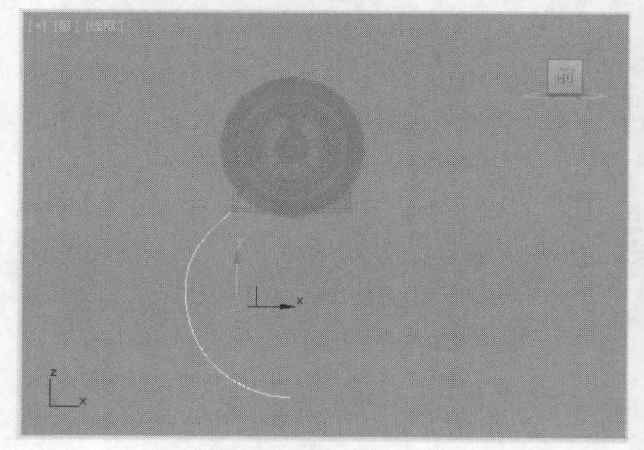

图10-52　绘制样条线

图10-53　制作灯罩

10.2.2 添加材质

下面依次创建灯具材质，并将材质赋予灯具的相应实体上，具体步骤如下。

01 打开“渲染设置”对话框，在“公用”选项卡中展开“指定渲染器”卷展栏，并在其中单击 ... 按钮，如图10-54所示。

02 打开“选择渲染器”对话框，选择渲染器并单击“确定”按钮。

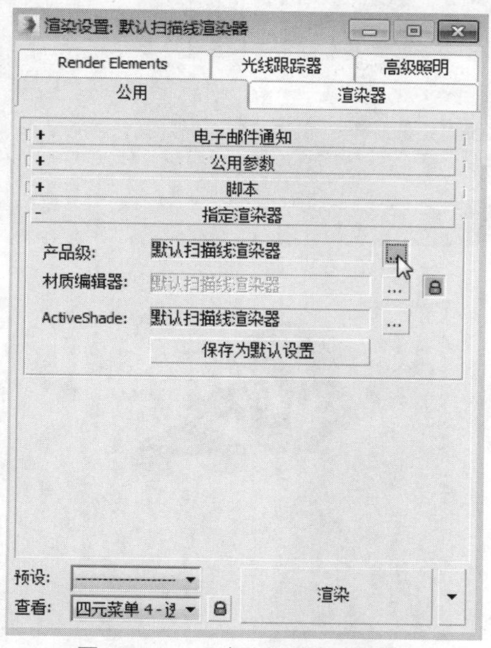

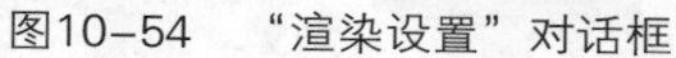
图10-54 “渲染设置”对话框

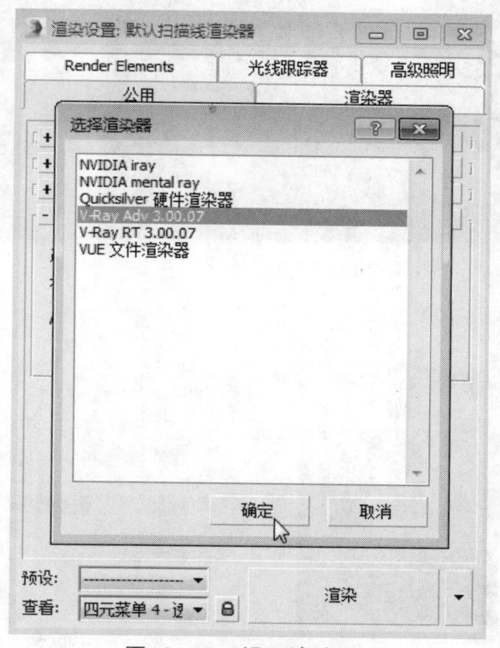

图10-55 设置渲染器

03 按M键打开“材质编辑器”对话框，设置材质类型为VRayMtl，材质名称为“金属”。

04 设置漫反射颜色，参数如图10-56所示。

05 将反射参数设置为60的灰色，然后在参数面板中设置其他参数，如图10-57所示。

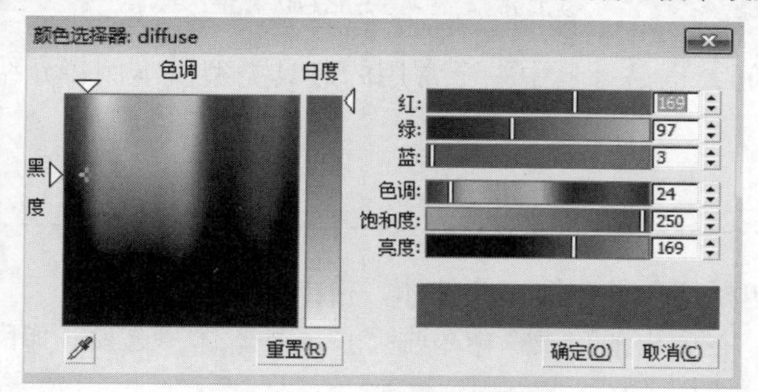

图10-56 设置漫反射颜色

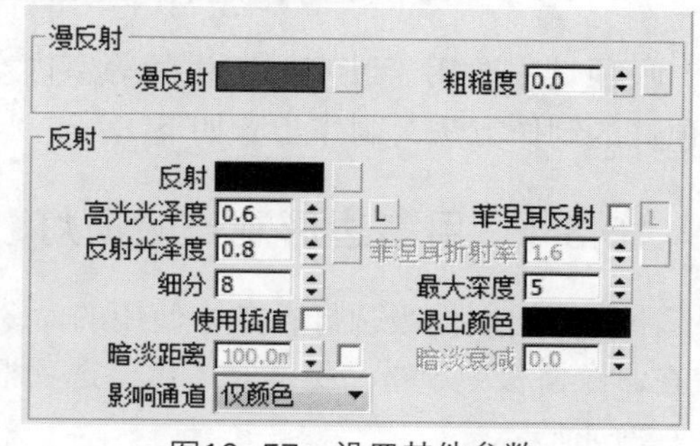

图10-57 设置其他参数

06 设置完成后，材质球效果如图10-58所示。

07 将材质赋予至相应实体上，如图10-59所示。

08 再次选择空白材质球，设置材质类型为VR-灯光材质，并设置灯光颜色，如图10-60所示。

09 将灯光材质赋予至灯罩上，使其产生发亮的效果。

10 最后在视图中创建长方体和灯光，进行辅助渲染，如图10-61所示。

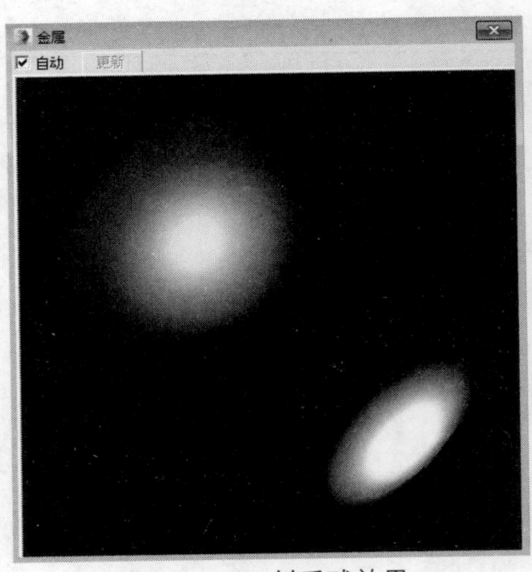

图10-58　材质球效果

图10-59　赋予材质

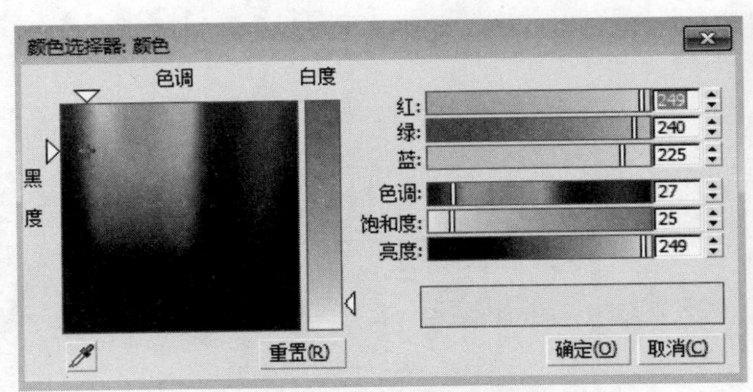

图10-60　设置灯光颜色

图10-61　渲染灯具效果

10.3 吸顶灯的制作

吸顶灯主要用于卧室、卫生间等室内空间，也是灯具中一个常用的灯具类型。本例将介绍吸顶灯的制作方法，制作步骤如下。

10.3.1　用多边形制作吸顶灯

下面开始制作吸顶灯，其中使用的命令包括切角长方体、圆柱体、挤出和车削等。

01 在命令面板中单击“标准基本体”选项框，在弹出的列表框中单击“扩展基本体”选项，如图10-62所示。

02 在弹出的面板中单击“切角长方体”按钮，如图10-63所示。

03 在顶视图单击并拖动鼠标，创建切角长方体，参数如图10-64所示。

04 继续在顶视图创建长方体，参数如图10-65所示。

05 打开“图形”选项卡，选择扩展样条线，然后在命令面板中单击“通道”按钮，如图10-66所示。

06 在左视图创建样条线，并设置样条线参数，如图10-67所示。

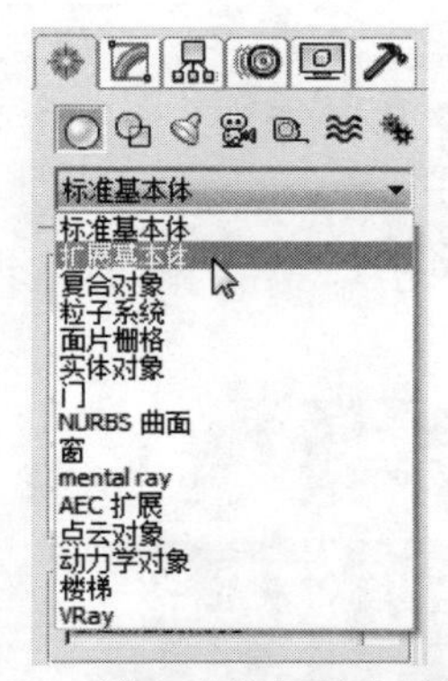

图10-62　单击“扩展基本体”选项

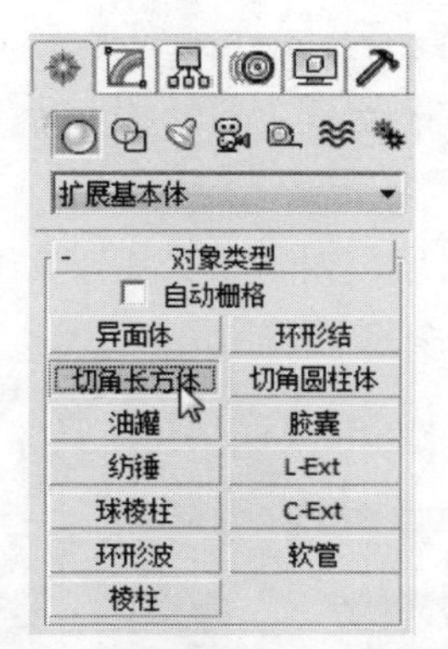

图10-63　单击“切角长方体”按钮

图10-64　切角长方体参数

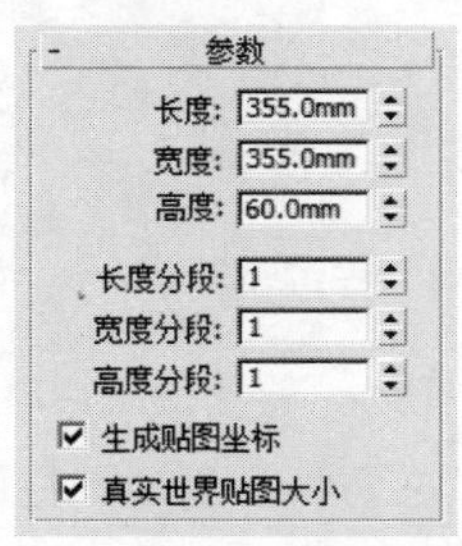

图10-65　长方体参数

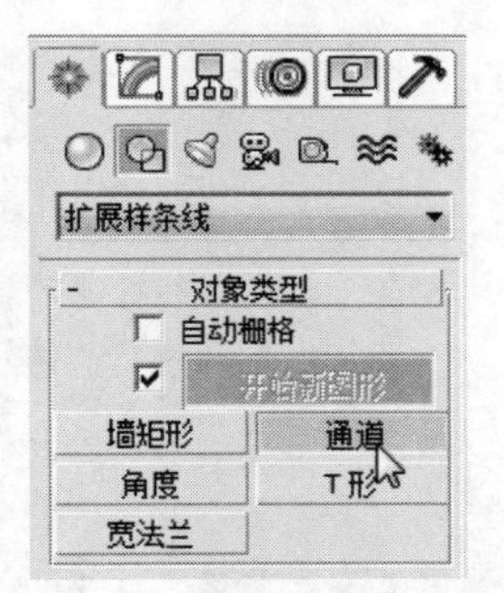

图10-66　单击“通道”按钮

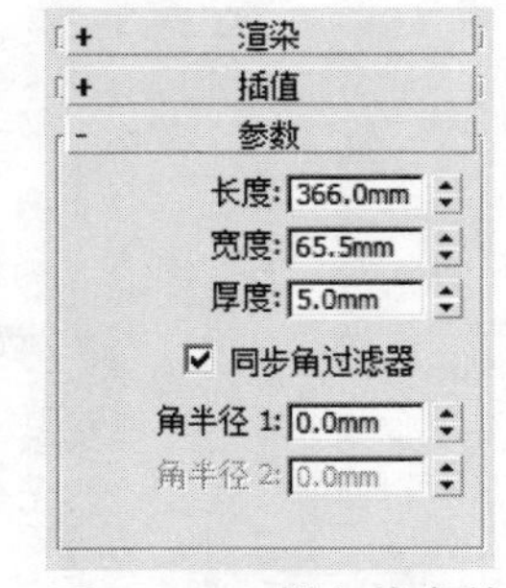

图10-67　样条线参数

07 在工具栏中的“角度捕捉切换” 按钮上单击鼠标右键，此时弹出“栅格和捕捉设置”对话框，设置角度值，如图10-68所示。

08 激活“角度捕捉切换”和“旋转”按钮，在左视图旋转样条线，然后移动到合适位置，如图10-69所示。

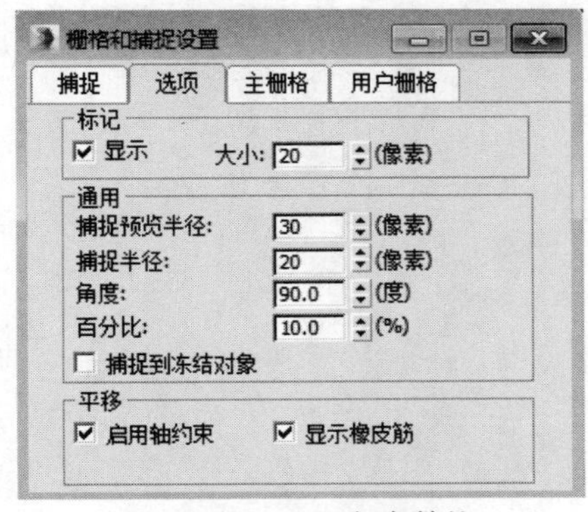

图10-68　设置角度数值

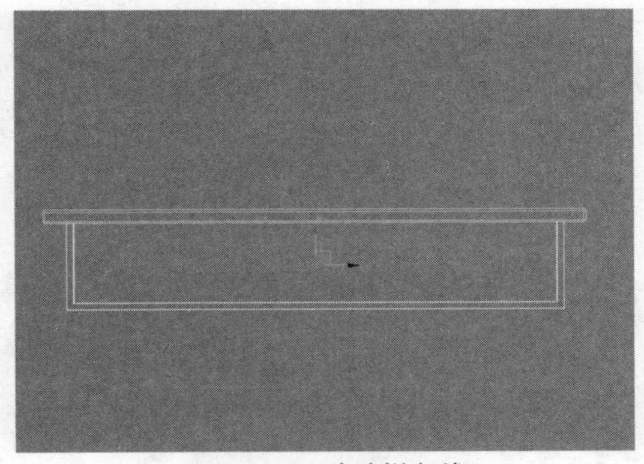

图10-69　移动样条线

09 在修改器列表中选择“挤出”修改器，并设置挤出厚度，如图10-70所示。

10 在顶视图移动挤出的实体，在按住Shift键的同时向右拖动箭头，此时将显示复制的实体，如图10-71所示。

11 此时弹出“克隆选项”对话框，在“对象”选项组单击“复制”单选按钮，设置副本数后单击“确定”按钮，如图10-72所示。

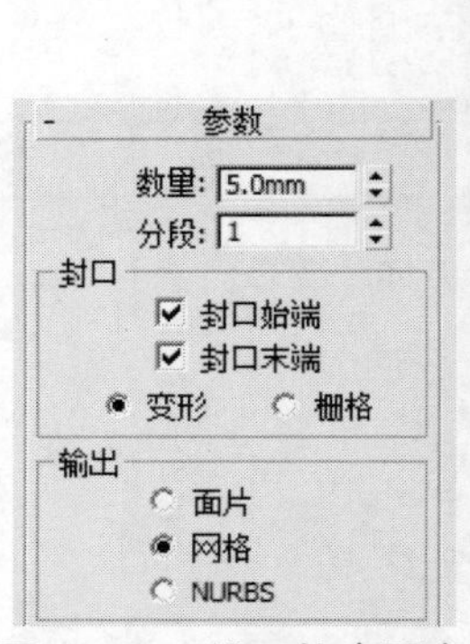

图10-70　设置挤出厚度

图10-71　显示复制效果

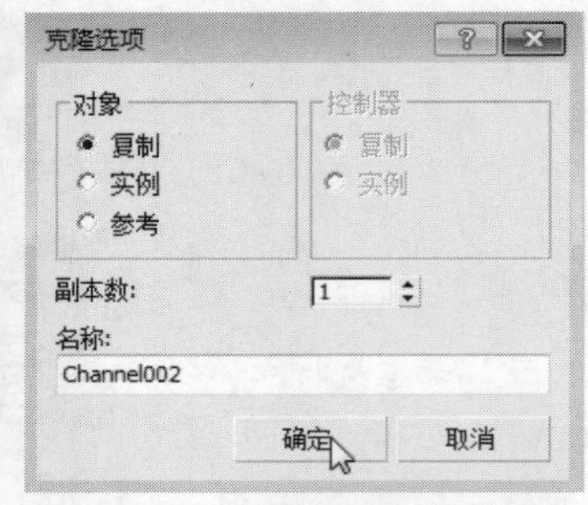

图10-72　“克隆选项”对话框

12 下面开始制作装饰，在左视图创建圆柱体，在参数面板中调整参数，如图10-73所示。

13 在前视图绘制并调整样条线，如图10-74所示。

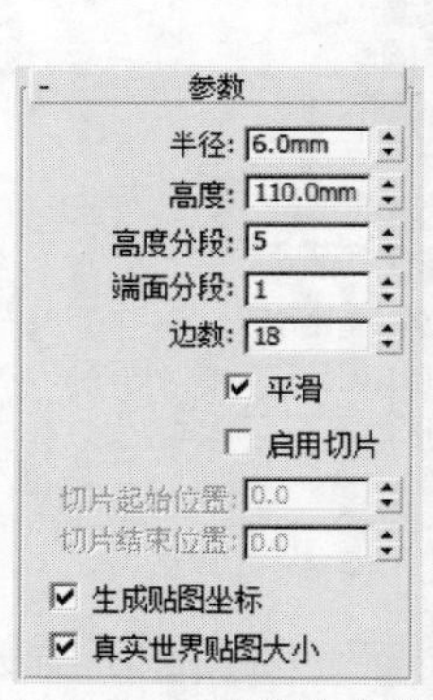

图10-73　圆柱体参数

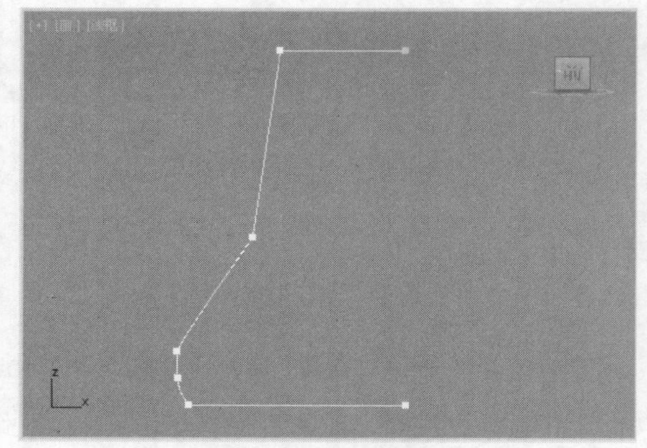

图10-74　绘制样条线

14 将样条线添加“车削”修改器，效果如图10-75所示。

15 将视图移至圆柱体一侧，如图10-76所示。

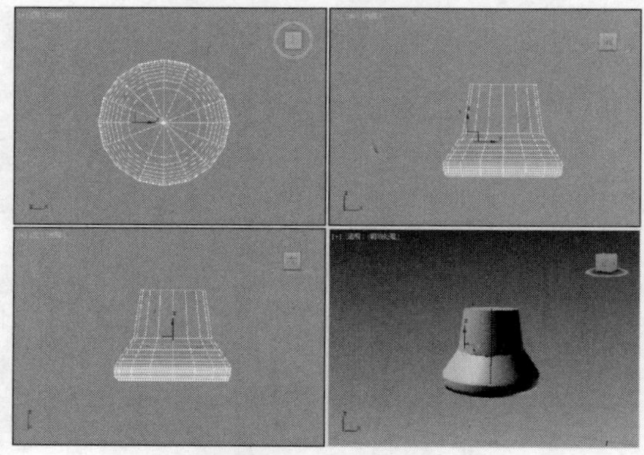

图10-75　车削效果

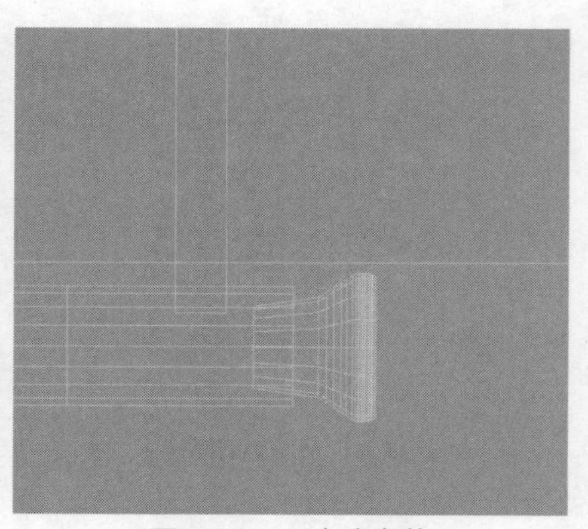

图10-76　移动实体

⑯ 将实体镜像复制移动至另一侧，如图10-77所示。

⑰ 选择并复制装饰，吸顶灯就制作完成了，效果如图10-78所示。

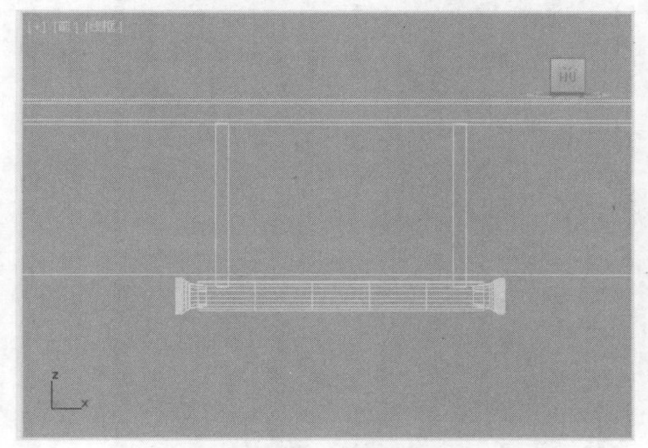

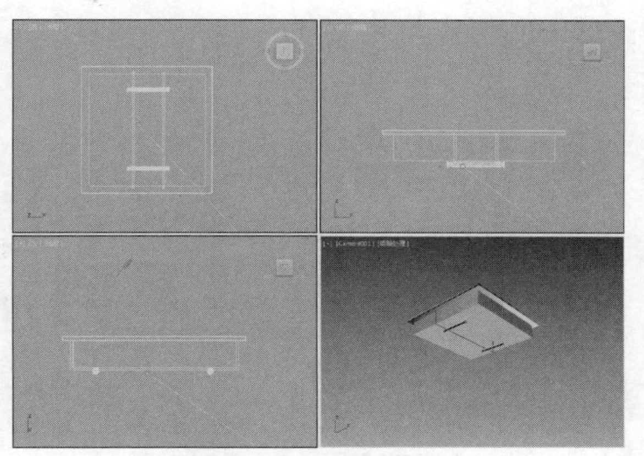

图10-77　镜像实体　　图10-78　制作吸顶灯

10.3.2　添加材质

下面为吸顶灯添加材质，并依次赋予材质观察效果。

01 首先打开材质编辑器，选择空白材质球，单击Standard 按钮。打开“材质/贴图浏览器”对话框，设置材质类型，如图10-79所示。

02 此时打开VR-材质包裹器参数面板，单击“挤出材质”通道按钮，设置材质类型为VRayMtl，漫反射通道添加木材贴图，返回参数面板设置其他参数，如图10-80所示。

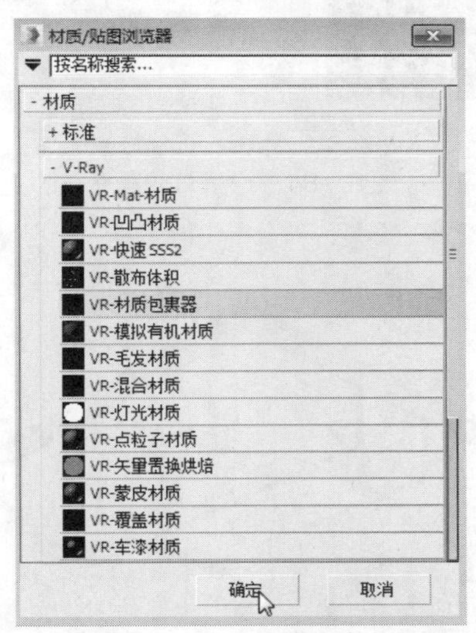

图10-79　设置材质类型

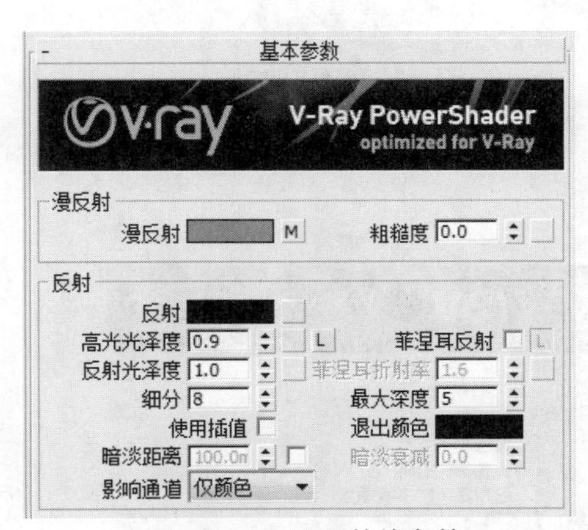

图10-80　设置其他参数

03 返回材质包裹器参数面板，并设置“生成全局照明”数值，如图10-81所示。

04 设置完成后，材质球效果如图10-82所示。

05 将材质赋予相应实体上，效果如图10-83所示。

06 下面开始设置灯罩材质，将材质类型更改为VR-灯光材质，然后设置灯光颜色，如图10-84所示。

07 返回参数面板，参数如图10-85所示。

08 将材质赋予到灯罩上，并相应地添加灯光，渲染视图，效果如图10-86所示。

图10-81　设置“生成全局照明”数值

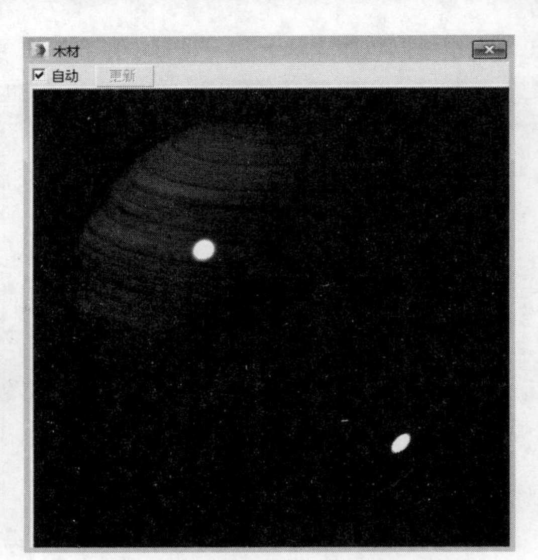

图10-82　材质球效果

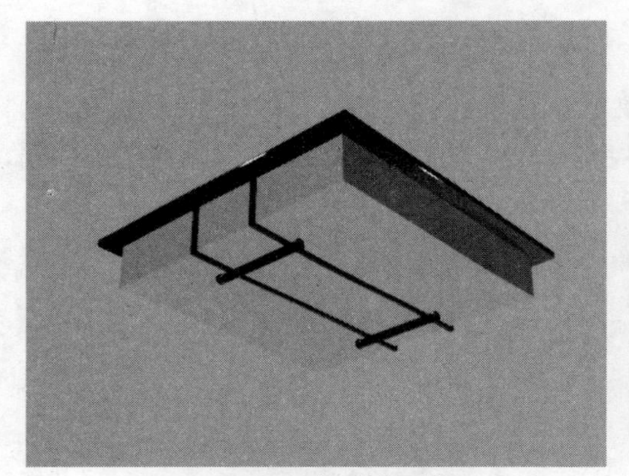

图10-83　赋予材质效果

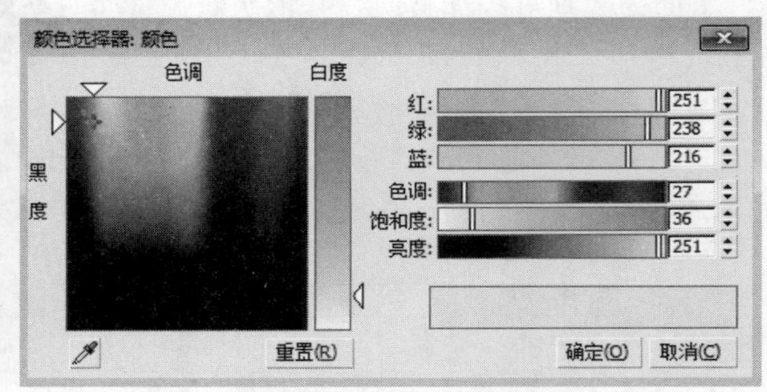

图10-84　设置灯光颜色

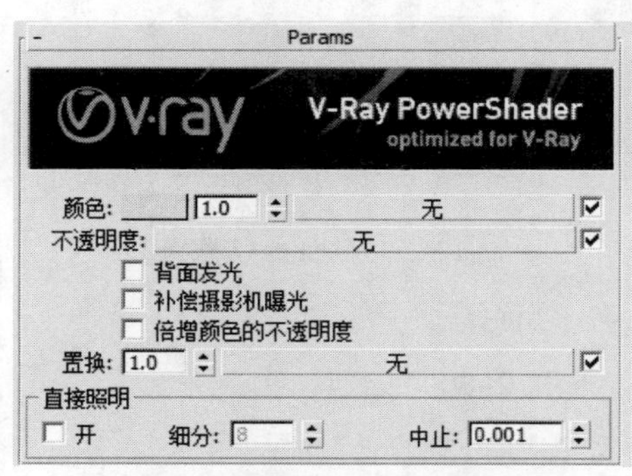

图10-85　灯光材质参数

图10-86　赋予材质效果

09 继续创建灯光材质，单击颜色后方的 无 按钮，在“材质/贴图浏览器”对话框中双击“位图”选项，打开“选择位图图像”对话框，并选择灯光贴图，如图10-87所示。

10 取消勾选“使用真实世界比例”对话框，赋予材质后添加UVW贴图，渲染材质效果，如图10-88所示。

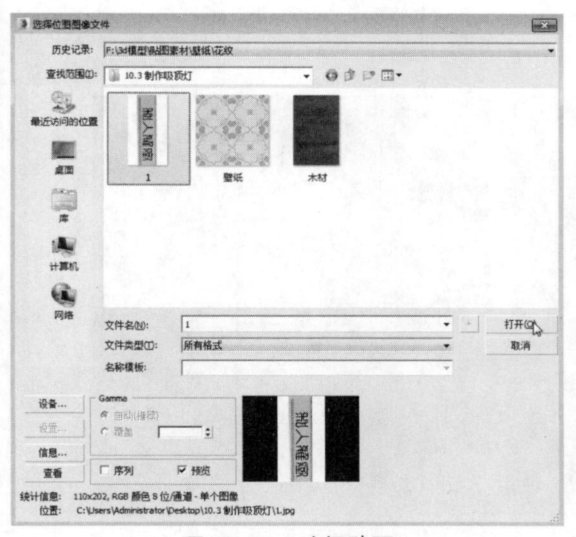

图10-87　选择贴图

图10-88　渲染材质效果

10.4　台灯的制作

台灯的用处多种多样，可以作为床头灯，也可放在课桌上起到照明的效果，或是沙发组合中的一部分，并起到装饰的效果，本例将介绍如何制作课桌台灯，并为台灯设置材质，达到真实的台灯照明效果。

10.4.1　用多边形制作台灯

本例所制作的台灯是简约课桌台灯类型，所以没有太多花哨的装饰，大部分模型部件都是多边形堆积而成，并使用多边形修改器修改形状，下面具体介绍其制作方法。

01 首先制作台灯底座，在顶视图创建长方体，参数如图10-89所示。

02 确定长方体为选定状态，单击鼠标右键弹出快捷菜单列表，然后单击“转换为可编辑多边形”选项，如图10-90所示。

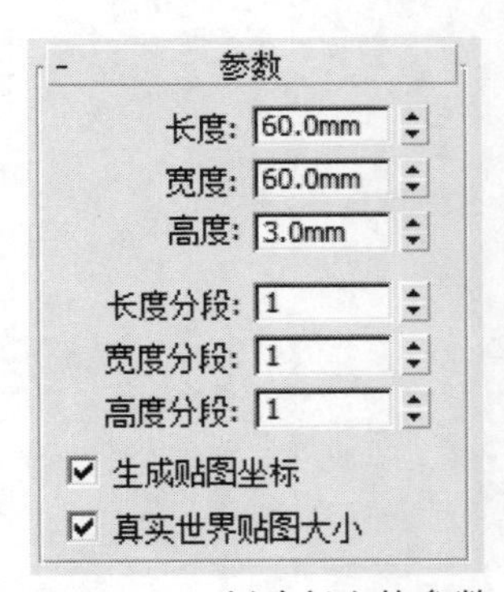

图10-89　创建长方体参数

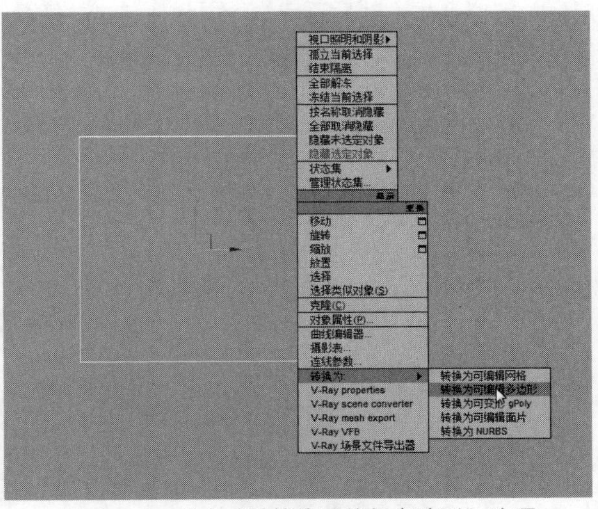

图10-90　单击“转换为可编辑多边形”选项

03 在“修改”选项卡中单击“顶点”选项，如图10-91所示。

04 在视图中调整节点位置，如图10-92所示。

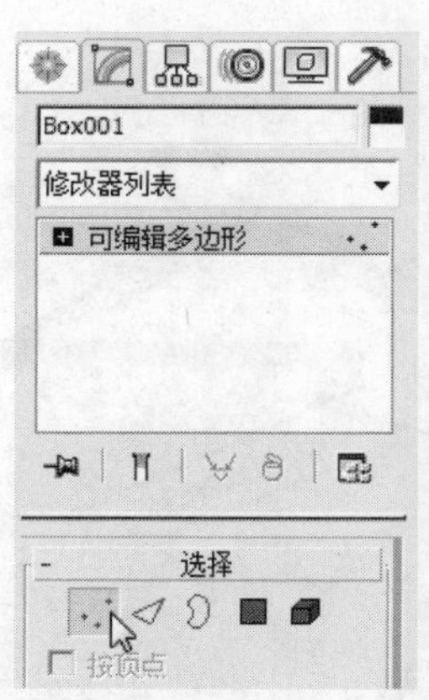

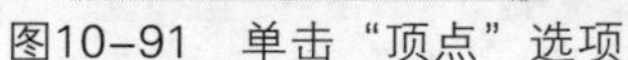

图10-91　单击“顶点”选项　　　　图10-92　调整节点

05 将多边形复制在其上方并进行缩放，如图10-93所示。

06 在工具栏的“捕捉开关”按钮上单击鼠标右键，此时弹出“捕捉和栅格设置”对话框，在其中勾选“端点”复选框，如图10-94所示。

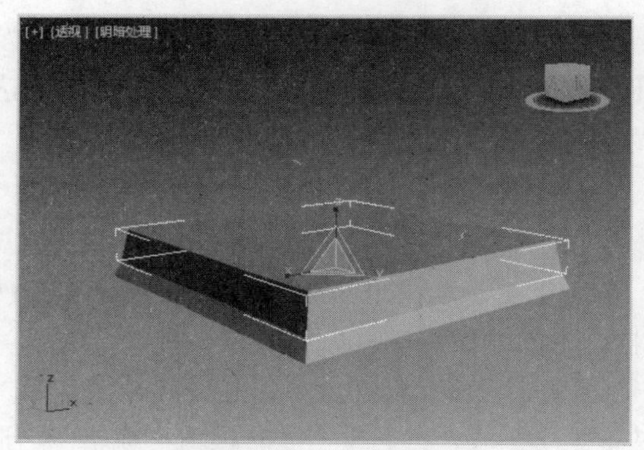

图10-93　复制并缩放多边形

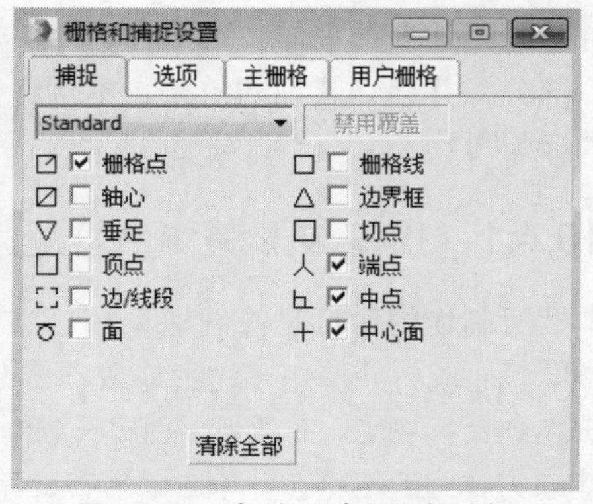

图10-94　勾选“端点”复选框

07 设置完成后关闭对话框，然后返回命令面板，单击“切角长方体”按钮，如图10-95所示。

08 在顶视图捕捉多边形端点，单击并拖动鼠标创建切角长方体，如图10-96所示。

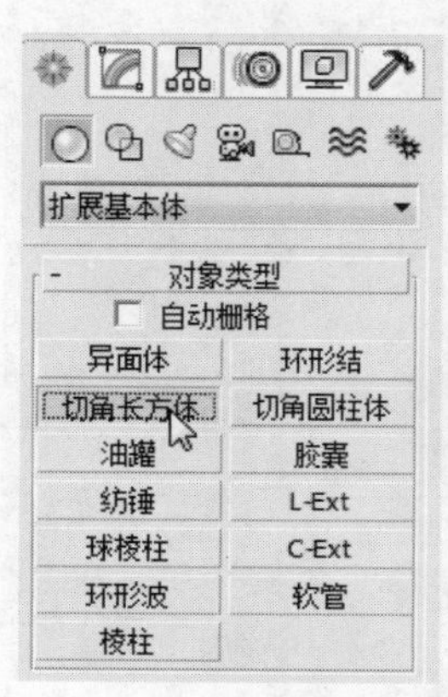

图10-95　单击“切角长方体”按钮

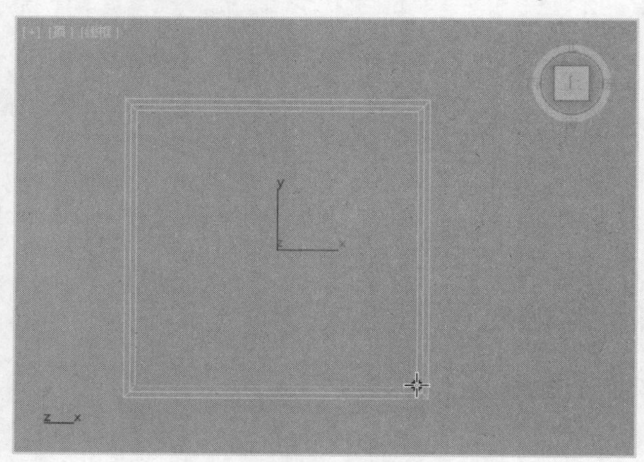

图10-96　创建长方体

09 创建完成后，返回“参数”面板，修改长方体参数，如图10-97所示。

10 在各个视图中调整节点位置，完成后的实体效果如图10-98所示。

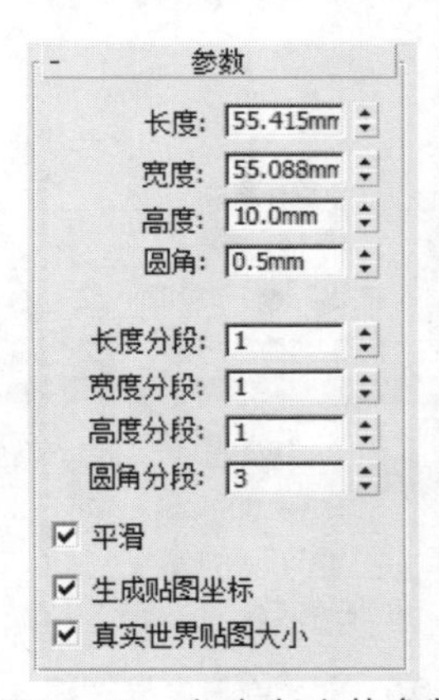

图10-97　切角长方体参数

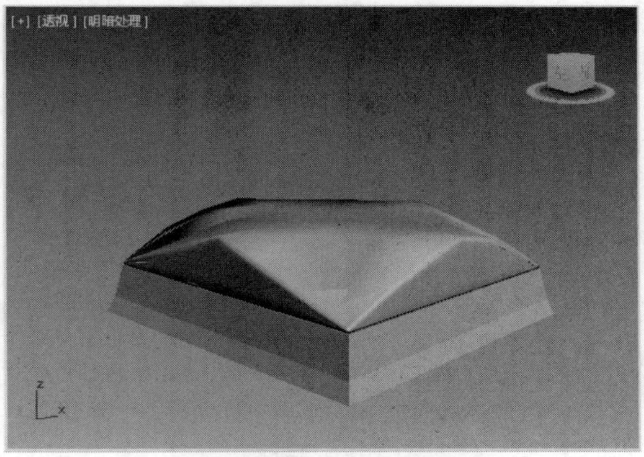

图10-98　调整节点效果

11 打开“图形”命令面板，然后单击“圆”按钮，如图10-99所示。

12 在顶视图单击并拖动鼠标，创建并移动样条线，如图10-100所示。

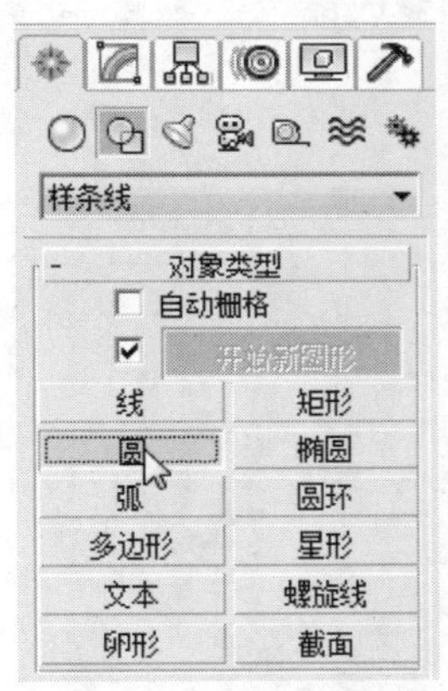

图10-99　单击“圆”按钮

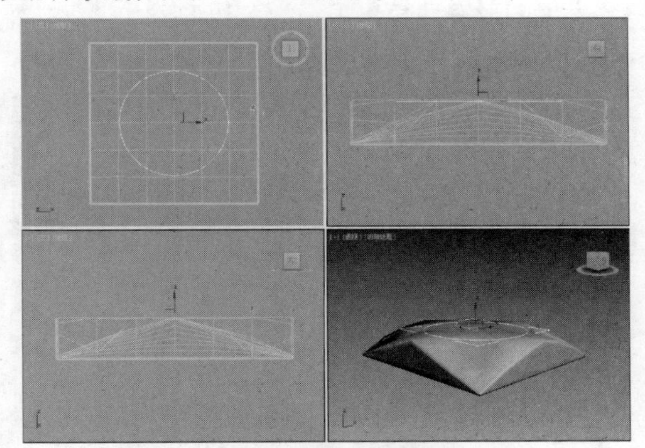

图10-100　创建样条线

13 选择多边形，在“修改”选项卡中单击“边”选项，拖动命令面板至“编辑几何体”卷展栏，然后单击“附加”按钮，如图10-101所示。

14 返回顶视图，选择圆形样条线，即可将样条线附加在多边形上，如图10-102所示。

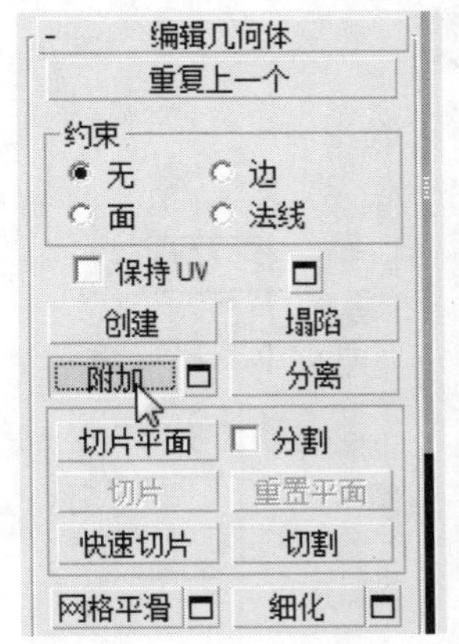

图10-101　单击“附加”按钮

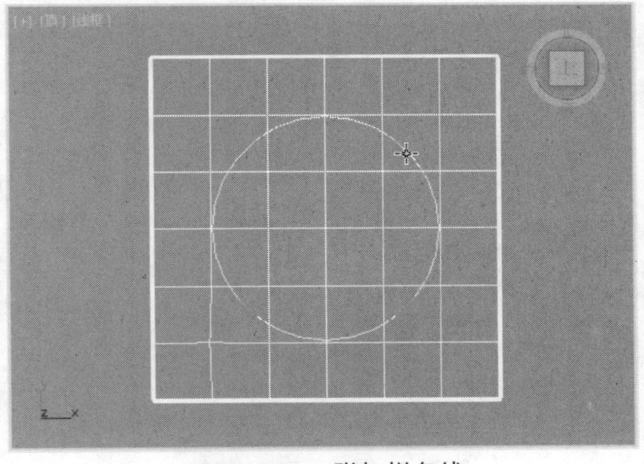

图10-102　附加样条线

⑮ 选择“多边形”选项，在顶视图选择圆，如图10-103所示。

⑯ 在“编辑多边形”卷展栏中单击“挤出”后的方框按钮，如图10-104所示。

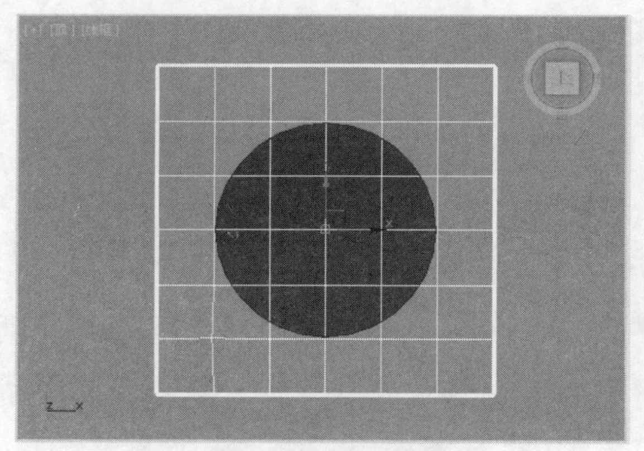

图10-103　选择圆

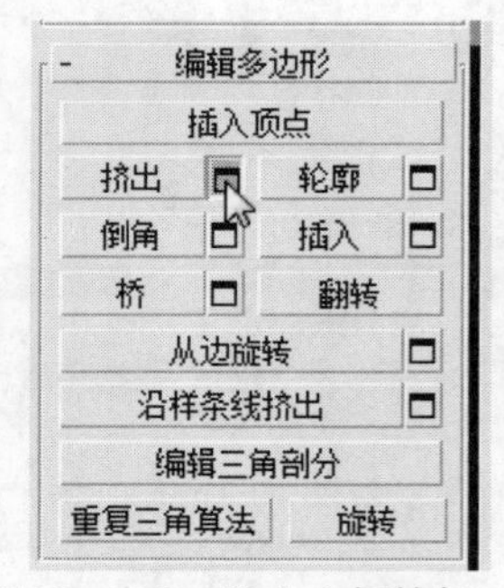

图10-104　单击方框按钮

⑰ 设置挤出厚度为8，单击⊕按钮即可预览挤出效果，单击“确定”按钮完成挤出操作，如图10-105所示。

⑱ 此时用户会发现图形有棱角出现，为多边形添加“涡轮平滑”修改器，并设置平滑参数，如图10-106所示。

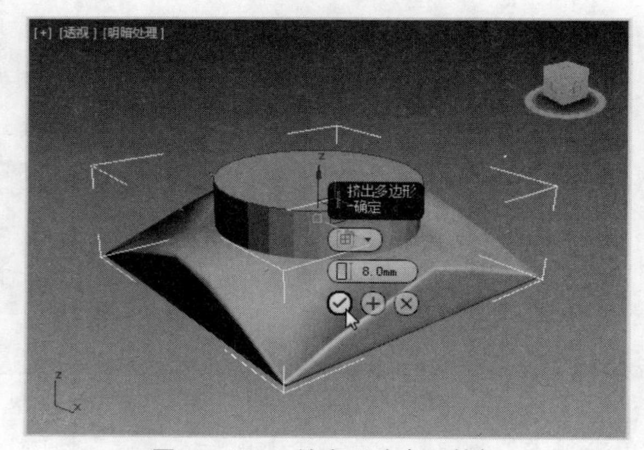

图10-105　单击“确定”按钮

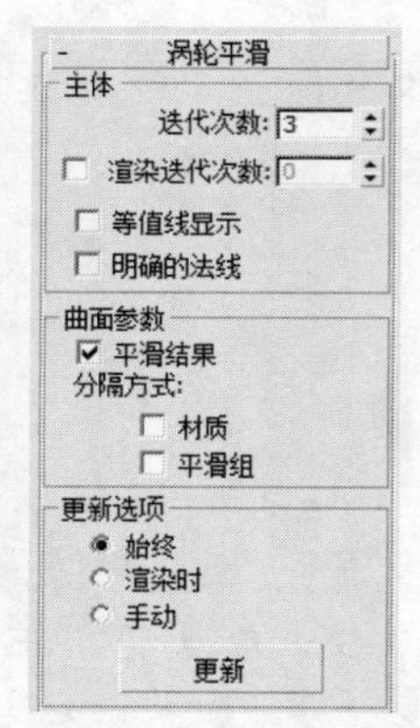

图10-106　设置平滑参数

⑲ 此时图形将进行平滑处理，效果如图10-107所示。

⑳ 下面继续创建切角圆柱体，参数如图10-108所示。

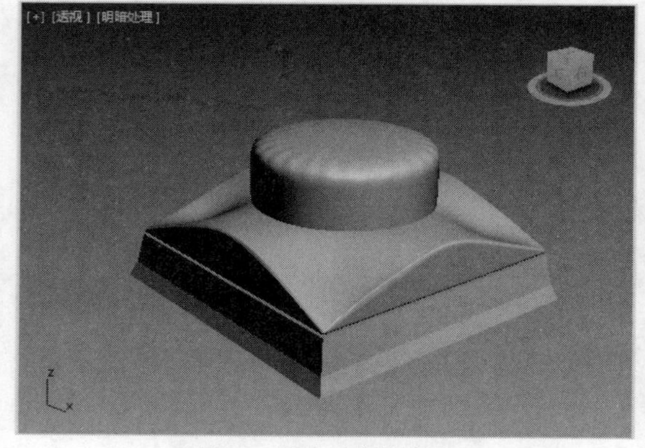

图10-107　平滑效果

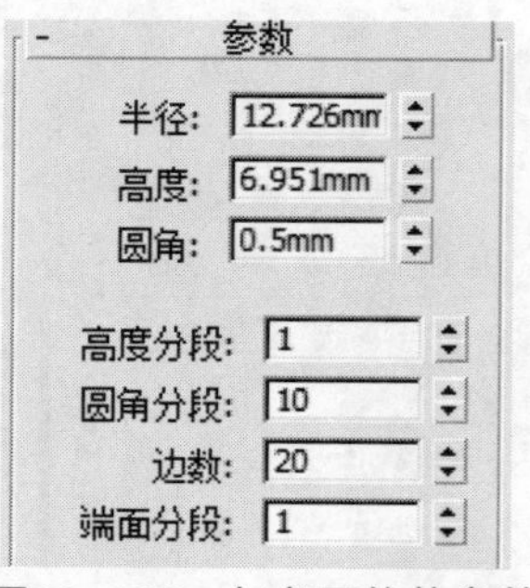

图10-108　切角圆柱体参数

㉑ 将切角长方体转换为可编辑多变形，然后缩小上方圆的大小，此时台灯底座就制作完成了，如图10-109所示。

㉒ 在命令面板中单击“线”按钮，在左视图绘制样条线，如图10-110所示。

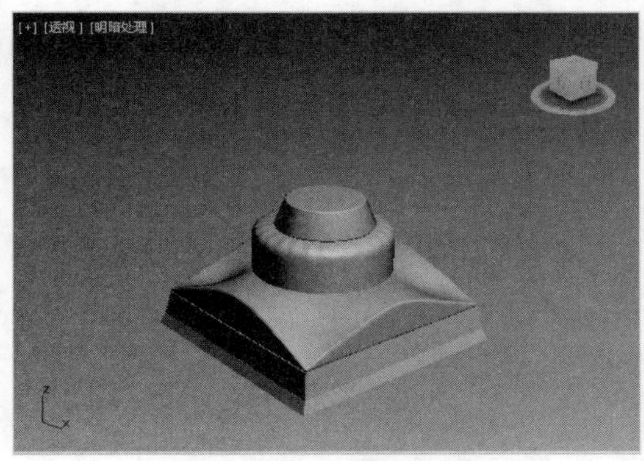

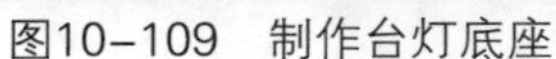
图10-109　制作台灯底座

图10-110　绘制样条线

㉓ 为样条线添加“车削”修改器，并设置对齐方式为最大，此时将完成车削操作，台灯支柱就制作完成了，如图10-111所示。

㉔ 利用以上所学知识创建螺丝扣和灯泡，然后开始制作灯罩和灯罩支架。

㉕ 在各个视图创建“线”和“圆”样条线，依次选择线，并在“渲染”卷展栏中设置样条线参数，如图10-112所示。

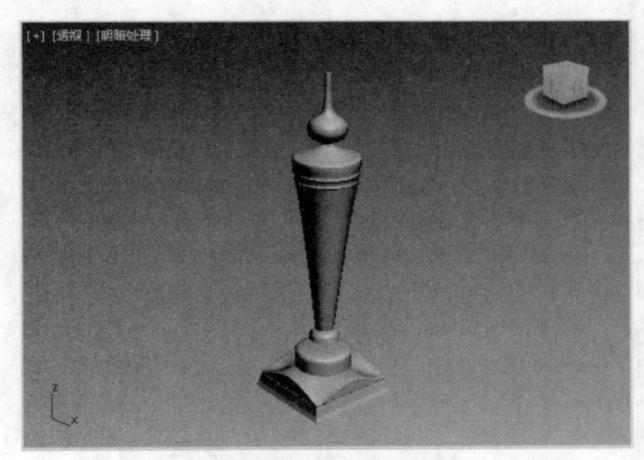
图10-111　制作台灯支柱

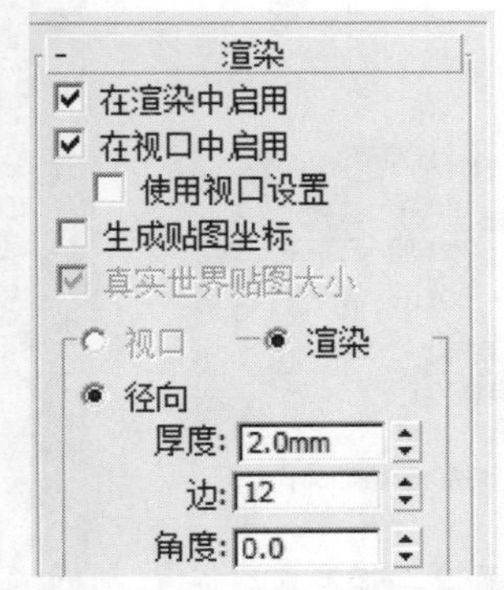

图10-112　设置样条线参数

㉖ 设置完成后，透视图效果如图10-113所示。

㉗ 在命令面板中单击“圆锥体”按钮，如图10-114所示。

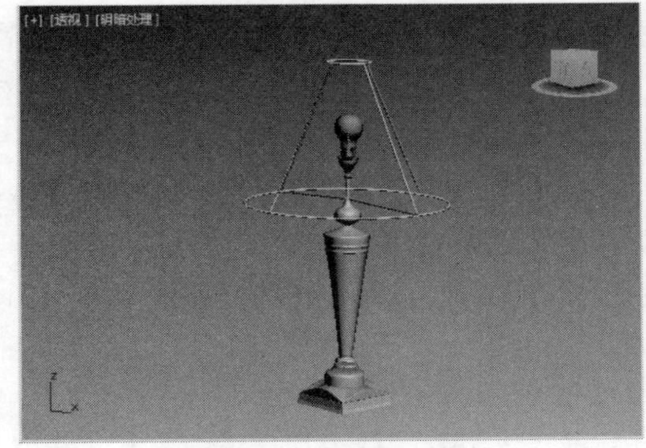
图10-113　制作灯罩支架

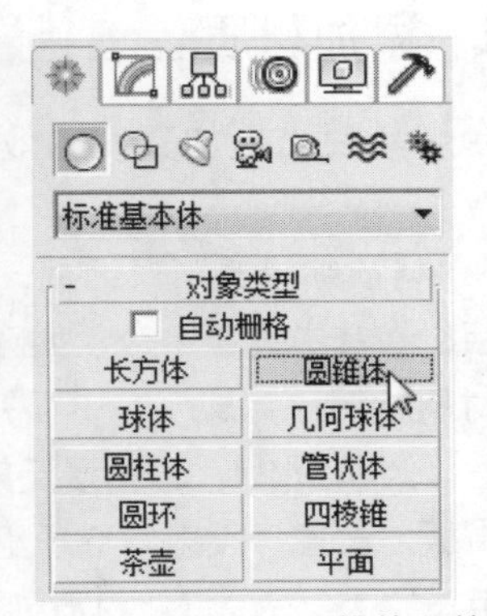

图10-114　单击“圆锥体”按钮

㉘ 在顶视图单击并拖动鼠标，创建圆锥体，参数如图10-115所示。

㉙ 将圆锥体转换为可编辑多边形，将上下两个面删除，然后在修改器列表中选择“壳”选项，为多边形添加修改器，如图10-116所示。

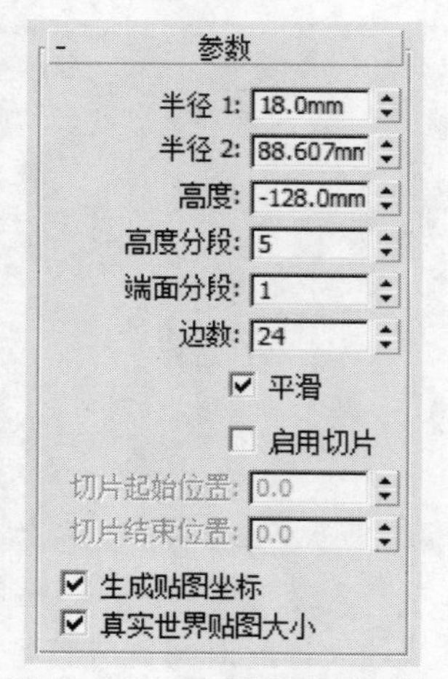

图10-115 创建圆锥体参数

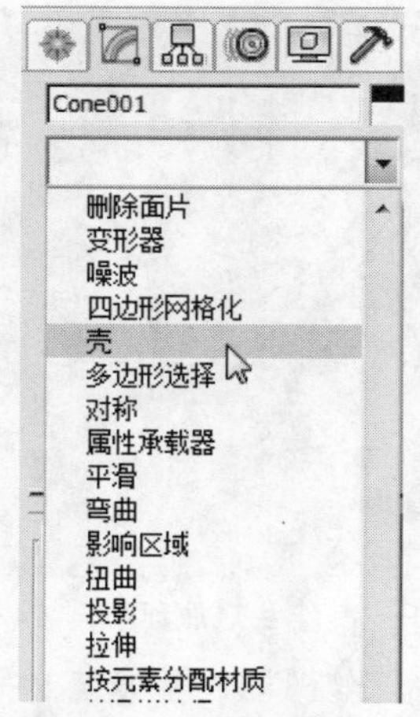

图10-116 单击“壳”选项

㉚ 此时弹出“参数”面板，在其中设置“外部量”数值，如图10-117所示。

㉛ 将灯罩移动到灯架外部后，台灯就制作完成了，如图10-118所示。

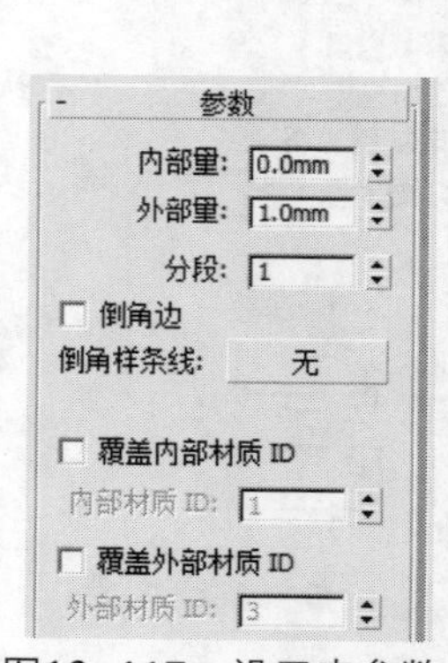

图10-117 设置壳参数

图10-118 制作台灯

10.4.2 添加材质

为了使台灯呈现出更加真实的效果，用户需要创建并赋予材质，下面具体介绍如何设置台灯材质。

01 按M键打开“材质编辑器”对话框，选择空白材质球，设置材质类型为VRayMtl，此时打开“基本参数”面板，在其中设置参数，如图10-119所示。

02 此时金属材质就制作完成了，下面开始制作灯罩材质，选择空白材质球，设置材质名称为灯罩，设置材质类型为VRayMtl，单击漫反射颜色选项框，设置漫反射颜色，如图10-120所示。

03 返回参数面板，设置“反射”选项组参数，如图10-121所示。

04 将折射颜色设置为127，灯罩材质就制作完成了，如图10-122所示。

05 最后制作灯泡材质，并将其设置为发光效果，选择材质球，将材质类型设置为VR-灯光材质，单击颜色选项框，设置灯光颜色，如图10-123所示。

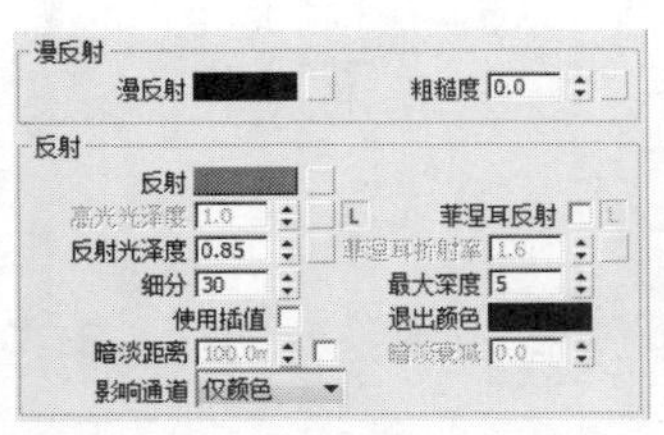

图10-119　设置金属材质参数

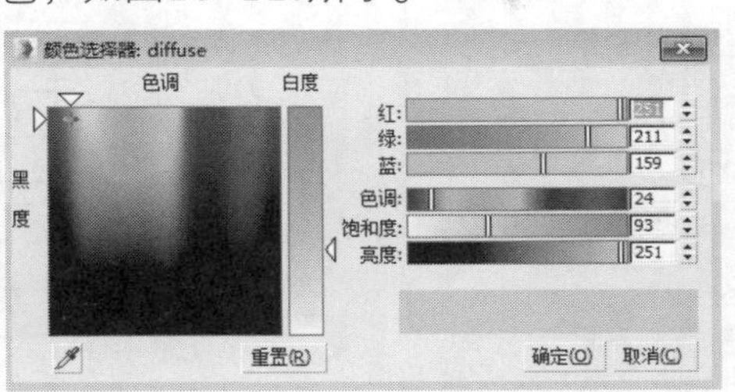

图10-120　设置漫反射颜色

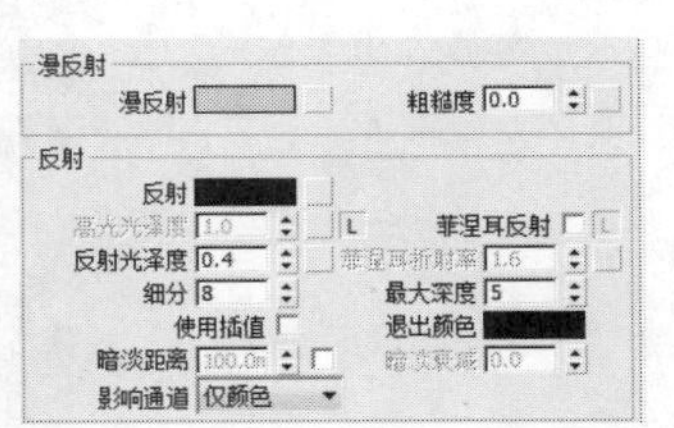

图10-121　设置反射参数

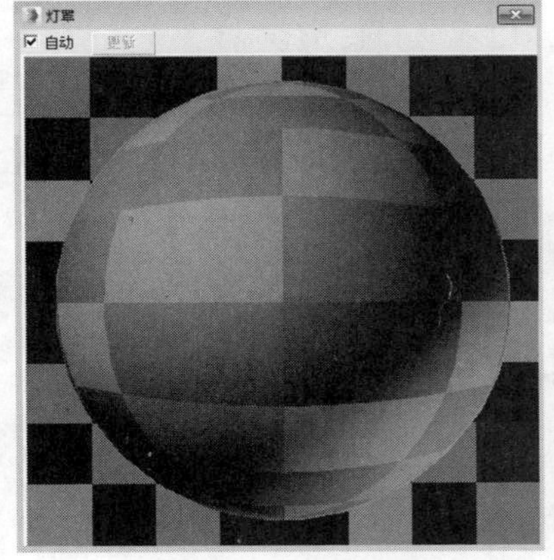

图10-122　材质球效果

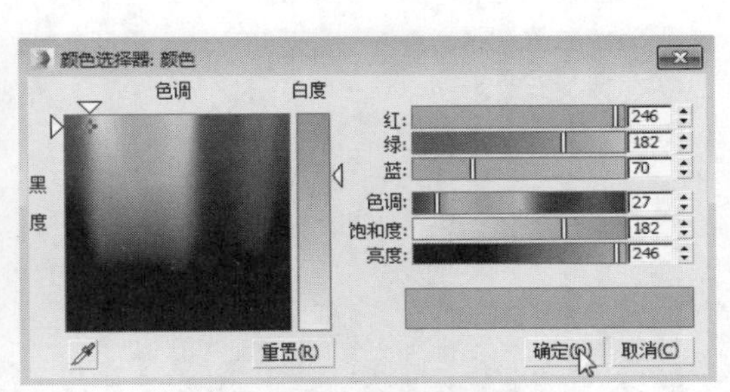

图10-123　设置灯光颜色

06 设置灯光倍增值为3，然后勾选“背面发光”复选框，如图10-124所示。

07 将材质赋予到指定实体上，然后创建长方体作为墙面和地面，并为其添加材质贴图，最后创建灯光辅助照明，渲染实体效果如图10-125所示。

图10-124　设置灯光强度倍增

图10-125　添加材质效果

10.5 上机实训

为了使用户更加深入地掌握本章知识，下面列举两个简单的实例，巩固练习。

10.5.1　餐厅吊灯的制作

本例的吊灯由5个灯具组合在一起，形状相同，但大小不同，下面开始介绍如何制作餐厅吊灯。

01 打开“几何体”命令面板，并单击“长方体”按钮，如图10-126所示。

02 在顶视图单击并拖动鼠标创建长方体，参数如图10-127所示。

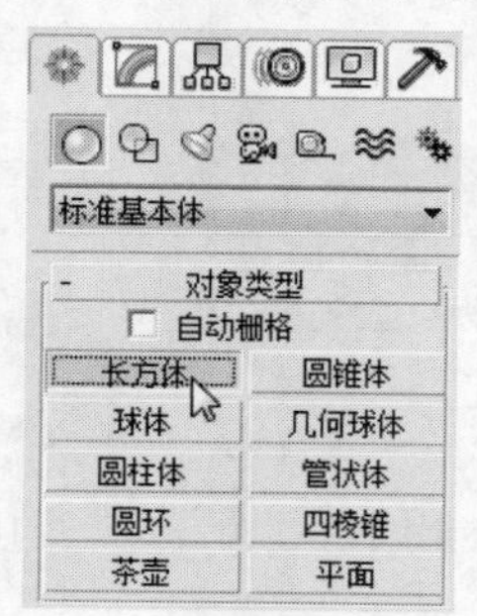

图10-126 单击“长方体”按钮

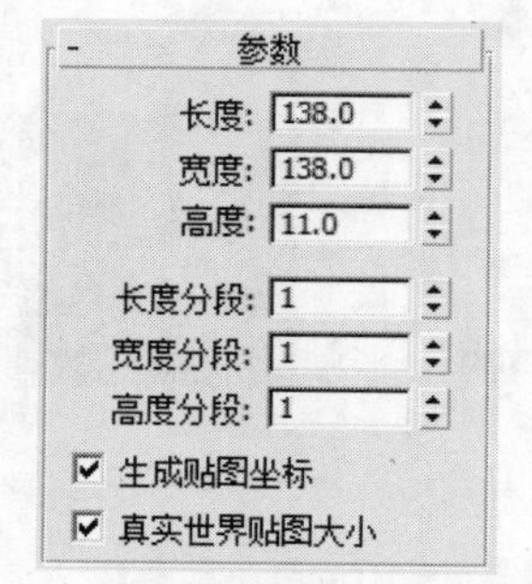

图10-127 创建长方体参数

03 将长方体转换为可编辑多边形，并选择多边形选项，返回视图选择底面，如图10-128所示。

04 在“编辑多边形”卷展栏中，单击“挤出”后方的方框按钮，如图10-129所示。

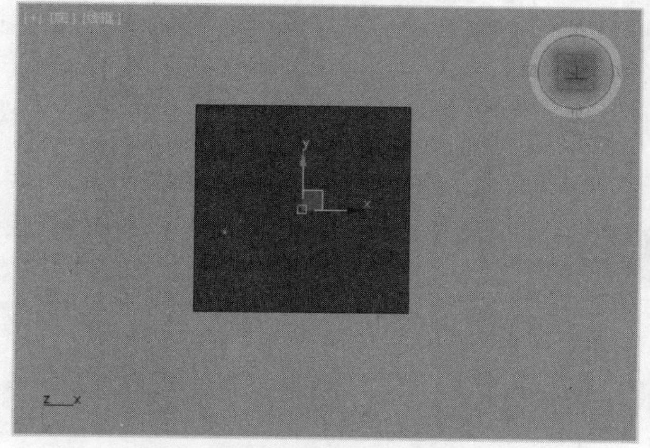

图10-128 选择底面

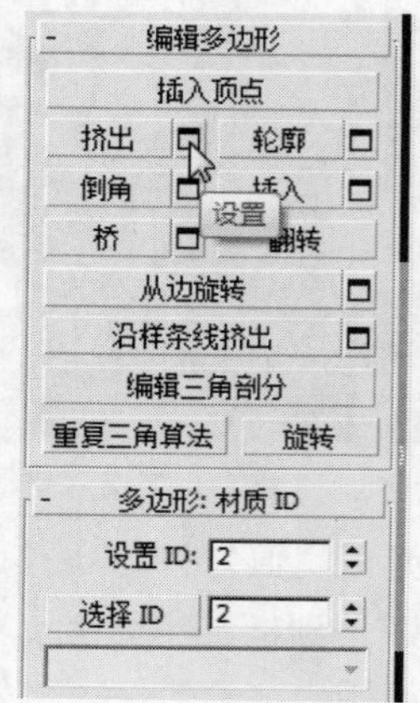

图10-129 单击方框按钮

05 设置挤出厚度为3，单击“确定”按钮挤出面，返回修改堆栈栏，然后选择“顶点”选项，如图10-130所示。

06 在视图中选择底面顶点，在工具栏中激活“选择并均匀缩放”按钮，在顶视图缩放点，效果如图10-131所示。

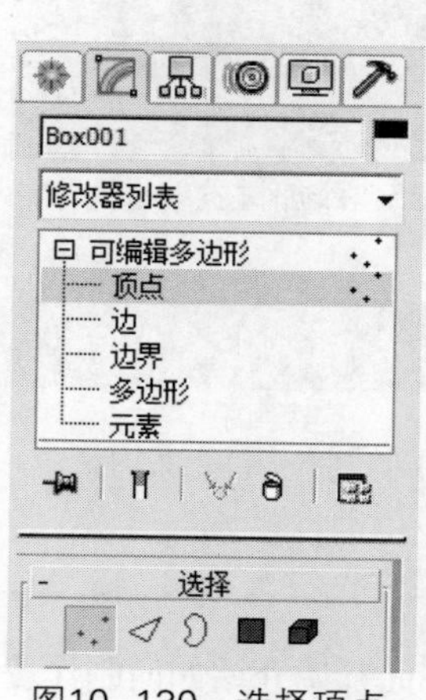

图10-130 选择顶点

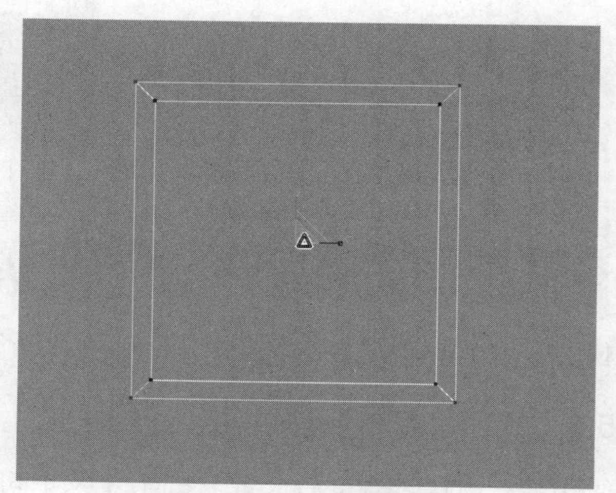

图10-131 缩放顶点效果

07 此时吊灯底座就制作完成了，下面开始制作吊环，在命令面板中单击“圆”按钮，如图10-132所示。

08 在前视图创建样条线，然后返回“渲染”卷展栏设置样条线参数，如图10-133所示。

图10-132 单击“圆”按钮

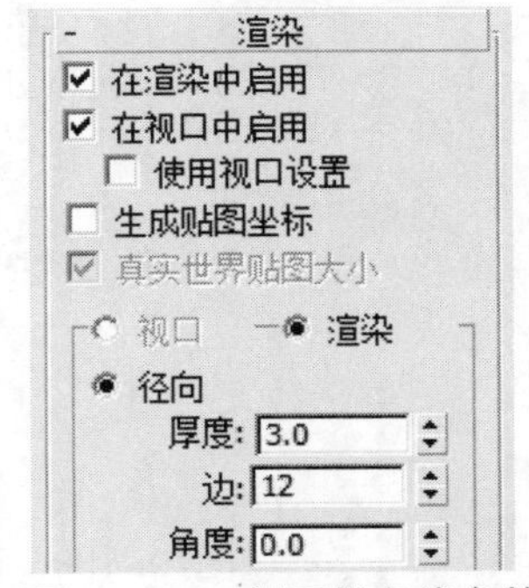

图10-133 设置样条线参数

09 此时样条线将显示厚度，单击“缩放”按钮，将样条线进行缩放，效果如图10-134所示。

10 按住Shift键选择圆并拖动鼠标，弹出“克隆选项”对话框，设置克隆参数后单击“确定”按钮，如图10-135所示。

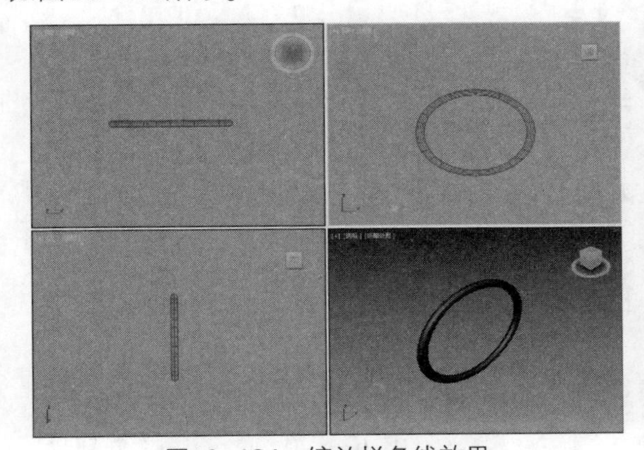

图10-134 缩放样条线效果

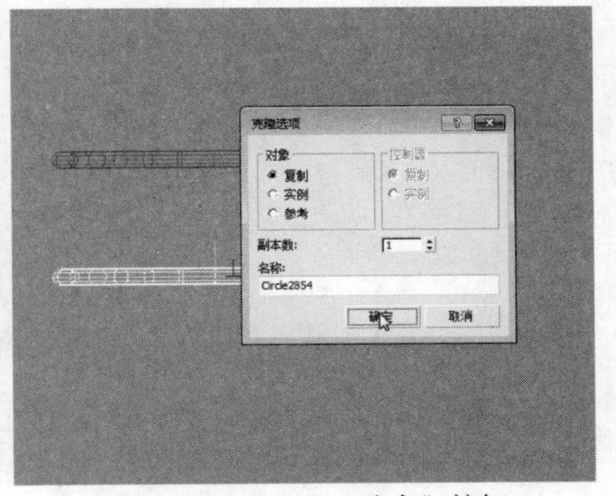

图10-135 单击“确定”按钮

11 将样条线旋转90°，并在视图中移动样条线至合适位置，如图10-136所示。

12 此时圆环将环扣在一起，全部选择圆环，然后执行“工具”|“阵列”命令，如图10-137所示。

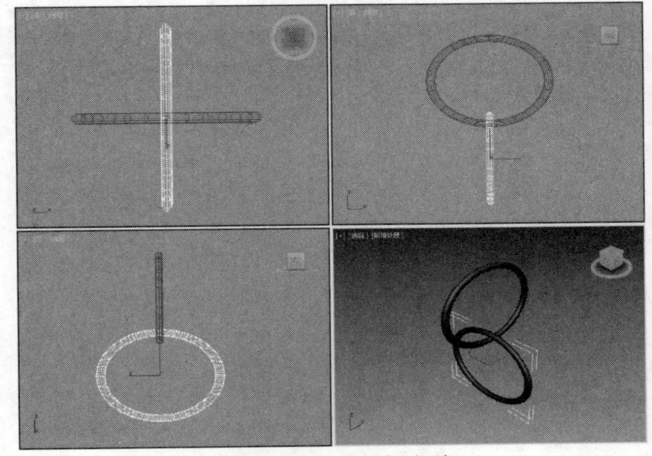

图10-136 选择样条线

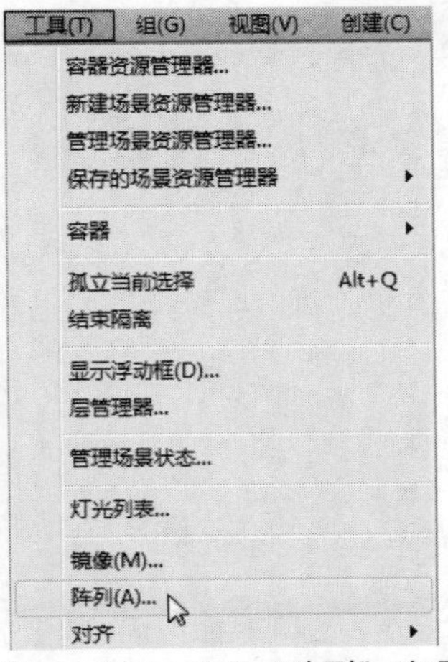

图10-137 单击“阵列”选项

⑬ 弹出“阵列”对话框，在其中设置阵列参数，如图10-138所示。

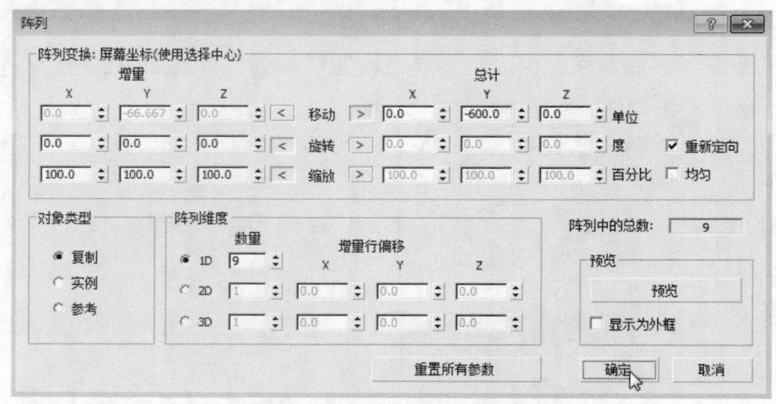

图10-138　设置阵列参数

⑭ 设置完成后即可将圆环阵列，吊环就制作完成了，将锁链移至底座位置上，效果如图10-139所示。

⑮ 下面开始制作灯罩支架和灯罩，首先制作灯架，在命令面板中单击“线”按钮，如图10-140所示。

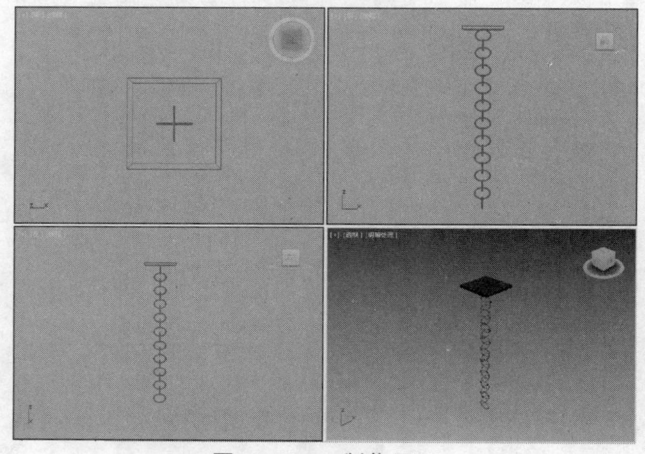

图10-139　制作吊环

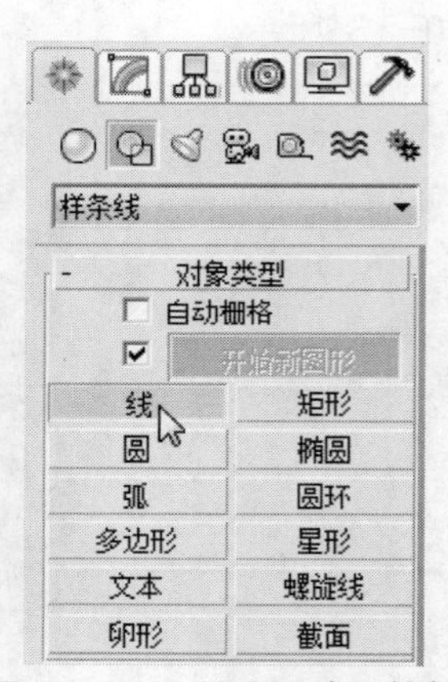

图10-140　单击“线”按钮

⑯ 在前视图和左视图创建并编辑样条线，如图10-141所示。

⑰ 重复上述步骤，启用样条线的渲染功能，然后在顶视图将样条线复制并进行旋转，如图10-142所示。

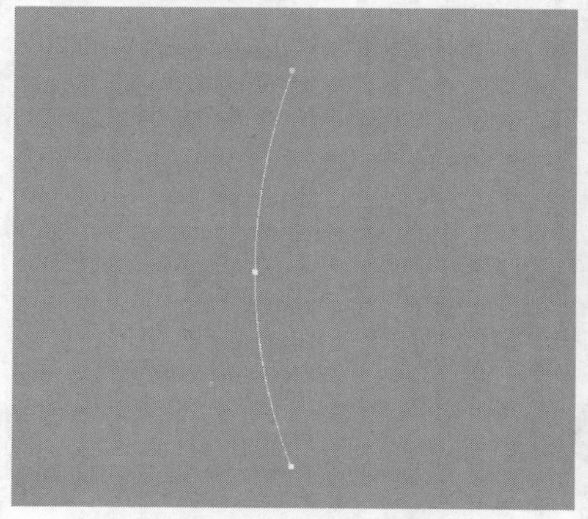

图10-141　创建样条线

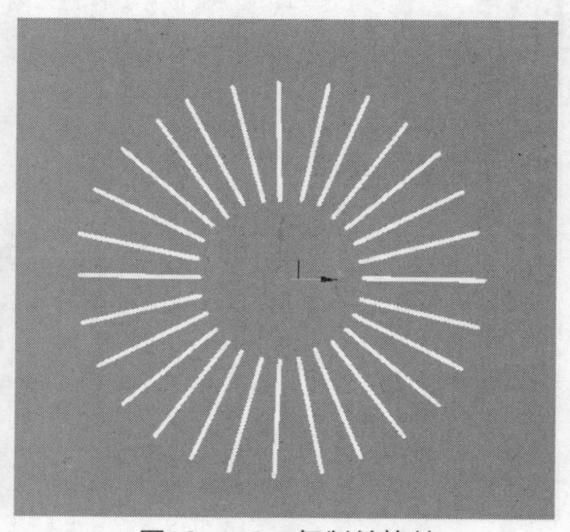

图10-142　复制并旋转

18 最后在顶视图创建“圆”样条线，并启动渲染功能，将其复制移动到合适位置，此时灯罩支架就制作完成了，效果如图10-143所示。

19 再次创建样条线，如图10-144所示。

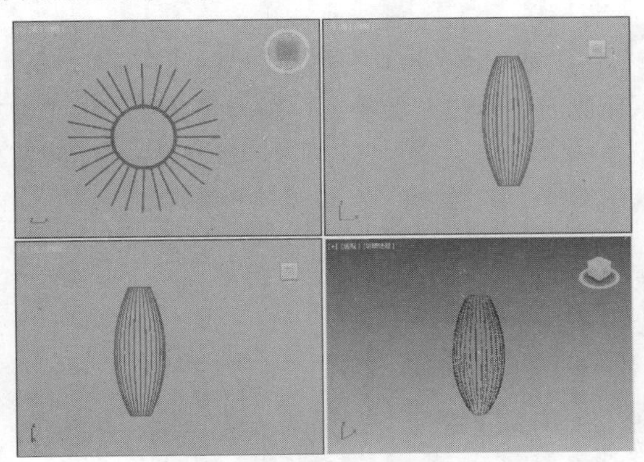

图10-143　制作灯罩支架

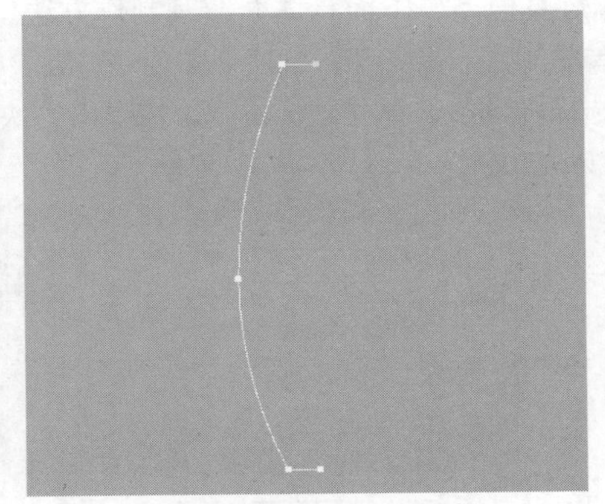

图10-144　绘制样条线

20 为样条线添加“车削”修改器，设置对齐方式为最大，此时实体的形状与灯罩支架形状一致，将实体转换为可编辑多边形，并删除上下底，灯罩就制作完成了，如图10-145所示。

21 将灯罩放置在灯架外部，成组后将其移至吊环下方，如图10-146所示。

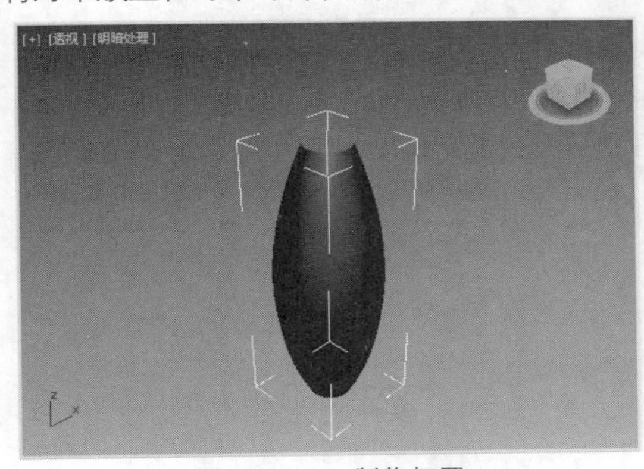

图10-145　制作灯罩

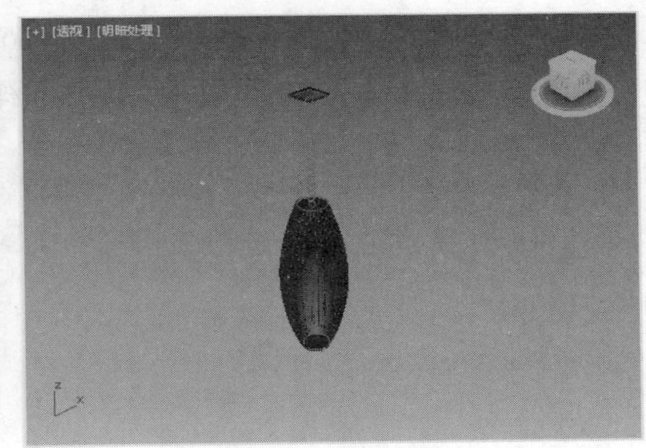

图10-146　移动灯罩

22 选择所有实体，并成组，设置名称为吊灯，复制并适当缩放吊灯模型，完成餐厅吊灯模型的制作，如图10-147所示。

23 最后设置并赋予材质，将吊灯在场景中进行渲染，即可观察到吊灯效果，如图10-148所示。

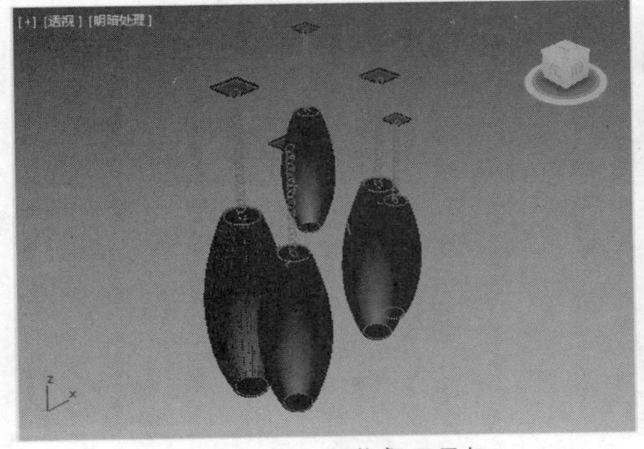

图10-147　制作餐厅吊灯

图10-148　赋予材质效果

10.5.2 筒状落地灯的制作

本例将介绍如何制作筒状落地灯，该灯具风格以简洁为主，用户可以使用多边形和样条线制作灯具模型，下面具体介绍其制作方法。

01 首先制作灯具支架，在顶视图创建“圆”样条线，参数如图10-149所示。

02 选择样条线，单击鼠标右键，在弹出的快捷菜单列表中单击“转换为可编辑样条线”选项，如图10-150所示。

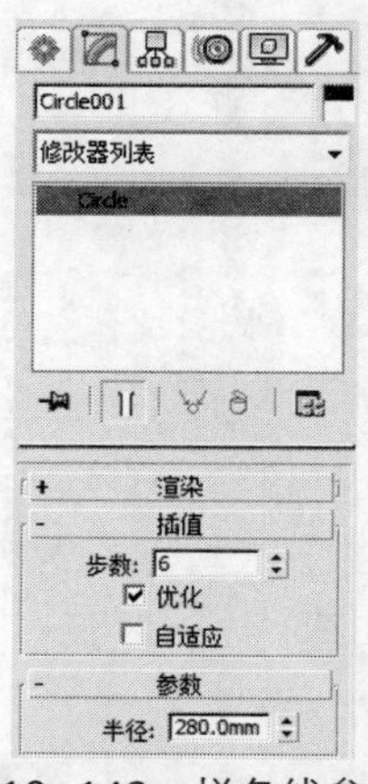

图10-149 样条线参数

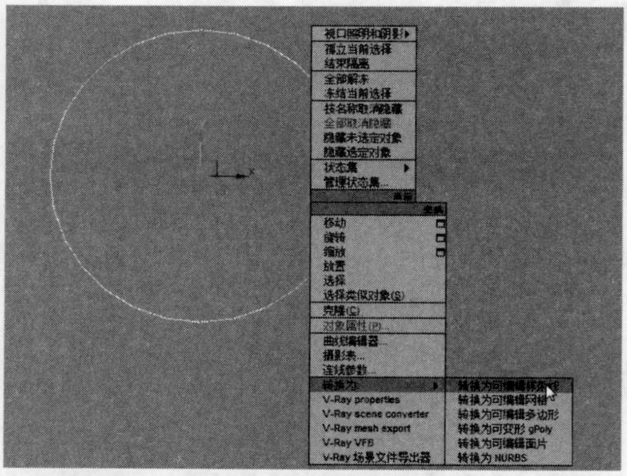

图10-150 单击“转换为可编辑样条线”选项

03 打开“修改”选项卡，在修改堆栈栏中单击“样条线”选项，如图10-151所示。

04 拖动页面至“几何体”卷展栏，设置轮廓数值，如图10-152所示。

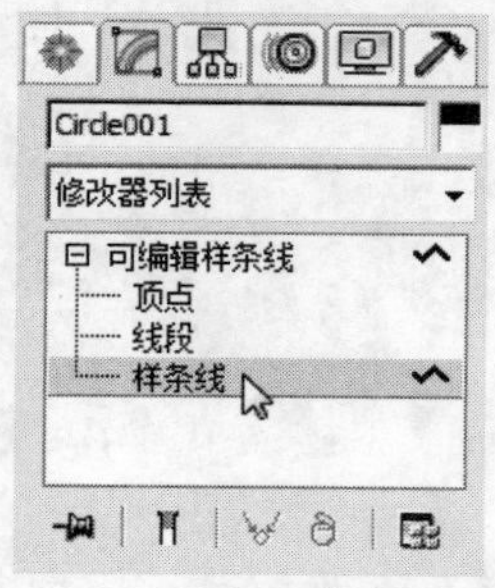

图10-151 单击“样条线”选项

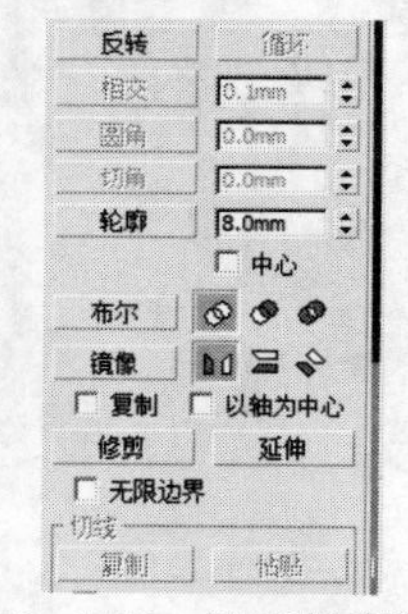

图10-152 设置轮廓数值

05 按回车键即可看见轮廓，如图10-153所示。

06 选择样条线，为其添加“挤出”修改器，然后设置挤出厚度，如图10-154所示。

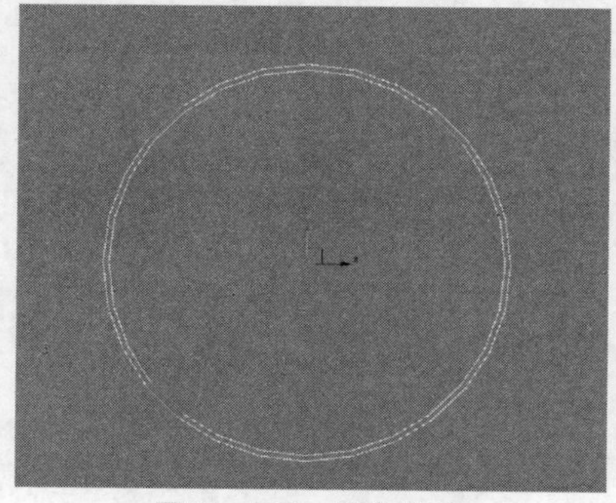

图10-153 创建轮廓

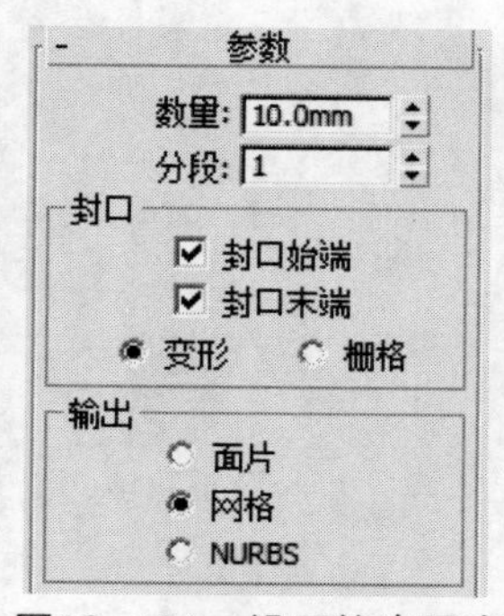

图10-154 设置挤出厚度

07 在“样条线”命令面板中单击“矩形”按钮，在左视图单击并拖动鼠标，创建矩形，参数如图10-155所示。

08 在顶视图将样条线旋转90°，如图10-156所示。

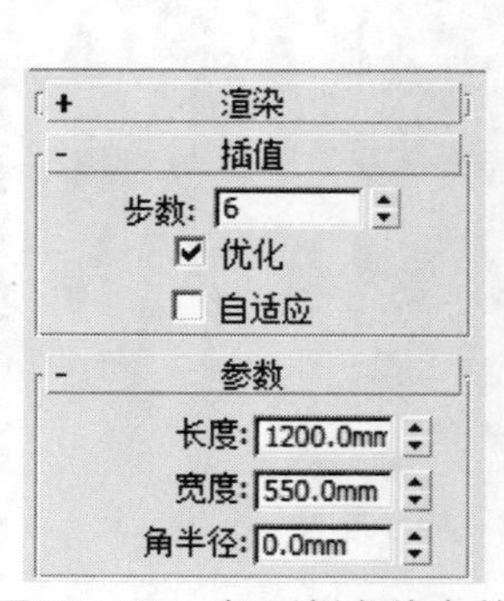

图10-155　矩形样条线参数

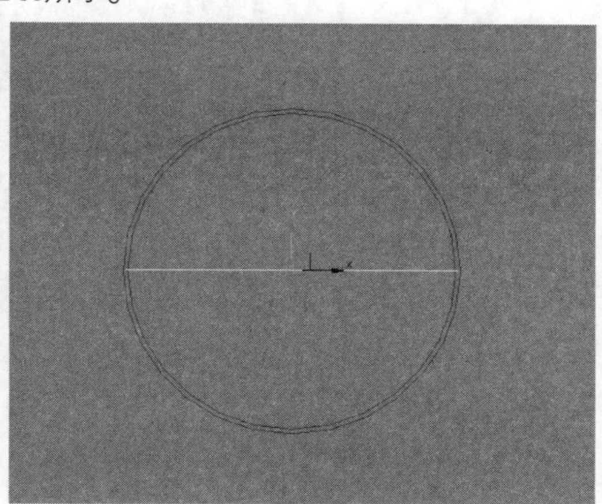

图10-156　旋转样条线

09 将样条线更改为可编辑多边形，并在修改堆栈栏中选择“线段”选项，如图10-157所示。

10 在透视视图选择线段，如图10-158所示。

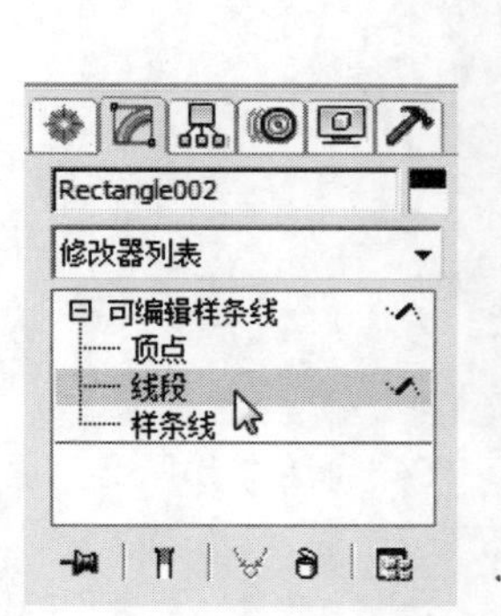

图10-157　单击“线段”选项

图10-158　选择线段

11 按Delete键将线段删除，返回堆栈栏中选择“顶点”选项，如图10-159所示。

12 返回视图，选择样条线上方的顶点，设置圆角值为50，设置完成后的效果如图10-160所示。

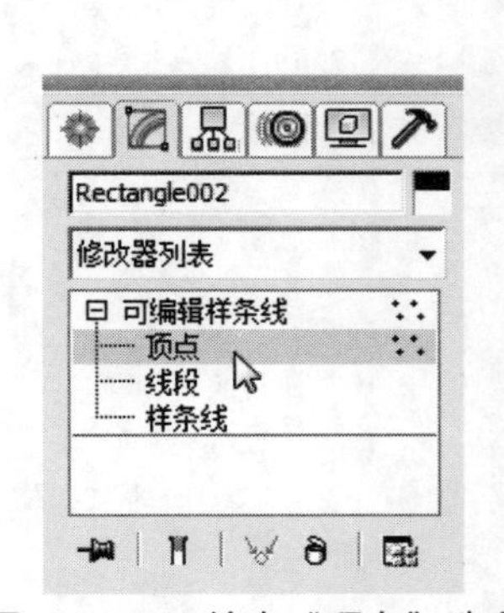

图10-159　单击“顶点”选项

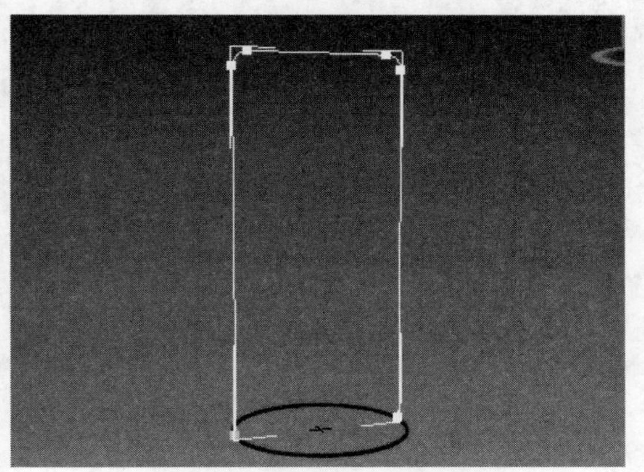

图10-160　设置圆角效果

⑬ 将样条线挤出厚度为30mm，然后添加“壳”修改器，并设置“外部量”数值，如图10-161所示。

⑭ 此时实体将显示厚度，效果如图10-162所示。

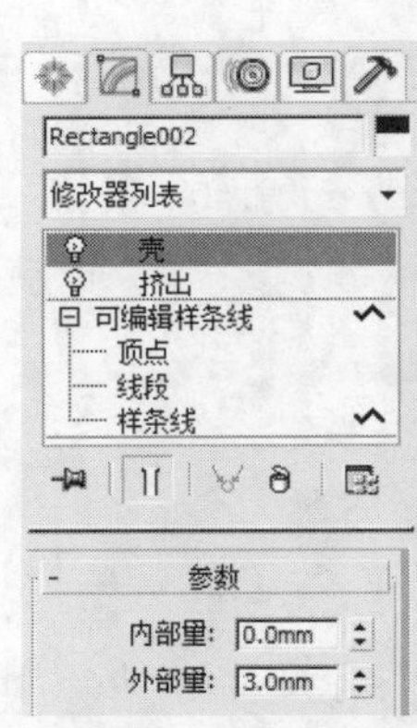

图10-161　设置壳参数

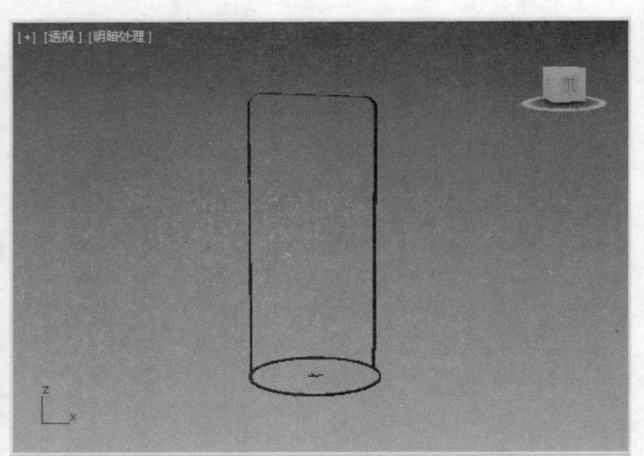

图10-162　显示厚度

⑮ 在前视图选择圆，如图10-163所示。

⑯ 将圆复制并移动到指定位置，并调整挤出厚度，如图10-164所示。

图10-163　选择圆

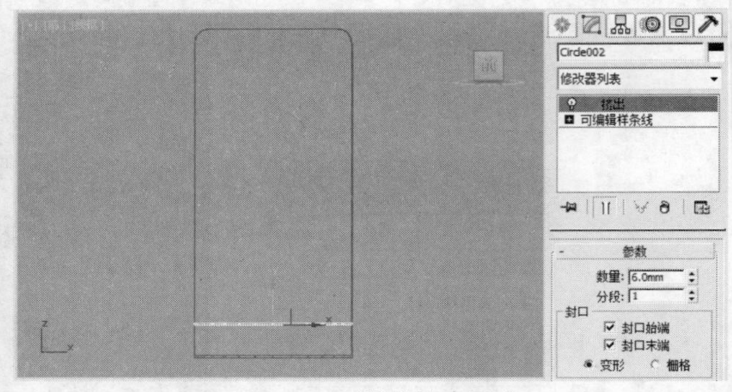

图10-164　调整挤出厚度

⑰ 再次复制圆，并移动到顶层，效果如图10-165所示。

⑱ 打开“几何体”命令面板，单击“圆柱体”按钮，如图10-166所示。

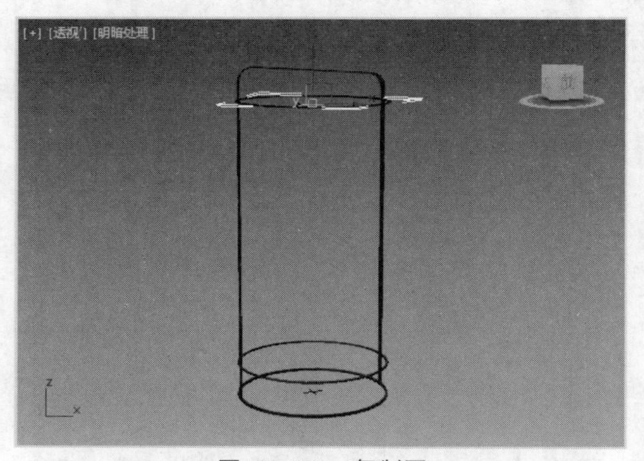

图10-165　复制圆

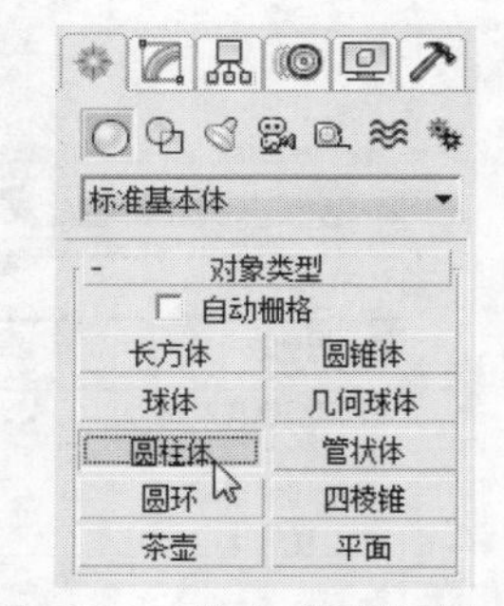

图10-166　单击“圆柱体”按钮

⑲ 在顶视图创建圆柱体，参数如图10-167所示。

⑳ 对圆柱体进行布尔运算，完成灯罩的制作，如图10-168所示。

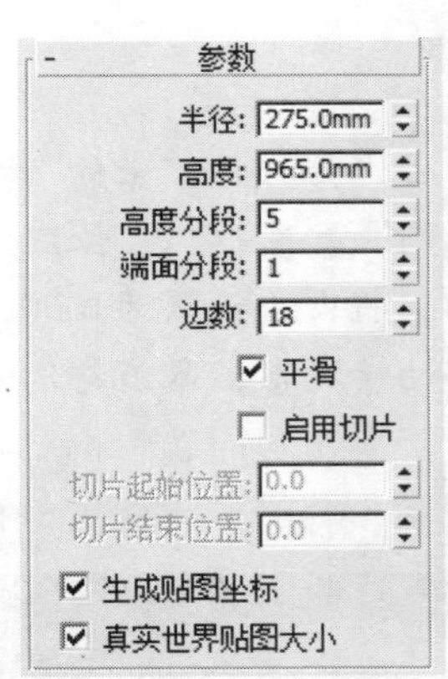

图10-167　创建圆柱体

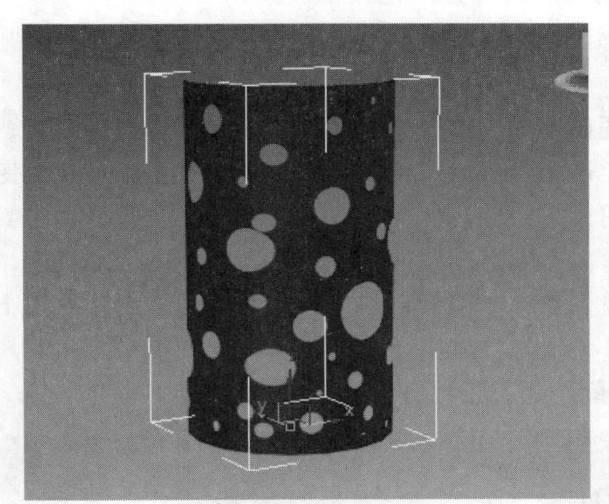

图10-168　制作落地灯灯罩

21 重复创建相同参数的圆柱体，将其放置在灯罩内部，即可完成落地灯的制作，下面为落地灯设置不锈钢材质，按M键打开材质编辑器，设置漫反射颜色为25，反射颜色为200，然后设置其他参数值，如图10-169所示。

22 设置完成后，材质球效果如图10-170所示。

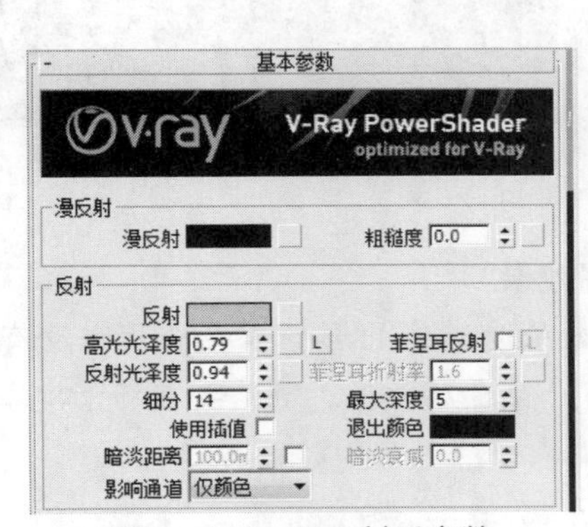

图10-169　设置材质参数

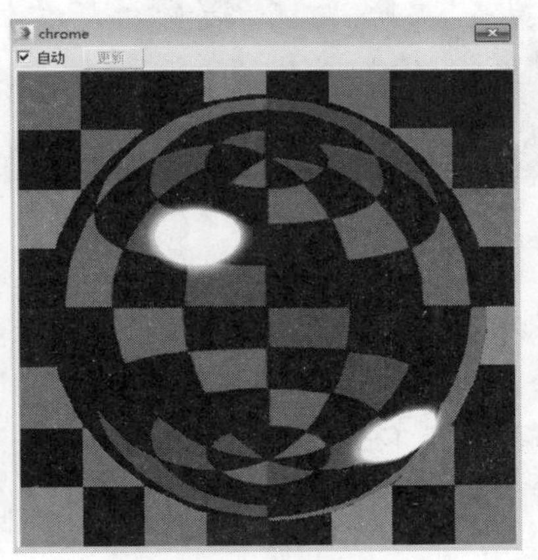

图10-170　材质球效果

23 继续设置灯罩材质，参数如图10-171所示。

24 设置灯芯材质，将材质类型设置为VR-灯光材质，设置灯光颜色为浅黄色，最后为模式添加相应材质，并在合适位置添加灯光、墙体和地板等实体后，对场景进行渲染，如图10-172所示。

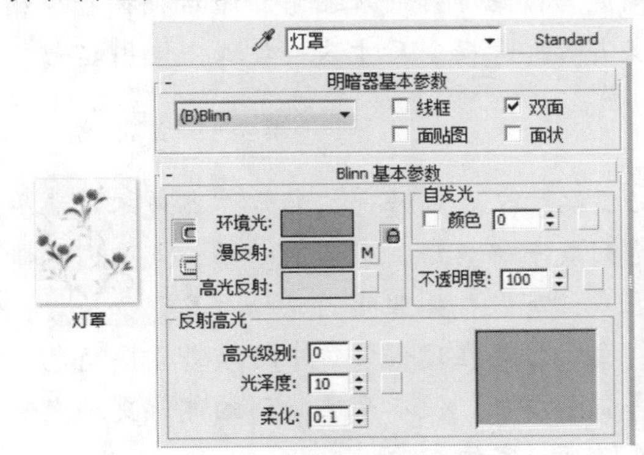

图10-171　设置灯光材质贴图

图10-172　渲染材质效果

10.6 常见疑难解答

在创建实体模型的过程中，用户往往会遇到许多问题，下面整理了一些常见疑难解答，供用户参考。

Q：添加材质贴图时，为什么材质球不显示图像纹理？

A：这是由于设置贴图的比例不当而形成的。在添加位图图像后，会打开“坐标”卷展栏，此时参数贴图大小为1mm，由于上方勾选了“使用真实世界比例”复选框，当位图为1mm时，现实生活中不会观察到1mm的物体，所以位图太小观察不到，将大小设置为1000，此时材质球就会出现位图，如图10-173所示。或者在不更改贴图大小的情况下，取消勾选“使用真实世界比例”复选框，也会观察到位图纹理，如图10-174所示。

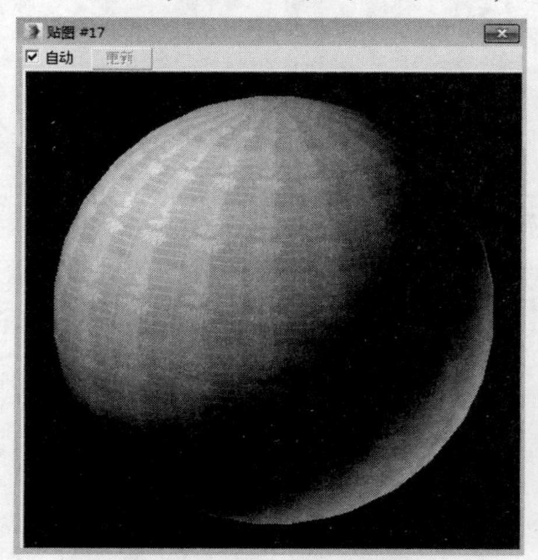

图10-173　设置位图大小为1000

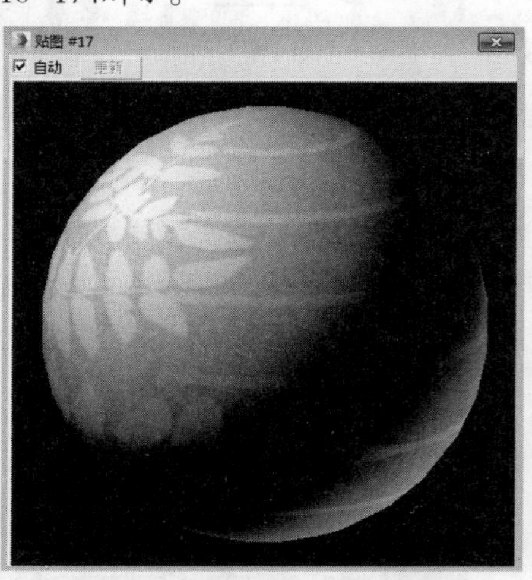

图10-174　取消勾选复选框效果

Q：渲染金属和不锈钢材质时，为什么不显示金属效果？

A：金属包含反光和光泽性较高的特性，其材质效果受光线的影响，在场景中没有光线的情况下，材质就显示不出反光的效果，所以若没有产生金属效果，就需要在场景中添加光源，然后再进行渲染，即可解决这一问题。

Q：CAD的灯具尺寸文件在Max软件中能使用吗？

A：可以。单击“菜单浏览器”按钮，在菜单列表中单击“导入”选项，打开“选择要导入的文件”对话框，选择需要导入的CAD文件，并单击“打开”按钮，此时弹出“AutoCAD DWG/DXF导入选项”对话框，单击“确定”按钮即可导入图形，激活捕捉命令创建模型，这样做既可以保证建模尺寸正确，又可以省略思考模型尺寸这一步骤，使用起来非常方便。

Q：灯具对室内装修风格有什么影响吗？

A：灯具是室内照明器具，它既是人工照明必需品，又是创造优美的室内环境不可缺少的设备，灯具的装饰作用和造型可以使室内环境达到或宁静典雅，或富丽堂皇，或田园抒情，或热情奔放，或扑朔迷离等气氛。灯具的种类很多，有做整体照明的无栅灯具，如吊灯、吸顶灯；有做局部照明的灯具，如壁灯、射灯等，由于灯具在现代装饰中扮演着重要角色，它的光、色、形、质会使本来没有特色的建筑变得引人注目，使本来已华丽的建筑更加光彩夺目，因此在室内环境设计时，灯具对室内装修风格有一定的影响。

10.7 拓展应用练习

通过本章练习，用户对灯具的制作过程有了更加深入的了解，下面制作几个灯具，再次进行巩固。

10.7.1 制作台灯

知识要点

创建多边形和样条线制作台灯模型，渲染效果如图10-175所示。

图10-175 制作台灯

操作提示

01 创建长方体和圆柱体作为台灯的底座，创建圆锥体，删除上下底，并添加“壳”修改器，使其增加厚度。

02 再次创建样条线作为灯罩的装饰边，并启用渲染功能。

03 设置并赋予材质，然后对模型进行渲染，完成台灯的制作。

10.7.2 制作中式落地灯

使用长方体、圆柱体、样条线、挤出等命令制作中式落地灯，效果如图10-176所示。

图10-176 中式落地灯

操作提示

01 利用长方体和圆柱体制作落地灯的底座和边框，并组合在一起。

02 绘制样条线并将其挤出，制作灯具花纹和灯腿，将样条线挤出，将实体组合在一起，设置并赋予材质，最后进行渲染，完成落地灯的制作。

第11章 室内效果图的制作

本章概述 在室内装修之前，设计者会针对户型和客户要求使用Max软件设计室内结构，使设计以效果图的形式呈现出来，让客户直观地观察装修出来的结果。本章将学习如何进行室内效果图的制作，下面通过具体实例进行介绍。

知识要点
- 室内建筑的装饰风格
- 室内效果图的表现方法
- 灯光材质的制作方法

11.1 卧室效果图的制作

卧室是休息的场所，亲密、温馨、舒适和宁静为卧室的主题，场景中的家具和墙体、地板应色调一致，使效果图观察起来非常和谐，不扎眼，本例以安静舒适的卧室为例，重点讲解卧室空间的设计与制作方法。

11.1.1 卧室室内布局的制作

在进行设计之前，用户首先需要创建室内布局，也就是墙体、顶面和地面来营造室内的感觉，下面具体介绍如何制作室内布局。

01 在“图形”命令面板单击“线”按钮，如图11-1所示。

02 激活顶视图，并绘制样条线，如图11-2所示。

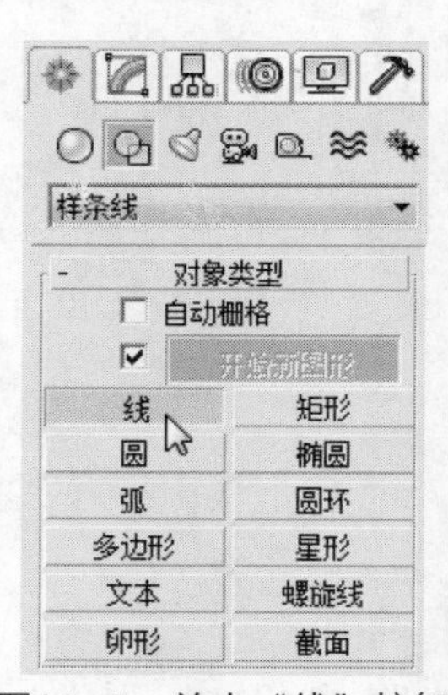

图11-1 单击“线”按钮

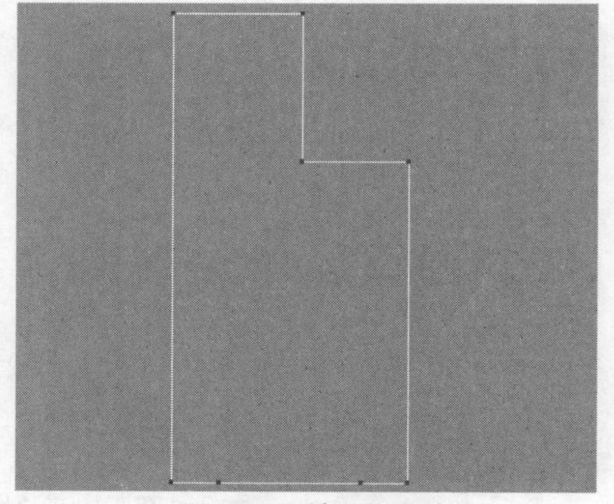

图11-2 绘制样条线

03 在堆栈栏中单击“样条线”选项，如图11-3所示。

04 拖动页面至“几何体”卷展栏，在轮廓选项框内输入数值，如图11-4所示。

05 按回车键即可完成创建样条线轮廓，效果如图11-5所示。

06 为样条线添加“挤出”修改器，并设置挤出厚度，如图11-6所示。

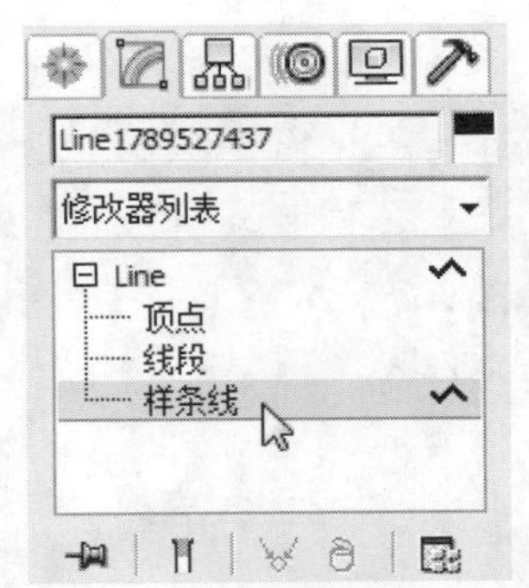

图11-3　单击“样条线”选项

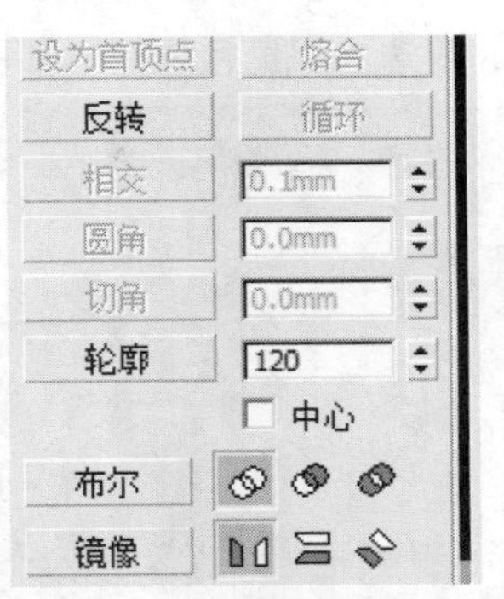

图11-4　设置轮廓数值

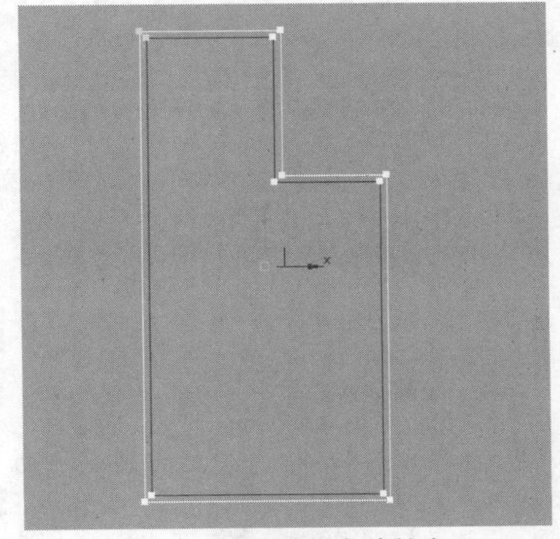
图11-5　创建样条线轮廓

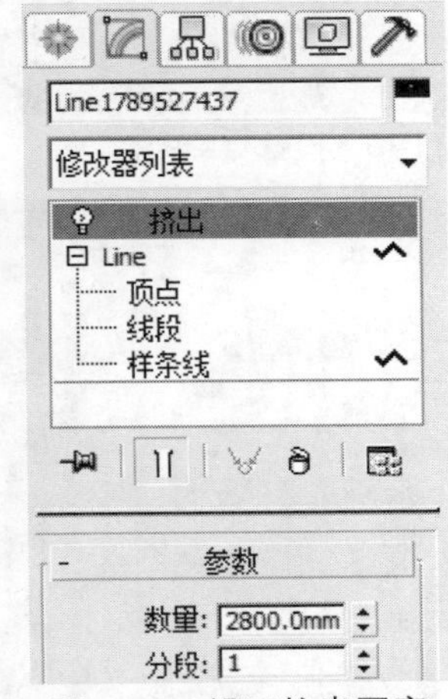

图11-6　设置挤出厚度

07 此时墙体就制作完成了，效果如图11-7所示。

08 下面开始制作地板和天花板，重复以上步骤，绘制样条线，不需要创建轮廓，对样条线添加挤出修改器，并挤出厚度为10，效果如图11-8所示。

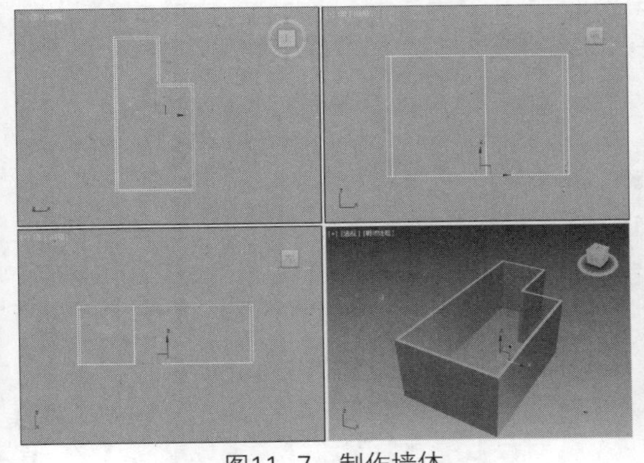
图11-7　制作墙体

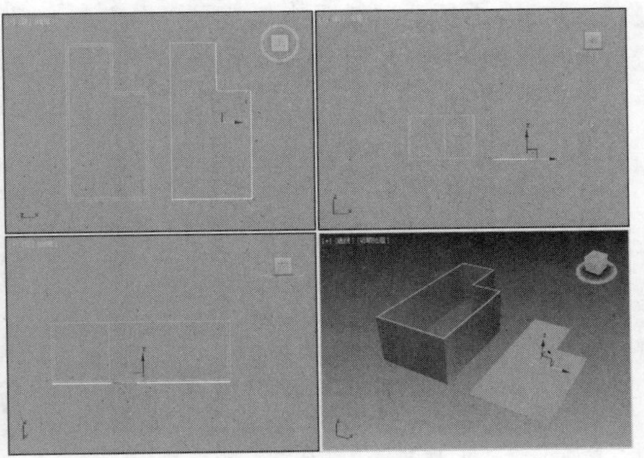
图11-8　制作地板

09 将地板移动到墙体下方，并调整位置，然后按Shift键并拖动向上箭头，释放鼠标左键，就会弹出“克隆选项”对话框，设置克隆参数，如图11-9所示。

10 设置完成后，单击“确定”按钮即可复制图形，如图11-10所示。

11 由于该卧室包含一个窗户，所以需要制作窗口，选择墙体，将其转换为可编辑多边形，并在修改堆栈栏中单击“边”选项，如图11-11所示。

⑫ 在顶视图框选边，此时边会以红色显示，如图11-12所示。

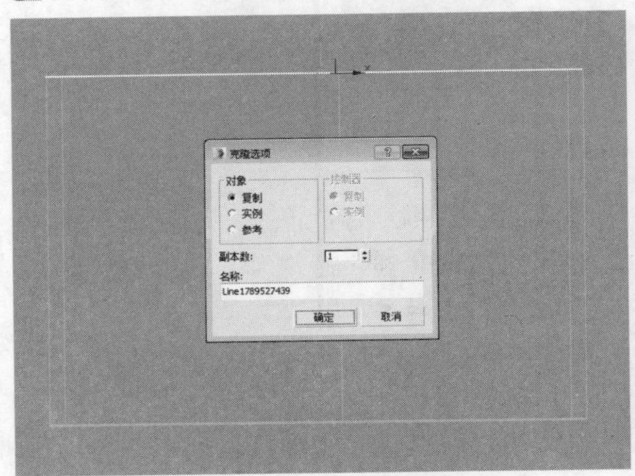

图11-9 设置克隆参数

图11-10 复制图形

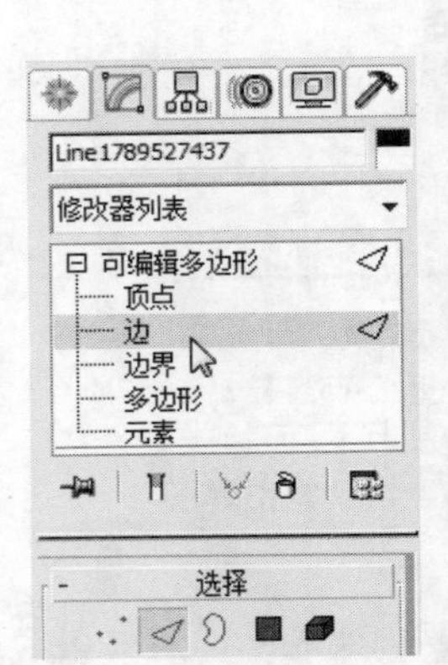

图11-11 单击“边”选项

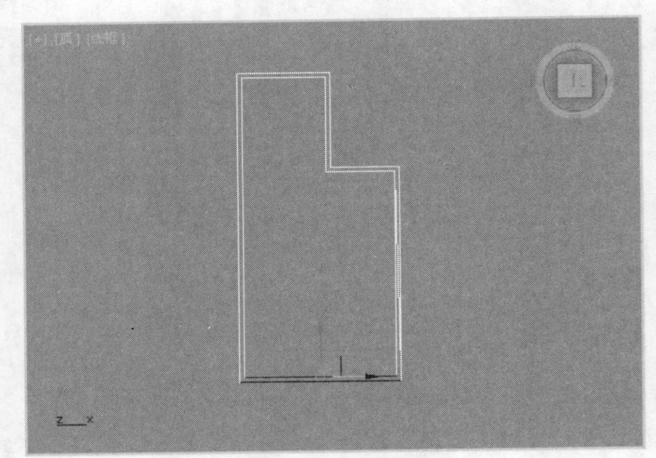

图11-12 选择边

⑬ 拖动命令面板至“编辑边”卷展栏中，单击“连接”后方的方框按钮，如图11-13所示。

⑭ 在前视图设置连接边数值，并单击“确定”按钮，如图11-14所示。

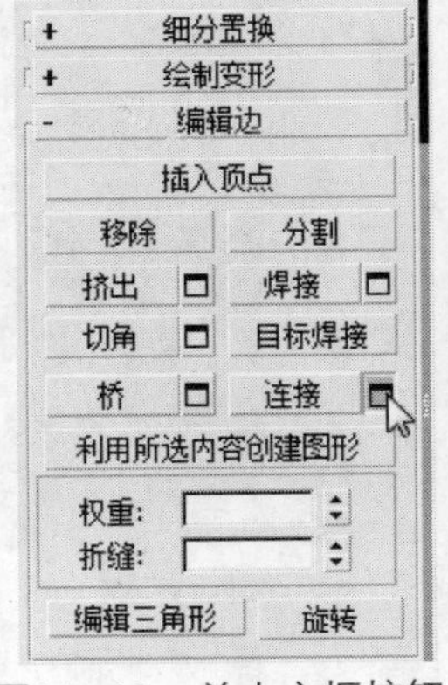

图11-13 单击方框按钮

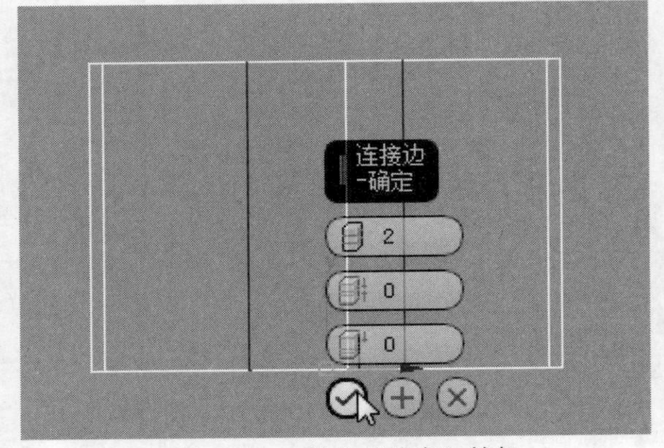

图11-14 单击“确定”按钮

⑮ 此时将连接出两条边，框选任意一条边，然后移动位置，如图11-15所示。

⑯ 继续单击方框按钮，设置连接边参数，如图11-16所示。

⑰ 再次移动边将确定窗口大小，如图11-17所示。

⑱ 在堆栈栏中单击“多边形”选项，返回前视图，在窗口处单击鼠标左键选择窗口，如图11-18所示。

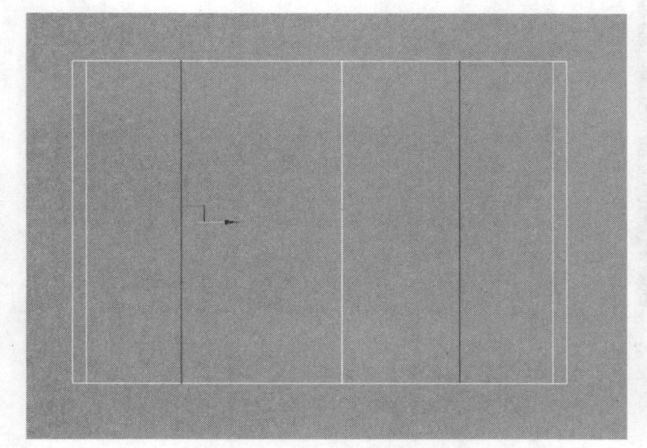

图11-15 移动边

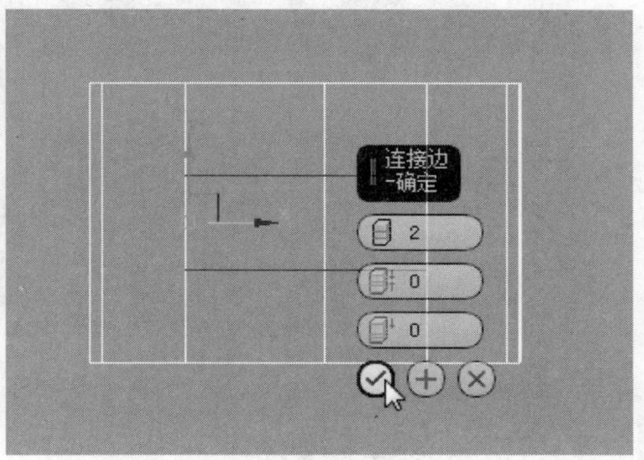

图11-16 单击“确定”按钮

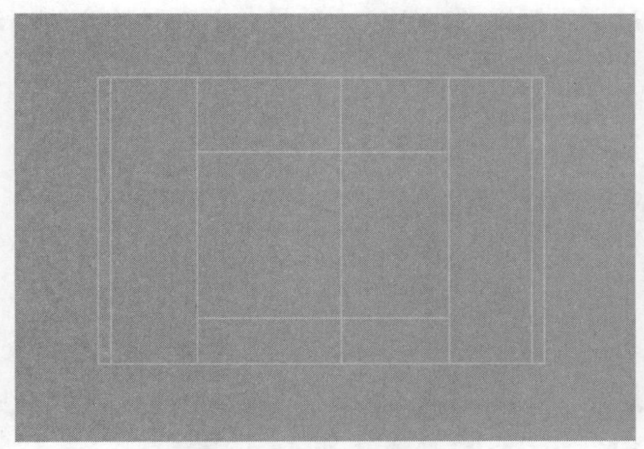

图11-17 确定窗口大小

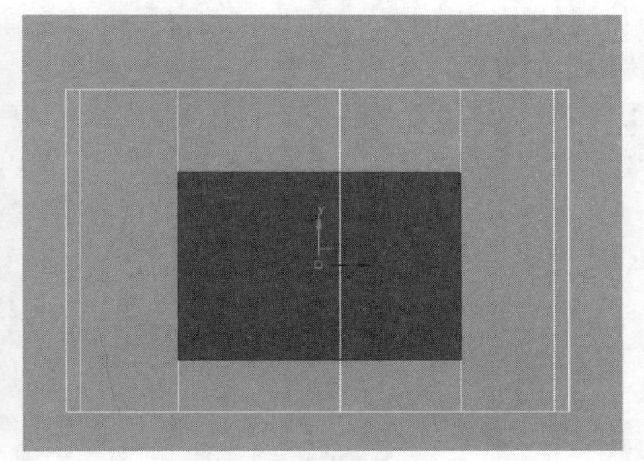

图11-18 选择窗口

⑲ 拖动命令面板至“编辑多边形”卷展栏，然后单击“挤出”后的方框按钮，如图11-19所示。

⑳ 此时将在前视图弹出设置选项，设置飘窗厚度为700mm，然后单击“确定”按钮，如图11-20所示。

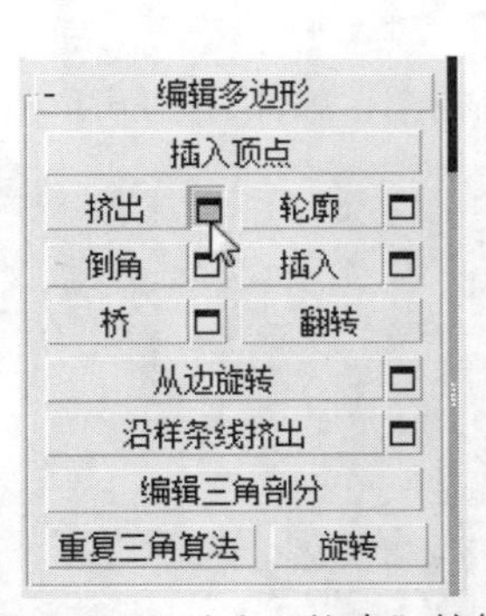

图11-19 单击“挤出”按钮

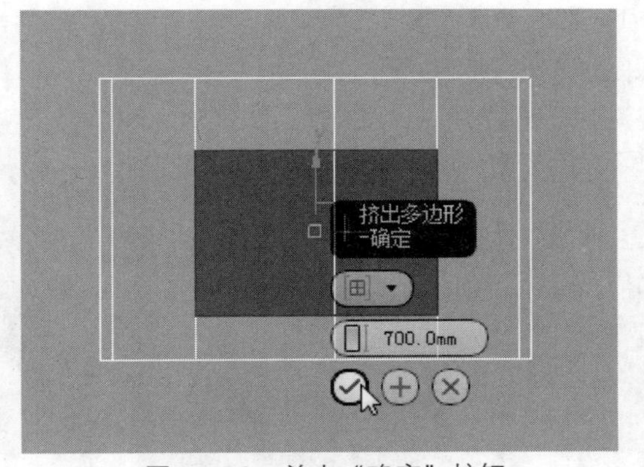

图11-20 单击“确定”按钮

㉑ 在左视图中即可显示挤出厚度效果，如图11-21所示。

㉒ 在命令面板中选择“边”选项，并在左视图框选出外侧的边，然后将其删除，此时将查看飘窗效果，卧室室内布局就制作完成了，如图11-22所示。

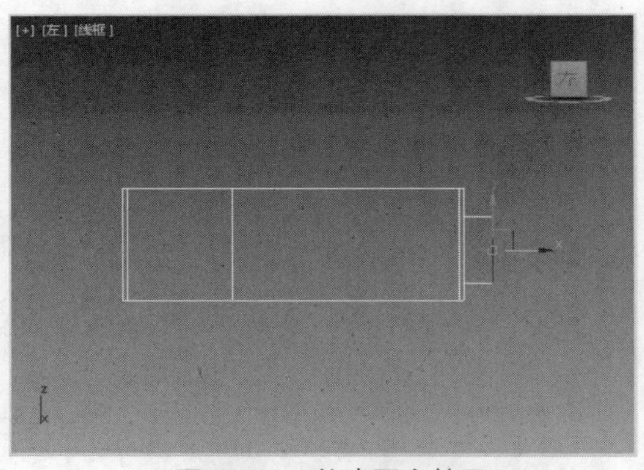
图11-21　挤出飘窗效果

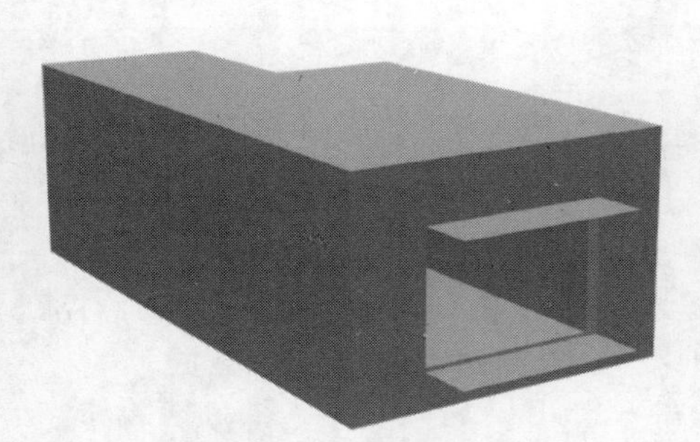
图11-22　制作卧室室内布局

11.1.2　创建摄影机

制作室内布局后，需要创建摄影机，并通过摄影机视图观察室内效果，下面具体介绍创建摄影机的方法。

01 单击“摄影机”按钮，打开命令面板，然后在其中单击“目标”按钮，如图11-23所示。

02 在顶视图单击并拖动鼠标创建摄影机，如图11-24所示。

图11-23　单击“目标”按钮

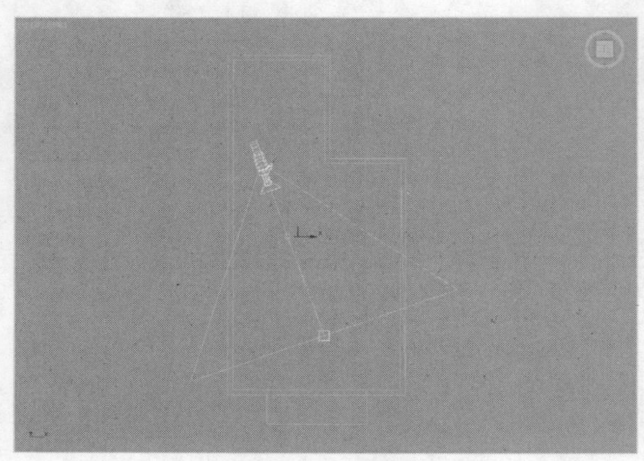
图11-24　创建摄影机

03 在其他视图调整摄影机位置，如图11-25所示。

04 此时已经激活了透视视图，按C键，即可将视图切换为摄影机视图，如图11-26所示。

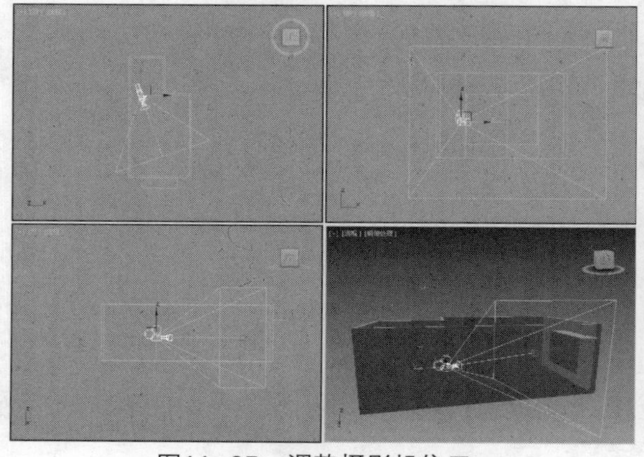
图11-25　调整摄影机位置

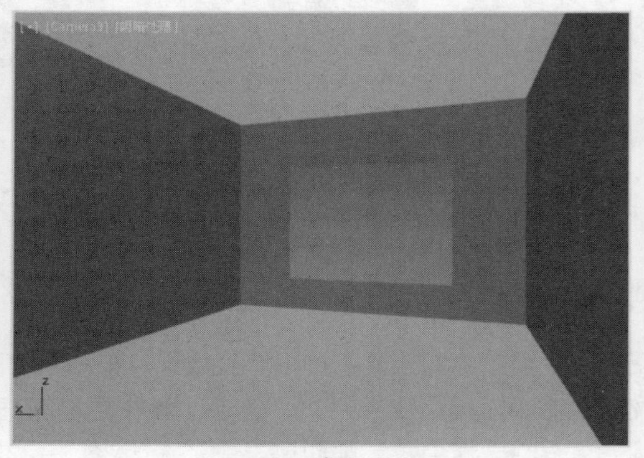
图11-26　摄影机视图

11.1.3 制作并导入模型

接下来制作室内装饰模型，对室内布局空间进行装饰，下面逐一介绍其制作方法和步骤。

01 首先需要创建顶面石膏线和地面踢脚线，再次使用样条线绘制地面造型，然后激活前视图，单击绘制石膏线曲线，如图11-27所示。

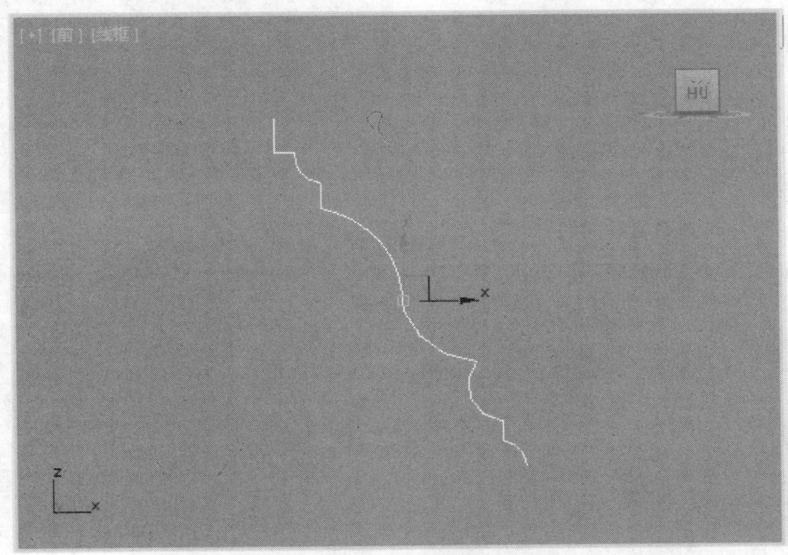

图11-27 绘制石膏线曲线

02 在“几何体”命令面板中单击“标准基本体”列表框，在弹出的列表选项中选择“复合对象”选项，如图11-28所示。

03 弹出“复合对象”命令面板，选择地面造型样条线，然后在命令面板中单击“放样”按钮，如图11-29所示。

04 此时弹出“创建方法”卷展栏，单击“获取图形”按钮，如图11-30所示。

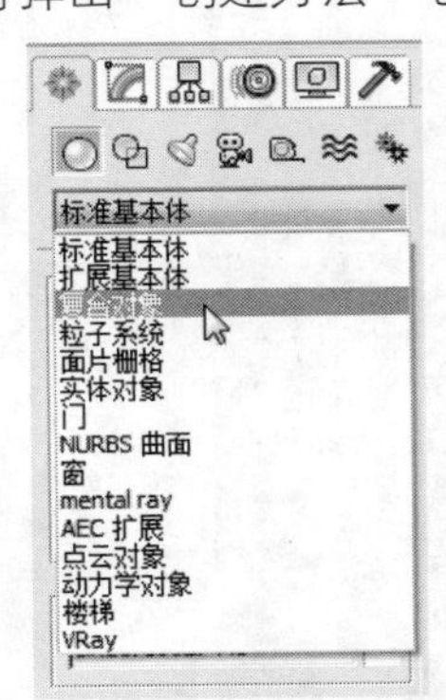

图11-28 单击“复合对象”选项

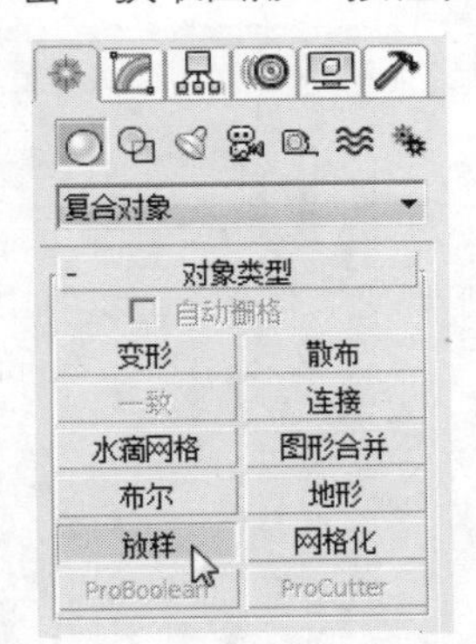

图11-29 单击“放样”按钮

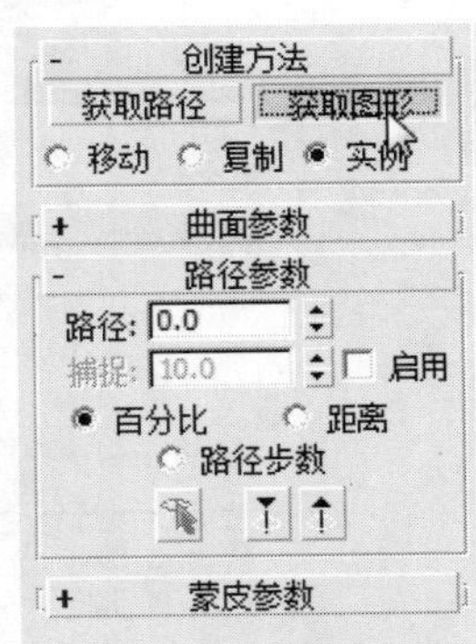

图11-30 单击“获取图形”按钮

05 此时鼠标形状将发生更改，在视图中选择石膏线曲线作为图形，如图11-31所示。

06 设置完成后，顶层石膏线就制作完成了，如图11-32所示。

07 重复以上方法设计地面踢脚线曲线，并进行放样，完成踢脚线的制作，然后将它们移动到合适位置，如图11-33所示。

08 在顶视图创建长方体，使它与窗台长宽一致，并设置厚度为37，然后利用放样命令绘制窗台装饰线，并移动到室内窗口处，如图11-34所示。

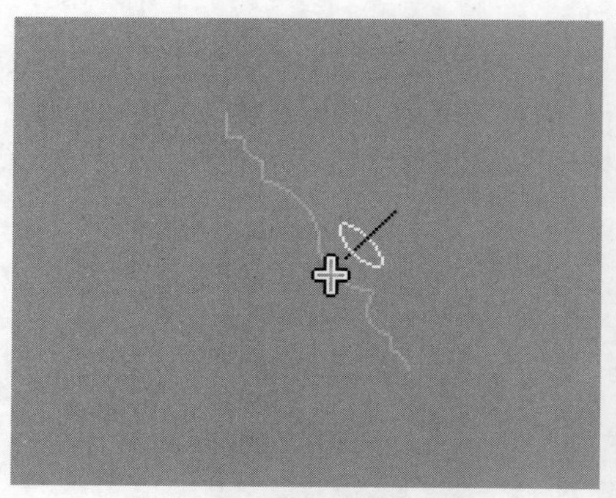

图11-31　选择石膏线曲线

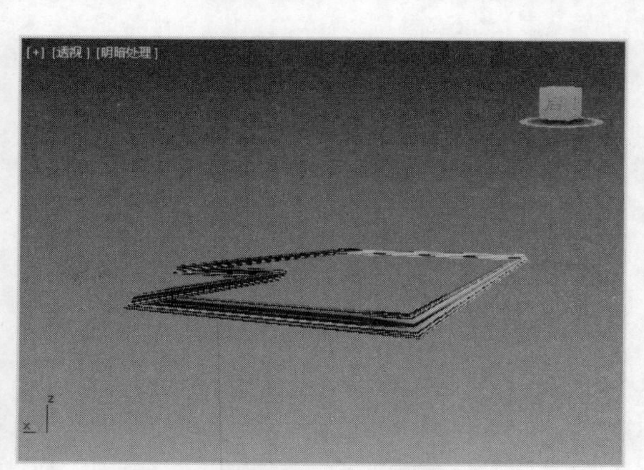

图11-32　制作石膏线

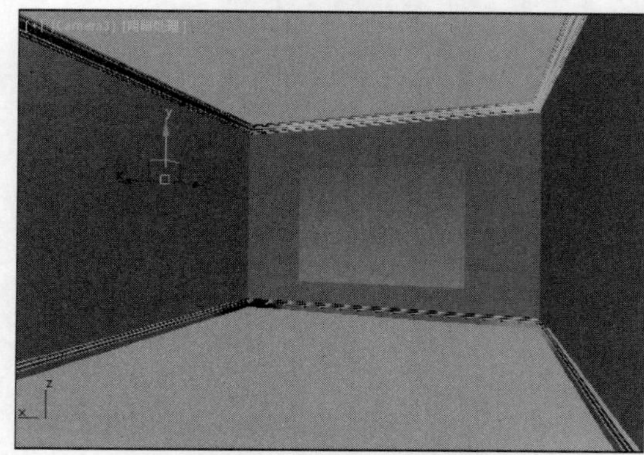

图11-33　制作踢脚线

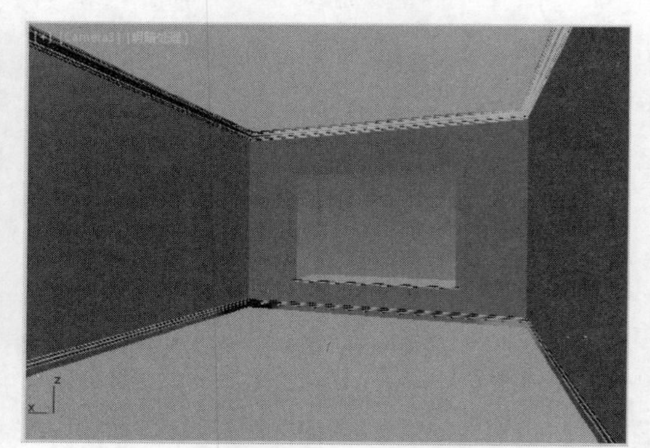

图11-34　增加窗台厚度和窗口装饰

09 接下来制作飘窗，在“图形”面板中单击“矩形”按钮，在左视图绘制样条线，参数如图11-35所示。

10 将矩形转换为可编辑样条线，设置轮廓为30，设置完成后，如图11-36所示。

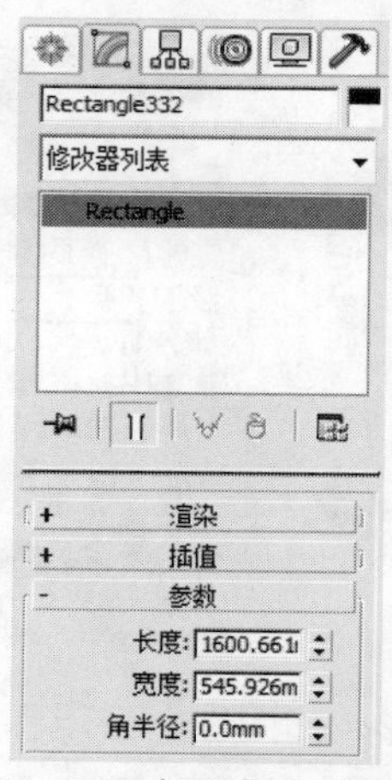

图11-35　矩形样条线参数

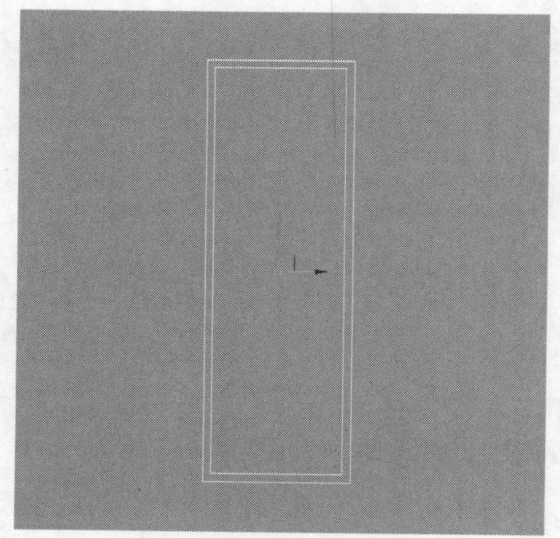

图11-36　设置轮廓效果

11 为样条线添加“挤出”修改器，并设置厚度为30，挤出厚度后，窗框就制作完成了，如图11-37所示。

12 在窗框内创建长方体，作为窗户玻璃，将实体复制并旋转，然后移动到窗台上方，完成窗户的制作，如图11-38所示。

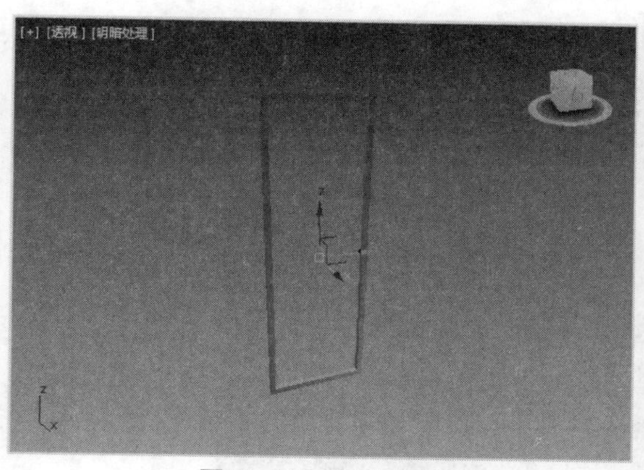

图11-37 制作窗框

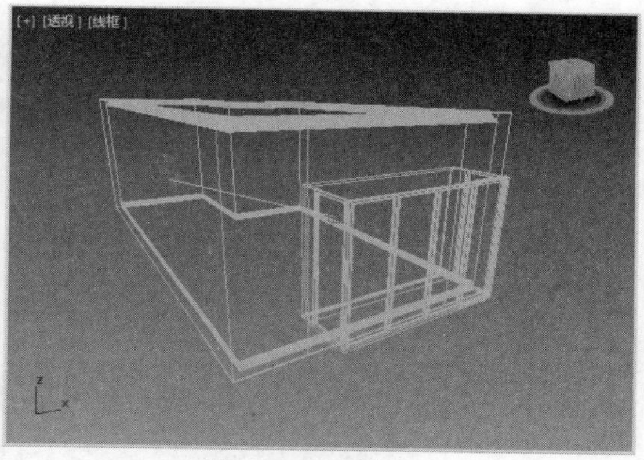

图11-38 制作窗户

⑬ 单击“菜单浏览器”按钮，在弹出的快捷菜单列表中单击“合并”选项，如图11-39所示。

⑭ 弹出“合并文件”对话框，选择文件，然后单击“打开”按钮，如图11-40所示。

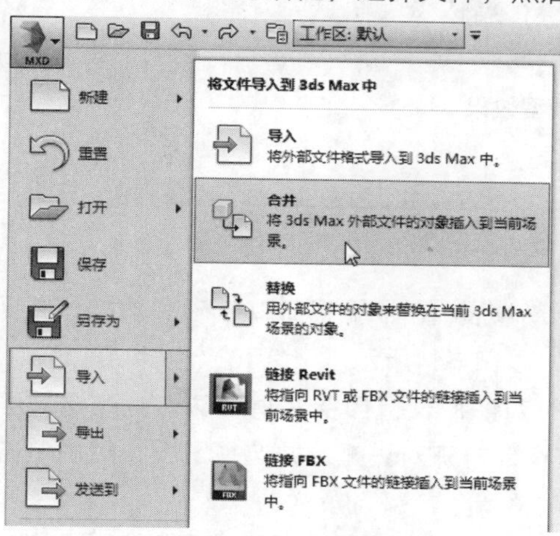

图11-39 单击“合并”选项

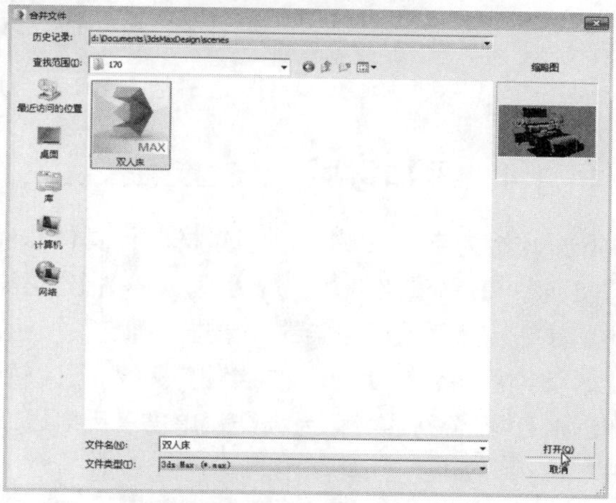

图11-40 单击“打开”按钮

⑮ 此时弹出“合并-双人床”对话框，在选项框内选择模型名称，然后单击“确定”按钮，如图11-41所示。

⑯ 依次单击“使用合并材质”按钮即可将模型合并到图形中，将双人床整体缩放，然后移动至室内，效果如图11-42所示。

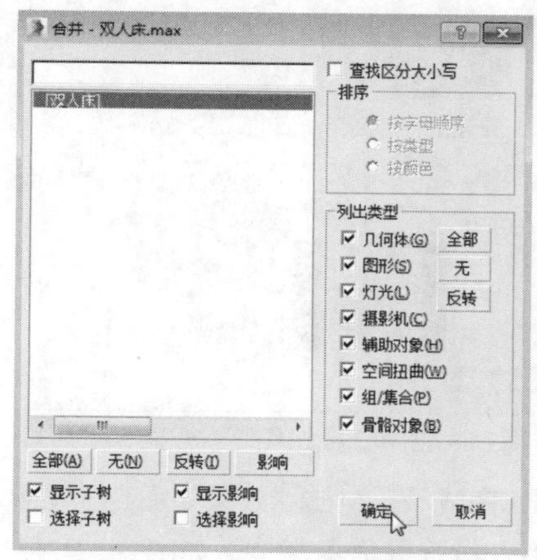

图11-41 单击“确定”按钮

图11-42 合并模型

⑰ 使用同样方法将其他模型合并到场景中，然后调整模型大小，如图11-43所示。

图11-43　合并模型效果

11.1.4　添加材质

下面开始为室内实体模型创建材质，具体步骤如下。

01 按F10键打开“渲染设置”对话框，在“指定渲染器”卷展栏的“产品级”选项后单击“选择渲染器”按钮，然后选择渲染器，单击“确定”按钮，如图11-44所示。

02 此时渲染器将发生更改，按M键打开“材质编辑器”对话框，选择空白材质球，更改材质类型为VRayMtl，设置材质名称为墙纸，单击漫反射通道按钮，打开对话框，并选择贴图，然后单击“打开”按钮，如图11-45所示。

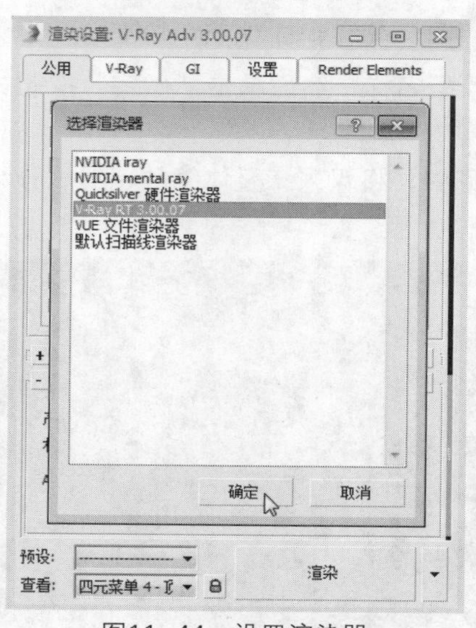

图11-44　设置渲染器

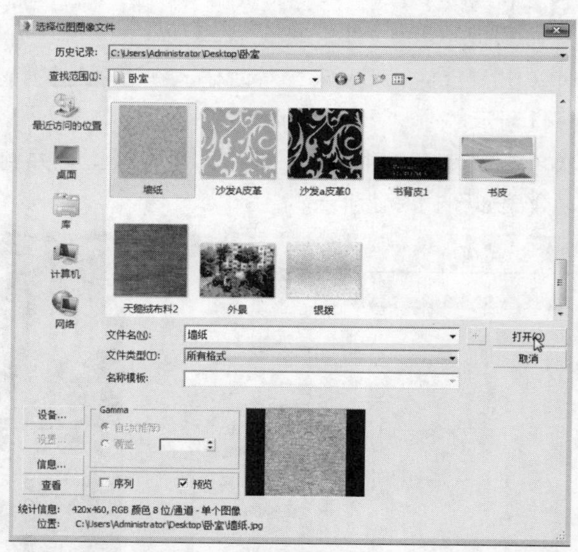

图11-45　选择贴图

03 取消勾选“使用真实世界比例”复选框，此时墙纸材质就制作完成了，材质球效果如图11-46所示。

04 返回视图，选择墙体，将材质赋予至实体上，此时材质没有花纹，只显示颜色，如图11-47所示。

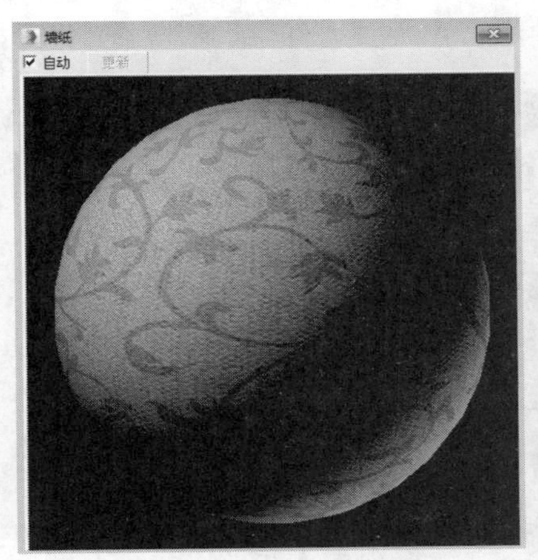

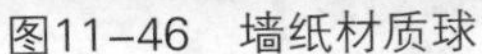
图11-46　墙纸材质球

图11-47　赋予材质效果

05 在修改器列表中选择UVW贴图，然后对贴图进行设置，效果如图11-48所示。

06 此时将显示花纹，如图11-49所示。

图11-48　设置贴图

图11-49　显示花纹效果

07 接下来制作地面材质，设置材质名称为地板，然后设置材质类型，如图11-50所示。

08 单击“基础材质”后方的通道按钮，在该通道添加VRayMtl材质，为漫反射添加贴图，并设置其他参数，如图11-51所示。

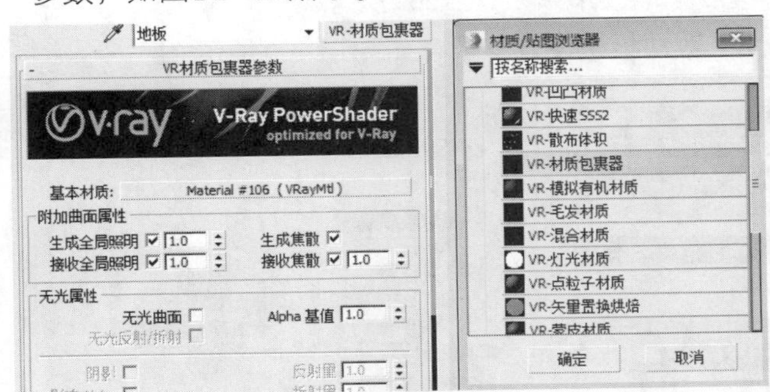

图11-50　设置材质类型

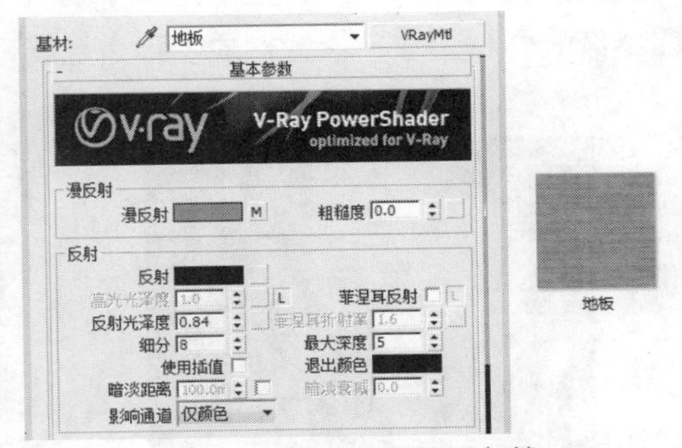

图11-51　设置材质参数

09 展开“贴图”卷展栏，将贴图复制到凹凸通道上，并设置凹凸为30，设置完成后地板材质就制作完成了，材质球效果如图11-52所示。

⑩ 由于踢脚线和地板材质相同，将材质赋予两个实体上，并添加UVW贴图，即可显示材质效果，如图11-53所示。

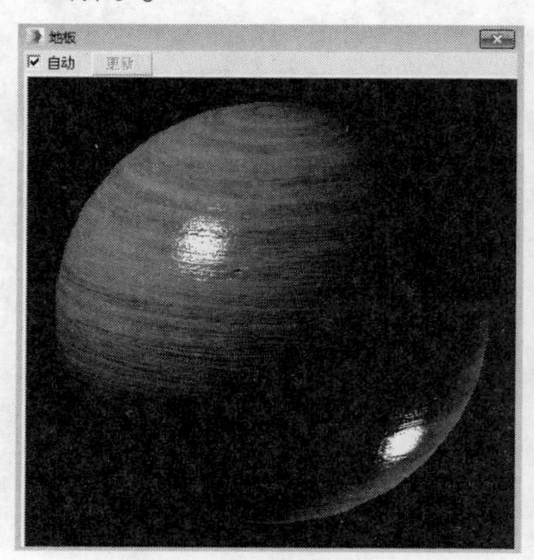

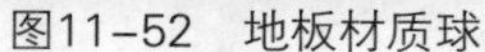
图11-52　地板材质球

图11-53　赋予材质效果

⑪ 下面设置顶棚和石膏线材质，将漫反射设置为243，反射设置为20，然后返回参数面板设置参数，如图11-54所示。

⑫ 将材质赋予实体上，透视效果如图11-55所示。

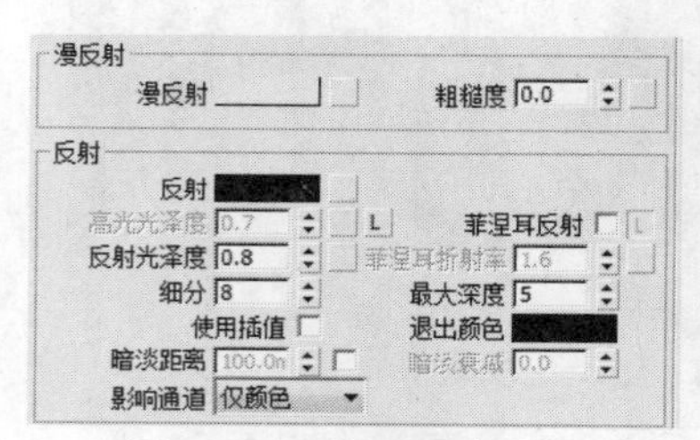

图11-54　设置顶棚材质

图11-55　赋予材质效果

⑬ 最后制作窗台窗框和玻璃材质，选择空白材质球，设置材质名称为窗台石材，将“米黄”贴图设置为漫反射贴图，反射光泽为0.7，设置完成后材球效果如图11-56所示。

⑭ 继续选择材质球，设置材质名称为金属，在参数面板中设置参数，如图11-57所示。

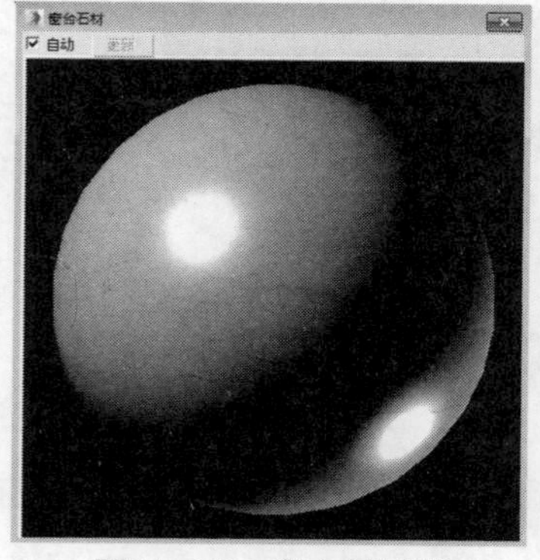

图11-56　窗台材质球

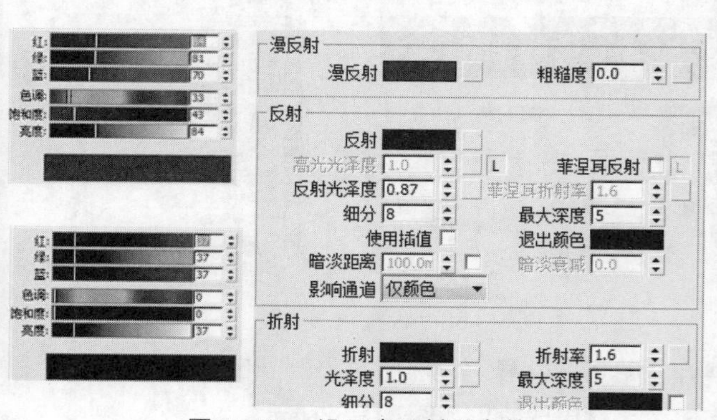

图11-57　设置金属材质参数

⑮ 设置完成后，材质球效果如图11-58所示。

⑯ 下面设置玻璃材质，设置漫反射颜色为浅蓝色，反射颜色为23，折射为255，然后设置其他参数，如图11-59所示。

图11-58 金属材质球

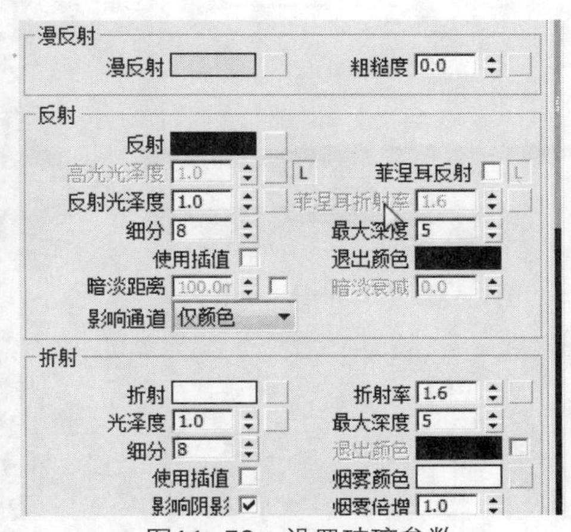

图11-59 设置玻璃参数

⑰ 设置完成后，材质球效果如图11-60所示。

⑱ 将材质赋予相应实体上，材质就制作完成了，如图11-61所示。

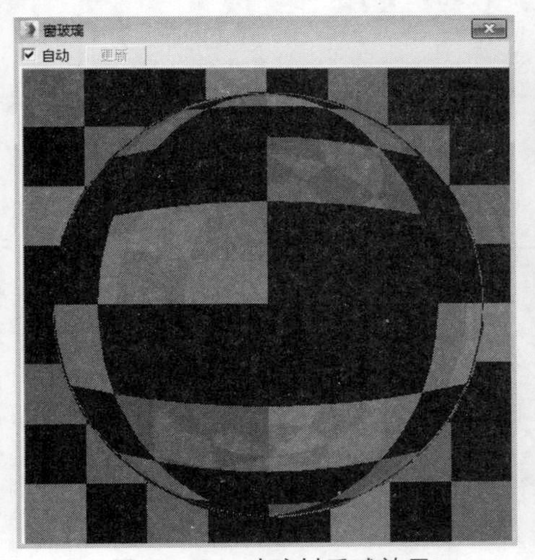

图11-60 玻璃材质球效果

图11-61 赋予材质效果

11.1.5 添加灯光

本例我们主要表现的是卧室的日景效果，为了使渲染效果更加真实，下面我们通过添加灯光使设计更加完善。

01 首先创建平面光源，使场景产生窗口进光的效果，单击“灯光”按钮，打开命令面板，选择“VRay”选项，然后单击“VR-灯光”按钮，如图11-62所示。

02 在前视图中单击并拖动鼠标，即可创建平面光源，如图11-63所示。

03 将光源移动到窗户外侧，如图11-64所示。

04 打开“修改”选项卡，在“参数”卷展栏中设置灯光强度、颜色等，如图11-65所示。

图11-62　单击VR-灯光

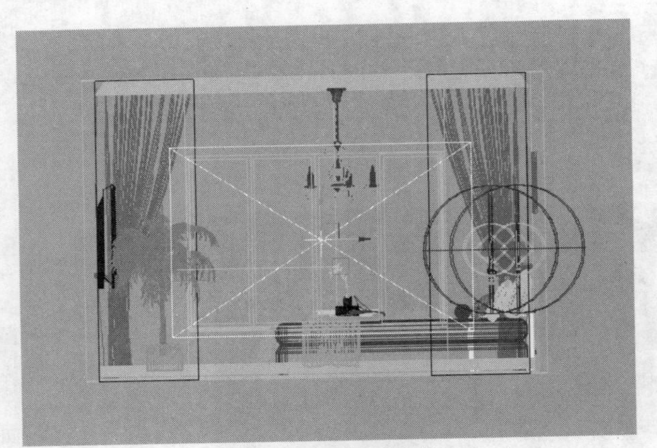

图11-63　创建光源

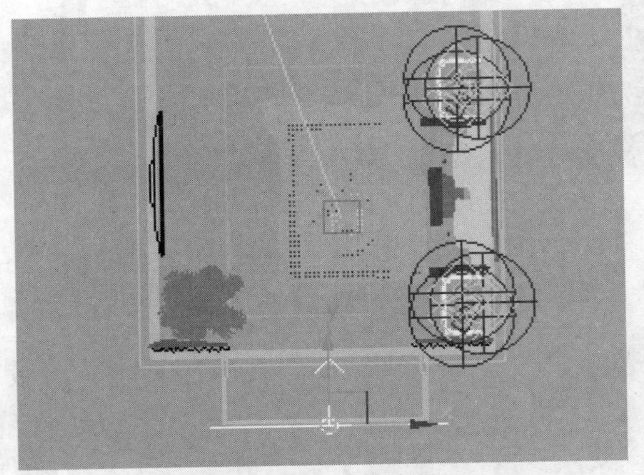

图11-64　移动光源

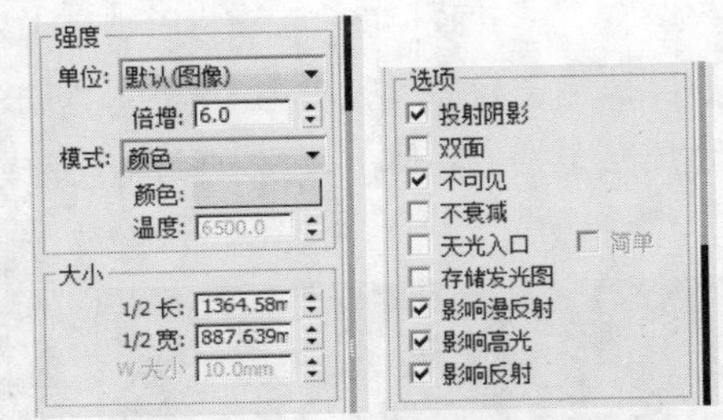

图11-65　设置平面光参数

05 将光源复制并移动到室内，如图11-66所示。

06 继续设置该光源参数，如图11-67所示。

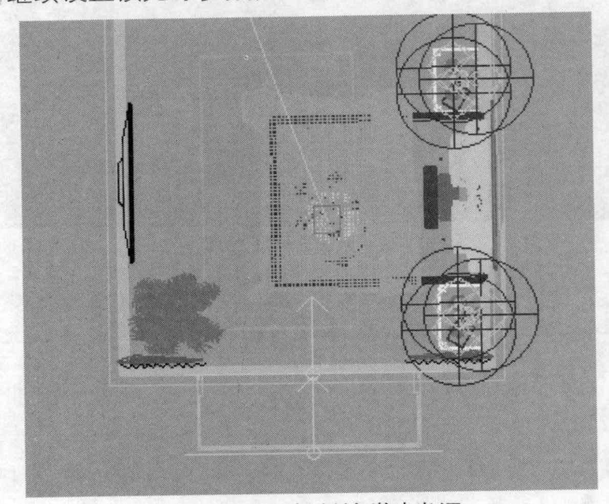

图11-66　复制并移动光源

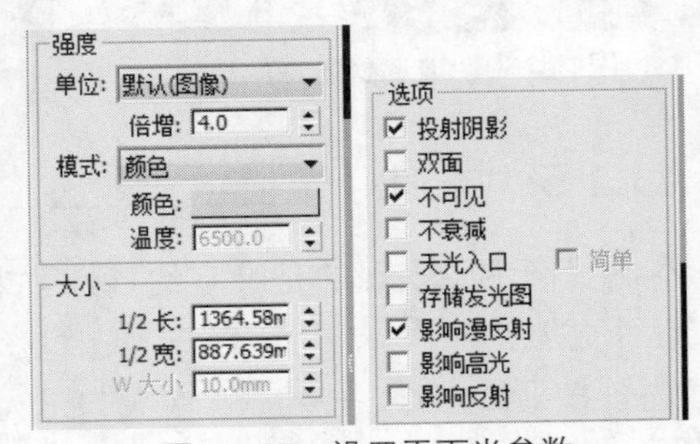

图11-67　设置平面光参数

07 最后创建VR-太阳光，使场景产生阳光照射的效果，在命令面板中单击“VR-太阳”按钮，在顶视图单击并拖动鼠标，释放鼠标左键弹出提示窗口，单击“否”按钮，即可创建光源，如图11-68所示。

08 激活左视图，调整光源高度，如图11-69所示。

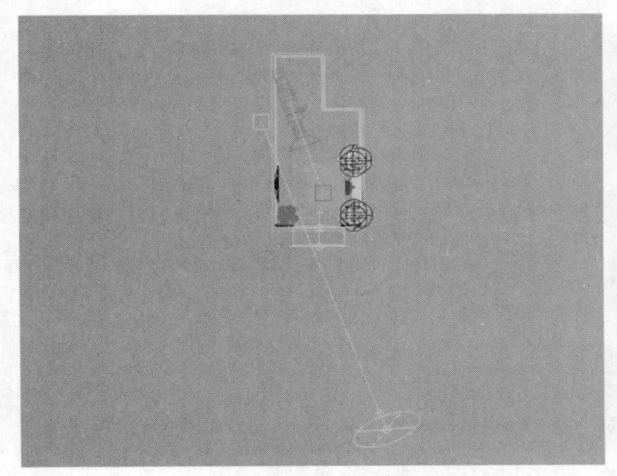

图11-68　创建光源

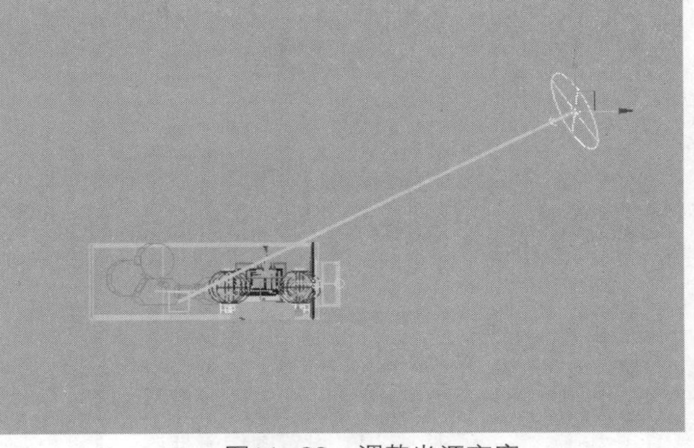

图11-69　调整光源高度

09 打开“修改”选项卡，在“VRay太阳参数”卷展栏中设置其参数，如图11-70所示。

10 在室外创建多边形，并赋予景物材质，将其表现为窗外景物，至此灯光就制作完成了，按C键将视图更换为摄影机视图，可以观察到灯光轮廓，如图11-71所示。

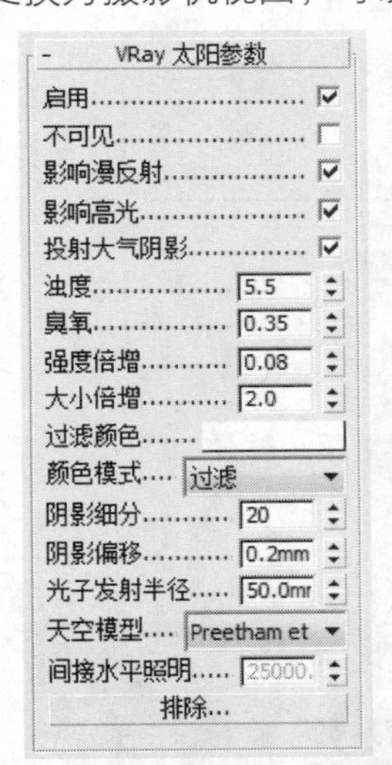

图11-70　设置太阳灯光参数

图11-71　灯光轮廓

11.1.6　设置测试渲染参数

渲染是设计的最后一步，也就是将设计中的实体模型以效果图的方式进行展示，渲染需要两个过程，首先进行测试渲染，观察渲染视图，若其中没任何瑕疵，那么就可以进行最终渲染出图了，下面具体介绍如何设置测试参数。

01 按F10键打开“渲染设置”对话框，在“VRay”选项卡中展开“图像采样器”卷展栏，并设置采样类型，如图11-72所示。

02 在“颜色贴图”卷展栏中设置贴图类型，如图11-73所示。

03 打开“GI”选项卡，在“全局照明”卷展栏勾选“启用全局照明”选项，并在“二次引擎”选项列表中选择“灯光缓存”选项，如图11-74所示。

04 在“发光图”卷展栏中设置图片质量为“非常低”，如图11-75所示。

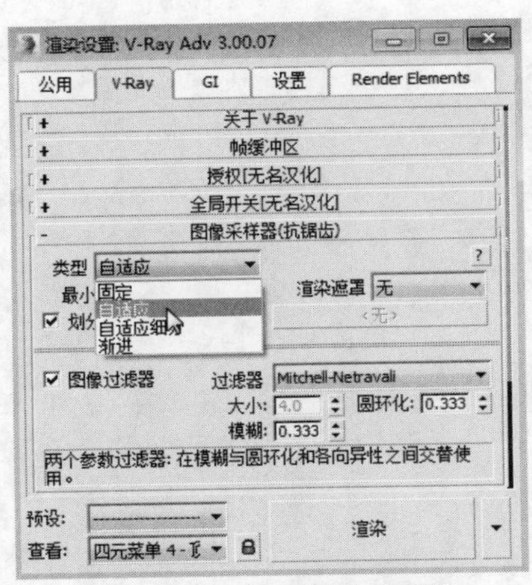

图11-72　设置图像采样器

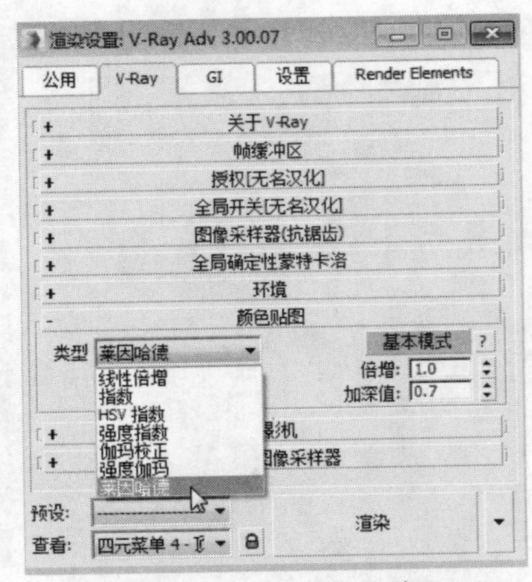

图11-73　设置颜色贴图

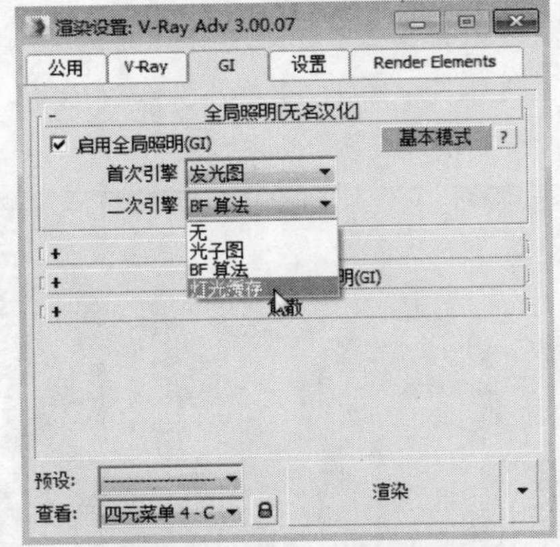

图11-74　设置二次引擎方式

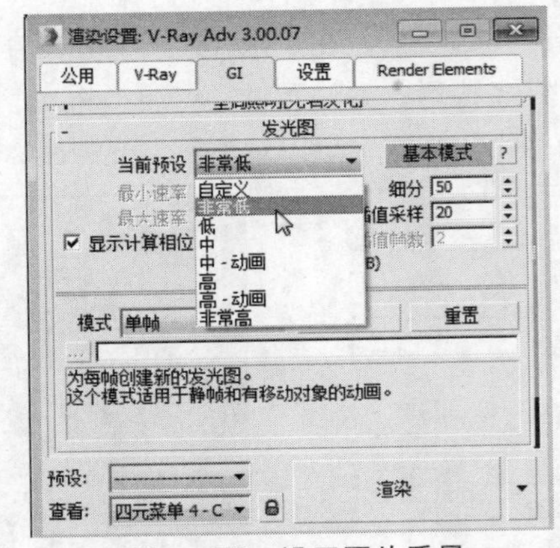

图11-75　设置图片质量

05 在“灯光缓存”卷展栏设置缓存细分，如图11-76所示。

06 激活摄影机视图进行渲染，效果如图11-77所示。

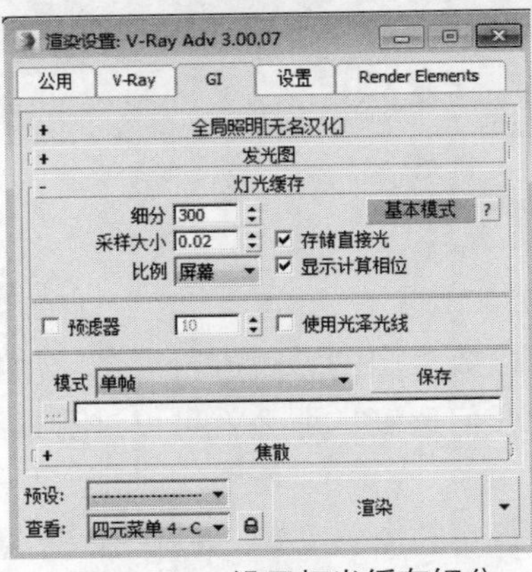

图11-76　设置灯光缓存细分

图11-77　渲染视图效果

知识点拨

渲染后用户会发现，台灯的灯光过亮，窗台装饰线造型没有赋予材质呈绿色，植物为悬空，没有接触地面，这些都是设计的疏漏，所以用户需要赋予材质，并将台灯灯光调节暗些，再次进行渲染，直到没有任何瑕疵后，即可进行最终渲染。

11.1.7 渲染出图

当测试渲染无误，达到用户满意的要求后，可以进行最终测试渲染，下面具体介绍如何设置最终渲染参数和渲染出图。

01 打开“渲染设置”对话框，在“公用”选项卡中拖动页面至“公用参数”卷展栏，在“输出大小”对话框中单击🔒按钮，如图11-78所示。

02 此时图像纵横比将解锁，在宽度和高度选项框内设置图片大小比例，如图11-79所示。

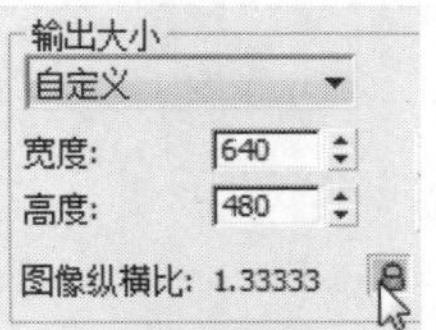

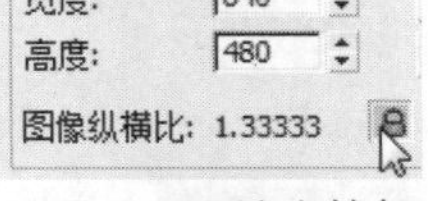

图11-78 单击按钮

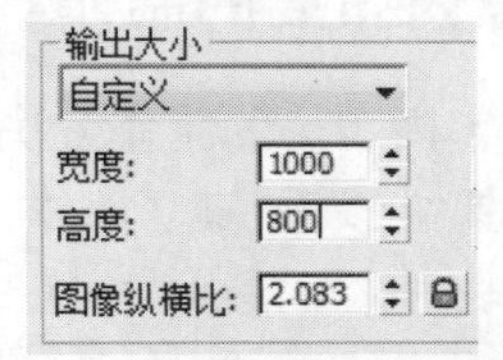

图11-79 设置图片大小

03 打开“GI”选项卡，在“发光图”卷展栏中将图片质量设置为高，如图11-80所示。

04 打开“灯光缓存”卷展栏，将缓存细分设置为1000，如图11-81所示。

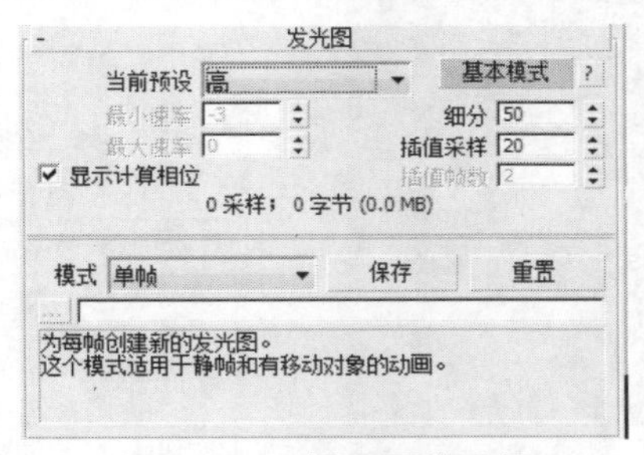

图11-80 设置图片质量

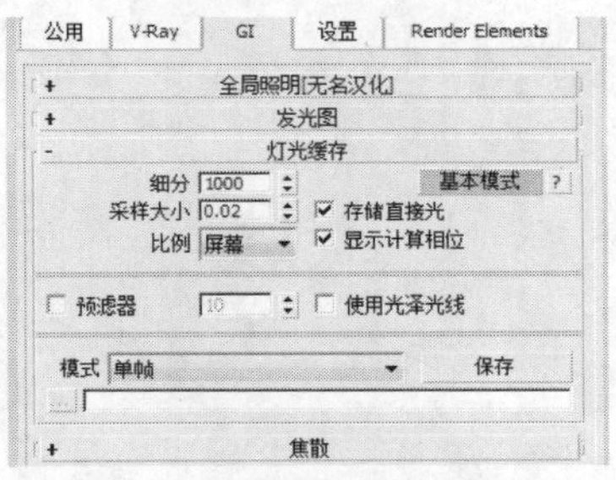

图11-81 设置灯光缓存细分

05 渲染摄影机最终效果，在渲染窗口中单击“SAVE”按钮，弹出“保存图像”对话框，设置图像的保存路径和名称，然后单击“保存”按钮即可保存图像，如图11-82所示。

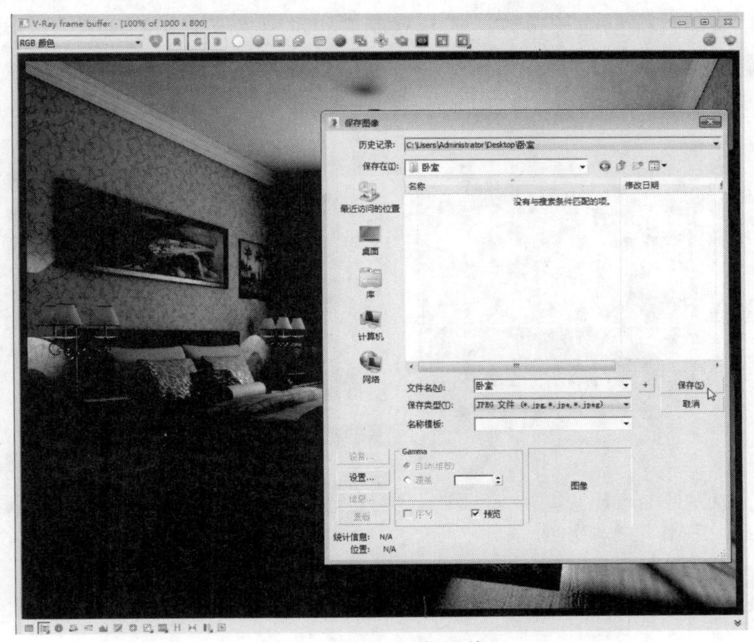

图11-82 保存图像

11.2 书房效果图的制作

书房主要用于工作和思考，也可以作为会客和谈论事情的地方，它的室内氛围应该以安逸、阳光为主，使人可以静下心去思考事情，最主要的是需要进行隔音处理，本例将以新中式书房风格为主，具体介绍如何制作和设计书房内容。

11.2.1 书房室内布局的制作

下面具体介绍书房室内布局的制作方法。

01 打开“书房”文件，其中已经创建了墙体，效果如图11-83所示。

02 在命令面板中单击“长方体”按钮，如图11-84所示。

图11-83 打开文件

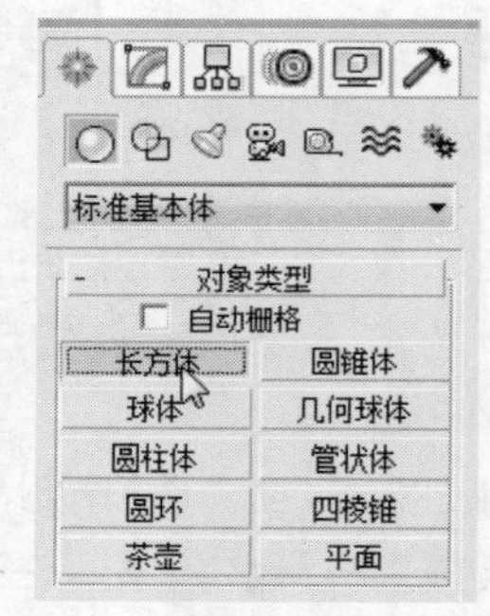

图11-84 单击“长方体”按钮

03 在顶视图单击并拖动鼠标创建长方体，将其复制并移动到合适位置，如图11-85所示。

04 由于该场景包含阳台，且地面材质效果也不相同，所以需要单独创建地面，重复以上步骤创建长方体，并放置在阳台处，效果如图11-86所示。

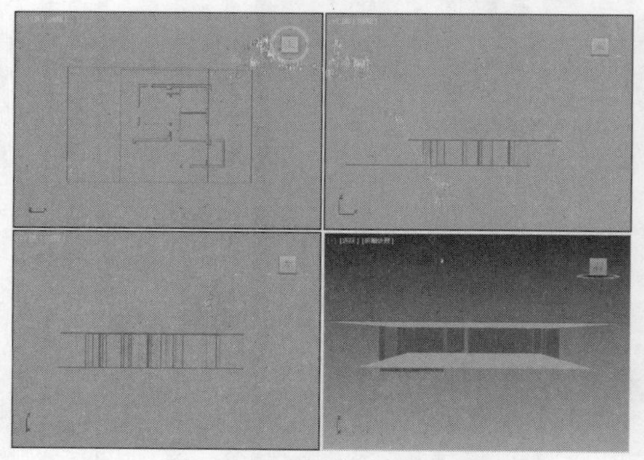

图11-85 制作地面和顶面

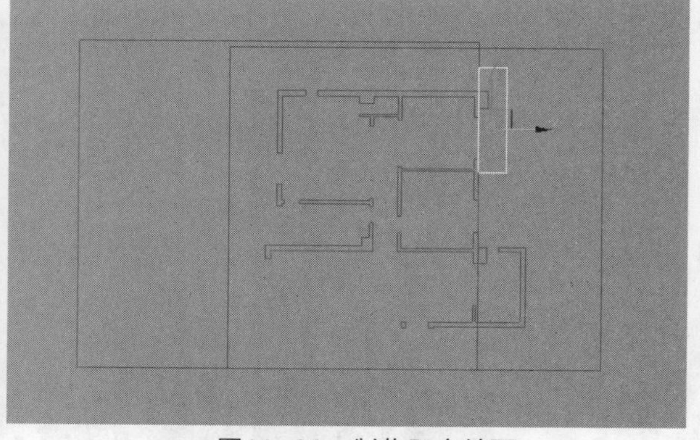

图11-86 制作阳台地面

05 下面制作阳台窗户，在命令面板中单击“线”按钮，如图11-87所示。

06 在顶视图绘制样条线，如图11-89所示。

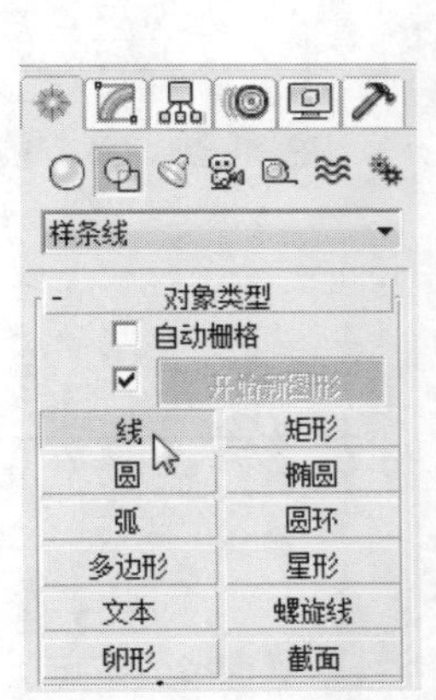

图11-87 单击“线”按钮

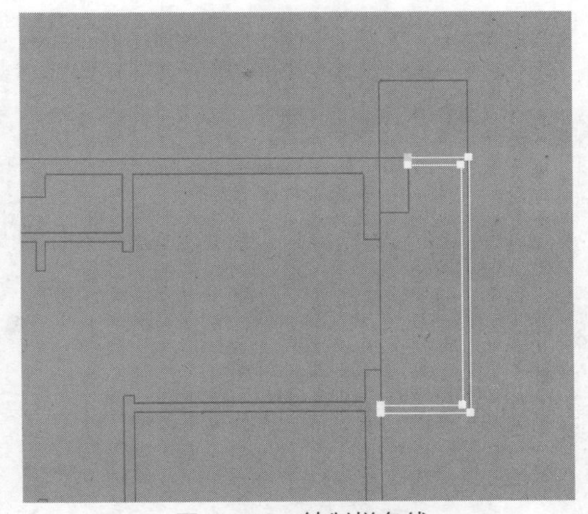
图11-88 绘制样条线

07 为样条线添加“挤出”修改器，并设置厚度为900，如图11-89所示。

08 设置完成后，样条线将更改为实体，复制实体，并修改挤出厚度为700，然后将两个实体移动至合适位置，如图11-90所示。

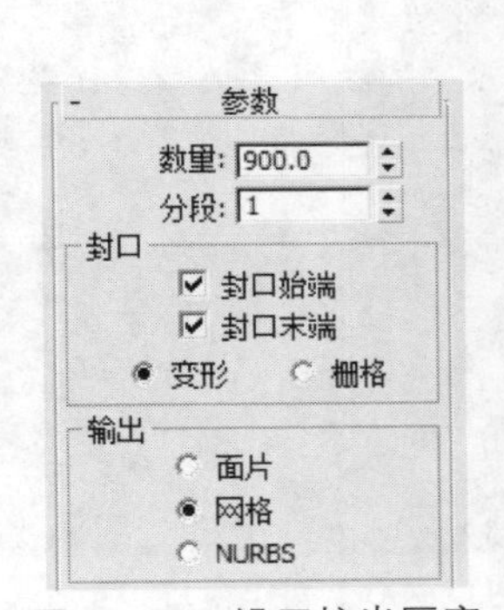

图11-89 设置挤出厚度

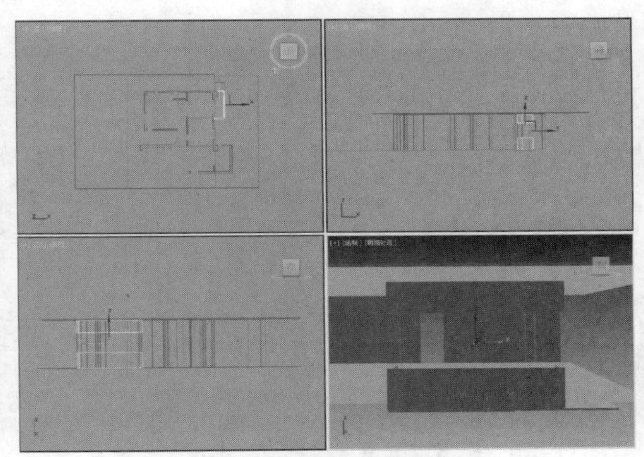
图11-90 复制并移动实体

09 按Alt+Q键孤立挤出的实体，并激活左视图，在工具栏中的“捕捉开关”按钮上单击鼠标右键，弹出“栅格和捕捉设置”对话框，在其中勾选“端点”复选框，如图11-91所示。

10 激活“捕捉开关”按钮，返回“图形”命令面板，在其中选择“扩展样条线”选项，最后单击“墙矩形”按钮，如图11-92所示。

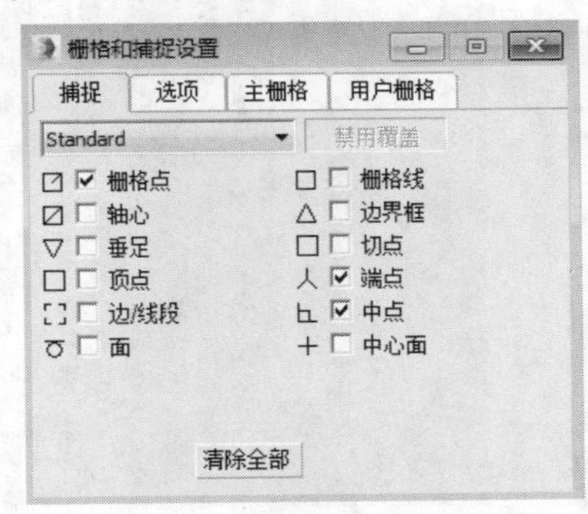

图11-91 勾选“端点”复选框

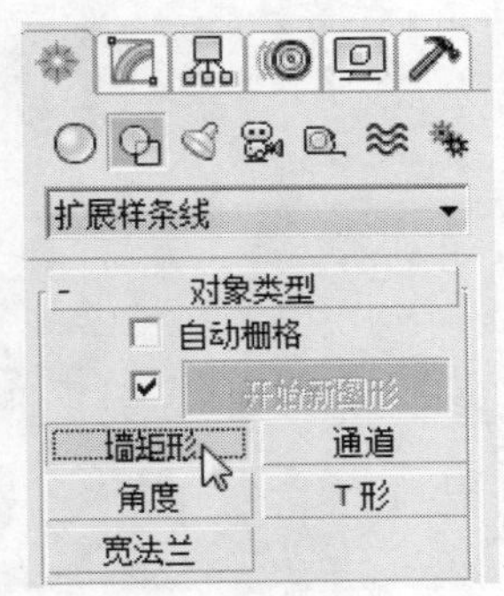

图11-92 单击“墙矩形”按钮

⑪ 在左视图捕捉视图端点，绘制样条线，如图11-93所示。

⑫ 打开“修改”选项卡，在“参数”卷展栏中设置样条线参数，如图11-94所示。

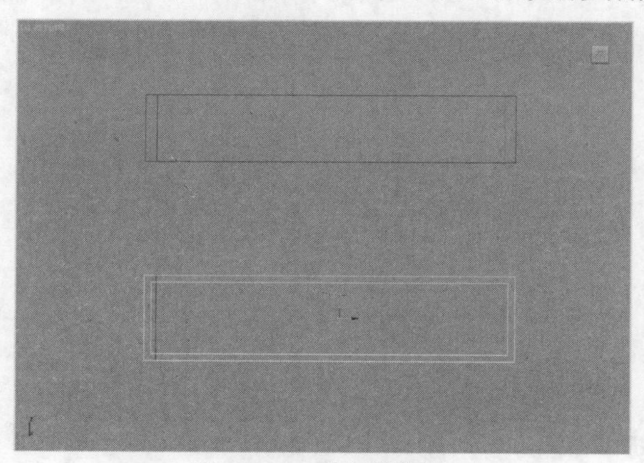

图11-93　绘制样条线

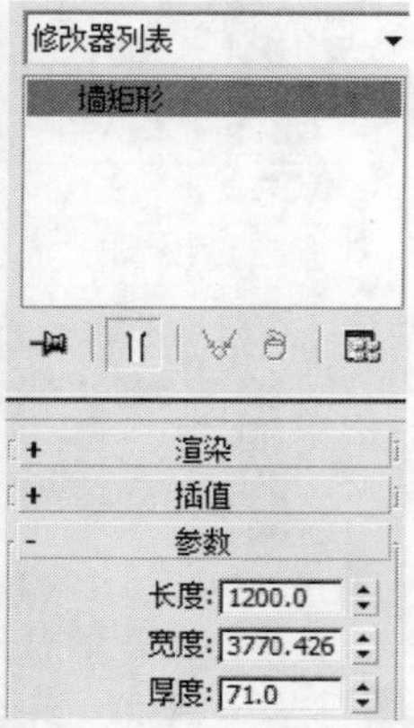

修改器列表
墙矩形
渲染
插值
参数
长度: 1200.0
宽度: 3770.426
厚度: 71.0

图11-94　样条线参数

⑬ 将样条线挤出厚度设置为110mm，然后在左视图移动到合适位置，如图11-95所示。

⑭ 重复以上步骤，继续制作窗户边框，创建长方体作为玻璃，将实体移动并复制在窗框中，完成阳台窗户的制作，如图11-96所示。

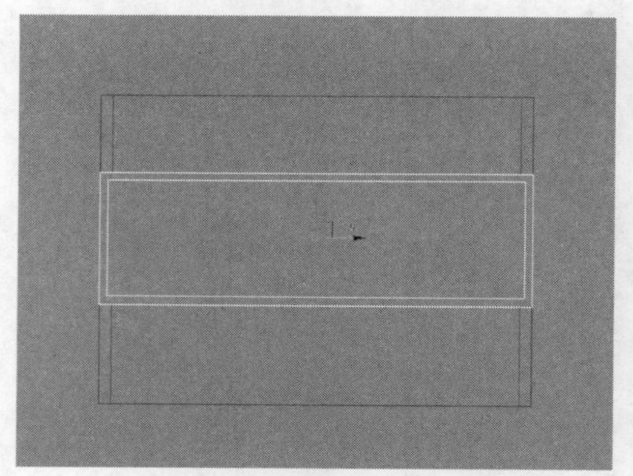

图11-95　挤出窗框厚度

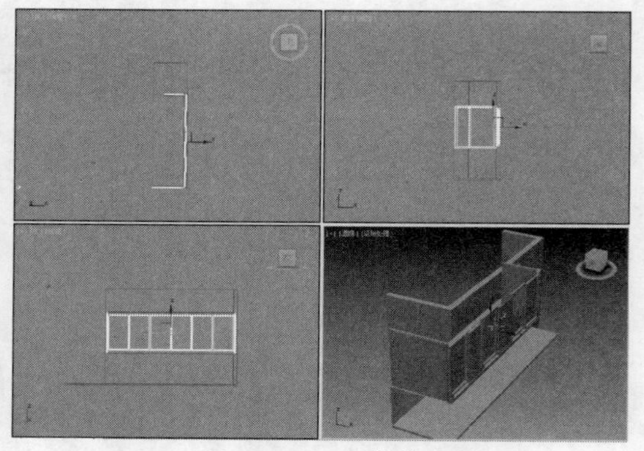

图11-96　制作窗户

⑮ 下面开始制作吊顶，根据墙体框架绘制样条线，如图11-97所示。

⑯ 将样条线挤出高度设置为380，并移至顶面下方，设置名称为吊顶1，重复以上步骤，在吊顶1内部绘制“墙矩形”样条线，如图11-98所示。

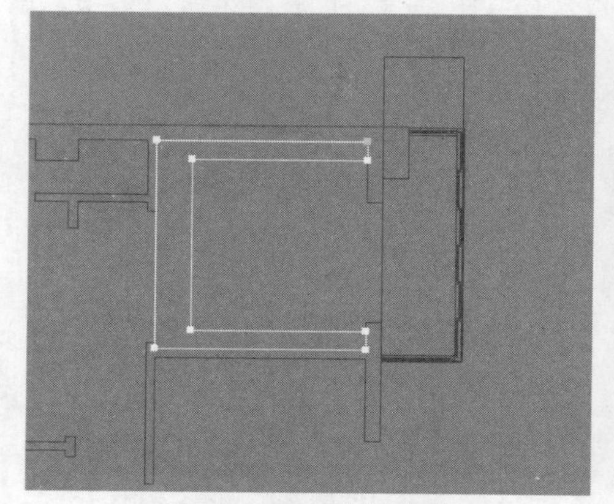

图11-97　绘制样条线

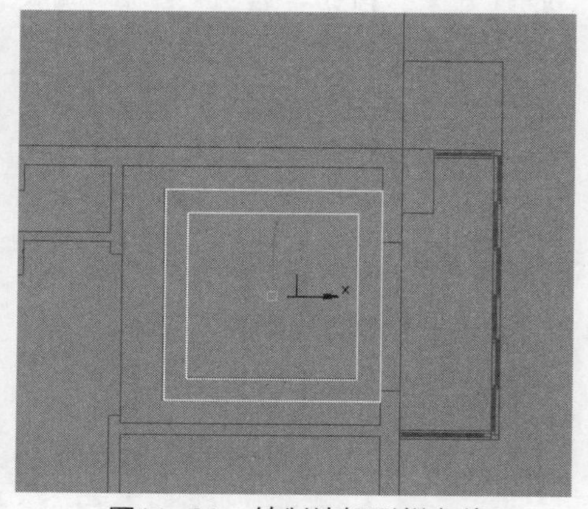

图11-98　绘制墙矩形样条线

⑰ 将样条线挤出厚度设置为10，作为吊顶装饰，在视图中调整位置，使其与吊顶1顶面高度一致。

⑱ 在命令面板中单击“长方体”按钮，在吊顶装饰内创建长方体，高度为90，如图11-99所示。

⑲ 在前视图将长方体移动至吊顶装饰的下方，返回顶视图，捕捉吊顶装饰内侧端点，再次创建长方体，参数如图11-100所示。

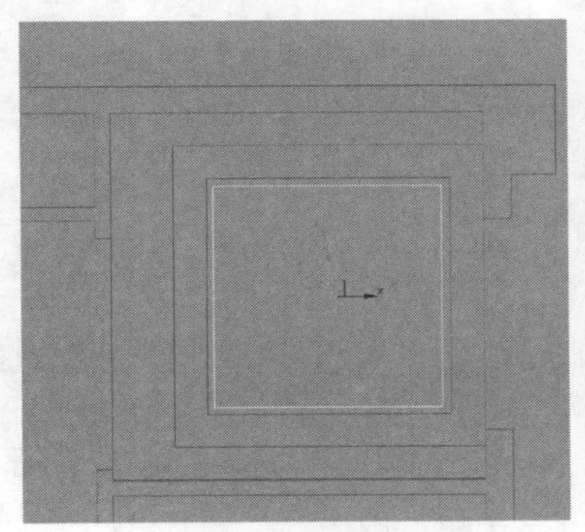

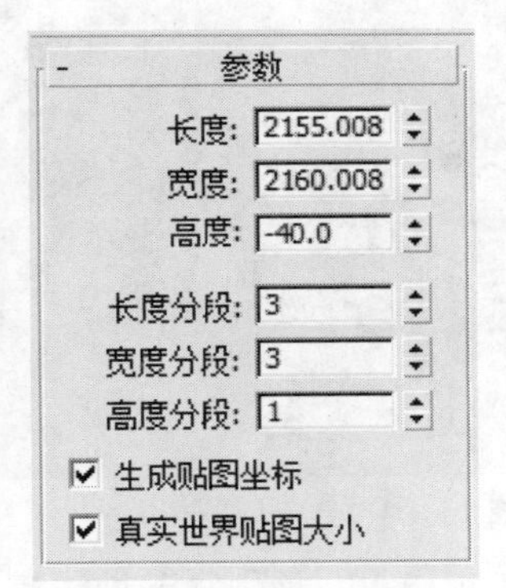

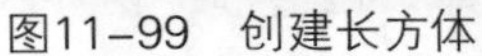

图11-99　创建长方体　　图11-100　创建长方体参数

⑳ 将长方体转换为可编辑多边形，在修改堆栈栏中单击“多边形”选项，返回底视图选择面，如图11-101所示。

㉑ 返回“修改”选项卡，拖动页面至“编辑多边形”卷展栏，然后单击“倒角”后的方框按钮，如图11-102所示。

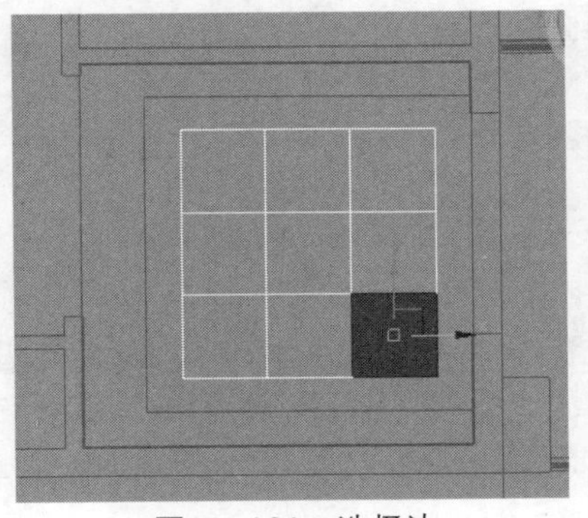

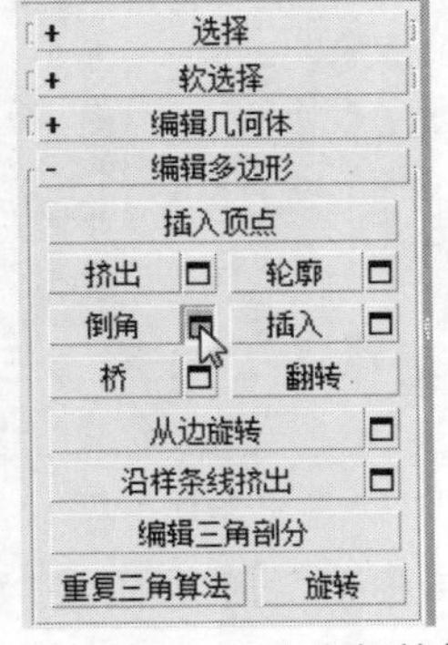

图11-101　选择边　　图11-102　单击方框按钮

㉒ 设置倒角高度为20，倒角值为10，然后单击“确定”按钮，如图11-103所示。

㉓ 此时就完成了倒角操作，效果如图11-104所示。

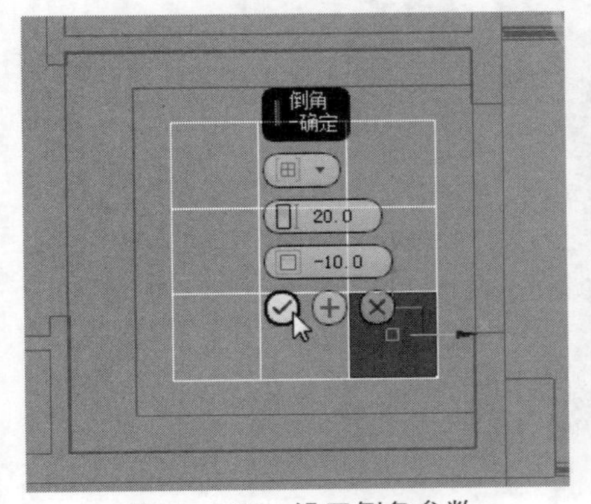

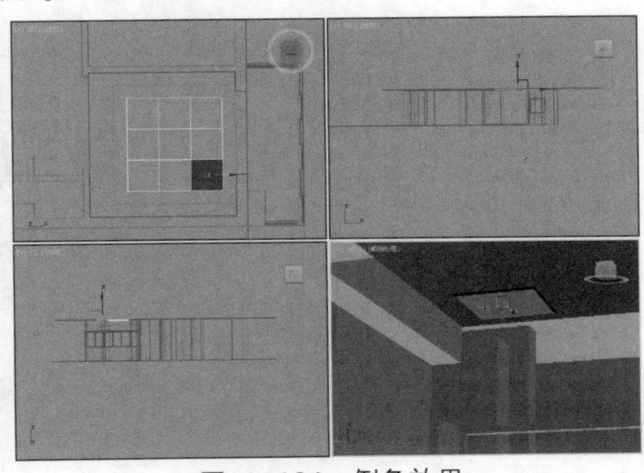

图11-103　设置倒角参数　　图11-104　倒角效果

㉔ 重复以上步骤，即可完成吊顶造型的制作，如图11-105所示。

㉕ 将实体移动至长方体下方，完成吊顶的制作，如图11-106所示。

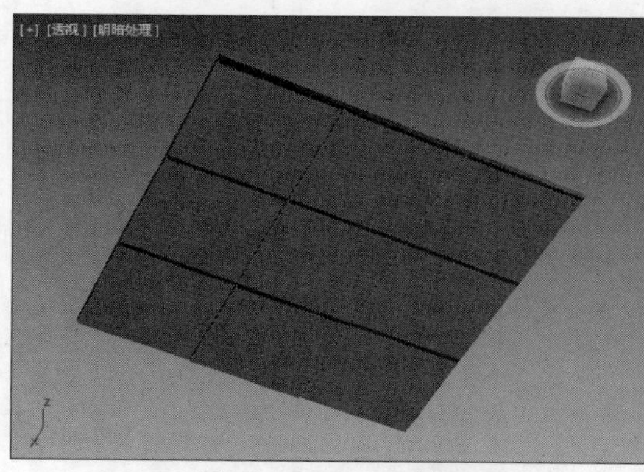

图11-105　吊顶效果

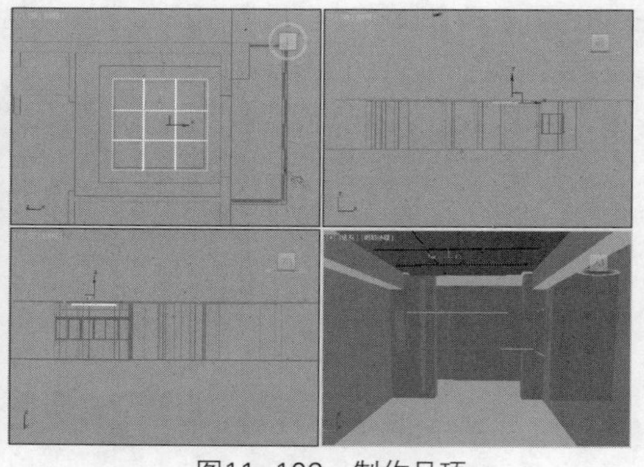

图11-106　制作吊顶

㉖ 下面开始创建吊顶射灯，该射灯的创建方法非常简单，由边框、长方体和圆柱体组成，这里就不再具体介绍，创建完成后，将它们组合在一起，效果如图11-107所示。

㉗ 在顶视图将吊顶射灯移动并复制，如图11-108所示。

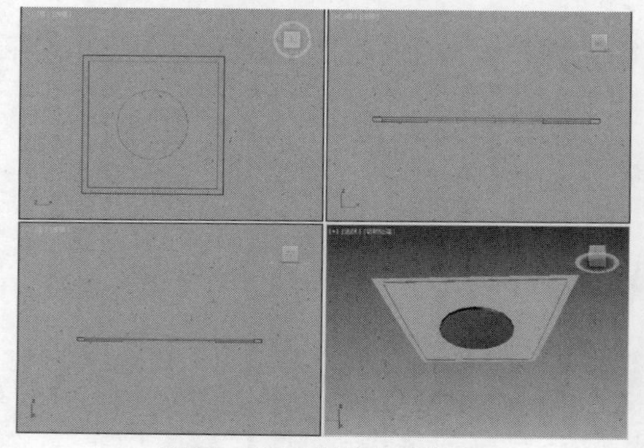

图11-107　制作吊顶射灯

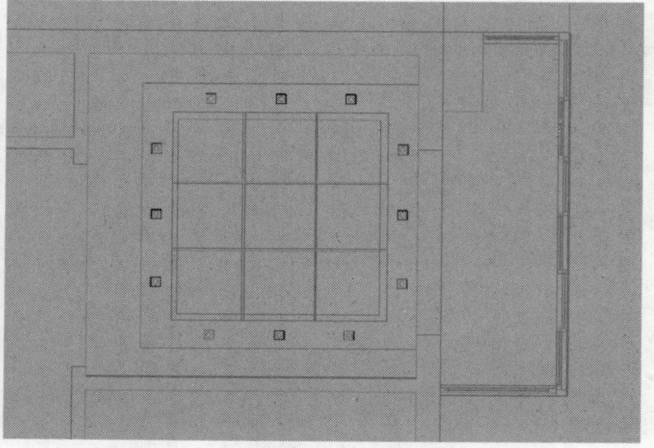

图11-108　移动并复制吊灯

㉘ 返回前视图，将其移至吊顶装饰的下方，并利用样条线制作踢脚线，完成室内布局的操作如图11-109所示。

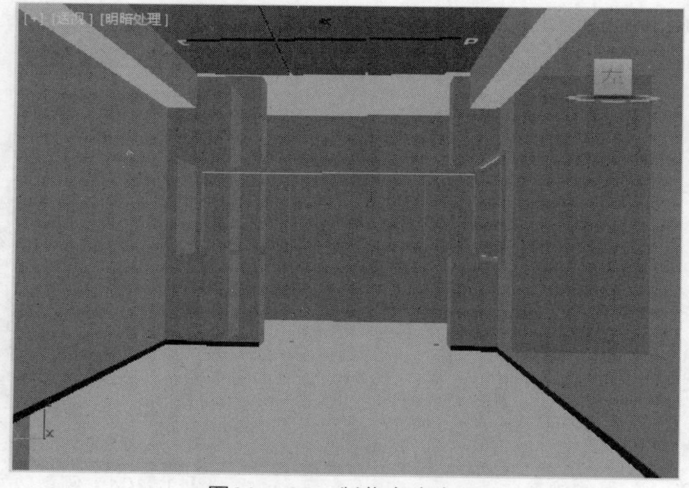

图11-109　制作室内布局

11.2.2 创建摄影机

下面开始创建摄影机，方便用户观察室内效果。

01 执行“创建”|“摄影机”|“目标摄影机”命令，如图11-110所示。

02 在顶视图单击并拖动鼠标创建摄影机，如图11-111所示。

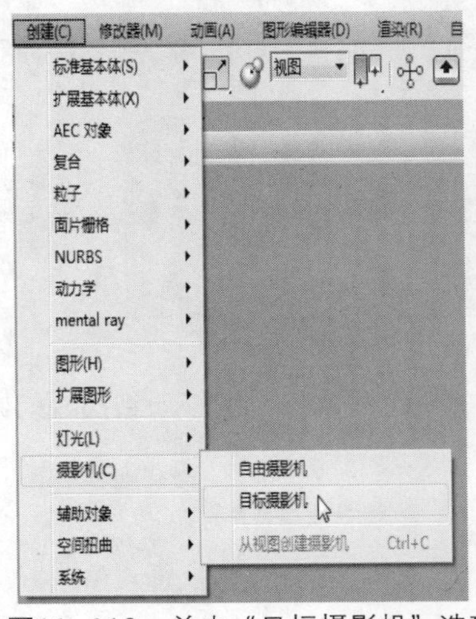

图11-110 单击“目标摄影机”选项

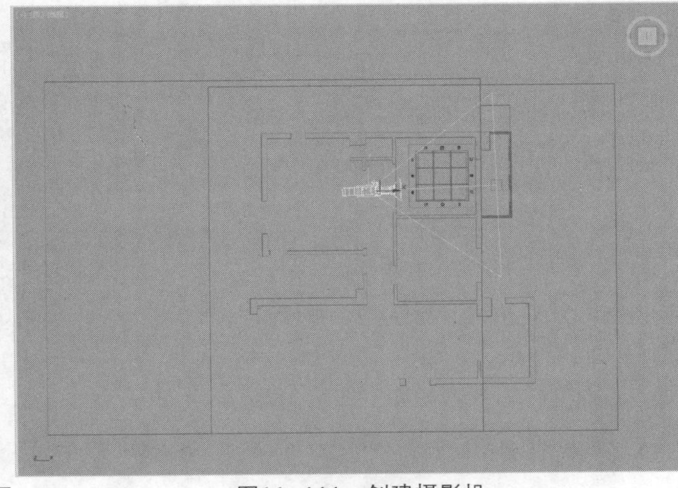

图11-111 创建摄影机

03 激活前视图，选择摄影机，在工具栏“选择并移动”按钮上单击鼠标右键，打开“移动变化输入”对话框，在Z轴上输入移动数值1000，如图11-112所示。

04 设置完成后，按回车键，即可将摄影机移动到1000mm位置，如图11-113所示。

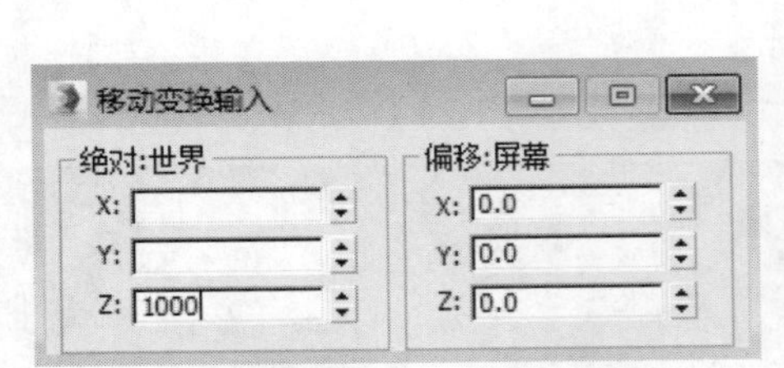

图11-112 输入数值

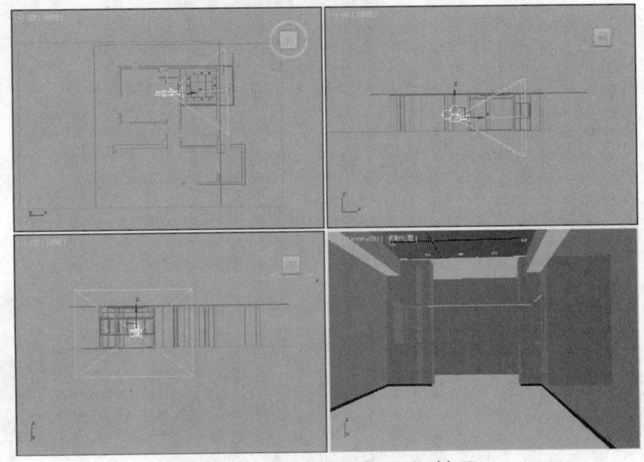

图11-113 移动摄影机效果

11.2.3 制作并导入模型

接下来开始制作并导入模型，充实书房场景，下面具体介绍制作家具的操作方法。

01 书房中缺少不了书柜，所以我们下面开始制作书柜，执行“创建”|“标准基本体”|“长方体”命令，在前视图单击并拖动鼠标，创建长方体作为书柜的挡板，参数如图11-114所示。

02 执行“图形”|“线”命令，在前视图根据捕捉长方体端点绘制样条线，并设置轮廓，如图11-115所示。

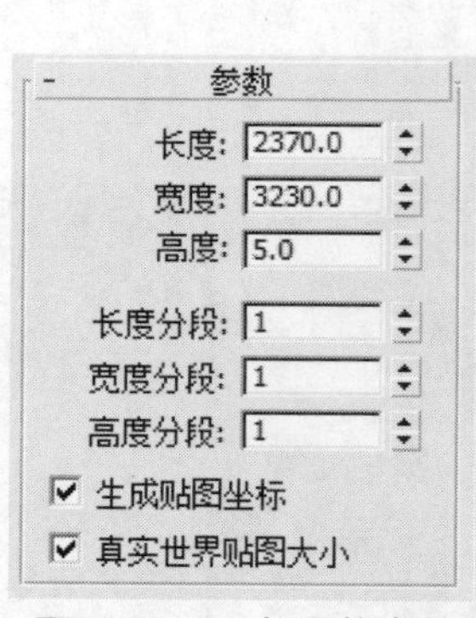

图11-114　长方体参数

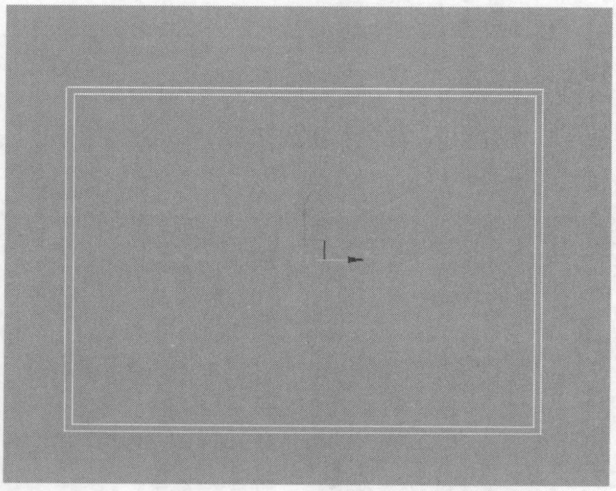

图11-115　创建样条线

03 为样条线添加“挤出”修改器，并设置挤出厚度为350，作为书柜边框，将边框移动到挡板前方，如图11-116所示。

04 继续创建长方体，参数如图11-117所示。

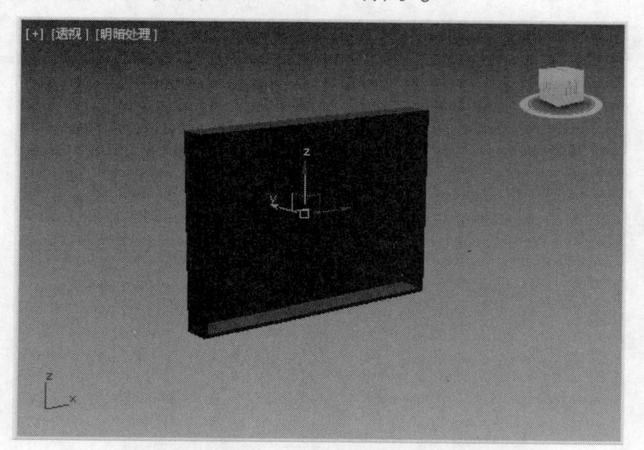

图11-116　移动实体

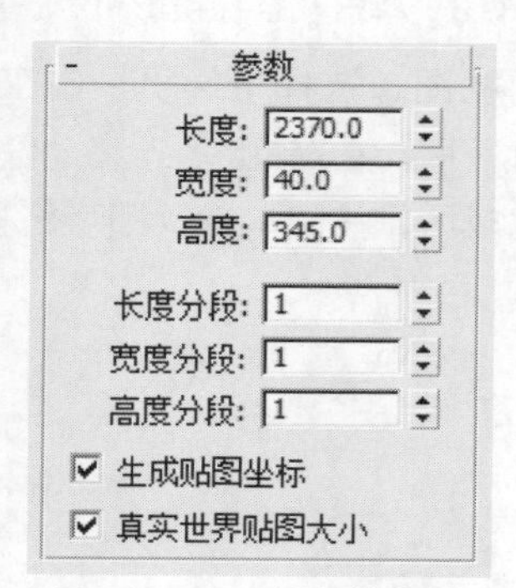

图11-117　长方体参数

05 将长方体移动至边框内部，作为隔板，如图11-118所示。

06 继续创建长方体，然后复制并移动至边框内部，作为横向隔板，如图11-119所示。

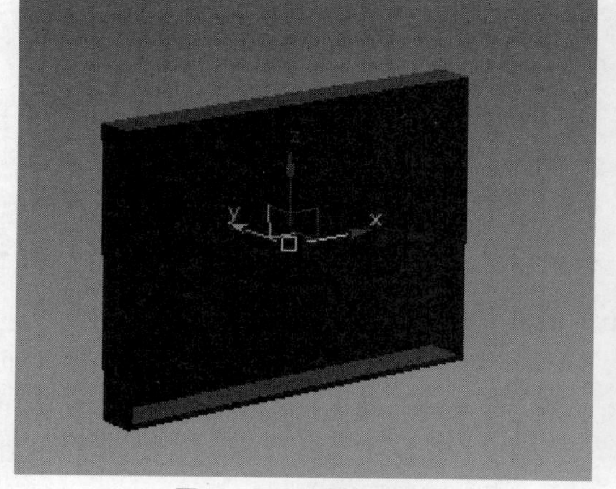

图11-118　制作隔板

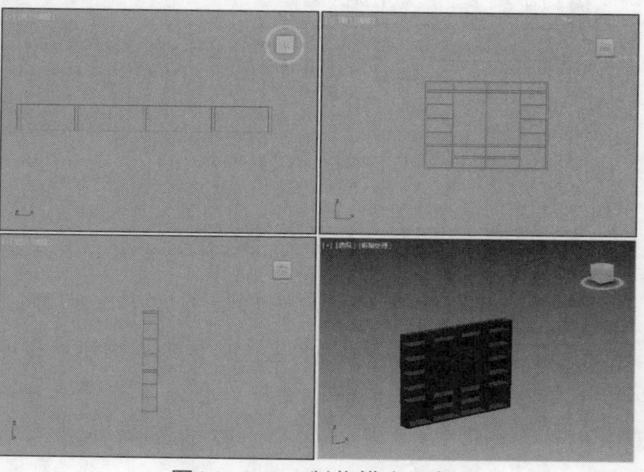

图11-119　制作横向隔板

07 下面开始制作书柜门，在前视图创建长方体，参数如图11-120所示。

08 将长方体转换为可编辑多边形，并在堆栈栏中单击“多边形”选项，如图11-121所示。

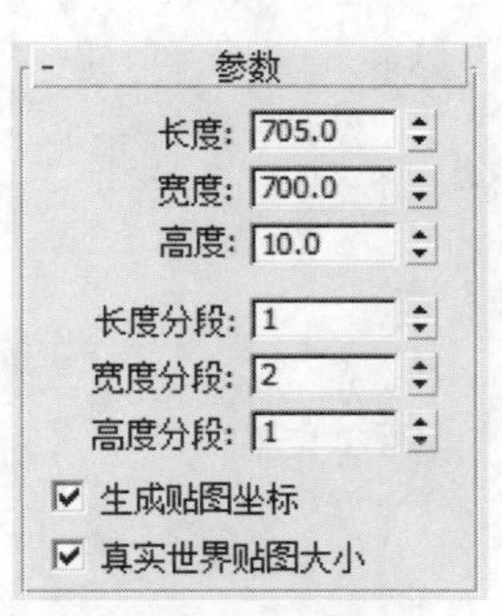

图11-120 创建长方体

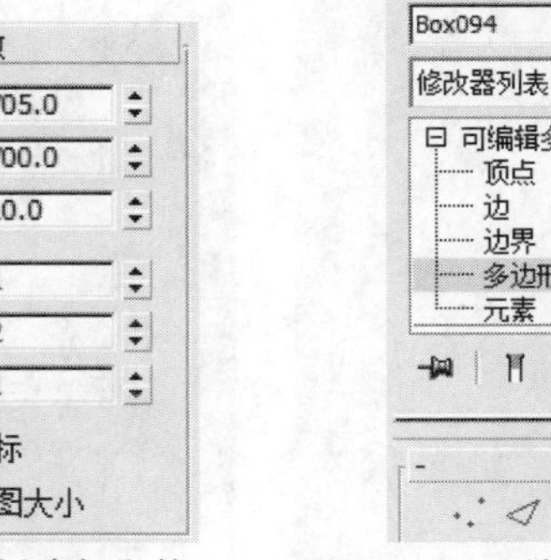

图11-121 单击“多边形”选项

09 返回前视图选择面，返回“编辑多边形”卷展栏，并单击“倒角”后的方框按钮，如图11-122所示。

10 在前视图设置倒角高度为10，倒角轮廓为-10，然后单击“确定”按钮，如图11-123所示。

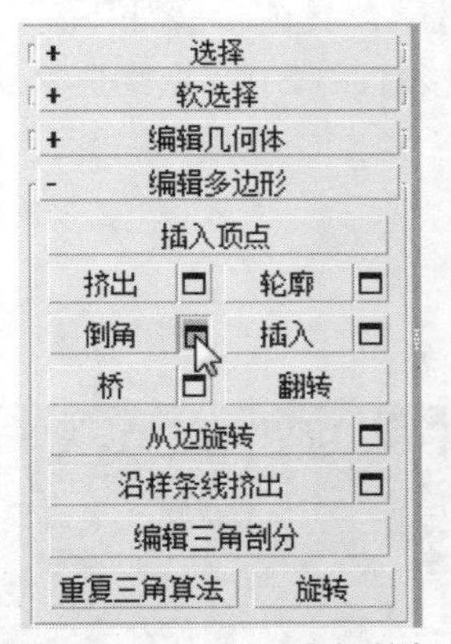

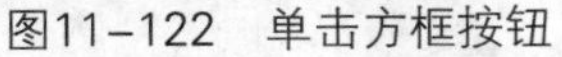

图11-122 单击方框按钮

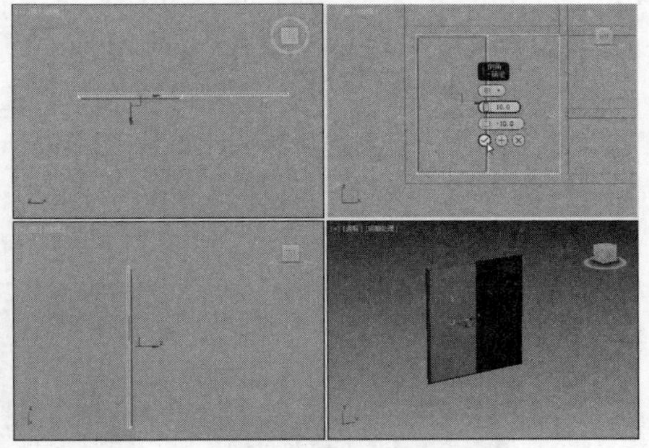

图11-123 单击“确定”按钮

11 此时将产生倒角效果，将另外一扇门也进行倒角操作，完成书柜门的制作，如图11-124所示。

12 最后创建长方体并移至书柜门两侧作为门把手，将书柜门和把手复制到书柜右侧，移动至相应位置，完成书柜的制作，如图11-125所示。

图11-124 制作书柜门

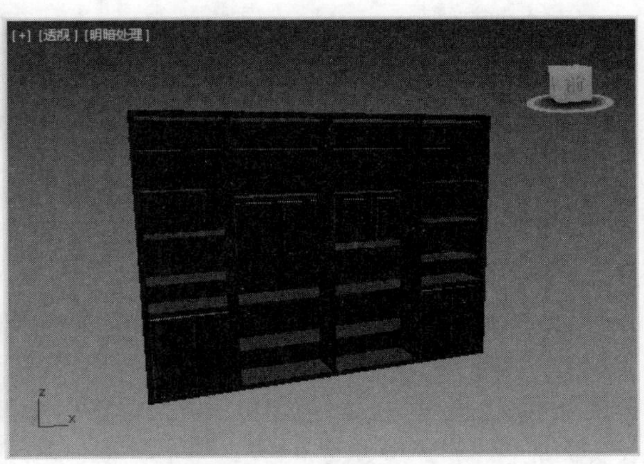

图11-125 制作书柜

⑬ 将书柜移动至书房场景中，如图11-126所示。

⑭ 将其他家具模型合并到书房场景中，效果如图11-127所示。

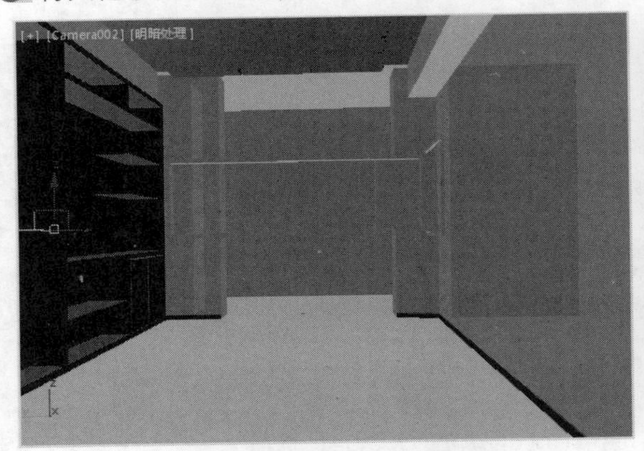

图11-126　制作书柜

图11-127　合并家具模型

11.2.4　设置场景材质

为了营造出书房的气氛，下面我们开始为书房场景添加材质，具体步骤如下。

01 将默认渲染器设置为VRay渲染器之后，打开材质编辑器，在该对话框中选择空白材质球，设置材质类型为VRayMtl，并设置名称为木地板，然后在漫反射通道上添加“地板”贴图，设置反射颜色为50，并在基本参数面板上设置其他参数，如图11-128所示。

02 设置完成后，材质球效果如图11-129所示。

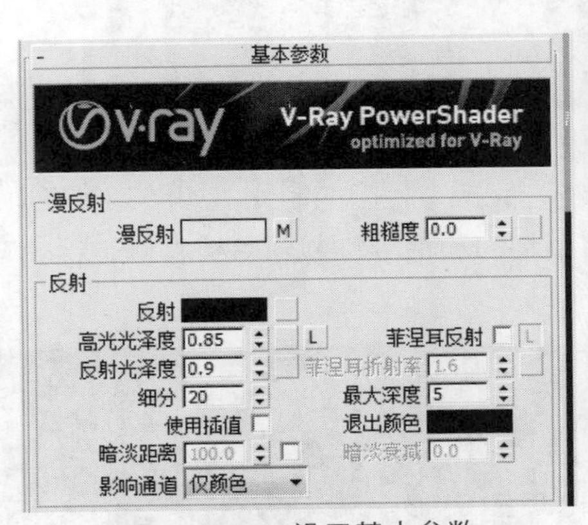

图11-128　设置基本参数

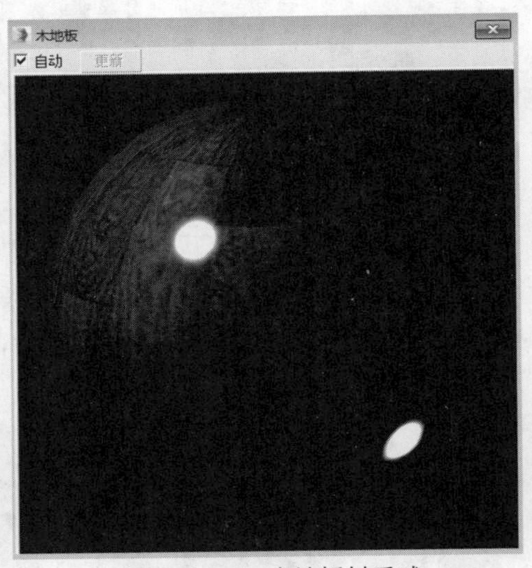

图11-129　木地板材质球

03 在视图中隐藏合并的家具，然后选择地板实体，并将材质赋予实体上，然后为实体添加UVW贴图，并设置参数，如图11-130所示。

04 设置完成后，将显示材质效果，如图11-131所示。

05 下面制作墙纸材质，选择空白材质球，在漫反射通道上添加“墙纸”贴图，复制该贴图至凹凸通道上，并设置值为40，然后返回“基本参数”卷展栏，设置参数，如图11-132所示。

06 设置完成后，材质球效果如图11-133所示。

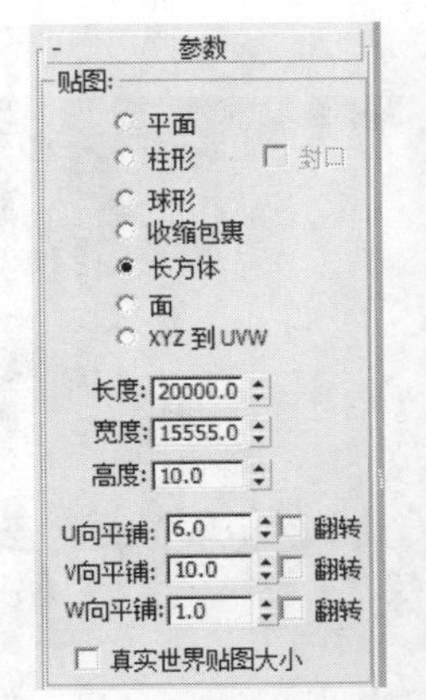

图11-130　设置贴图参数

图11-131　赋予材质效果

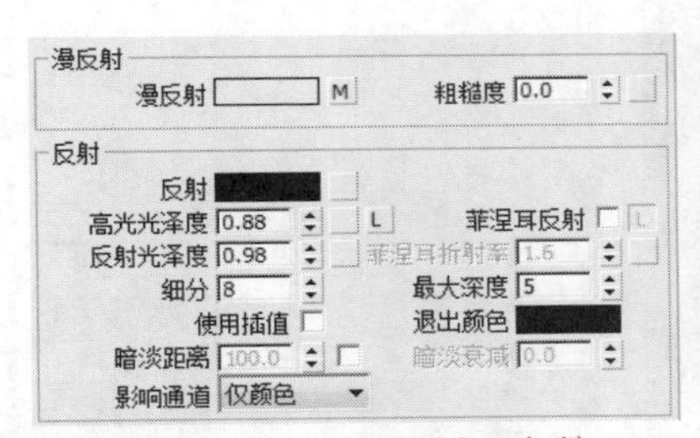

图11-132　设置材质参数

图11-133　材质球效果

07 将材质赋予到墙体上，效果如图11-134所示。

08 制作天花板材质，该天花板中包含吊顶和吊顶装饰，其中吊顶装饰为木纹，其他则为软胶漆材质，首先设置吊顶装饰，设置材质名称为吊顶装饰，在漫反射通道添加“吊顶装饰”位图，返回参数面板，设置其他参数，如图11-135所示。

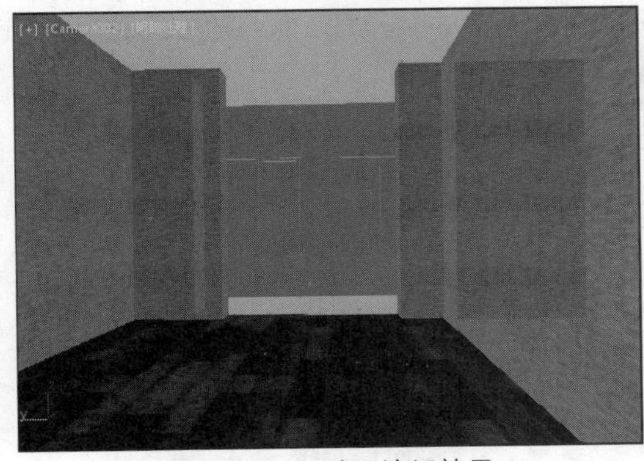

图11-134　赋予墙纸效果

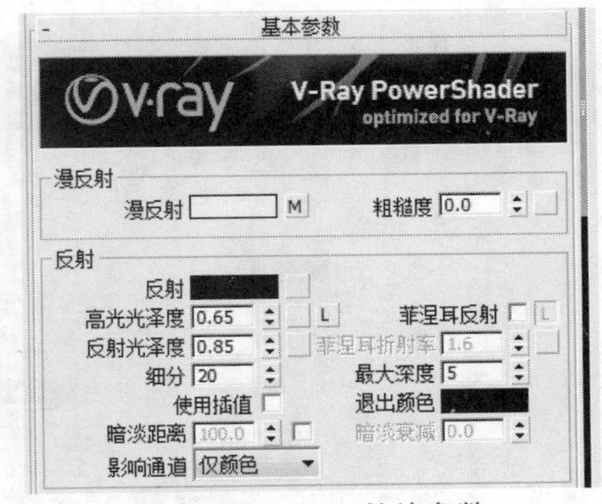

图11-135　设置其他参数

09 设置后吊顶装饰材质就制作完成了，材质球效果如图11-136所示。

10 继续选择空白材质球，设置名称为“乳胶漆”，将漫反射颜色调为240，即可完成乳胶漆材质的设置，材质球效果如图11-137所示。

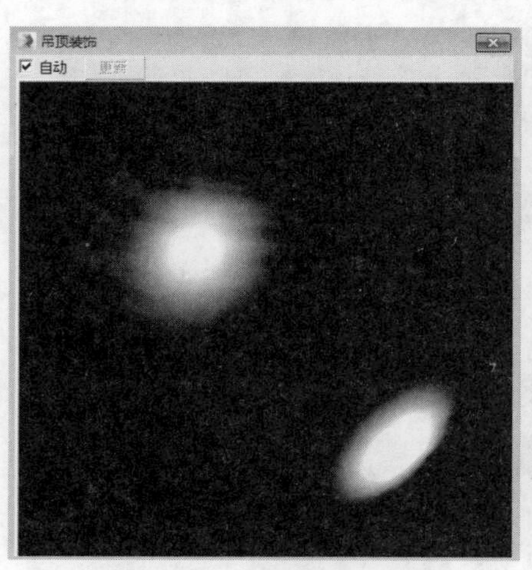

图11-136　吊顶装饰材质球

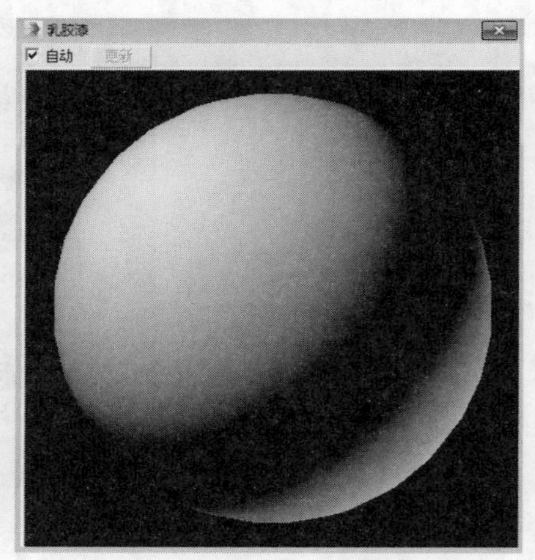

图11-137　乳胶漆材质球

⑪ 将材质赋予到吊顶指定实体上，效果如图11-138所示。

⑫ 继续设置窗户材质，设置材质名称为塑钢窗，然后设置漫反射颜色，如图11-139所示。

图11-138　赋予吊顶材质效果

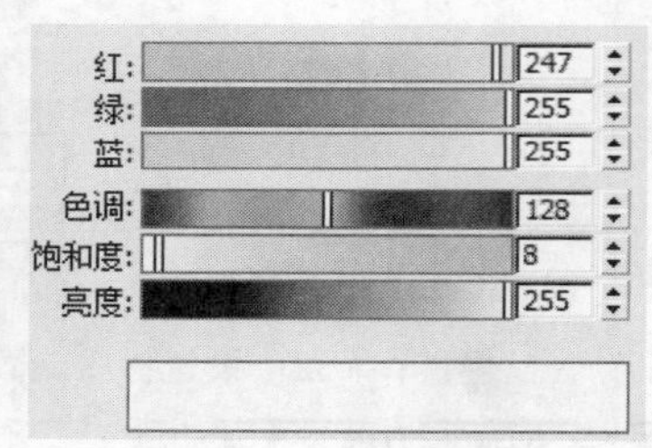

图11-139　设置漫反射颜色

⑬ 设置反射颜色为8，继续设置其他参数，如图11-140所示。

⑭ 下面开始设置玻璃材质，设置漫反射颜色为浅蓝色，如图11-141所示。

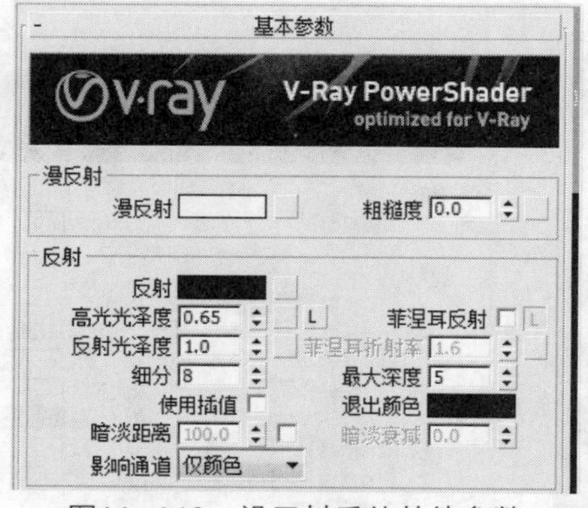

图11-140　设置材质的其他参数

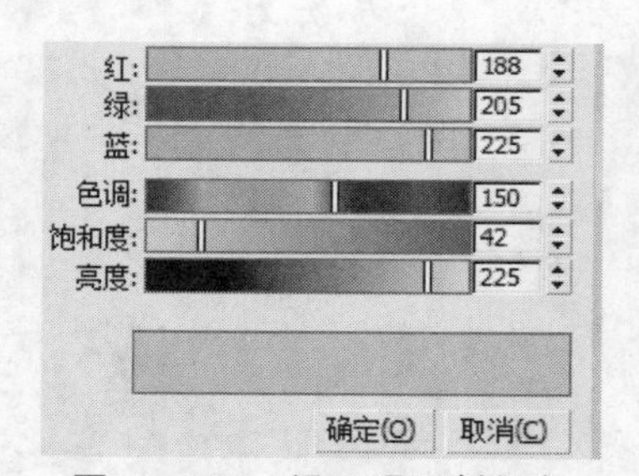

图11-141　设置漫反射颜色

⑮ 继续设置反射颜色为35，反射光泽度为0.8，取消勾选菲尼尔反射，设置折射颜色为150，光泽度为0.65，即可完成磨砂玻璃的设置，材质球效果如图11-142所示。

⑯ 将材质赋予到窗户上，效果如图11-143所示。

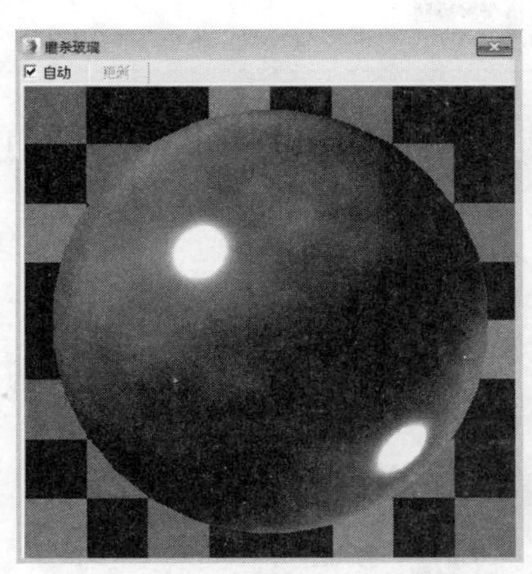

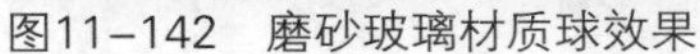
图11-142　磨砂玻璃材质球效果

图11-143　赋予材质效果

⑰ 由上图可以发现，阳台地面没有设置材质，选择材质球，在漫反射贴图上添加“阳台地砖”贴图，材质球效果如图11-144所示。

⑱ 将材质赋予地面上，并添加UVW贴图，设置完成后效果如图11-145所示。

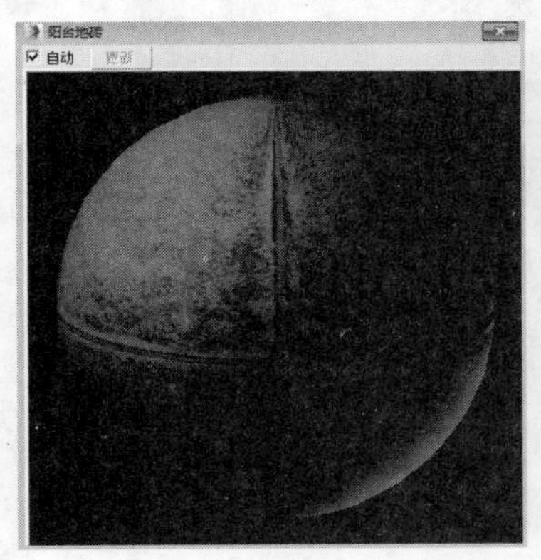

图11-144　阳台地砖材质球

图11-145　添加UVW贴图

⑲ 本例场景的踢脚线和书柜使用相同的材质，下面设置踢脚线材质，在漫反射通道上添加“踢脚线”贴图，“反射”选项组的参数与之前设置的地板参数一致，设置完成后，材质球如图11-146所示。

⑳ 继续设置射灯材质，这里就不再具体介绍了，将材质赋予到踢脚线和书柜上，完成场景材质的设置，如图11-147所示。

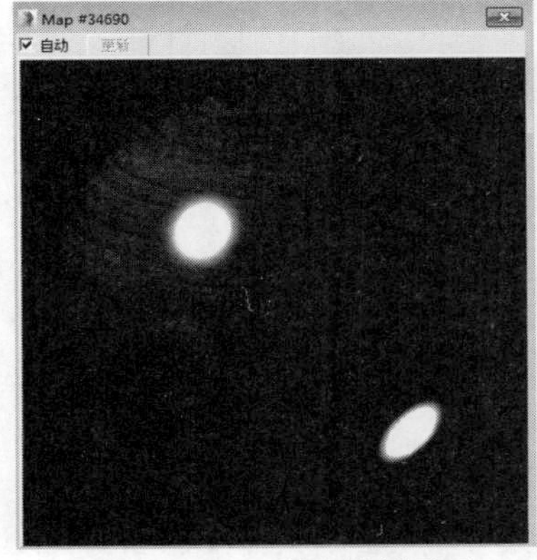

图11-146　踢脚线材质球

图11-147　设置场景材质效果

11.2.5 为书房场景添加灯光

本案例的场景为日景效果，所以需要创建窗口和室内光源，体现室内整体效果，下面具体介绍如何在场景中创建光源。

01 切换视图至顶视图，在命令面板中打开“灯光”选项卡，选择VRay选项，单击“VR-灯光”按钮，如图11-148所示。

02 在顶视图单击并拖动鼠标创建灯光区域，如图11-149所示。

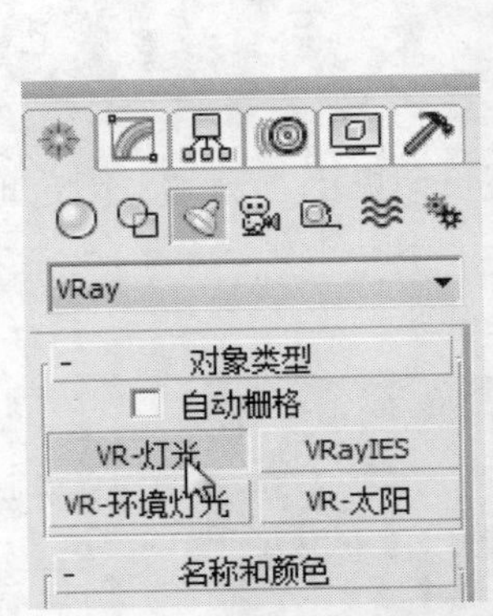

图11-148 单击“VR-灯光”按钮

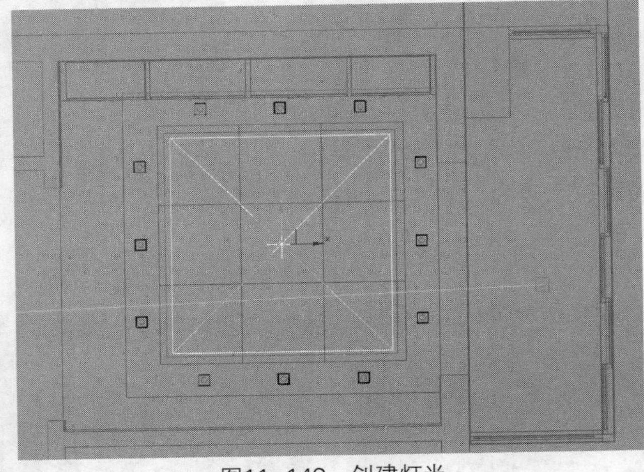

图11-149 创建灯光

03 在前视图调整灯光位置，如图11-150所示。

04 打开“修改”选项卡，在“参数”命令面板中设置灯光参数，如图11-151所示。

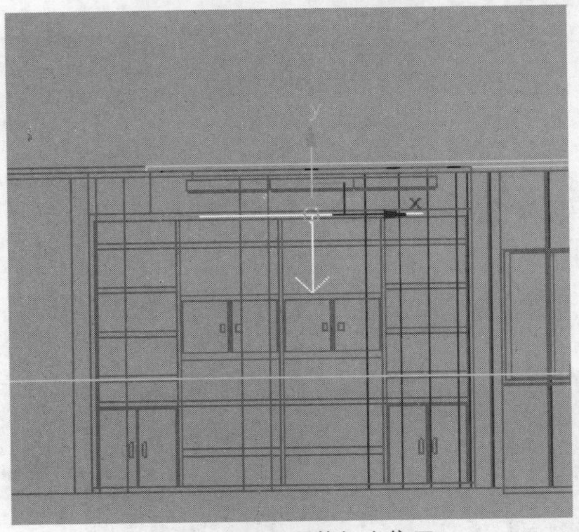

图11-150 调整灯光位置

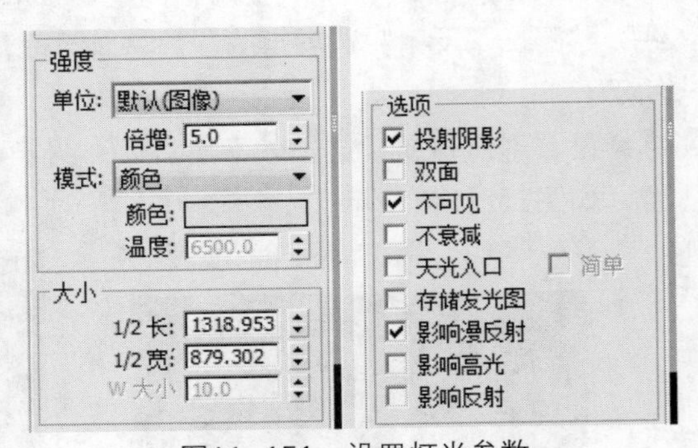

图11-151 设置灯光参数

05 重复以上操作，在顶视图的平面光四周再次创建灯光，将其进行移动并旋转，在视图中调整到合适位置，如图11-152所示。

06 创建的灯光参数如图11-153所示。

07 返回命令面板，选择“光度学”选项，单击“自由灯光”按钮，如图11-154所示。

08 在顶视图单击鼠标左键创建光源，返回命令面板，在“灯光分布”选项列表中单击“光度学Web”选项，如图11-155所示。

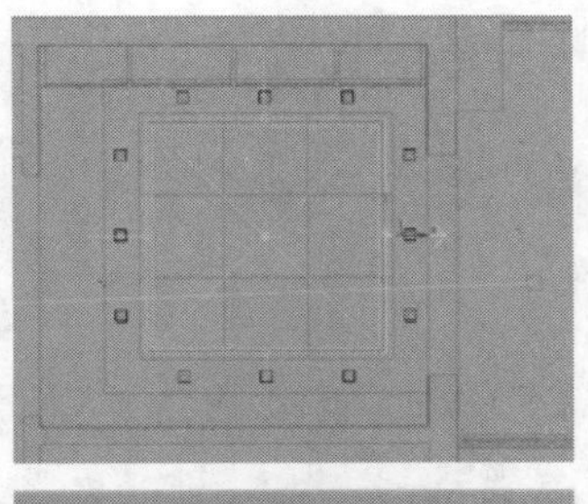
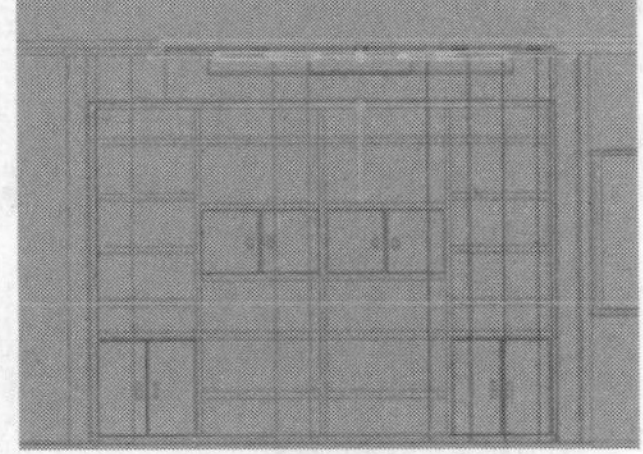

图11-152　调整灯光位置

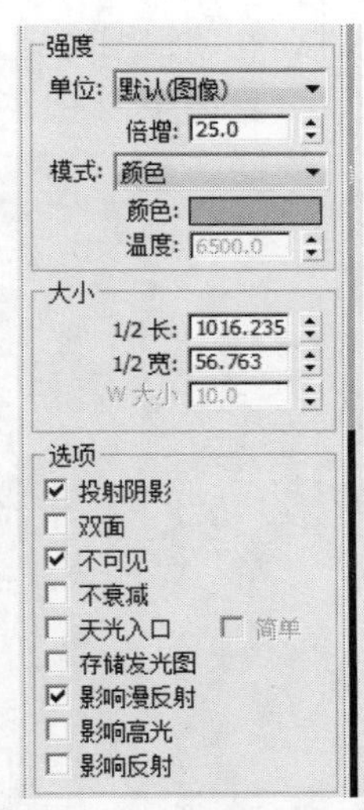

图11-153　设置灯光参数

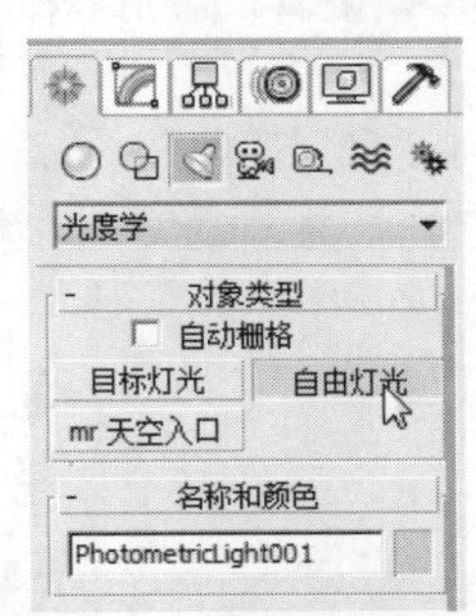

图11-154　单击“自由灯光”按键

图11-155　单击“光度学Web”选项

09 在“分布”卷展栏中单击“选择光度学文件”按钮，如图11-156所示。

10 在“打开光域Web文件”对话框中选择灯光文件，并单击“打开”按钮，如图11-157所示。

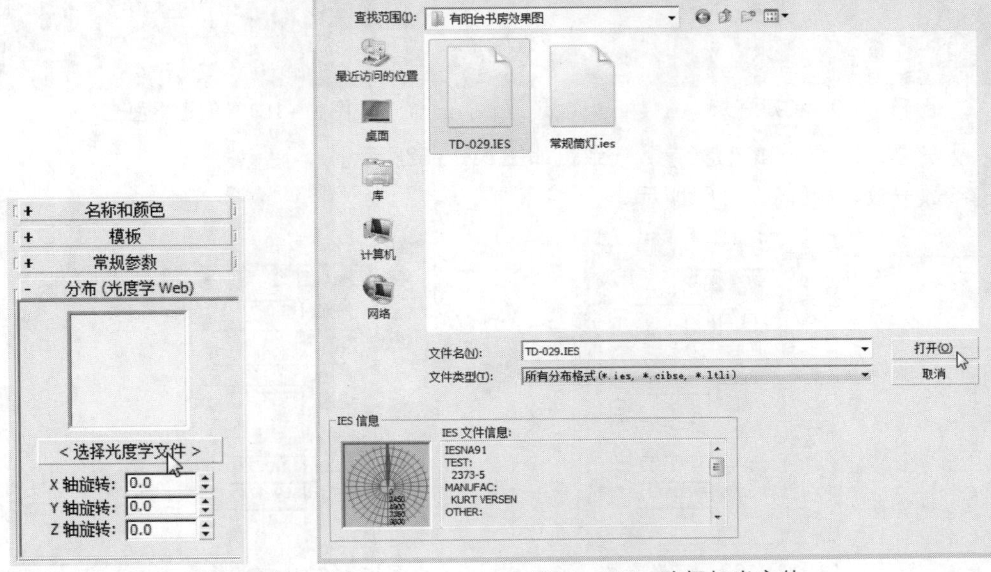

图11-156　单击“选择光度学文件”按钮　　图11-157　选择灯光文件

⑪ 此时将导入灯光文件，在顶视图将灯光复制，如图11-158所示。

⑫ 在前视图调整灯光，效果如图11-159所示。

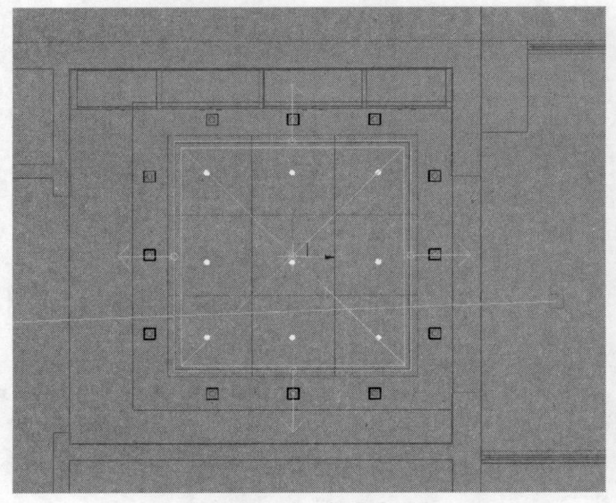

图11-158　复制灯光

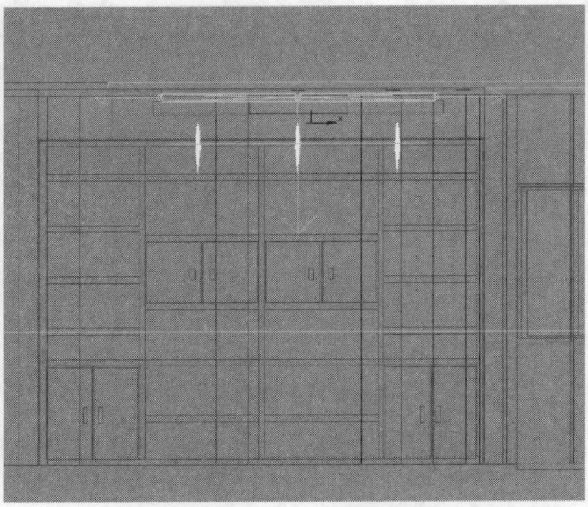

图11-159　移动灯光

⑬ 重复以上步骤，在电视上方创建灯光，并设置灯光文件为“常规筒灯”，如图11-160所示。

⑭ 最后在窗口和室内再次创建并移动平面光，使其对室内起到补光的效果，前视图效果如图11-161所示。

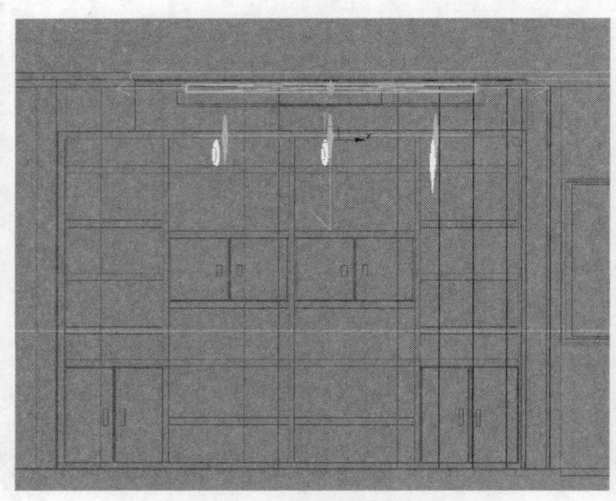

图11-160　创建灯光

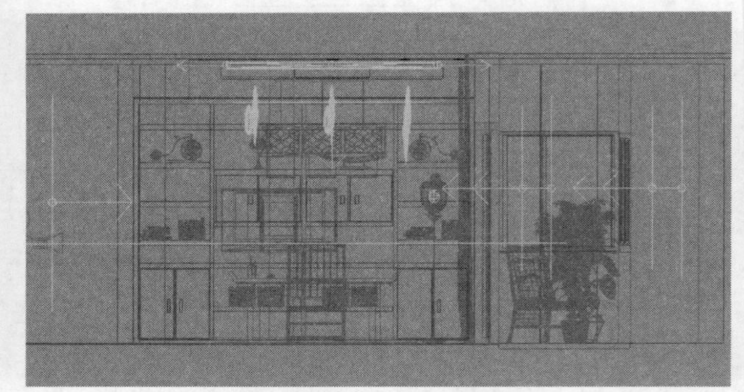

图11-161　创建平面光

⑮ 其中，从左边数1、2、4的灯光参数一致，如图11-162所示。

⑯ 3和4的参数一致，如图11-163所示。

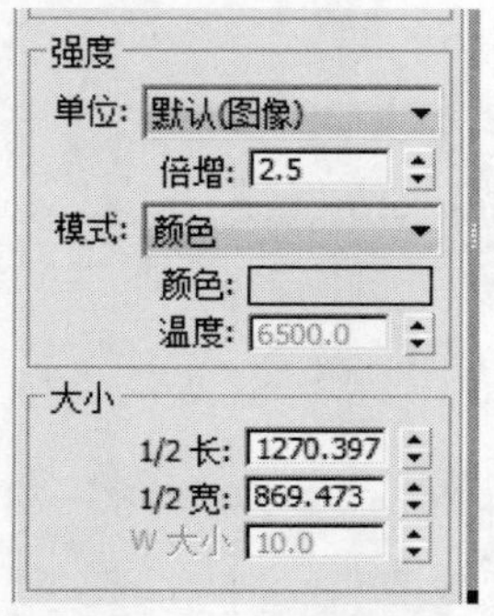

图11-162　灯光参数

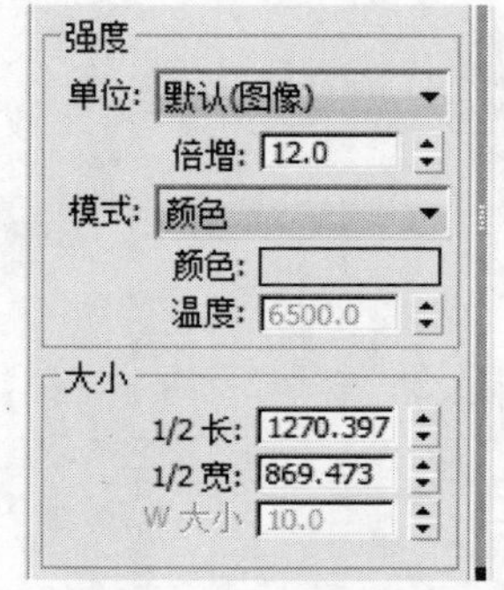

图11-163　灯光参数

知识点拨

当需要使用室内灯光时，需要创建暖色和冷色灯光，使两种颜色进行互补，并进行补光，这样渲染效果才会真实。

11.2.6 渲染场景效果

设置完灯光后，就可以渲染场景效果了，在渲染过程中首先需要设置测试渲染参数，在渲染后没有产生任何差池后，再进行最终渲染。

01 按F10键打开“渲染设置”对话框，勾选“启用全局照明”复选框，在“二次引擎”列表框中单击“灯光缓存”选项，如图11-164所示。

02 在“发光图”卷展栏中设置图片质量为“低”，灯光缓存细分为100，如图11-165所示。

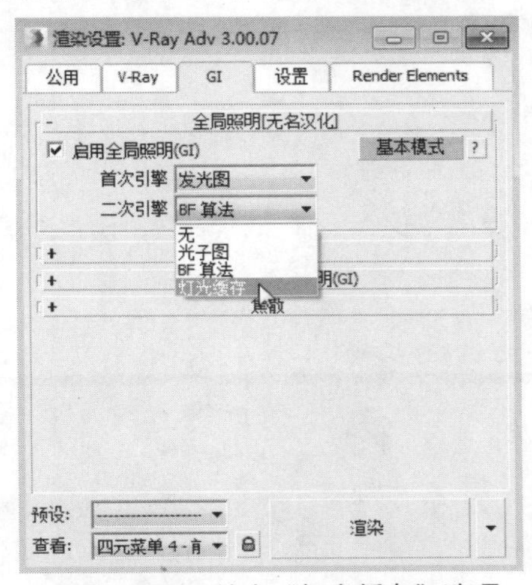

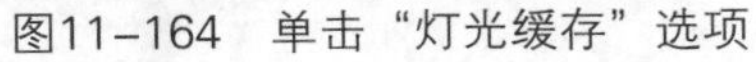

图11-164 单击“灯光缓存”选项

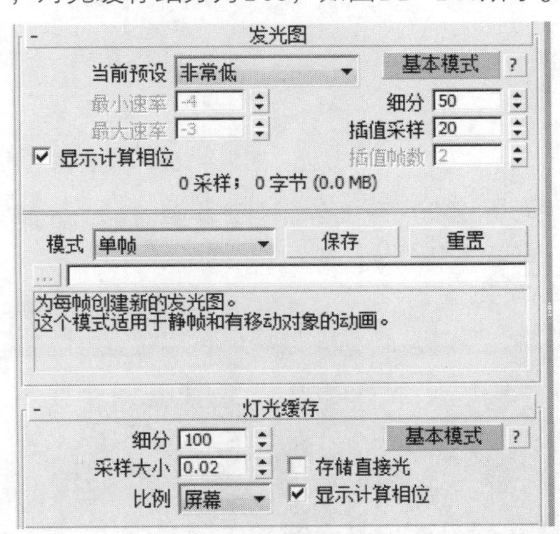

图11-165 设置图片质量和细分

03 在“图像采样器”中设置采样器类型为“自适应细分”，然后设置颜色贴图类型为指数，如图11-166所示。

04 在窗口外侧创建长方体，并赋予风景材质，作为窗外风景。

05 设置完成后就可以进行渲染，渲染效果如图11-167所示。

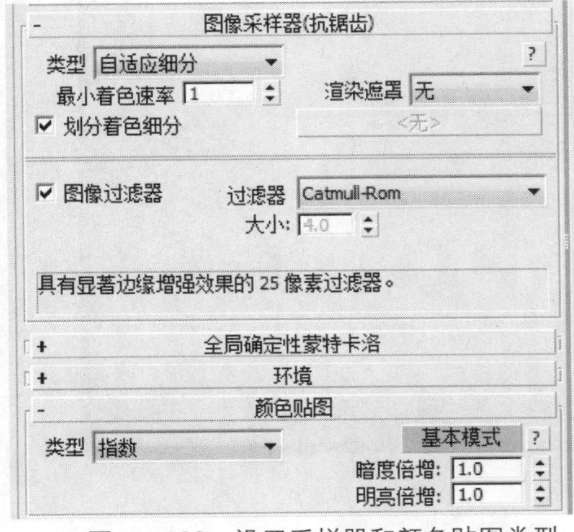

图11-166 设置采样器和颜色贴图类型

图11-167 渲染效果

06 当渲染没有任何差池后将图片质量设为高，灯光缓存细分设置为1000，如图11-169所示。

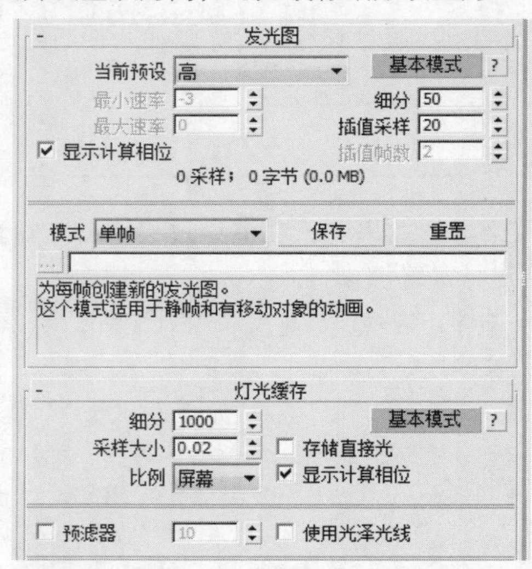

图11-168　设置图片质量和灯光缓存细分

07 按F9键进行渲染，在渲染窗口上单击“save”按钮，弹出“保存图像”对话框，设置图像名称和类型，即可保存图像，如图11-169所示。

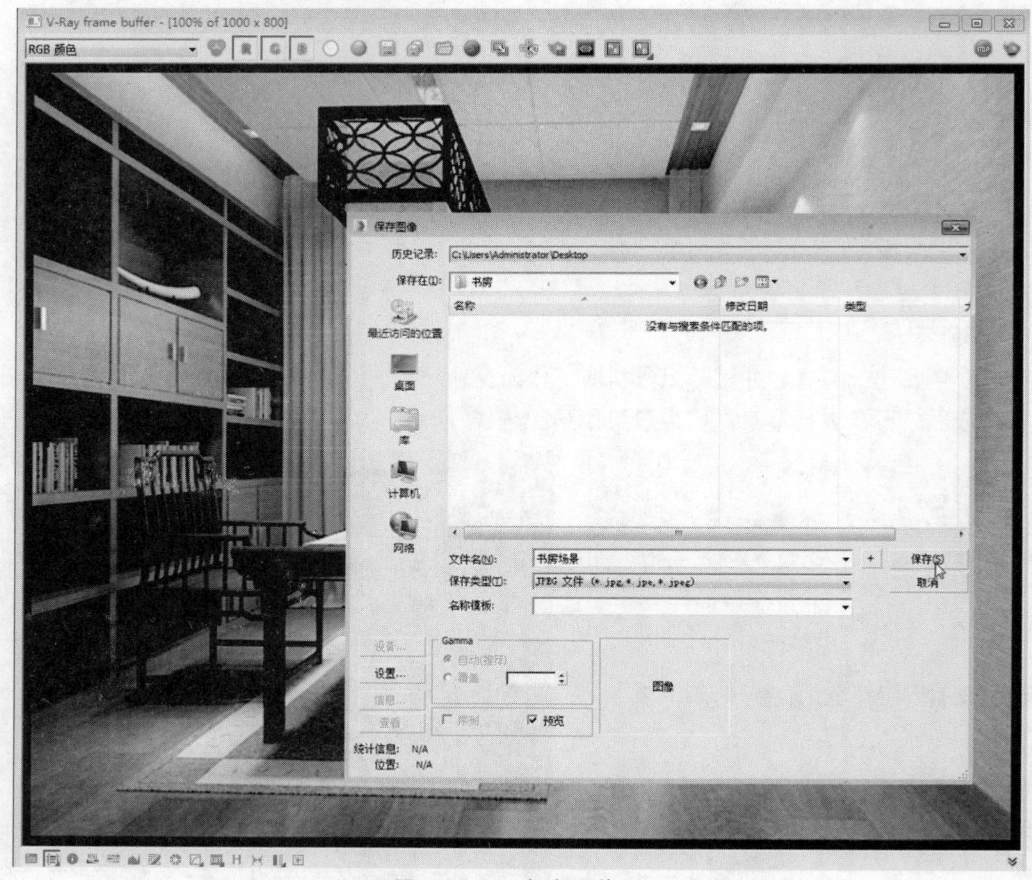

图11-169　保存图像

第12章 室外效果图的制作

本章概述 利用3ds Max软件不仅可以进行室内设计，还可以设计室外场景，利用编辑和渲染场景，产生室外的效果，室外设计效果图一般由建模、素材和渲染而成，本章将具体介绍室外场景效果图的制作方法。

知识要点
- 室外建筑的风格和类型
- 室外效果图的表现方法
- 室外效果图的制作方法

12.1 办公楼效果图的制作

在创建室外场景之前，用户需要掌握一些基础的建模方法，并将创建的模型组合在一起，完成办公楼的制作，本案例将具体介绍如何创建办公楼模型，并巩固一些常用修改器的使用方法。

12.1.1 办公楼模型的制作

本案例制作的办公楼以黄色与红色为主，楼形是普通的长方形结构，从大厅入口可以进入该楼，下面具体介绍如何制作办公楼模型。

01 首先在命令面板单击“长方体”按钮，如图12-1所示。

02 在左视图单击并拖动鼠标创建长方体，如图12-2所示。

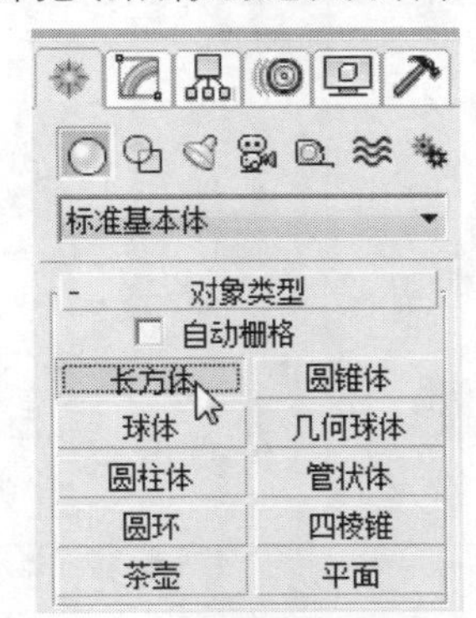

图12-1 单击“长方体”按钮

图12-2 创建长方体参数

03 在前视图创建长方体，参数如图12-3所示。

04 将其复制并组成封闭的墙体，效果如图12-4所示。

05 在顶视图创建长方体，参数如图12-5所示。

06 在左视图将长方体移动至合适位置，如图12-6所示。

07 在顶视图框选长方体，并复制到另外一侧，继续复制任意一个长方体，调整窗户长度为1000，并将其旋转90°，然后在前视图进行排列，如图12-7所示。

08 最后在窗户中间再次创建两个长方体，并移动到合适位置，如图12-8所示。

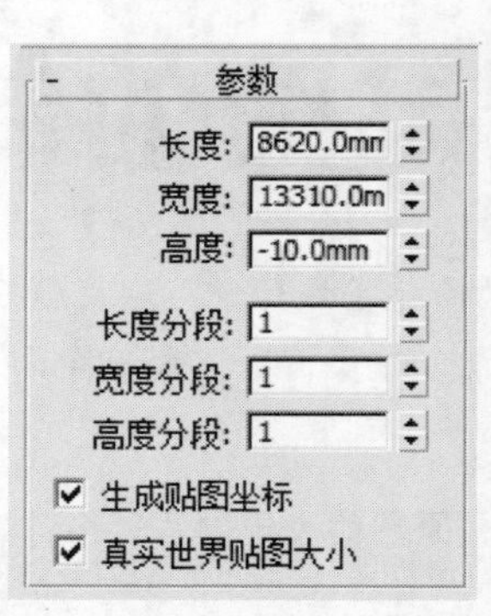

图12-3　创建长方体参数

图12-4　移动长方体效果

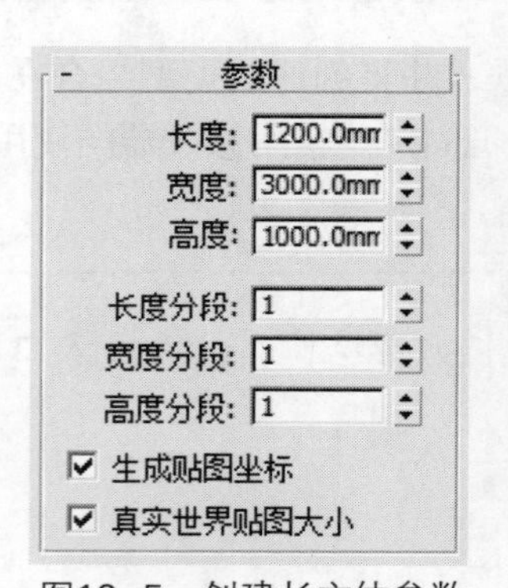

图12-5　创建长方体参数

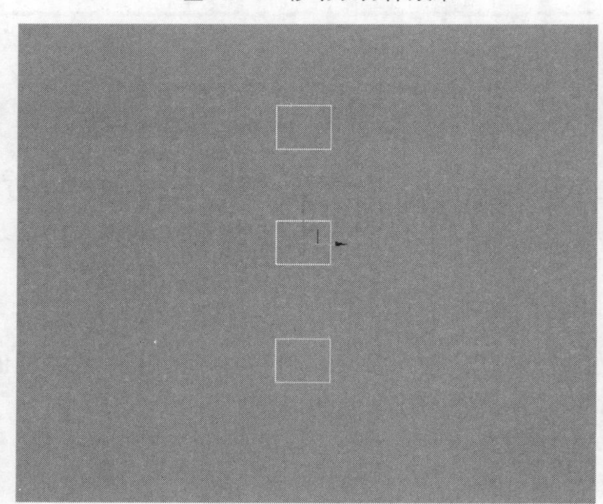

图12-6　移动长方体

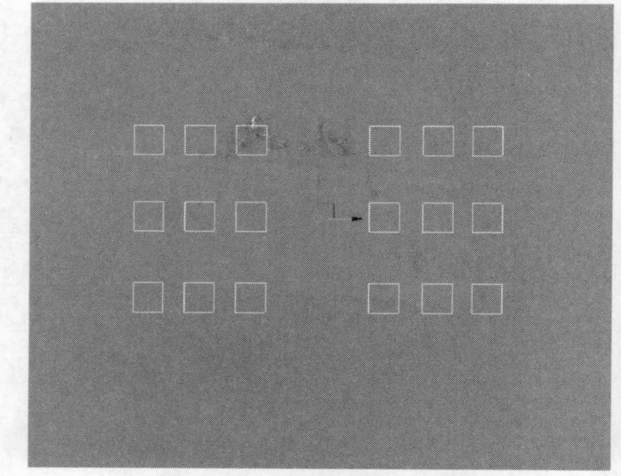

图12-7　复制排列长方体效果

图12-8　创建并移动长方体

09 选择任意一个长方体，将其转换为可编辑多边形，然后在修改堆栈栏中单击“边”选项，如图12-9所示。

10 拖动页面至“编辑几何体”卷展栏，然后单击“附加”按钮，如图12-10所示。

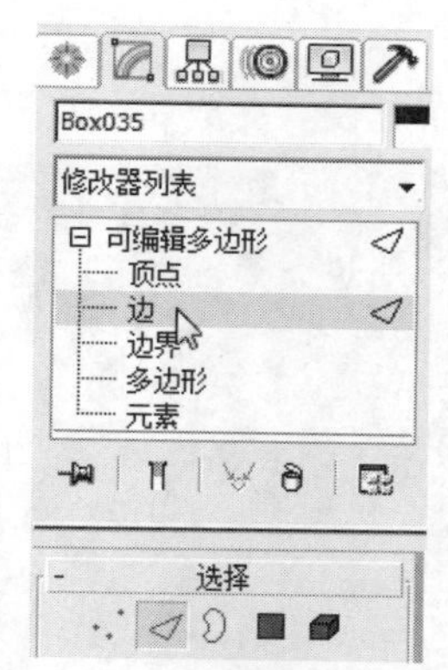

图12-9　单击“边”选项

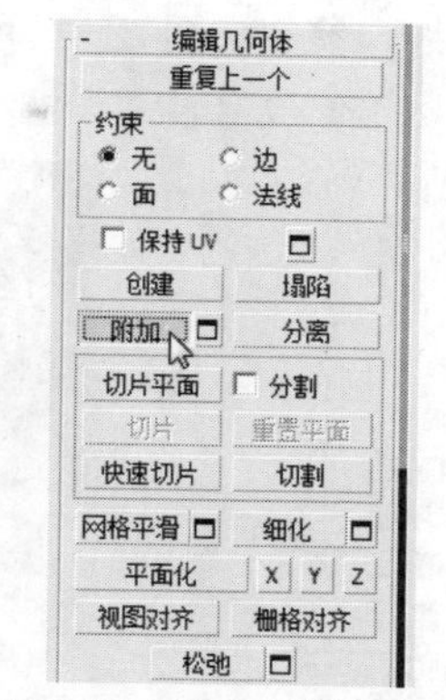

图12-10　单击“附加”按钮

⑪ 在前视图选择长方体，将它们全部附加在一起，如图12-11所示。

⑫ 重复以上步骤，将墙体也附加在一起，选择墙体，然后单击“几何体”按钮，在“复合对象”命令面板中单击“布尔”按钮，展开“拾取布尔”卷展栏，单击“拾取操作对象B”按钮，如图12-12所示。

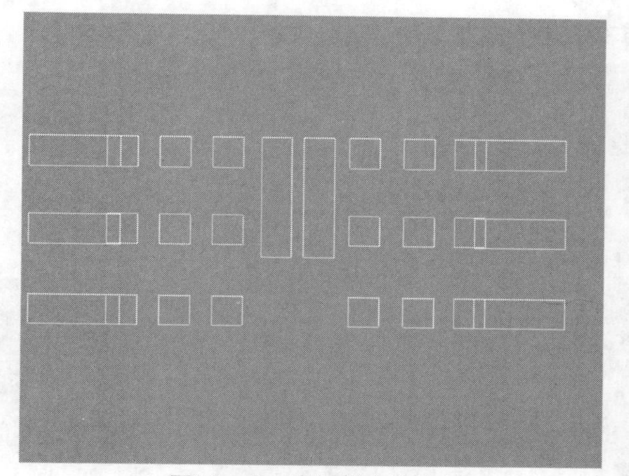
图12-11　附加长方体效果

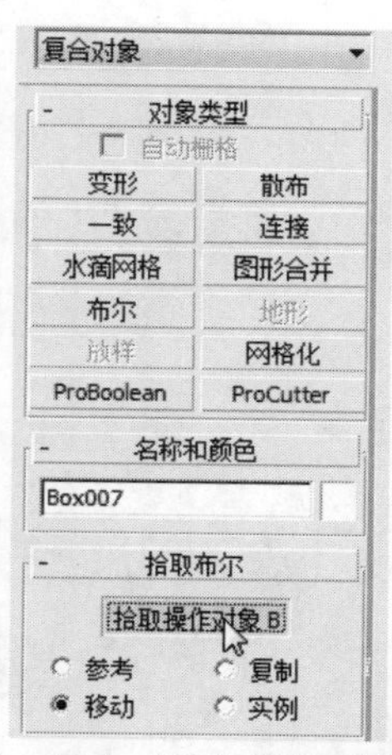

图12-12　单击“拾取操作对象B”按钮

⑬ 在视图中单击选择附加的长方体，即可制作出窗口的效果，如图12-13所示。

⑭ 重复以上步骤，制作大厅门，然后在“图形”命令面板中选择“扩展样条线”选项，并单击“墙矩形”按钮，如图12-14所示。

图12-13　制作窗口效果

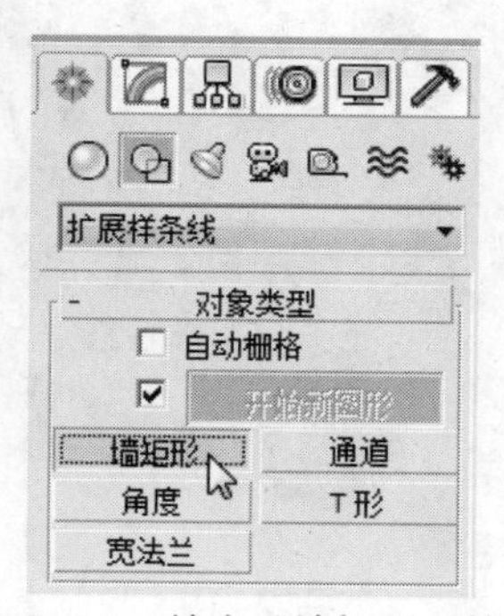

图12-14　单击“墙矩形”按钮

⑮ 在前视图创建样条线，参数如图12-15所示。

⑯ 为样条线添加“挤出”修改器，并设置挤出厚度为50mm，设置完成后，效果如图12-16所示。

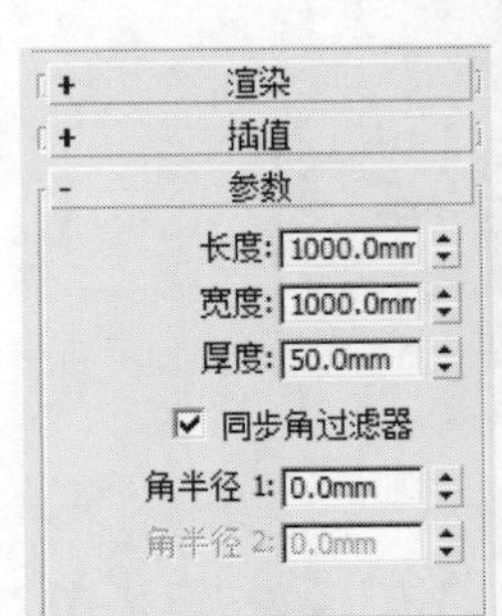

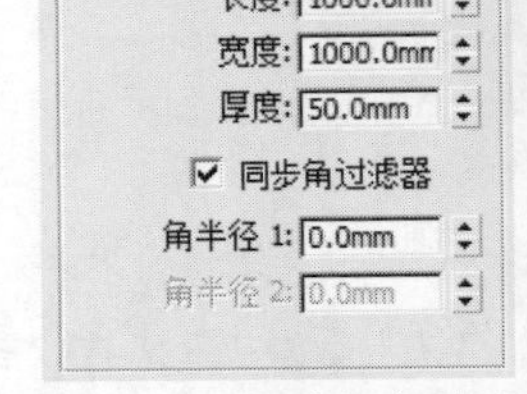

图12-15 创建样条线参数

图12-16 挤出样条线

⑰ 捕捉挤出实体的内侧，再次创建样条线，并设置厚度为25mm，如图12-17所示。

⑱ 将样条线挤出厚度为25mm，然后再次创建长方体作为窗框，效果如图12-18所示。

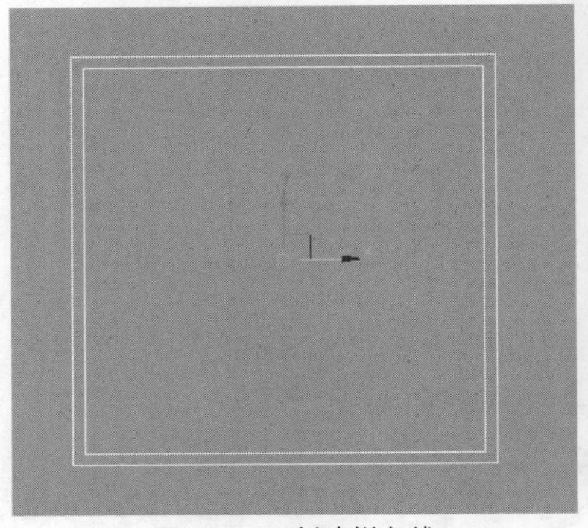

图12-17 创建样条线

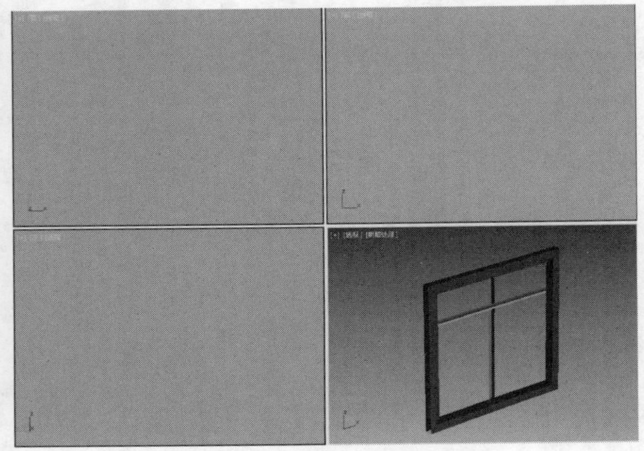

图12-18 制作窗框

⑲ 制作完成后，将窗框组合在一起，并复制移动到窗口处，如图12-19所示。

⑳ 重复以上操作，制作窗框并放置在中间窗口上，如图12-20所示。

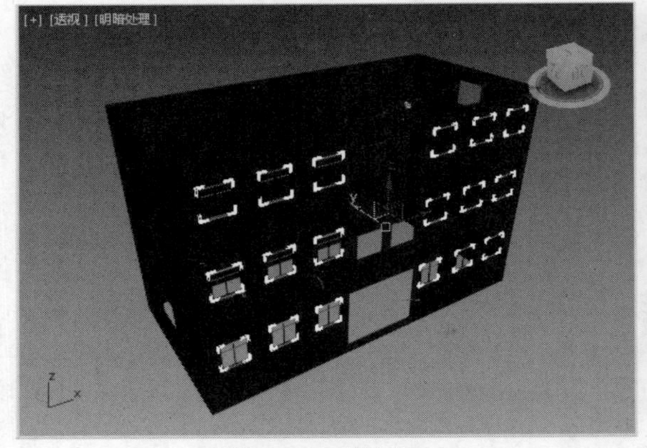

图12-19 复制窗口

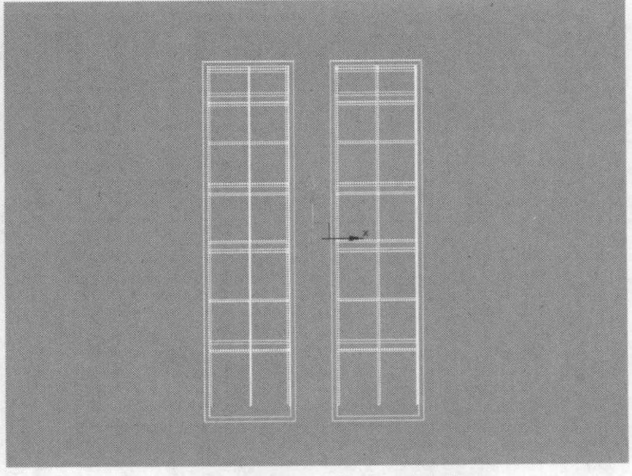

图12-20 制作长形窗框

21 再次在样条线面板上单击“矩形”按钮，如图12-21所示。

22 在顶视图捕捉墙体轮廓，绘制样条线，将其转换为可编辑样条线，设置轮廓为-20，最后将样条线挤出20mm，在前视图移动实体作为不同楼层的分隔线，如图12-22所示。

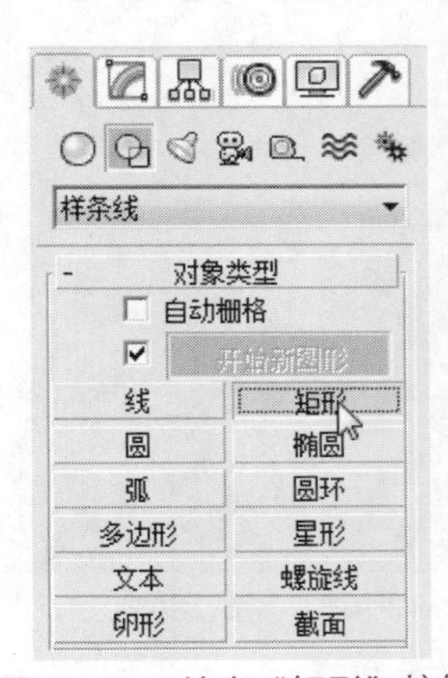

图12-21 单击“矩形”按钮

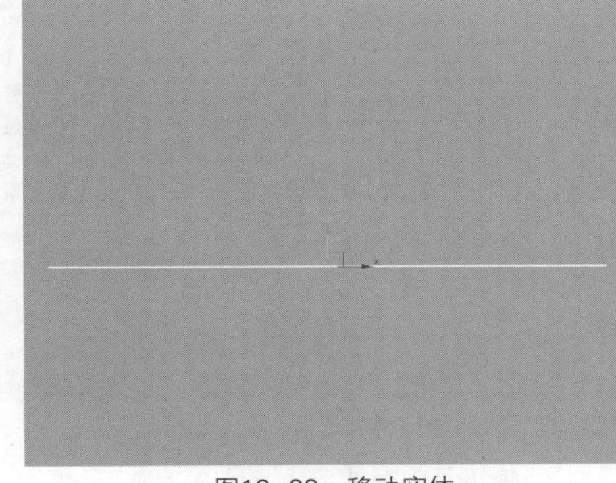

图12-22 移动实体

23 在顶视图绘制样条线，作为顶棚轮廓，如图12-23所示。

24 设置挤出高度为100mm，并移动到墙体上方，继续利用样条线绘制屋顶轮廓，如图12-24所示。

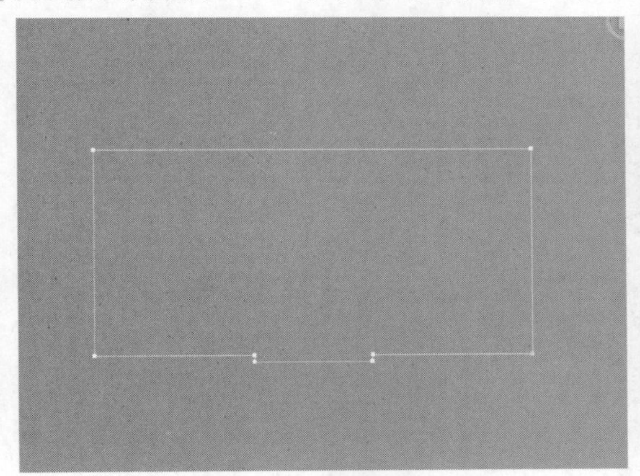

图12-23 绘制顶棚轮廓

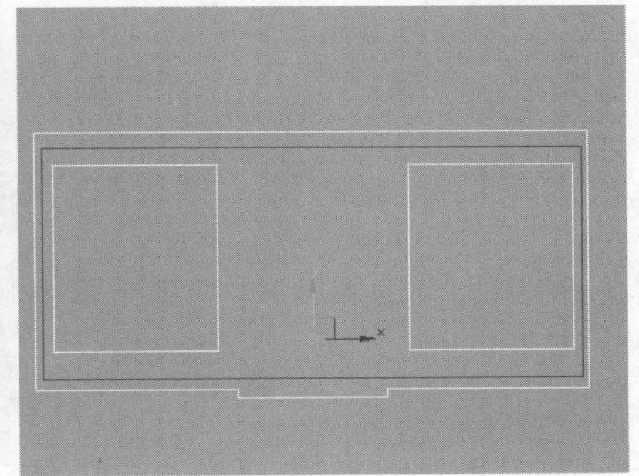

图12-24 绘制屋顶轮廓

25 挤出相应的高度，将制作两边屋顶轮廓，如图12-25所示。

26 再次创建长方体，放置在屋顶轮廓的中间，按照上述步骤再次绘制样条线，并添加“挤出”修改器，完成屋顶的制作，如图12-26所示。

图12-25 挤出效果

图12-26 制作屋顶造型

㉗ 下面开始制作大厅正门造型，在左视图绘制楼梯斜坡造型，如图12-27所示。

㉘ 挤出样条线并复制移动至另一侧，如图12-28所示。

图12-27　绘制楼梯斜坡造型

图12-28　复制实体

㉙ 在顶视图创建长方体（其中高度与斜坡高度一致），使其与墙体底层高度一致，如图12-29所示。

㉚ 复制长方体至门上方，作为大厅上方造型，如图12-30所示。

㉛ 下面制作楼梯，在左视图绘制楼梯侧面轮廓，如图12-31所示。

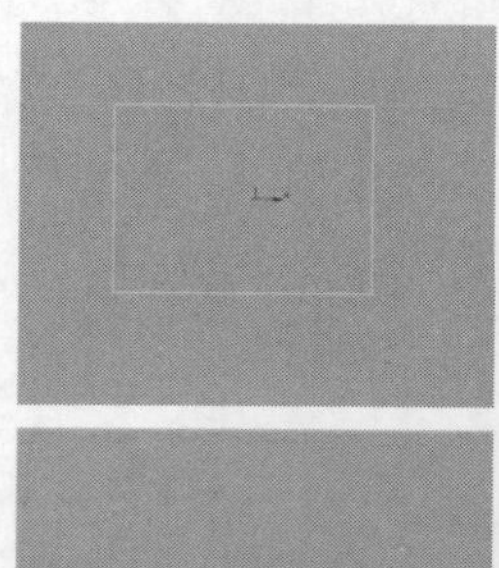

图12-29　创建长方体

图12-30　复制并移动长方体

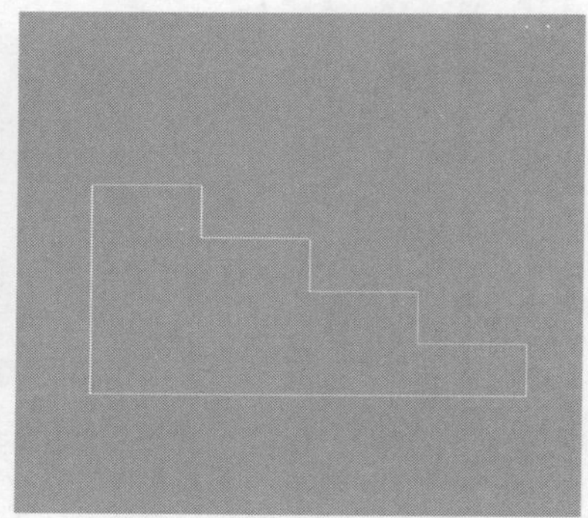

图12-31　绘制楼梯轮廓

㉜ 设置其基础厚度，然后放置在斜坡中央，最后创建长方体作为大厅柱子，放置于入口两侧，如图12-32所示。

㉝ 使用样条线绘制走道轮廓，挤出并调整节点，制作走道和护栏，如图12-33所示。

图12-32　制作大厅柱子

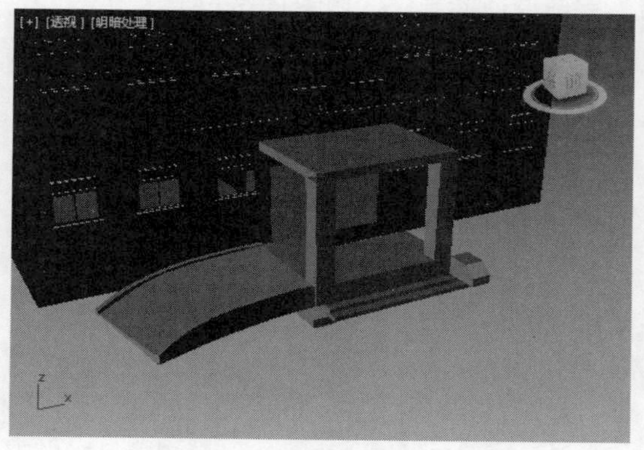

图12-33　制作走道和护栏

34 将走道镜像并复制到另一侧，效果如图12-34所示。

35 继续在顶视面绘制样条线，如图12-35所示。

图12-34　镜像走道

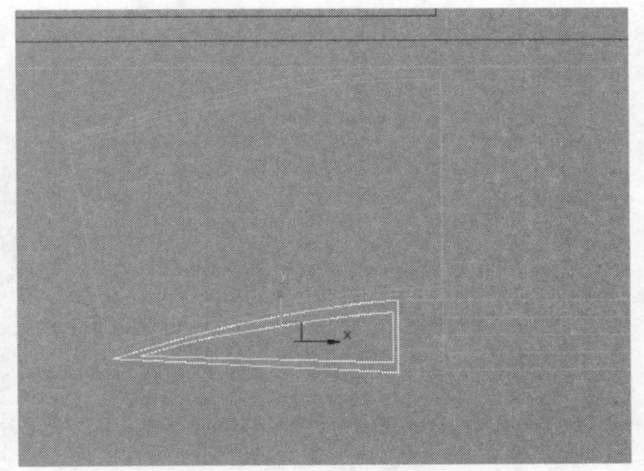

图12-35　绘制样条线

36 将样条线挤出，继续绘制花坛轮廓，然后挤出样条线，完成花坛的制作，效果如图12-36所示。

37 最后创建长方体、圆柱体、样条线等，制作大厅顶棚护栏和屋顶装饰，完成办公楼模型的制作，如图12-37所示。

图12-36　制作花坛

图12-37　制作办公楼模型

12.1.2　创建摄影机观察模型

为了使用户能更加快速地观察办公楼的整体效果，我们可以在场景中创建摄影机，通过调整摄影机观察办公模型的效果。

01 在摄影机命令面板中单击“目标”按钮，如图12-38所示。

02 在顶视图单击并拖动鼠标，创建摄影机，如图12-39所示。

图12-38　单击“目标”按钮

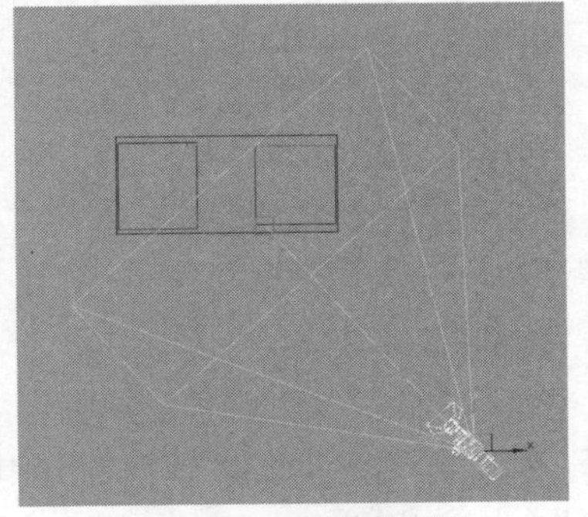

图12-39　创建摄影机

03 在视图中调整摄影机的位置，按C键激活任意视图，即可显示摄影机视图，如图12-40所示。

04 确定摄影机为选择状态，打开“修改”选项卡，在“参数”卷展栏中设置镜头大小，如图12-41所示，即可在场景中创建摄影机。

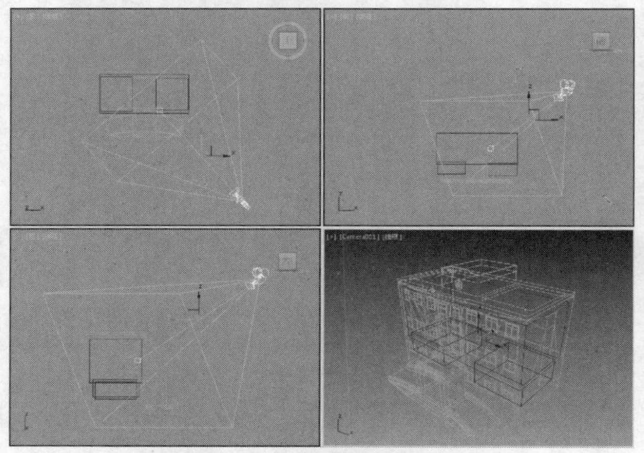

图12-40 调整摄影机位置

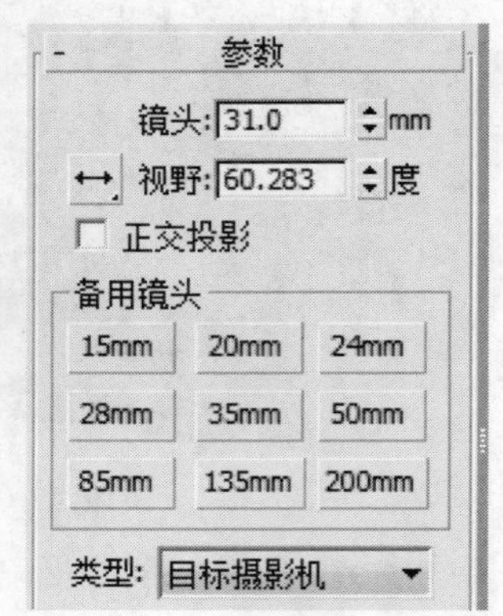

图12-41 设置镜头大小

12.1.3 材质制作

接下来为建筑模型设置材质，使室外建筑呈现出来的效果与实际生活相符，下面具体介绍如何设置模型材质。

01 首先设置楼房墙体1材质。打开材质编辑器，选择空白材质球，单击 Standard 按钮，打开“材质/贴图浏览器”对话框，选择“VRayMtl”选项，然后单击“确定”按钮，如图12-42所示。

02 打开“基本参数”面板，在其中设置材质参数，如图12-43所示。

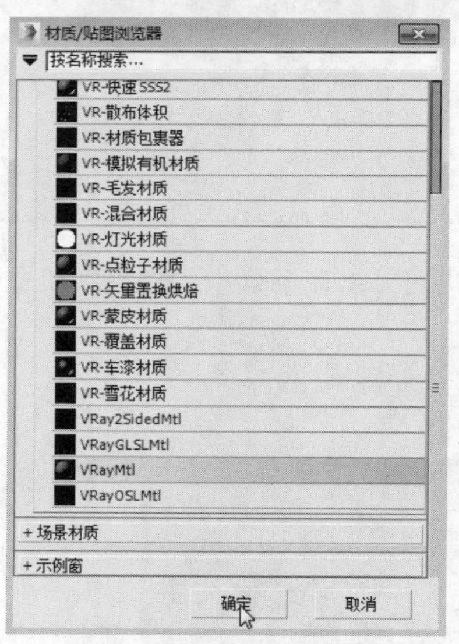

图12-42 设置材质类型

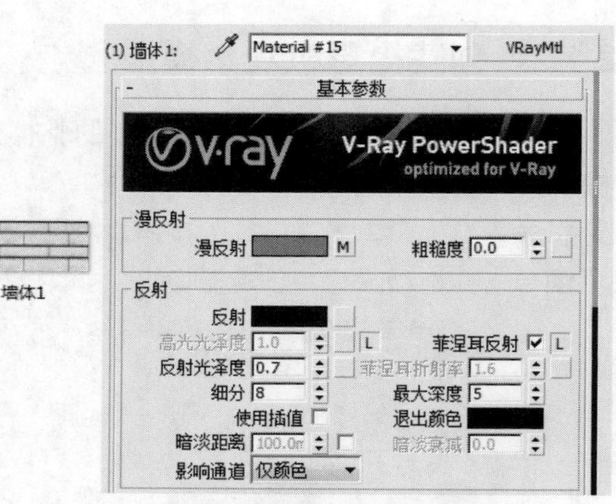

图12-43 设置墙体1材质参数

03 设置完成后，材质球如图12-44所示。

04 选择墙体，单击鼠标右键，打开快捷菜单列表并单击“隐藏未选定对象”选项，如图12-45所示。

05 继续设置墙体2材质，设置材质类型为VRayMtl，打开“基本参数”面板，设置材质参数，如图12-46所示。

06 设置完成后，材质球效果如图12-47所示。

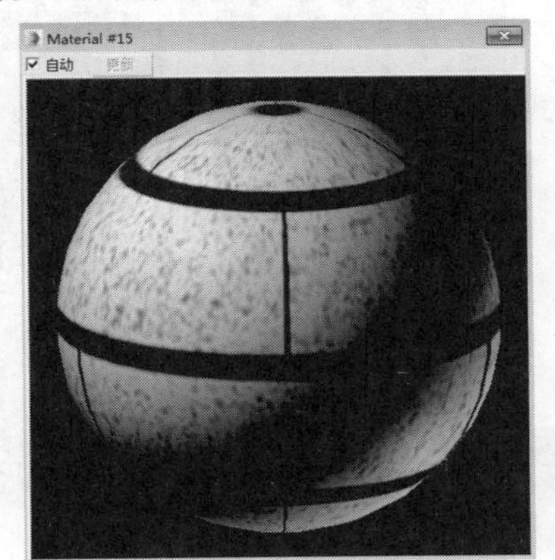

图12-44　墙体1材质球效果

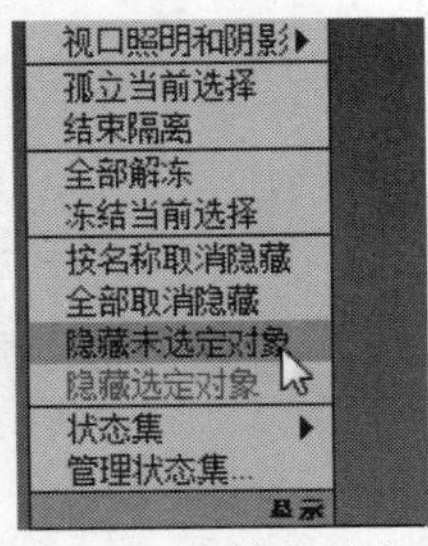

图12-45　单击“隐藏未选定对象”选项

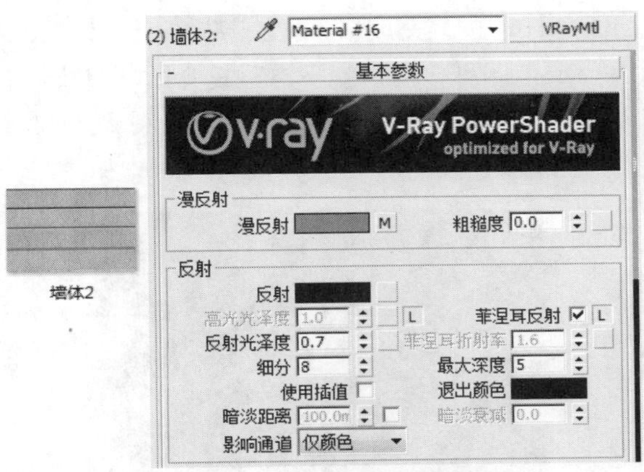

图12-46　设置墙体2材质参数

图12-47　材质球效果

07 将材质赋予到实体上，并添加UVW贴图，即可显示材质效果，如图12-48所示。

08 下面开始制作大厅两边走道的材质。选择空白材质球，在漫反射通道上添加“走道”位图，然后在“贴图”卷展栏将漫反射贴图复制到凹凸通道上，并设置凹凸值，如图12-49所示。

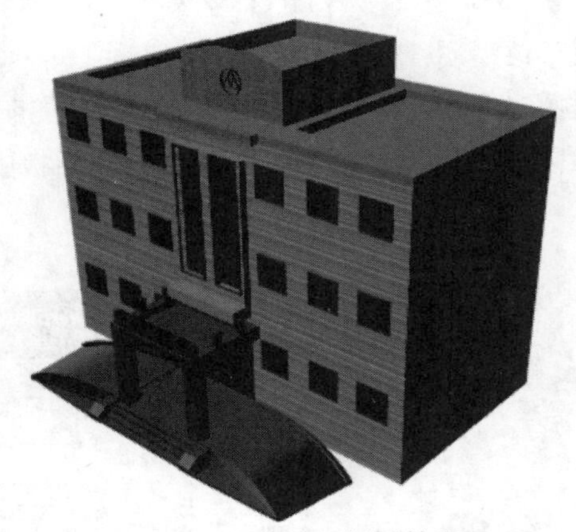

图12-48　赋予材质效果

贴图			
漫反射	100.0	✓	贴图 #5 (走道.jpg)
粗糙度	100.0	✓	无
自发光	100.0	✓	无
反射	100.0	✓	无
高光光泽	100.0	✓	无
反射光泽	100.0	✓	无
菲涅耳折射率	100.0	✓	无
各向异性	100.0	✓	无
各向异性旋转	100.0	✓	无
折射	100.0	✓	无
光泽度	100.0	✓	无
折射率	100.0	✓	无
半透明	100.0	✓	无
烟雾颜色	100.0	✓	无
凹凸	30.0	✓	贴图 #6 (走道.jpg)

图12-49　复制位图

09 设置完成后，材质球效果如图12-50所示。

10 将材质赋予到两边走道上，如图12-51所示。

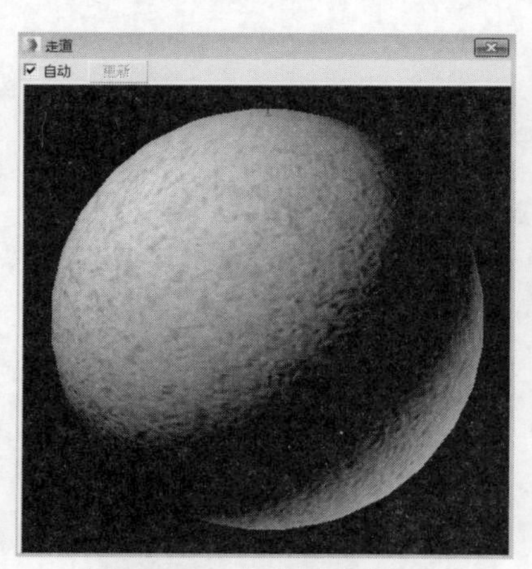

图12-50　走道材质球效果　　图12-51　赋予材质效果

⑪ 继续设置花坛边框和草坪，花坛边框为大理石材质，选择空白材质球，在漫反射通道上添加“地面”位图，并在凹凸通道复制位图，设置凹凸值为10，设置完成后，材质效果如图12-52所示。

⑫ 草坪材质非常简单，只需要将漫反射颜色设置为绿色即可，这里就不再重复介绍，材质球效果如图12-53所示。

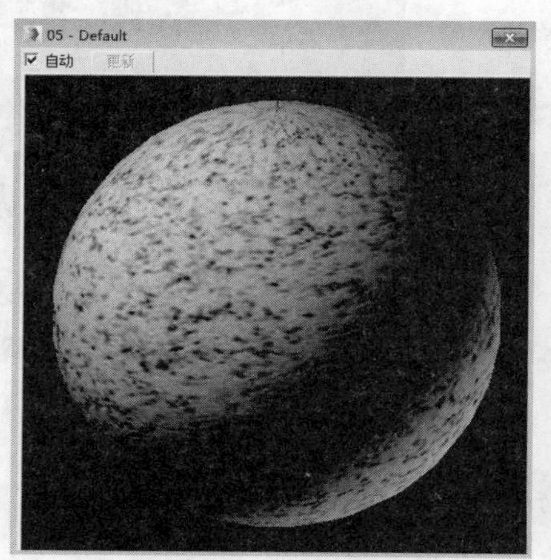

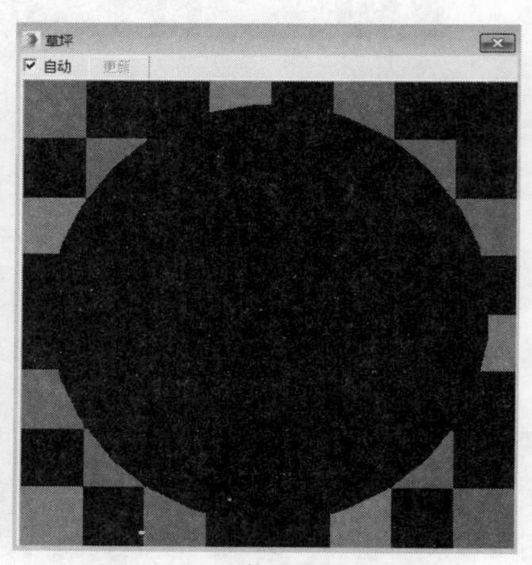

图12-52　大理石材质球效果　　图12-53　草坪材质球效果

⑬ 由于楼梯和走道等均为大理石材质，所以用户可以赋予该材质，效果如图12-54所示。

⑭ 现在柱子、护栏还都没有添加材质，下面制作柱子材质，将漫反射设置为255，如图12-55所示。

⑮ 继续选择材质球，开始设置不锈钢材质，将材质类型设置为VRayMtl，在“基本参数”面板中设置材质参数，如图12-56所示。

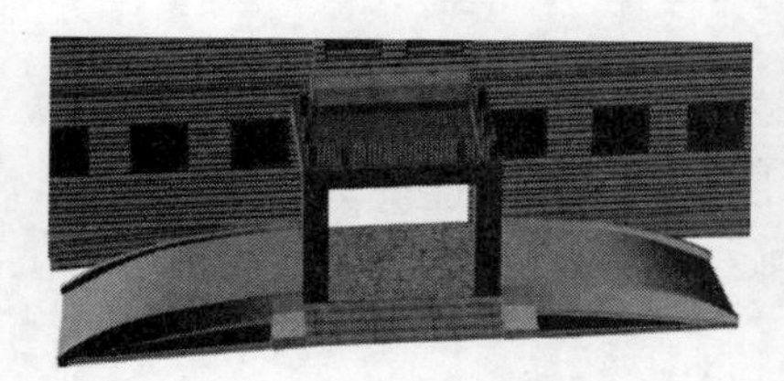

图12-54　赋予花坛和楼梯材质

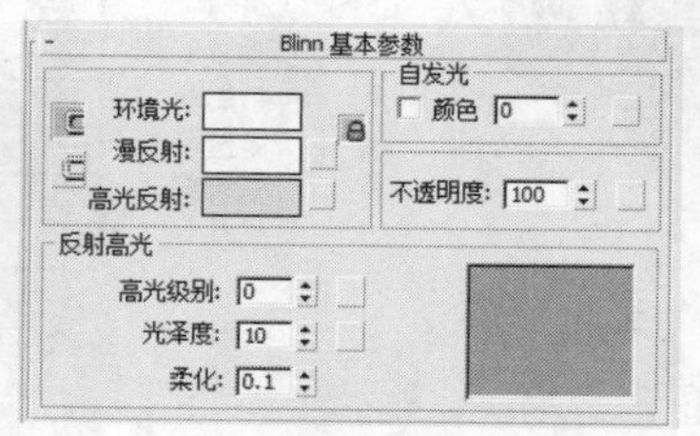

图12-55　设置柱子材质参数

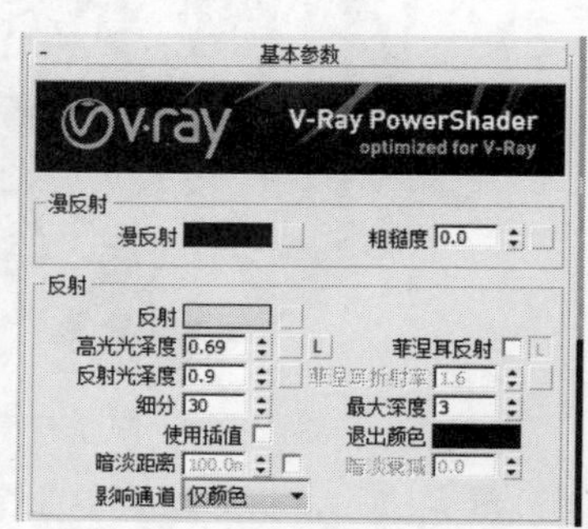

图12-56　设置材质参数

⑯ 设置完成后，材质球效果如图12-57所示。

⑰ 赋予材质后，完成建筑模型材质的设置（窗框与柱子相同），效果如图12-58所示。

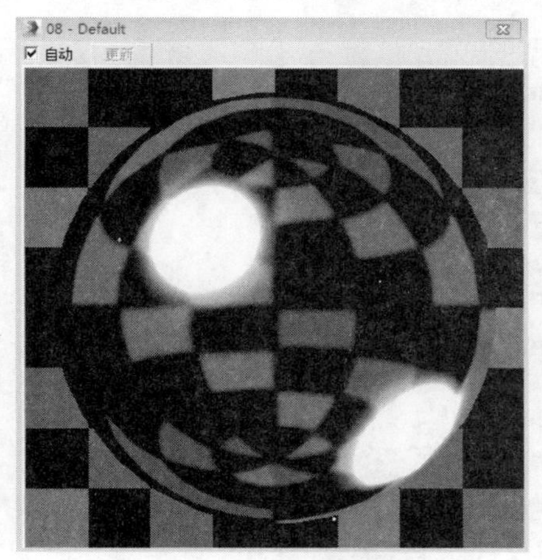

图12-57　不锈钢材质球效果

图12-58　设置建筑模型材质效果

12.1.4 灯光和场景的渲染

下面为建模模型添加灯光，起到照明效果，并设置渲染参数进行渲染，下面具体介绍其操作方法。

01 打开“灯光”选项卡，选择“标准”灯光，单击“目标聚光灯”按钮，如图12-59所示。

02 在顶视图单击并拖动鼠标创建灯光，并在其他视图调整位置，如图12-60所示。

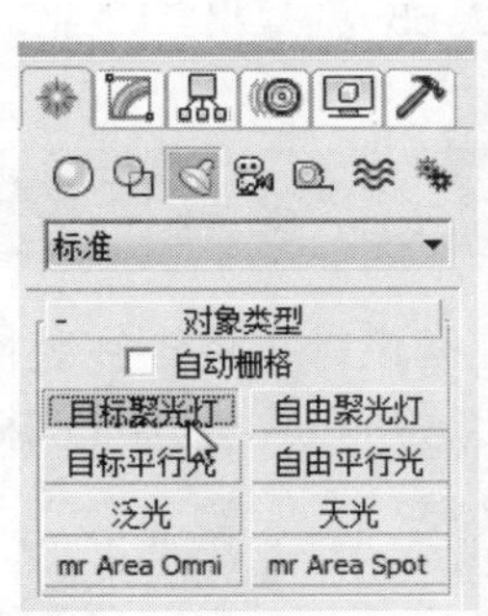

图12-59　单击“目标聚光灯”按钮

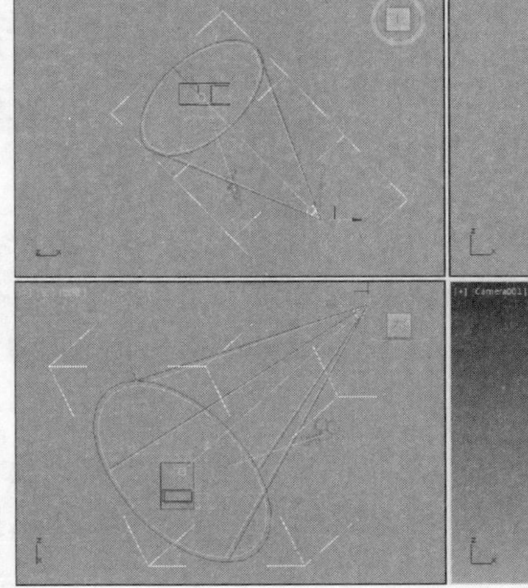

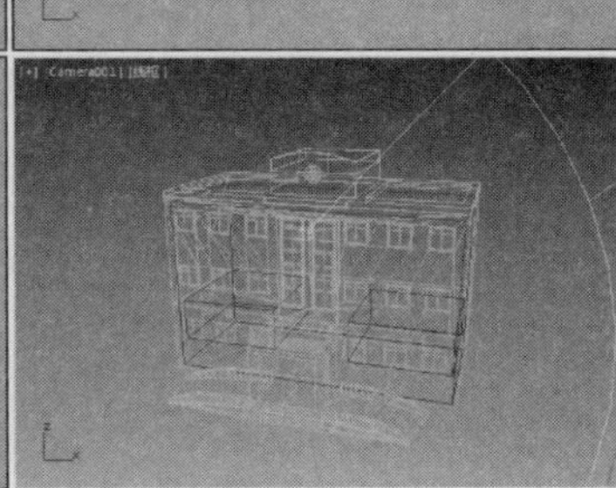

图12-60　创建并调整灯光

03 确定灯光投射点为选中状态，打开“修改”卷展栏，设置阴影类型和强度，如图12-61所示。

04 执行“渲染”|“环境”命令，如图12-62所示。

05 打开“环境和效果”对话框，单击“背景”选项组中的背景颜色选项框，设置颜色为255，如图12-63所示。

06 设置完成后按F10键打开“渲染设置”对话框，展开相应卷展栏并进行设置，如图12-64所示。

07 激活摄影机视图，并进行渲染，效果如图12-65所示。

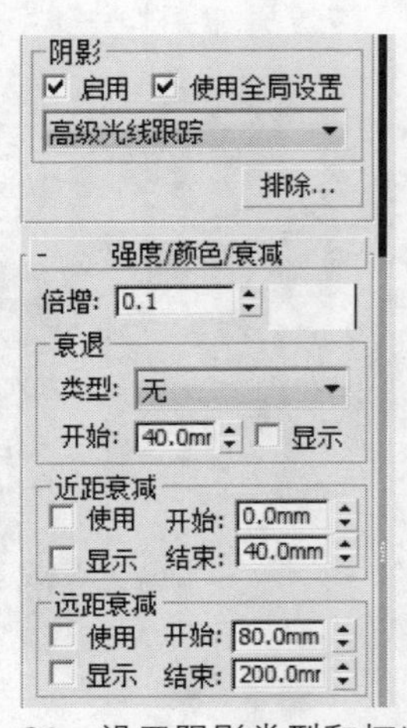

图12-61　设置阴影类型和灯光强度

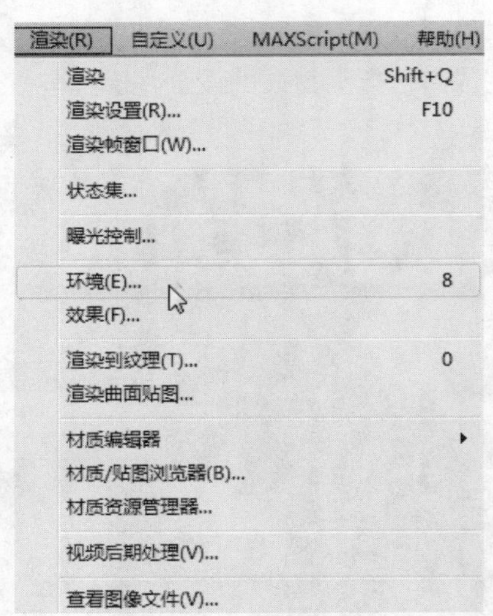

图12-62　单击“环境”选项

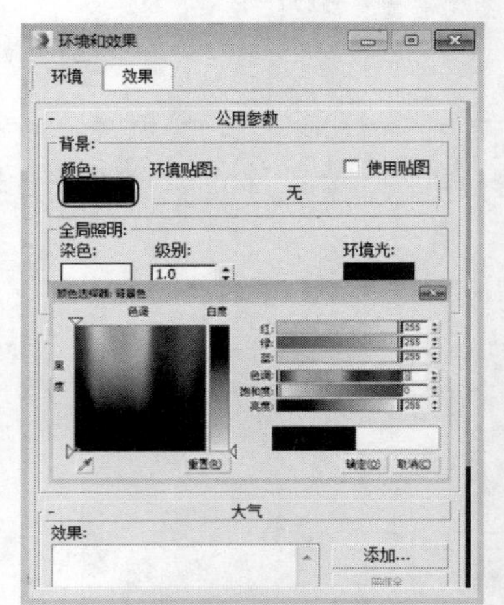

图12-63　设置渲染背景颜色

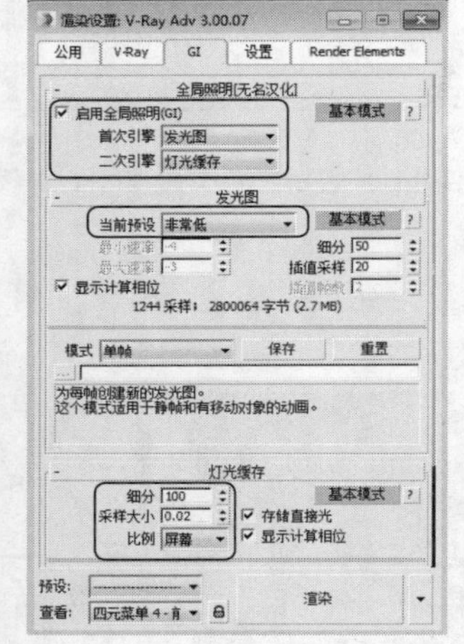

图12-64　“渲染设置”对话框

图12-65　渲染摄影机视图

12.2 别墅效果图的制作

随着时代的进步，人们的生活步入小康，一些现代别墅的建筑空间设计也逐渐在我们的生活中出现，由于本例别墅建筑的屋顶形状特殊，再加上门窗也比较多，所以在创建本例模型的过程中使用样条线会比较多，下面具体介绍如何进行别墅模型的制作。

12.2.1　别墅模型的制作

本例的别墅为两户两层的居住空间，并且两户造型一致，以墙体相依的形式将两户楼房组合为一体，将它们拼凑为一体时就会形成非常主流的造型，下面具体介绍如何制作本例别墅模型。

01 由于楼形需要使用样条线绘制，没有具体尺寸，所以为用户准备了绘制完成的样条线，打开“别墅尺寸”文件，激活顶视图即可观察到绘制的样条线，如图12-66所示。

02 确定样条线为选中状态，打开“修改”选项卡，在修改器列表中选择“挤出”选项，为样条线添加“挤出”修改器，如图12-67所示。

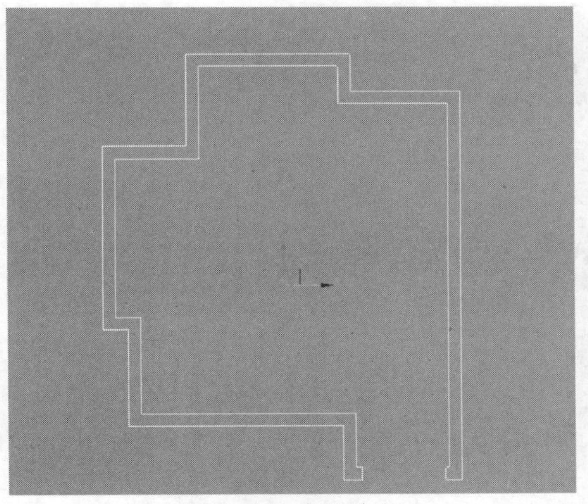

图12-66 打开文件

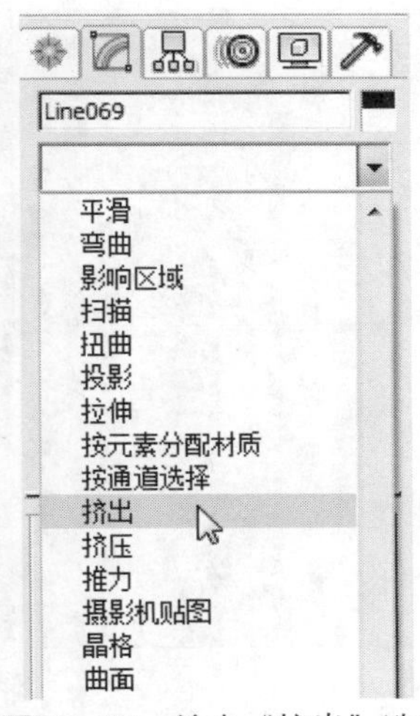

图12-67 单击“挤出”选项

03 在“参数”卷展栏下设置挤出厚度，如图12-68所示。

04 此时样条线将挤出为实体，效果如图12-69所示。

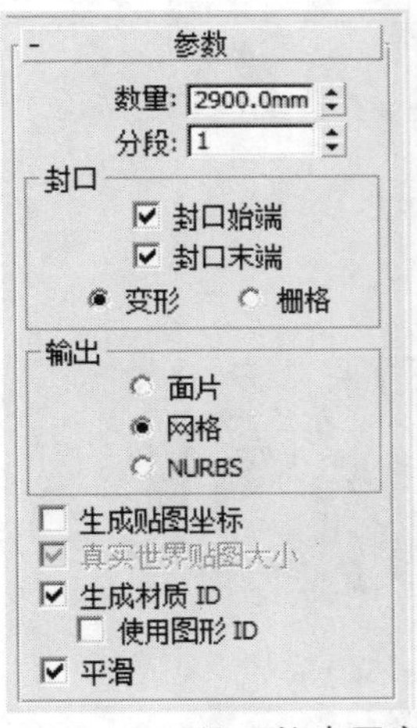

图12-68 设置挤出厚度

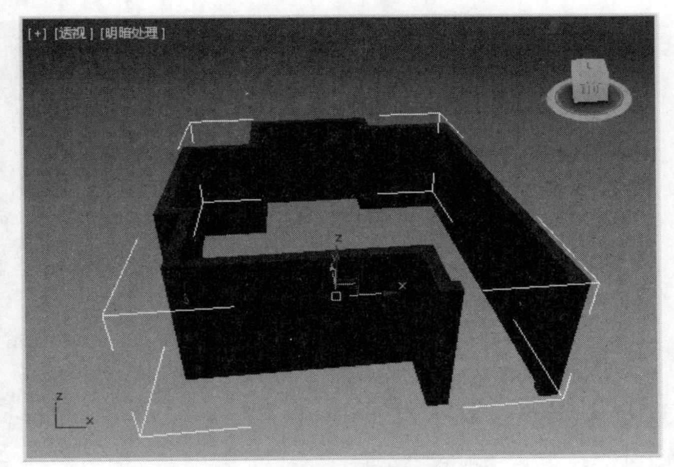

图12-69 挤出实体效果

05 在命令面板中单击“长方体”按钮，如图12-70所示。

06 在左视图单击并拖动鼠标，创建长方体，参数如图12-71所示。

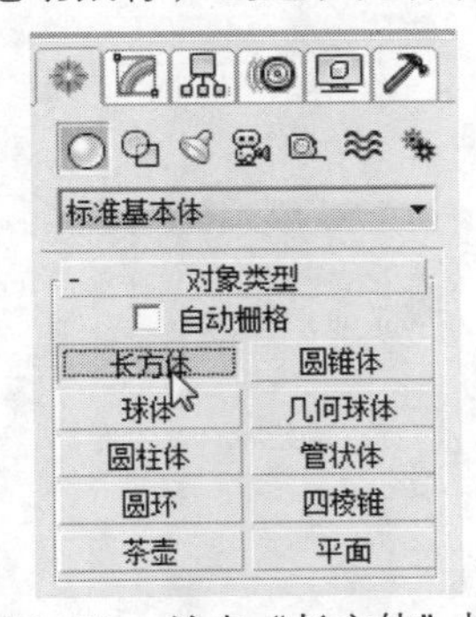

图12-70 单击“长方体”按钮

图12-71 创建长方体

07 在视图中将长方体移动至墙体合适位置，如图12-72所示。

08 返回几何体命令面板，展开选项列表并单击“复合对象”选项，如图12-73所示。

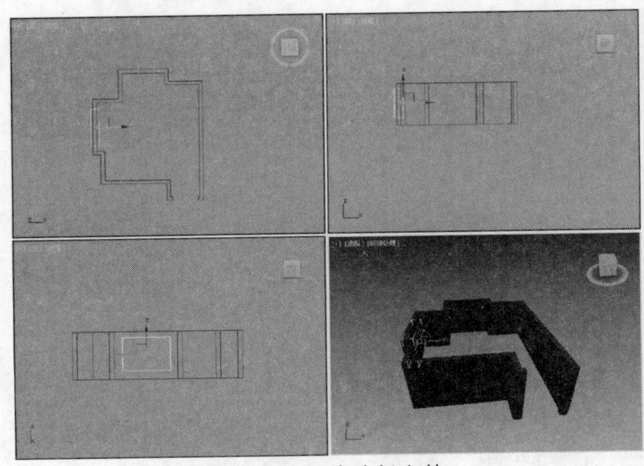

图12-72　移动长方体

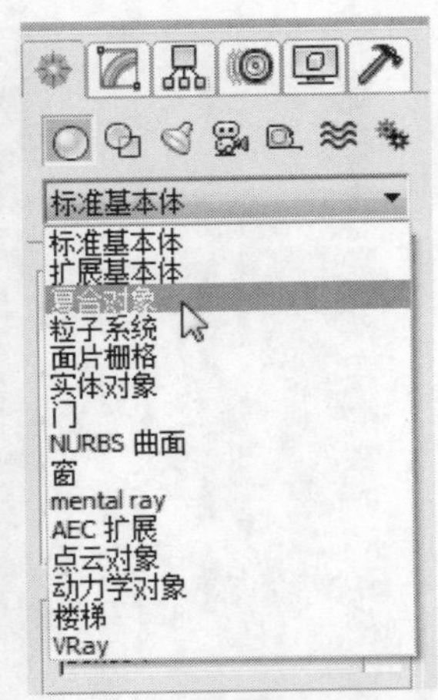

图12-73　单击“复合对象”选项

09 选择墙体，在命令面板中单击“布尔”按钮，如图12-74所示。

10 拖动页面至“拾取布尔”卷展栏，单击“拾取操作对象B”按钮，然后返回视图拾取长方体，即可布尔出窗口，如图12-75所示。

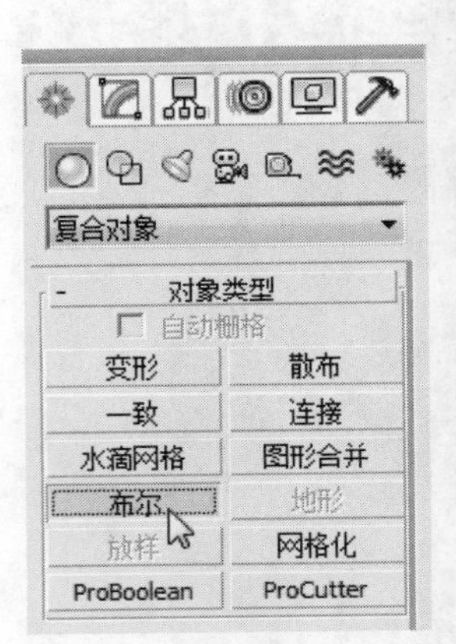

图12-74　单击“布尔”按钮

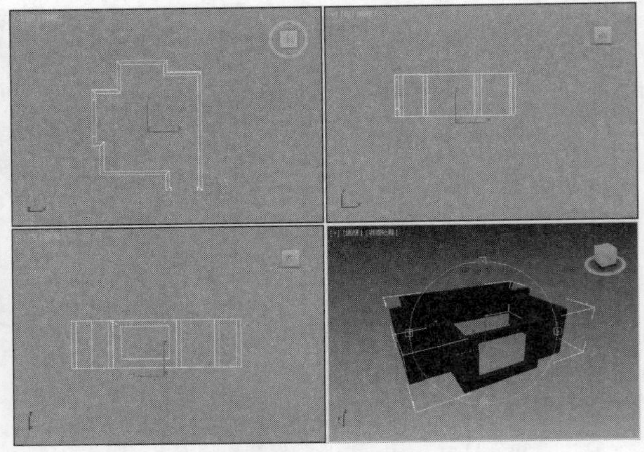

图12-75　制作窗口

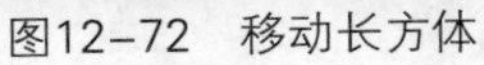

11 重复以上步骤，布尔出其他门和窗口，效果如图12-76所示。

12 再次根据底层墙体绘制二楼户型样条线，如图12-77所示。

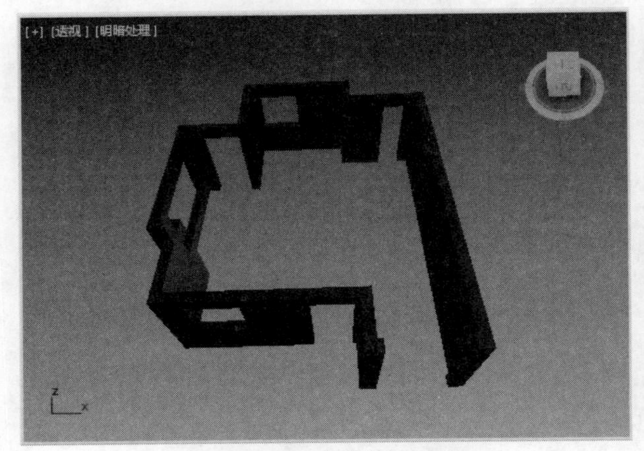

图12-76　布尔门窗效果

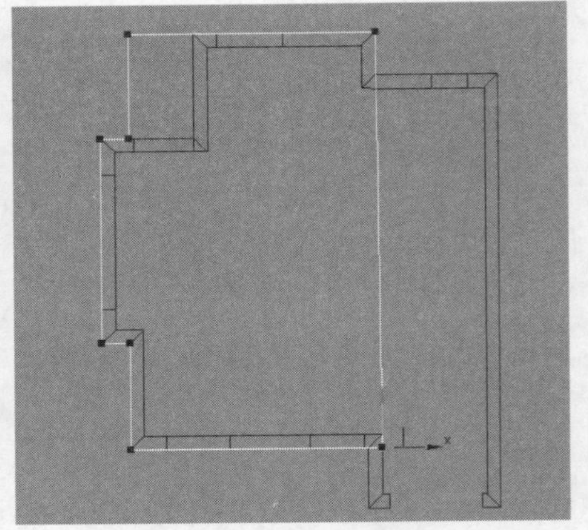

图12-77　绘制二楼户型样条线

⑬ 在修改堆栈栏中单击“样条线”选项，在“几何体”卷展栏中设置样条线轮廓为280，按回车键即可创建样条线轮廓，如图12-78所示。

⑭ 为样条线添加“挤出”修改器，并设置挤出厚度为2900mm，挤出厚度后将其移至一楼墙体上方，如图12-79所示。

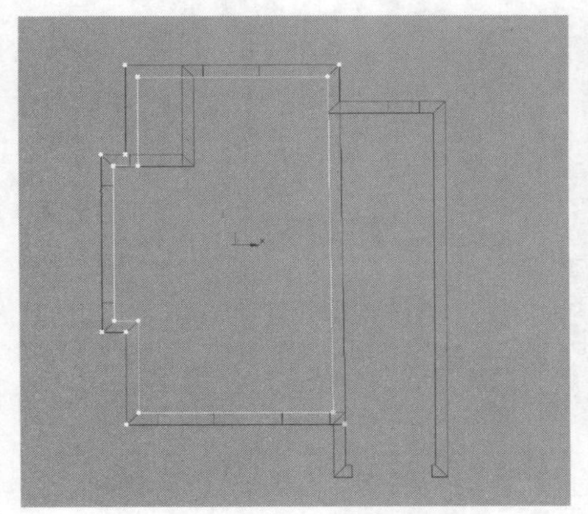

图12-78 设置轮廓效果

图12-79 挤出二楼墙体

⑮ 再次将墙体布尔出门和窗口，效果如图12-80所示。

⑯ 下面以制作窗框为例，介绍如何制作窗框，在命令面板中单击按钮，然后选择“扩展样条线”选项，在弹出的命令面板中单击“墙矩形”按钮，如图12-81所示。

图12-80 布尔二楼窗口

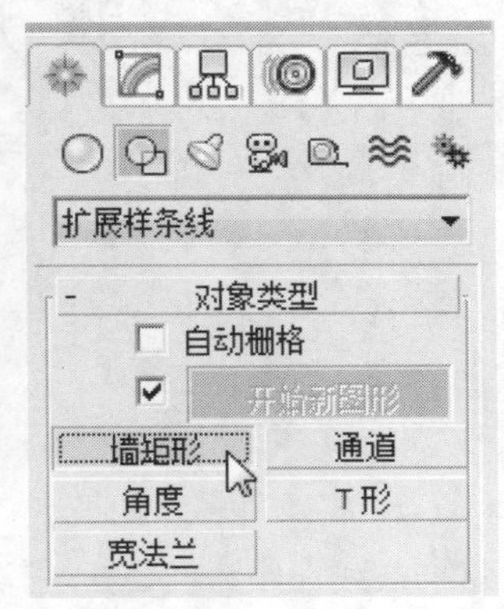

图12-81 单击“墙矩形”按钮

⑰ 在左视图创建样条线，参数如图12-82所示。

⑱ 将样条线挤出厚度100mm，然后返回“样条线”命令面板，单击“矩形”按钮，如图12-83所示。

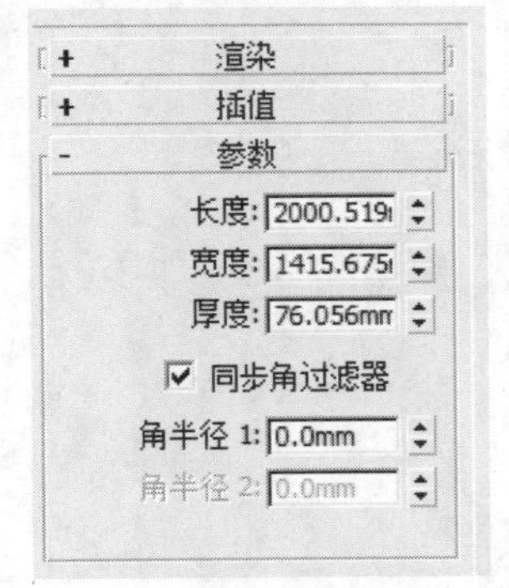

图12-82 墙矩形样条线参数

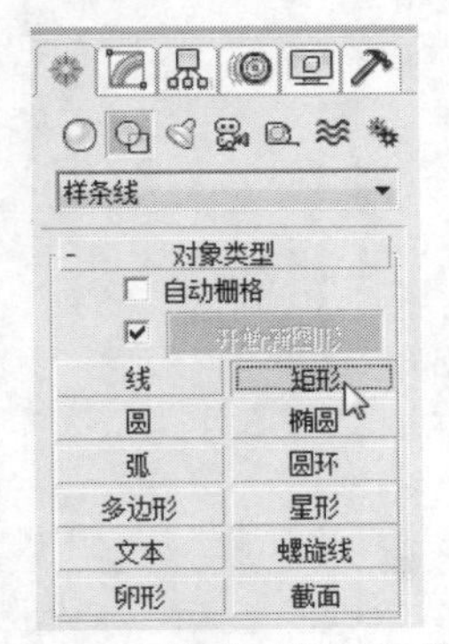

图12-83 单击“矩形”按钮

⑲ 继续在左视图创建两条垂直的矩形样条线，如图12-84所示。

⑳ 分别为样条线添加“挤出”修改器，再次挤出100mm，框选挤出的实体，复制并移动到另一侧，完成窗框的制作，如图12-85所示。

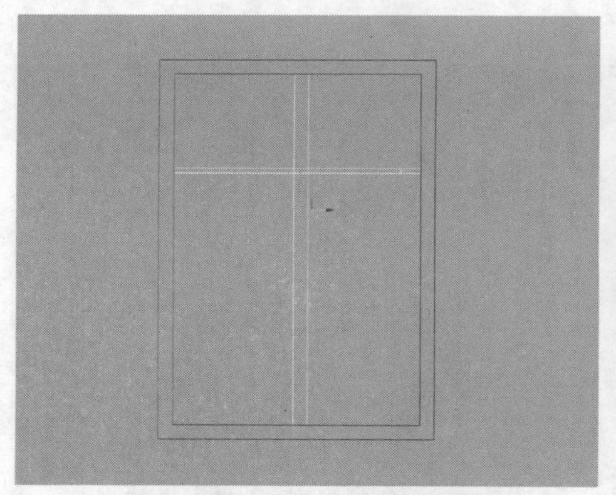

图12-84　创建矩形样条线

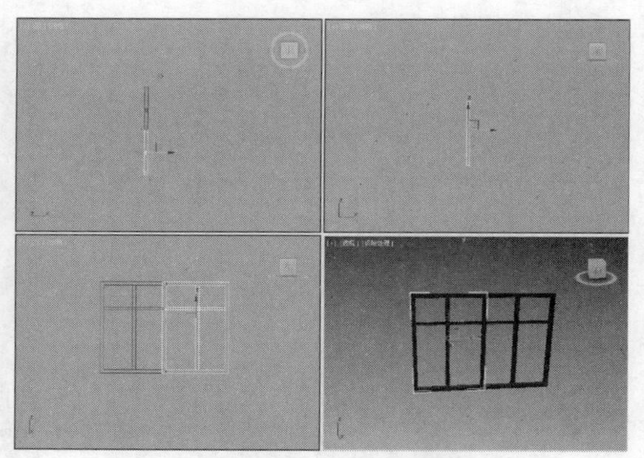

图12-85　制作窗框

㉑ 重复以上步骤，制作其余窗口的窗框，如图12-86所示。

㉒ 由于二楼有两个阳台，所以我们需要制作阳台护栏和扶手，首先在顶视图创建长方体作为阳台地面，并将其移动至合适位置，如图12-87所示。

图12-86　制作其他窗框

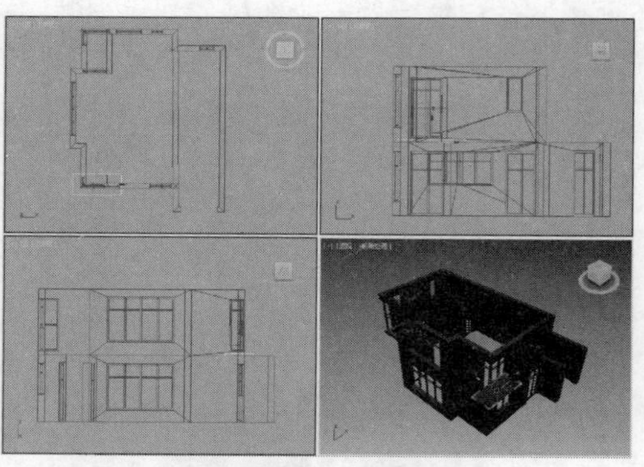

图12-87　创建长方体

㉓ 在顶视图创建样条线，作为玻璃扶手轮廓，如图12-88所示。

㉔ 将样条线挤出高度为600，并在前视图移动扶手轮廓，如图12-89所示。

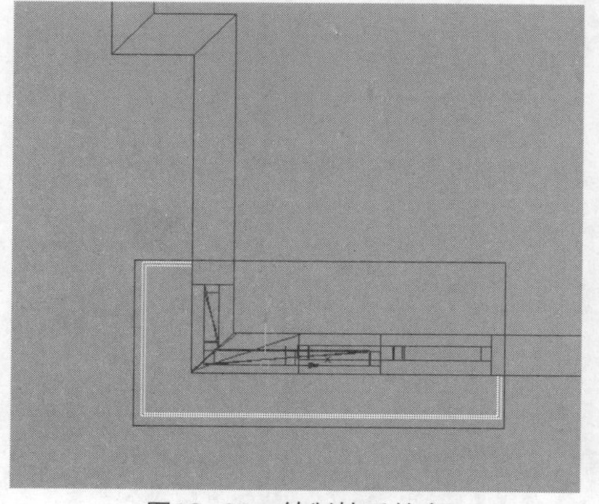

图12-88　绘制扶手轮廓

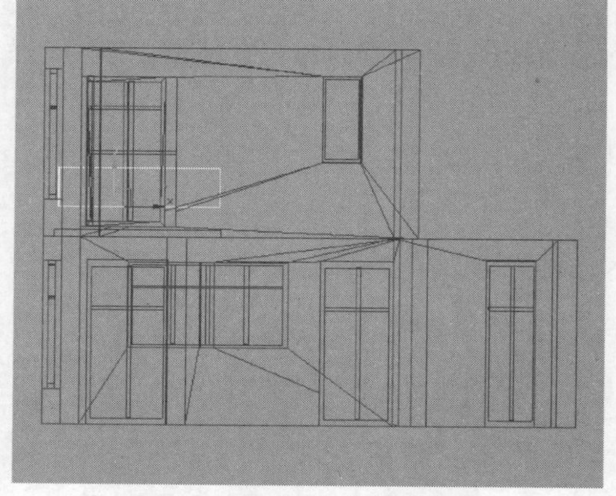

图12-89　挤出并移动扶手

㉕ 继续创建长方体，将其在视图中移至阳台位置，作为阳台护栏，重复以上步骤，制作另一侧阳台，即可完成阳台的制作，如图12-90所示。

㉖ 继续制作房顶造型，在顶视图绘制样条线，如图12-91所示。

图12-90　制作阳台

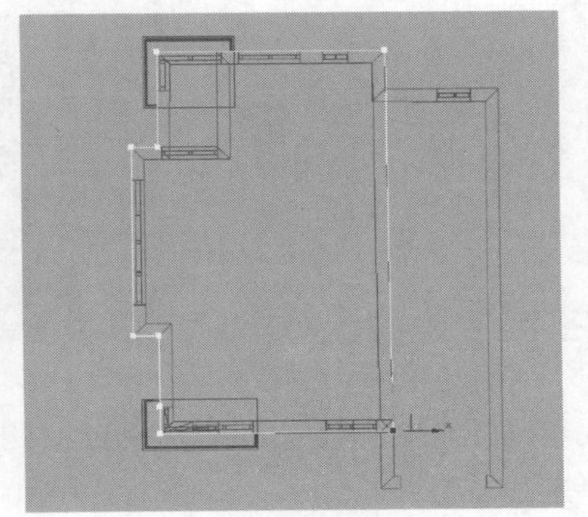

图12-91　绘制房顶造型

㉗ 在堆栈栏中单击“样条线”选项，如图12-92所示。

㉘ 拖动页面至“几何体”卷展栏，设置轮廓为-700，效果如图12-93所示。

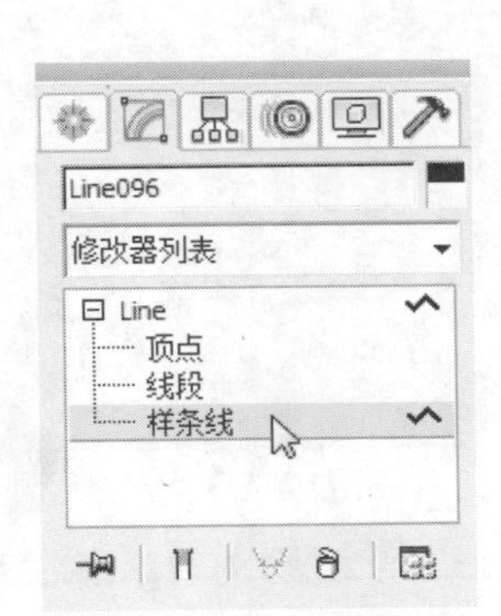

图12-92　单击“样条线”选项

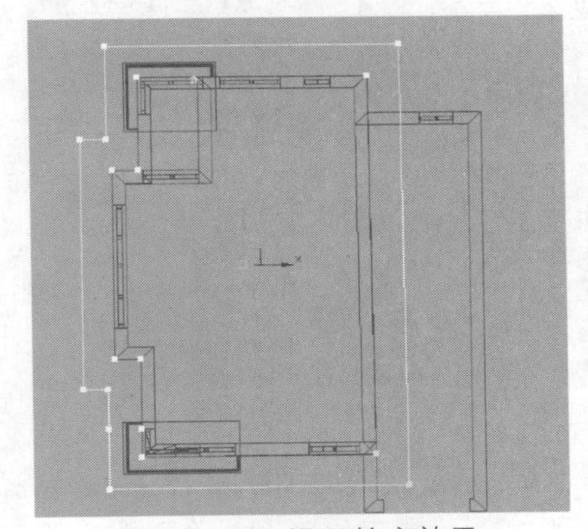

图12-93　设置轮廓效果

㉙ 将样条线挤出150mm，继续绘制房顶造型，并设置轮廓为-450，如图12-94所示。

㉚ 同样将样条线挤出150mm，在前视图将两个实体移动至合适位置，如图12-95所示。

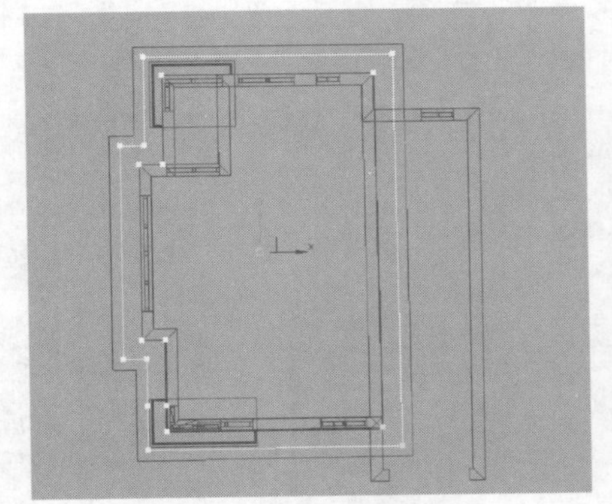

图12-94　绘制样条线

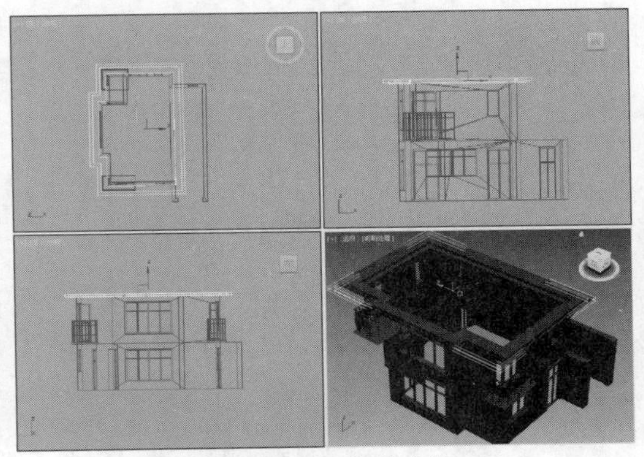

图12-95　移动实体

㉛ 下面开始制作屋顶，在前视图绘制样条线，然后调整节点，如图12-96所示。

㉜ 将样条线挤出厚度，并镜像移动到另外一侧，如图12-97所示。

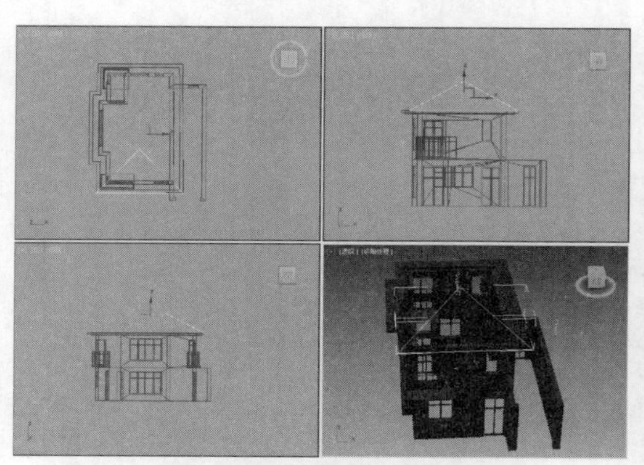

图12-96　绘制并调整样条线

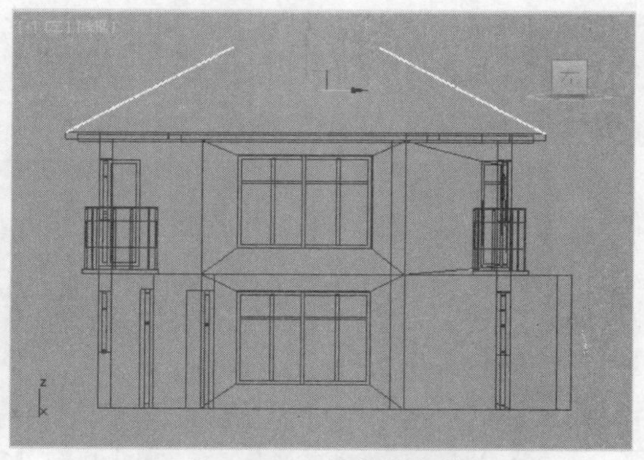

图12-97　镜像样条线

33 返回前视图再次绘制样条线，如图12-98所示。

34 将样条线挤出10000mm，然后转换为可编辑多边形，在左视图调整上方顶点，如图12-99所示。

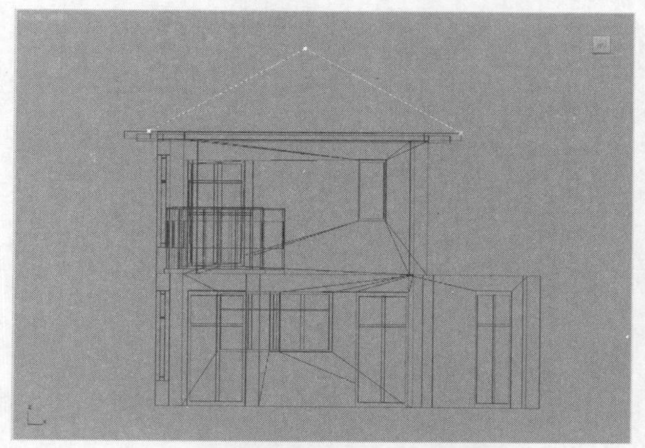

图12-98　绘制样条线

图12-99　调整顶点位置

35 下面开始制作侧面屋顶，该屋顶从前视图观察轮廓为梯形，从左视图观察形状为三角形，由于造型太复杂，所以需要使用样条线命令，在左视图绘制样条线，然后挤出厚度为-1000mm，如图12-100所示。

36 由于挤出的造型没有达到需要的效果，那么我们需要调整图形的顶点，选择实体，单击鼠标右键，在弹出的快捷菜单列表中单击“转换为可编辑多边形”选项，此时图形将转换为可编辑多边形，在堆栈栏中单击“顶点”选项，在前视图调整顶点，如图12-101所示。

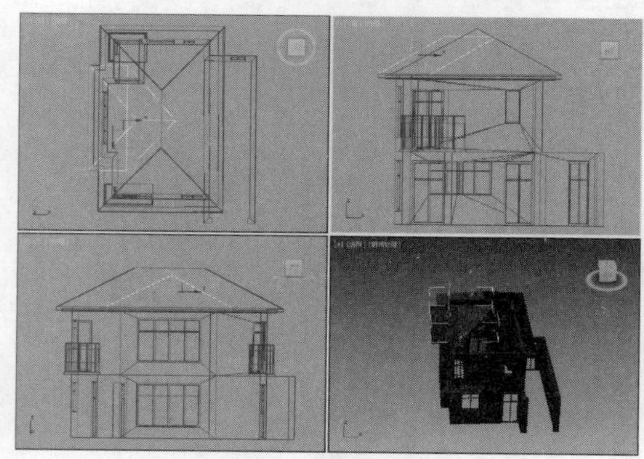

图12-100　挤出厚度

图12-101　调整顶点

37 此时屋顶就制作完成了，如图12-102所示。

38 下面开始制作屋顶烟囱，在前视图绘制烟囱轮廓，如图12-103所示。

图12-102 制作屋顶

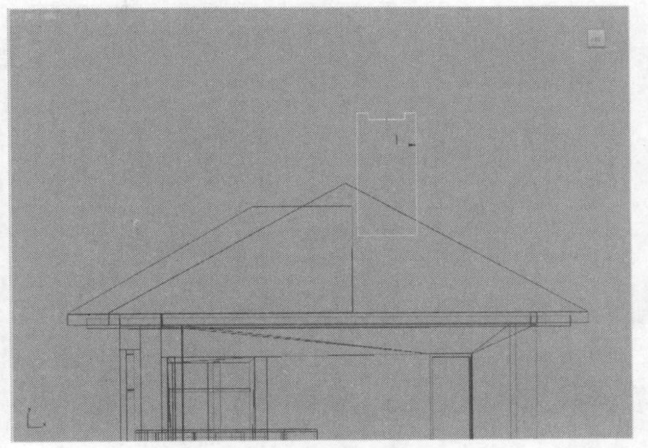

图12-103 绘制烟囱轮廓

39 挤出样条线厚度，然后创建长方体，对实体进行布尔操作，将烟囱中央设置为空心状态，在顶视图根据烟囱大小创建长方体，并移动至上方进行遮盖。

40 最后制作烟囱底座，在前视图绘制底座侧面形状，如图12-104所示。

41 挤出样条线即可制作烟囱底座，重复以上步骤制作其他烟囱，如图12-105所示。

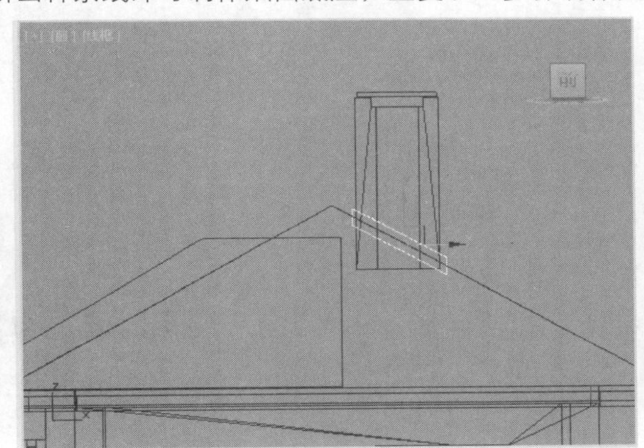

图12-104 绘制底座形状

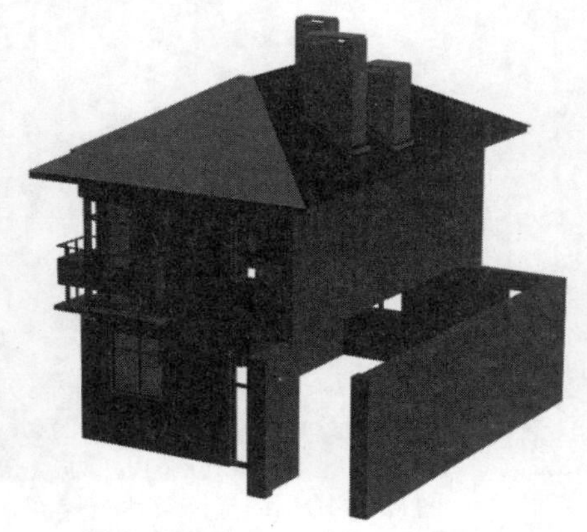

图12-105 制作烟囱

42 此时别墅房屋布局大致就制作完成了，框选所有模型，然后复制并镜像，将墙体放置在一起，如图12-106所示。

43 下面开始制作两个房屋的中央屋顶，在顶视图创建长方体，参数如图12-107所示。

图12-106 镜像房屋效果

图12-107 长方体参数

44 在各个视图移动长方体，如图12-108所示。

45 在命令面板中单击“线”按钮，在顶视图创建样条线，作为中央屋顶造型，如图12-109所示。

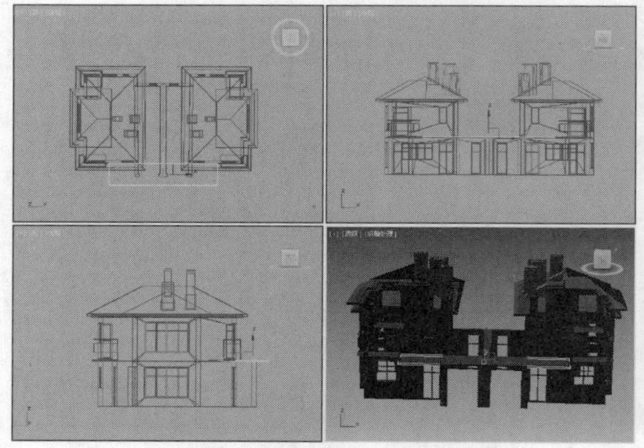
图12-108 移动长方体

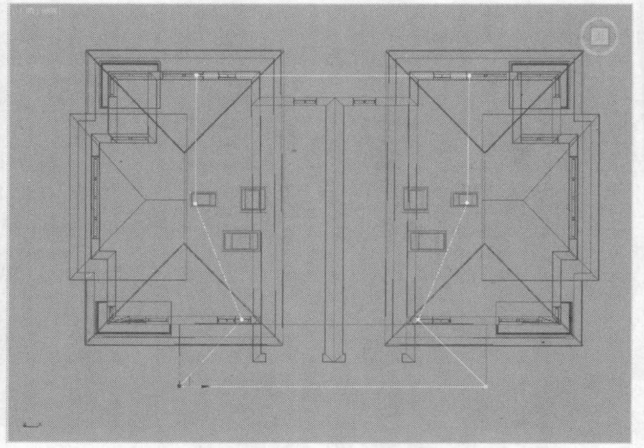
图12-109 绘制屋顶造型

46 在左视图调整节点，如图12-110所示。

47 将样条线挤出100mm，重复以上步骤，绘制大门两侧的屋檐，即可完成屋顶的制作，如图12-111所示。

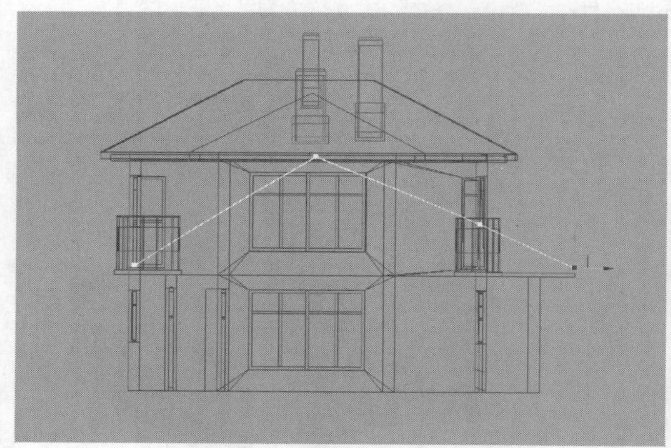
图12-110 调整样条线节点

图12-111 制作中央屋顶

48 最后利用长方体和样条线等命令绘制柱子，然后将“门”文件合并到场景中，完成别墅的制作，如图12-112所示。

图12-112 制作别墅

12.2.2 添加材质

下面为别墅模型设置并添加材质，场景中包含的材质有玻璃、地砖、墙体乳胶漆、屋顶、柱子和窗框等，下面具体介绍如何设置这些材质。

01 在工具栏单击“渲染设置”按钮，打开“渲染设置”对话框，展开“指定渲染器”卷展栏，然后单击“选择渲染器”按钮，如图12-113所示。

02 打开“选择渲染器”对话框，选择VRay渲染器，然后单击“确定”按钮，如图12-114所示。

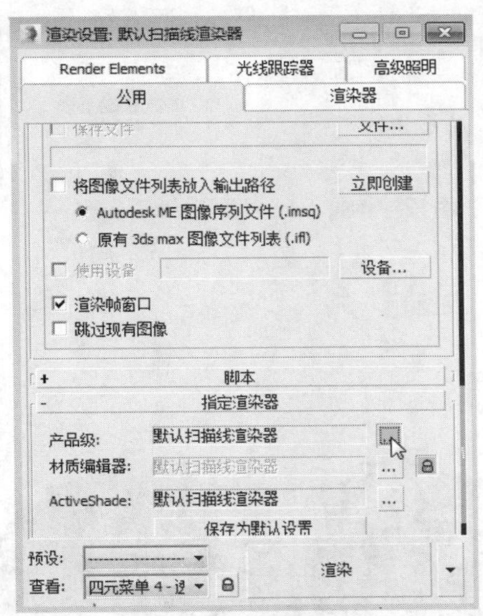

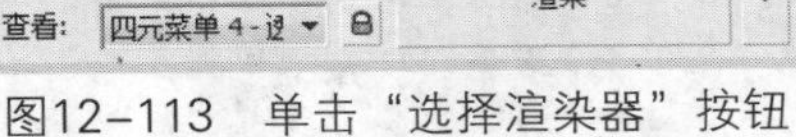

图12-113 单击“选择渲染器”按钮

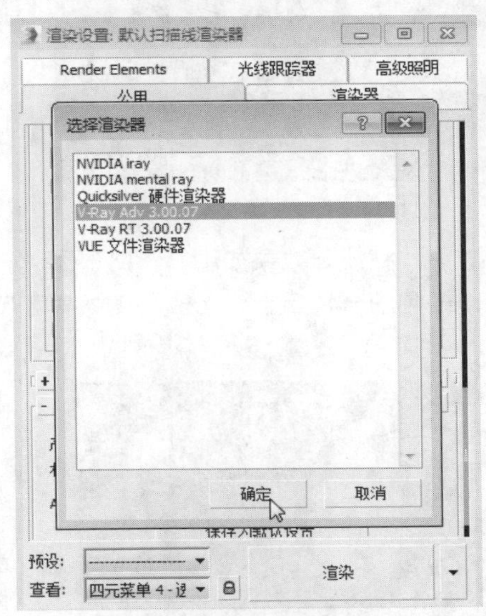

图12-114 设置渲染器

03 设置完成后即可使用VRay材质，首先设置乳胶漆材质，在工具栏单击“材质编辑器”按钮，打开“材质编辑器”对话框，选择空白材质球，设置材质类型为VRayMtl，设置漫反射颜色为255，然后将其赋予到墙体和烟囱上，效果如图12-115所示。

04 在窗口处创建长方体作为窗户玻璃，然后制作窗户玻璃材质，设置漫反射颜色为浅绿色，如图12-116所示。

图12-115 赋予乳胶漆材质效果

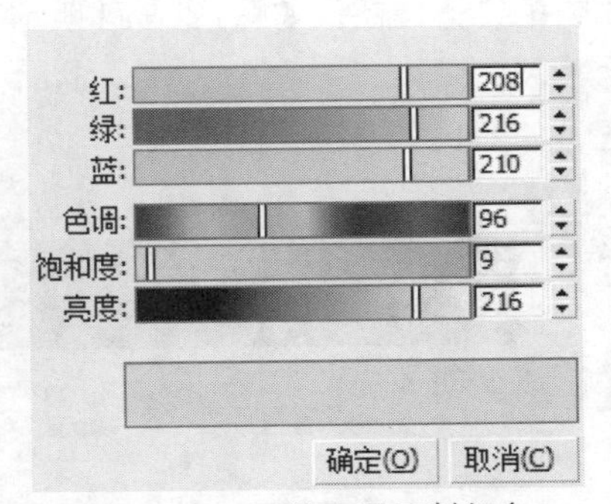

图12-116 设置漫反射颜色

05 取消勾选“菲尼尔反射”复选框，设置反射颜色为104，折射颜色为64，设置完成后，即可完成玻璃材质的设置，材质球效果如图12-117所示。

06 将材质赋予到玻璃实体上，然后开始设置不锈钢材质，设置反射颜色为230，在“基本参数”面板中设置其他参数，如图12-118所示。

图12-117　玻璃材质球效果

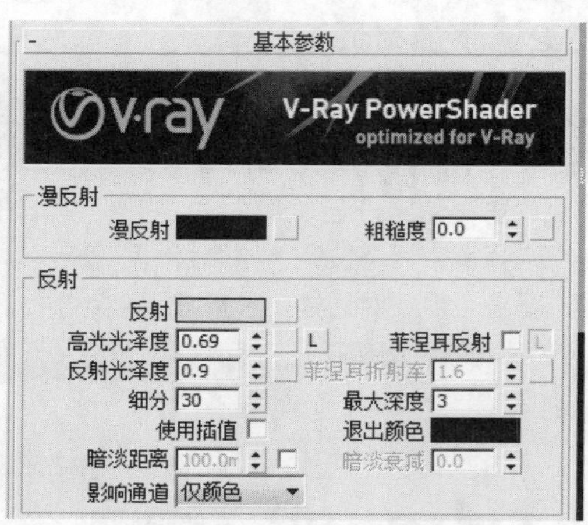

图12-118　设置不锈钢材质参数

07 设置完成后，材质球效果如图12-119所示。

08 将材质赋予到阳台扶手上，渲染视图效果如图12-120所示。

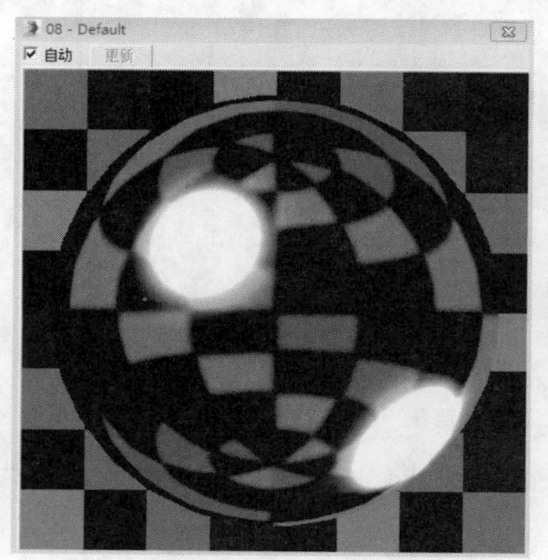

图12-119　不锈钢材质球

图12-120　赋予玻璃和不锈钢材质

09 下面制作屋顶材质，选择空白材质球，设置材质名称为屋顶，材质类型为VRayMtl，再单击漫反射后方的方框按钮，如图12-121所示。

10 为漫反射添加"砖瓦"位图，此时打开"坐标"卷展栏，取消勾选"使用真实世界比例"复选框，如图12-122所示。

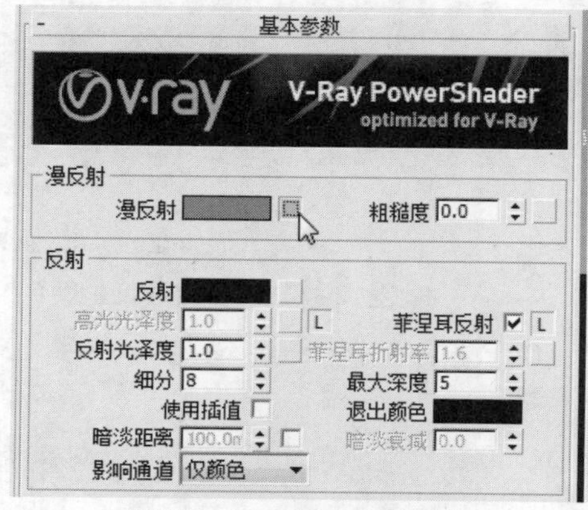

图12-121　单击方框按钮

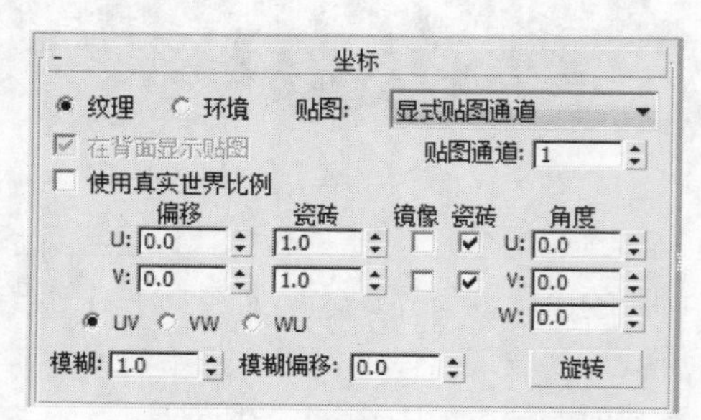

图12-122　"坐标"卷展栏

⑪ 设置完成后即可显示贴图，如图12-123所示。

⑫ 将材质赋予到屋顶上，为实体添加“UVW贴图”修改器，然后在“参数”卷展栏中设置贴图大小，如图12-124所示。

图12-123　屋顶材质球效果

图12-124　设置贴图大小

⑬ 设置完成后，效果如图12-125所示。

⑭ 重复以上步骤，将材质赋予到其他屋顶造型上，效果如图12-126所示。

图12-125　添加UVW贴图

图12-126　赋予屋顶材质效果

⑮ 窗框的颜色为黑色，没有设置位图，需要调节漫反射颜色，选择空白材质球，将材质名称设置为窗框材质，然后设置漫反射颜色，参数如图12-127所示。

⑯ 设置完成后材质球呈黑色效果，将材质赋予到窗框上，效果如图12-128所示。

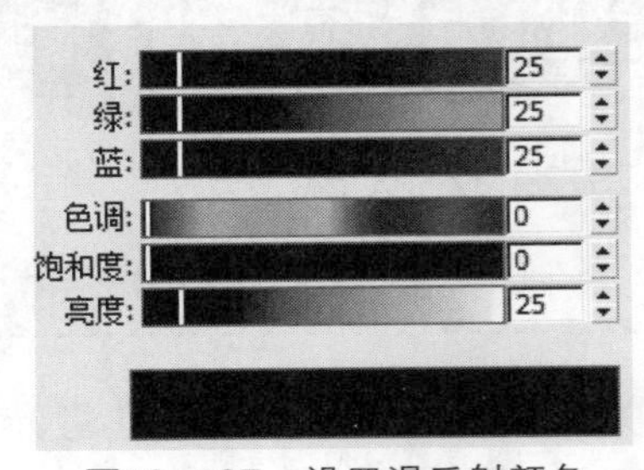

图12-127　设置漫反射颜色

图12-128　赋予窗框材质效果

⑰ 最后制作柱子材质，选择空白材质球，单击漫反射后方的方框按钮，打开“选择位图图像”对话框，选择位图文件，并单击“确定”按钮，如图12-129所示。

⑱ 添加位图后，返回“基本参数”面板，将反射颜色更改为30，并设置反射光泽度，如图12-130所示。

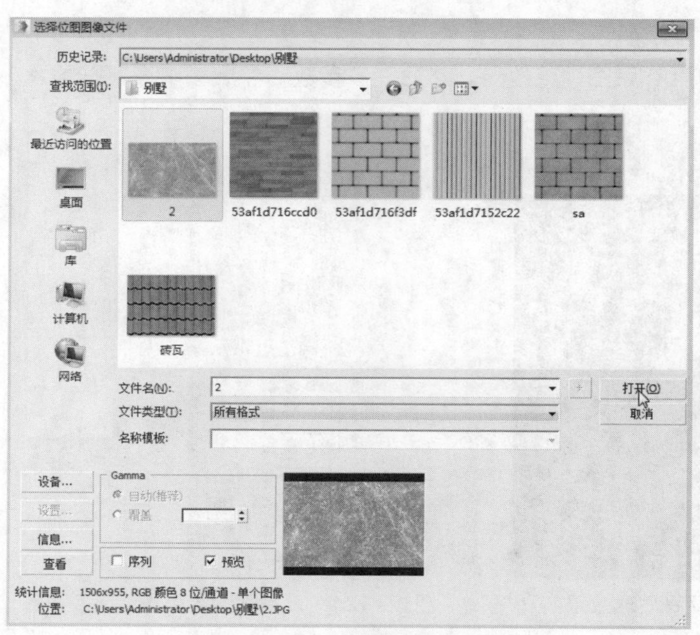

图12-129　选择位图文件

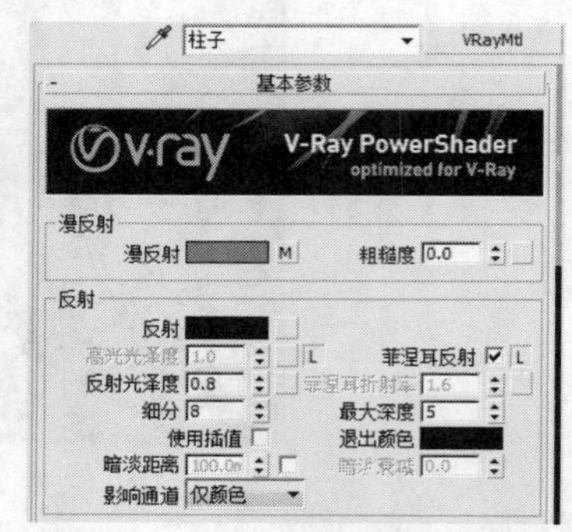

图12-130　设置反射光泽度

19 设置完成后，材质球效果如图12-131所示。

20 将材质赋予到柱子上，并添加UVW贴图，效果如图12-132所示。

图12-131　材质球效果

图12-132　赋予材质效果

12.2.3　创建灯光和摄影机

由于场景中没有创建灯光，所以没有显示太多透视关系，下面在文件中创建灯光和摄影机，并对摄影机视图进行渲染，使建筑模型能够真实显示受光和阴影的关系。

01 在命令面板中单击“目标”按钮，如图12-133所示。

02 将视图切换至顶视图，在顶视图单击并拖动鼠标创建目标摄影机，如图12-134所示。

03 使用选择并移动工具，在视图中调整摄影机的位置，如图12-135所示。

04 打开“修改”选项卡，在“备用镜头”选项组，单击28mm的镜头，如图12-136所示。

图12-133　单击“目标”按钮

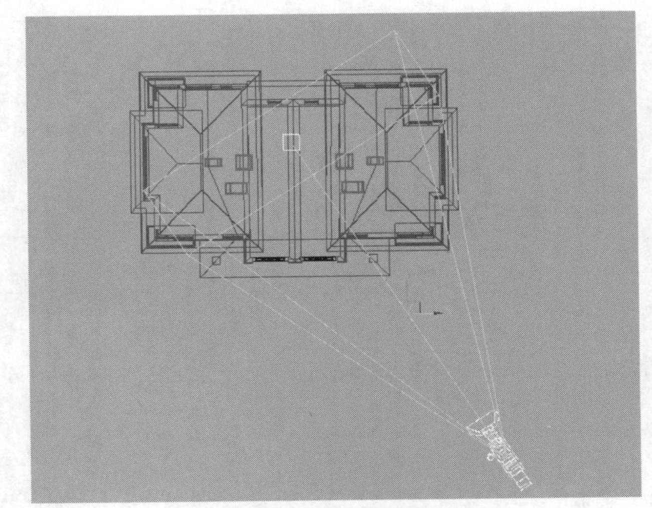

图12-134　创建目标摄影机

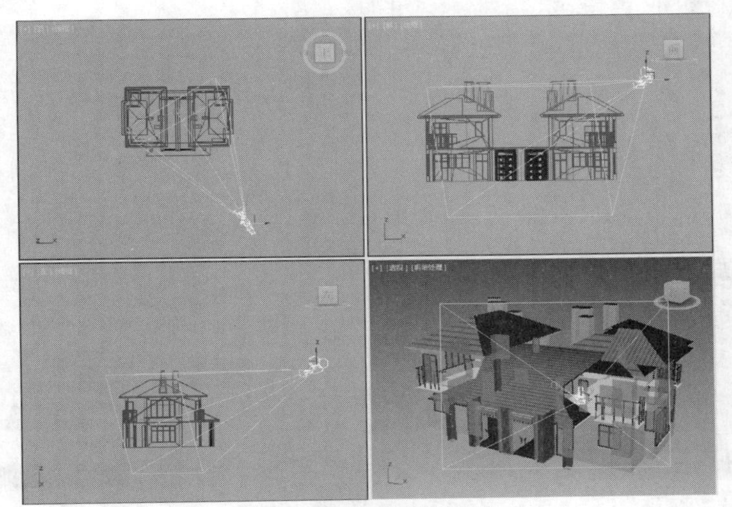

图12-135　调整摄影机位置

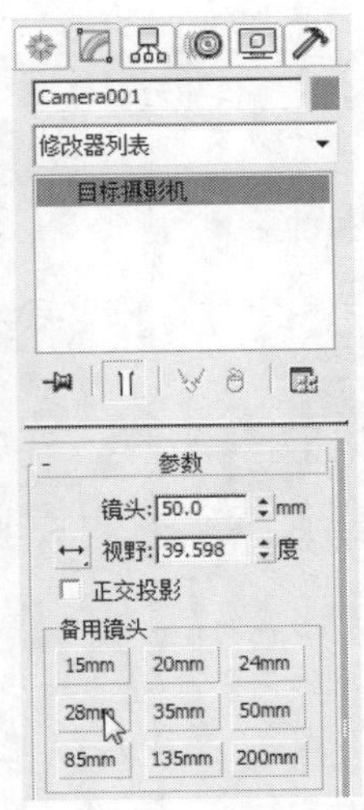

图12-136　设置镜头大小

05 激活视图，按C键可将视图切换至摄影机视图，渲染效果如图12-137所示。

06 在命令面板中单击“灯光”按钮，在弹出面板中再次单击“目标聚光灯”按钮，如图12-138所示。

图12-137　渲染摄影机视图

图12-138　单击“目标摄影机”按钮

07 在视图中创建聚光灯并进行调整，效果如图12-139所示。

08 打开“修改”选项卡，设置灯光的颜色和倍增，如图12-140所示。

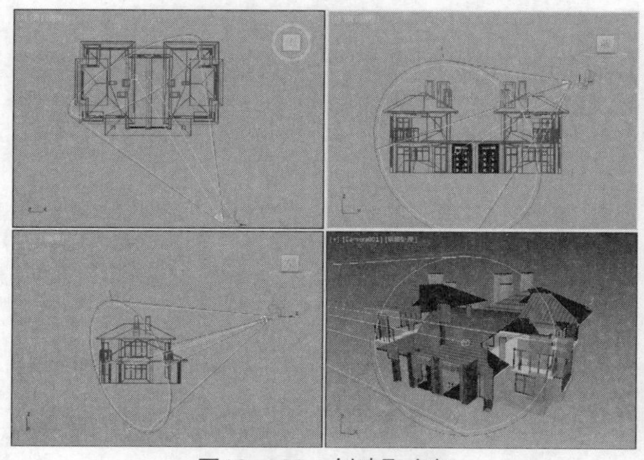

图12-139　创建聚光灯

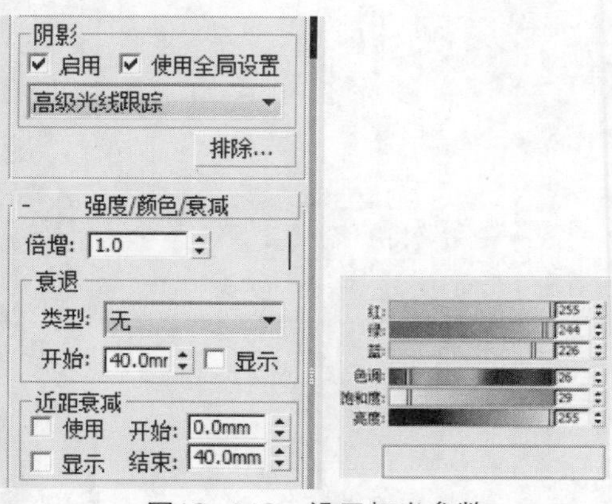

图12-140　设置灯光参数

09 再次在右侧创建一个泛光灯，并放置在合适的位置，如图12-141所示。

10 打开“修改”选项卡，设置灯光的颜色和灯光倍增值，如图12-142所示。

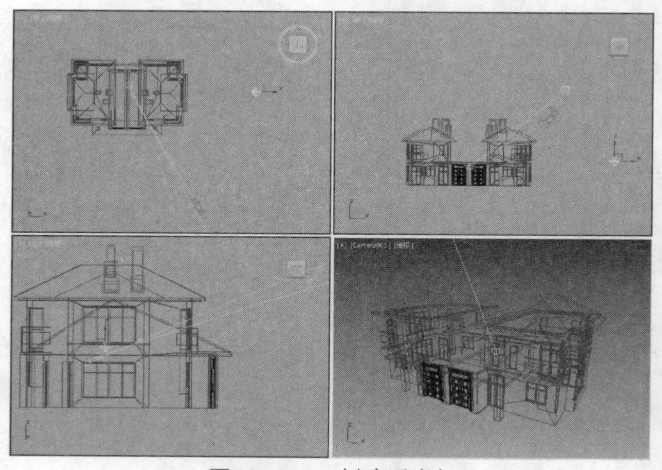

图12-141　创建泛光灯

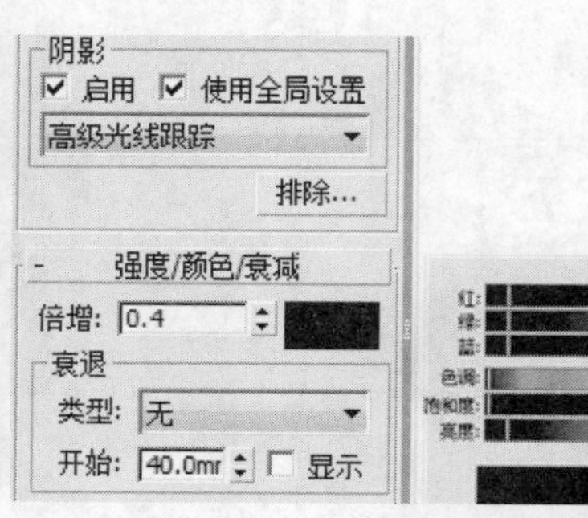

图12-142　设置泛光灯参数

11 对摄影机视图进行渲染，效果如图12-143所示，此时基本能看出场景的大致光影效果。

12 再次在视图中创建一盏目标聚光灯，然后调整位置，如图12-144所示。

图12-143　渲染灯光效果

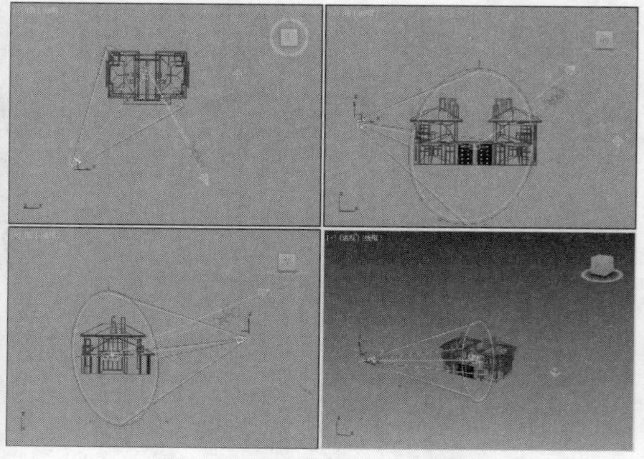

图12-144　创建并调整聚光灯

13 打开“修改”选项卡，设置目标聚光灯参数，如图12-145所示。

⑭ 在前视图复制两盏目标灯光，然后分别上下移动，将它们组合在一起，设置名称为“灯光1”，如图12-146所示。

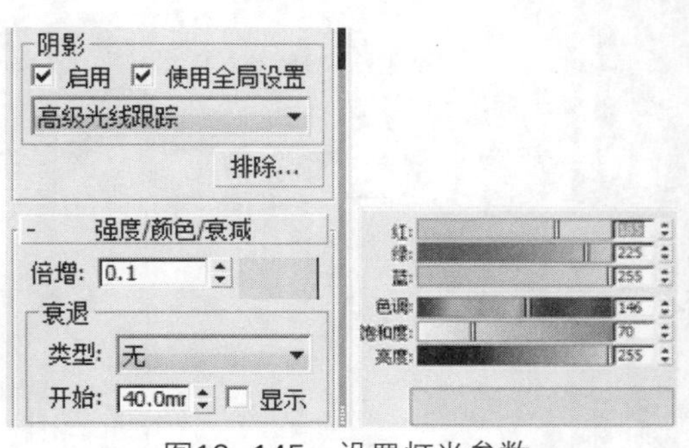

图12-145　设置灯光参数

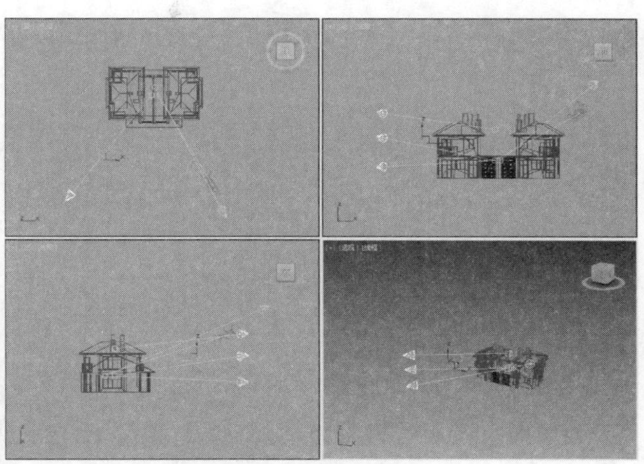

图12-146　复制并移动灯光

⑮ 此时对摄影机视图进行渲染，效果如图12-147所示。

⑯ 复制“灯光1”，然后在前视图将其镜像到右侧，效果如图12-148所示。

图12-147　渲染视图效果

图12-148　镜像灯光

⑰ 再次对摄影机视图进行渲染，效果如图12-149所示。

⑱ 打开命令面板，选择“VRay”选项，然后单击“VR-灯光”按钮，如图12-150所示。

图12-149　渲染复制灯光后效果

图12-150　单击“VR-灯光”按钮

⑲ 在顶视图单击并拖动鼠标，创建灯光区域，然后在前视图将其移至建筑屋顶上方，如图12-151所示。

⑳ 此时完成灯光的创建，下面开始进行渲染设置，按F10键打开“渲染设置”对话框，在“公用参数”卷展栏中设置输出图像大小，效果如图12-152所示。

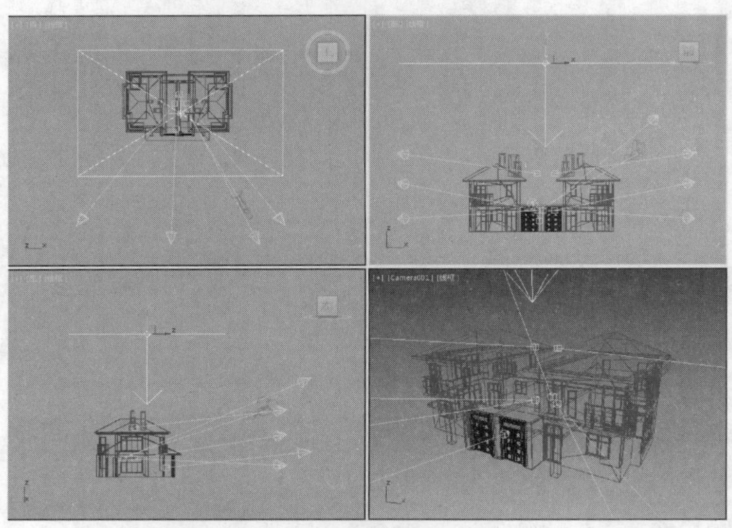

图12-151　创建VR平面光源

图12-152　设置输出图像大小

㉑ 在对话框右下角单击“渲染”按钮，对摄影机视图进行渲染，渲染完成后，在对话框上方单击save按钮，如图12-153所示。

㉒ 打开“保存图像”对话框，在“保存类型”选项框中选择图像类型，如图12-154所示。

图12-153　单击save按钮

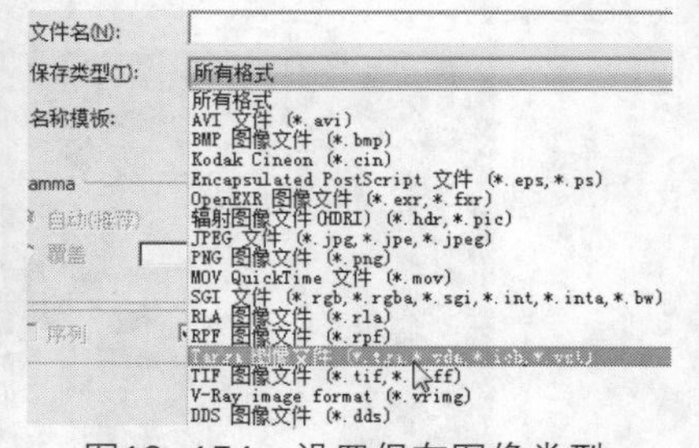

图12-154　设置保存图像类型

㉓ 设置图像名称和保存位置，最后单击“确定”按钮，如图12-155所示。

㉔ 弹出“Targa图像控制”对话框，单击“确定”按钮，如图12-156所示。

㉕ 此时图片将保存到指定磁盘中，选择图像文件，然后单击鼠标右键，打开快捷菜单列表，设置打开方式，如图12-157所示。

26 设置完成后即可将图片在Photoshop中打开，如图12-158所示。

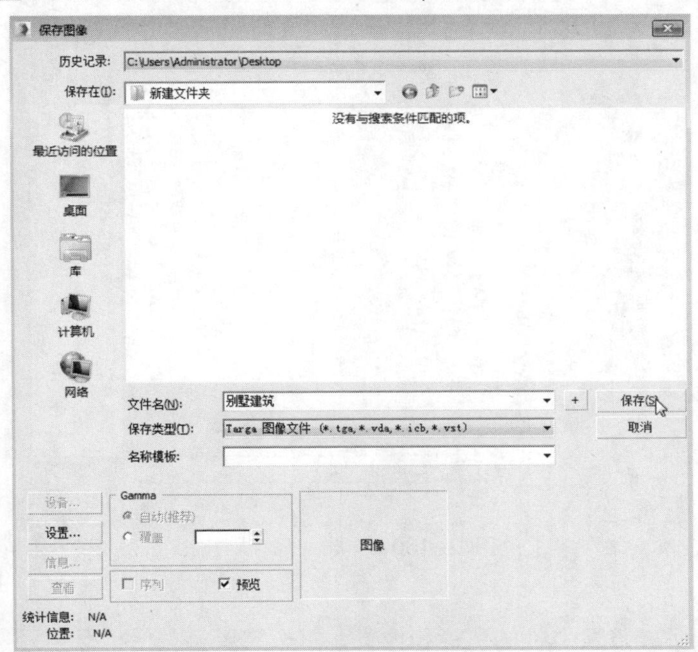

图12-155 设置保存名称和位置

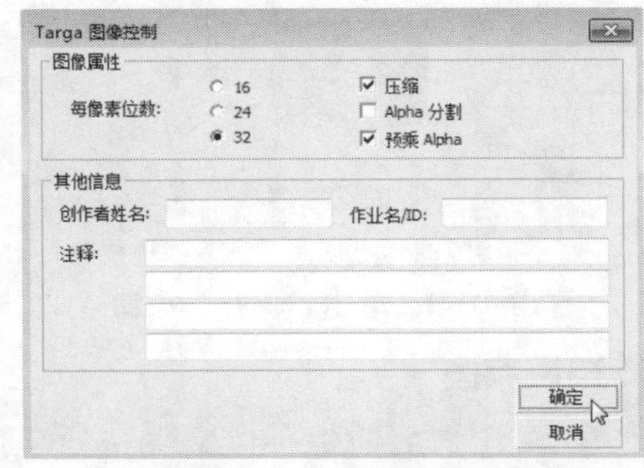

图12-156 单击“确定”按钮

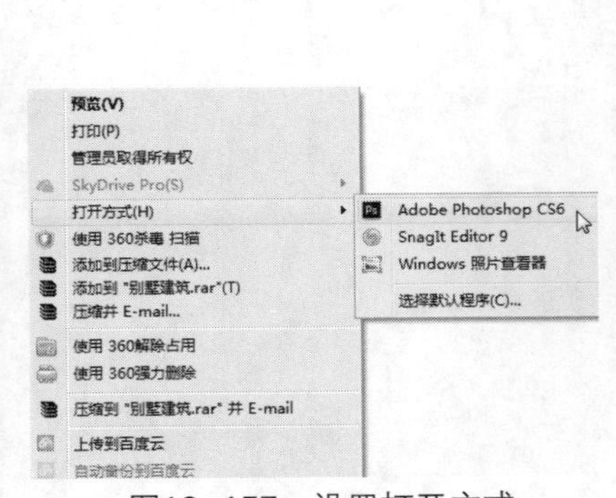

图12-157 设置打开方式

图12-158 打开图片

12.2.4 保存模型文件

全部制作完成后，就可以将模型文件进行保存，方便下次进行编辑操作，下面具体介绍如何保存文件。

01 单击“菜单浏览器”按钮，在弹出的列表中单击“保存”按钮，如图12-159所示。

02 打开“文件另存为”对话框，设置保存路径和名称，然后单击“保存”按钮，如图12-160所示，即可保存文件。

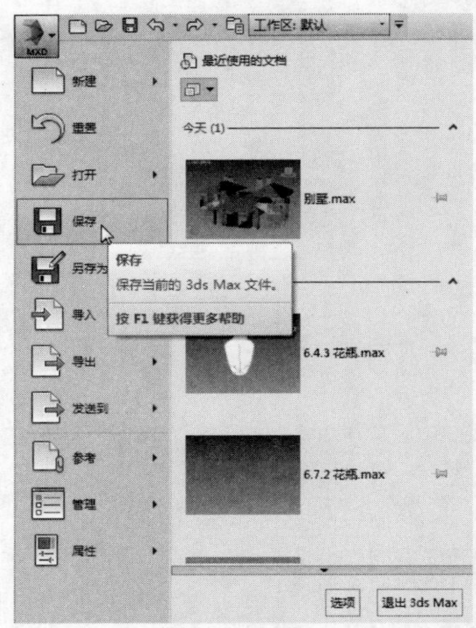

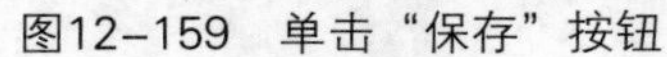
图12-159 单击“保存”按钮

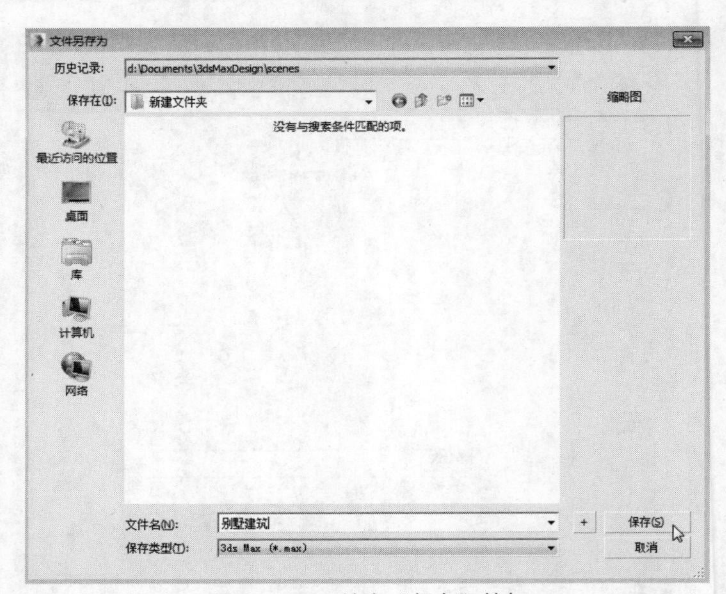

图12-160 单击“保存”按钮

知识点拨

如果用户之前保存过文件，但需要另外设置文件的名称和位置，那么需要将文件执行“另存为”操作，单击“菜单浏览器”按钮，在弹出的列表中单击“另存为”按钮，打开“文件另存为”对话框，设置名称和保存位置，单击“保存”按钮即可保存文件。

第13章 效果图的后期处理

本章概述　如果在Max文件中处理并创建环境氛围，会影响渲染速度，所以我们可以只创建建筑和实体模型，再对输出的图像利用Photoshop软件进行后期处理，这样可以快速准确地达到满意的效果。

本章将介绍图片后期处理的常用方法和如何对渲染的图片添加配景。

知识要点
- 效果图后期处理的方法
- 效果图后期处理的技巧
- 对效果图进行后期处理

13.1 后期处理的方法

在日常生活中，无论是室内设计，还是数码照片，都与颜色的调整息息相关，调整图片色调的方法包括亮度/对比度、色相饱和度、色彩平衡、曲线、替换颜色等。利用Photoshop软件不仅可以调整图片色彩，还可以将图片处理为特殊效果，下面具体介绍如何使用软件对图片进行后期处理。

13.1.1 修改图片的明暗关系

明暗是指图片中的亮度和暗部，在图像中明暗关系是图片的一个重要元素，调整图片的明暗关系是后期处理首先要考虑的事。

在Photoshop中，调整效果图明暗关系的方法有很多种，如亮度/对比度、曲线、曝光度、色彩平衡等，本小节将具体介绍利用曲线调节效果图明暗的方法。

01 打开“餐厅”图片，可以看出图片整体太暗了，需要进行调节，如图13-1所示。

02 执行“窗口”|“直方图”选项，打开“直方图”对话框，如图13-2所示。

图13-1　打开“餐厅”图片

图13-2　“直方图”对话框

03 观察“直方图”对话框中的色阶，可以发现其呈左偏型，表示图片中有高光也有阴影，左部偏亮，在图层面板下方单击“创建新的填充或调整图层”按钮，然后单击“曲线”选项，如图13-3所示。

04 由于图片的右下角太暗，所以需要将右下角提亮些，打开“属性”对话框，单击直接调整工具，如图13-4所示。

图13-3 单击“曲线”选项　　图13-4 单击直接调整工具

05 在画布左下角部位向上拖动鼠标，如图13-5所示。

06 设置完成后曲线图如图13-6所示。

图13-5 向上拖动鼠标

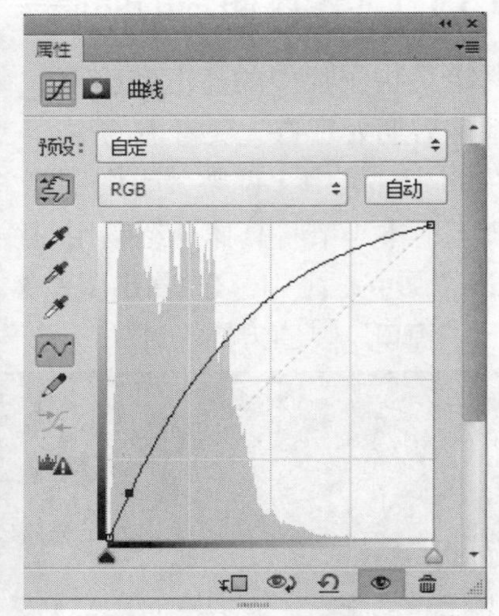

图13-6 曲线图效果

07 在天花板位置向下拖动鼠标，为天空添加暗部，如图13-7所示。

08 设置完成后天空和周围亮度暗了许多，曲线效果图如图13-8所示。

09 在书柜上单击并向上拖动鼠标，调节上部图片效果，如图13-9所示。

10 设置完成后图片上方会亮许多，曲线效果图如图13-10所示。

11 设置完成后，即可修改完成图片的明暗关系，如图13-11所示。

⑫ 执行“文件”|“存储”命令，打开“保存”对话框，将保存类型设置为JPG，设置名称和位置，然后单击“确定”按钮，如图13-12所示。

图13-7　向下拖动鼠标

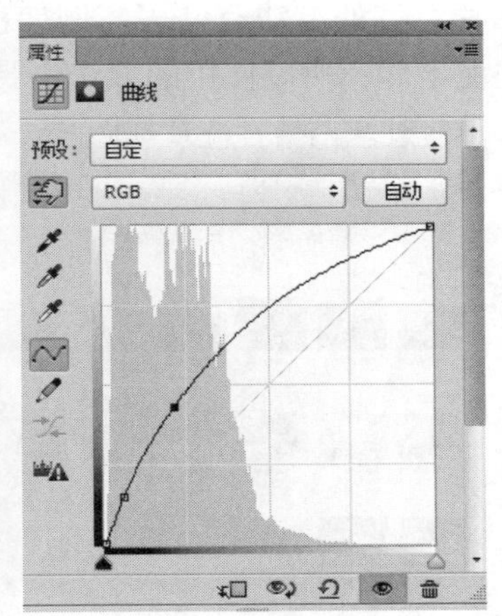

图13-8　曲线图效果

图13-9　向上拖动鼠标

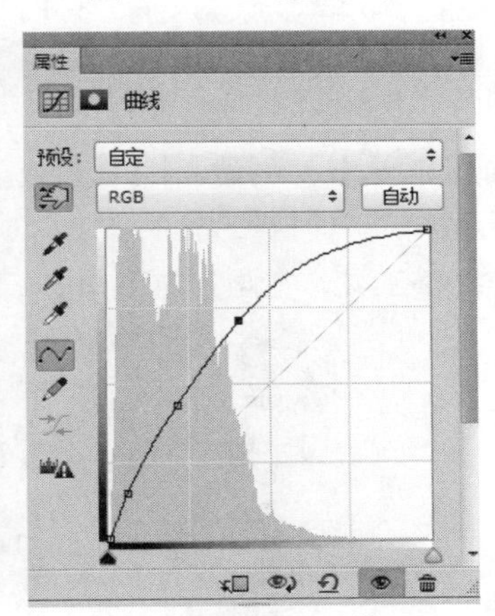

图13-10　曲线图效果

图13-11　修改图片明暗关系

图13-12　单击“确定”按钮

13.1.2 修改图片的整体色调

修改图片色调的方法有许多，例如色相饱和度、色彩平衡、替换颜色等。由于每个图片中的图像和类型不同，所以使用的方法也要因地制宜，下面介绍如何修改图片的整体色调。

01 按Ctrl+O键打开对话框，并选择图片，如图13-13所示。

02 单击“确定”按钮，打开文件，此时原始图片效果如图13-14所示。

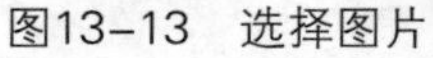
图13-13　选择图片

图13-14　原始效果

03 在图层面板中单击“创建新的填充或调整图层”按钮，弹出列表框并单击“曲线”选项，如图13-15所示。

04 单击直接调整工具，在画布左下角向下拖动鼠标，曲线如图13-16所示。

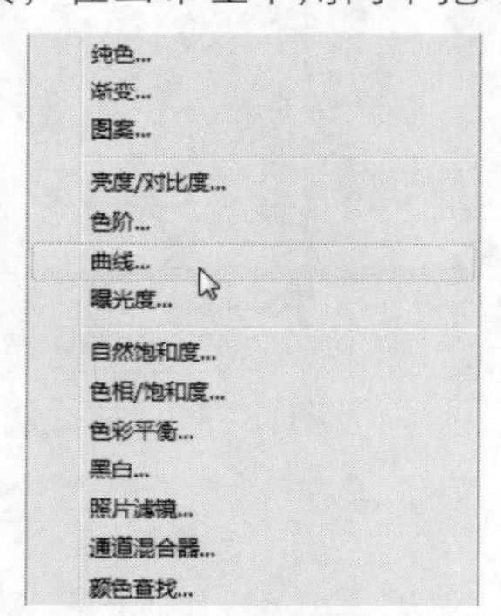

图13-15　单击“曲线”选项

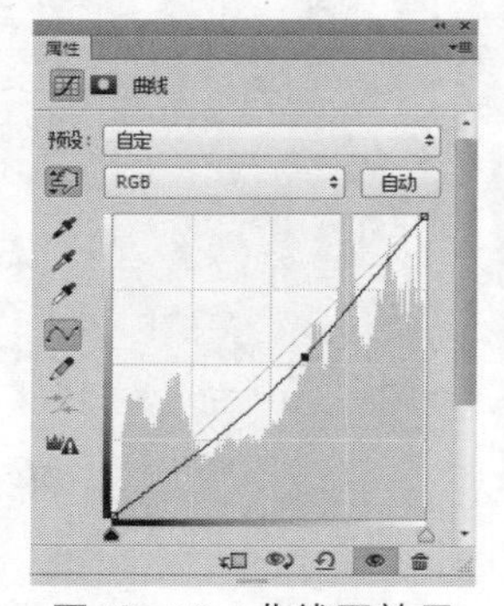

图13-16　曲线图效果

05 继续在右上角向上拖动鼠标，调整图像明暗关系，曲线如图13-17所示。

06 设置完成后，图像如图13-18所示。

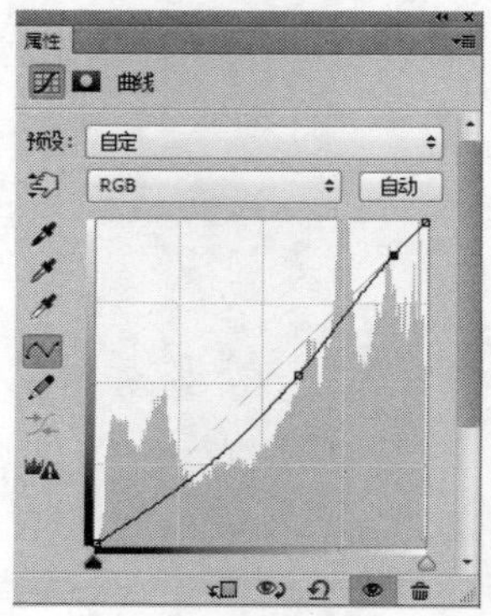

图13-17　曲线图效果

图13-18　调整曲线效果

07 重复以上步骤，继续添加色彩平衡图层，此时弹出“色彩平衡”对话框，设置黄色到蓝色选项的数值为15，如图13-19所示。

08 观察效果图，此时用户会发现，整体色调增添了蓝色，如图13-20所示。

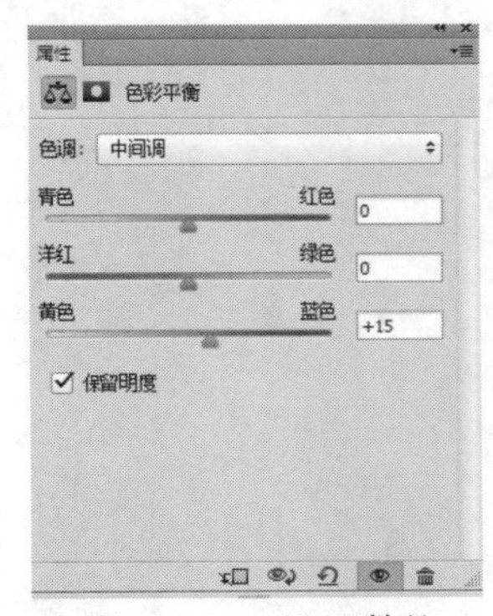

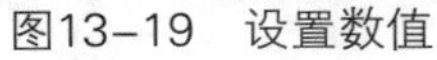

图13-19 设置数值　　图13-20 调整色彩平衡效果

09 再次返回对话框，将青色和红色选项的数值设置为-21，如图13-21所示。

10 设置完成后关闭对话框，观察效果图可以发现，整体色调偏青蓝色，与场景风格一致，如图13-22所示。

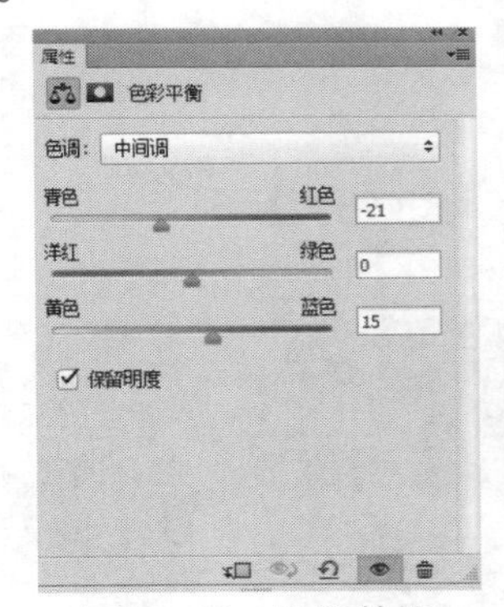

图13-21 设置数值　　图13-22 调整色彩平衡效果

11 执行“文件”|“存储为”命令，如图13-23所示。

12 打开“存储为”对话框，设置保存格式为JPG，最后设置保存路径和名称，即可完成修改图片整体色调的操作，如图13-24所示。

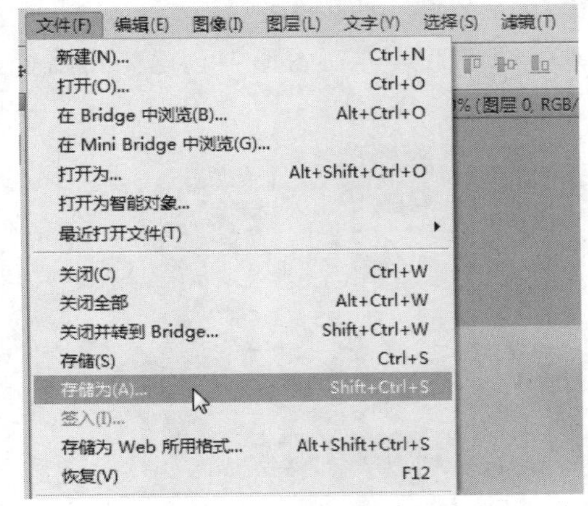

图13-23 单击“存储为”选项　　图13-24 “另存为”对话框

13.1.3 为图片添加配景

随着时代的飞速发展，我们的拍照技术和后期处理越来越发达，使用Photoshop可以对单一的场景效果添加配景，充实室内场景，下面将具体介绍如何为沙发背景图片添加配景。

01 打开“沙发背景”文件，文件中的图片效果如图13-25所示。

02 下面为图片添加装饰画，打开“画框”图片，如图13-26所示。

图13-25 打开文件

图13-26 打开画框图片

03 将话框拖曳至“沙发背景”图片中，并放置在合适位置，如图13-27所示。

04 将“树装饰画”拖动至画布中，按住Ctrl键同时缩放图片，如图13-28所示。

图13-27 移动画框

图13-28 缩放图片

05 缩放到合适大小，并将图层移动到对话框下方，调整图片位置，如图13-29所示。

06 在装饰画图层下方创建图层，然后在工具栏单击钢笔工具，在图形中创建闭合路径，按Ctrl+Enter组合键将路径更改为选区，如图13-30所示。

图13-29 缩放并移动装饰画

图13-30 创建选区

07 将前景色更改为白色，按Alt+Delete组合键填充选区，按Ctrl+D键取消选区，如图13-31所示。

08 重复以上步骤，添加并缩放其他装饰画，如图13-32所示。

图13-31　填充选区

图13-32　添加装饰画

09 打开“落地灯”文件，将落地灯拖曳至沙发背景画布中，并调整位置，如图13-33所示。

10 重复以上操作，将“时钟”添加到场景文件中，如图13-34所示。

图13-33　添加落地灯

图13-34　添加时钟

11 执行“编辑”|“变换”|“缩放”命令，如图13-35所示。

图13-35　单击“缩放”选项

⑫ 执行“自由变换”命令，按住Ctrl键的同时拖曳选项框，更改图像大小，如图13-36所示。

⑬ 将闹钟移动至书柜上方，如图13-37所示。

图13-36　更改时钟大小

图13-37　添加时钟

⑭ 最后将“书”文件添加到场景中，并放置在单人沙发旁，如图13-38所示。

图13-38　添加书

⑮ 此时用户会发现，书附近没有阴影，非常不自然，下面为书添加阴影，利用“钢笔”工具绘制闭合路径，并更改为选区，如图13-39所示。

⑯ 按Ctrl+J键复制图层，该图层中只包含选区内容，执行“图像”|“调整”|“色阶”命令，打开“色阶”对话框，拖动滑块调整图片颜色，如图13-40所示。

图13-39　创建选区

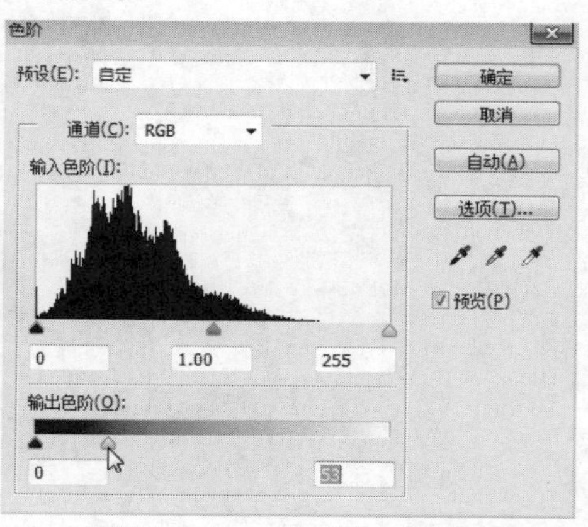

图13-40　“色阶”对话框

⑰ 设置完成后单击“确定”按钮完成操作，此时选区将被调整为黑色调，如图13-41所示。

⑱ 将橡皮工具设置为柔角状态，使用不同透明度擦除多余的黑色，完成阴影的制作，如图13-42所示。

图13-41 调整色阶

图13-42 制作阴影效果

⑲ 下面开始更改地板颜色。首先书和阴影与“图层0”图层合并在一起，利用钢笔工具在画布中绘制路径，并更改为选区，如图13-43所示。

⑳ 按Ctrl+J键复制选区，此时将新建图层，隐藏其他图层，将显示选区中的内容，如图13-44所示。

图13-43 创建选区

图13-44 显示选区

㉑ 执行“图像”|“色彩平衡”命令，打开“色彩平衡”对话框，设置颜色，如图13-45所示。

㉒ 此时地板色调将被更改，显示其他图层，观察整体效果，如图13-46所示。

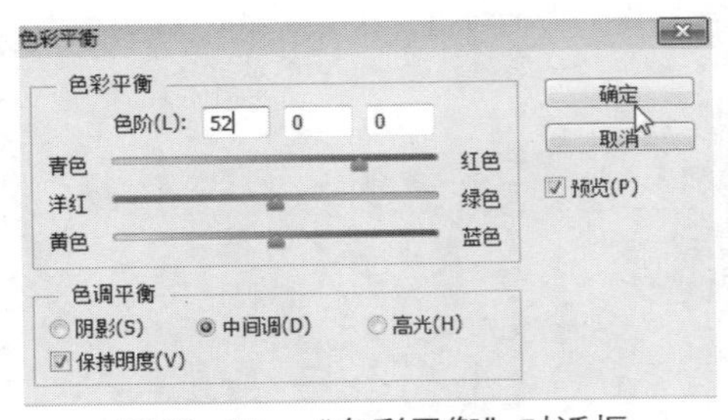

图13-45 “色彩平衡”对话框

图13-46 调整地板色调

㉓ 在工具栏单击“橡皮擦”工具，并在沙发、书和桌腿上涂抹，如图13-47所示。

㉔ 涂抹后将完成添加配景的操作，如图13-48所示。

图13-47　擦除多余图像　　　　图13-48　为图片添加配景

㉕ 将文件保存为JPG格式，即可将文件以图片的形式保存输出。

13.1.4　制作图片拼接效果

执行“滤镜”命令可以将效果图进行许多特殊效果处理，使效果图更新颖，在使用“滤镜”制作特殊效果时，用户可以将制作过程进行动作的录制，供日后使用，下面将具体介绍如何将图片设置为拼接效果。

01 打开“浴缸”图片，原始图片效果如图13-49所示。

02 执行“窗口”|“动作”命令，如图13-50所示。

图13-49　原始图片效果

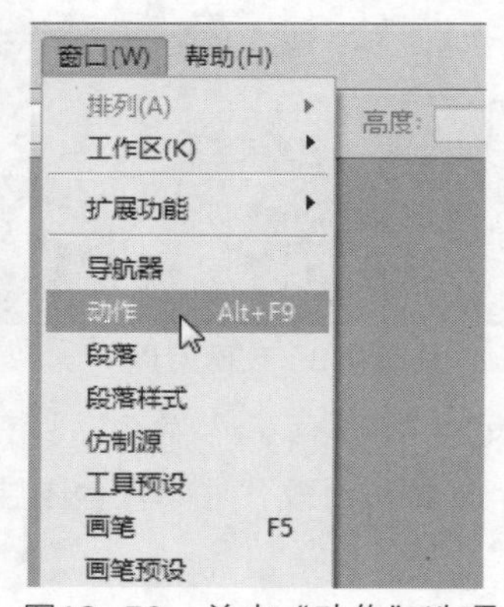

图13-50　单击“动作”选项

03 打开“动作”调板，然后单击“创建新动作”按钮，如图13-51所示。

04 弹出“新建动作”对话框，设置动作名称为拼接，然后单击“记录”按钮，如图13-52所示。

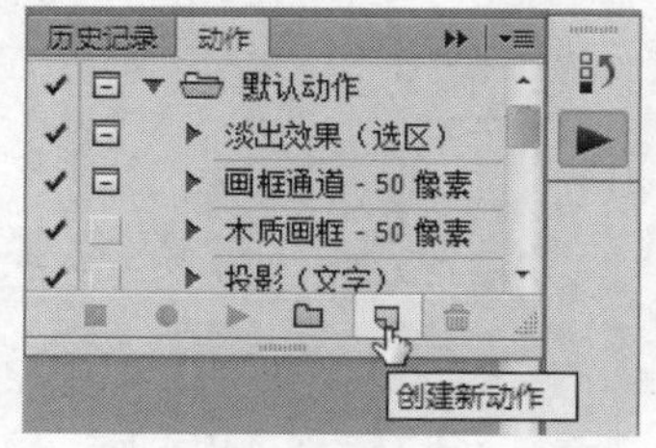

图13-51　单击“创建新动作”按钮

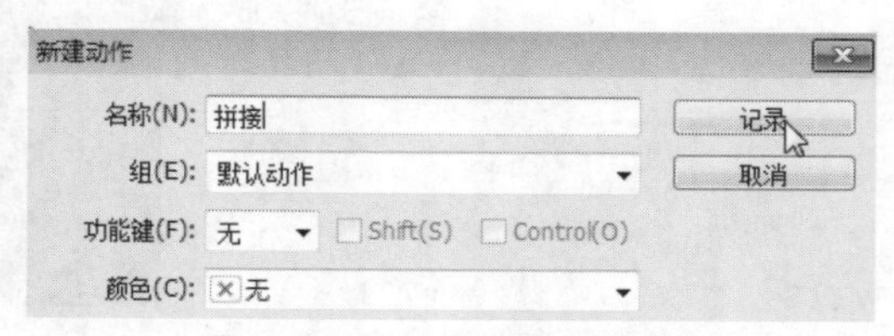

图13-52　单击“记录”按钮

05 下面开始制作图片拼接效果，动作面板会对执行的动作进行记录，执行“滤镜”|“风格化”|“拼

接”命令，如图13-53所示。

06 弹出“拼接”对话框，设置参数后单击“确定”按钮，如图13-54所示。

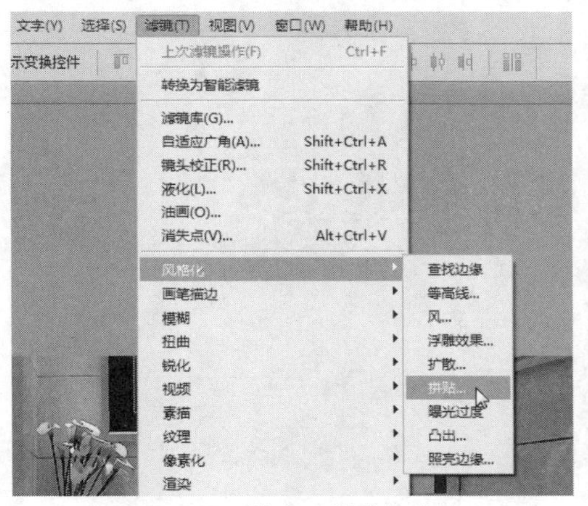

图13-53 单击“拼接”命令

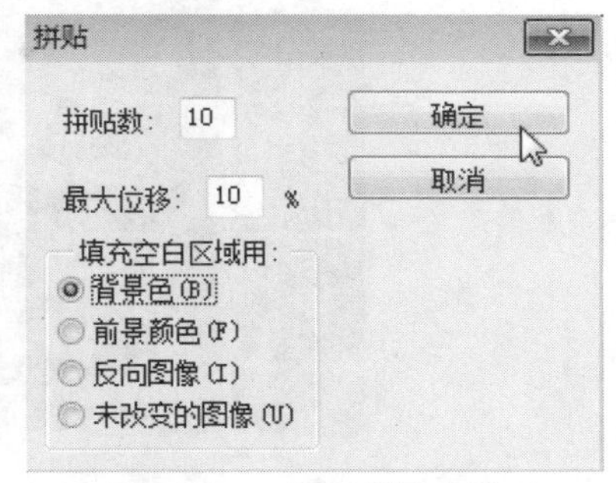

图13-54 设置拼接参数

07 此时背景色为米黄色，拼接效果如图13-55所示。

08 在“动作”调板中单击“停止播放/记录”按钮，完成动作的录制，如图13-56所示。

图13-55 拼接效果

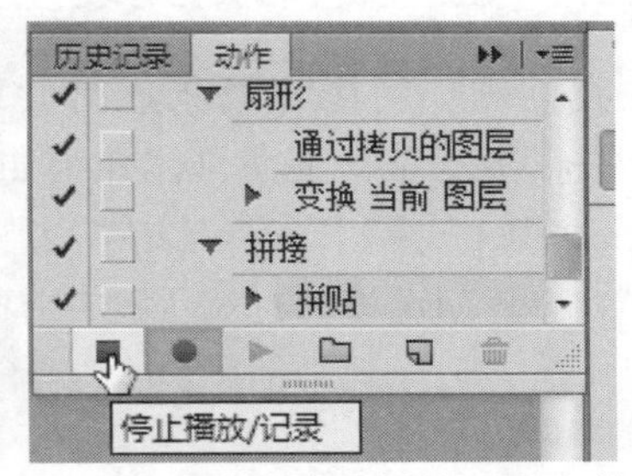

图13-56 单击“停止播放/记录”按钮

09 再次打开“书房”图片，原始图片如图13-57所示。

10 在“动作”调板中单击“播放选定动作”按钮，如图13-58所示。

图13-57 打开图片

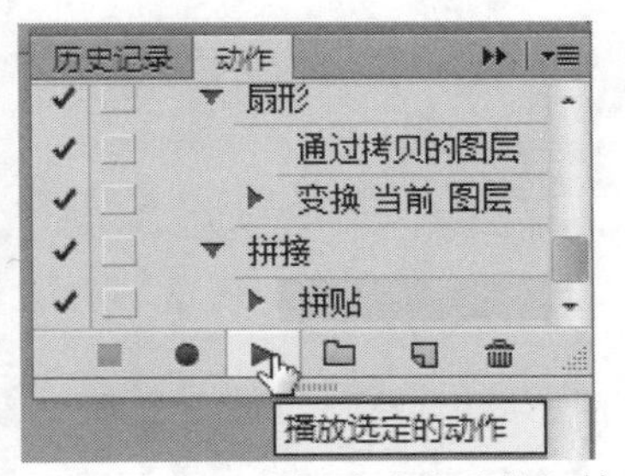

图13-58 单击“播放选定动作”按钮

⑪ 此时图片将通过之前动作的录制，一键重复执行拼接动作，完成拼接效果，如图13-59所示。

图13-59　播放动作效果

13.2 效果图后期处理

后期处理是对渲染的图像通过添加配景和调整色调做进一步加工，使画面和色泽更加生动和逼真，下面具体介绍如何对效果图进行后期处理。

13.2.1　卧室的后期处理

首先我们需要对卧室场景进行后期处理，该场景中不需要添加物体，只是整体光线有些暗，看上去很不舒服，下面具体介绍如何调节效果图光线。

01 打开Photoshop软件，执行“文件”|“打开”命令，如图13-60所示。

02 弹出“打开”对话框，在对话框中选择“卧室”效果图，单击“打开”按钮，如图13-61所示。

图13-60　单击“打开”选项

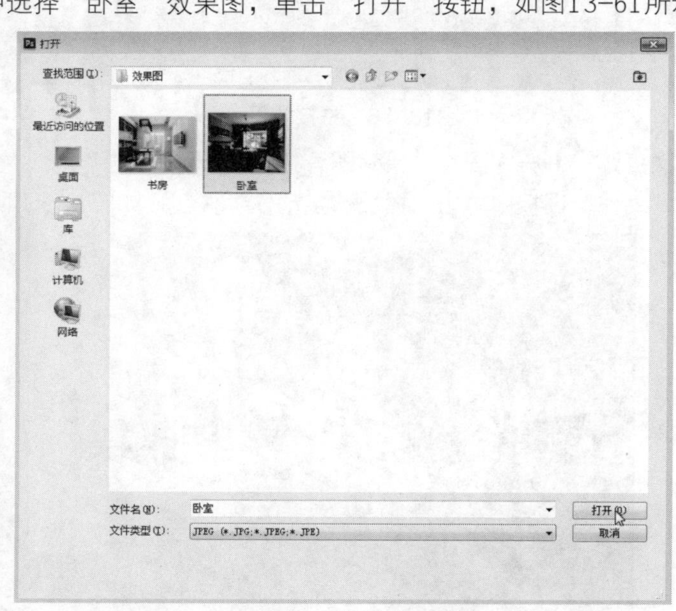

图13-61　“打开”对话框

03 设置完成后即可打开卧室效果图，如图13-62所示。

图13-62 打开卧室效果图

04 由此可看出图片亮度太低，色彩不是特别真实，所以需要进行调节，执行“图像”|“调整”|“亮度/对比度”命令，如图13-63所示。

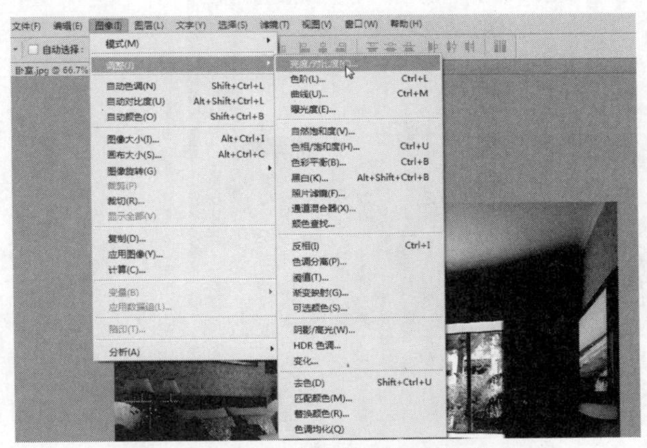

图13-63 单击“亮度/对比度”选项

05 在“亮度/对比度”对话框中设置亮度为30，然后单击“确定”按钮，如图13-64所示。

06 设置完成后，效果如图13-65所示。

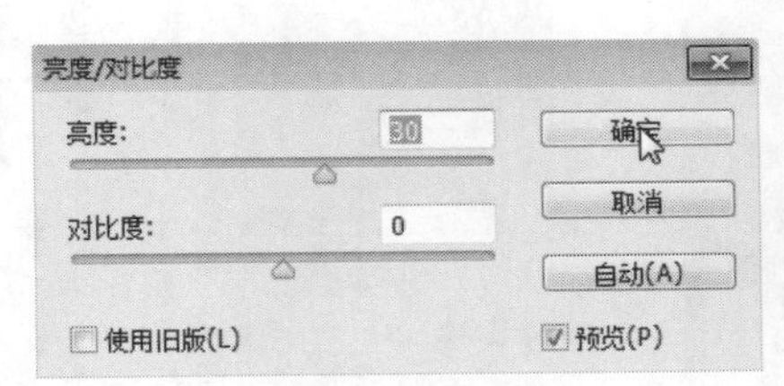

图13-64 单击“确定”按钮

图13-65 调整亮度效果

07 再次执行“图像”|“调整”|“曝光度”命令，打开“曝光度”对话框，设置曝光度和灰度数值，

最后单击“确定”按钮，如图13-66所示。

08 设置完成后图片亮了许多，但是增加了灰度，如图13-67所示。

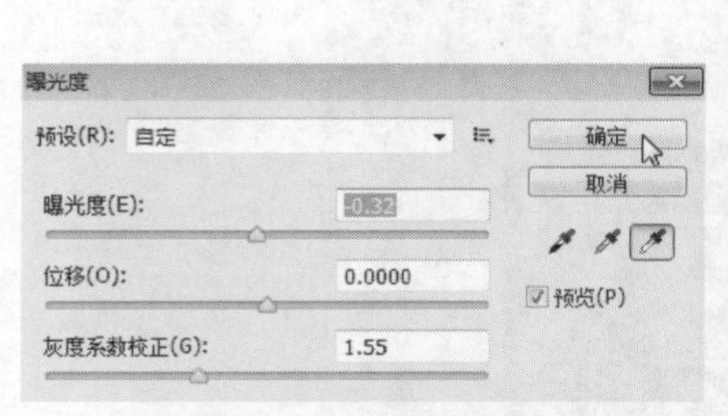

图13-66 “曝光度”对话框

图13-67 调整曝光效果

09 在“图层”面板中双击背景图层，弹出“新建图层”对话框，单击“确定”按钮，将图层解锁，如图13-68所示。

10 设置完成后，背景图层将解锁，并更改为图层0，在图层0上单击鼠标右键，并单击“复制图层”选项，如图13-69所示。

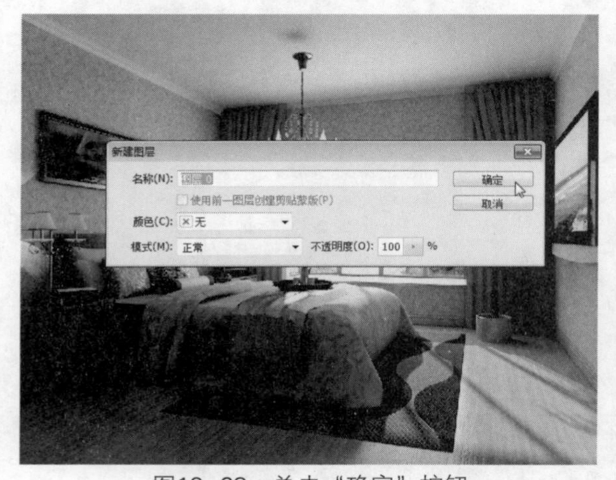

图13-68 单击“确定”按钮

图13-69 单击“复制图层”选项

11 选择复制的图层，然后执行“滤镜”|“模糊”|“高斯模糊”命令，如图13-70所示。

12 在“高斯模糊”对话框中设置模糊半径，然后单击“确定”按钮，如图13-71所示。

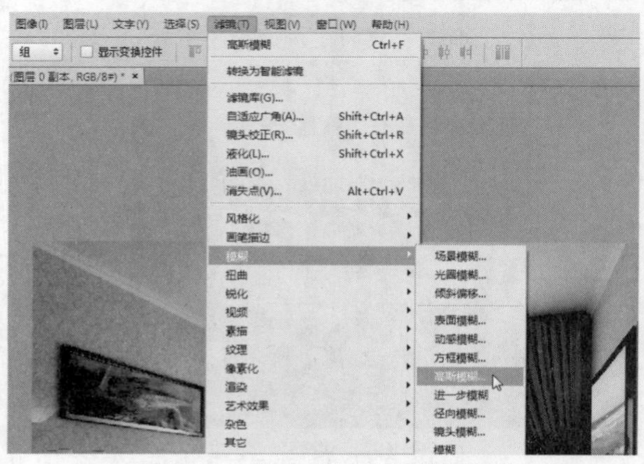

图13-70 单击“高斯模糊”选项

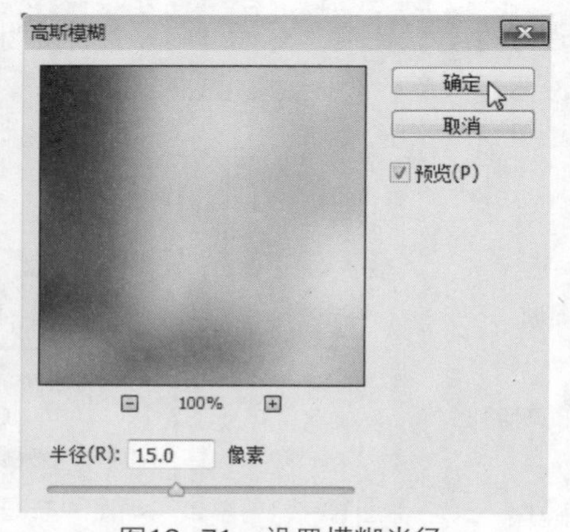

图13-71 设置模糊半径

13 再次在不透明度选项框内将不透明度设置为50%，如图13-72所示。

⑭ 在命令面板中单击“模式”列表框，然后选择“柔光”选项，如图13-73所示。

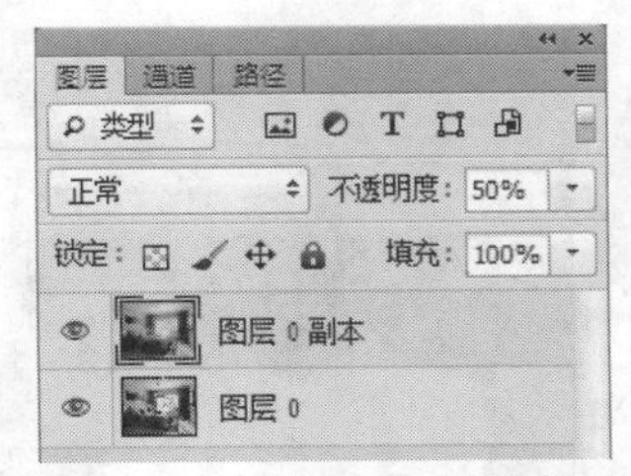

图13-72 设置不透明度数值

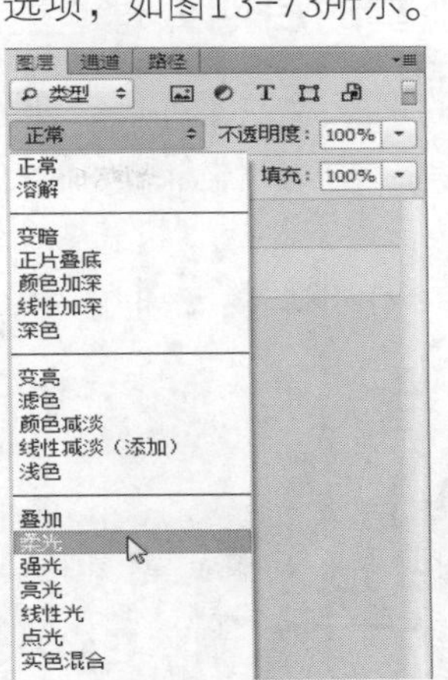

图13-73 单击“柔光”选项

⑮ 此时卧室效果图就制作完成了，由于我们对“图片0副本”图层设置了模糊和柔光效果，使原效果图增添了色彩细节，如图13-74所示。

⑯ 执行“文件”|“另存为”命令，如图13-75所示。

图13-74 后期处理效果

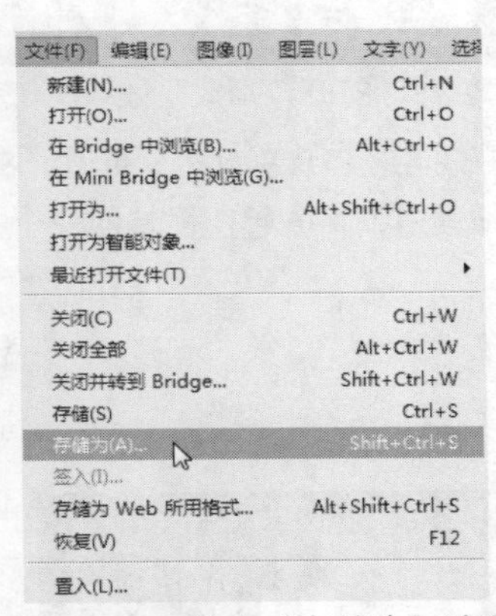

图13-75 单击“存储为”选项

⑰ 打开“存储为”对话框，设置图像保存类型，如图13-76所示。

⑱ 最后设置保存名称和路径，单击“保存”按钮，即可保存图片，如图13-77所示。

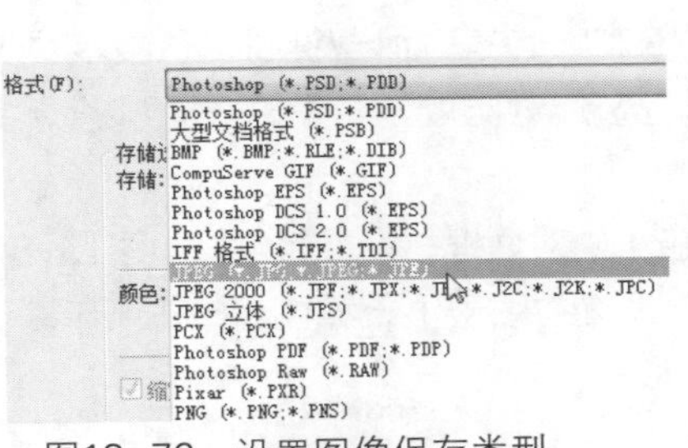

图13-76 设置图像保存类型

图13-77 设置保存名称和路径

13.2.2 别墅的后期处理

下面对渲染的别墅效果图进行后期处理，通过对建筑的处理和添加素材图像，使其达到实际的室外场景效果，下面具体介绍如何将单一的别墅效果图处理成室外场景。

01 打开软件后，执行“文件”|“打开”命令，打开“别墅”效果图，如图13-78所示。

02 打开“通道”面板，然后单击Alpha 1通道，此时效果图将更改为该通道效果，如图13-79所示。

图13-78 打开“别墅”效果图

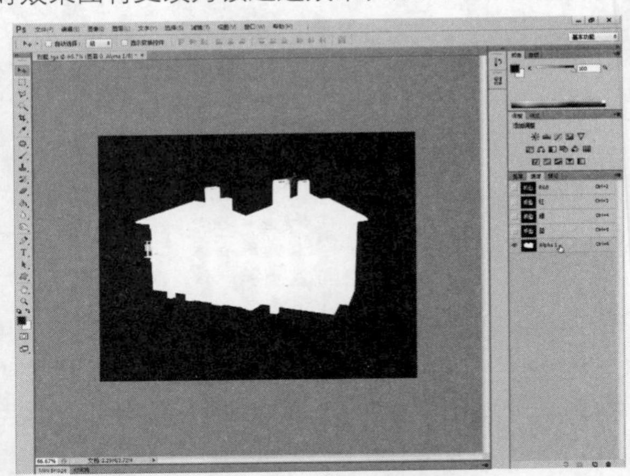

图13-79 单击通道效果

03 按住Ctrl键的同时单击Alpha 1通道，白色区域将更改为选区，如图13-80所示。

04 再次单击RGB通道，将一起选择其他三个通道，此时视图中同样只选择了别墅建筑，如图13-81所示。

图12-80 更改选取效果

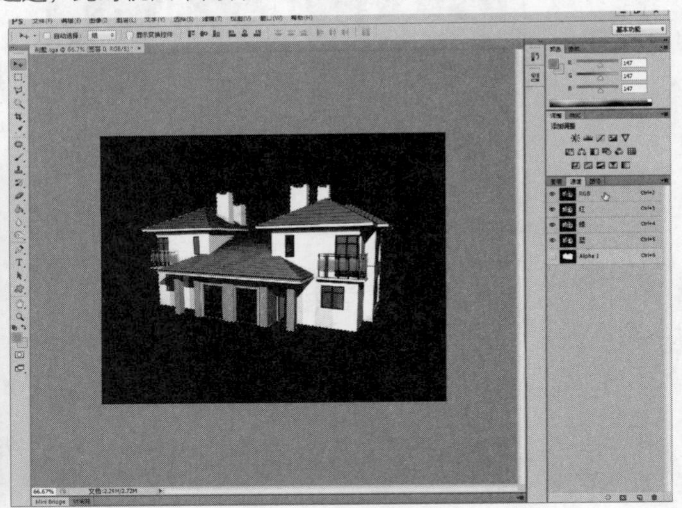

图13-81 单击RGB通道

05 按Ctrl+N快捷键，打开“新建”对话框，设置新建文件大小，如图12-82所示。

06 返回“别墅”文件，按Ctrl+C键复制选区，打开新建的文件，按Ctrl+V键将选区复制到文件中，执行“图像”|“调整”|“亮度/对比度”命令，打开“亮度/对比度”对话框设置亮度，完成后单击“确定”按钮，如图13-83所示。

07 新建图层，在工具栏中单击色块，弹出“拾取器（前景色）”对话框，设置颜色，如图13-84所示。

08 设置完成后，选择新建的图层，按Alt+Delete键将颜色设置在图层上，如图13-85所示。

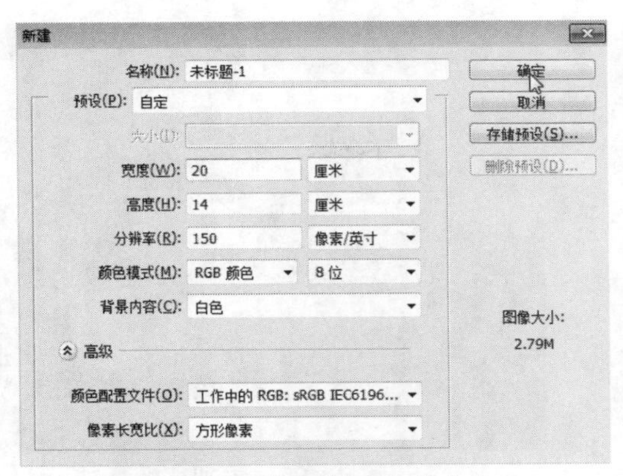

图13-82　设置新建文件大小

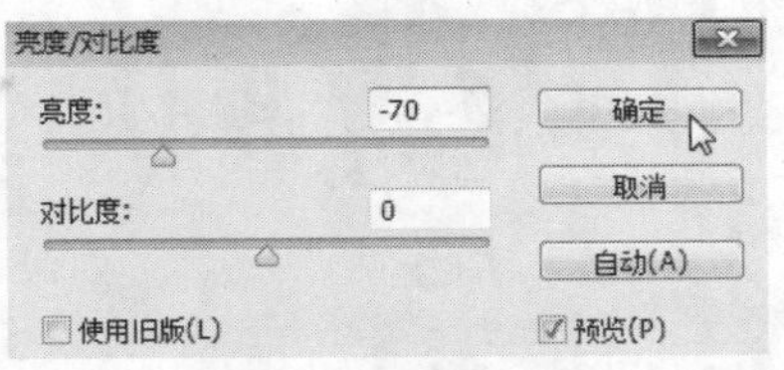

图13-83　设置亮度

图13-84　设置颜色

图13-85　设置图层颜色效果

09 将“蓝天”拖动至场景文件中，并移动至图层1的下方，按Ctrl+T组合键，打开“自由变换”命令，等比例缩小图片，如图13-86所示。

10 按Enter键完成缩放操作，重复以上操作，将“素材”文件中的草坪移动到场景中，效果如图13-87所示。

图13-86　缩小图片

图13-87　添加草坪素材

⑪ 单击图层1图层，按住Alt键的同时单击并拖动鼠标，复制出两个别墅，适当地放大或缩小，如图13-88所示。

⑫ 新建图层，利用钢笔工具绘制出道路区域，转换为选区后，填充颜色，并利用铅笔工具绘制道路纹理，重复上述方法，在“素材”文件中选择树木，添加到场景中，并调整亮度和大小，效果如图13-89所示。

图13-88　复制图层1效果

图13-89　添加树木和道路效果

⑬ 一般绿化区都会将树木和花草对应摆放，所以我们也需要将“素材”文件中的花放置在图片中，起到点缀的效果，如图13-90所示。

⑭ 最后打开“人物”文件，将人物拖曳到场景中，增加生气，如图13-91所示。

图13-90　添加花效果

图13-91　添加人物

⑮ 楼房前面的两个人物为画面中央，为了使画面更加真实，需要为其添加阴影，按住Ctrl键的同时单击人物图层，此时人物将更改为选区，如图13-92所示。

⑯ 在图层面板下方单击“创建新图层”按钮，即可新建图层，如图13-93所示。

图13-92　更改选区

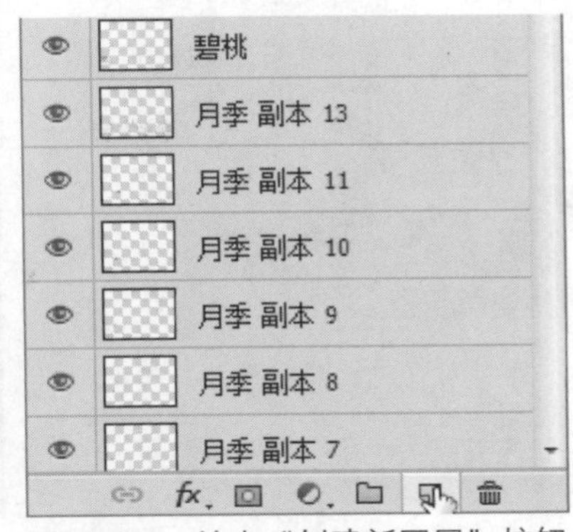

图13-93　单击“创建新图层”按钮

⑰ 选择新建图层，利用“油漆桶”工具将图层人物选区填充为灰黑色，按Ctrl+D键取消选区，如图13-94所示。

⑱ 启用“自由变换”命令，然后单击鼠标右键，在弹出的对话框中单击“垂直翻转”选项，如图13-95所示。

图13-94　填充选区效果

图13-95　单击“垂直旋转”选项

⑲ 此时图像将呈现倒立效果，将图像旋转并缩小，此时阴影就制作完成了，如图13-96所示。

⑳ 下面需要对天空制作太阳光照效果，选择天空图层，然后执行“滤镜”|“渲染”|“镜头光晕”命令，如图13-97所示。

图13-96　设置阴影效果

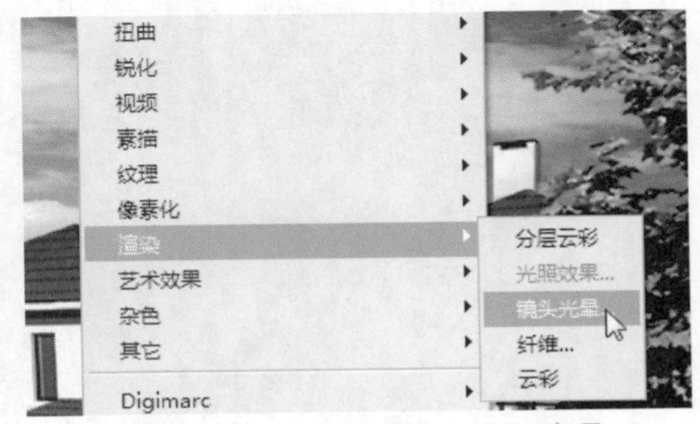

图13-97　单击“镜头光晕”选项

㉑ 打开“镜头光晕”对话框，设置光晕亮度和光晕类型，在预览区的任意位置单击鼠标左键，可以指定光晕位置，如图13-98所示。

㉒ 设置完成后，效果如图13-99所示。

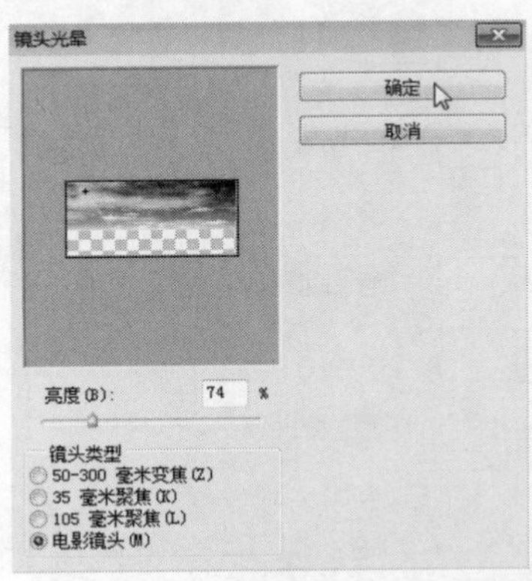

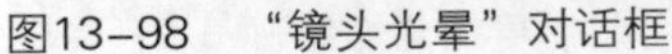

图13-98 "镜头光晕"对话框　　图13-99 设置光晕效果

㉓ 此时效果图大致就制作完成了，下面为场景制作雾，使场景达到烟雾缭绕的效果，选择所有图层，单击鼠标右键，弹出快捷菜单列表，并单击"合并图层"选项，如图13-100所示。

㉔ 此时图层面板中只包含一个图层，新建图层，然后执行"滤镜"|"渲染"|"云彩"命令，如图13-101所示。

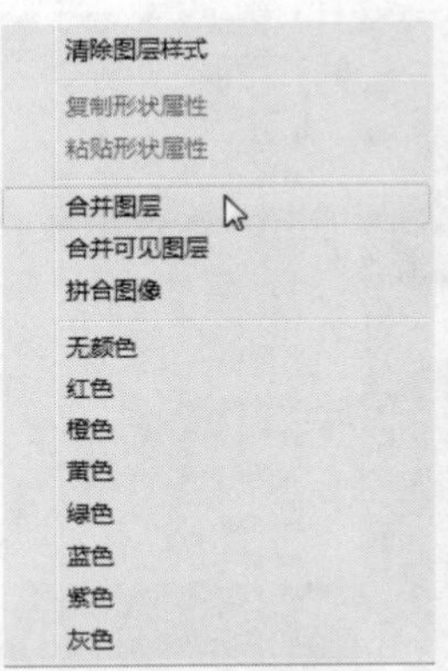

图13-100 单击"合并图层"选项　　图13-101 单击"云彩"选项

㉕ 设置完成后，该图层效果如图13-102所示。

㉖ 在图层中将图层模式设置为滤色，如图13-103所示。

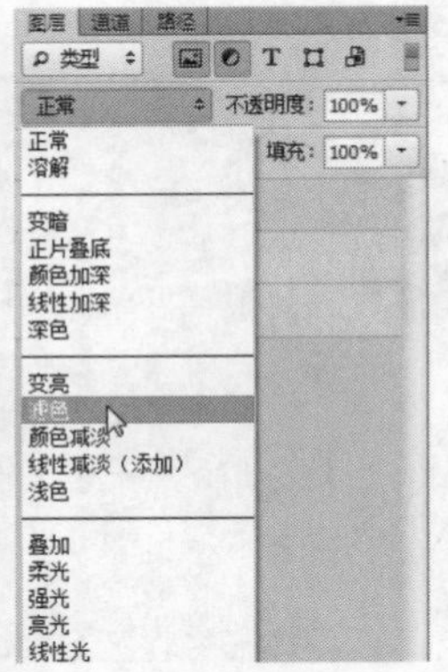

图13-102 设置云彩效果　　图13-103 设置图层模式

㉗ 重复以上步骤，再次创建云彩图层，设置模式后，场景已经出现了雾蒙蒙的效果，如图13-104所示。

28 将两个图层合并，并在图层面板下方单击“添加图层蒙版”按钮，为合并的图层添加蒙版，此时图层后将出现图形蒙版缩略图，使用不同透明度的黑色柔角笔刷进行涂抹，将蒙版区域涂抹成以下效果，如图13-105所示。

图13-104　添加云彩效果

图13-105　添加蒙版

29 设置完成后选择蒙版缩略图，然后单击鼠标右键，并选择应用图层蒙版选项，如图13-106所示。

30 设置后的效果图如图13-107所示。

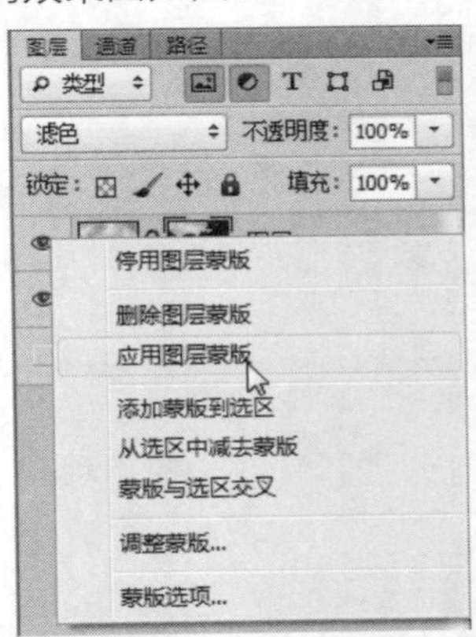

图13-106　单击“应用图层蒙版”选项

图13-107　别墅效果图

31 将效果图保存为JPG图片格式，完成效果图的制作。

13.2.3　办公楼的后期处理

本例介绍办公楼效果图的后期处理，其中需要添加绿化园、停车厂、天空、陆地、人物等。通过这些物体将办公楼效果图进行后期处理，创建场景氛围，下面具体介绍办公楼后期处理的具体方法。

01 打开Photoshop软件，执行“文件”|“打开”命令，弹出“打开”对话框，选择“办公楼”文件，如图13-108所示。

02 此时将打开文件，文件的背景为白色，我们需要将办公楼模型与背景分离出来，所以需要使用通道进行设置，在命令面板中打开“通道”对话框，按住Ctrl键的同时在Alpha 1文件中单击鼠标左键，将办公楼图像更改为选区，如图13-109所示。

03 新建文件，执行“文件”|“新建”命令，如图13-110所示。

04 打开“新建”对话框，设置新建文件的尺寸，如图13-111所示。

图13-108　选择文件

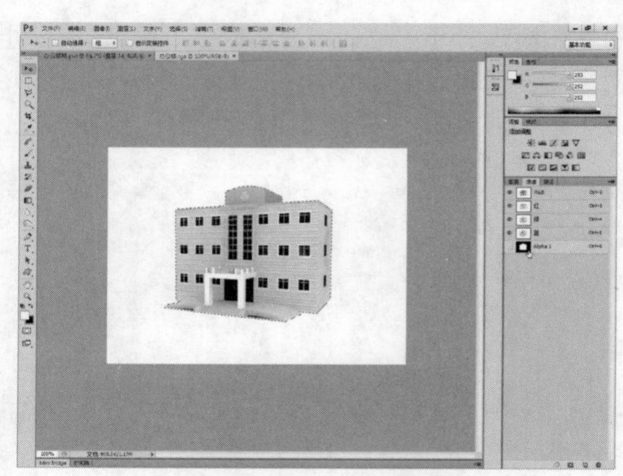

图13-109　更改选区效果

图13-110　单击“新建”选项

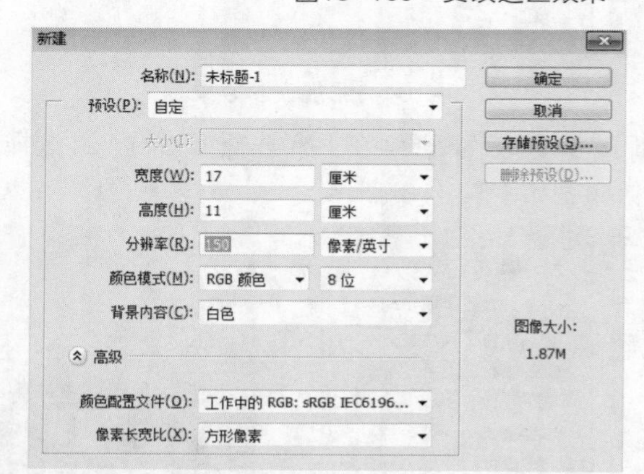

图13-111　设置新建文件尺寸

05 设置完成后单击“确定”按钮，即可新建文件，此时打开“办公楼”文件，使用移动工具将办公楼拖曳到新建文件中，开始后期处理制作，如图13-112所示。

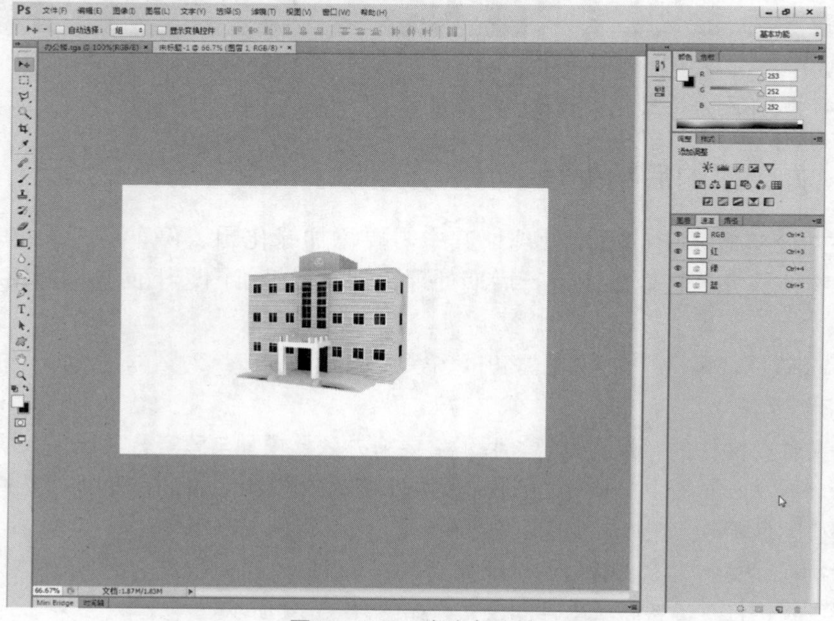

图13-112　移动办公楼

06 适当调整办公楼的大小，然后单击“背景”图层，返回工具栏单击“渐变工具”选项，如图13-113所示。

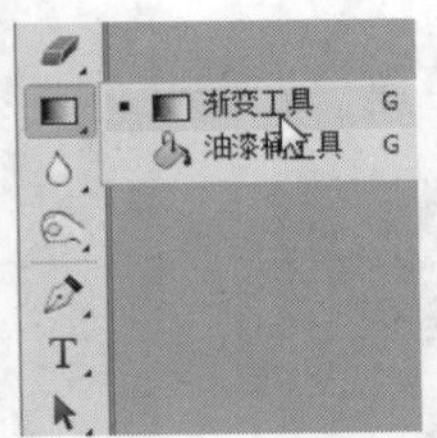

图13-113 单击“渐变工具”选项

07 在菜单栏下方单击渐变色选项框，打开“渐变编辑器”对话框，双击“色标”图标设置颜色（如图13-114所示），从左向右的RGB颜色分别为（R：151，G：154，B：162）；（R：80，G：80，B：85）；（R：71，G：78，B：86）；（R：155，G：164，B：173）。

08 关闭对话框，渐变色选项框会显示渐变效果，在右侧单击“镜像渐变”选项，如图13-115所示。

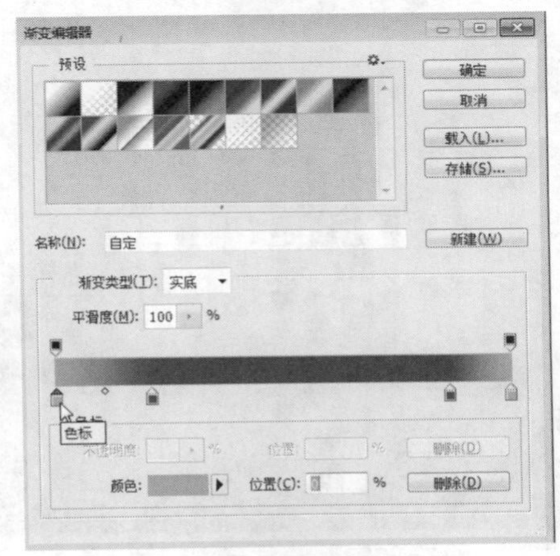

图13-114 设置渐变颜色

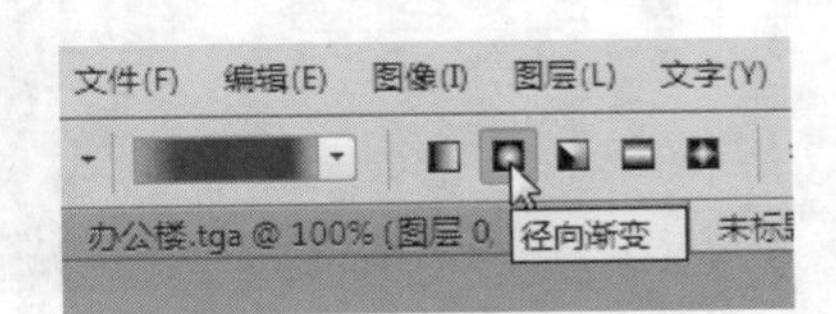

图13-115 单击“径向渐变”按钮

09 在画布左中侧单击鼠标左键并拖动至右侧，如图13-116所示。

10 释放鼠标左键即可创建渐变色效果，如图13-117所示。

图13-116 单击并拖动鼠标

图13-117 填充背景效果

11 下面制作天空背景，打开“蓝天1”图片，将该图层拖动至办公楼图层下方，按Ctrl+T键启用“自由变换”命令，将蓝天缩放大小，移动到合适位置，如图13-118所示。

12 按Enter键完成缩放操作，效果如图13-119所示。

图13-118 缩放并移动图片

图13-119 缩放效果

⑬ 此时用户会发现，陆地和天空的边缘处太过生硬，看上不太真实，在工具栏单击“橡皮擦”工具，打开“画笔预设选取器”对话框，设置柔角画笔，如图13-120所示。

⑭ 将画笔的不透明度改为80，对“天空”图层进行涂抹，如图13-121所示。

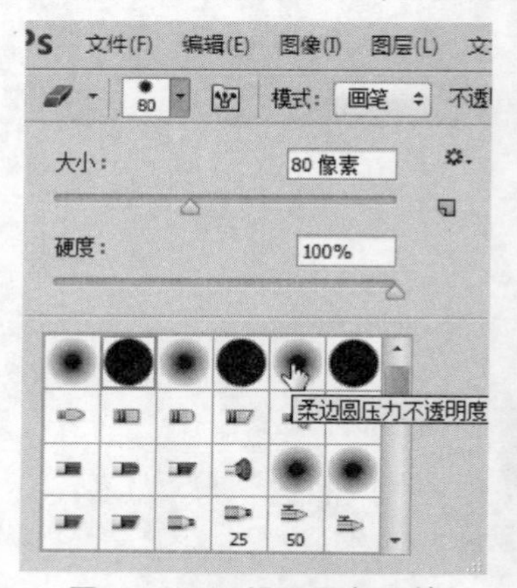

图13-120 设置柔角画笔

图13-121 涂抹天空图层

⑮ 完成后边缘处就会生动许多，如图13-122所示。

⑯ 选择办公楼图层，按住Alt的同时在画布上单击拖动办公楼，复制图层，将该图层移动至办公楼下方，并适当调整大小，如图13-123所示。

图13-122 擦除边缘效果

图13-123 复制图层并调整大小

⑰ 重复以上步骤将再次复制图层，如图13-124所示。

⑱ 选择复制的图层，执行“滤镜”|“模糊”|“场景模糊”命令，如图13-125所示。

图13-124　复制图层

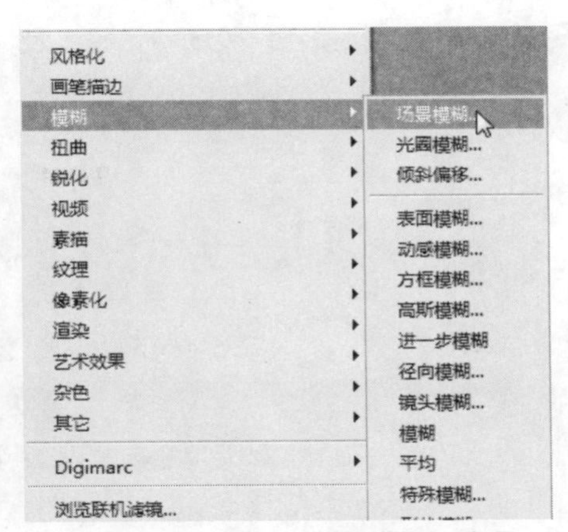

图13-125　单击“场景模糊”选项

⑲ 设置场景模糊值，在菜单栏下方勾选“预览”复选框即可在预览区预览模糊效果，如图13-126所示。

⑳ 使用同样的方法，将两个图层对象进行模糊处理，如图13-127所示。

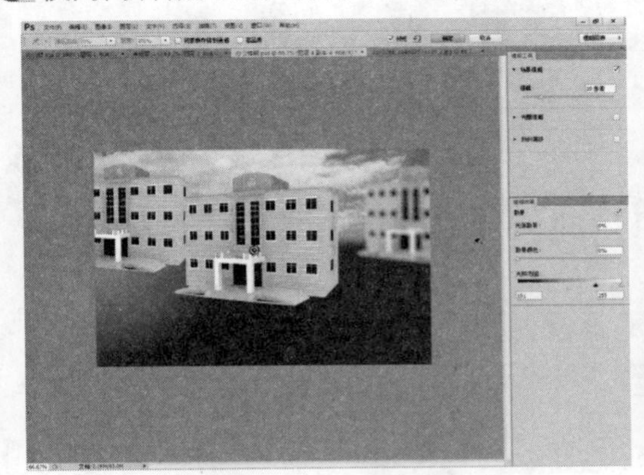

图13-126　设置模糊数值

图13-127　模糊图层效果

㉑ 使用钢笔工具在画布左侧绘制图形，按Ctrl+Enter键即可将路径转换为选区，将前景色设置为白色，新建图层，并按Atl+Delete组合键填充颜色，如图13-128所示。

㉒ 再次绘制区域，并填充灰色，如图13-129所示。

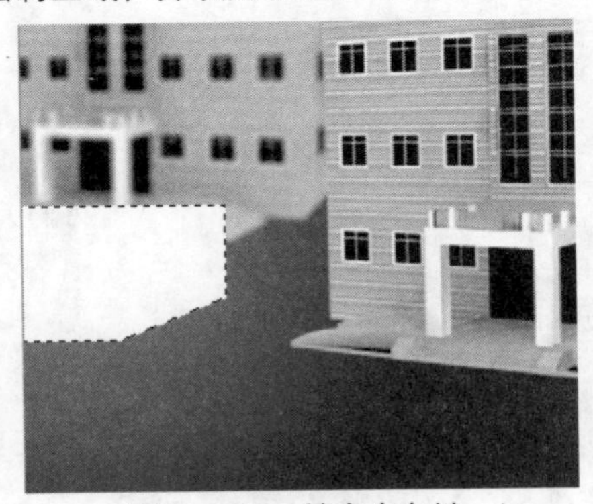

图13-128　填充白色键

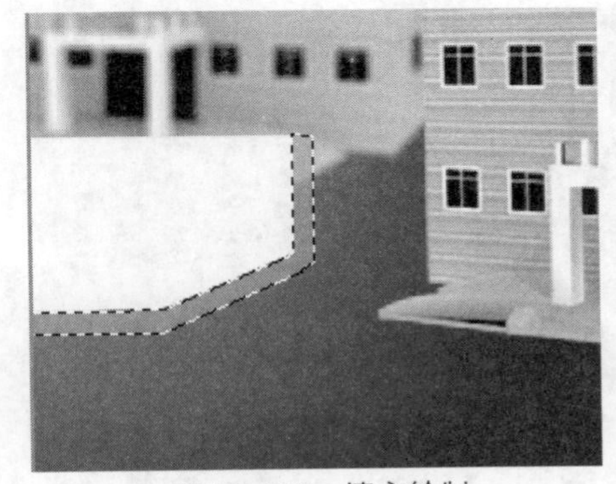

图13-129　填充绘制

㉓ 按Ctrl+D键取消选区，在图层面板中双击该层缩略图，打开“图层样式”对话框，设置斜面和浮雕数值，如图13-130所示。

㉔ 单击“确定”按钮，关闭对话框，此时图形将添加浮雕效果，如图13-131所示。

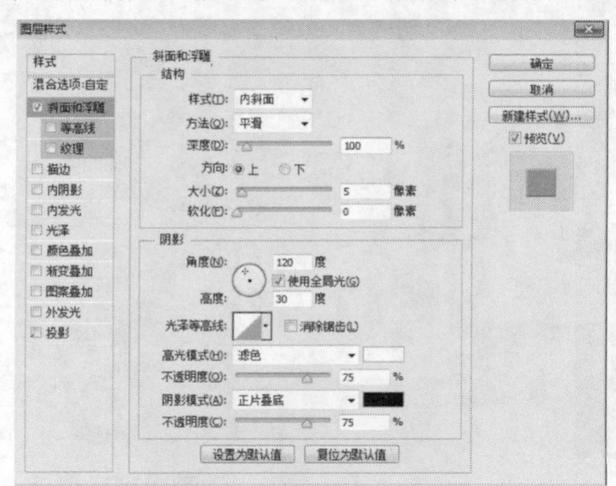

图13-130 “图层样式”对话框

图13-131 添加斜面和浮雕效果

㉕ 打开“绿化”文件，将草坪移动到场景文件中，如图13-132所示。

㉖ 再次将龙柏球添加到花园中，复制并移动，如图13-133所示。

图13-132 添加草坪文件

图13-133 复制并移动图层

㉗ 此时花园看上去还是有些突兀，继续添加“花”素材，花园就制作完成了，如图13-134所示。

㉘ 重复以上步骤，在画布右侧再次制作花园，如图13-135所示。

图13-134 添加花效果

图13-135 制作花园

㉙ 打开“车”文件，将相应的图像移动到场景文件中，并放置在画布的右侧，如图13-136所示。

30 在“绿化”文件中，将“路沿”和“植物”文件添加到画布的左下角，完成道路绿化，如图13-137所示。

图13-136　添加车

图13-137　制作道路绿化

31 继续在“绿化”文件中选择植物，并拖曳至场景中，移动到指定位置后，如图13-138所示。

32 此时用户会发现，办公楼没有照射的阴影，所以非常不实际，下面为办公楼制作阴影，使用钢笔工具绘制路径，如图13-139所示。

图13-138　添加其他植物

图13-139　绘制路径

33 新建图层，将路径转换为选区，设置前景色为灰黑色，填充颜色，然后将图层移动至办公楼下方，如图13-140所示。

34 执行“滤镜”|“模糊”|“高斯模糊”命令，在“高斯模糊”对话框中设置半径值，如图13-141所示。

图13-140　填充颜色效果

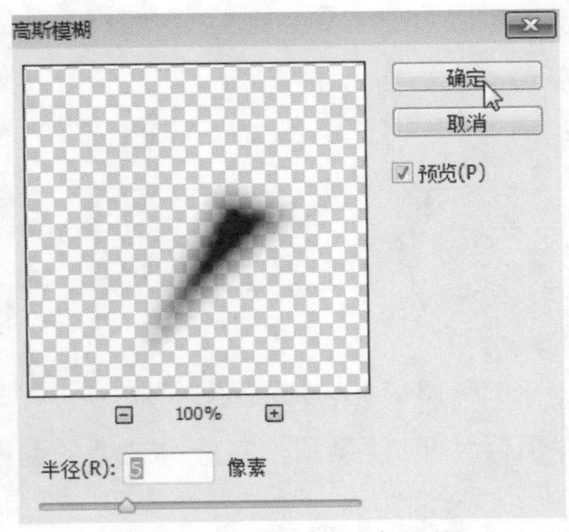

图13-141　设置半径值

35 此时阴影将模糊处理，接着打开“人物”文件，将人物依次添加到场景中，并设置阴影，如图13-142所示。

36 最后再添加车，并添加高斯模糊，如图13-143所示。

图13-142 添加人物

图13-143 添加车

37 合并所有图层，然后新建图层，此时图层面板中只包含两个图层，如图13-144所示。

38 将前景色和背景色设置为白色和黑色，执行“滤镜”|“渲染”|“云彩”命令，将产生云彩特效，如图13-145所示。

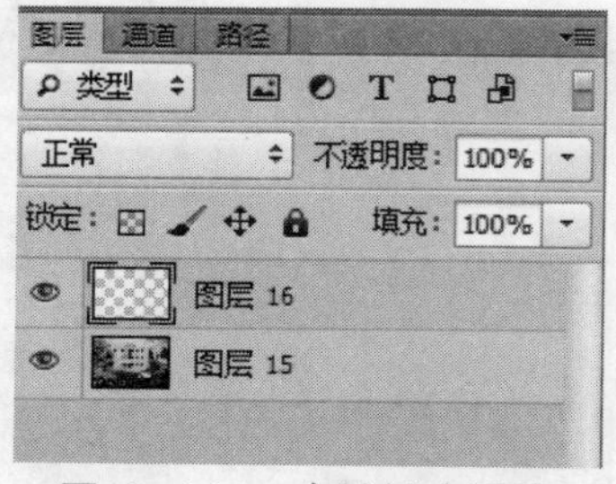

图13-144 合并新建图层

图13-145 云彩特效

39 将图层模式更改为“滤色”，此时图片将蒙上一层云彩，重复以上步骤再次创建图层并设置云彩特效，如图13-146所示。

40 合并云彩图层，然后使用橡皮擦工具，设置不同的透明度涂抹视图，完成办公楼的后期处理，如图13-147所示。

图13-146 创建云彩特效

图13-147 办公楼效果图

41 将文件保存为JPG效果图，完成办公楼的后期处理。